가드닝:
정원의 역사

The Story of
GARDENING

3
2
4
5

The Story of GARDENING

가드닝: 정원의 역사

인류가 가꾸어 온
세계 곳곳의
정원에 담긴 이야기

페넬로페 홉하우스
앰브라 에드워즈 지음
박원순 옮김

시공사

CONTENTS

이전 페이지: 보퍼트 공작부인 메리(1630–1715)는 당대의 가장 열렬한 식물 수집가이자 숙련된 원예가로, 옥스퍼드 식물원의 로버트 보바트로부터 새로 도입된 많은 식물들을 얻었다. 그녀는 세계 각지에서 새롭게 들여온 내한성 약한 식물들을 재배하기 위한 온실 건축을 전문으로 했다. 처음에는 남편의 배드민턴 별장에서, 나중에는 런던에서 총 750여 종을 수집했다. 1681년 이후에는 런던 첼시의 보퍼트 하우스에서 5.5미터 벽을 배경으로 36미터 높이의 온실을 짓고 최신 난방법을 실험했다. 이 그림은 그녀의 스케치북에서 발췌했다.

◀ 루이 카로지 카르몽텔(1717–1806)이 파리의 몽소 공원을 완공한 후 샤르트르 공작(1747–1793)에게 열쇠를 건네주고 있다.

일러두기

1. 옮긴이주는 *로 표시했다.
2. 외국 인명, 지명 등은 외래어 표기법에 따라 표기하는 것을 원칙으로 했으나, 일부는 통용되는 방식에 따랐다.
3. 식물의 학명은 이탤릭체로 표기했다.
4. 본문에 나오는 식물명은 특별히 학명 전체를 병기한 식물을 제외하고는 어떤 특정 종을 지칭하기보다는 그 속에 해당하는 여러 종을 뜻할 수 있다. 속명을 뜻하는 경우 라틴어 속명을 이탤릭체로 병기하되, 국명 뒤에 붙이는 '속' 자는 생략했다.
5. 도서는 『 』, 잡지는 《 》, 그림은 〈 〉로 표기했다.

21세기에 이르기까지 장장 3000년을 거슬러 올라가는 가드닝의 역사는 하나의 이야기가 아니다. 그것은 지금까지 존재했던 정원사들의 숫자만큼이나 무수히 많은 방식으로 전해질 수 있다. 『가드닝: 정원의 역사』는 바로 그 이야기를 들려준다. 이 책의 저자인 나는 디자이너이자 열정적인 정원사로서, 아름다움만이 아니라 실용성을 최종 목표로 하는 미학적인 관점을 가지고 있다. 나의 주된 관심은 레이아웃, 즉 정원 양식들과 그것들의 진화에 초점을 맞추고 있는 듯 보이지만 식물 자체에도 똑같이 무게를 둔다. 식물이 과거에 어떻게 이용되었는지, 그리고 식물의 생태학적이고 지속 가능한 역할에 대한 인식이 점점 더 커질 미래에는 어떻게 이용될지 등이다. 오늘날 우리는 가드닝의 실용성을 과학의 일부로 보기 때문에 그 성공 여부는 정원의 양식뿐 아니라 식물이 무엇을 필요로 하는지에 관한 지식에 달려 있다.

가드닝이 수 세기에 걸쳐 발전해 온 방식의 발견은 모든 정원사의 삶을 풍요롭게 만든다. 또한 한 시대에서 다음 시대로 가드닝이 미친 영향에 대한 이해는 우리가 정원을 만들고 가꾸는 목적을 확인하는 데도 도움을 준다. 이전 시대의 정원 양식이 되풀이된다는 사실을 인식할 수 있다면 이를 우리 개개인의 필요와 욕구에 맞게 적응시킬 수도 있을 것이다. 『가드닝: 정원의 역사』는 역사에 관심 있는 사람들만이 아니라 모든 정원사가 즐길 수 있도록 쓰였다. 사람들은 이른 시기의 정원사들이 식용 혹은 약용 식물만 재배했다고 생각하는 경향이 있다. 하지만 고대 신화와 기록된 문헌(그리고 때때로 동굴 벽화)은 뭔가 다른 것을 보여 준다. 중국의 황제들, 아시리아의 왕들, 중세의 시인들은 정원의 아름다움에 심취했다. (그중 일부는 정복한 땅에서 얻은 새로운 식물들에 대한 열렬한 수집가이기도 했다.) 12세기 시인들은 정원에서 얻는 기쁨의 척도로 장미와 나이팅게일에 대해 노래했다. 14세기 무렵 이탈리아의 시인 페트라르카(1304-1374)는 자연과의 새로운 관계를 표현하기 시작했고, 마침내 르네상스 이탈리아에서 인문주의가 탄생할 수 있었다. 가드닝 측면에서 이것은 '예술'과 '자연'의 상대적 가치 사이의 대화로 전개되었고, 인간의 관리를 통해 '개선'되고 '확장'되는 자연의 개념으로 발전했다.

정원이란 무엇인가? 정원을 뜻하는 가든garden이라는 영어 단어는 프랑스어 '자댕'jardin, 그리고 '야드yard'라는 단어의 튜턴teutonic 어원에서 유래했다. 보통 담장이나 울타리로 둘러싸여 있고, 식물을 재배하기 위해 토양이 경작된 공간을 뜻한다. 이 개념 자체는 에덴동산과 그로부터 파생된 이미지의 유대 기독교 전통 이전까지 거슬러 올라간다. 7세기 초부터 이슬람교도들은 이 개념을 지상 낙원으로 변모시켜 다가올 천국의 맛보기로 구현했다. 이는 무슬림 정복 이전 비옥한 초승달에 조성된 페르시아 왕들의 수렵원이었던 파라데이소스와는 달랐다.

서로 다른 사람들은 가드닝을 통해 서로 다른 것을 추구한다. 다른 문화와 기후에 사는 사람들은 다른 방식으로 사물을 본다. 수 세기 동안 우리는 어떻게 자연을 존중하고 미래를 위해 자연을 보전해야 하는지 배워 왔다. 우리는 가드닝을 예술 작품으로 여기는 개념을 버리지 않고도 현명하게 정원을 가꾸는 법을 배울 수 있다. 오늘날 정원 디자이너들에게는 따라야 할 많은 규칙과 주의 사항이 있다. 하지만 생태학적 요인에 대한 고려를 중요하게 여기는 것은 아름다움의 개념을 없애는 것이 아니라 더 사려 깊은 접근이다.

이 책은 2002년에 처음 출판되었는데, 저명한 정원 작가 앰브라 에드워즈Ambra Edwards의 도움으로 개정되었다. 개정판에서는 지난 20년에 걸친 발전과 변화에 대한 최근의 지식과 해석을 활용했다. 디자인에 대한 보다 과학적인 태도를 포함하여 리노베이션, 새로운 아이디어, 새로운 가드닝 규칙은 책의 레이아웃 일부를 크게 변화시켰다. 앰브라는 마지막 장에서 현대의 가장 위대한 디자이너들이 채택한 흥미진진한 트렌드와 기법을 살펴보고, 최신 개념들을 소개해 준다. 그녀는 또한 우리가 정원 역사에 대한 지식으로부터 배울 수 있는 것에 감사하도록 이끌어 줌으로써 오늘날뿐 아니라 미래의 가드닝을 예측하는 데 있어서도 훌륭한 해석을 더해 준다.

The Origins of Gardening

가드닝의 기원

아주 이른 시기부터 정원은 항상 지형과 기후에 의존해 왔다. 정원은 생명체와 마찬가지로 물에 의존적이기 때문이다. 가드닝gardening(*사전적으로는 '정원을 가꾸고 돌보는 일')은 따뜻한 기후대에서 처음으로 발달한 경향이 있었다. 주로 산에서 눈이 녹아 물이 내려오는 지역이나 강이 주기적으로 범람하는 곳이었다. 초기 문명은 물을 이용하는 방법을 터득했다. 댐에 물을 가두어 저장하고, 운하와 수로로 물을 공급하며, 필요한 곳에 물을 운반할 수 있는 기발한 방법들을 찾았다. 때로는 중력을 이용하고 때로는 동물이나 노예의 동력을 이용해 중력을 거스르고자 시도했다. 초기 인류는 이 귀중한 자원을 능숙하고 창의적으로 사용했다. 오늘날 우리에게도 물은 더 이상 당연한 것이 아니다.

◀ 고대 이집트 네바문의 무덤에서 발견된 벽화다. 제작 시기는 기원전 1380년경으로 거슬러 올라간다. 신성한 수련 사이로 오리와 물고기가 헤엄치는 장식 연못과 정원이 보인다. 외줄기 야자나무들과 가지를 치는 둠야자doum palm(*생강 과자 맛이 나서 '생강빵야자'라고도 함)들이 벽에 기대어 자라고, 하토르 여신이 돌무화과나무sycomore fig에서 나와서는 죽은 자들의 영혼이 사후 세계로 떠날 채비를 갖추도록 한다. 연못 주변에 심긴 파피루스는 갱생의 상징이다. 고대 이집트에서는 종종 기둥머리와 기둥을 장식하는 문양으로 사용되었다.

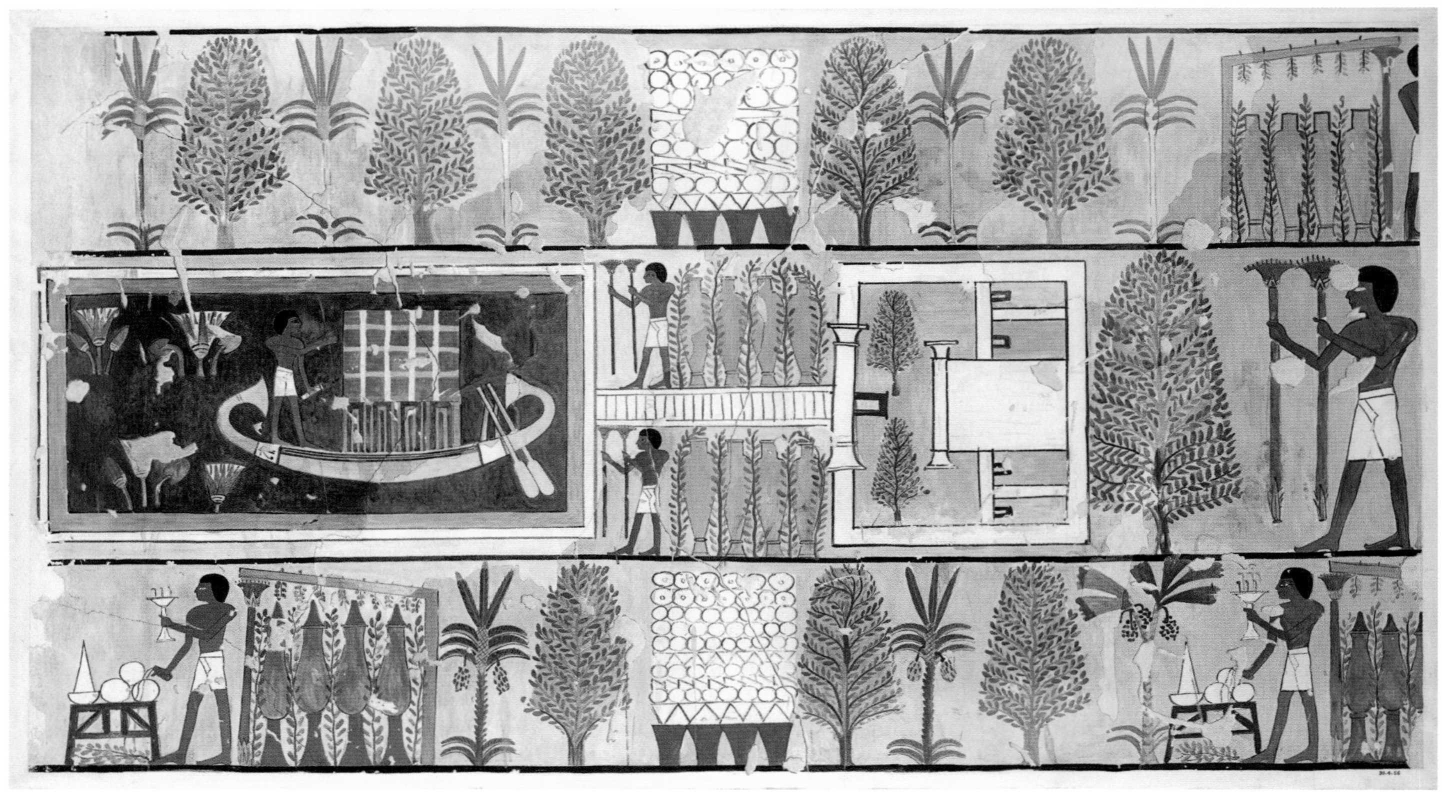

▲ 기원전 1475년까지 거슬러 올라가는 테베의 고분 벽화는 이집트 신전의 정원에서 행해진 장례식 풍경을 보여 준다. 덮개가 있는 거룻배가 고인을 싣고 수련이 가득한 물길을 지나고 있다. 물 가장자리에는 파피루스, 주변 화단에는 대추야자와 돌무화과나무가 자라고 있다.

최초의 정원들은 대부분 생산성이 높았음에 틀림없다. 미적인 아름다움에는 중점을 두지 않은 채 먹을거리를 위한 과일과 채소, 의약과 공물을 위한 허브류 등을 공급했다. 관개 시스템의 필요성은 규칙적인 레이아웃을 만들어 냈을 것이다. 오늘날에도 우리 대부분은 기하학 형태에 기초를 둔 형식적인 레이아웃에 크게 만족한다. 인식 가능한 패턴은 안전한 논리를 제공하고, 시각과 지각을 모두 즐겁게 해 주기 때문이다. 인간에게 쓸모 있는 식물은 동물과 적들의 습격으로부터 보호가 필요했다. 따라서 정원은 외부 세계를 차단하는 벽이나 울타리로 둘러싸였다. 자연스럽게 펼쳐진 풍경이 선사하는 의심할 바 없는 아름다움에도 불구하고 우리 대다수는 낙원에 대한 우리 자신의 생각을 싹틔울 수 있는 장소로서, 안전한 벽으로 둘러싸인 조용한 곳에서 제공되는 안식처를 갈망한다.

자신의 능력으로 얼마든지 비옥하고 아름답게 만드는 일이 가능한 작은 땅으로부터 시작하여 점진적으로 자부심, 지위, 그리고 즐거움을 이끌어 내기 시작한 정원 소유주를 상상해 보자. 그는(거의 항상 '그'였다) 어딘가에 앉아 자신의 영토를 감탄하며 바라볼 곳을 원했다. 또 거닐 수 있는 길을 바랐으며, 그것을 감사히 여길 만한 더 나은 무엇을 갈망했을 것이다. 아주 오래전의 수메르 우화는 왕이 어떻게 자신의 궁전 안뜰에 대추야자date palm와 위성류tamarisk를 심고, 그 그늘 아래서 연회를 개최했는지 들려준다.

그와 동시에 정원 소유주와 일꾼 정원사는 모두 경외심을 가지고 자연의 신비를 바라보았다. '초록' 땅은 우주를 관장하는 신비로운 힘의 표시가 되었다. 초기 농부들에게 물과 초목은 신들의 자비가 분명히 실재한다는 상징이었다. 생존을 위해 강에 전적으로 의존했던 고대 이집트인과 메소포타미아인들이 풍요의 화신으로서 강의 신들을 숭배했다는 사실은 놀랍지 않다. 오래된 잎들이 떨어짐에 따라 새로운 잎들을 만들어 스스로 삶을 영속하는 야자나무는 불멸에 대한 마법의 아우라를 갖게 되었다.

비옥한 초승달 The Fertile Crescent

우리는 서양 문명이 시작된 장소로 메소포타미아 북동부 구릉 지대와 아나톨리아 고원을 떠올린다. 지금으로부터 8천여 년 전에 우리 선조들이 수렵과 채집 생활을 하는 유목민에서 정착 농경민으로 처음 진화했던 장소다. 이들의 후손이자 세계 최초로 글을 읽고 쓸 줄 알았던 문명을 세운 수메르인은 기원전 4000년까지 스크럽오크scrub oak, 플라타너스, 회양목, 개잎갈나무, 사이프러스, 포플러 숲이 우거진 춥고 습한 고지대에서 유프라테스와 티그리스 삼각주의 충적 평원으로 이주해 왔다. 그리고 또 다른 1천 년 안에 사막과 늪을 '비옥한 초승달'로 알려진 풍요로운 경작지로 바꾸기 위해 관개와 배수용 운하를 건설해 나갔다. 비옥한 초승달에는 이집트가 포함되지만 이 책에서는 두 지역을 분리하여 고려하고자 한다. 각각의 지역에서 만들어진 정원이 현저히 다르기 때문이다. 이집트인은 울타리로 둘러싸인 더 작은 정원을 만든 반면에 메소포타미아인과 아시리아인은 광대한 수렵원과 조경을 통해 탄생한 정원으로 잘 알려져 있기 때문이다.

원래 강둑을 따라서는 버드나무만 자랐고 삼각주에는 대추야자가 자랐던 반면에 강의 유역 사이 습지에는 갈대*Phragmites australis*를 제외하고는 아무것도 자랄 수 없었다. 하지만 수메르인들은 몇 백 년 안에 정교한 급수 체계를 갖춘, 크고 호화로운 수렵원을 조성할 수 있었다. 그들은 이 정원에 해외 원정으로부터 수집한 새로운 외래 식물, 동물, 새들을 비축했다. 그리고 새로운 작물들과 그것들을 재배하기 위한 새로운 기술들이 도입되었다. 또한 부의 위계가 존재하는 이전보다 복잡한 사회가 생겨났다. 이것이 가드닝 역사에 중요한 전제 조건이 된 이유는 원예에 대한 비실용적 사고방식의 형성을 촉진시켰기 때문이다. 야생 과일과 꽃, 허브, 향신료들이 재배 식물로 변형되었다. 신에게 바치는 공물만이 아니라 인간의 흥미와 즐거움을 위해서도 식물이 재배되었다.

▲ 메소포타미아의 정원을 만든 통치자 아카드의 사르곤(기원전 2334년경–기원전 2279)이 신성한 나무에 경의를 표하고 있다. 이 나무는 불멸의 상징이다. 해마다 봄에는 자연의 부활, 가을에는 죽음을 구현한다.

낙원 The Paradise Garden

정원이 지닌 '낙원'이라는 개념은 매우 오래되었다. 세계 3대 일신교인 유대교, 기독교, 이슬람교보다도 확실히 앞서 생겨났다. 낙원의 세부 사항은 시대와 문화에 따라 변하지만 언제나 영원한 봄의 장소다. 보통 과거 황금의 시대로 표현되는데, 여기에서 사람들은 어떠한 수고도 없이 서로와 또 동물들과 조화롭게 살아가며 풍부한 과일을 마음껏 먹으며 살아간다. 사막 거주자들에게는 물과 그늘이 있는 장소였고, 전사의 나라에서는 평화롭고 풍요로운 목가적 정원이었다. 수메르-바빌로니아 신들의 정원은 고대 그리스의 엘리시온과 중국 우화에서 불멸의 존재들이 살았던 신비의 섬들과 일치한다.

낙원의 개념에 관한 첫 번째 증거는 메소포타미아에서 발굴된 인류 최초의 문자로 알려진 쐐기 문자 점토판이다. 제작 시기는 기원전 3500년경으로 거슬러 올라간다. 수메르의 물의 신이었던 엔키는 신선한 물을 제공함으로써 태양의 신 우투로 하여금 딜문Dilmun의 마른 땅을 과일나무와 푸른 들판이 있는 낙원으로 바꾸어 신성한 정원을 만들도록 했다. 딜문은 질병, 폭력, 또는 노화를 모르는 '순수하고 깨끗하며 밝은' 거주자들이 사는 곳이었지만 신선한 물을 갖지 못한 땅이었다.

▲ 레바논 산의 시더. 이 산은 현재 대부분 벌채되었는데, 한때 울창한 시더 숲으로 덮여 있었고 수메르 신화와 성경에서 모두 숭배되었다.

기원전 2100년에 새겨진 수메르 점토판은 『길가메시 서사시』의 조각들을 보여준다. 오늘날 이라크의 와르카를 일컫는 수메르의 도시 에레크의 통치자이자 전사였던 길가메시는 시더cedar(*백향목)로 둘러싸인 높은 산에서 훔바바Humbaba(*시더 숲의 괴물)를 찾아 나섰다. '산 앞에는 시더들의 무성한 풍요로움이 가득하다. 그들의 그늘은 순수한 기쁨이다.' 관목들과 향기로운 식물들은 '시더 아래 자리 잡을 수 있었다'. 이 극적인 서사시는 수 세기에 걸쳐 인기를 얻었다. 길가메시의 모습은 다른 민속 신화에서 영웅이 되어 죽음, 불멸, 영원한 희망의 주제를 발달시켰다.

낙원 신화는 길가메시가 배회한 정원을 묘사한다.

> 그리고 빛나는 제스딘(나무)이 서 있네
> 황금빛 모래밭 크리스털 가지와 함께
> 이 불멸의 정원에 그 나무가 서 있네
> 금으로 된 줄기와 아름다운 볼거리를 가지고
> 신성한 샘 옆에 그 나무가 자리하고 있네
> 에메랄드와 알 수 없는 보석들로 장식되어…

수렵원과 공중 정원 Hunting Park and Hanging Gardens

고대 메소포타미아의 통치자들은 자신들의 정원 조성과 공학 기술의 성취에 자부심을 느꼈다. 이는 지구라트ziggurat라는 독특한 건축 특성과 결합되어 있었다. 지구라트는 기원전 제2천년기 동안 지어진 피라미드 모양의 성탑으로, 위에는 종종 신전이 지어졌다. 학자들은 지구라트를 하늘과 땅의 유대로, 산을 의미하는 계단식 테라스를 갖춘 신성한 건축물로 이해한다. 수 세기 동안 지구라트에는 나무와 꽃이 재배되었다. 그리고 사실상 네부카드네자르 2세Nebuchadnezzar II(기원전 630년경-기원전 561년경)가 만들었다는 바빌론의 공중 정원의 원형을 제공했다고 여겨져 왔다. 하지만 이 주장은 개연성이 떨어진다. 공중 정원에 관개를 하면 지구라트의 진흙 벽돌 구조물이 손상되어 테라스가 사라져 버릴 것이기 때문이다. 그럼에도 불구하고 도시 안 궁정과 신전에 정원이 조성되었다는 점은 사실이다. 유프라테스 강의 서쪽 하구에 위치했던 우르Ur 같은 수메르의 성곽 도시에서는 바깥쪽 요새와 안쪽 요새 사이의 공간에 나무와 채소를 재배했다. 또 유프라테스 강 중부에 위치했던 마리 궁전(기원전 1800년경)에는 야자나무들이 식재된 대규모 궁정이 존재했다. 사막의 땅에서 야자나무는 매우 귀중한 존재였다. '믿음직한 나무'를 뜻하는 닝기쉬지다Ningishzida로 신격화되었을 뿐만 아니라 인간의 언어 능력을 부여받았다. 이러한 정원에서 자란 식물들에 관한 초기 석재 부조들은 이집트의 팔메트palmette(*종려나무 잎을 부채꼴로 편 것 같은 문양)와 로제트rosette(*장미꽃 문양) 외에도 야자류, 소나무류, 사이프러스류, 갈대류, 그리고 덩굴 식물들을 양식화한 렌더링을 포함한다. 한편으로 몇몇 수메르의 기록들은 신들이 어떻게 특정 신전을 방문하여 그들의 정원을 감탄스럽게 바라보았는지를 묘사한다. 가령 수메르 최초의 도시인 에리두에는 희귀한 과일나무와 잉어 연못이, 니푸르에는 독특한 야자나무와 침엽수가 있었다.

기원전 1350년부터 아시리아인들, 그다음 바빌로니아인들과 페르시아인들이 차례로 위대한 제국을 건설했다. 그들은 북쪽 영토의 숲이 우거진 풍경에 대규모 수렵원을 만들었다. 다양한 나무와 꽃이 자랄 수 있는 기후였기 때문에 희귀 동식물과 함께 수렵원을 가득 채울 수 있었다. 또한 파릇파릇한 초목들에 영감을 받은 아시리아 왕들은 관개를 위해 강물을 활용하며 티그리스 강 상류 기슭에 수렵원을 조성하기 시작했다. (당시 사자 사냥은 왕의 스포츠로 여겨졌다.) 이 같은 수렵원은 알렉산드로스 대왕Alexandros the Great에 의해 먼저 복제되었다. 그다음으로 로마인들에 의해, 결국에는 중세 유럽 왕실 공원의 모델이 되었다. 이들 정원으로부터 18세기 경관 공원과 더불어 마침내 현대의 도시 공원이 발달하게 된 셈이다.

사르곤 2세(기원전 721-기원전 705년에 재위)는 두르샤루킨Dur Sharrukin의 넓고 평평한 처녀지부터 오늘날 이라크 모술 근처인 니네베 북동쪽까지 자신의 공원을 조성했다. 그는 설계된 경관을 창조하기 위해 지형을 바꾼 최초의 한 사람이었다. 사르곤 2세는 새로운 등고선 윤곽을 만들고자 어마어마한 양의 토양을 옮기며 모양을 잡았다. 기원전 714년경에 만들어진 얕은 부조는 나무숲이 조성된, 인간이 만든 것이 분명한 언덕을 보여 준다.

사르곤 2세의 아들 센나케리브Sennacherib(기원전 704-기원전 681) 역시 야심 찬 정원 조성가였다. 그는 니네베에 '무적의 궁전'을 새롭게 조성하기 위해 아주 멋진 경관 공원을 설계했다. 16킬로미터가 넘는 장대한 돌 수로를 통해 물을 산으로부터 정원의 중심부까지, 나무가 무성한 산비탈의 물이 떨어지는 곳으로부터 호수까지 끌어들였다. 물은 일련의 물탱크에 공급되었는데, 각각은 초기 청동 버전의 아르키메데스 나선 양수기를 장착하고 있었다. (아르키메데스보다 약 4세기 앞섰다.) 이 장치들은 위쪽에 조성된 일련의 아치형

테라스 관수를 위한 물을 길어 올리는 데 사용되었다. 터키 남부 아마누스 산의 암석 경관을 모방한 테라스에는 여러 종류의 향기로운 나무가 식재되었다. 올리브나무와 목화, 뽕나무와 사이프러스, 그리고 습지도 있었다. 습지에는 '왜가리, 멧돼지, (그리고) 온갖 들짐승'이 살고 있어 물의 흐름을 줄여 주었다. 센나케리브 왕은 자신의 정원에 만족했다. 정원에는 '신의 명령에 따라서 덩굴 식물, 갖가지 과일나무, 허브류가 번성했다. 사이프러스와 뽕나무는 크게 자라 개체 수를 늘렸다. 갈대밭은 빠르게 자라 막대한 비율로 커졌다. 하늘의 새들과 물새들이 둥지를 틀었다. 그리고 야생의 씨앗들과 숲의 짐승들이 자손들을 많이 퍼뜨렸다'. 특히 80킬로미터에 달하는 수로가 도시와 과수원 및 농작물을 위한 풍부한 물을 공급했기 때문에 왕은 '모든 사람을 위한 경이로운 선물'을 만들고는 대단히 기뻐했다.

'신新바빌론'으로 알려진 도시에서 네브카드네자르 왕의 것보다 한 세기 전에 만들어진 이 정원은 고대 세계 7대 불가사의 중 하나로도 유명한 전설적인 공중 정원으로 여겨진다. 철저한 고고학적 조사에도 공중 정원은 바빌론이나 그 근처에서 발견된 적이 없었다. 메소포타미아 학자인 스테파니 달리의 평생에 걸친 연구가 니네베에 있는 공중 정원의 위치를 뒷받침할 만한 설득력 있는 텍스트 증거를 발굴했다. 그뿐만 아니라 그리스 역사가들이 묘사한 울창한 정원이 바빌론의 사막 환경에서는 불가능했음을 보여 주었다. 센나케리브의 손자 아슈르바니팔Ashurbanipal(기원전 668-기원전 627년경) 통치기에 만들어진 것으로, 현재 런던에 있는 영국 박물관에서 소장 중인 조각판들 중 하나는 한때 성숙기에 도달한 센나케리브 왕의 정원을 묘사했다고 여겨진다. 다른 조각판들은 아슈르바니팔 자신의 정원들과 야생 동물들을 보여 준다. 그는 이국적이고 진기한 동식물에 대한 열정적인 수집가였다.

◀ 바빌론의 공중 정원. 1886년에 뮌헨에서 〈세계 7대 불가사의〉라는 제목으로 간행된 페르디난트 크나프의 판화 시리즈에서 발췌했다. 이 원예학적 경이로움은 기원전 1세기의 그리스 역사가 디오도로스 시켈로스에 의해 처음 기술되었다. 그는 바빌론의 공중 정원을 고대 세계의 7대 불가사의 중 하나로 일컬었다. 정원이 만들어진 지 적어도 600년이 지난 후에 고전 역사가들은 네브카드네자르 2세에게 공을 돌렸다. 그는 기원전 6세기의 통치자로, 아내이자 메디아 왕의 딸인 아미티스를 위해 공중 정원을 만들었다고 알려져 있다. 그녀는 편평한 삼각주 지대에 살면서 북쪽에 있는 고국의 언덕과 초원을 그리워했다. 하지만 최근의 학술적 근거에 의하면 이 경이로운 정원은 네브카드네자르 2세보다 이른 시기의 왕에 의해, 다시 말해 바빌론이 아니라 오늘날 이라크 모술과 가까운 니네베에 조성되었음이 거의 확실시되고 있다.

▲ 메소포타미아 학자 스테파니 달리가 니네베에 위치한 센나케리브의 정원을 그린 삽화다. 기원전 7세기의 부조 판 일부에서 발췌했다. 제단이 있는 길은 파빌리온으로부터 이어져 있고, 시냇물이 그 길을 가로질러 나무와 관목이 울창한 숲으로 흘러간다. 뾰족한 아치가 있는 수로가 비탈에서 흘러내리는 물을 정원의 중심부까지 가져온다. 정원은 그리스 극장처럼 반원형으로 보이는데, 디오도로스 시켈로스가 바빌론의 공중 정원을 묘사한 모습과 같다.

▲ 기원전 645년경 만들어진 이 부조는 센나케리브의 손자인 아슈르바니팔과 그의 아내가 니네베의 왕실 공원에 있는 모습을 보여 준다. 그들은 야자나무와 소나무들 옆으로 포도 덩굴이 자라는 정자 아래서 연회를 즐기고 있다. 정원에 보이는 승리의 전리품 중에는 새로운 나무들이 여럿 있다. 하나에는 정복당한 엘람 왕의 잘린 머리가 매달려 있다.

이 시기에 만들어진 많은 석재 부조를 통해 정원의 모습을 엿볼 수 있다. 그러나 식물 묘사가 양식화되어 있어서 식물을 정확하게 식별하기는 쉽지 않다. 그에 반해 아시리아 왕 아슈르바니팔의 식물들은 충실히 기록되었다. 소나무류와 사이프러스류, 나무들을 척척 감고 있는 덩굴 식물들, 릴리움 칸디둠*Lilium candidum*, 릴리움 칼케도니쿰 *L. chalcedonicum*처럼 확실하게 인식할 수 있는 백합 종류들도 있다. 신들과 왕족들과 관련 있는 야자나무는 신성한 수련과 마찬가지로 쉽게 인식할 수 있으며, 중동 지역과 이집트 전역에 걸쳐 선물과 제물로 제공되었다.

기원전 627년 아슈르바니팔이 죽은 지 15년이 지난 후 니네베는 메디아에 함락되었다. 아시리아 제국은 멸망했고, 이후 출현한 페르시아 또는 아케메네스 제국은 지금까지 알려진 세계에서 가장 큰 제국이었다. 서쪽으로는 이집트와 그리스, 동쪽으로는 중국과 국경이 맞닿을 정도였다. 기원전 550년 메디아를 정복한 키루스 대제Cyrus the Great(기원전 559-기원전 530)로부터 시작되어 기원전 330년까지 지속되다가 알렉산드로스 대왕(기원전 356-기원전 323)에게 정복되었다. 키루스 대제는 10년 안에 이란 동부 부족들을 제압하고 바빌로니아인들을 정복함으로써 자신의 제국을 공고히 했고, 당시 이미 알려져 있던 세계에 대한 메소포타미아의 지배를 종식시켰다. 이 새로운 문명에서 오늘날 이란의 시라즈 북동쪽 지역에 해당하는 파사르가대Pasargadae(*아케메네스 왕조 최초의 수도)에 위치했던 키루스의 정원(57쪽 참조) 같은 정원들은 지금도 매우 중요하게 여겨진다. 실개천, 분수, 파빌리온 외에도 '4중' 테마를 가진 아케메네스 정원의 패턴은 7세기 이슬람 정원의 기초를 형성한다(3장 참조).

◀ 격자무늬 식재 화단으로 된 기원전 2000년경의 장례 정원이다. 2017년 룩소르의 암굴묘 입구 안뜰에서 발견되었다. 한쪽 구석에는 위성류가 서 있는데, 뿌리와 줄기가 여전히 붙어 있다. 바로 옆에는 종교적인 공물로 보이는 대추야자 열매와 다른 과일들이 담긴 작은 그릇이 발견되었다.

고대 이집트의 식물들

THE PLANTS OF ANCIENT EGYPT

이집트의 가드닝은 포도*Vitis vinisfera* 품종들의 재배와 함께 시작되었다고 추정한다. 포도 덩굴은 대추야자*Phoenix dactylifera* 또는 둠야자*Hyphaene thebaica*보다도 자주 등장했다. 이집트 고왕국 시대 무덤들 가운데 적어도 24개에 포도 재배가 묘사되어 있다. 보다 이른 시기에는 이웃하는 나무들 사이를 관통하며 엮여 있는 갈라진 지주대 위에서 재배되었다. 하지만 그림들에는 곡선 또는 평평하고 넓은 형태의 퍼걸러pergola(*덩굴 식물을 올리기 위한 시설물)를 타고 자란다. 이렇게 하면 열매 생산 외에도 정원에 그늘을 제공하는데, 오늘날에도 볼 수 있다.

파피루스에 적힌 연가에서 한 소녀가 정원에 생명을 불어넣는다.

> 내가 꽃들과 달콤한 향기를 지닌
> 허브를 심어 둔 이 땅 한 조각처럼
> 나는 그대에게 속해 있네.
> 그대의 손으로 일군
> 그 물결 속의 달콤함은
> 북풍에 생기를 되찾았네.
> 내 손에 그대 손을 잡고
> 거닐기에 사랑스러운 곳이어라.

이집트인들은 부케와 화환, 신전에 바칠 공물, 그리고 방부 처리와 의약품에 이용하고자 꽃을 재배했다. 그들이 재배했던 식물들 정보는 매장 당시 무덤에 함께 놓였던 가구와 무기 같은 인공물 외에도 뿌리, 씨앗, 꽃가루, 그리고 잔류 탄소의 발굴과 분석으로부터도 얻을 수 있다. 대다수는 파피루스에 상형 문자와 함께 그려진 그림들에 표현되어 있다. 어떤 꽃들은 종교적인 의례 절차상의 역할을 가졌다. 흰수련*N. lotus*도 사용되긴 했지만 상부 이집트의 상징으로 나일 강 삼각주에 분포했던 신성한 파란수련*Nymphaea caerulea*은 가장 중요한 꽃이었다. 겨울에 사라지고 봄에 다시 새로워지는 수련의 생활 주기는 부활을 상징했다. 초여름 궁전과 신전의 연못은 파란색과 흰색 꽃들로 가득했다.

나무들 역시 종교적 상징성을 지녔다. 대추야자는 이집트의 신 레Re와 민Min에게 헌정되었다. (민을 상징하는 또 다른 신성한 식물로 상추가 있다.) 둠야자는 토트, 돌무화과나무*Ficus sycomorus*는 하토르, 위성류는 오시리스를 상징했다. 무덤에 아주 빈번하게 그려졌던 이 나무들은 신성한 경관을 창조하기 위해 신전 건축물의 골격을 이루었고, 망자를 둘러싼 의식에서 역할을 수행했다.

2017년 룩소르에서 발견된 장례 정원 입구에는 3×2미터 크기의 직사각형 격자 화단이 있었다. 한쪽 구석에는 위성류 한 그루가 있었는데 4000년이 지났음에도 여전히 똑바로 서 있다. 위성류의 가지들은 오시리스의 영혼이 새의 모습으로 현신하여 태양으로 다시 태어나기 위해 휴식을 취하는 장소였다. 위성류는 고인들의 영혼의 부활을 위한 정기 기항지를 제공했다.

▲ 기원전 2009–기원전 1998년경에 테베에서 만들어진 집과 정원이 있는 작은 나무 모형이다. 멘투호테프 2세의 재상이었던 메케트레의 무덤에서 발견되었다. 채색 후 석고 가루를 입혔다. 구리로 마감된 연못 주변으로는 돌무화과나무들이 배치되어 있다. 현재 뉴욕 메트로폴리탄 박물관에 소장되어 있는데 가장 이른 시기 정원의 모습을 표현한 것 중 하나다.

풍요로운 나일 강 Fruitful Nile

무덤 벽화를 통해 알려진 이집트 고대 정원들에는 현대 정원사들이 특별히 흥미로워할 만한 점들이 있다. 오늘날에도 여전히 볼 수 있는 정형식 정원(*기하학적 형태에 따라 배열된 정원)의 출발점을 제공하기 때문이다. 이집트는 외국의 영향으로부터 상대적으로 동떨어져 있었다. 그리고 나일 강 계곡, 삼각주, 멤피스와 오늘날 카이로 남서쪽에 위치한 파이윰 지역에 국한된 농업 경제와 더불어 해마다 나일 강이 범람하면서 불가피하게 형성된 독자적인 정원 문화를 발달시켰다. 담으로 둘러싸인 소규모 구역에서만 영구적인 식재가 가능했기에 수메르인들과 훗날 아시리아인들이 선호했던 광대한 수렵원이 발달하게 된 데에는 의문의 여지가 없었다. 19세기 고고학자들이 발견한 무덤 벽화를 통해 이들 소규모 이집트 정원이 유용한 과일나무와 포도 덩굴 정자, 연못과 물새를 위한 식물, 그리고 관상용 꽃들로 채워져 있었음을 알 수 있다. 수 세기에 걸쳐 새로운 나무들, 허브류, 향신료가 외국으로부터 도입됨에 따라 작은 사유지를 비롯한 보다 큰 규모의 신전 정원에서 재배하는 식물의 범위는 점점 다양해졌다. 향기를 지닌 꽃과 허브류는 시신의 방부 처리에도 필요했지만 정원, 부케, 그리고 해마다 나일 강의 범람을 보장받을 수 있도록 신을 달래기 위한 도포제를 만드는 데에도 꼭 필요했다.

기원전 2686년경에 이집트 고왕국의 토대가 마련된 시기로부터 기원전 330년에 알렉산드로스 대왕에게 침공받기까지, 이집트의 정치 구조와 종교 관습(둘은 불가분의 관계다)은 매우 안정적으로 유지되었다. 정원과 식물은 종교 의식에서 중요한 역할을 수행했다. 파피루스 또는 점토에 새겨진 상형 문자와 발굴된 유물에서 볼 수 있는 변화는 매우 미미하다. 무덤 벽화에 묘사된 정원 양식은 수 세기에 걸쳐 거의 바뀌지 않았다. 심지어 파라오 아케나톤(기원전 1353–기원전 1336년에 재위)이 국가 종교 개혁을 시도했지만 짧은 실패로 끝났을 때에도 마찬가지였다.

초기부터 이집트 통치자들은 피라미드 주변에 나무숲을 조성했다. 훗날 파라오들은 신전 내부와 주변에 확장된 장례 정원을 만들었다. 오늘날 룩소르의 나일 강 건너편에 위치한 테베의 데르 엘 바하리와 카르낙에 조성된 정원들이 그 예다. 무덤 벽화에 왕실 정원이 묘사되어 있지는 않았지만 궁정 고관들과 지주들의 정원은 잘 나타나 있었다. 어느 정도 예로부터 전해 내려오는 특정한 예술 관습을 재현할 뿐이지만 정원에 대해서는 상당히 일관된 모습을 제공한다. 정원은 항상 담장 안쪽에 조성되었다. 그리고 운하와 연못, 열매와 그늘을 위한 파빌리온과 나무들이 기하학적 패턴으로 배치되었다.

정원 관리는 매우 힘든 일이었다. 이집트의 정원 노동자들은 열악한 환경에서 일하면서 기술을 습득해야 했으나 헬레니즘 시대에 이르기까지 지중해 전역에 걸쳐 수요가 많았다. 마치 19–20세기에 런던 큐 가든Kew Royal Botanic Gardens(*큐 왕립 식물원)에서 훈련받은 정원사들이 서양의 국제 원예 세계에서 활약한 것과 마찬가지다. 정원 노동자는 흙을 운반하고, 물을 주고, 모래와 진흙으로 댐을 건설하고, 사막에서 불어온 모래를 치우고, 땅을 파고, 거름을 주는 등 아주 힘든 삶을 살았다. 단지에 새겨진 계약서에 따르면 정원사는 일과가 끝난 저녁에도 흙을 운반할 바구니를 만들어야 했다. 아래 시의 한 구절은 정원사의 삶을 생생하게 들려준다.

정원사는 멍에를 메고 있다.
나이가 들면서 그의 어깨는 굽어진다.
그의 목은 부어오르고
급기야 곪아 터진다.
아침에는 채소에 물을 주고,
한낮에는 과수원에서 노역하며,
저녁에는 허브를 보살피며 시간을 보낸다.
그는 죽을 만큼 일한다.
다른 어떤 직업보다 더.

정원사들의 일은 잔혹한 노동이었음에 틀림없다. 땅 주인이 일꾼을 호령한다. '단단히 주의를 기울여라. 나의 모든 땅을 쟁기로 일구고, 체로 알곡을 거르고, 코를 처박고 일에 전념하라.'

이집트 정원에 관한 가장 오래된 기록은 고왕국 시대다. 고대 이집트 제4왕조의 파라오 스네프루(기원전 2613년경-기원전 2589) 통치기에 북부 델타 지역의 총독이었던 메텐은 무덤 벽에 자신이 이룬 성취의 세부 사항을 새겨 놓았다. 대부분의 상형 문자는 그림이었고 대다수는 양식화된 식물들, 특히 파피루스, 다양한 나무들, 수련을 묘사한다. 집과 연못을 갖춘 메텐의 정원은 그가 소유한 사유지의 핵심이었다. 면적이 1헥타르(1만 제곱미터)였고, 그 너머로 405헥타르(405만 제곱미터)에 이르는 포도밭이 더 있었다. 안에는 '매우 큰 호수'와 '좋은 나무들'이 있었다. 이 정원의 레이아웃은 500여 년이 지난 후인 중왕국 이집트 제11왕조의 파라오 멘투호테프 2세Mentuhotep II의 재상이었던 메케트레에게 매우 친숙했을 것이다. 그의 무덤 바닥에 묻혀 있던 인형의 집 크기로 만들어진 나무 조각 모형은, 밝은 녹색으로 칠해진 돌무화과나무 그늘 아래 연못이 있는, 담으로 둘러싸인 정원을 보여 준다. 포르티코portico(*건물 입구부에 기둥들이 지붕을 받치고 있는 주랑 현관) 기둥은 파피루스 줄기를 본떠 조각되었다. 파피루스*Cyperus papyrus*만이 아니라 대추야자, 자생 파란수련과 부채야자*Chamaerops humilis* 같은 식물들은 이미 건물과 신전의 건축 디자인으로 사용되었다. 기원전 1600년에 파피루스에 적힌 이야기들은 보다 이른 시기의 왕이 자신의 연못에서 뱃놀이를 하는 장면을 들려준다. 연못은 망사만 걸친 약 스무 명의 미녀들이 그를 위해 노를 저을 만큼 컸다. 추가 시리즈에서는 악어 한 마리가 연못에 숨어 있다가 여왕의 정부를 잡는 장면이 나온다.

이집트의 신전 정원 Egypt's Temple Gardens

기원전 1470년경에 강력한 하트셉수트 여왕은 이국의 나무를 도입한 최초의 이집트인으로 기록되었다. 궁정 관리의 무덤에서 발견된 구절에 따르면 '이집트 전체가 머리를 숙이고 일하도록 만든' 여왕이었다. 이집트인들에게 푼트Punt(*아프리카 홍해 연안 지역에 위치했던 고대의 지명)의 땅으로 알려진 소말리아 주변 지역으로부터 많은 나무들이 도입되었다. 이동 중에도 잘 보호되도록 뿌리는 바구니 안에 감싸졌다. '신의 나라로부터 온 사랑스러운 식물들, 수북이 쌓인 몰약myrrh과 몰약나무, 흑단과 진품 상아… 향목'도 포함되었다. 유향나무*Boswellia sacra* 또는 이와 동등한 가치를 지닌 몰약나무*Commiphora myrrha*는 테베 서부에 위치한 데르 엘 바하리와 카르낙의 신전들을 위한 귀중한 향을 제공했을 것이다. 불행하게도 이른 시기에 도입된 많은 식물들과 마찬가지로 오래 살아남지는 못했다.

대추야자

THE DATE PALM

대추야자는 6천 년에서 8천 년 동안 재배되어 왔다. 속屬, genus명인 포이닉스*Phoenix*는 아라비아 사막에 사는 신화 속의 새를 뜻한다. 이 새는 500-600년마다 불의 시련을 통해 스스로 되살아난다고 한다. 비옥한 초승달 지역과 나일 강 삼각주에서 출현한 문명의 경제는 야자나무에 의존적이었다. 야자나무 열매는 일 년 중 대부분의 기간 동안 이 지역의 주요 작물이었다. 아랍의 오랜 구전에 따르면 일 년의 날수만큼이나 쓰임이 많다. 잎과 야자나무 껍질에서 나온 섬유는 밧줄과 바구니를 만드는 데 사용되었고, 천막 제작용 직물을 생산하기 위해 낙타털과 함께 엮는 데 쓰였다.

원래 이집트 무덤의 정원 벽화에 그려졌던 대추야자는 하나의 줄기로 자라는 모습 덕택에 기후만 적절하다면 어느 곳에서건 장식적인 나무로 쓰인다. (때로는 둠야자와 함께 사용되는데, 가지를 뻗는 습성으로 구별할 수 있다.) 하지만 무더운 기후, 염분기가 있는 심토에 뿌리내리고 생존할 수 있기에 특히 이슬람과 요르단 같은 나라의 사막 개간 계획에서 인기가 높다.

대추야자는 암수딴그루 식물이다. 웅성 및 자성 기관이 각각 다른 그루의 다른 꽃에 있다. 하지만 하나의 수그루가 최대 100본에 이르는 암그루를 수분시킬 수 있다. 주로 과수원에서 재배되었던 야자류는 소나무류, 석류 종류와 함께 특정한 상징성을 지닌다고 여겨졌고, 나무 아래에서 특별한 의식이 행해졌다. 대추야자는 아랍어로 나클nakhl 또는 나킬nakhil로 불리고, 열매는 타마르tamar라고 한다. 대추야자는 코란에 스무 차례나 언급된다. 나킬스탄nakhilstan으로 불리는 대추야자 정원은 오아시스를 뜻한다.

◀ 이 대추야자 판화는 피에르 장-프랑수아 터핀(1775-1840)의 삽화로부터 만들어졌다. 쇼메통, F. P. 푸아레 & 캉브레의 『플로르 메디칼Flore Médicale』에서 발췌했다.

하지만 신전에 새겨진 부조에는 이 나무들이 묘사되어 있으며, 이집트로 오게 된 여정도 글로 기록되어 있다.

하트셉수트와 공동 군주이자 그의 계승자였던 투트모세 3세Tuthmose III(기원전 1479-기원전 1425) 역시 소아시아 원정에서 '신의 세계에서 자라는 모든 식물과 모든 꽃'을 수집하고자 했다. 하지만 그가 수집한 식물들이 심겨진 후에 잘 번성하며 살았는지는 알 수 없다. 여정은 길고 몹시 고되었을 것이며, 어떤 때는 몇 달이, 때로는 몇 년씩 걸렸을 것이다. 18세기에 대서양 횡단을 통해 식물 교환이 이루어졌을 때와 마찬가지로 씨앗과 알뿌리 식물은 살아 있는 나무들보다 생존 가능성이 훨씬 높았다. 후기 식물학자들의 학문적 식별에 유용했던 건조된 식물 표본은 아직 존재하지 않았다. 하지만 투트모세 3세는 자신의 궁정 화가로 하여금 카르낙에 있는 아문 신전 구역의 벽면에 부조를 새기는 방식으로 이국의 식물들을 그리도록 명했고, 이것은 모래 속에서 후세를 위해 세계에서 가장 오래된 식물 표본으로 남게 되었다.

보다 이른 시기인 기원전 1970년경에 만들어진 멘투호테프 2세의 장제전도 모래에 보존되었다. 바닥판에 그려진 디자인은 20세기에 발견된 나무 구덩이들의 위치와 일치했다. 입구 진입로 양쪽으로 7주의 돌무화과나무와 위성류가 세 줄로 열을 맞춰 식재되었음을 보여 준다. 지금까지 기록된 최초의 가로수길이 아닐까 싶다. 가로수로 조성된 길은 신전에서 신전까지의 행렬 경로를 표시하곤 했다.

기원전 1425년 무렵에 테베의 시장이었던 센네페르는 자신의 무덤에 당시 아문 신전의 담장 정원을 보여 주는 그림이 그려지도록 했다. 운하 옆에 설계된 정원에는 4개의 연못이 있었다. 나무, 식물, 건물은 입면으로 표현되었고, 모두 이집트의 관습대로 대칭을 이루며 배열되었다. 담장은 필수적이었는데 주요 목적은 (가축화된 염소를 포함한) 동물들을 차단하기 위함이었지만 만 지역에 날려 쌓이는 모래를 막기 위한 이유도 있었다. 야생 동물로부터의 위협은 기원전 732년-712년의 테베의 한 정원 소유주의 기록을 통해 확인되었다. 그녀는 자신의 정원을 방문할 때 늑대와 하이에나가 가까이 오지 못하도록 창과 칼을 지닐 것을 당부했다.

무덤 회화 Tomb Paintings

기원전 1600년경, 이집트 신왕국 팽창주의자들의 시대에 부유한 개인들의 무덤 벽에서 발견된 그림들은 (아마도 고인이 소유한) 실제 정원의 풍경과 더불어 농업, 사냥, 어업의 장면들이 어우러진 모습을 분명하게 묘사하고 있다. 한편으로 종교적 관점을 가지기도 했다. 예를 들어 기원전 1350년경 테베에 살았던 서기관 네바문의 무덤에는 한 나무로부터 모습을 드러내는 여성을 볼 수 있다. 그녀는 무덤 주인이 사후 세계로 가는 동안 이용할 양식을 제공하는 돌무화과나무의 여신인 누트 또는 하토르로 추정된다. 과일나무와 꽃은 모두 대지의 풍요로움과 신령스러운 관계를 맺고 있으며, 자양물만이 아니라 신들에게

▶ 룩소르 시 반대편, 나일 강 서안의 데르 엘 바하리에 있는 하트셉수트의 장례 사원. 이 사원에서 피운 향은 몰약, 유향 등 외국에서 도입된 종에서 유래했다.

바칠 공물을 제공했다. 꽃과 과일나무는 특히 태양신 아문-레와 관련 있었다.

물론 동시대 정원들의 모습이 이와는 전혀 달라 보였을 수도 있다. 종교적 상징과 예술적 관습을 일상의 현실과 구분하는 일은 매우 어렵다. 가령 수확 풍경은 특정 정원의 특정 장면을 기록한 것이라기보다는 계절 주기의 영속성을 보장하기 위해 포함되었는지도 모른다. 대추야자들 사이에 매달린 듯 그려진 연못은 하나의 성스러운 공간을 의미했지, 정작 주인의 정원과는 전혀 상관없었을지도 모른다. 식물을 식별하기도 어렵다. 위에서 혹은 옆에서 본 모습으로 그려질 수 있기 때문이다. 많은 그림에서 돌무화과나무는 모든 나무들을 위한 패턴으로 기능한 것처럼 보인다.

이러한 예술 관습의 대부분은 기원전 2000년 이전인 대大 피라미드의 시대에 이미 잘 정립되었다. 그뿐만 아니라 이후 1500년 동안 유지되었다. 하지만 그림과 발굴지는 모두 직사각형 또는 T자 모양 연못이 있는 대칭형 정원 배치를 둘러싸는 높은 담에 대한 증거를 제공한다. 그림과 발굴지에서 쌍을 이룬 숲, 쌍을 이룬 나무, 쌍을 이룬 연못이 자주 발견되었다.

가장 규모가 큰 개인 정원 중 하나는 기원전 15세기 테베의 센네페르 무덤에 나타나 있다. 기둥들이 세워진 장엄한 입구는 옆쪽으로 난 수로에서 들어가게 되어 있으며, 작은 안뜰로 이어져 있다. 문 하나를 열면 담으로 둘러싸인 넓은 공간이 나온다. 그곳에는 열매와 그늘을 제공하는 나무들이 줄지어 서 있고, 집 입구에 그늘을 드리우는 포도 덩굴 정자와 함께 작은 채마밭이 있다.

거의 확실하게 이상이 아닌 실제 모습을 보여 주는 정원도 있었다. 투트모세 1세(기원전 1506-기원전 1493년에 재위)의 건축 담당관이었던 이네니는 나무 수집가였다. 그의 무덤에 그려진 그림에 의하면, 왕가의 계곡에 있는 그의 집 뒤쪽에는 물고기와 수련이 자라는 직사각형 연못을 포함한 정원이 있었다. 화가는 비록 완전한 도면을 그리지는 못했으나 선택된 나무들은 여러 줄로 늘어서 있었고, 이네니 과수원의 식물 목록도 함께 적어 놓았다.

기원전 제2천년기까지 기하학적으로 둘러싸인 이집트 정원 모델은 레반트와 메소포타미아로 퍼져 나갔다. 그 후 페르시아가 통치한 중동 지역에 나타난 위대한 정복자들의 정원은 우리에게 파이리다에자pairidaeza라는 단어를 선사했다. '주변'을 뜻하는 파이리pairi와 '담장'을 뜻하는 다에자daeza의 합성어다. 이 시기에 정원의 향유에 관한 온전한 미학도 확립되었다. 그들의 정원은 그늘진 파빌리온에서 바라보도록 설계되었다. 수로와 화단은 관개를 쉽게 하고자 동선 높이보다 아래에 위치했고, 나무숲은 관수를 용이하게 할 수 있도록 엄격하게 열을 맞추어 배치되었다. 기원전 6세기에 시라즈 부근 파사르가대에 위치한 키루스 대제의 궁전(57쪽 참조)에는 리드미컬한 패턴의 실개천들이 정사각 형태의 유역으로 흘러들었다. 이것이 이슬람의 차하르 바그chahar bagh 혹은 '사분四分' 정원의 전신이다.

'파이리다에자'를 그리스어 '파라데이소스paradeisos'로 맨 처음 번역했던 사람은 역사가 크세노폰(기원전 354년에 사망)이었다. 그는 기원전 5세기 페르시아의 왕이었던 소小 키루스(기원전 401년에 사망)가 어떻게 전쟁만이 아니라 경작에도 능했는지를 언급했다. '왕은 어느 나라에 거주하건 간에… 거기에 정원, 소위 즐거움을 위한 정원이 있는지 중요하게 여긴다. 그는 대지가 가져다주는 온갖 좋은 것들로 가득 차 있는 정원에서 대부분의 시간을 보낸다.'

구약의 첫 번째 번역에서 '파라데스parades'는 정원을 뜻하는 말로 사용되었다. 유대교와 기독교 전통에서 '파라다이스'는 에덴동산과 연관을 맺게 되었다. 그곳은 태초에 사람이 하느님과 조화를 이루며 살았던 평화롭고 풍요로운 장소다.

정원에 대한 성스러운 비전은 신학의 교리와 이슬람 정원의 발달에도 중요한 코란에 대한 해석으로 확장되었다. 7세기부터 이슬람교는 천국을 기쁨의 정원으로 상상했고, 지상의 정원은 독실한 신자를 기다리는 기쁨의 맛보기로 이해되었다.

▶ 나일 강이 범람함으로써 저장된 물은 방아두레박을 이용해 퍼 올렸다. 여전히 이집트에서 사용되는 이 장치는 기둥을 세우고 기다란 장대를 균형 있게 걸쳐 한쪽 끝에는 평형추 역할을 하는 진흙 양동이를 매달고, 다른 한쪽에는 빈 두레박을 달아 물을 담는다.

사막에 물 주기

WATERING THE DESERT

이집트인과 메소포타미아인의 문화에는 그들이 농작물과 정원에 물을 공급하기 위해 혁신적으로 탐구한 흔적들이 확연히 드러나 있다. 나일 강 계곡 지역의 강우량은 극히 미미했지만 신중한 관리를 통해서 매년 범람하는 나일 강으로부터 물을 확보했다. 농작물을 재배하고 점점 더 정교해지는 정원에 물을 대기에 충분한 양이었다. 덕분에 여름 가뭄 내내 식물들이 풍성하게 유지될 수 있었다. 세 계절이 모든 식물의 성장을 제어했다. 홍수, 실트silt의 퇴적, 그 뒤에 오는 겨울과 여름이 그것이다. 아랍의 시인 알-마수디에 의하면 7월과 10월 사이에 범람이 일어난 후, 이집트는 '진흙의 검은 옷'을 입었다. 1월부터 3월까지 이집트에는 들판과 정원에 씨앗들이 싹트며 짙은 연무를 만들어 내는 '초록의 옷'으로 바뀌고, 4월부터 6월까지는 '황금 덩어리'로 익어 간다.

이러한 계절의 결과로 이집트 정원에는 두 가지 특징이 나타났다. 첫째, 모든 영구적 식재는 범람 시기 동안 나일 강이 도달하는 수위보다 높아야 했다. 깊게 뻗어 내려가는 곧은 뿌리를 가진 나무들이 성공 가능성이 가장 높았다. 대다수는 관수가 용이하도록 진흙 반죽으로 만든 담으로 둘러싸인 구덩이에 식재되었다. 둘째, 물은 일련의 제방을 통해 연못과 운하에 수집되었다. 부유한 시민들의 정원에는 우물과 저수지가 있었다. 물은 방아두레박으로 알려진 장치를 이용해 댐, 테라스, 수문의 정교한 시스템으로부터 길어 올려졌다. 이집트인들이 완성한 관개 시스템은 서로 평행하게, 그리고 직각으로 된 수로를 갖추어 주기적으로 침수되었다.

Gardens of Ancient Greece and Rome

고대 그리스와 로마의 정원

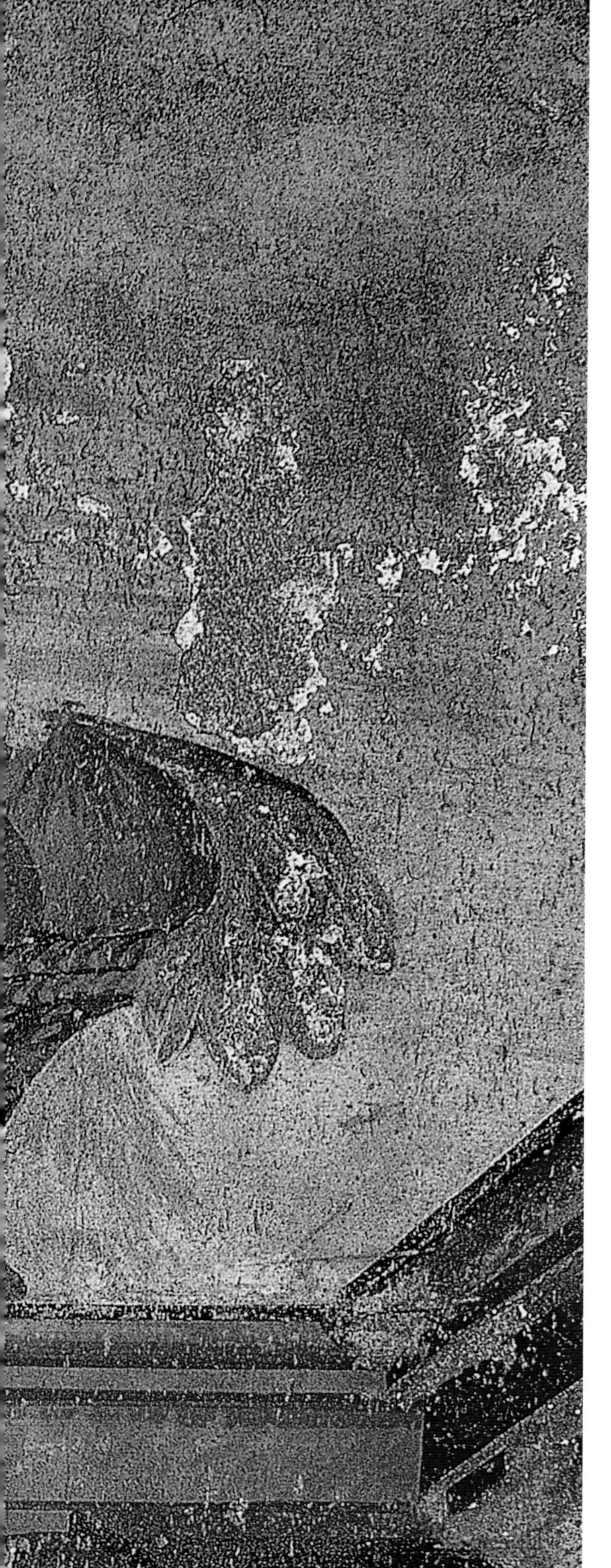

우리가 기르는 꽃과 허브 등의 많은 식물이 지중해 국가들로부터 왔다. 로마의 위대한 박물학자였던 대大 플리니우스Pliny the Elder(23-79)가 기록했거나 로마의 농업 설명서에 등장했던 이 식물들은 고대 그리스와 로마인들에게도 친숙했을 것이다. 고전 세계는 식물학의 언어만이 아니라 서구 문명의 근간으로 남아서 우리 관습의 이름과 본성을 형성하고, 도시와 정원 속에서 수 세기를 견뎌 낼 건축의 모델을 제공했다.

로마인들은 세련된 정원 문화를 창조했다. 고대 로마 제국의 몰락 이후에는 아랍의 학자들에 의해, 그리고 중세 시대에는 유럽의 수도원에서 보전되었다. 그리스인들은 정원사는 아니었지만 오늘날 우리가 정원을 만드는 방식에 대한 근본적인 형태를 잡아 주었다. 경관의 아름다움에 관한 그들의 심오한 감각은 오늘날에도 영향을 미친다. 그들은 종교적 의미를 지닌 특출나게 아름다운 장소에 투자했으며, 신성한 숲과 샘과 산 정상에서 신과 교감했다. 그리스 신화는 수려한 경관 속에서 자란 꽃과 나무와 엮여 있다. 가령 님프는 덤불로 변했고, 실연한 젊은이들은 꽃으로, 죽은 자들은 아스포델asphodel의 들판에 잠들었다. 이와 같은 직관은 맨 처음 로마인들에게 그다음에는 유럽 르네상스 시대의 문인과 건축가들에게 영향을 미쳤다. 결과적으로 18세기 영국의 정원 조성가들에게 영감을 주었을 것이다.

◀ 무화과 바구니를 그린 1세기의 프레스코화. 이탈리아 폼페이 인근 오플론티스에 위치한 빌라 포파이아Villa Poppaea에 소장되어 있다.

그리스의 정원 The Garden of Greece

21세기의 자연스러운 정원은 고대 그리스가 뿌리라고 주장할 수 있다. 높은 담장을 쌓아 자연의 파괴적인 힘으로부터 정원을 보호할 수밖에 없었던 이집트인들과 달리, 그리스인들은 수 세기가 지난 후에 그들을 연구했던 이들과 마찬가지로 '모든 자연이 정원이었다'라고 쉽게 믿을 수 있었기 때문이다. 그리스는 산악 지형과 물 부족 때문에 원예를 지속하기에 부적합했다. 또 8세기에 호메로스Homeros의 시에 묘사되기 훨씬 전부터 대부분 지역의 삼림이 인간과 염소에 의해 파괴되었다. 반면에 식물상은 매우 풍부했다. 그리스에는 유럽의 다른 어떤 나라보다도 많은 6천 종 이상의 꽃식물과 양치식물이 존재했다. 이들은 최초의 약초학자들에게 약용을 위한 표본을 제공했다. 이후에는 다른 나라들의 가드닝 목록을 풍성하게 했다.

그리스인들이 두 번째로 크게 기여한 부분은 식물학이다. 그리스 고전기 시대에 시작되었던 식물 연구는 거의 2천 년 동안 대체되지 않은 식물학적 지식의 핵심을 이루었다. 식물에 대한 과학적 연구는 기원전 4세기에 아리스토텔레스Aristoteles(기원전 384-기원전 322)가 처음 시작했다. 이후 그의 제자 테오프라스토스Theophrastos(기원전 370년경-기원전 287년경)가 뒤를 이었으며, 1세기에 약학자 디오스코리데스Dioscorides(40년경-90)가 『약물에 관하여De Materia Medica』를 집필하면서 절정에 이르렀다. 이 책은 제1천년기가 되기 전에 아랍어로 번역되었고 16-17세기까지 전승되었는데, 북유럽의 식물학자들과 수집가들은 여전히 디오스코리데스가 지중해 동부 지역에서 재배했다고 기술한 허브들을 식별하여 이름을 밝히느라 애를 먹는다. 『약물에 관하여』는 18세기 말에 그리스에서 식물을 연구했던 존 시브토프John Sibthorp(195쪽 참조) 같은 식물학자들에게 중요한 텍스트였다. 그 무렵의 식물학자들과 정원사들은 유용한 식물만큼이나 관상용 식물에도 관심을 가졌다.

고고학자들이 제1천년기 이전 크레타 섬과 티라 섬(현재의 산토리니)에서 행해진 가드닝 흔적들을 일부 밝혀냈다. 또 시민에게 중요한 종교적 장소에 나무를 심었다는 확고한 증거가 있다. 그럼에도 관상용 정원은 초기 그리스인들의 삶에 아무 역할도 하지 못했던 것으로 추정한다. 그리스인들은 식물의 아름다움에 분명히 깨어 있었다. 아테네를 '보랏빛 왕관'(보라색 꽃이 피는 자생종인 아네모네 코로나리아*Anemone coronaria*를 의미)이라 칭했으며, 호메로스는 자신의 시에 아름다우면서 유용한 식물들만 기술했다.

그리스 본토는 너무 건조하고 산악 지대가 많은 '정원을 가꿀 수 없는' 환경이라 녹음이 짙은 곳, 특히 물이 흐르는 곳은 풍부한 신화로 가득해졌다. 신들과 인간 영웅들이 거주하는 이 황홀한 경관은 호메로스의 작품에 잘 드러나 있다. 그는 아폴로, 아테나, 아프로디테에게 바쳐진 성스러운 정원과 시냇물이 흐르는 숲과 초원의 목가적 풍경에 대해 썼다. 『오디세이』 제5권에서 오디세우스가 잡혀 있던 요정 칼립소의 깊은 동굴 속에는 포플러, 버드나무, 오리나무, 키 큰 사이프러스가 무성했다. 동굴 입구 주변에는 포도나무가 '잘 익은 포도송이들을 주렁주렁 매단 채 제멋대로 뻗어 나가고' 있었다. 그곳에는 '이쪽으로 혹은 저쪽으로 흐르도록 설계된 4개의 수정 개울을 가진' 4개의 샘이 있었다. 그로토grotto 혹은 님파이움nymphaeum(*물의 요정 님프를 위한 일종의 인공 동굴)에 관한 최초의 묘사임에 틀림없다.

▶ 그리스인들은 델포이에 위치한 아테나 프로나이아 신전처럼 멋진 전망을 갖춘 빼어나게 아름다운 장소에 신전과 원형 극장을 지었다.

또한 호메로스의 시에는 나무와 관목이 신의 화신이고, 동굴과 그로토, 샘이 님프와 드라이어드dryad가 사는 곳이다. 마법의 힘을 가진 허브는 자주 『일리아스』와 『오디세이』에 등장한다. 절벽에 흐르는 '은빛 물줄기,' 바다에 부는 '검은 바람', '사람의 육체를 떠난 유령'과 '영혼의 거처인 아스포델의 초원' 모두가 그리스의 산과 허브 향이 가득한 계곡의 드라마 같은 무언가를 전해 준다.

『오디세이』에서 정원에 관한 두 가지 묘사를 찾을 수 있다. 담으로 둘러싸인 알키노오스의 풍성한 과일나무 정원(제7권)과, 오디세우스의 아버지인 라에르테스가 정성껏 가꾼 정원(제24권)이다. 우리는 이 두 정원들 사이에서 정원의 지형에 관한 모든 요소, 즉 자양물 섭취와 그늘을 위한 풍성한 과일나무, 잘 정돈된 텃밭, 포도밭과 수로로 연결된 물 공급원을 발견할 수 있다. 이 모두는 이미 당시 중동과 이집트 정원의 일반 기준이었다.

크레타와 산토리니로부터의 증거의 파편들

Shards of Evidence from Crete and Santorini

그리스인들이 식물의 형태를 즐겼다는 구체적인 증거는 먼저 화분, 꽃병, 프레스코화의 장식에서 드러났다. 대부분 4000년 전에 만들어진 것들이다. 크노소스에 있는 미노아 궁전의 프레스코화에는 붓꽃과 백합, 그리고 지중해 많은 섬들의 해변에서 자라며 가을에 개화하는 바다수선화*Pancratium maritimum* 같은 꽃들이 묘사되어 있다. 이집트로부터 도입된 대추야자와 파피루스도 있다. 이는 그 나라와의 교역이 매우 활발했음을 말해 준다. 기원전 제2천년기인 초기의 프레스코화는 장미에 대한 가장 이른 시기의 묘사도 보여 준다. 이집트와의 교역을 통해 도입된 상上 나일 지역의 로사 리카르디*Rosa × richardii*, 개장미dog rose라고 불리는 로사 카니나*R. canina*, 또는 마케도니아에서 온 로사 센티폴리아*R. × centifolia*로 추정한다. 장미는 고전 시대가 끝날 때까지 로도스 섬에서 집중적으로 육성되었고, 향기로 매우 유명해졌다.

백합은 미노아 문명의 조각뿐 아니라 프레스코화에서도 두드러진다. 검은 동석으로 만들어진, 뒤로 젖혀진 백합 꽃잎처럼 생긴 꽃병은 장례 의식에 사용되었던 것으로 추정된다. 산토리니 섬에서 발견된 프레스코화에는 칼케도니아 백합*Lilium chalcedonicum*으로 추정되는 붉은 백합의 꽃봉오리와 꽃이 아름답게 묘사되어 있다. 또 다른 프레스코화는 사프란*Crocus sativus*의 수술을 채집 중인 여성들을 보여 준다. 이란 북동부에 자생하는 이 알뿌리 식물은 관상용이 아니라 작물용으로 재배되었다. 잔존하는 인공 유물이 덜 희귀해지면서 고대 그리스인들이 식물을 미적으로 즐겼다는 확실한 증거가 점점 더 뚜렷해지고 있다. 아이비 화환, 은매화 꽃다발, 포도 덩굴과 빈카로 만든 프리즈 장식은 모두 도자기에 그려졌다. 식물은 건축물 장식의 형태를 이루기도 했다. 이를테면 아칸서스Acanthus는 코린트식 기둥머리에 특화되었고(34쪽 참조), 세로로 홈이 새겨진 기둥은 야생 당귀 줄기를 모델로 했다. 그러나 어떠한 정원에 대한 고고학적 증거는 나타나지 않고 있다. 크노소스 궁전 부지는 계곡 옆에 위치하여 여름에는 시원하고 바람을 피할 수 있다는 점에서 분명 가드닝에 이상적이었지만 정원을 조성한 흔적은 남아 있지 않다. 하지만 우리는 미노아인들이 오늘날과 거의 같은 방식으로 컨테이너에 식물을 길렀음을 알고 있다. 관개 수로를 이용해 물을 준 테라코타 화분들이 줄지어 있는 유적들이 발굴되었다. 거기에는 석류나무나 은매화, 혹은 소아시아로부터 도입된 장미와 백합 또는 붓꽃 종류를 심었을지 모른다. 약 1천 년 후에 이와 비슷한 방식이 헤파이스토스 신전과 함께 발굴되었다. 여기서는 기반암 안으로 파고들어 간 사각 형태의 뿌리 구덩이 안에서 테라코타 화분 조각들이 발견되었다. 아마도 월계수와 석류나무가 식재되었을 것이다. 식물들이 뿌리내릴 수 있도록 가지들을 화분에 똑바로 꽂았을 것이고, 땅에 심을 무렵에는 화분들을 깨뜨렸을 것이다. 이 방식은 100년 후 카토Cato(기원전 234-기원전 149)의 저술 『농촌에 관하여De Re Rustica』에 기록되었다(44쪽 참조).

▲ 크노소스의 미노아 궁전에 있는 기원전 1600년의 프레스코화. 고고학자 아서 에번스 경의 1920년대 크레타 섬 발굴 중에 (미약한 증거에도 불구하고) '복원'되었다. 전사 왕자와 양식화된 백합이 묘사되어 있다. 다른 꽃으로는 붓꽃, 바다수선화, 장미, 그리고 이집트에서 도입되었을 파피루스와 대추야자 같은 유용한 식물들이 보인다.

고고학은 또한 기원전 8세기 중반부터 기원전 480년 제2차 그리스-페르시아 전쟁까지의 고졸기 그리스와 기원전 480년부터 323년까지의 고전기 그리스의 성스러운 장소 주변에 나무와 관목이 식재되었음을 분명히 밝히고 있다. 양버들, 사이프러스, 플라타너스, 딸기나무는 신들의 성역에 쉼터와 그늘을 제공했을 것이다. 지금도 고대 신전과 극장을 방문하면 여전히 그 나무들을 볼 수 있다. 울타리를 친 이 장소들은 야생화 천국이 되었다.

하지만 그리스 본토에서는 농업에 적합한 땅이 매우 부족해서 어떠한 관상용 식재도 허락하지 않았다. 반면에 도시 바깥 지역은 농업을 위한 땅이었다. 과수원, 채소류, 유용한 허브류를 포함한 시장 정원은 샘이나 개울 옆에 위치했으며 녹지대를 형성했다. 정원은 농작물과 마찬가지로 낮 동안 관리되었고, 저녁이 되면 지주들과 노예들은 다시 도시로 돌아갔다. 그렇다고 멀리 가지는 않았다. 당시 보통의 도시를 가로지르는 거리는 고작 700미터 정도였기 때문이다. 도시에서는 물과 공간이 귀했다. 평균 250제곱미터 정도의 작은 구획의 토지만이 시민들에게 균등하게 할당되었는데, 각각의 집이 토지 전체를 차지했다. 바닥 포장이 된 중앙 안마당은 채광정, 세탁장, 부엌으로 기능했고, 수조나 제단 혹은 때때로 가축이 있었다. 여기에 허브류 화분이 있었을지는 미지수지만 정원을 위한 공간은 없었다. 가드닝은 중요한 공공장소에 국한되었다.

고전 고대기까지 나무숲은 도시의 성소와 중앙 집회 장소인 아고라에서 볼 수 있었다. 아테네의 아고라 한구석에는 올리브나무와 월계수의 작은 숲이 있어 올림포스 12신 제단을 보호해 주었다. 이 나무들은 기원전 5세기에 다시 식재되었을지도 모른다. 플루타르코스에 따르면 당대 아테네 정치가 키몬이 아고라에 그늘을 드리우기 위해 배수로를 따라 식재할 플라타너스를 제공했다. 페르시아로부터는 플라타너스 종류('페르시아의 체나르chenar'로 불렸던 소아시아의 버즘나무*Platanus orientalis*)와 거리에 대한 아이디어를 빌려 왔다. 이것이 시민들의 편의를 위한 숲 조성의 세계 최초 사례일 것이다. 그는 아테네의 서쪽 성벽 바깥쪽인 케피소스 강 계곡에 위치한 플라톤 아카데미에 더 많은 플라타너스 나무를 식재하여 '잘 다듬어진 가로수와 그늘진 산책로를 갖춘, 물이 충분한 숲'으로 만들었다. 또한 키몬은 아카데미를 위한 관개 시스템도 제공하여 느릅나무, 포플러, 올리브나무가 플라타너스와 함께 자랄 수 있도록 했다. 시인 아리스토파네스는 계곡에 대해 '인동덩굴, 평화로운 것들, 라임 꽃 흩날리는 잎이 뿜어내는 모든 향기/봄의 아름다운 계절에 숲속에서 플라타너스가 느릅나무에게 사랑을 속삭이는 때'라고 묘사했다. 플라톤 아카데미와 아리스토텔레스 라이시움Lyceum(*아리스토텔레스의 교육 기관)의 학생들은 플라타너스와 포플러, 올리브나무와 월계수로 그늘진 산책로peripatoi를 거닐며 배움에 따라 '소요학파Peripatetic, 逍遙學派'로 알려졌다.

심지어 물 공급이 원활했던 녹색의 교외 지역에도 정원 딸린 집에 대한 기록은 거의 없다. 예외적으로 4세기에 에피쿠로스가 그의 추종자들을 가르쳤던 작은 정원이 있긴 하다. (*이 정원은 '에피쿠로스의 정원'으로 불렸다.) 쾌락주의적인 자기 방종에 대한 현대의 평판과는 대조적으로 그는 괴로운 욕망이나 육체적 고통으로부터 자유로운, 그리고 우정의 기쁨이 가득한 금욕적인 은둔 생활을 옹호했다. 소박한 채식을 위해 먹을거리를 직접 재배한 것은 자신의 철학에 대한 실질적인 표현이었다.

건축학의 아칸서스

THE ARCHITECTURAL ACANTHUS

고대 이집트와 메소포타미아에서 식물은 건축의 장식용 디자인으로 사용되었다. 그중 그리스의 야생 아칸서스 종류, 즉 아칸서스 몰리스*Acanthus mollis* 또는 아칸서스 스피노수스*A. spinosus*만큼 친숙한 식물도 없다. 왼쪽의 그림처럼 아칸서스는 기원전 5세기 동안에 코린트식 기둥머리를 장식했다. 전설에 따르면 조각가 칼리마코스는 한 코린트 소녀의 무덤에서 아칸서스 잎들이 어부의 바구니 사이로 엮여 자란 것을 본 후 그 잎을 자신의 디자인에 적용시켰다고 한다. 또 다른 식물인 숲당귀*Angelica sylvestris*는 여러 건물에 사용된, 세로 홈이 파인 기둥의 모델이었다. 현저하게 골이 진 줄기는 숲당귀에서 전형적으로 볼 수 있다. 조각가와 건축가는 분명 그리스 언덕 곳곳에서 야생으로 자라는 이 식물에 익숙했을 것이다.

아칸서스 몰리스는 그리스 북부가 원산지인 데 반하여 아칸서스 스피노수스는 남부 전역에서 발견되므로 코린트의 건축가들에게 영감을 주었을 가능성이 크다. 정원사들 사이에서는 흔히 곰의 반바지bear's breeches라고 불리는 아칸서스 스피노수스의 잎은 가시 돋친 가장자리와 함께 뚜렷한 무늬가 새겨져 있다. 반면에 아칸서스 몰리스의 잎은 덜 들쭉날쭉하고, 더 넓으며, 광택 나는 녹색이다. 둘 다 분홍빛이 도는 자주색 포엽을 가진 흰색 꽃들이 기다란 꽃줄기에 총상 꽃차례로 핀다. 1세기의 저술가 소小 플리니우스Pliny the Younger(61년경-113)는 자신의 토스카나 정원에서 회양목 생울타리가 토피어리 모양으로 다듬어졌던 테라스 아래쪽에 아칸서스를 재배했다. '여기 이 높이에서 파도(잔물결이라고 했을지도 모른다)처럼 일렁이는 아칸서스 화단.' 로마인들이 아칸서스를 북유럽에 도입했음은 거의 확실하다. 12세기에 자연과학자 알렉산더는 『사물의 본성에 관하여De naturis rerum』에서 자신이 영국에서 재배했던 77종의 식물들 가운데 아칸서스를 언급한다.

식물학의 시작 The Beginnings of Botany

기원전 4세기까지 아리스토텔레스는 식물에 대한 호메로스의 신화적 감상을 묘사, 관찰, 조사에 기초한 보다 정확한 식물학 연구로 변모시켰다. 기원전 5세기에 코스 섬에서 히포크라테스는 의료 행위를 발달시켜 그것을 종교 의식으로부터 해방시켰고, 수십 년 후에 자연주의자 테오프라스토스는 아리스토텔레스의 뒤를 이어 라이시움의 스승이 되었다. 이 시점까지도 약초에 대한 지식은 구전되었다. 테오프라스토스는 자신의 저술 『식물 탐구Enquiry into Plants』에서 수액, 뿌리, 잎, 눈, 꽃, 열매에 따라 식물을 분류하기 위해 '자연의 기적'에 대한 신비를 배제하고 체계적인 설명을 기록했다. 그는 벌목, 양봉, 약초 수집처럼 예로부터 전해 내려오는 일에 종사하는 시골 사람들이 제공한 의견을 평가하여 총 450종의 식물을 기술했다. 대부분 유용한 식물들이었지만 왕관이나 화환을 만들기 위해 재배된 꽃들도 목록에 포함시켰다. 그중에는 장미, 카네이션, 마조람, 백합, 타임, 베르가모트, 칼라민트, 개사철쑥이 있다.

테오프라스토스는 특히 이국적인 외래종에 관심 있었다. 그의 다양한 약초학적 묘사는 알렉산드로스 대왕의 원정을 통해 해외에서 목격된 식물들에 포함되었다. 알렉산드로스는 복숭아*Prunus persica*와 레몬*Citrus × limon* 같은 일부 외래종 나무들의 씨앗과 뿌리가 아시아로부터 테오프라스토스에게 보내질 수 있도록 준비했다. 유럽에서 이 식물들을 재배하려는 시도를 최초로 기록한 것이었다. 테오프라스토스는 이집트의 식물들도 언급했다. 특히 '강, 습지, 호수'에서 자라는 식물들과, 마케도니아와 그 너머 '북부 지역에 특화된 식물들'은 각기 다른 서식지에 대한 연구 가치가 있었다. 여기서 그는 현대의 식물학자들과 정원사들이 보여 주는 생태학에 대한 관심을 예상했다.

그리스인들은 정원을 편의 시설의 하나로 기꺼이 받아들였다. 알렉산드로스 대왕 시대 이전에는 페르시아 왕들의 공원인 위대한 파라데이소이paradeisoi에 대한 묘사를 명확화했다. 스파르타의 장군 리산드로스(기원전 395년에 사망)는 알렉산드로스가 정복하기 70년 전에 리디아(지금의 터키 서부) 사르디스에 위치했던 소 키루스의 정원을 방문했다. 리산드로스는 이 정원의 기하학적 레이아웃을 그리스의 장군 크세노폰에게 설명했고, 기원전 394년 그리스로 돌아오는 길에 『오이코노미코스Oeconomicus』에 기록했다. 이 책에서 그는 키루스 왕이 씨앗을 발아시키고 손으로 식물을 심는 것을 보고 자신이 놀라움을 금치 못한 일을 여담으로 표현했다. 당시 그리스는 노예 사회였고, 지배 계급이 육체노동을 행한다는 것은 배척당할 일이었다.

기원전 334년에 알렉산드로스가 다리우스 3세를 물리치면서 고대 페르시아 제국은 종말을 고했다. 이로써 그들은 광대한 제국을 하나로 묶는 잘 관리된 도로망을 갖게 되었고, 군대가 동쪽으로 이동함에 따라 광대한 오아시스 정원을 발견했다. 거기에는 향기로운 관목들, 물 관리가 잘 된 정원들, 그리고 정형화된 질서를 갖춘 나무숲이 펼쳐져 있었다. 식물들은 인도처럼 멀리 떨어진 곳에서부터 아리스토텔레스와 테오프라스토스에게까지 운반되었다.

알렉산드로스의 죽음 이후, 그가 정복했던 영토는 페르시아의 사상을 받아들인 헬레니즘 귀족들이 지배하는 여러 개의 커다란 왕국으로 나뉘었다. 프톨레마이오스 왕조의 왕들은 나일 강 삼각주에 드넓은 생산 부지를 조성했다. 주로 농업 노동자들이 관리하는 경작지와 정원의 네트워크로 구성되었지만 여기에 즐거움을 위한 정원도 포함되었다. 헬레니즘 시대의 프톨레마이오스 왕들은 화려함에 있어 동방의 통치자들과 어깨를 나란히 했다. 꽃을 심은 곳을 제외하고는 중정은 종종 정교한 모자이크로 포장되었다. 테베와 알렉산드리아, 이탈리아와 시칠리아의 도시들은 분수와 그로토가 있는 공공의 공원을 자랑하기 시작했다.

이미 고전 시대에 특징이었던 무덤 정원은 그리스만이 아니라 소아시아와 이집트에서도 인기를 얻었다. 중요한 시민들은 성벽 외곽의 공동묘지에 영광스럽게 안장될 수 있었고, 그들의 무덤은 나무숲으로 표시되었다. 보통 사이프러스가 식재되었는데, 오늘날에도 여전히 교회 묘지에 널리 쓰인다. 알렉산드리아 교외 지역의 무덤 주변 정원은

5년 동안 임대되었고, 여기에는 과일나무와 채소류가 식재되었다. 소작인은 멜론, 상추, 무화과, 양배추, 아스파라거스, 리크, 포도, 대추야자를 재배했다. 지금도 유럽 전역의 마을과 도시 변두리에서 성행 중인 주말 농장을 연상시킨다.

알렉산드리아 사람들의 가드닝 솜씨는 9세기의 저술가였던 중세 수도사 발라프리드 스트라보에 의해 특별히 칭송받았다. 그들은 특히 물을 이용하여 분수를 구동하고 오르간을 연주하는 데 능숙했다. 아리스토텔레스가 먼저 비슷한 발명품을 가지고 놀았지만 알렉산드리아의 과학자 크테시비우스와 헤로는 그의 추상적 개념을 현실로 바꾸었다. 헤로는 기계로 작동되는 부엉이가 등장하면 침묵하는, 노래하는 새들이 있는 분수를 기술했다. 16세기 말에 이탈리아 티볼리의 빌라 데스테Villa d'Este에서 재현된 장치였다(136쪽 참조). 로도스 섬의 한 정원에는 바위를 깎아 만든 계단, 벤치, 그로토가 있었다. 이들은 18세기에 낭만주의 조경의 원형이 되었다. 시라쿠사의 통치자이자 폭군이었던 디오니시오스(기원전 430-기원전 367)는 그리스 식민지에 페르시아 양식의 유원지를 만들었다고 알려져 있다. 또 다른 국외 거주자인 히에론은 그리스보다는 동양의 통치자에 가까웠다. 시라쿠사에서 그는 자신의 배 위에 호화로운 정원을 만들었는데, 보이지 않는 납관을 이용한 기발한 시스템으로 화단에 물을 주었다. 흙을 담은 통에 뿌리내린 아이비와 포도 덩굴이 그늘을 제공했다. 델로스 섬에서는 각각의 주택 내부에 기둥으로 둘러싸인 중정 공간으로 설계된 '페리스타일peristyle' 정원이 딸린 빌라가 기원전 2세기에 지어졌다. 로마인들이 폼페이에, 이후 기원후 1세기까지 캄파니아에 만들었던, 그리고 훗날 로마 제국의 많은 지역에서 발견되었던 전형적인 페리스타일 정원보다 앞선 것이었다.

▲『아풀레이우스의 식물 표본Apuleius Platonicus Herbarium』은 디오스코리데스의 작품 요소들을 포함한 5세기 그리스의 자료들을 함께 엮은 책이다. 1200년경에 만들어진 이 독일 판본에서는 고대 그리스의 뿌리 캐는 사람들, 즉 뿌리 수집가Rhizotomist들이 약제상들에 의해 사용될 약초를 수집하는 장면을 보여 준다.

디오스코리데스의 『약물에 관하여』

THE DE MATERIA MEDICA OF DIOSCORIDES

대 플리니우스와 동시대 의사였던 디오스코리데스는 1세기에 소아시아에서 태어났다. 그의 저명한 약초 의학서는 그리스어로 저술되었지만 라틴어 제목인 『약물에 관하여』로 잘 알려져 있다. 약초의 이름, 설명, 효능 등을 담고 있으며, 저자는 자신이 실제로 확인한 500종의 식물들을 언급한다. 모든 계절의 식물 성장을 관찰하기 위한 권고 사항, 날씨가 허락할 경우에 한해서 어떻게 수집해야 하는지, 그리고 '꽃과 향기로운 것들'은 잘 건조된 라임나무 상자에 보관하고 '촉촉한 약물'은 다른 적절한 방법으로 보관하라는 지침까지도 실려 있다.

이 책의 현존하는 가장 이른 시기의 필사본은 512년경에 황제의 딸 율리아나 안치나를 위해 만들어졌고, 1560년대에 콘스탄티노플에서 발견되었다. 여기에는 더 이른 시기의 필사본으로부터 복제되었을 것으로 추정하는 식물 삽화들이 전면 컬러로 화려하게 수록되어 있다. (원본에는 삽화가 없었을지도 모른다.) 신성로마 제국의 황제 페르디난트 1세가 술탄에게 파견한 오기에르 기셀린 드 뷰스벡Ogier Ghiselin de Busbecq이 1562년에 처음 이것을 보았고, 1569년에 막시밀리안 2세 황제가 구입함으로써 빈으로 옮겨졌다. 『코덱스 빈도보넨시스Codex Vindobonensis』로 알려졌는데, 최소한 르네상스 시대까지는 절대적 권위로 받아들여졌다.

16세기까지 약초 의학서의 출판 편집자들은 여전히 디오스코리데스에 의존하긴 했지만 북유럽과 더 먼 지역에서 자라는 보다 폭넓은 범위의 식물들을 포함하기 시작했다. 목판화 약초학자 중 가장 유명한 이탈리아 식물학자 피에르안드레아 마티올리는 자신의 저술 『디오스코리데스의 약물에 관한 여섯 권의 해설Commentarii in sex libros Pedacii Dioscoridis de media materia』에서 새로운 식물에 대한 설명을 포함시키면서 많은 기원 식물을 규명해 냈다. 디오스코리데스는 약용 식물의 유용한 특성들만을 다루었지만 『약물에 관하여』에 묘사되거나 기술된 많은 종들은 이후로 미적 아름다움을 위한 정원 식물이 되었다. 그중에는 아네모네, 아리스톨로키아Aristolochia, 아나갈리스Anagallis처럼 고대의 이름을 유지하는 식물들도 있다.

▲ 유수프 알 마우실리가 제작한 디오스코리데스의 『약물에 관하여』 아랍 판본에 수록된 장면. 디오스코리데스가 제자에게 맨드레이크*Mandragora officinarum*라는 유명 식물을 보여 주고 있다. 이 식물의 뿌리는 마법의 힘을 지니고 있다고 여겨졌다.

로마와 정원의 문법 Rome and the Grammar of Gardens

고전 로마 시대의 정원들은 제국과 함께 무너져 파멸되었지만 그 유산은 영감으로 남았다. 르네상스의 위대한 건축가들은 로마 빌라의 유적을 조사하고 측정했다. 또한 그들의 '새로운' 정원 계획을 치장하기 위해 로마 정원의 배치를 모방하고 조각상을 빼돌렸다. 그들은 16세기 수학의 도움으로 고대 비율의 신비를 파악할 수 있었다. 로마의 율법을 근거로 한 빌라와 정원은 세계에서 가장 위대하며, 이후 수 세기에 걸친 정원 양식의 발달에 미친 영향은 아무리 강조해도 지나침이 없다. 로마인들만이 아니라 무어인들의 선조에 의존하는 이탈리아 정원은 앞으로 유럽과 미국 정원 양식의 온전한 발달에 있어 가장 중요한 특징이 될 것이었다. 이탈리아 정원의 규칙은 모든 훌륭한 서양 정원 디자인의 문법을 제공한다.

더 간접적으로, 로마 정원은 영국의 풍경식 정원 운동에서 차세대 가드닝의 위대한 진화에도 영향을 미쳤다(8장 참조). 17-18세기에 그랜드 투어를 조직했던 영국인들은 르네상스의 비전보다 많은 것을 가져왔다. 그들의 문화적 흥미는 고전 로마 시대의 빌라들과 소 플리니우스의 빌라, 베르길리우스의 『농경시』에 소개된 농업, 그리고 오비디우스의 『변신 이야기Metamorphoses』로 더욱 깊어졌다. 이 모든 요소는 시의적절하게 가미된 당대 정치에 힘입어 경관에 대한 하나의 새로운 비전, 고전 로마에 대한 지식과 감상에 의존하는 철학과 시의 융합으로 수렴되었다.

로마의 정원과 일상생활 Rome Gardens and Everyday Life

그리스인들이 결코 가드닝 문화를 발달시키지 않았던 반면에 로마 공화정은 초창기부터 정원이 일상생활의 필수 요소였다. 로마의 도시에서 정원과 숲은 신전을 둘러싸고 무덤 위치를 표시했다. 정원은 주점과 여관에서 그늘진 식사 구역을 제공했다. 거의 모든 개인 주택은 적어도 하나 이상의 정원을 가지고 있었다. 심지어 공간이 부족한 곳에서도 안뜰 한구석은 식물을 심기 위해 따로 떼어 놓았다. 1세기에 마르티알리스의 관찰에 따르면 평민들은 창가에 화분 상자를 놓고 식물을 가꾸었는데, 너무 작아서 '뱀이나 오이도 반듯이 눕지 못할' 정도였다고 한다.

폼페이, 헤르쿨라네움, 베수비오 지역 주변의 발굴을 통해서 79년의 베수비오 화산 폭발 전까지 적어도 400년에 걸친 주택 건축 양식이 드러났다. 당시 전체 문명은 복숭아씨만 한 부석 조각인 화산 자갈들로 덮인 채 그대로 보존되어 건축물과 대중 공간과 개인 정원의 진정한 복원에 관한 세부적인 연구를 가능하게 했다. 폼페이의 수수한 정원이 지닌 특징들은 후기 로마인들이 장려한 작품들을 만들면서 확장되었고, 결국 르네상스 건축가들에게 영감을 주었다. 초기 로마에서 과일, 채소, 허브류를 기르기 위해 울타리로 둘러싼 뜰을 뜻하는 호르투스는 도시 주변 녹지대가 아니라 주택에 인접해 있다는 점을 제외하고는 그리스 시장 정원과 기능적으로는 다르지 않았다. 그러나 점차적으로 개인 정원은 가족 단위 즐거움을 위한 정원으로 발달했다. 정원은 집과 함께 중심축에 배치되어, 집과 정원은 서로 떼어 놓을 수 없는 관계가 되었다. 포르티코로부터 집을 관통하여 그 아래 정원의 중심부를 바로 내다볼 수 있었다. 이러한 전망은 종종 주변 담장에 그려진 풍경으로 확장되었다. 주랑으로 둘러싸인 '페리스타일' 정원은 그늘 아래 산책할 수 있는

▲ 대 플리니우스가 저술한 『박물지』의 15세기 필사본에 실린 권두 삽화. 주로 화첩으로 만들어졌던 책으로, 이 그림은 디오스코리데스와 동시대를 살았던 저자 자신이 분할 컴퍼스와 천문 관측기구 아스트롤라베astrolabe와 함께 있는 모습을 보여 준다. 『박물지』는 알려진 자연 세계에 관한 백과사전식 편집본으로, 중세 시대에 걸쳐 지식에 관한 위대한 사전으로 남아 있다.

공간뿐 아니라 꽃과 분수, 연못을 위한 중앙 정원을 제공했다. 크고 작은 정원은 주택 또는 시골 빌라의 삶에 필수 불가결한 부분이 되었다. 수 세기에 걸쳐 발달한 설계 방식과 더불어 집의 사용 방법과 거주 방식을 좌우했다. 20세기 캘리포니아 가드닝 스타일과 직접적인 연관성을 지니는 방식이다. 두 경우 모두에서 정원은 '야외의 방'이었다. 그리스의 헌신적인 학자들에게 로마의 문화와 건축은 종종 새롭지 않아 보였다. 정원을 가꾸는 문제에 있어 로마인들은 그리스와 헬레니즘 세계로부터 영감을 얻어 신성한 경관, 도시 산책로, 철학적인 토론을 위한 미팅 장소에 대한 아이디어를 계획에 통합시켰다. 기원전 2세기까지 그들은 아시아로 파고들어 가 페르시아 왕들의 호화로운 파라데이소스 공원을 주택에 재현했다. 또한 프톨레마이오스 왕조(기원전 305-기원전 30)의 이집트 정원으로부터 아이디어를 차용했다. 그중 상당수가 동방의 정원에서 영향을 받았다. 티볼리에 있는 빌라 하드리아누스Villa Hadrianus에서 볼 수 있듯, 정원에 운하와 물이 흐르는 수로인 에우리페스euripes를 포함시켰다.

정복의 전리품이 풍부했던 로마인들은 호화로운 궁전과 빌라를 지을 수 있었고, 종종 그리스 또는 이집트 유적지로부터 조각상을 약탈하거나 복제했다. 기원전 62년에 총독이자 정치가 폼페이우스는 로마에 극장을 짓고 그 앞에는 그늘을 위한 나무들을 심었다. 꽃가루가 호흡기에 영향을 미쳐 건강에 유해할 수 있다는 디오스코리데스와 갈레노스의 경고에도 불구하고 동방 또는 그리스로부터 도입한 버즘나무가 곳곳에 사용되었다. 기원전 2세기 말부터 당대의 문서와 비문에는 수많은 개인 공원이 기록되었다.

공화정 시기에 식물에 대한 폭넓은 구전 지식을 지녔던 집정관 루클루스는 기원전 63년에 오늘날 로마의 스페인 광장 바로 위에 위치한 핀초Pincian 구릉에 있는 빌라에서 은퇴 후의 삶을 살았다. 이 빌라는 동방의 공원과 유사하고 웅장하다는 이유로 유명해졌다. 전체적인 정원 계획에 대한 기록은 없지만 16세기 르네상스 건축가 피로 리고리오Pirro Ligorio(1512년경-1583)가 테라스와 계단을 연구하기에는 충분했다. 그는 그들의 디자인을 도안에 통합시켜 오르막 경사지를 정원의 주축을 가로지르는 일련의 계단과 램프로 바꾸면서 가장 위대한 르네상스 테마 중 하나를 이루어 냈다. 나중에 티볼리의 빌라 데스테를 건설할 때 리고리오는 인근에 버려져 있던 빌라 아드리아나의 레이아웃을 조사했고, 그곳의 조각품들과 조각상들을 '빌려' 데스테 추기경의 정원을 장식했다(136쪽 참조).

교외 도피처 Rural Retreats

농장과 정원으로서 ('빌라'의 원래 의미인) 시골 사유지의 발달은 전원생활을 예찬하는 당대의 시적 테마에 영감을 받았다. 기원전 160년에 『농업서De agricultura』를 저술한 카토와 카툴루스와 키케로, 호라티우스, 그리고 『목가Eclogues』와 『농경시』를 쓴 베르길리우스는 모두 자연과 시골에 감사를 표현했다. 공적 생활로부터 벗어나 자족의 삶을 설파했던 쾌락주의 사상에서 영감받은 것이다. 베르길리우스의 생애 동안 이탈리아 반도는 자급자족할 수 없게 되었으며, 노예들이 일하지 않는 한 농사는 수익성이 없었다. 작은 농장들은 사라져 대규모 사유지로 대체되었다. 여기서 부자들은 '자연에 둘러싸인 채 스스로의 운명의 주인이 되어' 오티움otium, 즉 여가를 즐기며 한가로운 삶을 살 수 있었다. 반대말은 네고티움negotium으로 정치와 상업으로 바쁜 도시 생활을 뜻한다.

부유한 로마인의 시골 빌라는 16세기 베네토 지역에서 브렌타Brenta 운하를 따라 늘어서 있거나 비첸차 주변에 밀집해 있던 빌라의 모델이 되었다. 메디치 가문이 소작농들을 희생시키며 큰 재산을 모았던 15-16세기 이탈리아에서 이와 같은 빌라들이 커다란 반향을 일으켰다. 도시의 위요된 페리스타일 정원과 대조적으로 로마의 시골 빌라는 먼 거리의 산, 언덕, 포도밭을 바라보는 전망을 지녔다. 15세기에 레온 바티스타 알베르티Leon Battista Alberti(1404-1472)의 영향력 있는 저술 『건축론De re aedificatoria』에 포함된 개념이었다. 저자는 '도시, 주인의 땅, 바다 또는 대평원, 친숙한 언덕, 산이 내려다보이는… 전경에는 정원의 섬세함이 있는' 시골집을 위한 장소를 찾기를 권했다. 계속해서 '선조들'의 관례들을 인용하면서 거의 글자 그대로 고전 작가들의 지침들을 도용했다.

베르길리우스는 『목가』에서 그가 자란 만토바 근처에 농장이 사라진 데 대해 슬퍼한다. 기원전 38-기원전 29년에 저술한 『농경시』에서는 대지의 작용에 대해 '노동을 달콤하게 만드는 행복한 충동'이라면서 찬양한다. 여기서 저자는 농업의 풍성한 수확을 위해 필요한 노력을 모두 풀어놓는다.

베르길리우스가 과수 재배를 포함한 자생 식물과 전원에 대해 저술했다면, 또 다른 저술가는 빌라와 정원의 밀접한 관계, 지형과 식재의 세부 사항에 관한 가장 믿을 만한 정보를 제공했다. 박물학자 대 플리니우스의 조카이자 후계자인 소 플리니우스다. 그는 97-107년에 작성한 편지에서 두 정원을 기술했다. 하나는 라우렌티움Laurentium에 있는 정원이고, 다른 하나는 투스쿨룸Tusculum에 있는 정원이다. 소 플리니우스와 하드리아누스 황제의 정원처럼 웅장하게 개방된 정원은 건물, 연못, 기둥, 포르티코, 파빌리온, 조각상의 보금자리가 되었다. 이들은 전체적인 경관을 구성하는 요소들이었다.

빌라 하드리아누스의 유적은 아니에네 계곡의 올리브 과수원에 약 60만 제곱미터 규모로 자리 잡고 있다. 76년에 스페인에서 태어난 하드리아누스는 그림, 음악, 시, 건축, 특히 그리스 문화에 높은 지식을 가진 교양인이었다. 그는 헬레니즘 정원 예술의 여러 요소를 자신의 정원에 통합시켰다. 이를테면 기원전 5세기 아테네 파르테논 에레크테움 신전에서 본뜬, 여인상 기둥이 늘어서 있는 알렉산드리아의 카노푸스 운하가 있다. 상당

▲ 3세기 로마에서 제작된 이 모자이크 작품은 뮤즈들의 시중을 받는 베르길리우스의 모습을 보여 준다. 베르길리우스는 시골 생활을 찬양했다. 그는 귀족들이 은퇴 후 빌라에서 생활하도록 장려했는데, 엄청난 재산이 있어야 가능한 일이었다. 베르길리우스의 글 속에 나타난 시골 지역에 대한 이상화는 18세기 영국 신사가 자신의 사유지를 대하는 방식에 큰 영향을 미쳤다.

▲ 놀랍도록 현대적인 모습의 중정을 지닌 물의 정원은 3세기에 포르투갈 코닝브리가에 조성되었다. 이 나라에서 가장 값비싼 로마의 정착지였다.

부분은 이후 정원 디자인에서 두루 통하는 이치가 되었다. 연못과 섬을 둘러싼 원형 건물인 해상 극장으로 알려진 님파이움 섬은 17세기 피렌체에 위치한 보볼리 정원Boboli Gardens 안에 있는 이솔로토 섬의 정원에 영감을 주었다. 네로 황제(54-68년에 재위) 시대 로마의 황금의 집Golden House(훗날 콜로세움 자리)에는 호수 제방 위에 정원이 조성되었는데, 축소된 규모의 숲과 초원이 건물들과 병치되어 완벽한 파노라마를 창조해 냈다.

로마 제국의 더 멀리 떨어진 소도시에서의 궁전과 빌라 정원 디자인은 그 지역의 지배적인 기후와 토양 조건에 적응되었을 것이다. 75년 영국 피쉬본에 조성된 로마의 궁전에는 회양목 문양 화단이 있는 커다란 중앙 정원이 있었다. 이따금씩 해가 비치는 환경이었다. 기후가 따뜻한 포르투갈의 코닝브리가Conímbriga에 위치한 분수의 집House of the Jets of Water(3세기경)에는 '떠다니는' 화분, 주변 공기를 식혀 주는 400개의 물 분사 노즐을 갖춘 정교한 물의 파르테르가 있었다.

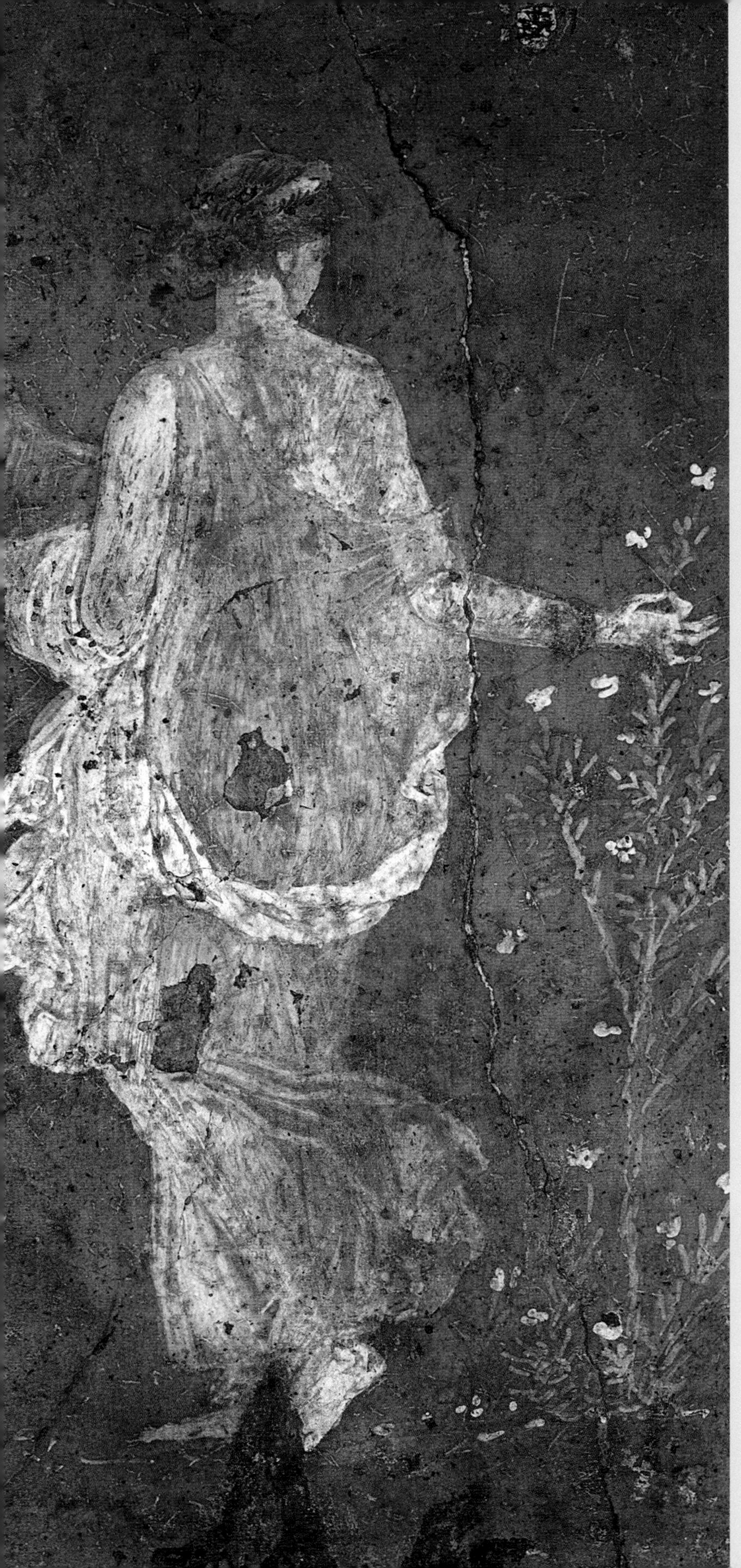

폼페이의 정원: 보존된 과거

GARDENS IN POMPEII: THE PAST PRESERVED

79년에 베수비오 화산이 폭발했다. 당시 캄파니아 평야에 존재했던 도시들과 번영한 국가, 주변에 있던 해변의 빌라들은 파멸을 맞이한 순간 그대로 정확하게 보존되었다. 비옥한 화산토 덕분에 평야는 매우 풍요로웠으며, 오늘날에도 연중 4모작이 가능할 정도다. 비할 데 없이 좋은 기후는 많은 부유한 로마인들을 끌어들였다. 화산 폭발로 목숨을 잃은 대 플리니우스는 이 지역을 '이탈리아뿐 아니라 전 세계의 모든 지역 가운데 가장 살기 좋은 곳'이라고 했다.

헤르쿨라네움Herculaneum은 12-20미터 깊이의 화산 자갈로 덮여 고고학적 탐사가 어려웠다. 멀리 떨어져 있어 화산 자갈이 얇게 덮인 지역, 폼페이에서의 수 세기에 걸친 발굴 작업으로 도시가 모습을 드러냄으로써 공공 정원과 개인 정원의 세부 사항이 밝혀졌다.

대부분의 정원은 개인 주택 안에 위치해 있었고, 복합 건축물의 중앙에 위치한 정원은 때때로 정교한 트롱프뢰유trompe l'oeil(*눈속임) 기법의 프레스코화로 장식되었다. 이들은 그곳에서 자란 관목과 나무만이 아니라 정원의 특징과 재배법, 당시의 새와 동물에 관한 귀중한 정보를 제공해 준다. 보다 야생에 가까운 산의 풍광을 담은 그림들은 자연에 대한 감사를 나타낸다. 신에 관한 종교적 성지와 조각상은 제자리를 갖고 있었다. 폼페이에서 발견된 고대의 꽃병에는 다음과 같은 말이 새겨져 있었다. '순수한 포도주로 나를 채워라, 그러면 정원을 지켜 주는 비너스가 너를 사랑할지도 모른다.'

1950년대 이래로 개발된 새로운 고고학 기법으로 정원에 관한 많은 증거가 제시되었다. 지표면의 등고선, 탄화 또는 보존된 줄기나 뿌리, 꽃가루, 씨앗, 열매, 박테리아, 심지어 곤충도 정확하게 식별되었다. 커다란 뿌리 공간은 화산 자갈을 비워 내고 와이어로 보강한 후 시멘트로 채움으로써 현대의 식물과 비교할 수 있는 모양 틀을 만들었다. 어떤 정원에서 발견된 두 줄의 뿌리 공동은 견과 또는 과일나무를 시사하며, 또 다른 정원의 뿌리 구멍은 무화과나무의 것이었다.

◀ 〈봄, 꽃 따는 처녀Spring, maiden gathering flower〉(기원전 15년경-기원후 60)는 나폴리 만이 내려다보이는 스타비아에의 빌라 디 바라노Villa di Varano에 그려진 프레스코화다.

◀ 폼페이에 있는 파우누스의 집은 기원전 200-기원전 80년에 지어진 화려한 저택이다. 2개의 커다란 페리스타일 정원이 특징이다. 이 사진에서 그중 하나를 볼 수 있으며 연회장exhedra과 인접해 있었다.

화분에서도 식물이 재배되었다. 카토가 제시했듯이 뿌리꽂이 또는 휘묻이를 위함이었으리라고 추정한다. 그는 무화과나무, 올리브나무, 석류나무, 털모과, 월계수, 은매화, 플라타너스 종류를 이런 방식으로 뿌리내리게 할 것을 추천했다. 구멍이 뚫린 바구니나 화분을 이용하고 바깥에 아주 심기를 할 때 화분을 깨뜨리는 것이었다. 이 방법은 특히 불수감*Citrus medica*이나 레몬나무 같은 상록 관목류에 유용했다. 1966-1978년에 발굴된 폼페이의 폴리비오스스의 집에 있던 페리스타일 정원에서 무화과, 체리, 사과, 배와 함께 재배되었을 것이다. 레몬은 주택 벽화에 많이 등장한다. 같은 정원의 벽에 나 있는 못 구멍은 에스팔리에espalier(*벽이나 지지대를 이용하여 납작한 형태로 줄기를 유인하여 나무를 재배하는 방법) 기법으로 과일을 재배했음을 증명한다. 일부 정원에서 그림은 더욱 많은 정보를 제공한다. 가령 코너에 나 있는 커다란 나무 구덩이들과 더 작은 구덩이들은 포도 덩굴을 위한 퍼걸러가 있었음을 암시한다.

아우구스투스Augustus(기원전 63-기원후 14) 시대에 송수로가 건설되었다. 덕분에 꽃뿐 아니라 분수와 연못을 위한 물을 쉽게 공급할 수 있게 되면서 폼페이의 정원들은 빠른 속도로 발달하기 시작했다. 인공 폭포, 커다란 중앙 연못, 분수는 더욱 보편화되었다. 폼페이 황금 팔찌의 집House of the Golden Bracelet에서는 특별히 유용한 정보를 주는 정교한 정원 그림들이 있는 정원의 방garden room(또는 디에타dieta)이 발견되었다. 이 그림들 중 하나의 전경前景에는 거품 분수 아래로 섬세한 흰색 캐모마일과 작은 꽃이 피는 국화가 자라고 있고, 뒤로는 플라타너스 나무의 수관이 보인다. 양귀비*Papaver somniferum* 바로 옆에 마돈나백합*Lilium candidum*, 어린 대추야자와 흰색 큰메꽃*Calystegia sepium*의 경우 폼페이에서 이런 종류로는 최초로 발견되었다.

바다 근처인 오플론티스에 있는 화려한 빌라 역시 79년의 베수비오 화산 폭발로 묻혀 있었다. 이곳은 고대 로마의 네로 황제의 부인인 포파이아 사비나의 것으로 추정된다. 여기에는 13개의 멋진 정원이 비정형식과 정형식 페리스타일 정원, 그리고 중정 정원을 넘나드는 다양한 형태로 조성되어 있었다. 기록상으로는 최초의 연속된 정원의 방으로, 풍경의 극적 효과를 활용하도록 분명하게 배치되었을 것으로 추정한다. 또한 주랑 현관식 외부 정원은 바다 쪽으로 뻗어 나가며 뒤쪽으로 집을 관통하는 전망은 산을 향한다. 가로수 길에는 플라타너스가 식재되었고, 조각상들 뒤로는 불수감 또는 레몬나무 덤불과 협죽도가 자랐으리라. 이들은 거대한 수영장을 옆에 둔 조각 정원을 장식했다.

로마인의 실용적 충고 Practical Advice from the Romans

로마인은 다른 문화로부터 아이디어를 차용했을지 모르지만 그것을 어떻게 성공적으로 이루어 낼지 알고 있었다. 그들의 정원 예술이 빠르게 발달할 수 있었던 가장 명백한 이유 중 하나는 향상된 기술이었다. 아주 적절한 예로 물 관리를 들 수 있다. 메소포타미아나 이집트 같은 강의 경제가 없었던 그리스인은 샘물에 의존했다. 우리는 그들의 문헌에서 신선한 샘이 얼마나 자주 예찬되는지에 주목해야 한다. 반면에 로마인은 수로와 배관을 도입하여 연못과 분수를 모두 가능하게 함으로써 훨씬 폭넓은 범주의 식물들을 재배할 수 있었다. 그리고 많은 발굴 과정에서 그들의 정교한 관개 기술이 발견되었다.

로마인은 그들의 지식을 요약하고 전파하는 데에도 능숙했다. 재배의 실용성에 관해서는 다수의 작가들이 네 권의 중요한 매뉴얼에 기술했다. 혼란스럽게도 각각은 '농촌에 관하여De Re Rustica'라는 동일한 제목이 붙어 있다. 그리고 이 매뉴얼들은 저술된 이후로 2천 년 동안 더욱 비중 있게 다루어졌는데, 암흑시대에도 살아남아 수도원 및 다른 학문의 중심지를 통해서 복제되었다. 그들의 조언은 종종 13세기 독일 철학자 알베르투스 마그누스Albertus Magnus(1193-1280)와 14세기 이탈리아 영농학자 크레센치의 피에트로Pietro de' Crescenzi 같은 중세 작가들에 의해 되풀이되었다. 인쇄술의 발명 이후에도 이 매뉴얼의 아이디어는 계속하여 널리 번역되어 보급되었다.

첫 번째 책은 정치가이자 집정관, 감찰관이었던 카토가 저술했다. 그의 저서는 일관성 있게 정리되기보다는 단편적으로 구성되었지만 실용적인 정보를 많이 담고 있다. 우리는 이미 식물 휘묻이에 관한 그의 지침을 살펴보았다(42쪽 참조).

네 권 중 두 번째 책은 바로Varro(기원전 116-기원전 27)가 저술했다. 그는 최근에 농장을 얻은 아내를 위해 80대에 이 매뉴얼을 작성했는데 백합, 크로커스, 장미의 식재 시기 등과 같이 꽃에 대해 기술했지만 농업에 비해 가드닝에는 중점을 덜 두었다. (바로는 농업은 즐거움만이 아니라 수익을 위해 관리되어야 한다고 강조했다.) 또 장미 재배를 위한 상업적 화단 설계에 대해서도 기술했는데, 파에스툼과 캄파니아의 장미 정원은 이미 유명했다. 한편 흙을 돋워 만든 화단이 자주 유실되곤 했던 이윤이 없는 제비꽃 농장에 대해서는 한탄했다. 바로가 자신의 정원을 언급한 것은 한 구절의 감질 나는 표현뿐이다. 여기서 우리는 그가 돔 형태의 카지노 혹은 기쁨의 집이 있는 조류 사육장을 지었다는 사실을 알 수 있다. 기쁨의 집 안에는 '먹거나 마시는 모든 것이 동시에 차려지고 모든 손님에게 돌아갈 수 있도록 회전하는' 테이블이 있었는데, 레이지 수잔Lazy Susan이라고 불리는 회전판의 초기 버전이었다.

시골 신사였던 콜루멜라Columella(4-70년경)는 농업의 확장으로써 가드닝에 적극적인 태도를 가졌다. 그의 12권짜리 저술 가운데 운문으로 쓰인 제10권은 자연의 작용을 환기시키는 내용을 담은 시다. 이 책은 정원의 전체적인 배치, 물 공급, 기르기 적당한 식물과 재배 방법을 논한다. 제11권은 산문으로 돌아와 장소 선택, 울타리 치는 법, 토양 준비, 거름 사용법, 허브와 채소의 선택에 관한 특별한 지침을 수록한다.

나무딸기류, 장미, 지중해갯대추나무*Paliurus spina-christi*로 구성된 새로운 생울타리를 치기 위한 가장 좋은 방법에 대한 콜루멜라의 설명은 영어판으로 된 가장 이른 시기의 실용 안내서인 토머스 힐의 16세기 저술 『정원사의 미로The Gardener's Labyrinth』에 정확히 그대로 포함되어 있다. 포도 덩굴과 생울타리의 겨울 가지치기도 자세히 다룬다. 2월에 포플러, 버드나무, 느릅나무, 물푸레나무는 잎이 나기 전에 식재하고, 새로운 장미 화단을 조성한다. 3월 초에 월계수와 은매화와 다른 상록수 열매들을 화단에 파종한다. 저자는 심지어 11-12월의 어두운 시기에 수행해야 할 몇 가지 작업들도 나열해 두었다. 그중 하나는 작업 도구를 날카롭게 연마하고, 최고의 목재로 손잡이를 만드는 것이었다. 선호하는 나무는 호랑잎가시나무*Quercus ilex*, 유럽서어나무*Carpinus betulus*(대 플리니우스는 '요크 엘름joke elm'이라고 기술), 물푸레나무 순이었다. 콜루멜라의 저술은 오늘날에도 여전히 읽을 가치가 있다.

4세기에 매뉴얼을 작성한 팔라디우스Palladius는 콜루멜라의 글에 강하게 이끌렸고, 내용을 복제하여 달력 형태로 정리했다. 그리고 매년 지속적으로 성공할 수 있는 '주제별 팁'을 소개하는 방식으로 연중 월별 정보를 제공했다. 팔라디우스의 저술은 12-13세기까지도 복제되었고, 14세기 초에는 영어로 번역되었다.

로마의 가드닝 기술 Roman Gardening Techniques

대 플리니우스가 저술한 37권짜리 백과사전 『박물지Naturalis historia』는 대단히 포괄적이다. 디오스코리데스의 『약물에 관하여』와 거의 동시대에 어마어마한 분량으로 편찬된 이 책은 최소한 500개의 출처를 사용했다. 대부분은 그리스어로 되어 있다. 대 플리니우스는 앞선 시기의 문헌들을 정리하면서 정원사들이 제공한 실용적 조언뿐 아니라 미신을 받아들이거나 적어도 기록으로 남겼다. 그리고 여기에 자신의 경험으로부터 얻은 가드닝 아이디어를 추가했다. 그는 육지, 바다, 강, 동물, 새, 나무, 곤충, 꽃, 허브, 약물, 그리고 보석뿐 아니라 회화와 조각 예술 등 다양한 주제를 다루었다.

종을 식별해 내는 어려움에도 불구하고 이 저술은 여전히 매혹적인 읽을거리다. 플라타너스에 대해서도 썼는데, 이 나무는 이오니아 섬으로부터 시칠리아로 처음 도입되었지만 원산지는 페르시아 북부 지방이었다. 저자는 온실 같은 곳에서 과일을 촉성 재배하는 방법을 언급한다. 원본은 살아남지 못했지만 8세기 영국에서 베다 베네라빌리스가 소장했던 사본을 구할 수 있었고, 15세기 이탈리아에서 정교한 삽화가 들어간 사본이 만들어졌다.

카토와 바로는 낫, 덩굴을 자르는 날카로운 칼, 철제 쇠스랑 같은 여러 유용한 도구에 대해 열거한다. 삽은 대개 나무로 만들어졌지만 때때로 금속이나 금속 편자가 장착된 나무로도 만들어졌다. 고고학에 의해서 철제 도구와 수많은 테라코타 화분들의 잔해, 그리고 심지어 폼페이에서는 8미터 길이의 나무 사다리 상상도가 모습을 드러냈다. 손잡이가 길고 날이 뾰족하거나 직선형으로 된 곡괭이, 써렛발이 달린 경작기, 갈퀴와 바자, 열매와 꽃을 모으기 위해 잔가지로 엮은 광주리, 물뿌리개 또는 나시테르나nassiterna도 있었다. 종종 프레스코화와 모자이크에 묘사된 도구 컬렉션은 이들이 상당히 최근까지도 거의 바뀌지 않았음을 보여 준다.

가드닝 기술은 『박물지』만이 아니라 대부분의 매뉴얼에도 기술되어 있다. 카토는 식물 증식법에 대한 도움말을 주는가 하면, 대 플리니우스는 나무로 테두리를 두른 높임 화단에 식물을 재배할 것을 추천한다. 콜루멜라는 서리로부터 파종상을 보호하는 방법을 소개하는데, 다음의 문구가 적혀 있다. '갈대와 막대기로 만든 낮은 트렐리스trellis(*덩굴 식물이 자랄 수 있도록 지지해 주는 격자 모양의 구조물)를 막대기 위에 얹고 지푸라기를 올려놓는 식으로 식물을 보호할 수 있다.' 이와 유사한 트렐리스가 폼페이에서 발굴되었다. 콜루멜라는 루피너스와 벳지vetch 같은 녹비와 음식물 쓰레기 외에도 재와 숯을 포함한 서로 다른 종류의 거름 사용의 장점도 논한다. 화단 바닥에는 돌이나 질그릇 조각을 사용하여 토양 배수성을 좋게 했다. 병해충 방제를 위해 여러 식물을 섞어 심었는데 가령 비터 벳지bitter vetch*(Vicia ervilia)*는 순무를 보호해 주었고, 병아리콩은 양배추를 갉아먹는 애벌레를 쫓았다. 올리브 앙금 또는 검댕, 향쑥wormwood*(Artemisia absinthium)*, 호하운드horehound*(Marrubium vulgare)* 또는 바위솔houseleek 류의 즙액이 섞인 화합물은 식물 병의 확산을 제어해 주었고, 헬리오트로프heliotrope는 개미로부터 식물을 보호하기 위해 권장되었다.

소小 플리니우스

PLINY THE YOUNGER

각각 투스쿨룸과 라우렌티움에 있었던 소 플리니우스의 두 정원은 여러 추측이 무성했던 대상이다. 16세기 이래로 학자들은 소 플리니우스의 편지에 묘사된 내용들을 연구했고, 도안으로 그의 빌라를 재현해 내기 위해 빈번하게 시도했다. 건축물, 정원 배치, 명명된 식물의 세부 사항은 로마의 빌라에 관해 가장 효과적으로 설명해 주고 있다. 하지만 정원의 발달에 있어 소 플리니우스의 중요성은 지형적 세부 사항을 뛰어넘는다. 이는 르네상스 학자들에 의해 처음으로, 그리고 이후 많은 뛰어난 건축 역사가들에 의해 육성되고 확장된 그의 아이디어에 기인한다.

자신의 빌라에 관한 소 플리니우스의 글은 15세기 레온 바티스타 알베르티에 의해, 특히 경관 속에 빌라를 배치하는 것과 관련하여 거의 글자 그대로 인용되었고, 새로운 세대의 르네상스 건축가들에게도 영향을 미쳤다. 투스쿨룸 빌라에 대한 소 플리니우스의 설명은 자신이 무엇을 원하는지를 요약하고 있다. '거대한 둘레의 원형 극장을 상상해 보라. 넓게 확장된 평원이 산으로 둘러싸여 있다. 언덕 기슭에 지어진 나의 집은 마치 눈썹 위에 서 있는 것처럼 보인다. 오르막은 너무 완만하고 쉬워서 올라가고 있다고 느끼기도 전에 정상에 다다르고 만다. 그 뒤로는 저 멀리 아펜니노 산맥이 보인다.' 주변의 시골 지역은 높은 곳으로부터 '실제의 땅이 아닌 매우 아름다운 그림처럼' 보인다. 그리고 다음과 같이 덧붙인다. '여름철 온도는 지극히 적당하다. 늘 마음을 뒤흔드는 어떤 바람이 떠돈다. 나는 우리 옛사람들이 이 바람에 속해 있다고 여긴다.' 애석하게도 소 플리니우스는 투스쿨룸에서 노년까지 살지 못하고, 흑해 근처에서 공무를 수행하던 중인 50대에 사망했다.

이탈리아 건축가 안드레아 팔라디오(1508-1580) 역시 소 플리니우스(와 레온 바티스타 알베르티)가 권장하는 사항들을 좇았다. 비첸차 외곽의 언덕으로 둘러싸인 분지 안에 자신의 유명한 건축물인 빌라 라 로톤다Villa La Rotonda를 지었는데, 4개의 동일한 파사드는 각기 다른 전망을 가졌다. 소 플리니우스의 라우렌티움 빌라는 바다와 인접해 있어서 개인적이면서도 공공적인 면을 모두 가지는 데 반하여 후자는 로마로부터 이어진 도로에 접근이 가능하다. 소 플리니우스의 두 빌라 모두 한낮의 태양으로부터 그늘을 제공하는 주랑과 함께 시원한 바람을 이용할 수 있도록 신중하게 위치를 잡았다. 소 플리니우스는 자신이 키웠던 작물과 계절의 변화에 대한 행복한 관찰을 통해 땅의 주인으로서

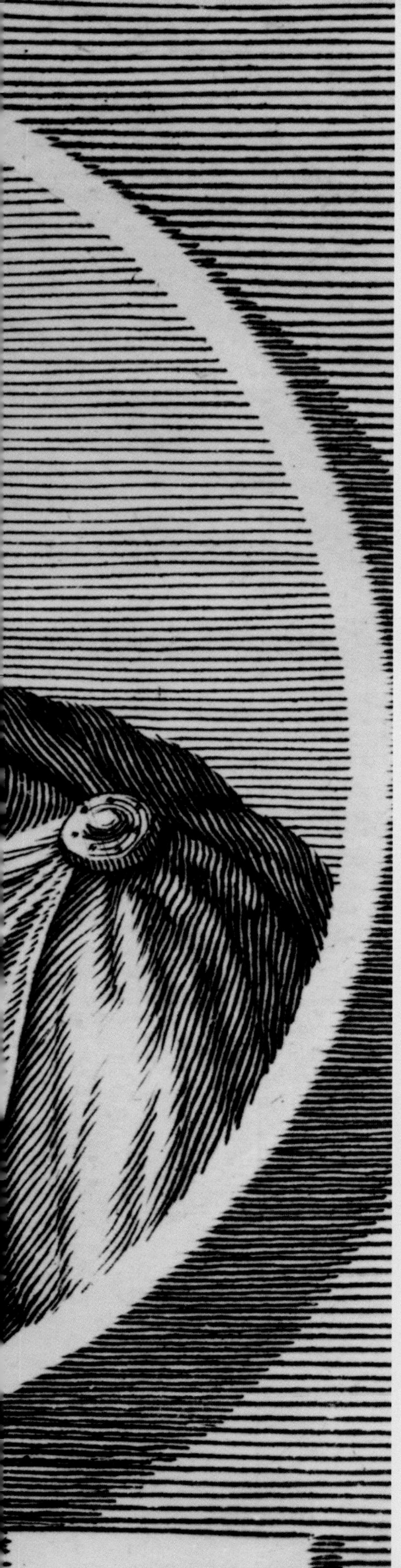

누릴 수 있는 모든 기쁨만이 아니라 은퇴 후 시골에서 글쓰기에 몰두하며 발견했던 즐거움을 전한다. 정원과 빌라 사이의 밀접한 연관성을 주장했는데, 건물보다는 자신의 정원이 지닌 특징과 식재 계획을 더욱 구체적으로 설명하고 있다.

라우렌티움 빌라의 토양은 척박해서 소 플리니우스는 무화과나무와 뽕나무만 재배했다. 그리고 회양목 생울타리와 그 사이사이에 로즈마리를 식재했다. 투스쿨룸에서는 가능성이 더욱 컸다. 중심 주랑 아래에는 '동물 형상으로 깎인 회양목이 서로 마주보고', 한 층 아래로는 아칸서스 화단이 존재했다. 길은 여러 모양으로 가꾸어진 관목 생울타리 사이로 나 있고, 타원형 진입로에는 다양한 모양의 회양목과 잘 다듬어진 왜성 관목들이 자란다. 승마장 주변에는 '아이비로 덮인 플라타너스 나무들을 식재했는데, 위쪽엔 플라타너스 잎들 그리고 아래쪽엔 아이비가 초록빛을 발한다. 아이비는 나무와 나무 사이로 퍼져 나가며 그들을 연결시킨다. 회양목 관목은 플라타너스 나무들 사이에 자라고, 바깥쪽에는 월계수 덤불이 고리를 이루며 플라타너스 그늘에 자신들의 그늘을 더한다'. 키 큰 사이프러스 나무는 한구석에서 그늘을 드리우고 장미는 보다 개방된 구역에서 자란다.

다이닝 룸에는 파이프에서 쏟아지는 물이 광택 있는 대리석 수반으로 떨어지는데, 이것은 가득 차 있지만 넘쳐흐르지 않도록 조절된다. 손님들에게 대접하는 가벼운 요리는 '새나 작은 배 모양의 그릇에 담겨 떠다닌다.' 16세기 이탈리아의 빌라 란테Villa Lante에서 건축가 비뇰라가 포도주 병을 시원하게 하고자 물이 흐르도록 만든 개방된 수조를 선보였을 때, 소 플리니우스를 염두에 두었음이 틀림없다.

1728년에 영국에서 출간된 로버트 카스텔의 저술 『고대의 빌라The Villas of the Ancients Illustrated』는 고전 전통 안에서 조경에 관한 아이디어를 수립하는 일에 대한 동시대의 관심을 반영했다. 역시 소 플리니우스를 참조했다. 이 책에 수록된 일부 삽화는 소 플리니우스의 빌라 정원을 재현하여 보여 주며, 영국 가드닝의 새로운 비정형 양식에 대한 소 플리니우스의 관련성을 강조한다.

◀ 프렌치 스쿨 화가가 판화로 그린 소 플리니우스다.

토피아리우스에서 토피어리까지

FROM TOPIARIUS TO TOPIARY

정원 일 대부분은 노예가 수행했지만 기원전 1세기경의 로마에서는 숙련된 정원사 또는 원예가 계층이 존재했다. 이들은 길드를 형성하여 건축가에 필적할 만한 사회적 지위를 누린 것으로 보인다.

토피아리우스topiarius라는 말은 기원전 54년에 키케로가 자기 형제의 정원에서 일하면서 최초로 언급했다. 대 플리니우스가 기록한 바와 같이, 키케로는 디자이너이자 실무 전문가로 여겨진다. 그는 나무와 관목을 대칭 패턴으로 식재하고 아이비를 예술적으로 사용했다.

기원전 1세기 후반에 이르러 토피어리 기술이 고도로 발달했던 것으로 보이는데, 정교한 사냥 장면과 함대의 무리를 표현해 낼 정도였다. 소 플리니우스의 토스카나 빌라에서는 회양목을 다듬어 정원사나 주인의 이름을 나타내는 문자로 모양을 만들기도 했다.

조형 토피어리의 탄생은 가이우스 마르티우스(기원전 38년에 출생) 덕분이다. 그는 아우구스투스 황제(기원전 27-기원후 14년에 재위) 시대를 살았다. 토피어리는 황제의 통치 기간 동안 널리 퍼져 나갔다. 그뿐만 아니라 정원이 로마 벽화의 인기 주제가 되었다. 동시에 꽃이 피고 열매를 맺을 수 없는 식물들을 함께 묘사한 것을 보면 상상하여 그렸으리라 추정하지만 실제 모습과 아주 흡사하게 정원을 묘사한 것으로 여겨진다. 무성한 정원이 갈대로 엮은 울타리에 둘러싸여 있고, 분수와 조각상으로 장식되어 있으며, 강하게 전정된 관목과 나무들이 토피아리우스 작업의 많은 증거를 남겨 준다.

◀ 1세기 초반에 그려진 작자 미상의 벽화. 폼페이 황금 팔찌의 집에서 발견되었다. 79년 베수비오 화산 폭발 전 시기의 부유한 로마인들 사이에서 일반적이었던 풍성한 식물들을 묘사하고 있다.

로마 정원의 식재와 디자인 Planting and Design in Roman Gardens

다른 작가들은 디자인으로 관심을 돌렸다. 기원전 30년에 쓰인 비트루비우스Vitruvius의 건축학적 이론을 담은 저술 『건축서De architectura』에는 풍경화 기법에 관한 논의가 포함되어 있다. 정원에 대해서는 거의 다루지 않았지만 작가는 극장과 정원 디자인의 관계를 처음 제시한 사람이었다. 극장 배경의 구성 요소로 나무, 동굴, 산을 택하면 풍경을 모방할 수 있고, 결국 정원을 창조하는 데 있어서도 극장의 이러한 요소들을 차용할 수 있다는 주장이다. 르네상스 시대와 그 이후에도 다시 거론된 주제였다.

알렉산드리아의 수학자 헤론Heron은 『기체학Pneumatica』(1세기)에서 당시에 유용하고 실험적이었던 유압 장치와 기술을 다루었다. 이 책은 아랍어판 기술 교본과 유럽 르네상스 때 이탈리아 정원에서 인기가 매우 높았던 정교한 수력 오르간과 물놀이 분수water joke(*이탈리아어로는 '조키 다쿠아giochi d'acqua'라고 하며, 물줄기가 움직이며 분사되어 재미를 주는 분수)를 포함하며 보강되었다.

그리고 조각품이 있었다. 로마의 많은 조각상은 그리스의 원본을 본뜬 것이었다. 조각품은 종종 종교적이고 장식적인 기능을 함께 지녔다. 작은 받침대 혹은 부조나 프레스코 형태의 제단에는 연관된 신의 조각상이 동반되었다. 이곳이 신성한 장소였거나 적어도 어떤 예배의 형식에 사용되었음을 말해 준다. 때때로 프레임은 뱀 형상으로 만들어졌다. 흔히 뱀이 악마를 쫓는다고 믿었기 때문이다. 로마에 있는 세르빌리우스Servilius의 정원처럼 부유한 귀족의 사유지에서는 (대 플리니우스가 기술한 바와 같이) 프락시텔레스Praxiteles와 스코파스Scopas 같은 그리스 유명 조각가의 작품이 전시되었을 것이다. 반면 폼페이에서는 더 작은 대리석 부조를 일컫는 피나크스pinax, 기둥 위에 머리가 새겨진 메르쿠리우스(헤르메스), 파우누스, 그리고 그레이하운드와 토끼 같은 동물 조각상까지 발견되었다. 신성의 표현에는 관례가 존재했다. 꽃의 여신 플로라는 보통 꽃의 왕관을 썼고, 과일나무의 여신 포모나는 과수원을 관장했으며, 미의 여신 비너스(아프로디테)는 물과 연관이 있었다. 자신의 곤봉에 기댄 헤라클레스, 사냥의 여신 디아나(아르테미스), 예언과 치유의 신 아폴로(아폴론), 술주정꾼 측근들과 어울리며 포도 덩굴로 휘감긴 바쿠스(디오니소스)까지 모두 인기 있었다.

헤르메스 주상herm 또는 철학자들의 흉상은 아카데미 양식의 정원에 적합하다고 여겨졌다. (이를테면 스토우에는 18세기 영국의 풍경식 정원이 있다). 동양의 이야기에서 영감을 얻은 정원에서 사랑을 나누었던 큐피드와 프시케는 그림으로도 묘사되었다. 이 모든 우화적인 주제는 르네상스 시대에 들어 다시 채택되었다.

로마 정원의 식물은 주로 제국 내 지방에 자생하거나 적어도 제국과 접촉이 있었던 지역으로부터 왔다. 로마 제국으로 도입된 새로운 과일에는 복숭아, 멜론, 시트론, 레몬이 있었다. 로마인들도 물론 자신들의 차례가 되었을 때 지중해 식물들과 기타 다른 식물들을 동쪽 더 먼 곳으로부터 알프스 북부에 있는 그들의 전초 기지까지 가져갈 책임이 있었다.

대 플리니우스가 언급한 식물들 가운데 오늘날 우리가 관상용 꽃밭에 사용하는 종류는 아칸서스, 안틸리스*Anthyllis*, 회양목, 케린테*Cerinthe*, 시트론, 수레국화, 크로커스, 시클라멘, 라벤더, 백합, 은매화, 수선화, 협죽도, 빈카, 석류나무, 양귀비, 로즈마리, 개사철쑥, 딸기나무, 제비꽃이 있다.

두 번 꽃이 피는 파에스툼Paestum의 장미 (아마도 가을 다마스크 장미인 *Rosa × damascena* var. *semperflorens*의 한 품종인 *R. × damascena* var. *bifera*)는 베르길리우스가 『농경시』에서 예찬한 바 있다. 이 장미는 화환과 향기

▲ 화가는 그림의 꽃과 열매가 마치 같은 계절에 등장하는 것처럼 매우 자세히 표현했다. 가드닝 기술과 지식을 보여 줄 뿐만 아니라 기쁨과 휴식의 느낌도 전한다.

나는 꽃잎을 얻기 위해 재배되었다. 로마 시대에 알려진 다른 장미로는 로사 갈리카*R. gallica*, 로사 포이니키아*R. phoenicia*, 로사 카니나*R. canina*, 로사 알바*R.* × *alba*가 있다. 제비꽃 종류는 향이 강해 상업 목적으로 재배되었다. 딸기나무, 월계수, 은매화, 사이프러스, 아이비, 회양목처럼 향이 좋은 잎을 가진 상록 관목류는 겨울철 로마 정원의 중요한 식물이었다. 이들을 필요한 모양으로 깎을 수도 있었는데, 자생 식물인 남방팽나무*Celtis australis*는 대 플리니우스의 찬사를 받았다.

카토는 로마 정원의 채소류를 언급했다. 그는 양배추 품종이 여러 질병을 치료할 수 있다고 주장했다. 한편 호르투스의 다른 식물들은 약물을 위해 특별히 재배되었을 것이다. 겨자는 뱀에 물린 상처, 버섯 중독, 치통, 위장병을 치료하고 천식을 완화할 수 있었다.

오늘날 우리에게 더욱 친숙한 식물들은 꿀 제공으로 권장되는 식물들이다. 이들은 꿀뿐만 아니라 벌들이 과일나무 꽃가루 매개자로서 필수 기능을 수행할 수 있게 해 준다. 콜루멜라는 벌의 건강에 꼭 필요한 식물로 로즈마리와 토끼풀을 포함시켰다. 베르길리우스의 『농경시』를 통해 벌집을 어디에 놓아야 하는지, 그리고 어떤 식물과 꽃이 꼭 필요한지에 관한 지침을 시적 표현으로 살펴볼 수 있다. '제대로 일을 처리하려면, 양봉가도 정원사여야 한다. 그는 야생 타임thyme, 언덕에 자라는 소나무 묘목, 꽃 피는 관목을 수집하여 직접 심고 물을 주어야 한다.'

하지만 고대 그리스인과 로마인으로부터 얻은 식물과 정원에 관한 모든 지식은 이후 500년 동안이나 서부 유럽에서 거의 사용되지 않았다. 이 암흑기 동안 그것은 (중세 시대가 오기 전까지) 휴면 상태였다. 대신 가드닝 활동의 중심지는 동쪽을 향해, 이슬람 세계로 이동했다.

The Gardens of Islam

이슬람 정원

마음을 진정시키고, 원기를 북돋아 주며, 영적으로 심오한 이슬람 정원은 전 세계에서 가장 숭고한 정원에 속한다. 지역 조건에 따라 약간의 편차와 확장이 있긴 하나 이슬람 정원에는 수 세기에 걸쳐 변함없이 남아 있는 인식 가능한 확실한 요소들이 존재한다. 이슬람 정원은 처음부터 정사각 또는 직사각 형태였고, 기념비적인 출입구가 뚫려 있는 담장으로 둘러싸여 있었으며, 4줄기 생명의 강을 나타내는 수로를 교차시킴으로써 4개의 구역으로 나뉘었다.

> 물이 끊이지 않는 강, 풍미가 변하지 않는 젖줄의 강,
> 그리고 애주가들의 기쁨인 포도주의 강,
> 또한 정제된 꿀이 흐르는 강.

차하르 바그Chahar-bagh는 이러한 구성의 이슬람 정원의 패턴, 즉 사분四分 정원을 말한다. 이슬람어로 차하르chahar는 '넷'을, 바그bagh는 '정원'을 뜻한다. 정원의 수로가 만나는 곳에는 중앙 연못, 묘소 또는 파빌리온이 자리 잡았다. (보다 이른 시기 오아시스 정원에서 그랬던 것처럼) 물은 모든 이슬람 정원에서 필수 요소였다. 물은 말 그대로 사막에서 모든 생명체의 근원이었다.

◀ 알함브라 궁전 정원에 있는 은매화 중정은 유수프 1세를 위해 지어졌다. 그라나다 시는 1492년까지 무어인의 손에 남아 있었고, 이곳은 유럽에서 살아남은 가장 잘 보존된 이슬람 정원 중 하나다. 운하 주변에 줄지어 식재된 은매화는 19세기 미국 작가인 워싱턴 어빙이 추가했을 것이다. 오늘날 정원에서 볼 수 있는 특징적 요소들은 현대에 재건되었다.

무함마드Muhammad(570년경-632)의 추종자들이 이슬람 정원의 차하르 바그 또는 '사분' 정원을 발명하지는 않았다. 따라서 이 정원은 파라다이스의 개념으로 강하게 인식되었다. 이슬람 이전의 정원에서 이상적인 배치에 대한 고고학적 증거는 아직 결정적인 것이 없다. 하지만 우리는 수 세기 전 사막 국가들에 대칭적인 선으로 배치되고 수로에 의해 십자 모양으로 교차되는 정원이 존재했었음을 알고 있다. 적어도 무슬림 침략자들은 이러한 디자인과 이를 가능하게 한 기술을 자신들의 상황에 맞게 조정했던 것으로 보인다. 이슬람인들은 정원을 조성하면서 자신들의 믿음을 표현하는 생동감 넘치는 새로운 방법을 발견했다. 맨 처음부터 이슬람 정원은 영적인 차원, 즉 코란에 드러나 있는 것과 같은 미래의 낙원에 대한 지상의 해석이었다.

우리는 『아라비안나이트』처럼 얽히고설킨 일련의 이야기와 같은 역사를 통해서 새로운 신앙이 확산함에 따라서 상징적인 의미를 지닌 사분 정원 디자인이 어떻게 신앙과 함께 긴 여정을 거쳐 왔는지 알게 된다. 이러한 개념이 중동 지역의 중심지에서 발달하고 성숙하면서, 그것은 또한 서쪽으로는 북아프리카를 거쳐 스페인으로(그리고 18세기 히스패닉 아메리카까지), 북쪽으로는 터키 오스만 제국까지, 그리고 동쪽으로는 무굴 제국의 통치하에 있던 인도까지 전파되었다.

원래의 사분 정원은 육분六分, 팔분八分, 또는 십분十分을 포함하는 분할 정원으로 확장되었으며, 다수의 실개천과 워터 슈트water chute와 전망 파빌리온을 갖게 되었다. 가장 인상적인 몇 곳은 여전히 존재하며 오늘날 세계 불가사의에 속한다. 페르시아와 무굴 제국의 세밀화가들은 더욱 은밀한 기록을 남겼다. 매우 정교한 그림을 통해 이슬람 정원의 정수를 포착했는데, 혹독한 외부 세계로부터 따로 떨어져 위요되어 있는 로맨스와 즐거움의 공간으로 묘사했다.

역사적 배경 Historical Setting

7세기에 중동의 권력은 사산 제국과 비잔티움 제국이라는 2개의 위대한 제국으로 나뉘었다. 비잔티움 제국은 현대의 터키, 시리아, 그리스, 이집트의 대부분, 이탈리아 일부를 지배했다. 사산 제국은 페르시아(오늘날 이란)와 이라크에서 정권을 잡고, 동쪽으로 투르크메니스탄과 아프가니스탄으로 퍼져 나갔다. 그들의 수도는 637년에 무함마드의 아랍인 추종자들에 의해 정복된 크테시폰Ctesiphon(오늘날 바그다드 부근)이었다.

632년 무함마드의 죽음 이후 아랍인들이 서아시아를 휩쓸고 페르시아 사산 제국을 물리쳤을 때, 그들은 적어도 1천 년 동안 존재했던 가드닝 양식을 발견했다. 기원전 559-530년에 아케메네스 제국의 키루스 대제는 파사르가대에 치밀하게 계획된 정원으로 둘러싸인 궁전과 파빌리온 단지를 건설했다. 내부 주요 공간은 중력을 이용한 좁은 석회암 수로, 또는 좁은 실개천이 기하학적 패턴을 이루었는데, 13-14미터마다 각각 하나의 바위를 깎아 만든 깊은 정사각형 수조가 위치했다. 정원은 중앙 왕좌에서 조망할 수 있는 2개의 직사각형으로 나뉘었다. 학자들은 이 왕좌가 정원을 넷으로 나누는 축을 추가로 표시했을지도 모른다고 추측해 왔다. 자신이 '우주의 왕… 세계 사면의 왕'이었다는 키루스의 자랑을 근거로 구현된 것이다. (원통형 돌로 만들어진 키루스 실린더는 현재 런던 영국 박물관에서 소장하고 있다.) 이로 인해 파사르가대는 최초로 알려진 차하르 바그(사분 정원)가 되었을 것이다. 오늘날에는 이 정원 계획이 처음 생각했던 것보다 훨씬 복잡하고 광범위했으리라 추정한다. 크테시폰에서 무슬림 침략자들은 페르시아의 모든 정원 카펫 가운데 가장 유명한 '호스로의 봄Spring of Khosrow'으로부터 이슬람 가드닝 전통의 또 다른 예를 발견했다. 비단으로 수놓은 이 카펫은 26×11미터 크기로, 패턴은 왕실 정원을

▲ 기원전 6세기에 키루스 대제의 궁전과 정원 유적지는 시라즈 북부 평원에 위치했다. 키 큰 은백양과 검은 사이프러스 나무들로 보호받는 곳에서 과일나무를 키웠던 키루스의 정원은 거의 남아 있지 않다. 25센티미터 폭의 석회암 수로 시스템이 발굴되었는데, 송수로를 통해 산에서 흘러온 물이 채워지는 일련의 깊은 정사각형 수조가 사이사이 배치되어 있었다.

나타냈다. 또 파사르가대 정원과 거의 동일한 방식으로 실개천에 의해 화단이 분할되어 있었다. 이 카펫은 왕궁의 알현실 바닥에 펼쳐져 있었을 것이다. 제작자들은 금실을 이용해 흙을, 반짝이는 수정으로는 실개천을, 그리고 진주로 자갈길을 표현했다. 기하학적으로 구획된 땅에 자라는 과일나무의 줄기와 가지는 은과 금으로 모양을 잡았고 보석으로는 꽃과 열매를 나타냈다. 애석하게도 지금은 존재하지 않는다. 무슬림 정복자들이 그것을 조각내어 병사들에게 전리품으로 나누어 주었기 때문이다. 하지만 정원 카펫의 전통은 계속 이어져 오늘날에도 여전히 정원의 수로, 연못, 식물을 나타내는 패턴을 사용한다.

아랍의 정복자들에게 분수와 수로, 시원한 그늘과 초록의 풍성함이 있는 페르시아의 정원은 사후 의인들을 기다리는 천상의 낙원이 환영처럼 나타난 것으로 보였다. 예언자 무함마드의 글에도 생생하게 묘사되었다.

> 풍성한 가지들, 물이 흐르는 산, 그리고 모든 열매에는 두 종류가 있다. 신자들은 정원의 열매가 가까이 달린 곳에서, 양단으로 안을 댄 소파에 기댄 자신들을 발견할 것이다. 그리고 처녀들은 루비처럼 사랑스럽고, 산호처럼 아름다운… 푸르디푸른 초원, 물이 흐르는 분수, 과일과 야자나무, 석류나무에서

▲ 637년 아랍인들은 티그리스와 유프라테스의 델타 지역을 휩쓸어 오늘날 바그다드 근처 크테시폰에 위치한 타크 이 키스라Taq-i-Kisra 사산 궁전을 파괴했다. 여기 보이는 1901년의 잔해는 그레이트 이완great iwan 또는 알현실로, '호스로의 봄' 카펫이 깔려 있었을 것이다.

눈을 떼지 못하게 될 것이다…

정원은 신자의 삶 전체를 가득 채웠던 이슬람 신앙을 해석하는 데 필수 요소가 되었다. 이슬람에서 의인들에게 영감을 주도록 고안된 예술은 새로운 의미를 지녔다. 건축, 회화, 서예, 장식은 코란에 드러난 메시지에 스며드는 본질적 통일성을 반영했다. 장식, 추상적인 기하학 패턴, (덩굴의 휘감는 가지로부터 발달된) 아라베스크arabesque, 돔과 벽에 타일로 붙였던 파이앙스faïence. 그리고 종종 코란으로부터 직접 인용한 우아한 서예는 지적이고 영적인 이슬람 세계를 표현했다. 장식은 가장 미천한 것에서 가장 거룩한 것에 이르기까지 삶의 모든 면에서 천국을 상기시킬 수 있도록 모든 표면과 물체에 적용되었다.

아랍인들이 페르시아를 침략했을 때 그들은 카나트qanat 관개 시스템을 물려받았다. 멀리 떨어진 정착민들 또는 농부들에게 먼 산기슭으로부터 눈 녹은 물을 운반해 줄 수 있는 지하 수로망이다. 카나트를 이용해 언덕의 기슭에서 수직 갱도를 영구 지하수 깊이까지 뚫어 내려갔다. 여기서부터 물이 중력을 통해 추진되었고, 어마어마한 거리에 걸쳐 지속적으로 흘러갈 수 있도록 물의 낙하가 신중하게 계산되었다. 그다음 물은 저수조에 저장되었고 개방된 수로 또는 명거jubes로 분산되었다. 15미터 정도의 간격으로 뚫린 일련의 수직 갱도의 위치로 지하수로가 지나가는 길을 알 수 있었다. 수직 갱도는 폐석을 제거하고 지하 작업자들에게 공기를 제공하기 위한 목적이었다.

고대 카나트는 중동 지역 전역에 걸쳐 발견되었는데, 명거는 이스파한이나 시라즈 같은 도시에서 아직도 볼 수 있다. 명거는 특히 과수원과 가로수 길에 물을 대는 데 유용했다. 식물의 뿌리에 물이 스며들게 해 주었기 때문이다. 이것은 정원에서 지면 높이보다 아래로 조성된 식재 화단과 결합되었다. 그리고 수문 시스템을 통해 주기적으로 물이 넘치도록 되어 있었는데, 꽃의 카펫 위를 걷는 기분 좋은 느낌을 만들어 냈던 방법이었다.

이 정교한 공학은 물이 정원에 생동감을 불어넣을 수 있게 했다. 거품 분수와 물놀이 분사기는 소리와

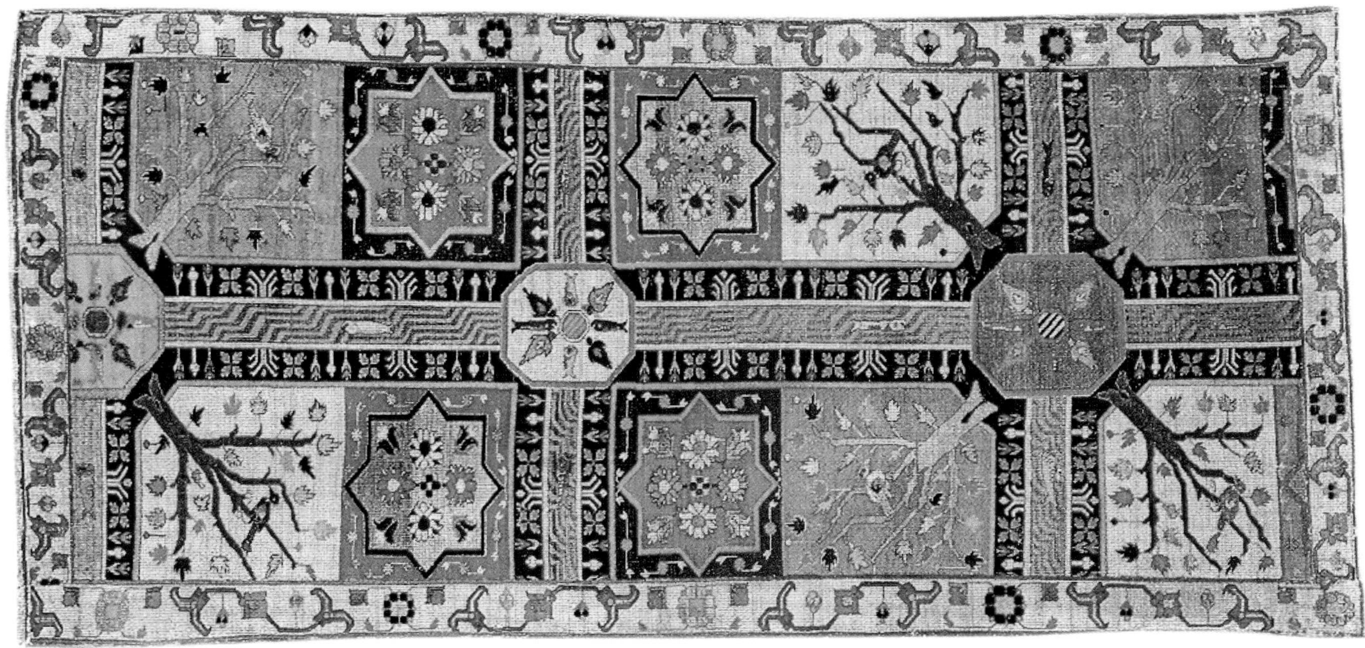

▲ 현재 영국 글래스고의 버렐 박물관에서 소장 중인 바그너 카펫은 17세기 케르만에서 만들어졌다. 상상의 정원을 보여주는 이 카펫에는 물고기와 오리로 가득 찬 4개의 수로가 새, 나비, 동물들이 서식하는 잎이 무성한 나무와 꽃으로 풍성하게 둘러싸여 있다. 가장 오래된 것으로 알려진 정원 카펫은 1959년에 스키타이 무덤에서 발견되었는데, 무려 5세기까지 거슬러 올라갈 수도 있다.

움직임을 제공했고 감각을 달래 줄 뿐만 아니라 공기를 식혀 주고 곤충을 쫓아 주었다. 정원이 충분히 비탈진 곳에 조성되었다면 수조에 담긴 물은 중력에 의해 흘러내려 분수를 작동시켰을 것이다. 문양에 따라 만들어진 수로에 잔물결을 일으키거나 벽면 위로 폭포처럼 쏟아지는 물소리는 인간의 감각을 더욱 기쁘게 했다. 그리고 16세기 말경에 특히 카슈미르 지방에서는 차다르chadar 또는 경사져 흐르는 물의 장막이 인공 폭포의 또 다른 형태로 개발되었다.

추가적인 수경 시설로 차부트라chabutra가 있었다. 종종 4개의 주요 수로가 교차하는 지점에 약 60센티미터 높이의 돌 혹은 대리석 단으로 만들어졌다. 휴식을 취하거나 산들바람을 맞으며 정원을 바라보는 장소로 기능했다.

위엄 있는 체나르chenar(플라타너스 나무)는 짙은 그늘을 제공했으며, 종종 파빌리온이나 분수 주변으로 네 그루가 패턴을 이루며 식재되었다. 이들은 훗날 16세기 이탈리아 정원의 샘과 그로토 주변에도 마찬가지 방식으로 식재되었다. 과일나무는 사이프러스의 어두운 줄기와 대비를 이루며 어룽거리는 그늘을 드리우고, 이러한 아름다움에 건축의 장식적 세부 요소들이 추가되었다. 유약을 입힌 다채로운 타일, 복잡하고 섬세한 모자이크 바닥 포장 패턴, 연꽃 모양의 대리석 수반 따위가 있었다. 코르도바와 이스파한의 중정에는 아직도 오래되거나 새로운 이러한 특징들이 남아 있다. 전통적 모티프는 계속해서 공예가와 정원사에게 영감을 주고 있다.

이와 같은 정원 요소들 대부분은 페르시아의 세밀화, 정원 카펫의 문양에 등장할 뿐만이 아니라 시와 회고록 필사본에 생생하게 묘사되어 있다. 세밀화와 카펫 모두에서 봄에 꽃이 피는 아몬드 나무가 뾰족하게 자란 사이프러스를 감싸고 있는 모습을 종종 볼 수 있다. 아몬드는 봄과 갱생을, 사이프러스는 영원과 죽음을 상징한다.

정원은 즐거움을 주는 과일나무의 꽃과 향기로 만발했지만 독실한 무슬림들은 처음에는 희귀하거나 새로운 식물을 특별히 강조하지는 않았다. 신의 창조의 표징으로서 식물의 아름다움이 가장 중요했기 때문이다. 1527년 인도의 무굴 시대가 시작될 무렵 사분 정원의 기본 형태는 새로운 해석을 취했지만 그 이미지는 변하지 않았고 다른 문화권의 예술 발전에 영향을 미쳤다.

이슬람 초기 시대 The Early Years of Islam

예언자 무함마드가 죽은 지 100년 만에 아랍인들은 사산 왕조 페르시아, 이집트, 수메르 고대 문명의 땅, 바빌론과 아시리아를 아우르는 광대한 제국을 일으켰다. 그들은 새로운 주제에 이슬람교를 부과하면서 자신들이 발견한 가치, 특히 교양과 사치를 좋아하는 페르시아인들의 행정 기술과 세련된 방식을 흡수하는 데 만족했다. 침략자들은 정복에 대한 새로운 태도를 가져왔다. 즉 이슬람은 시골에 쓰레기를 버리기보다는 신성한 근원을 지닌 모든 자연을 보존하고 보호하는 것이 인간의 의무라고 가르쳤다. 우마이야 왕조의 첫 번째 칼리프였던 아부 바크르(632-634년에 재위)는 다마스쿠스에서 어떠한 야자나무나 과수원도 베어 내서는 안 되며, 또한 자신의 군대가 승리하는 동안에는 옥수수밭을 태우지 말라고 명령했다.

대략 660년 이후 우마이야 왕조 시대의 다마스쿠스의 칼리프들과, 이 도시의 웅장한 이슬람 사원을 건설한 이들은 750년 아바스 왕조에 의해 전복되었다. 코르도바로 탈출하여 스페인 남부에 이슬람 정원의 전통을 가져다준 가문 모두가 살해당했다.

아바스 왕조는 바그다드에 수도를 세웠다. 티그리스 강둑에 도시를 원형으로 배치하고 학문과 창의성의 중심지로 발전시켰다. 고대 문헌들은 라틴어, 그리스어, 아람어에서 아랍어로 번역되었다. 인도에서는 대수학과 같은 새로운 수학 체계들이 도입되었다.

『아라비안나이트』에도 등장하는 유명한 칼리프인 하룬 알-라시드Harun al-Rashid(786-809)는 종교와 정치 모두에서 관용의 시대를 주도했고, 그동안 학문은 새로운 정점에 이르렀다. 학자들은 식물과 의학에 대한 당대 문헌의 경계를 넓혔다. 또한 수 세기 전 바빌로니아인들과 아시리아인들에 의해 처음 확립된 정원의 전통을 계승했는데, 멋진 수렵원과 동물원을 만들고 희귀한 식물들을 수집했다. 침략자들이었던 아바스 왕조의 아랍인들은 페르시아의 비옥한 계곡과 고지대에서 봄에 꽃피는 알뿌리 식물들 외에도 멀리 동쪽에서 온 식물들을 비롯한 많은 야생화들을 발견했다. 대부분은 이슬람교와 함께 서쪽으로, 북아프리카를 거쳐 스페인으로 이동했다. 그리고 11세기에 아랍 식물학자들이 목록화했다.

아랍어로 번역된 것 중에는 디오스코리데스가 1세기에 저술한 약초 의학서인 『약물에 관하여』(37쪽 참조)도 있었다. 중세 유럽에서와 마찬가지로 아랍 세계 전역에서 기준이 되는 참고서가 되었으며, 11세기 말부터 15세기에 이르기까지 열세 부의 사본이 만들어졌다. 무슬림들은 이미지를 만들어 내는 데 제약을 두었지만 학문 목적으로 꽃과 채소를 모티프로 한 그림을 표현하고 건축 장식에 식물 모티프를 사용하는 것은 허용되었다.

식물학에 대한 새로운 연구는 아랍 식물학의 아버지로 여겨지는 아부 하니파 알-디나와리Abu Hanifah al-Dinawari(820년경-895)에 의해 이루어졌다. 그는 앞선 시대의 백과사전들과 시, 그리고 구전으로 전해진 베두인 이야기를 통해 당대에 알려진 모든 저술 자료를 집대성했다. 11세기에 알-비루니Al-Biruni(973-1048)는 식물의 약효를 연구하던 중

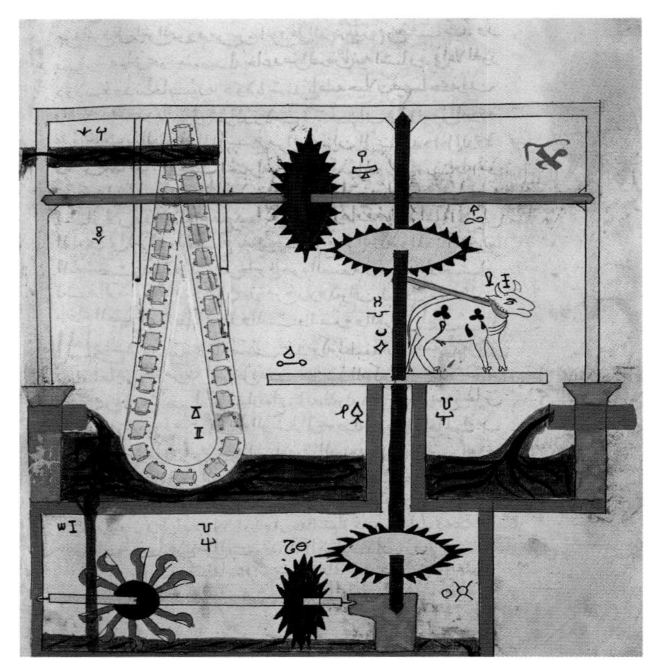

▲ 알-자지리가 쓴 『기발한 기계 장치에 관한 지식서』(1203)에서 발췌한 도해는 수직축에 붙어 있는 톱니바퀴가 양동이들이 매달려 있는 수평축을 회전시키는 것을 보여 준다. 이 장치의 공학적 원리는 더 이른 시기에 소규모로 구현된 노리아noria(*물을 퍼 올리는 장치)와 동일하다. 아랍인에 의한 중세 시대 역학 연구, 특히 수력학은 15-16세기 르네상스 시대의 위대한 정원들과, 심지어 18-19세기 서부 아메리카의 덥고 건조한 주州에서 활동한 스페인 선교사들의 정원들을 위한 기틀을 마련해 주었다.

자연 '논리'의 일부로서 꽃의 기관들과 꽃잎의 정확한 기하학적 배열을 언급하면서 꽃의 구조에 주목하기 시작했다.

이 시기로부터 살아남은 정원은 없지만 『아라비안나이트』의 이야기는 정교한 정원에 대한 환상과 눈부신 장식 건물들로 가득하다. 917년 콘스탄티노플에서 파견된 두 명의 비잔티움 대사들은 바그다드 정원의 화려함에 경외심을 품었다.

> … 중앙에는 인공 연못이 있었고, 수로를 통해 사방으로 물줄기가 흐르고 있었다 … 그것은 윤이 나는 은보다 더 윤기가 흘렀다 … 그 주변에는 자수로 장식한 금박 의자들이 있는 4개의 웅장한 파빌리온이 세워져 있었다 … 주위는 온통 잔디밭과 야자나무들이 펼쳐진 정원이 있었다 … 야자나무들의 수는 사백 그루, 각각의 높이는 다섯 큐빗cubit(*손끝에서 팔꿈치까지 약 45센티미터의 길이를 나타내는 고대의 길이 측정 단위)이었다 … 이 모든 야자나무들은 다 자란 열매들을 가지고 있었는데 … 언제고 잘 익어 갈 뿐, 썩지 않았다.

다른 곳, 로마식 경기장에서는 유압 장치로 작동되는 기계식 은빛 새들이 황금 나무에 앉아 산들바람에 노래하고 지저귀었다. 분별 있던 또 다른 아바스 통치자는 자신의 정원에 바스라에서 온 오렌지나무와 오만과 인도에서 온 희귀한 나무들을 키웠다. '열매들이 어스름한 밤하늘의 별들처럼 환하게, 노랗고 빨갛게 빛났다.'

825년에 아바스 왕조의 수도는 바그다드에서 북쪽으로 110킬로미터 떨어진 티그리스 강 동쪽 강기슭의 사마라로 옮겨 갔으며 892년까지 남아 있었다. 모래로 뒤덮인 유적지에서 정원이 독특하게 자리 잡은 궁전의 기초가 발견되었다. 889년에 지리학자 알-야쿠비는 전 국토가 '상류층을 위한 정원'으로 바뀌었고, 여기에는 궁전, 회관, 승마 및 폴로 경기장이 있었으며, 폴로는 국민적 여가 활동이었다고 기록했다.

어떤 정원을 조성하기 전에는 관수를 위한 물을 이용할 수 있게 하는 것이 우선시되어야 했다. 도시의 설립자는 강 상류 수원지로 향하는 40킬로미터 거리의 지하 운하를 파내어 관개 시스템을 도입함으로써 물 공급에 혁신을 일으켰다. 때로는 타조의 힘으로 색다르게 움직이는 물레방아(노리아)가 작은 규모의 관개 수로로 물을 퍼 올렸다. 그 결과 모든 정원에 장식 연못이 생길 수 있었다. 칼리프의 궁전에 있는 정사각형 연못은 가로세로 길이가 200미터에 이르는 광대한 규모였다. 궁정 시인 알-부투리는 사마라 궁전 알-사비al-Sabih를 다음과 같이 묘사했다.

> 그리고 냇물은 야광 검처럼 반짝이며 솟구치는 물로 다시 채워진다.
> 아름다운 연못 한가운데서 분출할 때, 물은 대리석 색깔을 띨 것이다.
> 그리고 물레방아는 다른 동물이나 쟁기가 아닌 타조들의 힘으로 회전한다.
> 이러한 정원은 우리로 하여금 파라다이스를 간절히 열망하게 만들었고,
> 그로 인해 우리는 더욱 죄를 삼가고 악행을 피한다.

▲ 로마 제국의 몰락 이후로 대부분 유럽에 빼앗겼던 고전 시대의 지식들 가운데 상당 부분이 이슬람 세계에서 보존되었다. 디오스코리데스의 『약물에 관하여』를 포함한 많은 그리스어, 라틴어 원본이 아랍어로 번역되었다. 983년까지 우마이야의 의사 이븐 줄줄은 디오스코리데스의 원본에 부록을 추가했다. 이 아랍어 판본(987-990)의 삽화에 나타난 것처럼, 그는 로사 셈페르비렌스*Rosa sempervirens*와 헤나henna *Lawsonia inermis* 같은, 원저자에게는 알려지지 않은 식물들을 포함시켰다.

사마라의 장엄함은 수명이 짧았지만 정원 건축에 미친 영향만은 상당했다. 스페인 코르도바 외곽에 위치한 메디나 아-자하라Madinat az-Zahra의 웅장한 10세기 정원 단지는 부분적으로 사마라의 발쿠바라Balkuwara 궁전 정원을 모델로 한 것으로, 아치형 파빌리온이 커다란 수조를 마주하고 있다.

10세기를 거치며 아바스 왕조의 지배력은 무너져 갔다. 칼리프는 상징적인 권위만을 유지했다. 진정한 권력은 지방 통치자들의 몫이었다. 새로운 왕조인 셀주크 제국이 서페르시아에서 패권을 차지하게 되었다. 내분으로 쇠약해진 이 지역은 13세기 칭기즈 칸Chingiz Khan 휘하의 몽골 황금 군단이 내려왔을 때 침략의 기운이 팽배했다. 이 호전적인 유목민들도 결국 정원에 이끌리겠지만, 이쯤에서 정원 이야기는 스페인으로 옮겨 간다.

스페인의 이슬람 정원 The Islamic Garden in Spain

폐위된 우마이야 왕가의 유일한 생존자였던 아브드 알-라흐만 1세Abd al-Rahman I(731-788)는 756년에 코르도바 토후국을 지배하게 되었다. 그는 톨레도와 세비야까지 영토를 확장시키면서 오늘날 안달루시아보다 훨씬 큰 영토인 그라나다 시를 통합했다. 스페인 남부는 8세기 초 북아프리카로부터 온 무슬림 침략자들인 베르베르인에 의해 처음 식민지가 되었다. (스페인에서 무슬림들이 알려지게 됨에 따라) 무어인들은 로마 시대부터 살아남은 관개 시스템을 갖춘 정원 문화를 물려받았고, 여기에 그들만의 상상을 불어넣어 유럽에서 볼 수 있는 가장 아름다운 정원을 만들었다. 그들은 이국적인 과일나무와 꽃을 심었는데, 많은 종류가 지중해의 동쪽 끝, 페르시아, 인도, 중국 등과 같은 멀리 떨어진 곳에서 왔다. 식물학자들은 이베리아 자생 식물과 새로 도입된 식물을 모두 기록했다.

이후 몇 세기 동안 방대한 식물학적 전문 지식을 포함한 아랍의 학문은 피레네 산맥을 거쳐 점차 북유럽으로 흡수되었다. 동시에 여행자들과 순례자들을 통해 알뿌리, 씨앗, 식물 뿌리도 함께 전해졌다. 902년 무렵 북아프리카 아글라브 왕조의 아랍인들은 시칠리아를 정복했다. 그들이 만든 건축물과 공원들은 '목걸이처럼 도시 주변을 둘러싸며'(팔레르모), 1091년에 이곳을 점령한 노르만 침략자들에게도 영감을 주었다. 결과적으로는 이슬람 문화가 유럽의 다른 지역으로 확산되는 또 다른 경로를 제공했다.

이슬람 정원은 스페인에서 다양한 양식을 선보였다. 936년부터 아브드 알-라흐만 3세가 건설한 놀라운 정원 도시 메디나 아-자하라(64쪽 참조)부터, 평범하거나 이국적인 과일을 모두 재배한 페르시아의 부스탄 정원과 유사했던 단순한 형태의 과수원이 있었다. 크고 작은 중정 정원도 있었다. 코르도바의 웅장한 그랜드 모스크에 위치한 파티오 데 로스 나란호스Patio de los Naranjos는 유럽에 현존하는 가장 오래된 정원으로 여겨진다. 오렌지나무들이 식재되었고 바닥은 포장되어 있다. 건축은 780년대 아브드 알-라흐만 1세 통치하에 시작되었고, 수 세기에 걸쳐 여러 차례 보완이 이루어졌다. 오늘날 이 모스크의 19개 회중석은 둘러막혀 있지만 원래는 중정 쪽으로 개방되어 있었다. 숲과 같은 리듬으로 배치된 기둥 열은 바깥에 있는 오렌지나무들의 질서 정연한 배열로 반복되었다. 오늘날 기독교 교회나 이슬람 전통은 도시의 파티오Patio에 살아 있다. 꽃으로 가득 찬 이 중정은 코르도바 거리의 철제 창살을 통해 볼 수 있으며, 매년 5월 한 주 동안 문을 개방한다.

무슬림 스페인의 가장 이른 시기의 정원 중 하나는 코르도바의 아루자파Arruzafa다. 묘지, 정원, 포플러

▲ 코르도바의 위대한 메스키타Mezquita 사원은 784–786년에 무슬림 안달루시아의 우마이야 통치자인 아브드 알-라흐만 1세에 의해 지어졌다. 레콩키스타 이후로 확장되어 성당이 되었다. 사진은 오렌지나무들이 식재된 과수원인 파티오 데 로스 나란호스에서 바라본 전경으로, 유럽에 현존하는 가장 이른 시기의 정원 중 하나로 여겨진다.

숲을 갖춘 궁전으로, 그랜드 모스크와 마찬가지로 아브드 알-라흐만 1세의 명령에 따라 조성되었다. 또한 스페인 반도에 새로 도입된 식물을 위한 시험 정원이었다. 핵과류의 씨, 종자, 또는 감귤류, 무화과류, 석류를 포함하여 개량되었거나 희귀한 과일나무의 꺾꽂이묘는 이곳에서 시험을 거친 후 무어인들의 스페인 곳곳으로 재배를 위해 퍼져 나갔다.

특별히 귀하게 여겨지는 품종들은 원래 재배되던 나라에서 철저히 보호되었다. 따라서 이들을 스페인으로 가져오기 위해서는 어느 정도 속임수가 필요했다. 9세기에 코르도바 출신의 한 대사는 비잔티움에서 자신의 책을 묶는 데 사용된 끈을 풀고는 안에 씨앗을 넣고 다시 끈을 묶는 방법을 사용하여 탐내던 무화과 종류인 도니골 무화과를 밀수할 수 있었다.

아브드 알-라흐만 1세는 고향 시리아에 대한 그리움을 표현한 애처로운 시에서 아루자파 정원을 이렇게 표현했다. '여기 서쪽, 자신의 땅으로부터 멀리 떨어져 있는, 아루자파 한가운데 있는 외로운 야자수… 허둥거리는 구름으로부터 아침 비가 너에게 내리게 하고, 그 물이 너에게 쏟아지게 하며, 별들이 눈물을 네 위로 흘리게 하리라.' 그는 '단맛, 부드러운 식감, 과즙, 아름다운 모양을 지닌 최상의 석류 종류'인 시리아 석류를 도입하는 데도 도움을 주었다. 친구 사파르를 설득하여 식물을 아루자파에 이식하기 전에 말라가 근처 자신의 정원에 씨앗을 뿌려 재배토록 했다. 여전히 자파리zafari 석류로 알려져 있다.

메디나 아-자하라

MADINAT AZ-ZAHRA

아브드 알-라흐만 3세는 936년 메디나 아-자하라(왼쪽과 오른쪽 이미지)를 건설하기 시작했다. 코르도바 시에서 북서쪽으로 6.5킬로미터 떨어진 산맥의 남쪽 경사면 아래 보호되어 있던 궁전, 행정 건물, 정원 단지는 약 120만 제곱미터에 이른다. 그의 아름다운 아내들 중 한 명이었던 아-자하라(빛나는 사람)의 이름이 붙여진 이곳의 공사는 그의 남은 생 25년 동안 지속되었다. 여기에는 1만 명의 노동자, 1천500마리의 노새와 낙타, 그리고 연간 주 예산의 상당 부분이 투입되었다.

이 궁전 도시는 고작 70년 동안만 존재했다. 아브드 알-라흐만의 죽음 이후 칼리프는 붕괴되었고, 코르도바는 쇠퇴했으며, 메디나 아-자하라는 베르베르 용병들에게 약탈당하고 불태워졌다.

비잔티움 예술에 영감을 받은 수석 건축가는 지역에서 채석된 4천 개의 파란색과 분홍색 대리석 기둥을 사용했고, 그것들을 하얀 석회암 블록으로 지어진 주요 건물에 엇갈리게 배치했다. 다르 알-물크Dar al-Mulk 또는 왕실에는 비잔티움의 영향을 보여 주는 생명의 나무를 묘사한 치장 벽토 아치들이 장식되어 있었다. 생명의 나무 테마의 휘감는 가지, 잎, 꽃은 나중에 아라베스크 혹은 이슬리미islimi 문양으로 발전했다.

메디나 아-자하라는 3개의 계단식 테라스 위에 지어졌다. 중앙의 가장 높은 테라스에는 본궁이 있었고 가장 낮은 층에는 모스크, 시장, 막사가 위치했다. 물은 인근 언덕에서 수로를 통해 공급되었다. 전설에 의하면 왕실 접견실의 수영장을 채우기 위해 수은이 사용되었고, 벽에는 빛의 무늬가 춤추게 했다고 한다. 사이프러스 가로수 길과, 월계수, 석류나무, 오렌지나무 숲이 장미와 백합을 위한 침상 화단과 어우러져 있었으며, 가장 희귀한 외래종을 위한 식물원은 별도의 공간으로 마련되었다. 현대의 보고서에 따르면 메디나 아-자하라의 방문객들은 장소의 화려함에 현혹되었다. 7세기 후에 무굴 황제 샤 자한Shah Jahan에 의해 인도 아그라에 지어진 붉은 요새의 배치에 영감을 주었을지도 모른다.

톨레도와 세비야의 식물학자들 Botanists at Toledo and Seville

코르도바가 함락된 후에 무슬림 스페인은 서로 다른 나라로 분열되었다. 톨레도, 그라나다, 세비야는 무어인들의 지배하에 남아 있었다. 톨레도에서는 의사 겸 식물학자 이븐 와피드Ibn Wafid(999-1075)가 '정원의 연인'이란 별칭으로도 알려진 술탄 알-마문al-Ma'mun을 위해 후에르타 델 레이라는 이름의 궁전 정원을 만들었다. 알-마카리의 연대기에서 이븐 마드룬은 다음과 같이 이야기한다.

> 톨레도의 알-마문 왕은 중앙에 수정 파빌리온이 서 있는 호수 건설을 명했다. 물은 파빌리온의 지붕으로 끌어올려져 거기서부터 사방으로 인공 비처럼 아래에 있는 물로 흘러내렸다.

발굴 조사를 통해 타구스 강의 물을 끌어올려 웅덩이를 채우는 데 물레방아(노리아)가 사용되었다는 사실이 밝혀졌다. 궁전 한쪽에는 2개의 용기가 번갈아 물을 채우고 비우는 물시계도 있었다.

또한 이븐 와피드는 식물을 수집하고 동정하면서 광범위한 여행을 다녔다. 그는 시칠리아와 이집트, 페르시아 북동부의 메카와 호라산을 방문했다. 와피드가 기른 식물들 중에는 무화과, 포도나무, 그리고 동남아시아 원산의 광귤*Citrus × aurantium*이 있었는데, 장차 스페인에서 세비야 오렌지로 알려지며 중요 식물이 될 것이었다.

이븐 와피드의 죽음 이후인 1085년에 톨레도에서 일어난 레콩키스타Reconquista(*기독교의 국토 회복 운동)로 무어인들은 세비야에서 피난처를 찾을 수밖에 없었다. 그때까지 이븐 바살Ibn Bassal이 후에르타 델 레이의 책임을 맡았다. 그가 저술한 『농업서Book of Agriculture』(불완전한 카스티야어 번역본은 1300년경에 만들어졌으나 아랍어 원본은 최근에서야 재발견되었다)는 가드닝에 관한 책으로, 농작물은 거의 언급되지 않는다. 총 16장으로 나누어진 『농업서』는 물, 흙, 거름, 땅의 선택과 준비 외에도 나무 및 식재 방법 같은 실용적인 내용들도 다룬다. 특히 아몬드, 살구, 시트론, 대추야자, 무화과, 올리브, 오렌지, 복숭아, 피스타치오, 석류, 사과, 체리, 배, 자두, 마르멜로 같은 과일나무에 주안점을 두고 있다. 다른 나무로는 딸기나무, 물푸레나무, 멀구슬나무*Melia azedarach*, 월계수, 사이프러스, 털가시나무, 밤나무, 개암나무, 호두나무 등을 언급한다. 꽃으로는 장미, 에리시멈, 스토크, 제비꽃, 백합, 수선화, 접시꽃, 캐모마일, 향쑥을 포함한다. 저자는 민달팽이 퇴치법에 대해서도 조언했다.

> 화단을 조성하고, 공중목욕탕으로부터 나온 회분을 1인치 정도 뿌린 다음, 거름을 얹고 씨를 뿌린다. 그러면 이 동물은 식물을 찾아 흙을 돌아다닐 때 회분을 만나 당황하며 자리를 뜰 것이다.

100년 후에 이븐 알-아브암은 (이븐 바살의 저술에 크게 의존했지만) 몇 가지 설계 원칙을 제시하면서 새로운 지평을 열었다. 19세기 전반 빅토리아 시대의 정원 작가 존 클라우디우스 루던John Claudius Loudon에 의하면 12세기에 이븐 알-아브암이 저술한 『농업서Book of Agriculture』는 재배 가능한 종을 더 많이 포함시켰는데, 그 수는 1080-1180년에 두 배나 증가했다. 저자는 주요 산책로를 따라 가로수 길과 모퉁이에 사이프러스를 식재할 것을 권장했다. 시더와 소나무류는 그늘진 오솔길에 쓰였고 감귤류와 월계수는 개방된 장소에 쓰일 수 있었다. 재스민은 담장과 트렐리스를 타고 자라도록 유인되었다. 연못과 수로는 석류나무, 느릅나무, 버드나무, (흑백 느릅나무black-and-white elm로 알려진) 포플러 덕분에 그늘이 드리워졌다. 울타리는 회양목이나 월계수였을 것이다. 그는 또한 야생 가드닝의 매우 개량된 방식을 제안했는데, 벨아이비(아마도 큰메꽃)와 아이비가 나무를 타고 올라가 매달려 자라도록 했다. 소 플리니우스가 1200년 전에 자신의 빌라 정원에서 권장했던 것이다. 이븐 알-아브암이 기술한 새로운 과일나무 목록 중에는 대추나무*Ziziphus jujuba*, 레몬, 양모과가 있었다. 관상용 나무와 관목은 플라타너스, 아카시아,

산사나무, 아이비, 재스민, 유다나무, 라벤더, 협죽도를 포함했다. 꽃의 정원을 위해서는 아욱, 토란, 무궁화, 접시꽃, 붓꽃 종류를 사용했다.

현지 식물상을 포함한 아랍어 원본의 상당수는 소실되었지만 그 가치는 기독교 스페인에서 인정되었다. 톨레도의 알폰소 10세(1221–1284)가 이러한 저작들을 카스티야어로 번역하는 작업을 추진했다. 처음으로 라틴어가 아닌 토착어로 만들어진 저작에 속한다.

1248년에 세비야는 기독교인들에게 함락되었다. 무슬림 스페인의 나머지 지역들이 기독교인의 수중에 있는 가운데 그라나다만이 고립된 술탄 국가로 살아남았다. 하지만 1492년에 이 마지막 무어인의 전초 기지는 스페인의 페르디난도와 이사벨에게 정복되었다. 반면에 그라나다의 나스르 왕조 통치자들을 위해 이슬람의 가장 유명한 정원인 알함브라Alhambra와 헤네랄리페Generalife가 생겨났다. 술탄들의 여름 거주지였던 헤네랄리페 정원은 약 1319년에, 알함브라 정원은 그로부터 25년 후에 조성되었다. 이들은 유럽의 모든 이슬람 정원 가운데 가장 아름답고, 가장 잘 보존된 정원으로 손꼽힌다.

그라나다의 영광: 알함브라와 헤네랄리페

The Glories of Granada: The Alhambra and Generalife

담으로 둘러싸인 은밀한 분위기, 흐르는 물로 생기를 되찾는 눈 덮인 시에라 네바다 산맥에서 불어오는 바람으로 여름이 시원한 알함브라와 헤네랄리페 정원은 낙원에 대한 이슬람의 꿈을 보여 주는 듯하다. 헤네랄리페의 상부 정원은 1319년경에 이스마일Isma'il(1315–1325)을 위해 건설되었다. 알함브라의 은매화 중정은 유수프 1세Yusuf I(1333–1354)를 위해 지어졌고, 라이온 중정을 포함한 왕실의 방들은 그의 아들 무함마드 5세가 즉위하자마자 그를 위해 만들어졌다. 오늘날 우리가 볼 수 있는 많은 부분은 1828년 이후에 미국 작가 워싱턴 어빙이 재건했다.

도심 속에 빽빽하게 단지를 이루고 있는 알함브라와 달리 헤네랄리페는 언덕 위 테라스에 위치하여 외곽을 바라본다. 또한 과수원으로 둘러싸여 있고, 분수와 물이 흐르는 계단, 그리고 경치를 즐길 수 있는 망루로 인해 생동감이 넘친다. 하지만 헤네랄리페에서 가장 중요한 부분은 담으로 둘러싸인 수로의 파티오다. 이 정원은 실개천에 의해 4개의 기다란 팔각 사분면이 분할되고 뒤쪽에는 높은 담장이 세워져 있다. 오늘날 볼 수 있는 분수는 19세기에 도입되었다. 여름에 개화하는 다채로운 색깔의 현대 일년초들은 무어인들의 스페인에서 재배되었을 향기로운 관목과 꽃의 많은 부분을 대체한 것이다. 1959년에 발생한 화재로 현재보다 70센티미터 낮은 화단의 원래 지면 높이와 구성이 드러났지만 복원은 이루어지지 않았다. 그럼에도 불구하고 빛과 그늘의 어룽거림, 찰랑거리는 물, 장미 향기, 오렌지 꽃은 여전히 무어인들의 사분 정원이 지녔던 진정한 정신을 전달한다. 그 아래로, 알함브라 궁전은 미로와 오아시스를 갖추었다. 회랑의 미로는 갑작스러운 방향 전환과 격자무늬로 세공된 창문 개구부가 특징이다. 이 미로는 매우 아름답게 장식된 일련의 방들을 통해 이어지는데 예상치 못한 정원 공간들을 지나서 마침내 고요한 은매화 중정(또는 아라야네스 파티오)으로 열리게 된다. 여기서 두 줄로 엄격하게 식재된 은매화*Myrtus communis*가 은빛으로 가득 펼쳐진 물의 틀을 잡아 준다. 수면에는 술탄의 공식 거주지로, 총안銃眼이 있는 거대한 코마레스Comares 탑이 정확한 균형을 이루며 비친다. 이 엄격한 구성은 물에 반영된 건축물의 섬세함, 즉 아치와 문과 창문에 정교하게 새겨진 조각들로 생기를 띠고, 파티오의 양쪽 끝에는 작은 분수가 거울 연못에 가장 부드러운 파동을 일으킨다. 역사적으로는 은매화가 맞지만(여기에는 오렌지나무도 있었다) 화단은 원래 더 낮아서(위의 내용 참조), 녹색 카펫 같은 느낌을 자아냈다.

◀ 아치 길에서 헤네랄리페 정원의 중심인 아세키아Acequia 중정을 바라본 풍경. 물이 솟아나는 분수는 19세기 초에 추가된 것으로, 무어인들이 식재한 원래의 관목들은 여름철 개화하는 일년초들로 대체되었다.

▲ 스페인 알함브라 궁정에 있는 사자의 중정이다.

여기서부터 소박한 출입구 하나가 인접한 사자獅子의 궁전의 그늘로 인도하고, 그 중심에는 알함브라에서 가장 아름다운 부분일 사자의 중정이 모습을 드러낸다. 이 공간은 전형적인 사분 정원이다. 보행로에 의해 4개의 동일한 사분면으로 나뉘며, 각 구석에는 오렌지나무가 단순하게 식재되어 있다. 주변을 둘러싼 아케이드에는 하나씩, 둘씩, 셋씩 배열된 가느다란 설화 석고 기둥들이 숲을 이루며, 안쪽과 바깥쪽의 구분을 모두 사라지게 함으로써 정원과 건축물이 하나로 어우러지게 한다. 주변의 방들을 시원하게 해 주는 4개의 원형 수조에 설치된 제트 노즐에서 솟아나는 물은 반짝이는 타일 장식에 비친다. 이 물은 가늘고 기다란 4개의 띠 모양 수로를 타고 흘러 중앙 분수대에서 만나는데, 이로 인해 사자의 중정이라는 이름이 붙었다. 분수대 가장자리에는 '여러 경이로움이 가득한' 이 정원을 '낙원의 이미지'로 명시하는 글귀가 새겨져 있다. 누구도 동의하지 않을 수 없을 것이다.

▲ 페르시아 시인 흐바주 키르마니(1290–1352)가 저술한 『함사Khamsah』에 실린 다섯 편의 시 가운데 하나인 후마이와 후마윤의 이야기는 한 왕자가 중국 황제의 딸로부터 결혼 승낙을 받기 위해 탐색하는 과정에서 겪는 수많은 모험을 들려준다. 14세기 후반의 이 필사본은 후마이 왕자가 높은 성벽 뒤로 멋진 정원을 갖춘 후마윤의 성문 앞에 도착한 모습이다. 10세기에 피르다우시가 저술한 『샤나메Shah-nameh』(왕들의 책), 그리고 12세기에 니자미가 지은 『호스로와 시린Khosrow and Shirin』에 실린 시에는 종종 지상 정원의 개념이 포함되었다. 코란에 묘사된 파라다이스 정원으로부터 직접적으로 유래된 것이었다. 종종 봄과 그것이 가져오는 행복과 관련 있었다(24쪽 참조).

몽골인들의 남하 The Mongols Descend

1220년 칭기즈 칸(1295-1304년에 재위) 휘하의 몽골군의 침략으로 중동 세계의 신성하고 아름다웠던 많은 것이 사라졌다. 도시는 파괴되었고, 약탈당했으며, 인구도 줄었다. 관개 시설은 파손되었고, 우물과 카나트는 모래로 가득 차 경작지는 사막으로 되돌아갔다.

몽골이 대중 역사가 그려 내는 파괴자였던 것만은 아니다. 칭기즈 칸은 북부 페르시아에 위치한 수도 타브리즈 서쪽에 정의의 정원Bagh-e 'Adalat이라는 대규모 공원을 조성했다. 이곳에는 담으로 둘러싸인 정사각형 지대가 황제를 위한 초원으로 만들어졌는데, 물을 저장하는 물탱크도 있었다. 버드나무를 심은 길을 따라 주변을 빙 둘러 산책할 수 있었으며 중앙에는 황금 파빌리온과 황금 왕좌가 보존되어 있었다.

기존의 페르시아 정원은 몽고인들이 왕실 야영지로 사용했다. 포아풀과 토끼풀이 자라는 잔디밭에는 천막과 차양이 설치되었다. 이에 대한 많은 부분은 1403년에 티무르Timur의 궁정을 방문한 사람들에 의해 묘사되었다. 1369년에 티무르는 자신이 칭기즈 칸의 후계자임을 선포하고 사마르칸트에서 권력을 장악했다. 그리고 자신의 제국을 확장하여 페르시아 전체, 인도의 몇몇 지역, 러시아 일부를 지배했다. 타브리즈, 바그다드, 다마스쿠스, 알레포, 델리와 같은 도시들을 자신의 지배하에 두었다. 그뿐만 아니라 번영을 좌우했던 페르시아 고원의 오래된 무역로와 실크로드를 파괴했다.

티무르의 유산 A Timurid Legacy

티무르의 후손인 티무르의 왕자들은 15세기 중앙아시아에서 가장 교양 있는 통치자들이 되었다. 1405년에 티무르가 죽은 후 그의 아들 샤 루흐는 수도를 사마르칸트에서 서쪽인 헤라트로 옮겼다. 그리고 이곳에 연못, 붉은 튤립, 장미가 있는 정원을 만들었는데, 규모가 40헥타르(40만 제곱미터)에 달했다. 사마르칸트의 정원과 마찬가지로 이 정원은 인도 무굴 제국의 황제 바부르Babur에게 영감을 주었다. 그는 카불 주변과 훗날 북부 인도 지역에 자신의 정원을 조성하기 위한 원형으로 이곳의 디자인을 사용했다. 샤 루흐의 눈부신 궁정은 15세기 과학과 예술의 성취에 있어서도 매우 중요하다. 서사시 원본은 섬세한 세밀화로 묘사되었는데, 장면들은 종종 상상 속 정원을 배경으로 표현되었다. 시인 파루키는 디반Divan(혹은 시 모음집)에서 다음과 같은 시를 소개했다.

> 오, 정원사여, 정원으로부터 봄의 향기가 내게로 오네요. 정원으로 들어가는 열쇠를 내게 주세요. 내일 나는 그것이 필요할 거예요. 밤에는 정원에 핀 꽃들이 정원사의 등불 같아요… 그리고 지금은 각각의 연인들이 와인을 손에 들고 매혹적인 아름다움과 함께 정원을 거닐고 있어요…

티무르의 사마르칸트 궁정

TIMUR'S COURT IN SAMARKAND

▲ 이 왕가의 이미지는 티무르가 중앙 단상에 앉아 있는 모습을 상상하여 그린 것이다. 양쪽에는 무굴 황제 바부르(모친이 티무르의 후손)와 바부르의 아들 후마윤이 있다. 자한기르 황제의 재위 기간이었던 1630년경에 그려졌다.

루이 곤살레스 데 클라비호는 사마르칸트에 있는 티무르를 방문한 최초의 서양 관찰자 중 한 명이었다. 1404년에 그는 카스티야와 레온 지방의 왕 엔리케 3세의 대사 자격으로 파견되었다. 오랜 여정 끝에 일행은 카슈Kash에 도착했다. 그 너머로는 해마다 옥수수, 목화, 포도, 멜론 등의 농작물이 생산되는 비옥한 평야 지대가 사마르칸트까지 뻗어 있었다. 클라비호는 '사마르칸트를 둘러싸고 있는 정원과 포도밭이 너무 많아서 이곳에 접근하는 여행자의 눈에는 어마어마한 높이로 자란 나무들만 보이고, 그들 사이에 파묻힌 집들은 보이지 않는다'는 사실을 발견했다. 1436년에 이븐 아랍샤는 꽃의 집이라고 이름 붙여진 한 정원에서 '히아신스의 갖가지 보석들이 뿌려진 에메랄드 카펫'을 묘사했는데, 여기에는 축제를 위해 세워진 천막과 차양이 세워져 있었다.

8월 말에 클라비호 대사 일행은 마침내 사마르칸트에 도착하여 과수원 울타리 안에서 영접을 받았다. '그 정원은 둘레가 4킬로미터에 달하는 높은 벽으로 둘러싸여 있었다. 안에는 온갖 종류의 과일나무가 가득했는데 라임과 시트론은 빠져 있었다… 그뿐만 아니라 6개의 커다란 물탱크가 있어, 과수원의 한쪽 끝에서 다른 쪽 끝으로 큰 물줄기가 흐른다. 연못들을 연결하는 포장된 길 옆에는 그들을 드리우는 매우 높은 나무들이 다섯 줄로 심어져 있다. 이 길들로부터 작은 오솔길들이 뻗어 나와 디자인에 다양성을 더한다.'

담으로 둘러싸인 또 다른 정원으로 딜쿠샤Dilkusha(기쁜 마음의 집)가 있었다. 여기서 클라비호는 당시 70세로, 거의 장님이었던 황제를 만났다. 그는 며느리와 하녀들이 참석한 가운데 금잔에 담긴 포도주를 마시며 비단 쿠션에 비스듬히 기대어 있었다. 앞에는 빨간 사과들이 둥둥 떠 있는 수조에 물을 분사시키는 분수가 있었다. 클라비호는 축제의 다양한 오락 활동에 주목했다. 직조 시범, 코끼리와 말의 퍼레이드, 그리고 특별히 설치된 교수대에서 죄수들을 교수형에 처하는 것이 포함되었다. 티무르가 자신의 방문객들을 맞이한 정원이 2개 더 있었다. 하나는 플라타너스 정원, 다른 하나는 파란색과 금색 타일로 장식된 장엄한 입구가 있는 정원이었다. 100년 후에 젊은 바부르가 이들 두 정원을 찾았다. 그는 장차 인도 최초의 무굴 황제가 될 티무르의 후손이었다. 이때 바부르는 정원에 대한 영감을 얻은 것으로 보이며, 그가 기술한 내용들은 오늘날 우리가 당시의 세부 사항을 파악하는 데 도움을 준다.

클라비호는 알폰소 10세 휘하에서 카스티야어로 번역되었던, 톨레도의 식물학자 이븐 와피드와 이븐 바살의 글을 읽었을지도 모른다. 심지어 그 시기에 막 절정에 이른 헤네랄리페와 알함브라 정원을 보았을지도 모른다. 분명히 거품 분수와 수로에 익숙했을 것이다. 그러나 잔디, 토끼풀, 야생화가 자라는 광활한 잔디밭을 보고 놀랐을지도 모른다. 이는 보통 중세 북유럽의 정원과 더 연관성이 있는 야생화 초원 종류를 연상시킨다.

세밀화는 파빌리온의 그늘이나 시원한 차양 아래에서 자연을 그린 화가들과 더불어 당대의 정원 설계와 식재에 관한 귀중한 정보를 제공한다. 그들은 정원이 어떻게 사용되었는지도 보여 준다. 품위 있는 주인들은 산책이나 게임을 즐기는 대신 쿠션에 기대어 있다. 반면에 정원사들은 봄과 갱생의 상징인 아몬드 꽃, 또는 죽음의 상징으로 조각상처럼 서 있는 사이프러스, 그리고 플라타너스와 포플러 나무들을 배경 삼아 일하고 있다. 장미, 원추리, 양귀비, 접시꽃, 작약 같은 꽃들은 시와 그림 모두에서 사랑받았다. 붓꽃, 히아신스, 튤립, 수선화, 아네모네, 백합 같은 자생 알뿌리 식물들도 자주 묘사되었다.

헤라트의 계곡에 만들어진 수십 개의 왕실 정원에 대한 흔적은 거의 남아 있지 않지만 1515년에 쓰인 한 논문은 정보의 보고가 되어 준다. 카심 b. 유수프 아부 나시리는 주로 농업적인 목적을 위해 토양, 식재 시기, 채소 등을 논했으나 하나의 장은 연못과 파빌리온과 사유지 정원 전체 부지를 정확하게 측정한 계획을 포함하고 있다. 정원의 세부 사항은 헤라트에서 티무르의 왕자들을 위해 일했던 페르시아의 정원 건축가 미라-키 사이드 기야스Mirak-i Sayyid Ghiyas가 제공한 것으로 보인다. 상세한 식물 목록은 사마르칸트의 포플러 나무들로 둘러싸인 담장 정원을 보여 주는데, 가장자리엔 붓꽃이 줄지어 식재된 수로가 있었다. 살구나무와 복사나무 사이사이에는 빨간 장미와 살구나무 대목에 접목시킨 자두나무가 식재되었다. 산책로 옆쪽에 있는 수로는 정원 중앙에 위치한 4개의 테라스로 흘러 내려가서는 높이 세워진 파빌리온의 앞쪽 연못으로 확장되었다.

건축가 사이드는 1527년 바부르와 동행하여 인도에 갔는데, 그가 조성한 돌푸르Dholpur와 아그라의 정원에 관해 1530년 죽기 전까지 황제에게 조언했다. 그의 아들인 사이드 무함마드 미라크는 훗날 델리에 위치한 후마윤Humayun 황제의 무덤(84쪽 참조)을 설계했다. 담으로 둘러싸인 전통적인 사분 정원 형태로, 중앙에 무덤 건축물이 있고 그 아래로부터 4개의 주요한 물의 축이 발산되었다. 이 패턴은 이후 악바르Akbar, 자한기르Jahangir, 샤 자한, 오랑제브Aurangzeb 등 모든 무굴 황제의 장례에 채택되었다.

무굴 제국의 인도 Mughal India

바부르가 영토 확장을 위해 인도 쪽으로 향했을 때, 그는 기하학적 양식의 정원에 대한 생각을 가지고 있었다. 그와 그의 계승자들인 위대한 무굴의 황제들이 이후 2세기 동안 인도를 지배했다.

또한 가장 화려한 장관을 이루는 정원을 조성했다. 모두 중앙 수로와 함께 엄밀하게 체계화된 정원들이었는데, 화단으로 가장자리를 수놓은 작은 수로들을 직각으로 교차시켰다. 일부 정원들은 바부르가 1527년부터 1530년에 죽음을 맞이할 때까지 통치했던 델리와 아그라 주변의 뜨겁고 먼지 많은 평원에 위치했다. 여기에는 아그라의 람바그 정원이 포함되었다. 훨씬 남쪽인 돌푸르에는 바기 닐로파르(로터스 가든)를 조성했는데, 오늘날에도 여전히 식별이 가능하다. 바부르는 모든 정원에 물의 요소가 있어야 한다고 믿었다. 그리고 전통적인 정원의 패턴을 따르기 위해 때때로 자연적인 개울 바닥을 바꾸기도 했다.

바부르와 그의 후손들의 지배하에 격자형 체계를 갖춘 사분 정원은 인도 전역으로 퍼져 나갔고, 카슈미르의 달Dal 호수 기슭에 위치한 가장 신비로운 정원에서 절정에 이루었다(78쪽 참조). 시더가 산비탈을 뒤덮고 버드나무와 포플러가 물가에 자라는 이곳에, 그들은 파라다이스 개념을 진정으로 구현한 정원을 만들었다.

타일 예술

TILEWORK

과학과 문화의 후원자로서 티무르는 자신이 파괴한 도시들로부터 건축가와 숙련된 장인을 데리고 왔다. 그리고 정복으로 얻은 부의 상당 부분을 자신의 도시인 사마르칸트만이 아니라 부하라, 심지어 자신이 황폐화시킨 도시들 중 일부를 아름답게 꾸미는 데 사용했다. 사마르칸트에서는 정원의 입구를 비롯하여, 비비 하눔 마드라사 같은 주요 건축물에 화려한 색상의 타일을 도입했다.

이슬람 건축에서 벽돌이 장식 용도로 처음 사용되었지만 이후 유약을 바른 벽돌과 단색 타일이 청록색 유약을 바른 벽돌과 함께 추가되었다. 12세기 말 혹은 13세기 초의 셀주크 왕조 시대(1040년경-1157)에 타일 제조 산업의 중심지가 된 이란의 카샨에서 유래한 카시카리 타일은 이미 도자기에 사용된 빛이 나는 유약(자린팜zarin-fam)이 특징이었다.

불행히도, 여기 사용된 기술에 대해서는 거의 기록된 바가 없다. 구두로 전달되었기 때문이다. 벽돌 벽을 장식하는 타일은 벽돌 모자이크, 타일 모자이크 또는 쿠에르다 세카cuerda seca(하나의 타일에 유색 유약을 혼합하여 적용하는 기법)일 수 있다. 형태는 단순한 팔각형, 곡면 육각형, 십자가, 별 모양에서부터 코란의 구절, 예언자 무함마드의 인용문 또는 시와 종교적 권고가 새겨진 판까지 다양했다.

이후 17세기 초에 샤 압바스 1세는 수도 이스파한을 아름답게 꾸몄다. 특히 셰이크로트폴라흐 모스크와 커다란 잔디 광장maidan(이맘 광장)에 있는 샤 이맘 또는 로열 모스크에 매우 정교한 모자이크 타일을 사용했다.

◀ 이란의 이스파한에 위치한 셰이크로트폴라흐 모스크의 돔 내부는 유약을 입힌 매우 아름다운 타일로 장식되어 17세기 초 타일 예술과 건축의 걸작이다.

바부르: 황제 가드너

BABUR: THE EMPEROR-GARDENER

교양을 갖춘 황제 바부르(1483–1530)는 시인이자 음악가, 식물과 자연 세계의 애호가였다. 또한 인도의 무굴 왕조를 일으킨 사람이었다. 그는 자신이 정복한 지역에 많은 정원을 만들었다. 독서하는 바부르의 모습을 보여 주는 왼쪽 초상화는 17세기 초에 비쉰 다스가 그렸다. 1483년에 태어난 바부르는 젊은 시절 사마르칸트를 방문했고, 거기서 보았던 정원들, 특히 이층으로 지어진 '달콤한 작은 집'이 있는 화이트 가든이라 불리는 정원을 잊지 못했다. 그는 회고록 『바부르의 책Baburnameh』을 통해 자연에서 발견한 평생의 즐거움을 드러냈다. 나무가 우거진 비탈길의 아름다움, 유다박태기나무의 봄꽃, 카불과 힌두쿠시 산맥 사이의 비옥한 초원에서 자라는 열매들에 대해 썼다. 바부르는 야생에서 꽃 찾기를 좋아했고, 튤립 수집도 두 번 기록했다. 1504년에는 자신이 점령한 도시인 카불 주변 산비탈에 첫 번째 정원을 만들고는 이렇게 썼다. '세상에 이렇게 즐거운 곳이 또 있다면, 그것은 알려지지 않았다.'

1505년에는 이미 버드나무가 심어진 정원에 자신이 어떻게 신양벚나무와 플라타너스를 들여왔는지를 묘사했다. 그리고 이스탈리프 근처에 정원을 만들고, 플라타너스(체나르) 가로수 길을 따라 물이 내려오는 곳에 연못을 조성했다. 몇몇 나무는 여전히 살아 있다. 잘라라바드에서 40킬로미터 떨어진 바부르의 바그-에 님라Bagh-e Nimla 정원도 여전히 존재하는데, 최근 일부 복원이 이루어졌다. 마른 수로 주변에는 늘씬한 사이프러스와 고대의 플라타너스가 줄지어 서 있고, 정원에는 아직도 오렌지나무가 잘 자라고 있다.

하지만 바부르가 가장 좋아했던 정원인 바그-에 와파Bagh-e Wafa (충절의 정원)는 잘라라바드 부근 동쪽으로 위치해 있다. 그곳의 더 온화한 기후는 정원을 가꾸는 데 이상적이었는데, 밤은 시원하고 낮은 뜨거웠다. 1519년 10월에 황제는 삼사일 동안 정원에 도취되어 야영을 즐겼다. '그때는 정원이 아름다운 시절이었다. 정원의 잔디밭엔 토끼풀이 가득했고, 석류나무는 노랗게 물들어 가을의 장관을 이루었다.' 11월에는 어린 사과나무 한 그루가 정말 아름답다는 것을 발견했는데, '어떤 화가도 그 모습을 똑같이 그려 낼 수 없었다'라고 기록했다.

바부르는 정원에 석류나무, 오렌지나무, 시트론을 심었고, 나중에 식용 바나나와 사탕수수를 추가했다. 바부르의 손자 악바르 황제의 작업장에서 한 무굴 화가가 바그-에 와파 정원을 그렸는데, 1595년에

▲ 바부르가 가장 좋아했던 정원으로, 아프가니스탄에 위치한 바그-에 와파(충절의 정원)는 오렌지나무와 석류나무로 둘러싸인 전형적인 사분 정원의 배치를 갖춘 것으로 묘사되고 있다. 이 삽화에서 바부르는 정원사들과 건축가들을 지휘하며 격자형 체계에 대한 계획을 완성해 가는 한편, 문밖에 있는 사절단은 헛되이 황제 알현을 기다리고 있다.

『바부르의 책』을 출판하기 위함이었다. 이 그림은 눈길을 끄는 입구 안쪽으로 시냇물이 교차하는 사중 정원을 보여 준다. 정원사들은 4개의 화단에 식재 준비를 하고 있고, 필경사가 배치 계획을 기록하고 있다. 그림 속에 보이는 대부분의 식물은 바부르의 정원에 핀 꽃들에 대한 정확한 묘사라기보다는 화가에게 익숙한 식물들이다.

바부르는 군대를 이끌고 인도 북부로 나아갈 때에도 (비록 평평하고 메마른 지형과 물 부족에 심하게 불평하긴 했지만) 계속해서 정원을 만들었다. 아그라에서는 평원의 전망이 '너무나 안 좋고 매력적이지 않아 수많은 혐오감와 거부감으로 그곳을 횡단했다'고 기록했다. 그럼에도 강 위에 람바그 정원을 만들었는데, 이 정원은 나중에 그의 아들 후마윤이 완성했다.

자신이 인도에서 발견한 망고, 바나나, 벵갈고무나무, 붉은 협죽도, 오렌지나무, 레몬나무 등 새로운 식물을 카불에 있는 집으로 보내는 한편, 카불에서 자신의 새로운 인도 정원으로 멜론, 포도나무, 수선화를, 괄리오르에서 온 협죽도와 신세계로부터 온 파인애플과 함께 가져오라고 명한 것은 황제의 개성을 드러낸다.

▶ 1530년에 죽음을 맞이한 바부르는 처음에는 아그라에 있는 람바그 정원에 묻혔다. 그러나 인도의 먼지투성이 평원에서 수년 동안 카불의 매력을 그리워했던 그의 시신은 1544년에 오늘날 바그-에 바부르로 알려진 정원으로 돌아왔다. 2011년까지도 이 정원은 연이은 전쟁으로 거의 파괴되었고, 지뢰로 가득했다. 다행히 지금은 유네스코와 아가 칸 문화재단의 후원으로 인도 건축가 라티쉬 난다에 의해 완전히 복원되었다.

▲ 아그라에 있는 이티마드 알다울라에는 흰색 대리석 벽 위에 식물들이 묘사된 다채로운 준보석들이 부착되어 있는데(피에트라 두라pietra dura 기법), 1628년에 완성되었다. 그것들은 소용돌이치는 덩굴, 열매, 사이프러스를 포함한다. 궁중 시인은 다음과 같이 기록했다. '그들은 대리석에 돌로 만든 꽃들을 수놓았다. 비록 향기가 나지 않더라도 색깔로써 리얼리티를 전한다.' 후에 타지마할에도 같은 기법이 사용되었다.

바부르의 아들 후마윤(1508–1556)은 티무르의 헤라트에서 망명 기간을 보냈으며, 헤라트 문화의 영향을 받아 1555년에 황제로 복위했을 때 많은 헤라트 장인들을 델리로 데려왔다. 그는 정원 가꾸기는 물론이고 회화, 시 등 예술을 확장시키는 데도 열심이었으나 델리로 돌아온 지 1년 만에 서재 계단에서 넘어져 숨지고 만다. 헤라트의 건축가 미라-키 사이드 기야스가 설계한 후마윤의 무덤 정원은 무굴의 첫 번째 위대한 무덤 정원으로, 사분 정원의 기하학(55쪽 참조)을 처음으로 사용한 예다.

후마윤의 아들 악바르(1506–1605년에 재위)는 아그라에 붉은 요새를 건설했다. 디자인은 그가 수도를 파테푸르 시크리로 옮기기 전에 코르도바의 거의 전설에 가까운 메디나 아-자하라(64쪽 참조)에서 영감을 받았다. 그는 파테푸르 시크리에서 궁전과 정원으로 이루어진 또 다른 복합 단지를 조성했고, 그곳을 꾸미기 위한 나무와 꽃들을 대량으로 들여왔다. 1586년에 악바르가 카슈미르를 방문했을 때 그에게 경의를 표하기 위해 강 위의 궁전과 수상 정원이 준비되어 있었다. 그는 일렁이는 달 호수의 풍경에 매료되어 카슈미르를 자신의 개인 정원처럼 여겼다. 악바르는 사프란을 수확하는 모습, 미곡들과 과수원의 호두, 물 위에 잔잔하게 비친 포플러 나무들 바라보기 등을 즐겼다. 초목들과 분홍색 연꽃들이 자라는 초록 섬들 사이엔 나무를 깎아 만든 집배들이 떠다녔다. 황제는 카슈미르의 계곡에 도달하기 위해서 위태로운 산길들을 지나야 했는데, 그로 인해 비옥한 계곡은 더욱 낙원에 가까워 보였다.

악바르는 아들 자한기르와 함께 카슈미르의 정원 중 가장 뛰어난 샬리마르 바그를 조성했다. 은빛 포플러 가로수 길이 운하의 곧은 선을 보강해 주었다. 자한기르의 통치 기간 동안 달 호수의 스리나가르 주위에는 무려 700개 이상의 정원이 존재했는데, 모두 물이 중심 주제였다. 광대한 규모로 드넓게 조성된, 부드럽게 흐르는 운하의 사이사이에는 작은 궁전과 파빌리온, 그리고 분수, 폭포, 캐스케이드, 급류공이 들어서 있었다. 이 같은 배치는 나무들이 울창한 주변 산들을 배경으로 보았을 때만 왜소해 보였다. 나심 바그에는 원래 호숫가에 심었던 수천 그루의 플라타너스 나무들 중 몇 그루가 살아남아 지금도 거대하게 자라 있다.

자한기르(1605-1627년에 재위)는 증조부 바부르의 자연사에 대한 관심을 물려받았다. 그의 회고록 『자한기르의 책Tuzuk-i Jahangiri』에는 다른 자연 현상의 관찰과 함께 식물, 새, 동물에 대한 설명을 많이 발견할 수 있다. 자연을 향한 사랑은 그로 하여금 자신의 궁중 작업실에 동물과 식물에 대한 까다로운 연구를 의뢰하도록 영감을 주었다. 이 식물들 중에는 인도 특산 나무들과 꽃들이 포함되어 있는데, 그가 라호르, 카불, 그리고 보다 남쪽에 위치한 만두Mandu를 여행할 때 보았던 것도 있다.

자한기르는 각 지역에서 본 꽃들을 소중히 여겼고, 그와 그의 아들 샤 자한은 최고의 궁중 화가들을 고용하여 화가들이 정교한 꽃 테두리로 둘러싸인 명사들의 초상화와 고귀한 서예 작업을 하도록 했다. 또한 개별적인 꽃 그림 그리기를 장려했다. 특히 아불 하산(아사프 칸)과 우스타드 만수르가 그린 꽃 작품들을 좋아했다. '당대 유일무이한 천재'로 알려진 만수르에게 100개 이상의 식물학 그림을 그려 달라고 의뢰하기도 했다. 1600년대까지 궁중에 소속된 많은 예술가가 유럽의 약초 의학서를 접할 수 있었는데, 이 저술들은 개별적인 꽃에 대한 그들의 그림에도 영향을 주었다. 세부적인 그림들은 훗날 서양 식물들을 동정하는 데에도 유용한 자료가 되었다.

1620년대부터 이 폴리오들은 앨범으로 묶여 제작되었다. 초상화와 서예 작품들이 자연사와 궁중 생활의 이미지와 결합되었으며, 모든 것이 꽃과 아라베스크 무늬로 장식된 놀라운 테두리 안에 자리했다. 1627년에 자한기르가 카슈미르로 향하던 도중 사망하자 그의 앨범들은 아들 샤 자한(1628-1658년에 재위)이 계승했다. 샤 자한은 아버지의 컬렉션을 계속 보강해 나갔다. 그리고 샤 자한의 장남 다라 쉬코(1615-1659) 역시 예술의 후원자로서 우스타드 만수르에게 자신의 신부를 위해서 카슈미르 꽃에 대한 연구를 집대성하라고 지시했다. 하지만 다라 쉬코는 왕권을 다투는 권력 투쟁에서 패하고 동생 오랑제브에게 살해되었다. (오랑제브는 병든 아버지도 감옥에 가두었다.) 오랑제브는 미술보다는 영토에 관심이 많았고, 그림들은 뿔뿔이 흩어졌다. 하지만 수 세기에 걸쳐 세계의 대형 박물관과 특히 뉴욕 메트로폴리탄 박물관에 많은 작품이 다시 모였다.

자한기르 황제는 식물 그림을 후원하는 것 외에도 자주 방문했던 지역에 정원들을 조성했다. 라호르 요새(1612-1620)에 있는 자신의 궁전, 아사프 칸의 정원, 또 라호르(1611)의 아그라 요새 안에 있는 정원, 파테푸르 시크리 방향으로 가는 도로에 위치한 다라 바그(1610-1619, 나중에 바그 누르 만질로 이름이 바뀜), 그리고 지금은 사라진 부란푸르(1614)의 랄바그 등도 여기 포함된다. 1607년, 카불에 머무는 동안에도 테라스 정원을 만들었다.

▲ 17세기 초의 세밀화 이후에 등장한 이 18세기 구아슈화에서 누르 자한 황후가 남편 자한기르 황제와 그의 아들인 미래의 샤 자한과 함께 파빌리온 안의 정원에서 즐거운 시간을 보내고 있다. 페르시아 출신의 누르 자한은 카슈미르에 그녀만의 정원을 가지고 있었고, 인도 무굴인들에게 장미유 제조법을 소개했다.

비할 데 없는 타지마할

THE INCOMPARABLE TAJ

인도 아그라에 있는 타지마할Taj Mahal(오른쪽 이미지)은 무굴 건축의 정점으로, 샤 자한 황제가 사랑하는 아내 뭄타즈 마할(1593-1631)을 위해 1632-1653년에 건립한 무덤이다. 그녀는 14번째 아이를 낳다가 죽음을 맞이했다. 샤 자한은 말년에 아들 오랑제브에 의해 아그라의 붉은 요새에 갇혀 있다가 1666년, 아내 옆에 묻혔다. 붉은 요새는 타지마할이 보이는 곳에 위치한다.

타지마할은 야무나 강둑에 자리 잡고 있으며, 의식용 관문을 향해 남쪽으로 뻗어 있는 전통적인 사분 정원을 내려다보고 있다. 이곳에서 방문객은 중심이 되는 중앙 수로에 비친 기념비적인 건축물 전체를 바라볼 수 있다. 영묘는 완벽한 비율로 균형이 잡혀 있는데, 빛을 발하는 흰색 대리석 벽은 코란의 구절들로 장식되어 있고, 서예와 보석 같은 꽃들로 상감 세공되어 있다. 타지마할은 모든 이슬람교도에게 신성한 장소이며, 황제의 사랑만이 아니라 다가올 파라다이스를 상징한다.

학자들은 원래의 개념에 많은 이론을 제기해 왔다. 하지만 1990년대 들어 반대편 둑에서 발굴이 이루어지면서 오늘날 마탑 바그Mahtab Bagh(또는 달빛 정원)로 알려진 제2의 정원 구역이 이 단지를 완성했음이 마침내 증명되었다. 여기서도 같은 남북 방향을 축으로 광활한 팔각형의 연못 유적이 발견되었는데, 연못의 물은 북쪽으로부터 접근하는 사람들을 위해 반사되도록 계획되었다. 그 너머로는 주로 과일나무(종들은 꽃가루 분석을 통해 식별됨)가 식재된 또 다른 사중 정원이 배치되어 구도를 완성했다. 영묘는 중앙에 배치함으로써 후마윤의 무덤(84쪽 참조) 건축 이래로 생겨난 전통을 따랐다.

남쪽 정원에 대한 17세기 설계도는 알아볼 수 있지만 식재된 식물은 전혀 알아볼 수 없을 정도로 바뀌었다. 1659년에 프랑스 여행자 프랑수아 베르니에는 주변보다 높이 올린 길과 산책로에 의해 똑같은 부분들로 구획된 정원에 대해 썼다. '몇몇 정원 산책로는 나무로 뒤덮여 있었고, 대부분의 파르테르parterre(*패턴이나 도안에 따라 식물을 낮게 식재하여 가꾸는 화단)엔 꽃들이 가득했다.'

샤 자한의 궁중 시인 칼림은 이 정원에 장미, 양귀비, 해바라기, 수선화, 제비꽃, 맨드라미, 메리골드, 재스민, 그리고 판다누스, 사이프러스, 플루메리아, 초령목속*Michelia*, 미무솝스속*Mimusops*, 님나무*Azadirachta indica*가 식재되어 있었다고 기술했다. 한편, 18세기 말 시인 나지어 아크바라바디는 대칭으로 배열된 사이프러스를 이야기한다.

타지마할과 관련된 지식의 대부분은 경외감에 사로잡힌 여행자와 예술가로부터 전해진다. 윌리엄 호지스(1744-1797)가 1783년경에 그린 그림은 수로를 따라 사이프러스가 늘어서 있고, 길 건너편으로 키 큰 나무들이 있는 모습을 보여 준다. 이 나무들은 1801년까지 더욱 풍성하게 자랐는데, 토마스와 윌리엄 다니엘의 『아그라의 타지마할The Taje Mahel at Agra』(1801)에 수록된 애쿼틴트aquatint화에 묘사되어 있다. 뒷장의 삽화는 원래의 탑들 중 하나다. 이 정원에 대한 1870년대 에드워드 리어의 관점은 에메랄드 앵무새와 함께 무성하게 자란 나무들이 뒤엉켜 있음을 보여 준다.

1803년부터 영국이 인도를 통치했지만, 1904년에 이르러서야 커즌 경(1898-1905년에 인도 총독) 통치하에 정원에 관심이 쏠렸다. 그는 연필 모양의 가느다란 사이프러스 나무들을 중앙 운하를 따라 별 모양의 화단에 심도록 명령했다. 오늘날 볼 수 있는 모습과 같다. 또한 옛 계획을 참고하여 수로를 복원하고, 대부분의 나무를 제거하여 모든 방향에서 영묘가 잘 보이도록 경관을 개선했다. (하지만 아직도 많은 원래의 나무들이 동쪽과 서쪽 외곽 담장을 따라 식재되어 있다.) 오늘날 우리가 보는 대부분의 풍경은 커즌의 복원에 바탕을 두고 있는데, 영국의 공원 양식을 적용하여 개방된 잔디밭 경관으로의 정원을 보여 주어 진정한 파라다이스 정원의 친근감이 완전히 결여되어 있다.

스리나가르 남쪽 산에 위치한 베리나그, 아이샤바드, 아크발 등의 매우 아름다운 정원들은 모두 자한기르 황제의 재위 기간 동안 카슈미르에 조성되었다. 진정한 무굴 양식으로, 엄청난 수경 요소들을 가졌다. 자한기르는 1616년경 라호르에 자기 자신, 그리고 그의 마지막이자 가장 영향력이 컸던 아내인 누르 자한의 영묘와 정원을 위한 부지를 마련했다. 모두 요새 아래쪽 강 건너편에 자리 잡았다.

자한기르가 점차적으로 아편과 알코올에 굴복하게 됨에 따라 누르 자한의 권력은 점점 막강해졌다. 그녀의 아버지 이티마드 알다울라와 동생 아사프 칸이 기본적으로 주를 통치했다. 아그라 강둑 위, 사분 정원의 중앙에 세워져 있는 이티마드 알다울라의 흰색 대리석 영묘는 벽으로 둘러싸인 정교한 건물로, 중심부 공간에는 꽃, 화병, 사이프러스, 포도주 플라스크가 그려진 장식적인 아치 모양 천장이 있다. 준보석들은 흰 대리석에 상감 세공되어 있는데(78쪽 참조), 유럽에서 도입되었을 피에트라 두라의 형태다.

샤 자한의 반항적인 아들 오랑제브가 왕국을 물려받아 1707년까지 다스렸다. 오랑제브는 무굴의 정원 가꾸기에 관한 유산에는 거의 기여하지 못했다. 아대륙에서 견뎌 온 근본적인 특성들은 이미 확립되어 있었다. 모든 이슬람 정원과 마찬가지로, 무굴인들은 기본적인 사분 정원 배치를 사용했다. 또 높은 담장으로 사면을 둘러쌌다. 각 면의 중앙에는 종종 주된 입구가 있었다. 그리고 중앙 수로, 인공 폭포(차다르), 분수, 때로는 그 중심부 혹은 아랫부분에 돌섬으로 이루어진 단(차부트라)이 있었을 것이다. 수로 옆 산책로에는 건축적 형태를 지닌 사이프러스가 늘어서 있어서 이러한 정원 디자인의 형식성을 강조했다.

물은 장치 구동 외에도 쾌적하고 시원한 분위기를 만드는 데도 필수 요소였다. 물이 흘러내리는 부드러운 소리는 마음을 편안하게 해 주었다. 델리에 있는 후마윤의 무덤에도 영묘는 정원의 중심부에 위치해 있고, 그 아래에서 4개의 수로가 만난다. 새로운 배치 방식은 규모와 상관없이 적용되었으며 후임 황제들뿐만 아니라 귀족들에게도 채택되었다. 규모도 다양했다. 아그라의 강둑을 따라 조성된 무굴 정원들은 (타지마할을 제외하고) 비교적 보통 규모로, 평평한 지형에 조성된 반면에 카슈미르에 있는 광활한 샬리마르 정원은 달 호수로부터 떠올라 서로 다른 의식을 위해 계획된 노단식 조성을 선보이고 있다. 여기에 전형적인 방식으로 화단이 산책로 아래쪽에 조성되어 마치 꽃들의 카펫 위를 걷는 것 같은 인상을 주고, 주기적인 범람으로 관개가 이루어지도록 하기도 했다.

페르시아의 영광 The Glories of Persia

1502년에 페르시아에서는 사파비라는 새로운 왕조가 스스로 건립되었다. 그들은 시아파Shi'a를 이슬람 페르시아의 공식 종교로 만들었고, 샤 압바스 1세Shah Appas I(1587-1629년에 재위)는 세력을 확장하며 국경을 공고히 했다. 샤 압바스는 광대한 공공 및 민간 건축 프로그램에 착수하여 외부 세계와 다시 접촉했다. 또 외국 사절단들과 무역상들을 환대했는데 대다수가 새로운 수도인 이스파한의 장려함을 이야기했다. 눈 덮인 산으로 둘러싸인 1천600미터 고원에 자리 잡은 이 도시는 문화와 상업의 중심지로 세계적으로 유명해졌다.

1626년에 토마스 허버트는 프랑스 샤를 1세의 영국 대사인 도드모어 코튼 경과 함께 페르시아에 가서 샤 압바스의 알현을 기다리고 이스파한을 통과했다.

> 여기 웅대하고 향기 나는 정원들은 아시아의 다른 어떤 도시에서도 볼 수 없다. 도시에서 약간 떨어진 이 정원들은 숲이라 여겨질 만큼 매우 크지만 너무나 달콤하고 푸르러 또 다른 낙원이라 부를 수 있다. '페르시아의 정원들은 가장 매혹적이었다'는 옛 기록이 틀리지 않았다.

샤 압바스는 모스크의 눈부신 돔들로 고대 도시를 아름답게 만들었다. 돔은 넓고 그늘진 가로수 길 위에 우뚝 솟아 있었으며, 꽃무늬 아라베스크와 우아한 캘리그라피로 장식된 타일로 마감되었다. 널따란 테라스식 정원들은 돌로 마감된 수로를 갖춘 대규모 관개

◀ 17세기 말에 제작된 판화로 장 샤르댕 경의 저서 『샤르댕 기사의 페르시아와 동양 명소 여행기Voyages du Chevalier Chardin en Perse, et autres Lieux de L'Orient』에서 발췌했다. 1811년에 출판된 책으로 차하르 바그 길의 끝자락에서 남쪽으로 강 건너 이스파한의 광대한 땅을 보여 준다. 원래 샤 압바스에 의해 건설된 이스파한은 12개의 테라스가 있었으며, 북쪽으로 도시를 잘 내려다볼 수 있었다. 현재는 시라즈로 가는 도로로 바뀌어 정원은 더 이상 보이지 않는다.

시스템에 의해 물이 공급되었다. 차하르 바그의 중앙 대로에 있는 수로에는 오닉스onyx가 부착되었고, 이차적인 작은 수로들이 교차했다. 양옆으로는 거대한 플라타너스와 키 큰 포플러 나무들이 8열로 식재되어 양귀비와 장미 화단에 그늘을 드리웠다. 마디maddi라고 하는 6개의 수로가 남아 있는데, 하나는 17세기 마드라세이 샤의 중정을 관통한다.

허버트는 타자바드에 있는 정원이 카나트로부터 흘러오는 물로 관수가 이루어졌다고 묘사했다.

> 다마스크 장미와 다른 꽃들, 넓게 퍼져 자라는 수많은 체나르 나무들… 석류, 복숭아, 살구, 자두, 사과, 배, 밤, 그리고 체리는 오직 소금과 모래만 가득한 사막 뒤에 있는 풍요로움의 낙원이었다.

시인 람지는 페르시아 북동부 카즈빈에 있는 사닷아바드의 샤 압바스의 정원에 경의를 표하며 쓴 시에서 수선화, 제비꽃, 히아신스, 스위트 술탄sweet sultan(*Centaurea moschata*), 양귀비, 아네모네, 델피니움, 붓꽃, 튤립, 흰색과 금색 백합, 붉은색과 노란색 꽃잎을 가진 다마스크와 사향 장미, 흰색 재스민, 바질, 메리골드, 접시꽃을 예찬했다. 분꽃*Mirabilis jalapa*, 폴리안테스 투베로사*Polianthes tuberosa* 같은 최근에 와서야 신세계로부터 유럽에 도입된 식물들도 잘 자라고 있었다. 기하학적으로 분할된 정원은 지붕 덮인 파빌리온과 연못이 있는 광장을 포함하여 정확한 계획에 따라 조성되었다.

샤 압바스는 엘부르즈 산 너머 북쪽으로 펼쳐지는 카스피해 남쪽 해안의 고향과 전혀 다른 아열대 기후를 즐겼다. 연간 강수량은 100-150센티미터 정도로, 그 나라의 평균의 다섯 배 정도였다. 이곳의 그의 여름 궁전들 중 하나인 유희의 정원에는 빛을 발하는 계단식 워터 슈트가 조성되었다.

▲ 체헬 수툰Chehel Sotoun(40개의 기둥) 궁전은 현관talar을 지지하는 시더 나무로 된 20개의 기둥이 앞쪽 수로에 반사되어 이와 같은 이름이 붙었다. 커다란 직사각형 연못에 반사된 모습을 보면, 기둥의 숫자는 두 배가 되어 모두 40개가 된다. 여전히 이스파한의 위대한 장소 중 하나다. 사파비 황제를 위한 연회를 개최하려는 목적으로 지어진 파빌리온으로, 1647년에 건설되었다. 원래 마이단maidan(중심 광장piazza)에 위치한 왕궁 뒤쪽 궁중 정원 단지의 일부였다. 현재는 사파비 통치 시기의 그림과 벽화 컬렉션을 소장하고 있다. 플라타너스와 느릅나무 종류는 연못과 직각을 이루는 길에 그늘을 드리우며, 페르시아 정원이 사분 정원의 담장으로 제한된 좁은 장소를 벗어났던 초기 시대의 정신을 환기시켜 준다. 더욱더 지평을 넓히고 풍성한 축제의 장이 되기 위함이었다.

영불英佛의 보석상이자 여행자였던 장 샤르댕 경Sir John Chardin(1643–1713)은 1670년대에 이곳을 방문하고 매혹되어 다음과 같이 기록했다. '온 나라가 오직 하나의 연속적인 정원 또는 페르시아인들이 일컫는 완벽한 종류의 낙원일 뿐이다.' 방죽 길과 큰 도로 옆으로는 '수많은 오렌지나무 길들이 있는데, 길 양쪽 가장자리에는 섬세한 파르테르와 꽃으로 덮인 정원이 있었다.' 파로티아 페르시카*Parrotia persica*, 물푸레잎굴피나무*Pterocarya fraxinifolia* 같은 토종 나무들이 자라는 가파른 숲 지역 대부분은 지금도 높은 산의 기슭이 남아 있긴 하지만 안타깝게도 오늘날 이 남쪽 해안 지역 대부분은 낭만을 잃고는 벼농사를 위한 논, 차밭, 대상帶狀 개발에 자리를 내주었다.

이스파한은 여전히 마법을 유지하고 있으며, 2개의 주요 정원이 남아 있다. 1617년에 압바스 2세에 의해 알리 카푸 궁전 뒤쪽 지역에 조성된 체헬 수툰 정원, 그리고 1669년에 술레이만 1세Suleiman I의 통치 기간 중 압바스 1세의 원래 나이팅게일 정원에 조성된 하쉬트 베헤쉬트(8개의 낙원) 정원이다.

베스트팔렌의 의사이자 식물학자였던 엥겔베르트 캠퍼Engelbert Kaempfer는 일본으로 가는 도중에 방문한 여러 나라 중 하나로 1685년 페르시아에 도착했다(406쪽 참조). 그는 방문 허가를 받기 위해 일 년 이상 기다려야 했지만 시간을 들여 이스파한의 실측도와 지도를 제작했다. 캠퍼의 판화는 1712년 출간된 『회국기관廻國奇觀, Amoenitates Exoticae』(*이국의 즐거움)에 수록되었다. 그가 하쉬트 베헤쉬트의 정원을 묘사한 내용에 따르면 정사각형 포장 재료로 마감된 중정 한가운데 파빌리온이 있었고, 주변에는 물길이 흐르고 있었다. 플라타너스가 식재된 남북 방향의 2개 길은 파빌리온으로 이어졌고, 동서 방향의 수로에 흐르는 물은 백조와 오리가 살고 있는 저류지로 향했다.

샤 압바스 1세 시대부터(사실 그 이전에 조성) 거의 손대지 않은 채 남아 있는 몇 안 되는 정원 중 하나는 카샨의 바그-에 핀Bagh-e Fin으로, 테헤란 남쪽 광활한 소금 사막의 가장자리에 위치해 있었다. 국제적으로 중요한 정원인데 넓은 진입로를 통해 들어가며, 기념비적인 입구가 있는 높은 담장으로 둘러싸여 있다. 이곳의 면적은 2만 4천 제곱미터가 넘는다. 산으로부터 흐르는 물은 샘fin과 카나트를 통해 저수지에 공급되고, 청록색 수로의 거품 분수는 전적으로 중력에 의해 작동한다. 중앙에는 보다 이전 시대인 사파비 왕조 건물을 대체한 19세기 카자르 왕조 시대에 만들어진 파빌리온이 사각형 연못을 덮고 있다. 정원의 400년 된 사이프러스의 향기가 고대의 향수를 풍긴다. 안타깝게도 21세기에 들어와 사이프러스에 찾아온 질병과 몇 번의 혹독한 겨울로 인해 정원은 전반적으로 퇴보했다. 어서 복원이 진행되기를 바랄 뿐이다.

모든 여행자가 페르시아 방식의 정원 가꾸기를 높이 평가하지는 않았다. 어떤 사람들은 정원을 걷지 않고 가만히 앉아 있는 데서 가장 큰 즐거움을 찾을 수 있다는 생각에 당혹스러워했다. 카스피 지역에 경탄을 아끼지 않았던 박식한 비평가 장 샤르댕 경은 1660–1670년대에 페르시아를 여행했다.

> 나는 자연이 가장 편안하고 생산적인 곳에서는 그들이 정원을 가꾸는 기술에 있어 매우 초보적이고 서투르다는 일반적인 규칙을 발견했다… 가장 특별한 이유를 꼽자면, 페르시아인들은 정원을 그리 많이 걷지 않고 단순히 조망하고 신선한 공기를 마시는 데 만족한다는 것이다. 이 때문에 그들은 정원의 일부에 자리 잡고 앉아서… 정원 밖으로 나가기 전까지는 절대로 자리를 옮기지 않는다.

봄에는 꽃들이 만발하여 마음껏 즐길 수 있었지만 실망스럽게도 여름에는 볼 수 있는 꽃이 거의 없었다. 어떤 식물들은 그의 마음을 사로잡았는데, 한 장미 덤불을 보고 이렇게 말했다.

> 세 가지 색깔의 장미꽃들이 같은 가지에 달려 있다. 일부 꽃은 노란색, 어떤 꽃은 노란색과 흰색, 그리고 다른 꽃은 노란색과 빨간색이다.

다른 곳에서는 이미 대단히 칭송을 받고 있던 자생 튤립에 관해 말했다.

> 한 젊은 남자가 자신의 정부에게 튤립 한 송이를 선물할 때, 그는 그 꽃의 전체적인 색깔은 그녀의 아름다움에 불타고 있는 그의 마음을, 그리고 아랫부분이 검은색을 띠는 것은 숯처럼 타들어 가는 그의 마음을 의미한다는 사실을 그녀에게 이해시킨다.

장 카르댕 경은 은퇴 후 영국으로 돌아가 정원사이자 일기 작가였던 존 에블린John Evelyn의 친구가 되었고, 1713년에 사망했다. 페르시아 정원에 관한 서양인의 관점을 가장 잘 요약한 인물은 1920년대에 페르시아를 여행했던 소설가 비타 색빌웨스트Vita Sackville-West일 것이다.

> 여름철 평원을 가로지르는 나흘 동안의 여정을 상상해 보라. 당신은 먼저 눈 덮인 산이라는 장벽을 만나 고갯길을 오른다. 그 길의 꼭대기에서 당신은 두 번째 평원을 보게 되고, 100마일이나 떨어진 먼 거리에 두 번째 산의 장벽이 있음을 알게 된다… 여러 날, 심지어 몇 주 동안 당신은 그늘도 전혀 없고 머리 위에는 햇볕이 내리쬐는, 죽은 동물들의 백골만 흩뿌려진 길을 걷는다. 그러다가 당신이 나무들과 흐르는 물을 만나면, 당신은 그것을 정원이라 부르게 될 것이다. 당신의 눈길이 갈망하는 것은 꽃이나 화려함이 아니라 그늘로 가득한 초록 동굴과 금붕어들이 쏜살같이 헤엄치는 연못과 작은 시냇물들이 졸졸거리는 소리일 것이다. 이것이 바로 페르시아에서 정원이 의미한다. 이 나라는 길고 느린 카라반이 일상적인 현실이지 낭만적인 이름은 아니다.

훗날 색빌웨스트는 정원을 그늘의 장소만이 아니라 정신적 유예의 장소라고 부르게 된다. '뜨거운 낮이 지난 후 저녁에 불어오는 산들바람처럼, 사막에서 만나는 우물처럼, 페르시아인들에게 정원은 그런 것이다.'

▲ 카샨 외곽에 담장으로 둘러싸인 바그-에 핀 정원의 중앙 수로는 청록색 타일로 마감되었다. 양옆으로 400년이 된 사이프러스가 그늘을 드리운다. 17세기에 샤 압바스 1세가 기존에 있던 정원을 발전시켰다. 오늘날 이란에 현존하는 가장 아름다우면서도 가장 오래된 사파비 왕조 정원 가운데 하나다. 궁전은 16세기 이래로 여러 차례에 걸쳐 변형되었는데, 1935년에 복원되었다. 샤 압바스는 왕가의 거주지, 목욕탕, 중앙 파빌리온을 추가했다. 이는 훗날 19세기 초에 카자르 황제 파스 알리 샤에 의해 재건되었다. 그는 다른 많은 건축물을 복원했다.

꽃을 사랑한 오스만 사람들 The Flower-loving Ottomans

프랑스 참관인이자 수집가였던 피에르 블롱Pierre Belon(1517-1564)은 1546-1549년에 디오스코리데스의 식물들(195쪽 참조)을 동정하고 프랑스 기후에 적응하기에 알맞은 식물들을 수집하려는 목적으로 레반트 지역을 탐사했다. 그때 그는 자신이 보았던 정원들과 터키인들의 꽃 사랑에 감탄하여 이렇게 표현했다.

> 아름다운 꽃들로 자신을 꾸미기를 즐기고, 꽃을 찬미하는 데 있어 터키인들보다 더한 사람들은 없다. 그들은 꽃의 향기는 거의 대수롭게 여기지 않고, 꽃의 모양에서 가장 큰 기쁨을 찾는다. 터번 주름에 여러 종류의 꽃을 한 송이씩 달고, 장인들은 종종 물이 담긴 그릇에 다양한 꽃들을 꽂아 놓는다. 이렇듯 우리와 마찬가지로 정원 가꾸기를 높이 평가하고, 외래 나무와 식물, 특히 괜찮은 꽃이 피는 식물을 재배하는 데 드는 어떤 비용도 아끼지 않는다.

또한 자신의 글을 통해서 터키인들이 세밀화, 시, 자수, 도자기 작업을 하는 데 있어 꽃이라는 주제에 얼마나 중독되어 있는지 언급했다.

원래 중앙아시아에서 온 유목민들인 터키의 오스만 사람들은 10세기부터 줄곧 이슬람에 흡수되었다. 서쪽으로 이동하면서 그들은 비잔티움 세계의 문화를 만나기 전에 유원지와 정원에 대한 페르시아의 전통을 접하게 되었다.

1453년에 무함마드 2세가 콘스탄티노플(현재 이스탄불)을 점령했다. 오스만 사람들은 이후 2세기 동안에 크림 반도부터 소아시아, 이집트, 그리스, 발칸 반도, 그리고 헝가리에 이르는 광대한 지역을 지배하는 제국을 건설했다. 1686년까지는 빈(비엔나) 성문 앞까지 두 번 진출했다. 그들의 문명은 동양과 그리스, 헬레니즘과 로마에서 유래한 문화유산으로, 6세기에 걸쳐 살아남기 위한 결과물이었다. 이러한 유산을 반영한 오스만 정원은 동양과 고전 예술의 융합을 나타내며, 꽃과 야외에 대한 사랑에 중점을 둔다.

7-8세기에 이슬람이 전파될 때까지 비잔티움 세계는 정신적으로 로마인으로 남아 있었다. 그러나 그때부터 동양 세계의 예절과 생활 방식이 빈번히 채택되었다. 그럼에도 정원에는 동양적 디자인의 기초들만 편입되었다. 정원은 보통 진정한 사분 정원보다는 파빌리온과 수경 요소가 담장으로 둘러싸인 공간을 의미했다. 터키인들은 키오스크kiosk라고 불렀다.

정원뿐 아니라 도시와 마을의 거리에도 분수와 연못이 만들어졌다. 많은 정원이 부르사와 아드리아노플(현재 에디르네)의 궁전과 모스크 주변에 조성되었다. 물은 사막처럼 부족하지 않았다. 터키인들은 산비탈과 계곡에 꽃 피는 야생종을 '길들이는' 자연주의 정원사들이었다. 그들은 꽃을 정말 사랑하여 심지어 원정길에도 화분에 식물들을 가지고 갔다. 그리고 1683년에 그들이 두 번째 빈 포위 작전을 수행하는 내내 오스만 제국의 재상 카라 무스타파 파샤는 자신의 텐트 앞에 정원을 만들었다. 이러한 기질과 야외에 머물기를 좋아하는 습성은 터키인들의 특징으로 남아 있다.

술레이만 1세가 가장 좋아했던 정원은 하렘과 살라카크Salacak 사이에 있는 아시아 해안에 있었다. 이곳은 마르마라해, 토프카프 사라이Topkapi Sarayi, 골든 혼, 보스포루스 해협을 바라보는 전망을 가지고 있었다. 설계는 술탄의 건축가로 유명한 시난에게 주어졌다. 그는 1538년부터 1588년까지 50년 동안 콘스탄티노플에 400채의 건축물을 남겼다.

왕가의 튤립

THE ROYAL TULIP

튤립은 결코 튤립으로 불리지 말았어야 했던 것으로 보인다. 전해지는 이야기에 따르면 신성로마 제국의 대사 오기에르 기셀린 드 뷰스벡은 아드리아노플에서 돌아오는 길에 들판에 피어 있는 히아신스, 수선화, 튤립을 보고 경탄을 금치 못했다. 꽃 이름을 찾던 그는 마침 한 남자의 터번에 꽂혀 있는 튤립 한 송이를 가리키며 궁금해했다. 그 남자는 '툴리판드tulipand'라고 대답했는데, 그 말은 터키어로 터번을 뜻했다. 이를 알 리 없는 뷰스벡은 그 꽃에 남자가 대답한 이름을 부여했고, 튤립은 그렇게 튤립이 되었다. 터키어로 튤립은 랄레lâle다.

18세기 초 아흐메드 3세(1703-1730년에 재위) 통치하에서 전문 화훼 장식가들은 술탄이 좋아하는 튤립을 생산하기 위해 경쟁했다. 터키는 튤립에 대한 그들만의 특별한 열정의 형태를 발전시켜 나갔다. 아흐메드의 통치 기간은 랄레 데브르Lâle Devr(튤립 시대)로도 유명했다. 유럽에서 육종된 많은 튤립의 새로운 형태는 콘스탄티노플에서 커다란 관심을 불러일으켰다. 아흐메드는 호화로운 튤립 파티를 개최했는데, 거북이들이 등에 불이 켜진 양초를 얹고 화단 사이를 돌아다니며 불을 밝혔다. 한편 그의 수상은 튤립이 피는 계절이면 밤마다 향연을 준비했는데, 탑과 피라미드를 튤립으로 꾸미고 여기에 명금鳴禽이 있는 새장과 랜턴을 달았다. 하객들은 튤립과 어울리는 의상을 갖춰야 했다.

11세기 이전까지만 해도 콘스탄티노플에는 사흐라이 랄레Sahra-e Lâle라는 단 한 종류의 튤립만이 알려져 있었다. 하지만 동아시아와 중앙아시아로부터 다양한 모양과 색의 야생 튤립들이 꾸준히 수집되었고 이들이 정원 재배용으로 도입되면서 새로운 품종들이 생겨났다. 15-16세기의 수집가들은 우아하고 허리 부분이 잘록한 꽃을 선호했으나, 아흐메드 3세 시대에 와서는 가늘고 뾰족한 꽃잎을 가진 길쭉하고 날씬한 꽃들이 선호되었다.

16세기 터키에서 이용 가능했던 튤립들은 보스포루스 해협이 바라다 보이는 튤립 키오스크에 벽화로 그려졌다. 술레이만 1세의 아들 셀림 2세(1524-1574)는 황실 정원을 꾸미기 위해 시리아로 5만 구의 튤립을 보낼 것을 명했다. 짐작건대 이 튤립들은 야생에서 한꺼번에en masse 채집되었다.

무라드 4세를 수행하며 동쪽으로 식물 탐사를 떠났던 역사가 호자 하산 에펜디는 페르시아로부터 일곱 종류의 독특한 튤립을 가져와 콘스탄티노플에 있는 자신의 정원에서 재배했다. 1648-1687년에 오스만 제국을 통치했던 술탄 무함마드 4세는 공식적인 튤립 명부를 만들었다. 여기에는 각각의 꽃에 대한 설명과 그 꽃을 육종한 사람의 이름이 수록되었다. 또한 튤립 연구 실험실을 갖춘 협의회를 구성했는데 여기서 새로운 품종들이 평가되었다. 무함마드 4세의 아들인 아흐메드 3세의 왕실 정원을 채웠던 국내산 튤립은 마니사 주 위쪽 시필루스 산에서 재배되었다.

▲ 1725년경 이스탄불에서 발간된 『튤립 앨범』의 오스만 원본. 여기 보이는 튤립의 독특한 모양은 타일, 직물 같은 터키 공예의 다른 형태들로 재생산되었다.

▲ 유약을 바른 타일은 15세기 오스만 제국의 술탄 통치하의 터키와 시리아에서 유래되었다. 종종 튤립, 양귀비, 작약과 같은 꽃이 그려졌다. 1469~1473년에 무함마드 2세의 통치 무렵 키니이즈니크 도자기는 뚜렷하게 중국풍 외형을 갖추었다. 위 그림과 같은 16세기 이즈니크 명품 도자기의 전신이었다.

알뿌리 거래의 급증 The Burgeoning Bulb Trade

지중해 동부와 페르시아의 야생화는 서양의 몇몇 식물 애호가와 수집가의 관심을 끌었다. 피에르 블롱은 많은 식물이 이미 정원 식물로 재배되었음에 주목했다. 그는 저술 『특이하고 인상적인 많은 것들에 관한 관찰Les Observations de Plusieurs Singularitez et Choses Mémorables』(1553)에서 콘스탄티노플 상인들이 벌써 상당한 물량의 알뿌리 수출 거래를 형성했다고 언급했다.

블롱은 월계귀룽나무*Prunus laurocerasus*를 처음으로 기술했고, 리라lyre 모양 튤립에 대해서도 기록했다. 그는 이 튤립을 리스 루지스lis rouges라고 불렀는데, 훗날 오기에르 기셀린 드 뷰스벡이 수집하여 빈의 궁중 식물학자 카롤루스 클루시우스Carolus Clusius에게 보냈다(201쪽 참조).

1573년에 독일 의사 레온하르트 라우볼프가 식물 탐사를 위해 이곳을 방문했다. 그는 터키인들이 온갖 종류의 꽃을 좋아하는 것과 그들이 터번에 꽃을 꽂는 습관에 주목했다. 그리고 800종의 식물을 유럽으로 가져갔는데, 그중에는 야생 루바브와 노란색 줄무늬가 있는 '예쁜 종류의 튤립'이 있었다. 일부는 여전히 네덜란드 라이덴의 식물 표본실에 보존되어 있다.

1529년에 터키인들이 처음으로 빈을 포위한 지 불과 20년 만에 서방과 오스만 술탄들 사이에 정치적·상업적 거래 관계가 형성되었다. 이로 인해 16세기 후반에는 특이하고 새로운 식물들이 유럽의 정원으로 놀라울 정도로 많이 유입될 수 있었다. 외래 식물들의 도입은 유럽의 식물에 대한 과학적 연구와 식물학의 발달을 촉진시켰다. 이 시기에 도입된 경이로운 원예 품종들은 엄청난 양의 알뿌리였다. 튤립, 프리틸라리아, 붓꽃, 히아신스, 아네모네, 수선화, 백합 등이 포함되었다. 대부분 정원의 높은 세련미를 보여주는 증거였다.

튤립의 유럽 진출과 관련해서는 많은 이야기가 있다. 그중 1554년부터 합스부르크 가문의 신성로마 제국의 황제 페르디난트 1세의 왕실 대사로 복무를 시작한 드 뷰스벡에 의한 도입이 가장 신빙성을 얻고 있다. 1630년대에 튤립 알뿌리에 대한 상업적 투기가 네덜란드의 유명한 '튤립 파동'으로 이어졌다. 새로운 튤립 품종을 육종하는 데 막대한 자금이 투입되었는데, 엄청난 거품이 형성되었다가 1637년에 시장이 붕괴하면서 사라졌다.

왕실의 칙령과 대중의 즐거움

Royal Decrees and Popular Delights

1453년에 오스만 제국이 콘스탄티노플을 함락한 이후, 페르시아와 서양의 문화를 접목시킨 개념을 이용한 창조성이 폭발적으로 생겨났다. 콘스탄티노플, 아드리아노플, 부르사, 아마시아, 마니사에서는 향과 색으로 가득 채워진 왕궁 정원들이 잇달아 조성되었다. 커다란 나무들은 그늘을 제공했고, 가젤과 한가롭게 노니는 공작을 볼 수 있었으며, 공기는 지저귀는 새들 소리로 달콤했다.

무함마드 2세는 애첩을 위해 새로 지은 토프카프 사라이 궁 주변에 유원지를 조성했다. 콘스탄티노플의 7개 언덕 중 하나로, 골든 혼이 내려다보이는 곳에 위치했다. 정원에는 일련의 위요된 공간 안에 화단과 온갖 종류의 나무들이 있었다. 전체적으로는 높은 담장으로 둘러싸였다. 나중에 마르마라해를 접한 동쪽 비탈에 장미 정원 또는 귤하네 공원Gülhane Park이 추가되었다.

터키인들은 야외에서 여가를 즐기는 동부의 전통을 유지했다. 대규모 공공 정원들이 해변과 강둑을 따라 조성되어 국민 여가 생활인 피크닉을 하는 사람들이 이곳을 이용할 수 있었다. 그들은 바닥에 아름다운 꽃 카펫을 깔고 느긋하게 앉아 마음껏 음식을 먹으며 즐겼다. 무함마드의 고관은 정원과 과일은 '즐거움과 행복, 그리고 다수의 이용'을 위해 제공되어야 한다고 주장했다. 과수원은 약간의 입장료를 내면 들어가서 과일을 딸 수 있게 했다. 자두, 체리, 라즈베리, 블랙베리, 무화과 등 익은 과일들은 모두 이용할 수 있었다. 또한 주택은 거의 항상 내부에 작은 중정이 있었고, 여기서 소규모 정원 가꾸기를 수행할 수 있었다. 콘스탄티노플의 도시상은 담장으로 둘러싸인 중정에 그늘을 드리우는 무성한 나무들이 있는 '녹색' 도시였다.

초기 기록에 의하면 16세기 후반의 사반세기 동안 아드리아노플과 콘스탄티노플의 정원에는 알뿌리 식물과 장미가 대규모로 재배되었다. 1593년 5월에 무라드 3세는 아나톨리아 남부 마라스의 행정관에게 흰색 히아신스 5만 구와 파란색 히아신스 5만 구를 고산 지대로부터 파 오도록 명했다.

> 꽃에 관한 지식이 있는 젊은이들을 현지에 파견하라… 황급히 서둘러 상기 명시된 물량의 히아신스 알뿌리를 모아라. 일단 확보하면 내 명에 따라 파견된 사람들에게 그것들을 건네주고, 그 알뿌리들을 마을의 성문까지 가져오도록 하라… 알뿌리를

▲ 카기타네Kâgithane(유럽의 달콤한 물) 정원은 18세기 말의 이 원본 그림에 묘사된 바와 같이 축제와 여흥의 장소였다. 아흐메드 3세(1703–1730)에 의해 조성된 카기타네 초원의 정원은 캠핑과 피크닉을 위한 목적으로 이용되었다. 레이디 메리 워틀리 몬태규는 1717년 알렉산더 포프에게 보낸 서한에 이러한 터키 관습을 기술했다. '아드리아노플 주변은 몇 마일에 걸쳐 모든 땅이 정원으로 펼쳐져 있어요. 강둑에는 과일나무들이 줄지어 자라고, 그 밑에서는 터키인들이 매일 저녁 시간을 즐긴답니다. 산책은 그들의 즐거움이 아니기에 걷지는 않아요. 대신에 그늘이 매우 짙은 푸르른 장소를 택하여 카펫을 펼치고는 그 위에 앉아 커피를 마십니다.' 우아한 키오스크와 파빌리온은 유원지를 더욱 돋보이게 만들었고, 이곳에서 남자들과 여자들이 자유롭게 어울렸다. 안타깝게도 카기타네 부지는 공해로 황폐화되었지만 복원이 진행 중이다.

가져온 사람들은 가져온 숫자에 따라 대금 지불을 요구할 수 있다. 총력을 다하여 애쓰되 조심하라. 게으름과 부주의를 피하라.

역사가 아흐메트 레피크의 기록(1930년대 발간)에 의한 정보는 당시 채집된 알뿌리의 어마어마한 숫자를 상세히 기술한다. 오늘날 특정 종의 부모 계통이 야생에서 희귀하거나 멸종한 것과 관련이 있음에 틀림없다.

같은 해 9월, 아드리아노플의 정원용 장미는 무게에 따라 주문이 이루어졌다. 붉은 장미 400칸타르kantar와 흰색 장미 300칸타르로, 총 40톤에 가까운 장미 관목들이었다. 장미는 향기 나는 장미수를 만들거나 시원한 음료의 향미를 돋우기 위해서도 재배되었는데, 알뿌리 식물만큼이나 인기가 높았고 신성하게 여겨지기도 했다. 정원사들의 길드가 모든 황실 정원을 돌보았다. 그들은 꽃 외에도 채소를 기르고 잉여 물량을 시장에 내놓아 판매했다. 토프카프 사라이의 정원에서는 장미, 제비꽃, 채소를 팔았는데, 수익에 대한 욕구는 대량 주문으로 이어졌을 것이다.

터키의 저명한 여행 작가인 에블리야 첼레비는 자신의 여정을 담은 열 권짜리 책에서 자신이 1631년에 콘스탄티노플과 아드리아노플에서 보았던 정원들에 관한 이야기를 들려주었다. 모든 왕실 정원은 사이프러스나 소나무로 둘러싸여 있었다. 정원 안에는 기하학적 화단에 장미, 히아신스, 제비꽃, 튤립, 존퀼라수선화, 수선화, 백합, 스토크, 작약, 카네이션, 바질이 가득했다. 이들은 각각 개별 삼각형 또는 사각형 안에 자리 잡았다. 저자는 두 줄기의 실개천이 골든 혼으로 흐르는 카기타네의 초원에 핀 튤립을 '도취적'이라고 말한다. 인동과 재스민 덩굴이 휘감겨 있는 키오스크도 묘사했다. 여기에는 계단식 분수가 있고, 정원의 길에는 조개껍데기 또는 색 자갈이 선명하게 깔려 있다. 1638년에 그는 무라드 4세 앞에 1천1개의 길드가 사열해 있는 것을 목격했다. 그들 가운데는 괭이, 삽, 톱을 들고 있는 정원사들이 있었다. 급수 장치를 끌고 있는 황소도 눈에 띄었다. 정원사들은 자신들의 머리에 섬세한 꽃 장식을 뽐내면서 군중을 향해 꽃을 던졌다. 그래프터 길드(*접붙이는 사람)는 과일이 담긴 접시를 머리 위에 얹은 채로 균형을 잡고 칼과 톱 등 접붙이기 도구들을 들고 있었다.

18세기 무렵에 터키가 서양에 수출했던 것은 식물들만이 아니었다. 프레데릭 파이퍼에 의해 스웨덴에 조성된 하가 파크와 영국 페인스힐 등 유럽의 그림 같은 정원에서 화려하게 장식된 터키식 파빌리온과 천막이 유행했다. 런던의 큐 가든은 1761년에 (나중에 소멸되긴 했지만) 터키의 모스크를 인수했다. 독일의 슈베칭엔도 마찬가지였다.

영원한 이슬람 전통 The Enduring Islamic Tradition

무슬림에 의해 발전된 영적이며 정교한 위요된 정원은 유목민 부족이 이용했던 오아시스에 기원을 둔다. 오아시스는 광활한 사막에서 원기를 회복하고 녹색을 맛볼 수 있는, 생명이 유지되는 장소였다. 오늘날에도 이슬람 정원에 주로 나타나는 매력은 여전히 주변 교외 지역과의 분리성에 있다. 이러한 점에서 주변을 둘러싼 자연을 지침으로 삼는 현대의 자연 환경적 정원과는 전혀 다르다. 예를 들어, 마한 인근에 있는 바그이 샤자데는 1880년대에 카자르 왕자에 의해 조성되었는데, 개방된 사막 환경에 자리 잡고 있다. 산에서 남쪽으로 흘러온 물이 있어 정원 조성이 가능할 수 있었다. 1911년에 이곳을 방문한 영국의 여행가 엘라

▶ 인도 데칸 지역에 있는 과수원을 그린 이 매력적인 묘사는 수 세기 동안 변하지 않은 이슬람 정원 설계의 근본적인 특징들을 보여 준다.

ز هر سو برآورده مرغان خروش — ز جام گل آتش مست جوش

پسندیده گو سوسن نکته‌دان — ز مدح شهنشه منتی بر زبان

스카이스는 이렇게 썼다. '… 정원의 기다란 경사지는 끝에서 끝까지 눈부신 물줄기를 이루었는데, 중간중간 멋진 폭포가 쏟아져 내렸고, 공중으로 높게 솟아오르는 분수로 장식되었다.'

가장 단순한 형태의 이슬람 정원은 오늘날에도 여전히 이란에 존재한다. 봄에는 구름처럼 피어나는 꽃들이 담장으로 둘러싸인 과수원을 뒤덮음으로써 주변 언덕과 사막의 황갈색 색조와 완전히 대조를 이룬다. 아몬드, 자두, 마르멜로, 살구, 배, 사과가 봄에 꽃을 피우고, 견과류와 과일은 시골 경제의 필수 부분이다. 외딴 마을에서는 정원을 둘러싼 담장이 양과 염소의 침입으로부터 석류 숲을 보호한다. 보다 정교하게 설계된 정원은 수로와 길의 틀을 잡아 주는 키가 큰 사이프러스, 우산소나무 또는 울창하게 치솟은 포플러로 표시되어 있다. 이스파한에는 느릅나무 길이 조성되어 있어 연초록 잎들이 더위 속에 생기를 불어넣는다(일부는 그 지역에 서서히 침투했던 느릅나무 병의 징후를 보이기 시작하고 있지만 말이다). 그리고 시라즈 오렌지나무 숲과 장미는 여전히 공기를 향기롭게 한다.

전 세계의 정원들은 수 세기에 걸쳐서 이슬람 정원의 조화롭고 심오한 만족감을 주는 디자인으로부터 영감을 받아 왔다. 식물 식재도 이에 못지않게 중요했다. 알-비루니al-Bīrūnī 같은 이른 시기의 철학자-식물학자들은 동부 이슬람 정원에서 사용할 수 있는 식물 목록을 남겼다. 향을 지닌 열매들 가운데는 아몬드, 사과, 살구, 바나나, 나무딸기, 체리(양벚나무*Prunus avium*와 신양벚나무*P. cerasus*), 무화과, 포도, 대추, 멀베리, 올리브, 오렌지, 자두가 포함되었다. (대추와 석류는 이미 수 세기에 걸쳐 재배되고 있었다.) 알-비루니는 수많은 종류의 장미, 사향장미, 들장미에 대해 기록했다. 다른 식물로는 그늘을 제공하는 플라타너스, 노란 재스민, 은매화, 루rue가 포함되었다. 꽃들 가운데는 아네모네, 수선화, 양귀비, 타임이 있었다. 우리는 침상 화단에 꽃들이 자라고, 그 향기가 산들바람에 부드럽게 퍼지는 정원의 이미지를 떠올릴 수 있다.

◀▲ 이란 케르만 지방의 마한 인근에 위치한 샤자데 정원Shahzadeh Garden은 19세기 말경 카자르 왕자 중 한 사람에 의해 조성되었다. 산맥 사이 사막에 담장으로 둘러싸인 공간은 진정한 이슬람 정원의 이미지를 반영한다. 물은 남쪽 담장 뒤에 있는 저수지로부터 온다.

이란의 국가 서사시였던 11세기 피르다우시의 『샤나마Shahnameh』의 시대부터 많은 시인이 영혼을 치유하는 정원의 이미지를 그려 내고 있다. 수피 시인 루미Rumi(1273년에 사망), 사디Saadi(1292년에 사망), 그리고 하페즈Hafez(1390년에 사망)는 모두 알라에 대한 신앙과 파라다이스에 대한 믿음을 표현하기 위한 시구를 사용했으며, 신앙과 평화의 회복에 대한 '느낌'을 전달하기 위해 종종 정원과 꽃, 향기에 관한 은유적 표현을 사용했다.

오늘날 평범한 일상생활로부터 생기를 되찾고자 하는 정원사들은 도시 환경이든 시골 환경이든 담장으로 둘러싸인 공간 안에 만들어진 호젓한 느낌에 영감을 받을 수 있다. 나무는 뜨거운 태양으로부터 그늘을 만들고, 졸졸거리는 물은 공기를 식히고 주변 소음을 줄인다. 그리고 꽃과 잎의 향기가 어우러져 내밀한 안식처의 느낌을 자아낸다. 이슬람 정원 설계의 질서 정연한 패턴은 안도감을 더한다. 모든 것이 논리적이고 기하학적이다. 대부분은 아마도 이유를 분석해 보지도 않고 그러한 정원을 만들기 위해 움직인다. 위요된 정원은 안식처로, 늘 영적인 사색과 즐거움을 위한 한적한 세계를 제공할 것이다. 많은 사람에게 이것이 바로 정원 가꾸기의 전부다. 13세기에 사디가 정원에 대해 다음과 같이 기록했듯 말이다.

> 만약 지구상에
> 파라다이스가 존재한다면,
> 그곳은 여기, 여기, 여기에 있다.

천상의 향기

HEAVENLY SCENT

꽃과 향기와 움직이는 물이 가득하며, 기하학적 배치로 이루어진 세속의 정원은 이슬람교도들의 내면 깊숙한 곳의 영혼과 상응하는 이슬람의 상징적인 정원이 되었다. 이것은 신도들과 의인들이 사후에 누리게 될 파라다이스 정원에 대한 코란의 약속을 반영한다. 거기서 신도들은 '초록 그늘' 아래 '초록 쿠션'에 몸을 기댄다. 신비롭고 내밀한 것이 파라다이스의 본성으로, 담장으로 둘러싸인 정원이 외부 위험으로부터 보호를 위해 따로 떨어져 있는 것과 같다. 내면 깊숙한 곳의 영혼을 위한 정원al-jannah의 엄폐는 중세 시대의 호르투스 콘클루수스hortus conclusus(위요된 정원)를 상기시킨다. 고대의 사분 정원 패턴은 고질적으로 물이 부족했던 건조한 지역에서 진전을 이루었다. 담장으로 둘러싸인 정원에는 흐르는 물과 고여 있는 물을 에워싸고 경계 짓는 식생이 포함되었다. 이는 수분 증발을 줄일 뿐 아니라, 보는 이로 하여금 자연의 치유력에 대한 감각을 일깨우고 꽃의 색깔과 향기가 지닌 힘에 마음을 열게 했다.

코란에서 말하는 것처럼 '자연과 아름다움은 내면의 우아함에 대한 외적인 상징'이다. 정원은 안식처로서 영혼의 위안이 된다. 정원은 또한 도피처일 뿐만이 아니라 파라다이스를 맛보는 곳이다. 부드럽게 흐르는 실개천과 분수는 사색을 위한 분위기를 자아냈다. 익어 가는 과일, 다채로운 꽃, 그리고 치유의 향기는 모두 지상 낙원을 만드는 데 기여했다.

향기의 중요성과 그것이 심신에 미치는 효과는 그러한 원기 회복으로 이끄는 이미지의 일부다. 이것은 종종 시의 주제가 되었다. 13세기 시인 루미, 수피, 그리고 아마도 이른 시기의 페르시아 시인들 가운데 가장 존경받았을 시인들은 다음과 같이 암시한다. '아름다움이 우리를 둘러싸고 있지만 보통 우리는 정원을 걸어 다녀 봐야 그것을 알 수 있다.'

▶ 무함마드 2세는 1453년에 콘스탄티노플을 함락한 후 수도를 부르사에서 콘스탄티노플로 옮겼다. 술탄은 도시 전역과 자신이 거주하는 궁전인 토프카프 사라이 주변에 유원지를 조성했다. 거기에는 물이 풍부했고 페르시아와 사마르칸트로부터 물려받은 과일과 꽃을 가꾸는 전통이 존재했다.

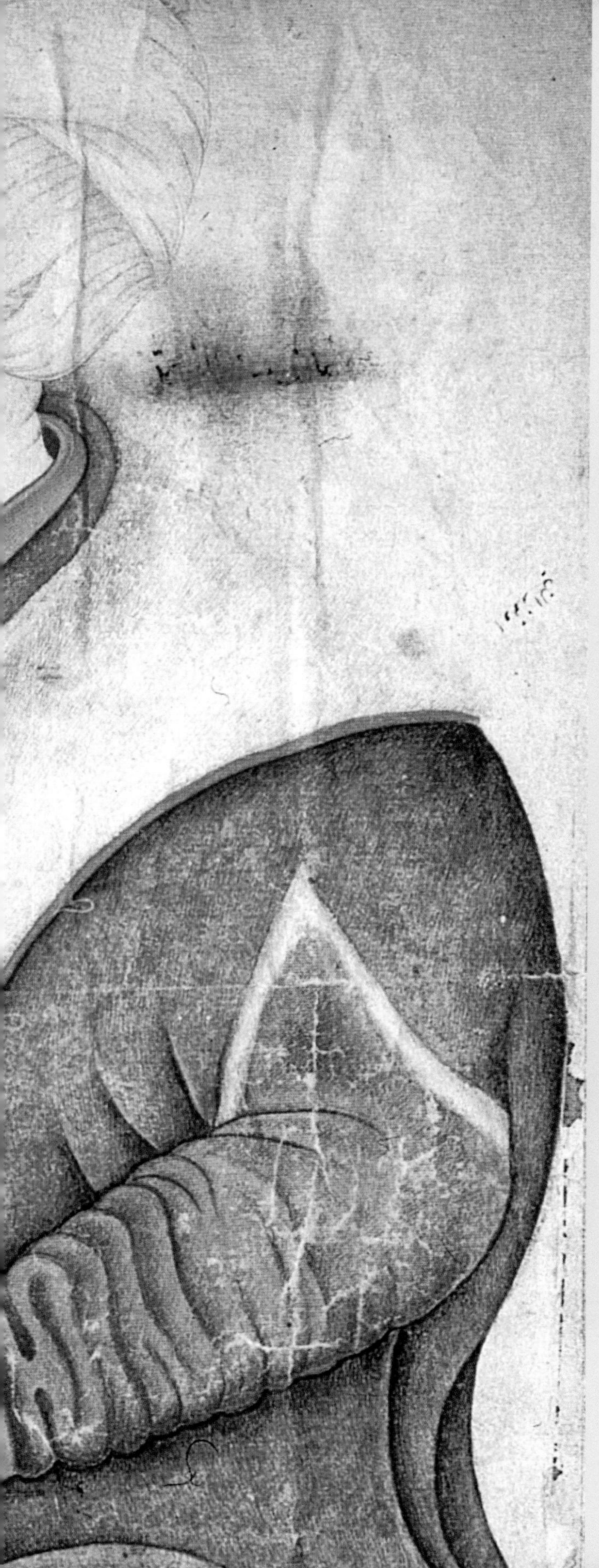

향기는 꽃의 색깔만큼이나 큰 즐거움을 주고, 각성을 일으키는 것으로 인식되었다. 용연향, 침향, 사향, 사프란의 향기는 세상을 굴리스탄 또는 꽃의 정원으로 변화시킨다. 또한 바람 속에서 나무는 온갖 향기를 운반한다.

> … 쉰두 가지 향기… 사방에서 부는 바람에 즐거움과 함께 전해지는
> 모든 향기는 (술탄 쿨리 쿠트브 샤로부터) 1천 개의 푸른 정원을 일으킨다.

꽃 (그리고 다른) 향기의 치료적 가치는 이슬람 이전에도 인정받았다. 그럼에도 불구하고 전형적인 사분 정원 배치에 영감을 받은 감정의 표현으로 가장 적절하게 전달되는 것은 마음속에 그려진 '쾌감'에 대한 무슬림의 '생각'이다. 서양에서 아비센나Avicenna로 알려진 이븐 시나Ibn Sina(980-1037)는 『의학 규범Canon of Medicine』에서 다양한 향료의 효과를 묘사하기 위해 무파리mufarrih라는 단어를 '짜릿한exhilarating'으로 번역했음은 흥미롭다. 이 단어는 문자 그대로 '상쾌함refreshment'을 뜻하는 동사적 명사 타프리tafrih, 그리고 '즐거움'을 나타내는 파라트farhat, 파라하faraha와 같은 어원을 가진다. 이븐 시나는 짜릿한 쾌감을 일으키는 다른 향기를 묘사하기 위해 무파리라는 단어를 사용했다.

오늘날 우리는 공기와 접촉하는 휘발성 오일의 산화가 회복 효과와 상쾌감을 줄 수 있음을 알고 있다. 그리고 이러한 지식은 병원이나 호스피스에 딸린 치유 정원을 만드는 데 활용된다. 라벤더는 독소 배출 및 정화 작용으로 호흡을 촉진하기 때문에 흥분제로 여겨진다. 이븐 시나와 동시대 사람인 이븐 마사와이에 따르면, 사프란(꽃의 수술을 살균제와 염료로 사용), 회향, 로사 다마스케나*Rosa × damascena*, 두송*Juniperus communis*, 피스타키아 렌티스쿠스*Pistacia lentiscus*에서 다른 강한 향을 얻을 수 있다. 이븐 시나의 영향은 4세기에 걸쳐 지속되었고, 여전히 무슬림 세계에서 신뢰받고 있다. 무슬림에게 모든 영적 혹은 정신적 질환의 근원이 되는 심장의 중요성을 강조했기 때문이다.

The Medieval Gardens of Christendom

기독교 국가들의 중세 정원

로마 제국의 붕괴와 르네상스 초기 사이의 수천 년 동안 유럽의 정원 가꾸기에 대해서는 거의 알려진 바가 없다. 이 기간 동안 이슬람은 정원을 완성하고 식물에 대한 과학적 지식을 발전시켰다. 반면에 유럽은 소위 암흑시대가 남긴 불충분한 증거를 탐구해야 하는 상황이었다. 설사 혼돈의 세기 동안에도 즐거움을 위한 정원 가꾸기의 개념이 존재했다 할지라도 그 기록은 거의 남아 있지 않다. 그렇다면 정교한 관개 시스템, 벽화에 묘사된 세련된 정원 등과 같은 북유럽과 서유럽의 로마 유산은 어떻게 되었을까? 심지어 로마인들이 더 추운 식민지에 성공적으로 적응시킨 식물들도 거의 잊혔다가 새로운 종류의 정원 가꾸기 문명이 성립되면서 여행자들을 통해 다시 소개되었다.

운이 좋게도 학자들에게는 비트루비우스와 콜루멜라의 저술 같은 로마의 건축술과 가드닝에 관한 매뉴얼, 그리고 베르길리우스의 『농경시』에 수록된 자연에 대한 묘사가 남아 있었다. 보다 질서 정연한 대륙 세계가 출현함에 따라, 단편들과 사건들로부터 정원에 대한 그림을 짜 맞출 수 있다. 필사본과 세밀화에는 글로 쓰인 설명과 묘사가 있고, 잔존하는 프레스코화에는 기독교의 성화, 즉 시각적 단서에 관한 새로운 자료들이 발견된다. 비록 주로 영적인 목적을 가졌지만 이 보석 같은 이미지들은 중세 정원의 모습과 그 안에서 자란 식물들에 대한 풍부한 기록을 보여 준다.

◀ 1460년대 후반 베니스에서 그려진 〈사랑의 정원The Garden of Love〉은 장미로 둘러싸인 이상적인 정원을 묘사한다.

▲ 1410–1420년경에 라인 강 지방에서 작자 미상의 화가가 그린 〈천국의 정원The Garden of Paradise〉은 호르투스 콘클루수스 안에서 성모 마리아가 신자들과 함께 있는 모습을 보여 준다. 담장으로 둘러싸인 정원의 고도로 이상화된 형태다. 오늘날의 시각에서 보면 종교적 중요성을 많이 잃었을지 모르지만 꽃으로 뒤덮인 초원에서 풍성하게 자라고 있는 식물들은 충분히 식별 가능하다. 꽃창포, 우단동자꽃, 마돈나백합, 은방울수선, 은방울꽃, 작약 등과 같은 중세 시대 북부 유럽에서 재배된 모든 식물이 포함되어 있다. 접시꽃과 보라십자화는 13세기 무렵에 이미 도입되었다.

어둠과 빛 Darkness and Illumination

중세 시대는 로마 제국의 멸망으로부터 시작되어 대략 1천 년에 걸쳐 지속되었다. 여기에는 500년경부터 1000년까지의, 이른바 암흑시대라 불리는 시기와 함께 1000년 이후부터 15세기 르네상스의 탄생까지 준準 고전의 부흥기가 포함된다. 이 기간 동안 아름다움만을 위한 정원 가꾸기를 행할 기회는 (설사 있었다 하더라도) 거의 없었을 것이다. 잔혹한 시대에서 살아남기 위해서 미적인 고려는 배제되었고, 즐거움을 위한 정원을 만든다는 개념은 상실되었다. 즐거움을 위한 정원 가꾸기 활동에 관한 증거가 부족한 것일 수도 있다.

중세의 후반부 세기 동안에는 눈부시게 아름다운 시각적 이미지가 부족하지 않다. 14–15세기에 걸쳐 종교적인 목적의 그림들이 제단화로 제작되었고, 채색된 기도서들은 고위 귀족들을 위한 달력으로 만들어졌다. 다른 풍경화들은 새로운 1천 년이 시작된 무렵부터 쓰인 시와 로맨스 책에서 삽화로 기능했다. 이들을 통해 정원의 주된 패턴을 추적해 볼 수 있다. 건물의 경내에 작은 규모로 자리 잡은 위요된 정원, 과일 생산 외에도 여흥을 즐기기 위해 디자인된 큰 규모의 과수원, 그리고 더욱 확장된 사냥 공원 등이다. 이 시기는 신앙의 시대였다. 의도가 종교적이든 세속적이든 정원의 모든 이미지는 매우 이상화되어 있고, 상징성도 풍부하다. 하지만 우리에게 그때의 정원이 어떤 모습이었고, 또 어떤 즐거움을 주었는지 알기에는 충분하다.

'전문' 정원 작가들도 존재했다. 도미니크 수도회의 수사이자 학자였던 알베르투스 마그누스는 13세기 중반에 처음으로 즐거움을 위한 정원에 대해 기술했다. 1260년 출간된 『식물과 초목De vegetabilibus et plantis』에서 그는 가드닝에 대한 실용적인 조언을 제공했다.

전체적으로 영감을 주는 패턴을 지닌 이슬람 정원, 혹은 고전 시대 로마의 정원과 달리 중세 시대 기독교의 즐거움을 위한 정원은 이후의 정원 디자인에 심오한 영향을 미치지 않았다. 따라야 할 일관된 메시지가 없는 상황에서 중세 가드닝에 대한 연대기적 분석은 발전하는 이야기라기보다는 일련의 사건들이 된다. 개별적인 정원의 특징과 사건에 관한 연구에 1천 년이라는 시간이 압축될 수 있다. 하지만 즐거움을 위한 정원에 대하여, 800년 무렵 그것이 거의 잊힌 때로부터 1500년 무렵 세속의 정원과 수도원의 정원에서 즐거움을 위한 정원이 다시 중요하게 여겨지기 시작한 때까지의 개념을 추적하는 작업은 흥미롭다. 이러한 탐구는 어떤 종류의 고문서 또는 고고학적 증거라도 찾는 일에서부터 시작되는데, 9세기 신성로마 제국의 샤를마뉴Charlemagne 대제 시대 무렵으로 거슬러 올라가는 약간의 기록물로부터 처음 보상받았다. 그 후 정원에 대한 화려한 묘사들이 넘쳐 나자, 이상 뒤에 있는 가드닝의 현실은 무엇이었는가에 대한 해석이 숙제로 남게 된다.

오늘날 '암흑기'라는 용어는 잘못된 명칭으로 여겨진다. 학문 분야에서 로마 제국 멸망 이후 시대에 관해 지속적으로 이루어진 진보를 경시하기 때문이다. 하지만 정원 역사가들에게 로마인의 퇴각과 르네상스의 태동 사이의 시기에 대한 모호함은 충분히 인정할 만한 사실이다. 영국, 현대 프랑스, 독일, 스위스, 네덜란드, 남부 스칸디나비아, 북부 이탈리아와 오스트리아, 그리고 무어인들에게 점령당하지 않은 스페인 지역 등의 북유럽과 서유럽 대부분의 지역에 남아 있는 기록은 거의 없다. 이들 지역은 기독교 공통의 유산과 언어로 통합되어 있었다. (여기서 라틴어는 학문을 위한 언어였고, 프랑스어는 법정과 상업의 언어였다.) 현대 고고학적 방법은 이제 담장과 식재 화단의 흔적, 일부 오래된 나무들과 관리된 숲 지대에 관한 증거 등 더 많은 인공 경관의 특징들과 정원의 패턴들을 드러내기 시작하고 있다. 하지만 이 시기에 우리가 가진 지식의 단편들에는 완전한 정원 설계가 포함되어 있지 않다. 서유럽에 아직도 남아 있는 중세 정원의 유일한 유적들은 이슬람 문화를 대표하는 이베리아 반도의 스페인-아랍 정원들이다(3장 참조). 유럽 북쪽의 축축하고 추운 기후에서는 식물의 식생이 너무 짧아 정원이 살아남을 수 없었다.

정원에 대한 계획들은 구두로 전해진 설명으로 대략적으로 재구성할 수 있지만 여기 독특하게 살아남은 정원 설계도가 하나 있다. 약 820년으로 거슬러 올라가는 한 수도원 정원을 조성하기 위한 유명한 제안인데, 스위스 생갈에 위치한 수도원 도서관에서 발견되었다. 이 계획에는 수도자를 위한 묘지와 함께 허브와 약초를 재배하기 위한 실용적인 구역들이 포함되었다. '파라다이스'라고 명명된 화단이 있었는데, 여기서 제단 장식에 쓰일 꽃을 재배했다. 직사각형 화단에 새겨진 채소들의 이름은 오늘날의 우리에게도 익숙하다. 현대인이 기르는 품종들과는 분명 크게 다르긴 하지만 셀러리, 파스닙, 그리고 양파가 속한 수선화과에 속한 채소들이 있었다. 모두 샤를마뉴 대제가 『도시에 관한 법령집Capitulare de villis』에서 자신의 제국 전역에 재배할 것을 권고한 100가지 채소 작물 목록에 포함되어 있다. 9세기 초 무렵에는 더욱 질서를 갖춘 문명이 가능해지고 있었음을 설명한다.

기쁨의 정원 Gardens of Delight

수확물 외에도 즐거움까지 제공하는 정원과 과일에 대해서는 9세기에 생갈에서 그리 멀지 않은 콘스탄스 호수의 수도사 발라프리드 스트라보가 (샤를마뉴 대제보다 한 세대 후에) 쓴 글에서 확인된다. 그가 쓴 『정원 문화De cultura hortulorum』는 베르길리우스가 쓴 『농경시』를 반영하며 정원과 정원에서의 일 모두에 기쁨을 분명히 표현한다. 스트라보는 시 한 편을 그리말디 신부에게 바쳤다. 작가는 자신의 어린 시절 기억 속 과수원에 그리말디 신부가 앉아 있는 모습을 상상했다.

> 높게 자란 잎 그늘 아래 매달린 사과 아래로,
> 복숭아나무가 잎들을 이리저리 팔랑거리며
> 안팎으로 햇빛을 쏘이고, 놀이를 즐기는 소년들,
> 당신의 행복한 제자들은, 당신을 위해 모여든다.
> 그들은 하얀 열매들을 부드럽게 아래로 당기고는
> 손을 뻗어 커다란 사과들을 붙잡는다…

스트라보의 시는 가드닝에 대한 실용적 추구와 감각적인 기쁨을 모두 예찬한다. 여름철 멜론을 자르는 장면을 묘사한 부분은 아주 생생하다. '쇠로 된 칼날이 배를 가르면, 멜론은 과즙과 수많은 씨앗을 마구 분출하며 쏟아 낸다. 그러고 나면 그 쾌활한 손님은 멜론의 구부러진 등을 여러 조각으로 나눈다.' 좀 더 실용적인 맥락에서 스트라보는 '곡괭이와 갈퀴'로 무장한 채 거름을 뿌리고, 두더지를 궤멸하며, 쐐기풀을 공격할 것을 장려한다.

위요된 정원, 즉 야생으로부터 분리된 공간은 사막의 문명 초창기에 그랬듯이 실용적 목적만이 아니라 중세의 정신에서도 필수 요소였다. 그러나 1세기에 베르길리우스와 소 플리니우스가 묘사했던 것과 같은, 시골 환경에서 편안함과 아름다움을 찾는다는 어떤 개념이나 자연 경관에 대한 어떤 감사도 종적을 감추었다. 중세 초기에 일반적이었던 물질적이고 사회적인 조건에서 그것은 현대의 사고방식으로 파악하기 불가능하다고 판단되었다. 이 밖에도 초기의 기독교 스승들은 숲속에 숨어 있는 고대 이교도의 신들이 사람들로 하여금 기독교 신앙을 저버리게 하는 악마와 유사한 악령이라고 믿었다. 아름다운 경관의 나무숲 안에서 신을 의인화했던 인문주의 그리스 정신은 기독교인에게는 위험한 이단이었다. 사막으로 철수한 초기 기독교 신부들은 악의 세력에 맞서 자신들의 신앙을 시험하는 것으로 간주되었다.

수 세기에 걸쳐 아주 점진적으로 아름다움은 자연에 존재할지도 모른다는 새로운 의식이 떠오르기 시작했다. 르네상스 사상에서 이와 같은 표현이 발견되었고, 18세기 풍경식 정원 운동의 배경 철학에서 더욱 발전되었다. 이 변화의 한 줄기 빛은 일찍이 14세기 초에 기미가 보였는데, 시인 프란체스코 페트라르카Francesco Petrarca가 경관을 감상하기 위해 프로방스 지역의 방투 산을 오르면서 동시대인들을 놀라게 했다. 100년 후 인문주의자 교황 비오 2세의 믿음을 예상한 것이었는데, 시인은 『비망록Commentaries』에서 자연적인 시골의 아름다움을 찬양했다.

▶ 기도서의 장인이 『장미 이야기Le Roman de la Rose(1485년경)에 수록하기 위해 그린 플랑드르 삽화로, 15세기 귀족의 즐거움을 위한 정원의 모습을 보여 준다. 분출하는 분수, 격자 세공된 정원 칸막이, 높임 화단, 잔디 벤치, 철책을 따라 자라는 장미를 갖춘 정원이다. 이야기 속에서 두 연인이 정원에 들어가기 위해 기다리고 있다. 조반니 보카치오의 『데카메론』을 위한 설정을 나타낼 수도 있다. 등장인물이 잘 꾸며진 정원 안에서 피렌체의 역병으로부터 피난처를 찾는 장면이다.

▲ 1460년경 크레센치의 피에트로의 작품 『르 루스티칸Le Rustican』에 실린 그림이다. 높이 올린 잔디 벤치, 정자 터널, 십자 형태로 길을 낸 작은 화단 등 중세 정원 설계에 관한 몇 가지 단서를 제공해 준다.

유원지, 헤르베르 또는 위요된 정원

The Pleasance, Herber or Enclosed Garden

세속적이든 종교적이든 어느 시대에나 그 시대의 분위기를 조성하고 훗날 역사적 연구를 위한 기록을 제공하는 존재는 위대한 정원들이다. 사실 중세 시대의 변변찮은 정원은 과일나무들이 곁들여진, 대충 일군 채마밭이었을 것이다. 우리가 중세 정원에 가지는 개념은 1260년에 알베르투스 마그누스가 기술한 담장으로 둘러싸인 관상용 정원 또는 '헤르베르herber'로, 신성한 호르투스 콘클루수스를 상기시키거나 그렇지 않을 수도 있다. 즐거움을 위한 정원은 웅장하지 않았다. 정원은 대가족의 한 부분으로 대개는 작고 변통성이 있었다. 주택에 딸린 부지 안에 있지 않다면 성곽 가까이에 조성되었다. 14-15세기에 제작된 종교 목적의 제단화 또는 랭부르의 폴 같은 화가가 그린 삽화들로 호화롭게 장식된 기도서의 배경에서 엿볼 수 있는 중세의 일상생활로부터 그러한 지식을 얻을 수 있다. 랭부르의 『매우 호화로운 기도서Très Riches Heures』에는 가정 내 즐거움을 위한 정원의 풍경뿐 아니라 계절에 따른 농업 활동도 담겨 있다.

이들 초기 삽화에서 원근법은 여전히 고안되어야 했고, 르네상스 시대 건축적인 정원의 전형적 요소인 균형, 대칭, 비례, 대비는 여전히 발견되어야 했으며, 이슬람 원전으로부터 변형되어야 했다. 당시의 그림들은 디자인이나 기하학에 대한 의식적인 적용 없이, 어떻게 소박한 유원지가 성곽 내 단지에 녹아들어 더욱 기능적인 채소, 허브, 약초 정원과 함께 어우러지는 사치스러운 공간이 될 수 있었는지 보여 준다. 정원은 계속하여 수도원의 필수 요소였다. 트렐리스로 된 울타리 또는 정자는 공간 구획과 사생활을 위해 이용되었다. 장소의 형태에 따라 어느 정도 격식이 따랐을 것이다. 경계를 이루는 벽과 나란히 나 있는 길은 직사각형 코스를 취하는 경향이 있었다. 분수는 중앙에 중심점으로 위치했을 것이다. 글로리에테gloriette(*보통 측면이 개방된 파빌리온과 같이 정원 안에서 주변보다 높은 곳에 다양한 형태로 세워지는 건물) 같은 보다 큰 건축물은 공원 지역의 성이나 주택으로부터 더 멀리 떨어져 나갔을지도 모른다.

트렐리스에 유인된 장미, 토피어리로 다듬은 허브, 그늘진 정자에 자리 잡은 의자처럼 중세 정원사들에게 친숙했을 몇몇 요소들은 수 세기에 걸쳐 살아남았다. 그리고 오늘날 소규모로 조성된 현대 정원에서 여전히 인기 있다.

중세 정원의 요소들

ELEMENTS OF A MEDIEVAL GARDEN

앨리alley **또는 터널:** 나무로 된 구조물 위에 유인된 과일나무, 포도 덩굴 또는 장미로 이루어진 터널이다. 그늘진 산책로와 계절에 따라 꽃과 열매를 제공했다.

에스트라드estrade**:** 식물이 나무를 타고 자라도록 식물을 유인하여 만든 모양이다. 마치 살아 있는 토피어리 작품처럼 정원에 사용되었다. 전형적인 에스트라드는 층층이 동심원을 이루며 유인되었으며, 크기는 지면으로부터의 높이에 따라 감소되었다.

야생화 초원flowery mead**:** 당시 필사본과 태피스트리, 종교화에서 전경으로 그려진 이상화된 야생화 초원. 15세기 말에 이르러 꽃들은 좀 더 자연스럽게 묘사되어 오늘날에도 식별이 가능하다.

분수: 이슬람 정원에서처럼 생명의 상징적 원천인 물은 필수 요소였다. 또한 보통 정원의 중앙에 위치한 분수는 점점 정교한 고딕 양식을 띠게 되었다.

글로리에테: 스페인어에서 유래되었으며, 파빌리온을 묘사하는 데 사용되었다. 보통 길 또는 거리의 교차점에 배치되었다. 중세 시대에 글로리에테는 종종 숙소를 제공했다.

높임 화단raised bed**:** 사막 국가에서는 관개 목적으로 화단이 움푹 가라앉아 있었던 반면에 북유럽의 더 습한 기후에서는 배수를 좋게 하고자 (로마의 매뉴얼에 제시되었던 것처럼) 판자를 이용하거나 버드나무 가지를 엮어 둘러싼 높임 화단을 만들었다.

트렐리스: 장미가 자랄 수 있는 울타리 또는 정자를 위해 개암나무 또는 버드나무 줄기로 만들어진 격자 세공을 말한다. 중세 시대의 특징이었다.

잔디 벤치turf bench**:** 중세 삽화에서 종종 볼 수 있는, 튼튼한 버드나무 줄기 또는 벽돌로 만든 벤치 프레임은 잔디나 향기 나는 허브가 자랄 수 있는 토양으로 꽉 차 있었다. 크레센치의 피에트로는 잔디 씨앗을 뿌리는 것보다는 뗏장을 이용하기를 추천했다.

비리다리움viridarium**:** 라틴어에서는 나무를 재배하는 농장을 뜻하는 말로 사용되었다. 중세 시대 후기에는 더 실용적인 헤르불라리스herbularis와 구별하는 의미로, 즐거움을 위한 정원 또는 과수원에 적용되었다.

▲ 이 중세의 삽화에 보이는 샐비어 종류는 일반적으로 요리에 쓰이는 세이지*Salvia officinalis*로, 샤를마뉴 대제의 『도시에 관한 법령집』에 포함되었다. 이 삽화가 등장하는 『중세의 건강 서적Tacuinum Sanitatis』 제5권 채색 필사본에는 아랍의 식물학적·의학적 논문으로부터 파생된 텍스트가 수록되어 있다. 원전은 14세기 말부터 15세기 초까지 거슬러 올라간다. 여기 묘사된 모든 식물은 유용한 약효나 향기를 위해 재배된다.

알베르투스 마그누스의 가드닝 조언

Gardening Advice from Albertus Magnus

알베르투스 마그누스(1200년경-1280)는 중세 시대의 즐거움을 위한 정원을 기쁨의 장소로 묘사한 최초의 사람들 중 하나였다. 1260년경 쓰인 논문 『식물과 초목』은 대부분 로마 시대의 고전 매뉴얼에서 따왔다. 그는 가드닝의 보다 기능적인 본질을 간과하지 않았으나 여가와 휴식을 위해 별도로 마련된 관상을 위한 공간의 쾌적함을 강조하는 장을 추가했다.

독일 남서부 슈바벤에 위치한 볼슈타트의 백작 신분으로 태어난 알베르투스 마그누스는 젊은 시절 도미니크 수도회에 입회했다. 가드닝에 대한 그의 생각은 정확히 말하면 새로운 것은 아니었지만 이전 두 세기의 개념과 서술을 압축시키는 데 능숙했다. 마그누스는 주로 주교, 대주교, 수도원장, 수도원에 속한 위대한 사람들의 정원을 다루었다. 대부분은 노르망디와 영국에 있었고, 노르만족에 의해 조성되었다. 그들은 시칠리아를 정복하며 보았던 아랍의 정원에서 많은 영감을 얻었을지도 모른다.

알베르투스 마그누스가 '초록 나무와 허브로 즐거운 녹지', 즉 비르굴툼virgultum이라 불리는 헤르베르에 대한 윤곽을 잡는 데 있어서는 부분적으로 영국인 바르톨로뮤(1200-1260)의 영향이 있었다. 바르톨로뮤는 1240년에 저술한 자신의 뛰어난 백과사전에 식물과 나무 부분을 포함시켰다. 그로부터 1세기도 지나지 않아 마그누스가 이 부분에 대해 저술한 장은 볼로냐의 변호사 크레센치의 피에트로의 『시골의 혜택에 관한 책Liber ruralium commodorum』 제3권에 거의 문자 그대로 복제되었다. '하지만 큰 효용이나 결실이 없는 곳도 있다… 이들은 즐거움을 위한 정원이라 불린다. 그 정원들은… 주로 시각과 후각이라는 두 가지 감각의 기쁨을 위해 디자인되었다.'

마그누스가 가드닝에 관해 설명한 부분은 실용적인 동시에 현실적이다. 그는 가드닝을 힘들지만 보상을 주는 일로 묘사한다. 잔디밭을 어떻게 준비해야 하는지를 설명한 부분은 처음으로 기술된 내용이다.

> 멋지게 다듬어진 짧은 잔디만큼 풍경을 새롭게 하는 것은 없다. 먼저 즐거움을 위한 정원으로 만들 공간의 모든 뿌리를 깨끗하게 치워야 한다. 이를 위해 뿌리를 파내고, 가능한 한 지표면을 평탄하게 하며, 끓는 물을 땅 위에 부어 땅속에 남아 있는 뿌리와 씨앗을 말살하여 싹트지 못하게 해야 한다… 그러고 나서 질 좋은 잔디로부터 자른 뗏장으로 땅을 덮고, 나무망치로 두들긴 후 잔디가 보이지 않을 정도로 발로 충분히 밟아 준다. 그러면 미세한 머리카락처럼 조금씩 잔디가 자라 나와 고운 옷감처럼 지표면을 덮는다.

잔디밭에 관해서는 '루, 세이지, 바질 등 달콤한 향을 지닌 모든 허브, 그리고

▲ 1352년에 모데나의 토마소의 『도미니크 수도회의 저명한 40인의 순환Cycle of Forty Illustrious Members of Dominican Order』에 수록된 성 알베르투스 마그누스의 이미지다. 마그누스의 저술은 실용적 조언들을 통합시킨 동시에 즐거움을 위한 장소로서 정원의 미덕을 극찬했다.

마찬가지로 제비꽃, 매발톱꽃, 백합, 장미, 붓꽃 등 모든 종류의 꽃을 심을 수 있다'고 썼다. 잔디밭 뒤쪽에는 벤치 외에 '꽃이 매력적으로 피는 루가 곳곳에 자라도록 하여… 초록 잎들이 아름다움을 더하고, 그 톡 쏘는 특성으로 해충들을 정원에서 몰아내도록 하라'고 기록했다.

크레센치의 피에트로의 가드닝 매뉴얼

Piero de' Crescenzi's Gardening Manual

크레센치의 피에트로가 1304-1309년에 저술한『시골의 혜택에 관한 책』은 각 계절에 맞는 농사일에 대한 월별 달력과 함께 '실용적 방법'에 충실한 매뉴얼이었다. 이 책은 강력한 대중성으로 한 세기를 훌쩍 넘길 정도로 긴 유통 기한을 가질 수 있었다.

관상용 정원을 다루는 부분은 두 권이다. 첫 번째는 허브 정원에 관한 부분으로 제6권이다. 두 번째는 즐거움을 위한 정원에 관한 부분으로 제8권이다. 이 책들의 삽화들은 중세 시대 가드닝에 관한 가장 잘 알려진 그림들에 속한다. 때로는 시골 환경, 때로는 도시 지역을 배경으로 하여 높임 화단과 배수로가 있는 울타리가 쳐진 정원 안에서 식물과 덤불 사이에서 일하는 정원사들의 모습을 볼 수 있다.

피에트로는 알베르투스 마그누스로부터 파생된 텍스트에 자신의 책 제8권에 5천-1만 5천 제곱미터에 이르는 '중간 크기' 정원에 관한 부분을 추가했다. 그 경계는 종종 가지들이 얽혀 있는 과일나무, 가시나무, 장미, 포도나무가 혼합된 울타리로 둘러싸여 있었다. 약 5만 제곱미터에 이르는 더 큰 정원은 왕에게 적합한 규모였고, 추가적인 안전을 위해 담장으로 둘러싸였다. 이들 정원 안에서 샘은 양어지의 생존을 보장해 주었을 것이고, 나무들은 사슴과 사냥감을 위한 은신처를 제공할 수 있었을 것이다. 방사상으로 뻗은 거리에 식재된 나무들은 야생동물들을 볼 수 있게 해 주었을 것이다. 마지막 부분에서는 식물로 뒤덮인 얇은 나무 졸대로 만들어진 정자, 또는 가지들이 서로 얽히며 자라는 식물들로 형성된 정자를 권한다. 그가 살던 시대에 매우 흔했던 방식으로, 르네상스 초기까지 지속되었다. 무성한 잎으로 그늘을 드리우는 나무들은 왕과 왕비가 '비를 피하는 장소'를 제공했다. 다른 나무들은 탑 또는 성벽의 총안 모양으로 유인되고 다듬어졌다.

크레센치의 피에트로는 알베르투스 마그누스의 업적에 의존하긴 했지만 단순 표절 작가는 아니었다. 그의 텍스트 대부분은 13세기의 분쟁기 동안 황제당의 볼로냐로부터 추방된 교황당원으로서 이탈리아 전역을 여행하고 관찰한 폭넓은 경험으로부터 얻어졌다. 피에트로는 혁신적이지 않았지만 당대의 정원에서 보았던 것들을 기술했다. 또 미학에 대한 감수성으로 향기, 잎의 질감, 부드러운 바람의 품질만이 아니라 이상적인 장소를 강조하며, 15세기 작가 레온 바티스타 알베르티의 등장을 예고한다. 100년이 조금 더 지나지 않아 피에트로의 작품은 원래의 라틴어판으로부터 이탈리아어, 프랑스어, 폴란드어, 독일어로 번역되었다. 인쇄술의 발명 이후 15개의 판본이 라틴어로, 그리고 무수히 많은 판본이 여러 토착어들로 발행되었다. 다양한 판본에 실린 삽화들은 서로 다른 지역의 독자들에게 유용한 가이드가 되어 주었다. 때로는 저자에 의해 언급되지 않았으나 지역 삽화가에게 알려진 특징들도 보여 준다. 그의 서술적인 글은 그의 텍스트에 관한 관대한 해석을 가능하게 한다.

Jay entencion
de parler des
jardins et de
lart de leur
labourage et de toutes les
herbes qui y sont semees
pour nourriture de corps
humain et avecques ce ly
ci je diray ensamble de
celles qui sans labourer
viennent ailleurs par
leur nature et vertu du
soleil et en diray par lor
dre del a b c selon le
latin. Et en diray la ver
tu qui puet aydier z nui
re au corps. Car ce vault
par especial a ceulx qui
demeurent aux champs
qui ne peuent avoir me
decines composees a
leurs plaisirs.

Des vertus des herbes en
commun

◀ 크레센치의 피에트로의 14세기 저술 『시골의 혜택에 관한 책』의 프랑스어 판본에 묘사된 바처럼 담장으로 둘러싸인 일련의 사각 화단을 일구고 있는 정원사들의 모습을 보여 준다. 이 책은 라틴어 원본으로부터 100년 만에 프랑스어로 번역되었고, 인쇄술이 도입된 후에는 더욱 쉽게 이용이 가능하게 되었다. 저자는 이전 시대 작가들의 텍스트를 자유롭게 차용했지만 그의 저술은 르네상스 시대까지, 그리고 그 이후까지도 농업과 원예에 대한 가장 중요한 교과서 중 하나로 남았다.

▲ 『시골의 혜택에 관한 책』에 수록된 그림들로, 각각 〈씨뿌리기Sowing the Seed〉(왼쪽)와 〈땅파기와 식재Digging and Planting〉(오른쪽)이다.

과수원과 공원, 생산과 즐거움

Orchards and Parks, Produce and Pleasure

어느 정도 미학적인 관점으로 배치되었을 때, 과수원과 공원은 우리가 내린 정원의 정의 안에 포함될 수 있다. 중세의 과수원 대부분이 수확물을 위해 조성되었을지 모른다. 하지만 그늘진 산책로를 제공하며, 열매 또는 꽃이 가득 달린 나무들이 서로 얽혀 있는 터널 및 정자를 갖춘 과수원들은 즐거움을 위한 장소이기도 했다. 실용적인 과수원인 포메리움pomerium과 과일나무가 식재된 즐거움을 위한 정원으로도 볼 수 있었던 비리다리움은 구별되었던 것으로 보인다.

14세기 초까지 영국의 과수원에는 사과, 배, 멀베리, 양모과, 체리, 자두, 무화과, 견과류, 아몬드, 마르멜로가 재배되었다. 예외적인 정원에서 복숭아가 발견되었을지도 모르지만 16세기까지 살구는 영국에 도입되지 않았다. 표본 나무들은 햇빛과 비를 최대한으로 받을 수 있도록 배치되었고, 나란히 식재된 열과 열 사이에는 포도 덩굴이 자랐다. 생갈의 계획에서 묘지 과수원은 18×38미터 크기였으며, 13종의 과일나무가 수도사들의 무덤 사이에 식재되었다. 1268년에 영국의 헨리 2세는 우드스톡 공원 안쪽 로사먼드 바우어에 위치한 과수원에 100그루의 배나무를 식재했다. 영국에서 가장 큰 과수원은 1199년으로 기록된 란토니 프리오리Llanthony Priory 수도원으로, 4만 8천 제곱미터 규모에 무려 1천 그루의 나무가 자라고 있었다.

스코틀랜드 왕 제임스 1세가 윈저 성에 수감되어 있던 1413-1424년 동안 그린 그림에는 과수원 또는 비리다리움의 한 예시가 묘사되어 있다. 그는 전통적인 도랑과 도둑을 막기 위해 식재된 산울타리 건너편에 있는 왕의 정원을 보고 다음과 같이 기록했다.

> 이제 벽탑 옆에 정원 박람회장이 빠르게 만들어져
> 모퉁이마다 헤르베르 녹지가 조성되었고
> 아주 긴 지팡이를 따라 작은 난간이 설치되었다.
> 곳곳엔 나무들이 빽빽이 식재되었고
> 산사나무 울타리가 빽빽하게 얽혀 있어
> 근처를 지나가는 사람이 있더라도
> 그 안에서는 거의 아무도 보지 못할 정도였다.

제임스는 수감되어 있는 동안 미래의 아내인 제인 뷰포트에게 구애했다. 곤트의 존의 손녀였던 그녀는 나중에 자신이 지은 시에서 '꽃이 만발한 이 정원'에 대해 암시했는데, 그 가운데 가장 아름다운 대상은 제인이었다. 1424년, 석방되고 나서 제임스는 스털링 성 아래 자신의 정원을 조성했다. 이곳은 수 세기에 걸쳐 자주 재건되곤 했지만 여전히 원래 배치에 대한 흔적들을 보여 준다. 디자인은 윈저의 정원에서 큰 영향을 받았을 것이다.

과수원은 마을 전체와 관리된 숲과 함께 왕족, 부유한 지주들, 교회의 왕자들이 소유한 더욱 큰 규모의 사냥 공원에 편입되었다. 1400년 이전에는 삽화가 거의 없었지만 공원에 대한 서술은 풍부했다. 그들의 설명은 종종 숲 지대에 대한 상세한 식재 계획을 포함했다. 면적이 3-1천600헥타르(3만 제곱미터-16제곱킬로미터)에 이르는 상당한 규모의 땅은 (흔히 안쪽에 도랑이 있고 거대한 산울타리 또는 펜스가 쳐진 둑과 함께) 안전한 공원 안에 둘러싸여 있었다. 그리고 야생 소, 양, 멧돼지와 함께 주변 시골 지역으로부터 유입되어 온 사슴들이 많았다. 토끼 또는 '코니cony'는 13세기부터 도입되었다. 양어지와 비둘기 탑pigeonnier이 있었고, 숲 지대는 목재와 연료 외에도 야생 조류를 위한 최적의 조건을 갖추도록 관리되었다. 또한 말, 팔콘, 개를 위한 사육장, 그리고 그들을 돌보는 사람들의 주거 공간도 있었을 것이다. 심지어 동물원도 있었는데, 헨리 1세는 1100년 우드스톡에 위치한 자신의 공원에 사자, 표범, 스라소니, 낙타, 호저를 키움으로써 그 전통을 세웠다.

이들 정원은 본질적으로 동방의 '파라다이스' 개념인 위요된 사냥터와 맥을 같이하는 경관 공원이었다. 중동 지역 원정을 펼쳤던 장군들에 의해 로마 제국에 도입된 호화로운 헬레니즘 레이아웃부터 직접적으로 유래된 것이었다. 18세기 영국의 경관 공원에서 볼 수 있는 일관성 있는 디자인은 결여되어 있었지만 초목을 위한 숲 지대와 방목을 위한 초지에 대한 독특한 패턴을 확립했다. 뒤이은 세기들에 걸쳐 조경에 강력한 영향을 끼쳤음을 증명하는 것이기도 했다. 중세 정원 유적지에 대한 최근의 고고학적 연구는 인공적으로 만들어진 수경 요소와 식재된 나무 등 보다 이른 시기, 그리고 다른 문화로부터 유래된 디자인에 대한 상상의 비약을 시사한다. 한편 전통에 따르면 헨리 2세는 자신의 정부인 로사먼드 클리포드를 숨기기 위해 '미로labyrinth'를 조성했다. ('로사먼드의 미로Rosamund bowers'는 훗날 공원의 한 특징이 되었다.) 하지만 공원의 주된 목적은 여전히 사냥터로 남아 있었고, 개인적인 사냥터를 소유하는 일은 중세 시대에 지위의 상징이었다.

북유럽에서 가장 이른 시기의 공원 중 하나는 1049-1093년까지 프랑스 쿠탕스의 주교였던 몽브레이의 조프리의 공원이었다. 그는 윌리엄 1세가 1066년 영국을 정복하기 전, 이탈리아 남부를 다녀온 후 노르망디에 식물을 심기 시작했다. 그렇게 관목 숲과 포도원을 조성했고, 이중 도랑과 말뚝 울타리로 공원 주변을 둘러싼 뒤 여기에 도토리를 파종하고 영국산 사슴으로 공원을 채웠다.

헤스딘: 중세 테마 파크

HESDIN: A MEDIEVAL THEME PARK

아르투아의 로버트는 현재 프랑스 북부의 파드칼레에 해당하는 지역에 마을, 동물원, 연회를 위한 파빌리온, 다리, 자동 물 분사 장치, 그리고 심지어 미로를 갖춘 광대한 공원을 만들었다. 그는 시칠리아의 팔레르모를 방문한 데서 어느 정도 영감을 얻었을지 모른다. 아랍인들의 섬을 점령하고 12세기 동안 시칠리아를 지배했던 노르만족을 위해 이슬람 기술자들이 공원을 만든 장소였다.

헤스딘Hesdin은 1288년부터 조성되었다. 물 엔진, 서프라이즈 제트 분수, 샤워기, 자동 부엉이 등 헤스딘에 쓰인 기구의 일부는 알-자지리가 아랍어로 쓴 책 『기발한 기계 장치에 관한 지식서Book of Knowledge of Ingenious Mechanical Devices』(1204-1206)의 출간과 시기적으로 일치한다. 하지만 어떤 연관성도 입증되지는 않았다. 그 외에도 불라도르burladore(물놀이 분수)를 비롯하여 글로리에테, 사자와 표범을 위한 동물원, 나무 위의 집, 새장, 양어지와 같은 헤스딘의 여러 아이템은 이미 서양의 중세 시대 공원에 알려진 특징들이었다.

헤스딘의 숲속 공원은 810헥타르(8.1제곱킬로미터)가 넘는 면적을 에워싸고 있었다. 일반적인 사슴 공원의 10배 정도 규모였다. 오늘날 이 부지에는 아무것도 남아 있지 않다. 1553년에 찰스 5세에 의해 최종적으로 철거되었기 때문인데 다행히도 공원이 프랑스에 처음 점령되었던 1536년 이전까지의 기록은 풍부하다. 상세한 재무 기록에는 1294년부터 14세기 중반에 아르투아가 플랑드르의 일부로 편입되기까지의 수입과 주간 지출이 기록되어 있다.

헤스딘은 1342년 이전에 지어진 마쇼의 기욤의 시 「행운의 처방Remède de Fortune」의 배경으로도 기록되었다. 15세기 후반부에는 부르고뉴의 공작이었던 선량공 필리프 소유였으며, 초원과 과수원 사이 섬들 위에 담장으로 둘러싸인 즐거움의 정원과 연회용 파빌리온이 포함되었다. 공작의 손님들은 위아래로 재빠르게 움직이는 마리오네트 원숭이들의 환영을 받았는데, 오소리 가죽을 입힌 인형들은 밧줄로 작동되었다.

시와 이야기의 배경으로, 문학 속에 등장하는 헤스딘의 역할에 대해서는 논란의 여지가 없다. 상당한 규모의 도서관을 소유했던 아르투아의 로버트가 공원에서 책을 읽으며 그로부터 파생된 장면들을 재현했다는 것 또한 확실해 보인다.

▲ 랭부르의 폴의 삽화가 실린 『매우 호화로운 기도서』는 15세기 초에 베리 공작 장Jean을 위해 만들어졌다. 이 책은 당시 북유럽의 건축물과 조경에 관한 세부 사항을 제공한다.

호르투스 콘클루수스

THE HORTUS CONCLUSUS

오늘날 호르투스 콘클루수스라는 말은 말 그대로 중세 시대의 위요圍繞된 정원을 일컫는다. (그리고 당대에 그려진 대부분의 삽화들은 실제로 담장이나 울타리로 둘러싸인 공간을 보여 준다.) 그러나 이 간단한 정의는 원래의 해석이 아니었다. 이 용어는 한때 우리가 쉽게 이해하기 어려운 심오한 종교적 울림을 뜻했다. 의심할 여지없이 중세 정신에 있어 훨씬 더 위대한 의미와 중요성을 담고 있었지만, 그럼에도 불구하고 기독교 신앙과 도그마가, 특히 성모 마리아의 중요성과 관련하여 변화하고 발전하던 시대에 복잡한 개념으로 남아 있었다.

무슬림을 위한 이슬람 정원처럼 호르투스 콘클루수스는 기독교인을 위한 신성한 의미를 지녔다. 두 종교 모두에서 이상화된 정원의 기원은 구약 『솔로몬의 노래』(아가서 4:12)에 요약되어 있는 에덴동산이었다. '그대는 닫힌 정원, 나의 누이 나의 신부여 그대는 닫힌 정원, 봉해진 우물….' 기독교 해석에 따르면, 닫힌 정원은 교회를 뜻하고 봉해진 우물은 세례를 뜻했다. 이것이 확장되어 결국 위요된 정원은 각 개인에게 교회의 상징이 되었고 봉해진 우물은 성모 마리아의 탄생을 믿는 사람들에게 축복이 되었다. 신약 용어에서, 더 큰 규모의 정원 공간 안에 조성된 위요된 정원은 성모 마리아와 연관되어 그리스도와 '영혼의 결실'을 맺는 성스러운 교회의 상징이 되었다. 이렇듯 호화롭고 안락한 장소처럼 보이는 호르투스 콘클루수스는 분수 주변으로 패턴을 이루며 조성된 길과 화단과 함께 기독교의 상징성으로 가득했다.

12세기에 이르러서 성모 마리아는 새로운 기독교 교회뿐 아니라 솔로몬의 '연인'으로 확인되었다. 마리아는 그녀 안에 자라는 것으로 인해 정원이 되고, 그녀는 하느님께만 열매를 맺기 때문에 닫힌 정원이 된다. 동시에 그녀는 영적인 의미에서 분수(*성경에는 우물, 샘 등으로 번역)이며, 불순한 것으로부터 봉해진 그 원천으로부터 생명의 물을 제공한다. 일찍이 7세기 초, 베다 베네라빌리스는 마돈나백합을 성모 마리아의 상징으로 묘사했다. 하얀 꽃잎은 그녀의 순결을 상징하고, 황금빛 꽃밥은 그녀의 영혼의 반짝이는

빛을 나타낸다고 표현했다. 한때 비너스에게 바쳐졌던 장미 역시 마리아의 특별한 꽃이 되었고(붉은 장미는 순교자의 피를 상징한다), 수수한 제비꽃은 그녀의 겸손을 나타냈다.

중세 시대 초기부터 종교화에 등장하는 백합과 천사 가브리엘의 존재는 보통 내실이나 로지아loggia(*한 면 이상의 벽이 트여 있는 방 또는 복도)에서 일어났던 성수태 고지Annunciation라는 주제를 알아볼 수 있게 해 주었다. 1400년대 초에는 성수태고지의 장면이 실내를 배경으로 하는 대신 꽃이 풍성하게 핀 정원에 더욱 자주 묘사되었다. 여기에서 마리아는 다양한 사물들에 둘러싸여 있다. 이 모두는 기독교의 구원에 있어 마리아의 역할에 대한 성경적 연관성 또는 신학적 해석을 담는다. 심지어 그림에 마리아의 동정을 상징하는 하얀 유니콘을 포함시켰다.

◀ 15세기에 마틴 쇼가우어가 그린 그림(왼쪽)에서 호르투스 콘클루수스는 호화로운 장소로 묘사된다. 성모 마리아는 중세의 야생화 초원인 꽃의 카펫 위에 앉아 있다. 천사 가브리엘을 그린 그림(맞은편)은 제롤라모 본시뇨리가 그렸다.

수도원의 역할 The Role of the Monasteries

수도원 정원은 재소자와 여행자의 요구를 충족시켰다. 수도원을 짓고 유지했던 수도사들은 때때로 로마의 매뉴얼에 정통했으며, 때로는 위대한 약초 의학서의 일부를 따라 하기도 했다. 하지만 그들에게는 식물학적으로 특화된 전문성이 전혀 없었다. 이른 시기의 수도원은 지역 사회에서 특정한 치료에 대한 역할을 가졌던 것 같지 않지만, 중세 후기에 와서는 약용 식물을 위한 허브 정원이 수도원의 필수 속성이 되었다. 12세기의 위대한 수녀원장 빙겐의 힐데가르트Hildegard of Bingen(1098-1179)는 식물들의 범주를 관상용 식물, 야생 식물, 유용 식물로 나누어 정립했다. 그녀는 허브의 다양한 약효에 관해 상세히 설명하는가 하면 관상용 식물에는 장미, 하얀 백합, 제비꽃, 붓꽃, 월계수를 포함시켰다.

수도원이 교육의 중요한 중심지로 발전하면서 고전 시대의 의학 논문들이 보존되고 복제되었다. 상당수는 9세기 바그다드에서 이 문서들을 아랍어로 번역한 이슬람 학자들을 통해 이루어졌다. 수도원장은 의학에 관한 완벽한 지식을 갖추고 치료약 조제에도 능숙했을 것이다. 수도사들이 초기 의술에 정통했다 하더라도 프랑스 몽펠리에와 이탈리아 살레르노에 의과 대학이 설립되자 수도사들의 의술 행위는 금지되었다.

'유용한' 정원은 보통 병원과 가까운 곳에 위치한 헤르불라리스(약초 정원)와 호르투스로 나뉘었다. 대개 로마의 '농학자들'인 바로, 카토, 콜루멜라, 팔라디우스가 추천한 방식을 따라 설계되었다. 하지만 고대 학자들의 조언은 로마보다 북쪽에 위치한 지역의 기후 차이를 감안하여 수정되었을지 모른다. (9-13세기까지 북유럽은 오늘날보다 기온이 몇 도 정도 더 높은 따뜻하고 건조한 시기를 누렸다.) 하지만 로마의 매뉴얼은 계속 살아남아 수도원 곳곳에 드물게 배포되었는데, 15세기 중반 요하네스 구텐베르크Johannes Gutenberg가 발명한 인쇄술이 발달한 후에 대대적인 재작업 및 재해석이 이루어졌다.

수도사들은 농업과 원예의 구분 없이 포도원과 과수원을 일구거나 숲 지대를 관리했을 뿐만 아니라 배수, 말링marling(*농업 생산성을 높이기 위해 토양에 이회토를 섞어 주는 일), 토양 개량, 토지 개간 등에 대한 기술 개발에 앞장섰을 것이다. 수도원 주변의 위요된 정원은 수도회 교단의 자급자족을 위해 계획되었다. 주로 요리와 약용 허브뿐 아니라 과일과 채소에 중점을 두었지만 정원은 또한 방앗간, 제빵용 오븐, 벌집, 그리고 물론 민물의 공급과 양어지도 갖추었을 것이다. 정원을 책임지는 사람은 호르툴라누스hortulanus, 포도원 지킴이는 비티스카피케리우스vitiscapicerius였다. 꽃은 예배용이나 가정에서 다양한 용도로 이용하기 위해 재배되었다. 정원은 다과와 운동을 위한 장소로 인식되기도 했다. 1115년에 성 베르나르두스가 클레르보에 설립한 시토 수도회의 첫 번째 수도원에 대한 당시의 상세한 설명은 다음과 같다. '마치 작은 숲처럼 수많은 다양한 과일나무가 자라는 과수원이 포함된 넓고 평평한 지역… 수도사들에게 위안을 주는 곳, 걷기를 원하는 사람들을 위한 널찍한 산책로, 그리고 휴식을 선호하는 사람들을 위한 즐거운 장소.' 수도원들은 곡식을 재배하고 가축을 방목하는 농장을 소유했다. 하지만 시토 수도회는 종종 농경지를 임대해 주고 그 대가로 수확물이나 돈을 받았다.

6세기에 성 베네딕투스는 서유럽에서 세속으로부터 격리된 삶을 고취시켰다. 그는 자신의 수도원에는 모두 물과 정원이 있어야 하며, 수도사들은 헌신의 일환으로 정원에서 일해야 한다고 주문했다. 수도원 교회 옆에 있는 회랑은 수도사들의 휴양을 위한 장소였다. 하지만 오래된 회랑 안에 허브 정원이 '복원'되었음에도 불구하고 정원을 가꾸었다는 견해를 뒷받침할 증거는 없다. 중앙엔 분수가 있었고, 네 구역의 정사각형 잔디밭과 십자 모양으로 교차하는 길이 있었을 것이다. 남유럽에서는 아마도 건조에 강한 허브류가 잔디를 대체했을 것이다.

중세 시대 수도사들은 자연의 아름다움에 대한 그들의 즐거움을 표현할 수 있었다. '걱정에 사로잡혀 마음에 분심이 드는 것을 피하고 금욕을 실천할 기회를 갖기 위해 가시덤불과 사막 지역을 찾아야만 한다'는 도덕적 의무감을 가졌던 이른 시기의 금욕주의자들과는 거리가 멀었다. 위와 같이 기록한 작가이자 시토회 수도사였던 호이랜드의 길버트는 비옥한 풍경이 '죽어 가는 영혼을 되살릴 수 있고, 헌신에 동요되지 않은 마음의 경직성을 부드럽게 할 수 있다'고 말한다.

외딴 수도원의 재소자들에게 정원은 에덴동산에 대한 반성을 즉시 떠올리게 해 줄 수 있다. 에덴동산은 하느님이 직접 만들었으나 아담과 이브가 추방되었을 때 인류가 잃어버리게 된 파라다이스 정원이다. 심지어 위요된 회랑에 상록수를 심는 것은 생명의 나무와 그리스도의 상징을 상기시키는 일이 되었다. 이렇게 중세 시대 수도사는 성서학적 천국의 의미를 이해할 수 있었는데, 지상에서 자신의 영혼을 새롭게 해 주고, 하늘나라에서 즐기게 될 천국에 대한 암시가 될 수 있었다.

정원을 가꾸는 행위 또는 아름다운 장소에 머무르는 것으로 치유받는다는 게 현대의 개념은 아니다. 중세 시대 수도사들은 우리와 마찬가지로 자연을 경험하는 것이 몸과 마음 모두에 유익할 수 있다고 믿었다. 영국 노섬브리아를 떠난 적이 없었던 성직자 베다 베네라빌리스(672-735)는 경관의 가치를 잘 알고 있었으며, 수도원이 숲과 바다와 가깝게 있음을 예찬했다. 서로 다른 수도회 교단은 그들 부지에 대해 필요로 하는 것이 달랐지만 거의 모두 한결같이 사랑스러운 전망이 병약한 사람들에게 미치는 유익한 효과를 강조했다. 중세 시대에 시토 수도회는 농업에 적합한 부지를 선택했다. 그곳에는 풍부한 물과 비옥한 흙이 있었고, 땅을 개간하고 숲을 관리함으로써 모두의 이익을 위해 토지의 외관을 개선시켰다. 16세기 스코틀랜드 멜로즈 수도원의 수도사들은 개인 정원 소유가 금지되었다. 그들은 수확물을 공유할 뿐만이 아니라 경작지에 대한 다른 이의 자유로운 접근을 허락하라는 지침을 받았다. 카르투시오 수도회 수도사들은 개별 정원이 딸린 독립된 집에서 혼자 살았는데, 그곳에서 포도 덩굴, 과일, 약초를 재배했다. 하지만 자급자족을 요구받지는 않았다. (블로시우스Blosius로 알려진) 블루아의 루이는 리씨Liessies의 수도원장으로, 1530년에 저술한 『스타투타 모나스티카Statuta monastica』에서 수도사들에게 가드닝의 기쁨을 즐기되 소유욕을 갖지 말 것이며, 그렇게 함으로써 영혼이 하느님께 인도되는 길로 자연의 아름다움을 이용하라고 조언했다.

> 꽃과 다른 생명의 아름다움이 그들의 창조자이신 하느님을
> 사랑하고 존경하도록 마음을 이끌어 주기를,
> 정원의 아름다움이 마음속에 천국의 광휘를 떠오르게 하기를…

자신의 지상 정원을 다가올 천국을 미리 맛보는 것으로 인식하는 이슬람교도들과 크게 다르지 않은 관점이다.

장미

THE ROSE

고대부터 재배되고 소중히 여겨진 장미에 대한 첫 묘사는 기원전 2600-1100년경 미노아Minoan 시대로 거슬러 올라간다. 이집트인들은 무덤에 에티오피아에서 온 거룩한 장미, 로사 리카르디의 꽃잎을 보존했다. 훗날에 장미는 로마인들의 이교도 박해와도 연관이 있다. 장미는 무슬림들에게 순결의 상징이 되었고, 중세 시대 기독교인들은 장미를 성모 마리아와 결부시켰다.

또한 샤르트르 대성당의 장미창窓과 필사본의 설명에 나오는 것처럼 중세 예술과 문학에서도 꽃을 피웠다. 장미는 상상의 정원에서도 중요했다. 제프리 초서가 영어로 번역한 13세기 시 『장미 이야기Le Roman de la Rose』는 붉은 장미 로사 갈리카에서 영감을 얻은 게 거의 분명하다. 약효가 있어 약제상의 장미로 알려진 로사 갈리카 오피키날리스*R. gallica* var. *officinalis*는 로마인들을 통해 북유럽에 소개되었을지 모르지만, 대중적 전통은 1239-1240년의 십자군 원정으로 추정한다. 나바르의 왕 티보 4세가 레반트로부터 이 장미를 다시 가져왔다. 그리고 1279년 영국으로 도입되어 랭커스터 백작의 수중에 들어왔고, 사라센과 프랑스 혈통에도 불구하고 영국의 휘장이 되었다. (붉은 장미는 장미 전쟁과 연관 있다.)

반 겹으로 붉은(정확히 말하자면 자홍색) 꽃이 피는 로사 갈리카와 분홍색과 흰색 줄무늬 꽃잎을 가진 돌연변이 로사 갈리카 '버시컬러Versicolor'(이전엔 로사 문디*R. mundi*)는 가장 오래된 장미 재배종에 속한다. 19세기에 만들어진 로사 갈리카 교배종은 많이 있다. 가장 매력 있는 종류 중에는 벨벳 같은 질감의 로사 '토스카나 수퍼브Tuscany Superb'가 있다.

◀ 〈정원의 에밀리아Emilia in her garden〉라는 제목의 이 그림은 『라 테세이다La Teseida』에 수록된 22번 삽화다. 1340-1341년에 조반니 보카치오가 그렸다. 빗장을 친 창문을 통해 에밀리아가 무장한 두 명의 기사들에게 감시당하고 있다.

▲ 1415년경에 그려진 피잔의 크리스틴Christine de Pisan의 시에 대한 프랑스어 필사본에서 발췌한 프랑스 세밀화다. 장미로 덮인 트렐리스에 기대어 있는 한 쌍의 귀족 연인을 담았다. 왼쪽에 하얀 장미는 로사 알바*Rosa x alba*, 오른쪽 줄무늬 장미는 로사 갈리카 '버시컬러'로 보인다. 배경에는 잔디 벤치가 보인다.

예술, 문학, 그리고 이상화된 정원

Art, Literature and the Idealized Garden

8-9세기에 정원이 문서로 기록된 증거가 존재하긴 하지만 시각적 증거는 후세기로부터 얻어졌다. 또한 주로 종교화, 로맨스와 시에 대한 예술적 해석에 기초한다. 따라서 우리가 보는 것은 실제 정원의 모습이라기보다는 상상의 정원에 가깝다. 그림으로 그려진 정원은 당시의 정원에 대한 여러 특징을 잘 담아낼지 모르지만 역사적 평가를 위한 실제 정원의 모습을 충실히 제시하고자 한 의도는 아니었다. 우리가 얻은 중세 정원의 시각적 이미지는 이러한 '비현실적인' 정원으로부터 왔다.

예술에서 정원은 상징적 의미를 지녔는데, 파라다이스라는 정원의 개념에 의해 풍부한 함축적 의미를 부여받았다. 다양한 『소少 시간경 전례서Books of Hours』에 나타난 기독교 정원은 다양한 꽃과 상징으로 표현된 마리아 또는 다양한 성인이 있는 호르투스 콘클루수스를 보여주었다. 여기에는 잔디로 덮인 벤치, 분수, 트렐리스와 정자, 과수원과 대정원도 있었다. 정원을 계절에 따라 묘사하기도 했다. 그림에서 정원은 신약에 나오는 사건들의 배경으로 등장한다. 백합, 장미, 화분 식물들, 토피어리가 사건 혹은 개별적인 인물을 알아볼 수 있게 했으며, 삼위일체를 상징하는 세 줄로 배열된 단이 있었다. 15세기 무렵 돌 조각에서 나뭇잎 상징을 볼 수 있었으며 방직공들은 태피스트리에 야생화 초원을 재현하고 있었다.

심지어 낭만적인 정원을 배경으로 벌어지는 상상 속 모험과 함께 기사도적 사랑이라는 주제로 빠르게 확산된 통속 문학에서도 정원은 종교적 상징성을 간직했다. 호르투스 콘클루수스는 사랑의 정원, 즉 대화와 농탕의 배경을 제공하는 사적인 장소가 되었다. 『장미 이야기』부터 조반니 보카치오와 제프리 초서까지, 중세 문학에서 엄밀한 의미의 정원은 마법처럼 위요된 공간으로 인식되지만 항상 바깥 정원에 대한 언급이 있다. 숲속 빈터 또는 꽃이 가득한 들판의 로쿠스 아모에누스locus amoenus(*'즐거운 장소'라는 뜻의 라틴어)는 구조화되지 않은 자유로운 곳이었다. 사랑 이야기로 유명한 『장미 이야기』는 1237년 로리스의 기욤에 의해 시작되어 40년 후에 장 드 묑에 의해 완성되었다. 사랑, 나태, 즐거움으로 의인화된 개인들이 우화적인 정원을 배경으로 등장한다. 연인 아만트는 야생화 초원을 헤매던 시간이 지난 후, 장미를 찾아 정원으로 들어선다. 여기서 장미는 자신의 연인에 대한 사랑을 상징한다. 초서의 시대에 영어로 번역된 이 책에는 1400-1500년에 프랑스 세밀화가 성공적으로 수록되었다. 1348년에 저술된 조반니 보카치오의 『데카메론Decameron』에는 피렌체의 역병이 발발한 동안 귀족들이 도시로부터 탈출하여 들어가고자 하는 한 귀족의 정원을 글로 묘사하는 장면이 나온다(105쪽 그림 참조). 꽃이 가득한 잔디밭, 중앙 분수, (크레센치의 피에트로가 제안한) 덩굴 퍼걸러, 감귤나무와 장미 등 중세 정원의 익숙한 특징들을 모두 갖추고 있다. 경사진 테라스가 '완만한 경관'으로 개방되는 이미지는 1452년에 레온 바티스타 알베르티의 『건축론』의 전조가 된다. 그리고 자연의 기쁨과 아름다움은 보카치오와 동시대를 살았던 프란체스코 페트라르카(1304-1374)가 이미 예찬했다.

원예의 발달 The Development of Horticulture

원예와 관련된 문제들을 이해하기 위해 우리는 동시대 사람들이 조성한 실제 정원에 대한 설명 또는 나중에 전해 들은 내용을 편찬한 자료를 유용하게 활용할 수 있다. 이러한 정원들 속에서 정원사들은 실제로 과일나무 덤불을 유인했고, 트렐리스 담장을 지었으며, 개량된 품종을 얻기 위해 과일나무를 접목했다. 새로운 식물들은 16세기 후반부가 되어서야 유럽에 물밀듯이 밀려왔지만 이전 세기 동안 지중해로부터 북쪽으로 식물들이 꾸준히 유입되었다. 9세기에 샤를마뉴 대제의 100가지 유용한 식물 목록은 15세기 초까지 250가지로 확대되었다. 13-14세기에 이르러 아름다움과 향기로 즐길 수 있는 장식용 식물들이 인정받았다. 건조한 로즈마리 꽃은 일찍이 북유럽에 알려져 있었지만 최초의 로즈마리 식물이 도착한 건 1300년대였다. 에노 백작부인은 1338년에 자신의 딸인 영국의 필리파 여왕에게 식물을 보냈다. 런던 스테프니에 식물원을 가지고 있었던 도미니크 수도회의 수사 헨리 다니엘(1315년경-1385)은 여왕을 위해 그 식물의 재배에 관한 아랍어 논문을 번역했다. 14세기 말 파리의 한 주택 소유주가 자신의 젊은 아내를 위해 쓴 책 『파리의 가정주부Le Ménagier de Paris』에는 로즈마리의 뿌리 삽목법에 대한 설명이 포함되어 있다. 그는 또한 로즈마리를 멀리 보내기 위한 지침을 제공했다. '왁스칠한 옷감을 꿰매 감싸고, 꿀을 바른 뒤 밀가루를 뿌린다.' (원래 동양이 원산지이지만) '스페인의 장미'로 알려진 접시꽃은 카스티야의 엘레아노르와 함께 1255년에 스페인에서 영국으로 건너왔다.

가장 흥미로운 정원 중 하나는 파리에 있는 생 폴 저택Hôtel de Saint Pol의 정원이었다. 8헥타르(8만 제곱미터)에 이르는 이 정원은 1370년대 프랑스 샤를 5세(1338-1380)를 위해 만들어졌다. 크레센치의 피에트로의 조언이 담긴 기록 문서에 상당 부분 의존한 정원 설계는 터널 정자, 살아 있는 토피어리 담장, 식물들이 얽혀 자라는 트렐리스, 잔디 벤치, 미로, 그리고 장미, 라벤더, 로즈마리, 월플라워로 가득 찬 화단과 같은 특징들을 포함시켰다. 하지만 방치되어 있다가 1398년에 복원되었다. 이 날짜에 다시 식재된 식물들에 대한 완전한 목록이 존재한다. 동시에 다니엘 수사는 자신의 런던 정원(거의 유럽 최초의 식물원)에서 252종의 서로 다른 종류의 식물들을 재배한 것에 대해 기록했다. 과거의 모든 약초 의학서를 공부했던 다니엘은 식물과 그들의 서식지에 대한 상세한 조사에 있어서 자신의 시대를 앞선 사람이었다.

물론 무슬림들은 훨씬 더 이른 시기에 그 수준에 있었다(3장 참조). 톨레도의 후에르타 델 레이는 다니엘이 식물 수집을 시작하기 300년 전에 지어졌다. 스페인-무어 정원의 학자들은 초기 약학 및 식물학 논문들을 그리스어에서 아랍어로 번역했고, 이것이 결국 아랍어에서 라틴어로 옮겨져 기독교 유럽에서 이용할 수 있게 만들었다. 새로운 식물들은 아랍인들과 함께 페르시아와 같이 멀리 떨어진 곳으로부터 스페인으로 여행했는데, 돌아오는 순례자들과 함께 피레네 산맥을 거쳐 서서히 진출하여 북쪽 정원에서 살아남게 되었다. 하지만 노르만 점령자들에 의해 그들 자신의 건축과 정원으로 흡수된 아랍의 다른 영향들은 시칠리아를 통해 들어왔다. 이러한 개념들은 결국 북쪽으로 이동했고 헤스딘 같은 대규모 경관 공원의 발달에 영향을 미쳤다.

▶ 1500년경 만들어진 플랑드르의 『소 시간경 전례서』는 붉은 카네이션이 식재된 거대한 화분이 실려 있는 원시적인 외바퀴 손수레를 밀고 있는 모습을 보여 준다. 정원사의 아내는 안간힘을 쓰고 있는 것처럼 보인다. 손수레는 기원전 3세기에 이미 중국에서 사용되었음에도 불구하고 서양에서는 13세기에 처음으로 언급된다. 카네이션은 스페인 발렌시아에서 북유럽으로 소개되었는데, 프랑스에서 처음 재배되었으며 왜이에oeillet로 불렸다.

Incipiunt septem psalmi penitencia
les. Ant. Ne reminiscaris domine
Domine. Psalmus.
ne in furore tuo
arguas me neq;
in ira tua corripi
as me. Mise
rere mei domine
quoniam infirmus sum sana me
domine. quoniam conturbata sūt
omnia ossa mea. Et anima me
a turbata est valde. Et tu domine us
quequo. Converte domine et
eripe animam meam. salvum me
fac propter misericordiam tuam.
Quoniam non est in morte qui
memor sit tui in inferno aūt quis
confitebitur tibi. Laboravi in
gemitu meo lavabo per singulas
noctes lectum meum lacrimis et

The Renaissance Vision in Italy

이탈리아의 르네상스 비전

우리의 이야기는 르네상스 시대로 접어들면서 한층 더 견고한 땅을 밟게 되었다. 풍문 또는 그림 묘사를 통해서만 살아남은 중세 시대 정원과 달리, 가장 위대한 르네상스 정원들은 대다수가 여전히 존재한다. 서양 정원의 역사에 대한 연구는 '현장'에서 바로 시작할 수 있다. 정원 디자인의 모든 혁신적인 시기 가운데 르네상스 시대가 가장 흥미진진하며, 그 요소들은 (이슬람의 전통 요소들과 함께) 서양의 모든 가드닝을 위한 영감으로 남아 있다. 르네상스 디자이너들이 도입한 기하학 원리는 고전적인 공식을 제공한다. 기술과 재료의 엄청난 변화에도 불구하고 그 공식들은 1500년과 마찬가지로 현재도 유효하다. 러셀 페이지Russell Page, 제프리 젤리코 경Sir Geoffrey Jellicoe, 토머스 처치Thomas Church와 같은 20세기 디자이너들, 그리고 페르디난도 카룬초Fernando Caruncho, 자크 워츠Jacques Wirtz, 크리스토퍼 브래들리홀Christopher Bradley-Hole, 또는 킴 윌키Kim Wilkie와 같은 현대의 대표 전문가들의 작품들이 얼마나 이 시기에 대한 참고 자료를 담고 있는지 주목할 만하다. '형식성'의 개념에 실색하는 디자이너들조차, 그들이 아무리 자연스러워 보이는 식재로 그러한 기하학을 위장한다 하더라도, 종종 르네상스에서 유래한 정원 안에서 공간을 구조화하는 방법을 사용한다.

◀ 1574–1576년에 로마 근처의 빌라 란테가 조성된 직후의 모습을 묘사한 프레스코화다. 이탈리아 르네상스 정원 가운데 가장 위대한 정원일 것이다. 이 그림은 원래의 이탈리아식 파르테르를 보여주는데, 나중에 프랑스 바로크 양식의 소용돌이무늬로 다시 식재되었다. 동쪽으로 공원을 통해 입장한 방문객들은 정원의 맨 꼭대기에 도착하고, 거기서부터 아래로 내려가면서 이 정원의 상징적 묘사 기법을 감상했다.

15세기에 정원은 이탈리아 피렌체 주변 구릉 지대에서 큰 방향의 전환을 맞이했다. 중세 시대의 위요된 내향적 정원은 바깥으로 향해 그 너머에 있는 세상을 마주하게 되었다. 건축가들은 비율과 관점에 관한 새로운 개념들을 수용했다. 집과 정원은 하나의 실체로 함께 작용하며 경관과 연결되었는데, 격변의 중세 시대에는 불가능했던 방식이다. '부활'의 시대에 과거의 고전적 이상에서 영감을 받은 인간은 자연 세계에서, 그리고 그 안에서의 자신의 역할에서 새로운 기쁨을 맛보게 되었다. 정원은 사회적 즐거움과 철학적 논쟁을 위한 '야외 생활'을 위한 장소가 되었다.

초기 르네상스 건축가들은 새롭게 발견된 수학 법칙과 직선 원근법을 사용하여 자연과 예술이 공존하는 정원을 만들었다. 대부분 고전적 자료에서 파생된 이러한 법칙들은 레온 바티스타 알베르티의 『건축론』에 소개되었는데, 이 책은 르네상스 건축의 바이블이었다. 같은 저자의 보다 이른 시기의 저술인 『회화론Della pittura』에서는 원근법 구조를 최초로 기술했다. 그다음에는 수학적 대칭성과 부분의 비율을 바탕으로 한 미美에 관한 이론을 발달시켰다. 건물이든 정원이든, 또는 음악이나 자연 혹은 이상화된 인체 등 이러한 법칙이 적용되는 모든 대상에서 조화가 지배적이었을 것이다.

르네상스 정원은 공간을 조작하는 게 전부였다. 정원의 독특한 기하학적 구성은 집의 중심으로부터 이어지는 중심축을 기준으로 여러 교차 축에 의해 간격을 두고 교차되었다. 이렇게 해서 일련의 정원 공간들과 오르막이나 내리막 테라스가 만들어질 수 있었다. 중심축 시야는 17세기와 18세기 초 위대한 바로크 정원의 시대에 질서 정연한 배치를 넘어 시골의 '야생' 숲과 과수원으로 확장되었던 결정적인 특징이었다. 훗날 프랑스 정원에서 이러한 축들은 지평선의 어떤 지형적 또는 인공적 지점에서 끝을 맺으며 숲속으로 깊이 뛰어들었을 것이다.

초기 르네상스 정원들은 원근법의 새로운 과학에 의해 정의된 격자형 체계에서 퍼걸러와 울타리에 의해 독립적이면서도 규칙성을 지닌 부분들로 세분화되었다. 원근법의 선들은 줄지어 식재된 나무들과 잘 다듬어진 토피어리들로 강조되었다. 수학, 그리고 서로 다른 관점에서 바라본 원근법의 효과에 관한 지식은 건축과 회화에서와 마찬가지로 새로운 정원을 만드는 데 필수였다. 오늘날 많은 도시 정원에서 볼 수 있듯 '외부'는 '내부'의 건축적 확장이 되었다.

16세기 초 로마의 벨베데레 정원Cortile del Belvedere에는 디자이너 도나토 브라만테의 지배적인 중심축이 테라스들을 직각으로 가로지르고, 테라스들은 일련의 계단과 경사로를 통해 연결되었다. 전성기 르네상스에 영향을 미칠 새로운 건축적 계율의 전형이었다. 16세기 중반에 정원은 위에서부터 볼 수 있게 조성됨으로써 경사진 부지를 계단식으로 만든 일련의 수평면을 원근법으로 조망할 수 있었다. 이 정원들은 때때로 어마어마한 양의 흙의 이동만이 아니라 수공학에 대한 눈부신 위업을 필요로 했다. 제트 분수는 평평한 표면 위로 치솟거나 폭포를 통해 하강하는 층들을 연결할 수 있다. 기본 원리는 건물과 정원 사이의 대칭, 조화, 균형, 비례였다. 16세기 말의 프라톨리노Pratolino와 보마르초Bomarzo 같은 매너리즘(*16세기 후반에 주로 프랑스와 이탈리아에서 발전했으며, 자신만의 독특한 스타일에 따라 예술 작품을 구현하는 사조) 정원은 더욱 부자연스러웠는데 낭만적인 숲, 바위, 거인, 그리고 비밀스러운 수경 장치들과 함께 엄격한 르네상스 관습을 탈피했다.

▲ 레온 바티스타 알베르티가 저술한 『건축론』의 1550년 판본의 권두 삽화다. 코시모 바르톨리(1503–1572)가 이탈리아어로 번역하여 '건축론L'Architettura'이라는 제목으로 발행했다. 총10부로 구성된 『건축론』은 1452년에 완성되었지만 1485년이 되어서야 출간되었다.

▲ 로마 바티칸의 벨베데레 정원을 위한 브라만테의 획기적인 디자인에는 로마 유물에 관한 그의 연구가 반영되었다. 강한 중심축, 그리고 대담한 계단과 경사로는 서로 높이가 다른 층의 윤곽을 분명히 나타냈다. 헨리크 반 클리프 3세(1550)가 그린 이 그림에서 방문객들이 로마의 조각상들에 감탄하는 모습을 분명히 볼 수 있듯, 이곳은 사실상 야외의 미술 갤러리였다.

정원은 조각품 갤러리, 박물관, 그리고 살아 있는 식물들의 백과사전으로 기능하기도 했지만 전 기간에 걸쳐 즐거움과 재미를 위해 설계되었다. 초기 인문주의자들은 고대의 고전학, 문학과 역사, 자신들의 이름이 유래된 인문학humanae literae 연구에다 정원 설계에 대한 흥미를 포함시켰다. 인문주의를 선도한 사람들은 15세기 중반 코시모 데 메디치Cosimo de' Medici(코시모 디 엘더Cosimo the Elder로 알려짐, 1389–1464)가 설립한 플라톤 아카데미에서 처음 만났다. 우선 코시모 자신은 포도 덩굴 가지치기를 좋아했다. 자연에 대한 그들의 사랑에 자극받은 이들 피렌체파들은 정원을 독서와 음악과 철학적 토론을 위한 적절한 배경이자 마음과 영혼을 모두 고양시키는 장소라 여겼다.

▲ 메디치가의 페르난도 1세는 가문 소유의 빌라와 주변 시골에 관한 17개의 루네트를 의뢰했다. 빌라 디 카스텔로에 관한 묘사는 니콜로 트리볼로가 설계하여 1599년 이전에 완공된 원래의 정원 배치를 보여 준다.

정원과 경관 Gardens and the Landscape

이탈리아의 르네상스 정원, 특히 토스카나에 있는 정원은 새롭고 세련된 디자인으로 주목할 만하지만 농업 경관에 깊이 뿌리내리고 있었다. 넓은 정원 테라스는 주변 시골 지역에서 수 세기 동안 재배된 올리브 과수원과 포도원에 대한 고대의 설계를 반영했다. 사실 일부 새로운 정원들은 바로 그 요소들을 포함시켰는데, 종종 전통적인 오엽 배열quincunx로 나무를 식재하여 각각의 나무가 가능한 한 많은 빛과 공기를 받을 수 있도록 했다. (기본적인 오엽 배열은 다섯 그루의 나무로 이루어져 있다. 네 그루가 정사각형을 만들고 다섯 번째 나무가 가운데 위치한다.)

16세기 말 무렵에 플랑드르의 화가 주스토 우텐스Giusto Utens가 빌라 디 아르티미노Villa di Artimino를 위해 그린 17개의 루네트lunette(*둥근 천장이 벽과 만나는 곳에 생긴 반달 모양의 공간)는 메디치 가문이 소유한 정원을 보여 주는데 농업의 패턴들이 어떻게 과수원과 화단에 적용되었는지 묘사한다. 비록 그 이후 디자인, 가령 피렌체의 중심 인근에 위치한 빌라 디 카스텔로Villa di Castello(위 이미지)와 페트라이아에 있는 정원들은 더 복잡하긴 했지만, 우텐스는 15세기 가장 이른 시기의 시골 빌라들이 실제로 어떻게 농업 공간으로 조성되었는지 보여 주었다. 그리고 메디치 가문의

레몬

THE LEMON

레몬*Citrus × limon*이 언제 처음으로 유럽에서 재배되었는지와 원산지가 어디인지에 대해서는 아직까지도 확실하지 않다. 중국인들은 적어도 3천 년 동안 귤속*Citrus* 종류를 재배해 왔다. 하지만 시트론, 불수감과 함께 레몬은 아마도 열대 동인도로부터 중국으로 도입되었을 것이고, 1178년에 한언직韓彦直이 쓴 『귤록橘錄』에 처음 기술된 육종 프로그램에 사용되었다. 레몬은 불수감과 미지의 모체로부터 생겨난 잡종일 것이다. 우리는 시트론이 폼페이의 로마 정원에서 재배되었고, 르네상스 시대에 이르러 아랍으로부터 스페인, 시칠리아, 남부 이탈리아로 도입된 감귤류가 널리 재배되었다는 사실을 알고 있다. 1550년대 무렵에 카스텔로의 메디치 빌라에는 200개에 달하는 품종의 감귤류가 자라고 있었다.

가장 이른 시기에 현미경의 도움으로 제작된 초기의 삽화는 1646년 로마에서 출간된 조반니 바티스타 페라리의 『헤스페리데스Hesperides』에 수록되었다. 이탈리아와 포르투갈에서 재배된 레몬 판화는 빈첸초 레오나르디(1621–1646년에 활동)가 그린 그림과 수채화로부터 만들어졌다. 이 수채화들은 카시아노 달 포초Cassiano dal Pozzo의 유명한 종이 박물관에 전시되어 있었다. 로마에 소장된 그의 컬렉션은 특별히 자연 세계의 분류를 돕기 위함이었으며, 식물 외에도 많은 대상의 그림들을 포함했다.

◀ 17세기 동안 유럽의 원예가들은 감귤류 재배에 관한 상당한 전문성을 개발했다. 그들은 겨울철 보호 장소, 그리고 개화와 결실을 유도하기 위한 난방 방법을 고안해 냈다. 빈첸초 레오나르디가 그린 이 수채화는 『헤스페리데스』에 수록되어 있지는 않지만 한때 카시아노 달 포초가 수집한 컬렉션의 일부였다. 오늘날 가장 있는 레몬 중 하나는 콤팩트한 왜성 품종인 메이어레몬*Citrus x meyeri* 'Meyer'인데, 추운 기후에서는 온실에서 재배한다. 향기 나는 꽃과 열매는 종종 같은 계절에 형성된다.

▲ 빌라 데스테의 도면을 나타낸 조반니 바티스타 피라네시(1720－1778)의 판화는 18세기 중반의 모습과 같은 전체 계획을 보여 준다. 알베르티가 권고한 대로 빌라에서는 그 아래로 펼쳐진 평원의 경치를 즐길 수 있다.

빌라들 가운데 가장 복잡한 프라톨리노(138쪽 참조)에서는 프란체스코 대공이 산비탈을 '기적의 정원'으로 탈바꿈시켰다.

고전 작가들이 강조했던 바와 같이, 건축가는 빌라와 정원이 주변 경관과 갖는 관계, 그리고 소유주들이 레몬의 꽃향기를 비롯한 다른 꽃들을 즐기고, 여름철에는 나무들과 퍼걸러나 로지아 아래 그늘을 찾으며, 물소리와 다과를 즐기기 위해 찾는 장소로서의 기능을 고려해야 했다. 최적의 장소는 식물들에게도 적합한 환경을 제공했다. 가령 계단식 경사지는 내한성이 약한 이국적인 식물들과 감귤류 관목들을 위해 배수성이 개선되었다. 빌라의 비탈 부지에 대한 제안으로, 레온 바티스타 알베르티는 고전 자료들을 폭넓게 차용하여 다음과 같이 썼다.

> 나는 그것이 꽤 높은 곳에 있게 하겠지만, 아주 쉽게 오를 수 있도록 할 것이다. 그곳에 가는 사람들은 정상에 오르기까지 거의 알아차리지 못하고, 눈앞에 펼쳐진 광대한 전망을 만나게 될 것이다. 즐거움을 주는 풍경, 야생화 초원, 개방된 샹플랭Champlains, 그늘이 우거진 숲이 더

> 바랄 나위가 없다. 맑은 개울, 또는 수영을 위한 깨끗한 시냇물과 호수… 다른 모든 즐거움도 이와 마찬가지다. 편의와 즐거움 모두를 위해… 조용한 시골집에 필요한 것에 대해 말하자면… 나는 집의 전면부와 전체에 빛이 골고루 완벽하게 비치도록 할 것이며, 상당한 양의 빛과 햇볕, 그리고 건강에 좋은 공기를 충분히 받을 수 있도록 개방할 것이다.

레온 바티스타 알베르티는 자신의 두 시골 빌라에 대해 설명하면서 소 플리니우스의 묘사를 상기시켰다. 가령 로지아는 겨울에 햇볕이 잘 들고, 여름에는 그늘을 드리우며, 겨울바람을 피할 수 있도록 배치되어야 한다면서 선조들이 어떻게 부지를 설계했는지 설명했다.

변화하는 것은 정원만이 아니었다. 빌라 자체는 위요된 중정을 바라보는 내향적인 요새가 아니라, 이제는 바깥쪽을 향하도록 하여 경관과 빛에 대한 전망을 포함시켰다. 데스테 추기경이 사용하는 입구를 제외하고, 티볼리의 빌라 데스테로 진입하는 길은 원래 아래쪽 평지로부터 시작되었다. (지금은 가파른 경사지 꼭대기에서 빌라를 통해 들어간다.) 길은 과수원과 식물로 덮인 베르소berceaux(*여러 아치들이 연속된 아케이드)를 거쳐 방문객들이 즐길 수 있는 경사로와 계단을 따라 위로 이어졌다. 1581년에 프랑스 철학가이자 수필가 몽테뉴도 거품 분수의 물보라가 무지개를 만들어 주었던 이 길을 즐겼다. 방문객은 정원을 통해 위로 올라가 로마 평원 전체를 뒤돌아보고 나서야 비로소 완전한 장관을 감상할 수 있었다.

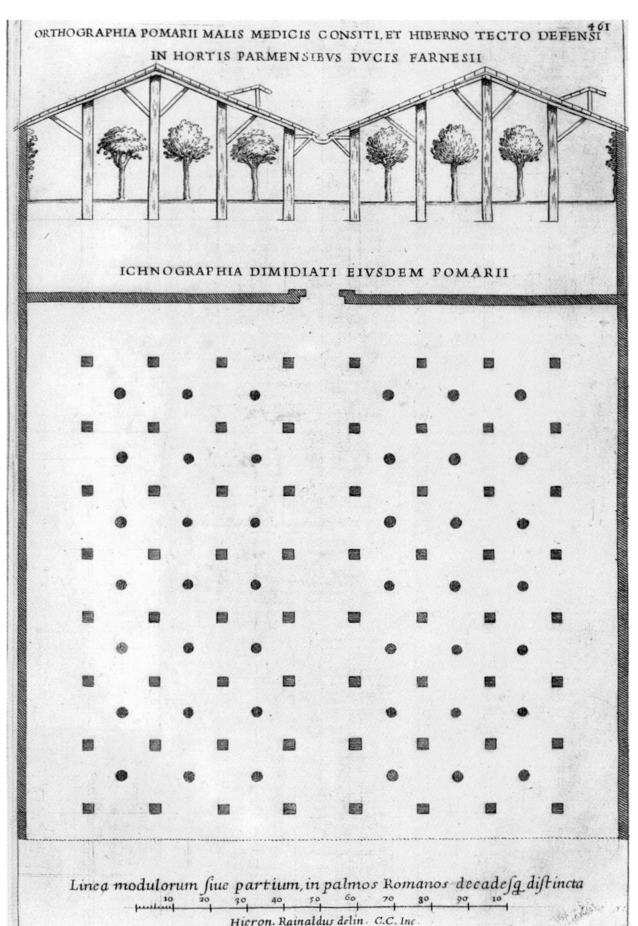

▲ 1646년에 출간된 조반니 바티스타 페라리의 『헤스페리데스』는 오렌지, 레몬, 시트론, 라임의 재배를 집중적으로 다룬 최초의 책이었다. 로마의 팔라틴 언덕에 있는 호르티 파르네시아니의 한 구역에 관한 이 도면은 시트론 나무들이 일련의 오엽 배열을 이루며 배치된 모습을 보여 준다. 이와 같은 식재 패턴은 각각의 나무가 최대한 많은 빛과 공기를 받을 수 있도록 해 준다.

자연이 인공을 만나다 Nature Meets Artifice

르네상스 정원의 가장 기본적인 요소는 상록수, 석조물, 그리고 물이었다. 모두 일시적인 재료가 아니라 영구적인 것이었다. 호랑가시나무 또는 사이프러스의 짙은 숲, 퍼걸러, 정자, 토피어리만이 아니라 돌로 된 테라스, 계단, 조각과 파빌리온도 있었다. 동굴은 그로토 형태로 만들어졌고, 물은 고요한 웅덩이에 담겨 있거나 폭포 아래로 떨어지거나 분수대로부터 높이 치솟았다.

르네상스 시대의 사상가들에게 자연은 질서 있는 우주를 반영한 것이었다. 따라서 정원이 자연의 형태를 전용하는 한 정원 역시 질서 있는 패턴을 지녀야 한다고 여겼다. 하지만 정원이 자연과 혼동될 수는 없었다. 오히려 자연 세계에 이미 운명 지워진 질서(만약 그것을 규정하기 어렵다면)를 정원에 표현하고자 했고, 정원사의 기술에 의해 자연의 형태가 강화되는 곳에서 더욱 성공적으로 이루어질 수 있었다. 나무집을 만들고, 언덕을 짓고, 문양 화단을 조성하는 일은 모두 자연을 다루는 교묘한 솜씨를 나타냈다.

1520년경부터 더욱 야심차게 추구되었는데, (전성기 르네상스와 바로크 사이) 이탈리아 미술의 매너리즘 운동으로 나타났다. 이러한 양식은 지배적으로 사로잡힌 관념이

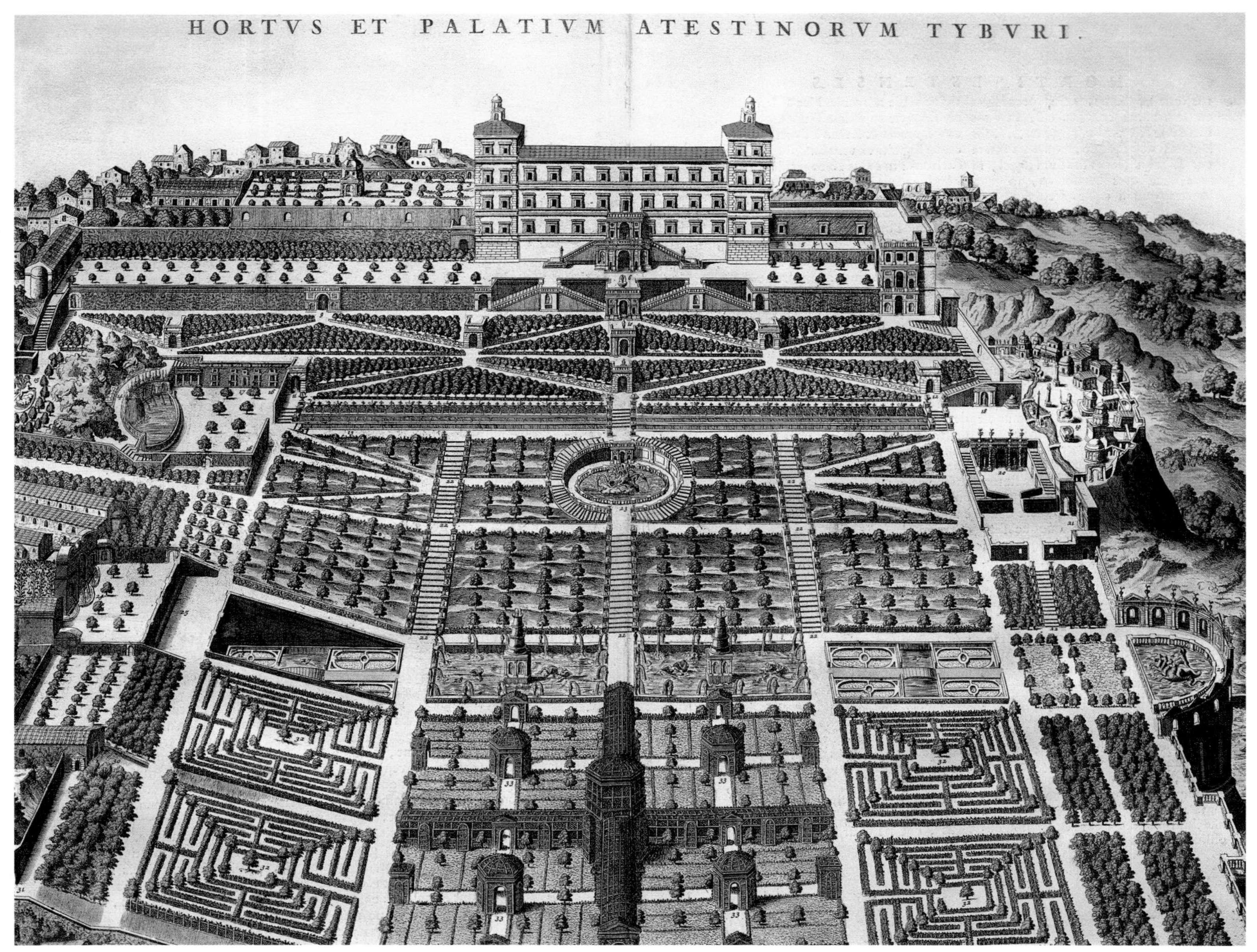

▲ 빌라 데스테의 정원을 담은 판화다. 이탈리아의 도시와 기념물을 기록한 유명한 저서인 요하네스 블라외의 『극장 도시와 훌륭한 이탈리아Theatrum Civitatum et Admirandorum Italiae』(암스테르담, 1663)에서 발췌했다.

되었고, 때로는 극단으로 치닫기도 했다. 장식과 연극에 대한 열의에 있어 매너리즘은 때때로 20세기 포스트모더니즘에 비유되기도 한다. 유럽 전역에 걸쳐 '매너리스트' 정원은 인공물과 공상이 특징이며, 상징성과 수학적 복잡성을 많이 이용했다. 대표적으로 이탈리아의 프라톨리노와 보마르초, 그리고 북유럽의 30년 전쟁에서 살아남은 몇 안 되는 매너리즘 정원 중 하나인 오스트리아의 헬브룬Hellbrunn이 있다.

그러나 15-16세기의 가장 인공적인 정원에서조차도 빌라 인근의 건축학적으로 억지로 꾸민 듯한 구역과 대조적으로 더욱 자연주의적인 보셰티boschetti(*소규모 삼림이나 숲)가 존재했을 것이다. 여기에는 숲속으로 구불구불 나 있는 오솔길이 있었는데, 현대의 정원 설계에서도 많이 볼 수 있다. 빌라

▲ 비테르보 인근에 위치한 보마르초의 정원은 오늘날 사크로 보스코Sacro Bosco로 알려져 있다. 비치노 오르시니 백작이 주도하여 1552년부터 조성되었다. 거대한 괴물들, 무너지는 건물들, 난폭한 조각상들, 그리고 크게 입을 벌리고 있는 이 〈지옥의 입Mouth of Hell〉(위 이미지)처럼 두려운 우화적 인물들로 환상적인 경관을 이룬다. 전통적인 고전 문헌보다 단테와 페트라르카의 시, 그리고 당시 화제가 되어 매우 큰 인기를 끌었던 낭만 서사시인 아리오스토Ariosto의 『광란의 오를란도Orlando Furioso』로부터 영감을 얻었다. 오늘날에도 많은 관광객이 찾는 보마르초 정원은 수수께끼로 남아 있다. 그 명성은 부분적으로는 공포에서 비롯되지만 오르시니 백작의 우화적 인물들에 대한 감탄과 확실한 감사에서 생겨나기도 한다.

란테의 숲은 그러한 병치를 생생하게 보여 준다. 방문객은 경작되지 않은 자연이 의기양양한 세련미로 변모되는 여정을 좇으며 주요 정원으로 접근한다. '자연주의'는 특히 17-18세기 그랜드 투어를 조직했던 영국인들에게 매력적이었고 큰 영향을 미쳤다.

물은 르네상스 정원의 단순한 특색이 아니라 필수 도구였다. 건축적인 석조물과 어두침침한 상록수에 움직임과 소리로 활력을 불어넣었고, 기묘한 효과로 방문객들에게 놀라움과 즐거움을 선사했다. 또한 느리게 졸졸거리는 개울이 요란하게 첨벙거리는 장엄한 분수로 변하는 것은 소유주의 힘과 고귀함에 대한 생생한 은유를 제공했다.

물은 빌라 데스테의 가파른 비탈에서 지배적인 주제였다. 빌라 란테와 마찬가지로, 맨 꼭대기 그로토로부터 연못, 폭포, 분수를 거쳐 전체적인 정원 계획을 연결시키며 아래로 흘러 대규모 물의 파르테르로 확장된다. 물은 벽을 타고 흘러내리고, 앉아 있는 곳 위로 호를 그리거나, 반짝이는 물방울들로 퍼걸러를 만들어 내기도 하며, 음악 소리나 지저귀는 새소리를 흉내 내는 데 기발하게 사용되었다. 또한 기분 전환에 사용되기도 했다. 속임수 물놀이 분수giochi d'acqua는 기습적으로 물줄기를 분사하여 미처 예상하지 못한 관중들을 적셨는데, 그들은 탈출을 시도할 때 다시 한 번 물보라를 맞았다. 그로토와 마찬가지로 분수와 수련은 중요한 특징이었으며, 상징적 의미로 디자인되었다. 고전적 선례를 적용하여 시냇물의 원천은 단지로부터 물을 붓는 강신의 조각상에 의해 만들어졌을지도 모른다.

콜론나의 꿈의 비전

COLONNA'S DREAM VISION

이탈리아의 젊은 왕자 프란체스코 콜론나의 우화적 로맨스 『폴리필로의 꿈Hypnerotomachia Poliphili』은 레온 바티스타 알베르티의 『건축론』과 거의 같은 시기에 저술되었다. 그리고 1499년에 이탈리아에서 (그리고 곧이어 프랑스와 그 후 영국에서 대폭 축약된 텍스트로) 출판되었다. 제목은 그리스어 세 단어인 히프노스hypnos(잠), 에로스eros(사랑), 그리고 마케mache(투쟁)로 이루어졌으며, '꿈속 사랑의 투쟁'으로 번역되었다.

이 책이 정원 디자인의 발달에 있어 매우 중요하게 여겨지는 이유는 이야기보다는 책에 수록된 삽화들 때문이다. 장식으로 사용된 고대의 부조, 조각상, 헤르메스의 주상, 제단이 있는 페리스타일 정원과 원형 극장이 묘사되어 있다. 어느 지점에서는 영웅과 여걸이 고대 유적의 풍경 속을 거닐기도 한다.

분수, 그로토, 사이프러스 숲과 미로 같은 살아 있는 식물 요소들과 함께 신화적·역사적 조각상에 대한 콜론나의 참고 자료는 16세기 매너리즘 정원의 우화와 상징성에 영감을 주었다. 정교한 파르테르와 식재에 대한 세부 사항은 본질적으로 동시대인 15세기 정원에서 유래되었다. 크레센치의 피에트로의 14세기 저술 『시골의 혜택에 관한 책』(109쪽 참조)의 내용과 매우 유사한데, 덩굴 식물로 덮여 있는 퍼걸러와 여러 식물이 혼합 식재된 생울타리가 포함되어 있었다.

식물과 가드닝 기술에 대한 콜론나의 지식은 상당했다. 그의 화단 패턴은 가장 일찍 출판된 버전 중 하나였다. 알베르티가 '모든 국가에 존재하는 모든 좋은 과일'이 정원에 식재되어야 한다고 선언했던 것과 마찬가지로, 콜론나는 정원이 '우주에 흩어져 있던 모든 기쁨을 담아 창조된 모든 것을 알게 되기를' 원했다.

◀ 1554년에 프랑수아 라블레가 판화로 출판한 콜론나의 『폴리필로의 꿈』에 묘사된 로마의 유적들은 르네상스 정원 건축의 발달에 영향을 미쳤다. 지금도 여전히 연구 가치가 있다.

▲ 피렌체의 보볼리 정원에 있는 오케아노스 분수는 플랑드르 조각가 잠볼로냐의 작품이다. 1570년대에 프란체스코 1세 데 메디치를 위해 조각되었다. 분수를 장식하는 조각품은 복제품으로, 원본은 바르젤로 미술관에서 소장하고 있다.

신화와 탈바꿈 Mythology and Metamorphosis

특히 16세기 중반의 몇몇 르네상스 정원은 즐거움을 위한 정원 이상을 추구했다. 그것들은 한 개인의 장엄함의 표현이었다. 그러나 인문학자들이 그랬듯 이들 정원을 '읽기' 위해서는 신화와 고전, 그리고 당대 정치에 대한 이해가 필요했다.

빌라 카스텔로에서 젊은 코시모 1세 데 메디치(1519-1574)는 물과 식재와 신중하게 선택된 조각상의 결합을 통해 피렌체를 통치할 자신의 권리와 적합성을 주장했다. 물은 수로를 통해 산에서부터 정원 저수지로 흘러왔는데, 그곳은 잔뜩 떨고 있는 아펜니노 산을 의인화한 조각상으로 장식되어 있었다. 그리고 (아르노 강과 무뇨네 강에 해당하는) 물은 정원을 통해 아래쪽으로 흘러 마을 사람들에게 공급되었다. 이는 코시모 자신이 그들에게 풍족하게 물을 공급해 준 것처럼 보였다. 피렌체는 잠볼로냐Giambologna(1529-1608)가 만든, 물속에서 솟아나는 비너스 조각상으로 상징되었다. (산드로 보티첼리의 〈비너스의 탄생Birth of Venus〉은 실내에서 비슷한 역할을 수행했다.) 헤라클레스가 자신의 힘을 끌어온 땅에서부터 거인 안타이오스를 들어 올려 물리치는 모습을 묘사한 분수도 있었는데, 코시모에게 권력을 쥐게 해 준 것은 그의 정치적 영향력만이 아니라 지성과 간계라는 분명한 메시지도 전달했다. 더구나 헤스페리데스의 정원으로부터 황금 사과를 훔쳐 온 헤라클레스는 감귤 재배가 한창 유행하던 시기의 정원 장식에 매우 적합한 인물이었다. 카스텔로는 감귤류 수집으로 유명해졌다. 그리고 최상의 식물이 재배되었던 이 정원은 전체적으로 세심한 육성과 훌륭한 통치의 상징으로 이해될 수 있었다.

정원 설계를 맡은 니콜로 트리볼로Niccolò Tribolo는 보볼리 정원에서 거의 비슷한 일을 수행했다. 그리고 1570년대에 잠볼로냐가 조각한 오케아노스의 거대한 분수는 피렌체로 물을 가져오는 새로운 수로 건설의 기념비적인 작품으로,

물에 대한 메디치가의 힘과 지배력을 상징했다. 물과 헤라클레스는 빌라 데스테에서 다시 합쳐졌다. 피로 리고리오Pirro Ligorio는 전시를 위해 물을 다루는 것을 헤라클레스의 노동과 특히 아우게이아스가 마구간을 치우는 일에 비유했다. 또 다른 주제는 비너스를 세속적인 사랑(그녀의 조각상으로 인도하는 평탄한 길), 그리고 디아나(아르테미스)를 정절(그녀의 그로토를 보호하는 가파른 오르막)과 연계시켰다. 헤라클레스는 이 정원에 특별한 여운을 갖고 있었다. 데스테 추기경의 이름인 이폴리토Ippolito는 이탈리아어로 헤라클레스를 뜻한다.

나무, 분수, 화단과 더불어 조각상들의 질서 정연하고 대칭적인 배치 안에서 고대 신화가 가진 매력은 많은 조각과 그로토에 대한 상징적 테마를 제공했다. 정원 모티프로 인기 있는 원전은 오비디우스의 『변신 이야기』였다. 이 라틴어 시는 오비디우스가 살았던 시대와 마찬가지로 르네상스 시대를 살아가는 사람들에게도 친숙했다. 영국의 정원사이자 저널리스트인 존 에블린은 1645년에 빌라 데스테에서 100개의 분수가 있는 테라스를 발견했다. '길고 널찍한 산책로에는 분수가 가득했고, 그 아래로 역사적인 오비디우스의 『변신 이야기』 전체가 반양각으로 진귀하게 조각되어 있다.' 300년이 넘도록 물과 날씨에 마모되고 풍화된 이 조각들은 현재는 대부분 이끼와 공작고사리로 덮여 있다.

보볼리 정원에 있는 베르나르도 부온탈렌티Bernardo Buontalenti가 만든 그로토 역시 오비디우스로부터 주제를 취한다. 입구부의 건축 재료를 자연 암석으로 바꾸었고, 안쪽에서는 인간과 동물을 상징하는 배경이 돌에서 나오거나 돌로 변하고 있다. 오비디우스가 묘사한 바와 같이 재난이 임박했음을 보여 주는 시나리오다. 그로토는 고대의 신들과 영웅들로 활기 넘치고, 그로테스크 회화grottesca로 치장되었다. 가짜 종유석, 튜퍼tufa(물의 작용으로 마멸된 석회석), 부싯돌, 자갈과 조개껍데기로 만들어진 기이한 형태다. 레온 바티스타 알베르티에 따르면 '그로테스크' 장식 양식은 고대의 취향에 부합했다. 고대인들은 자신들의 모조 동굴에 '온갖 종류의 거친 세공'을 입혔기 때문이다.

역사를 통틀어서 정원의 형태는 자연 현상으로부터 유래되었다. 그로토는 인간적인 우아함을 부여받았지만 산속 야생 동굴과 지하 세계의 신비를 암시했다. 자연 공원은 원시림을 정원으로 나타낸 형태이고, 폭포와 분수는 자연의 물 요소들로부터 영감을 받았다. 따라서 빌라 데스테에 있는 오르간 분수는 산속 폭포의 모든 힘을 갖기 위함이었다. 로마 인근 카프라롤라Caprarola의 빌라 란테와 빌라 파르네제Farnese의 물줄기는 산비탈에 흘러내리는 개울의 양식화된 형태였다. 이러한 개념들 일부를 실행에 옮기기 위해 르네상스 기술자들은 고전적 원천을 파고들어 아르키메데스, 아리스토텔레스, 비트루비우스, 그리고 1세기 수력학의 대가인 알렉산드리아의 헤론의 작품들을 연구했다. 그들은 정원 관수와 장식용 장치뿐만이 아니라 토지 배수와 관개에 대한 효율적 방법을 찾는 데 관심이 있었다.

이러한 작업에 선구적이었던 파도바 대학교에서는 1545년에 2개의 새로운 과목을 교육 과정에 추가했다. 기계학과 식물에 대한 연구였다. 1588년에 출판된 『다양하고 창의적인 기계들Le diverse et artificiose machine』에 소개된 발명가 아고스티노 라멜리의 아이디어에는 물을 끌어올리는 110개의 장치가 포함되어 있다. 라멜리는 또한 빌라 데스테와 빌라 프라톨리노에서 볼 수 있는 것처럼 수력 오르간, 노래하는 새와 움직이는 부분이 있는 분수에 대한 구체적인 디자인을 제공한다(다음 쪽 참조). 이 장치들은 헤론의 『기체학』에서 영감을 받았다. 1세기에 쓰인 책으로 15-16세기에 원래의 그리스어에서 라틴어로 번역되었다. 공기, 물, 증기로 작동되는 헤론의 '놀이기구'는 동시대 기술자들에 의해 만들어졌다. 여기에는 아주 놀라운 수력 장치로 유럽 전역에 걸쳐 유명해진 드 코스de Caus 형제가 포함되어 있다.

▲ 빌라 데스테의 유명한 오르간 분수는
1611년에 완성되었다. 1세기 건축가들의 이론과
알렉산드리아의 수력 기술자에 의해 정교하게
제어되는 수압의 조작으로 작동한다.

프라톨리노: 기적의 정원

PRATOLINO: A GARDEN OF MIRACLES

1599년에 주스토 우텐스가 그린 루네트 가운데 하나는 빌라 프라톨리노(위 이미지)를 보여 준다. 숲이 우거진 정원의 남쪽 부분은 프란체스코 1세 데 메디치를 위해 1569년부터 건축가 베르나르도 부온탈렌티가 조성했다. 피렌체로부터 10킬로미터 정도 떨어진 아펜니노 산맥 기슭에 위치한 원래의 환경은 '산들과 빽빽한 나무들로 둘러싸인, 자연 그대로의 야생'이었다. 프란체스코 대공이 자연에 대한 자신의 지배력을 증명하기 위해 선택한 장소였다.

빌라 프라톨리노 정원은 당대의 가장 세련된 곳 중 하나였다. 루네트는 빌라 아래쪽으로 15미터 폭의 주된 축을 보여 준다. 여기에 일련의 곧은 길들이 교차하는데, 일부는 직각으로, 다른 일부는 예각을 이루고 있다(이러한 지형에서는 일반적인 격자형 체계가 어려웠을 것이다). 빌라 양쪽으로는 일련의 불규칙한 모양의 연못들이 비탈을 따라 의도적으로 자연스럽게 배치되어 있고 물은 한 연못에서 다음 연못으로 흐른다. 나무들은 조밀하게 식재되어 있다. 일부는 자연스러운 배치로, 그리고 다른 나무들은 빽빽하게 열을 맞춘다. 전나무들이 2개의 정형화된 원을 이루고 있으며, 언덕 근처에는 아마도 과일나무로 보이는 나무들이 오엽 배열로 식재되어 있다. 기록에는 월계수 미로와 야생화가 흩뿌려진 탁 트인 초원이 언급된다. 빌라 프라톨리노에는 전체적으로 예술과 자연주의가 충분히

어우러져 있었고, 꾸밈없는 자연과 인간의 손으로 '질서를 부여한' 자연이 공존했다.

정원은 특히 정교한 수경 시설로 유명했다. 물놀이 분수, 그로토, 유압 장치는 1580년대 이 빌라를 방문한 몽테뉴를 가장 황홀하게 만든 요소였다. 10년 후 이 빌라에 대해 저술한 영국인 파인즈 모리슨도 마찬가지로 유압 장치에 큰 흥미를 느꼈다. 이 장치는 발걸음을 옮길 때마다 사람들에게 물을 뿌리는 것처럼 보였다. 그로토는 준보석, 홍해로부터 온 산호, 진주로 상감 세공되었다. 아치를 이루며 분사되는 물의 '퍼걸러'는 중심축 일부에 걸쳐 있었다. 물을 다루어 모형과 새들이 악기를 연주하도록 만들었는데, 기어와 도르래로 이루어진 정교한 시스템으로 제어되었다. 아폴로, 뮤즈, 페가수스의 조각상들은 언덕 내부에 장착된 수력 오르간의 기이한 음악으로 생명을 얻었다.

프라톨리노의 별장은 19세기 초에 사라졌고, 이후 정원은 영국식 공원으로 바뀌었다. 오늘날에는 빌라 뒤쪽 원형 경기장에 세워진 잠볼로냐의 장대한 아펜니노 석상(위 이미지)을 제외하고는 방문객을 현혹시킬 만한 것이 거의 없다. 1579년에 만들어진 아펜니노 석상은 사람의 모습이 절반은 산으로 변했거나, 혹은 산이 사람으로 변한 모습이다.

16세기 말까지 유럽에서 가장 유명한 정원 중 하나였던 프라톨리노의 경이로움은 멀리까지 폭넓게 모방되었다. 그중에는 프라하의 루돌프 2세의 식물원, 빈의 막시밀리안 2세의 노이게보이데Neugebäude, 파리의 헨리 4세의 생-제르맹앙-레Saint-Germain-en-Laye, 런던 인근 영국 황태자 헨리의 리치먼드 궁이 있었지만 역시 모두 사라졌다.

1613-1615년에 산티노 솔라리Santino Solari(1576-1646)가 잘츠부르크 대주교를 위해 조성한 헬브룬 정원에 있는 자동 장치만은 여전히 작동 중이다. 스펀지와 조개껍데기를 덧댄 그로토, 유압 풀무로 작동하는 장식용 노래하는 새, 물이 분사되는 거리, 그리고 다른 놀라운 속임수들이 있는 헬브룬은 (비록 수 세기에 걸쳐 많은 부분이 변했지만) 북유럽에 남아 있는 몇 안 되는 르네상스 정원 중 하나다.

패턴에 따른 식재 Planting in Patterns

레온 바티스타 알베르티는 정원에 형식적인 패턴을 사용할 것을 추천했다. '가지들이 서로 뒤섞여 휘감기며 자라는 월계수, 시더, 향나무로 둘러싸인 원, 반원 같은 종류로… 나무들은 정확히 짝수로 줄지어 식재되어야 하고, 서로 정확히 일직선으로 응답해야 한다.' 포르티코와 포도 덩굴이 자라는 정자는 그늘을 제공할 수 있었고, 사이프러스 나무들은 아이비로 뒤덮였다. 알베르티는 고전 시대의 선례를 다시 한 번 찾아보았다. 식물에 관해서는 그리스의 식물학자 테오프라스토스를 인용하고, 페르시아인들이 어떻게 나무들을 규칙적인 열에 맞춰 식재했는지에 관한 리산드로스의 설명을 읽었을지 모른다. 그는 '간격의 정확성, 곧은 열 맞춤, 각도의 규칙성'에 주의를 기울이기를 권고했다. 알베르티의 실용적 가드닝 경험은 크레센치의 피에트로의 14세기 저술 『시골의 혜택에 관한 책』에 뿌리를 두었다. 이 책은 필사본의 형태로 이용 가능했지만 1471년까지는 이탈리아어로 인쇄되지 않았다.

르네상스의 다른 식재 계획으로는 피에트로의 16세기 계승자 지롤라모 피오렌추올라로부터 찾을 수 있다. 지롤라모의 저서 『농업에 관한 전문 기술서La grande arte della agricultura』는 1552년에 출간되었다. 그리고 16세기 마지막 10년 사이에 조반비토리오 소데리니의 『경작에 관한 학술서Trattata della Cultura』가 출간되었다. 둘 다 아주 비슷한 식물들을 추천했다. 초기의 고전 문헌으로 로마 시대 농업에 관한 매뉴얼(44쪽 참조), 소 플리니우스의 두 정원에 관한 서한(46쪽 참조), 그리고 베르길리우스의 『목가』와 『농경시』도 참조할 수 있었다. 모든 면에서 볼 때 실용적 원예는 로마 시대 콜루멜라와 팔라디우스의 농업 매뉴얼 이후로 거의 발전하지 못했다.

식물에 대한 묘사와 동시대 그림을 통해 르네상스 정원의 식물들을 동정할 수 있다. 초기에는 은매화, 회양목, 라벤더, 로즈마리 같은 여러 관목들이 혼합 식재된 낮은 울타리가 정원의 구획을 표시했다. 16세기 중반에는 회양목이 더욱 자주 사용되었다. 좀 더 키가 큰 울타리로는 아몬드, 살구, 마르멜로 외에도 감귤나무, 석류, 은매화, 월계분꽃나무, 재스민이 사용되었는데, 수관이 넓은 나무와 빽빽하게 자라는 관목이 혼합되었다. 담장은 종종 식물이 자라는 트렐리스로 덮였다. 초기 정원은 종종 전망을 유도하거나 가리는 '초록' 퍼걸러가 있었다. 감귤류는 담장에 에스팔리에로 자라거나 화분에 재배되었다. 그리고 겨울에는 스탄촌stanzone(특별한 방) 안에 있는 보호 공간으로 이동시켰다. 피오렌추올라는 특히 마르멜로 대목에 자라는 왜성 과일나무를 추천했다. 이들은 세기 말까지 보볼리 정원에서 인기를 누렸다.

화단에는 익숙한 허브들이 자랐다. 튤립, 수선화, 아네모네, 히아신스는 17세기 초에 이르러서야 새롭게 수입되어 정기적으로 식재되었다. 그러고는 식물원 또는 부유한 식물 수집가들의 정원 화단에서 주요 식물이 되었다. 종종 그들은 살아 있는, 성장하는 정원의 일부라기보다 마치 박물관에 전시된 것과 같았다. 이들 봄에 꽃 피는 레반트 알뿌리 식물들의 이색적인 진귀함은 여름 동안 폴리안테스 투베로사, 아마란투스, 맨드라미, 해바라기, 분꽃으로 이어졌다. 16세기 중반 무렵 화단 패턴에 관한 기본적인 '레서피'가 존재했는데, 대부분 다른 정원들로 복제되었다(156-157쪽 참조). 주로 사각 형태인 이들 화단은 기하학적 세분화에 기초를 두었고, 오늘날 우리 정원에도 쉽게 적용이 가능하다.

▲ 피렌체에 있는 코시모 1세 데 메디치의 빌라 카스텔로의 그로토에서 볼 수 있는 '특수 효과'는 프랑스 작가 몽테뉴를 사로잡았다. 그가 말하기를 원시 짐승들의 무리가 있었는데, '어떤 짐승은 부리로, 다른 짐승은 날개로, 또 어떤 짐승은 발톱이나 귀, 또는 콧구멍으로' 물을 뿜어냈다.

이탈리아와 그랜드 투어

Italy and the Grand Tour

그랜드 투어가 귀족의 아들들에게 의례적인 일로 받아들여지기 훨씬 전에 여행가들이 유럽 전역에서 이탈리아로 찾아오기 시작했다. 1549년 출간된 윌리엄 토머스의 『이탈리아의 역사Historie of Italie』는 이탈리아에 대해 영어로 저술된 최초의 책이었다. 여기에는 많은 정원이 여전히 건설 중이었던 당대의 정원에 관한 이야깃거리가 풍부했다. 저자는 제노바의 팔라초 도리아Palazzo Doria에 있는 '층층이' 조성된 6개의 테라스, 그리고 페사로 외곽에 막 완성된 빌라 임페리알레Villa Imperiale를 묘사해 두었다.

다른 이들도 뒤를 이었다. 1581년에 이탈리아를 방문한 프랑스 철학자이자 수필가 몽테뉴는 정원의 독창성에 기뻐했고, 1640년대에 존 에블린은 정원의 건축적 특징, 조각상, 그로토, 수경 요소, 그리고 식물들에 열띤 감사를 표현했다. 그가 방문한 정원들 가운데는 로마의 팔라초 도리아, 빌라 디 카스텔로, 빌라 데스테가 있었다. 그는 파도바에 새롭게 개장한 식물원에서 자신을 위해 특별히 준비된 건조 식물 표본들('겨울 정원' 또는 호르투스 시쿠스hortus siccus로 불림)을 영국의 집으로 가져가기도 했다.

이들 17세기 여행가들은 정원 설계와 장식에 관한 새로운 개념들을 생생하게 간직한 채 북유럽으로 돌아왔다. 그러나 18세기 초인 그랜드 투어의 시대에 와서 정작 이탈리아는 덜 번창했고 정원은 이미 쇠퇴하고 있었다. 대부분은 화려함과 색채를 잃었고, 외국에서 도입된 식물들로 가득했던 화단은 사라졌다. 뒤늦은 여행가들은 열정적으로 디자인 콘셉트를 흡수하면서 자신의 정원에 모방하기 위해 다소 빛바랜 그림을 집으로 가져갔다. 남겨진 것은 무성하게 자란 상록수들의 그늘 아래 이끼로 덮인 석물, 부서진 조각상과 수경 시설들로 조작된 공간들이 전부였다. 하지만 이탈리아와 이탈리아의 정원들에 대한 그랜드 투어는 여전히 계속되고 있다. 정원 디자인에 관한 기술을 배우는 데 이보다 좋은 방법은 없다.

르네상스 정신의 지속

THE ENDURING SPIRIT OF THE RENAISSANCE

이탈리아 정원 가운데 21세기의 정원 방문객들에게 분위기를 가장 잘 전달하고 이해에 도움이 되는 정원은 빌라 감베라이아Villa Gamberaia와 빌라 라 포체Villa la Foce다. 비교적 현대에 와서 조성된 장소들이지만 전체적으로 르네상스 방식을 아름답게 그려내고 있다. 이 정원들은 축의 원리와 공간의 사용 모두 르네상스로부터 영감받았음을 쉽게 알 수 있다. 사실 실제를 거의 과장했다. 피렌체 위쪽 비탈 세티냐노에 위치한 빌라 감베라이아의 '복원'은 19세기로 전환되는 시점으로 거슬러 올라가며, 새로운 물의 파르테르와 현대적 식재 방식이 적용되었다. 시에나 남쪽에 위치한 빌라 라 포체의 정원(오른쪽 이미지)은 이리스 오리고Iris Origo를 위해 1924년부터 조성되었다. 영국인 건축가 세실 핀센트Cecil Pinsent가 작업을 맡았다. 그는 피렌체 주변에 많은 정원을 복원하고 건설한 경험이 있다(437쪽 참조). 오늘날 우리는 세월이 때때로 그 매력을 잠식한 원래의 르네상스 배치보다는 이들 두 살아남은 정원에서 더욱 이탈리아 정원의 개념을 파악하기 쉽다.

16세기에 대부분의 조성이 이루어진 감베라이아에는 기이한 형태의 부지와 15세기의 상당 부분이 복원된 빌라가 일련의 축과 비스타로 한데 묶여 있다. 주된 잔디 볼링장은 정원의 한쪽 끝에서 다른 쪽으로 뻗어 있다. 교차 축은 스탄촌 옆 회양목 경계 화단으로 조성된 위쪽 레몬 정원으로 오르는 이중 계단으로부터 숲이 우거진 지아르디노 세그레토로 이어진다. 감베라이아는 제프리 젤리코 경이 가장 좋아했던 이탈리아 정원이었다. '개인의 마음이 지닌 갖가지 측면이 물리적 환경에서 대응물을 찾는다.' 이 정원은 제한된 공간 안에서 완전한 디자인 언어를 제시한다. 즉 2개의 축을 중심으로 한 '야외 방들'의 배치, 서로 다른 높이의 처리, 햇빛과 그림자의 대비가, 그 아래 펼쳐진 피렌체에 대한 배경과 조망과 함께 구도를 완성한다.

젊은 시절의 세실 핀센트는 『휴머니즘의 건축The Architecture of Humanism』의 저자인 제프리 스콧과 함께 일했다. 스콧과 마찬가지로 그는 고대 로마 시대와 르네상스 시대를 모두 향수 어린 시각으로 되돌아보았다. 라 포체에서 핀센트는 경사진 부지를 일련의 평평한 테라스와 교차 축으로 개발했는데, 사이프러스 가로수 길viale이 언덕 꼭대기로 시선을 이끈다. 주요 정원 구획은 기하학적으로 되어 있지만 구불구불한 동선은 언덕의 윤곽을 따르고, 마르케사 오리고가 식재한 풍성한 식물들은 높은 담장과 경직된 회양목 울타리로 이루어진 '뼈들'을 부드럽게 만든다. 산비탈에는 자생 양골담초, 석류, 시클라멘이 자란다. 현대적인 꽃들과 원예학이 향기와 색깔을 제공하는 르네상스 정원이다.

The Flowering of the European Garden

유럽 정원의 전성기

르네상스 이탈리아에서 발달한 사상들이 유럽 전역으로 확산되기 시작하면서 그것들은 각기 다른 경관과 건축 양식에 맞게 꾸준히 각색되었다. 16-17세기 동안 르네상스의 상대적 단순함이 바로크의 웅장함으로 확대되었다. 특히 연극에 대한 거침없는 움직임과 끓어오르는 열기가 특징이었다. 이로 인해 프라스카티에 위치한 빌라 알도브란디니Villa Aldobrandini 또는 베네토의 장엄한 빌라 바르바리고 피초니 아르데마니Villa Barbarigo Pizzoni Ardemani에서 볼 수 있는 화려한 정원들이 탄생했다.

평평하고 숲이 우거진 지형을 가진 북프랑스의 통치자들은 자신들의 힘을 과시하는 데 점점 더 치열해졌다. 그에 따라 북프랑스의 정원사들이 자연을 제압하려 애쓰면서 자연과의 관계 역시 바뀌었다. 또한 설계자의 작업 비법에 착시 현상이 더해졌다.

1494년 프랑스의 샤를 8세(1470-1498)가 아라곤 가문이 지배하던 나폴리를 함락시켰을 때, 그와 프랑스 궁정 전체는 나폴리 만이 내려다보이는 포지오 레알레Poggio Reale의 빌라와 정원에 사로잡혔다. 피렌체의 건축가 마이아노의 줄리아노가 알폰소 2세를 위해 거의 동양의 양식으로 화려하게 건설한 이곳은 샤를에게 '지상 낙원'으로 보였다. 5개월 후 그의 군대는 태피스트리, 그림과 조각 등 이탈리아의 '경이로운 것들'을 잔뜩 싣고 프랑스로 돌아왔다. 프랑스인들이 앙브와즈, 블와, 가이용, 그리고 파리 근교 루와르 계곡에 있는 자신들의 성châteaux을 이탈리아에서 영감을 받은 새로운 방식으로 장식하고자 이탈리아 장인들을 데리고 왔다는 점이 가장 중요하다.

◀ 덴마크 힐레뢰드에 위치한 프레데릭스보르 성의 파르테르다.

▲ 베네토의 빌라 바르바리고로 가는 장엄한 수문은 이탈리아 바로크의 연극성을 생생히 느끼게 해 준다. 유럽 전역의 정원 조성에도 심오한 영향을 미쳤을 것이다.

▶ 『프랑스의 가장 훌륭한 건물들』에 수록된, 블와의 위요된 정원에 대한 계획을 보여 준다.

자크 앙드루에 뒤 세르소Jacques Androuet du Cerceau의 도면에 모두 기록되어 있는 많은 정원은 현존한다. 그러나 대부분은 17세기에 앙드레 르 노트르 양식의 파르테르 또는 훗날 영국의 풍경식 식재로 인해 상당 부분이 바뀌었다. 샤를의 죽음 이후 새로운 왕이 된 루이 12세(1462-1515)는 샤를과는 사촌 사이였다. 그는 앙브와즈의 건축물을 완공했으며, 블와에 자신의 조상이 살던 집을 확장하기 시작했다. 루이는 샤를의 미망인인 브르타뉴의 안느와 결혼했는데, 둘은 식물과 가드닝에 대한 관심을 나누었다. 오늘날 안느 여왕의 『기도서Book of Hours』는 궁정 화가 장 부르디숑의 그림과 함께 꽃의 개화기를 식별하는 중요한 자료다.

16세기 말에 이르러 대칭과 기하학에 대한 이탈리아의 관념이 유럽 전역에 확실히 자리 잡았다. 하지만 프랑스에서는 이러한 개념의 첫 번째 시도들이 방해를 받았다. 축을 이루는 배열, 그리고 건물과 정원이 쉽게 통합되는 데 적합하지 않은 중세 때 지어진 성의 불규칙한 모양 때문이었다. 새로운 정원들은 성 옆쪽의 수평면에 조성되어서 본채와는 뚜렷한 연계성이 없었다. 블와에 위치한 성의 서쪽 담장 정원은 양쪽에 각각 5개씩 총 10개의 정사각형 사이를 지나가는 중심축을 가지고 있었다. 정원은 평평한 기하학적 패턴으로 조성되었고 가장자리는 초록색의 낮은 철책으로 둘렀다. 1517년에 돈 안토니오 드 베아티스가 묘사한 어떤 그림들은 과일과 꽃으로 가득 차 있었다. 다른 그림들은 말, 양, 새의 형태로 다듬어진 회양목과 로즈마리가 있거나 문장紋章, 좌우명 또는 미로를 그려 냈다. 정원은 화랑들로 완전히 둘러싸여 있었다. '말들이 그곳에 갈 수 있도록 넓고 길었고, 질 좋은 나무로 된 아치형 지붕이 트렐리스로 덮여 있었다.'

이탈리아의 원칙은 고딕 양식의 건축물만이 아니라 프랑스 지형과 기후에 맞게 수정되어야 했다. 프랑스의 시골 지역은 집약적으로 경작되는 평원, 포도 덩굴과 올리브 나무를 위해 계단식으로 된 골짜기와 언덕이 있던 이탈리아의 경관과 달리 보다 평평하고 숲이 울창한 가운데 이따금씩 마을 주택 군락과 주변 농경지가 자리 잡고

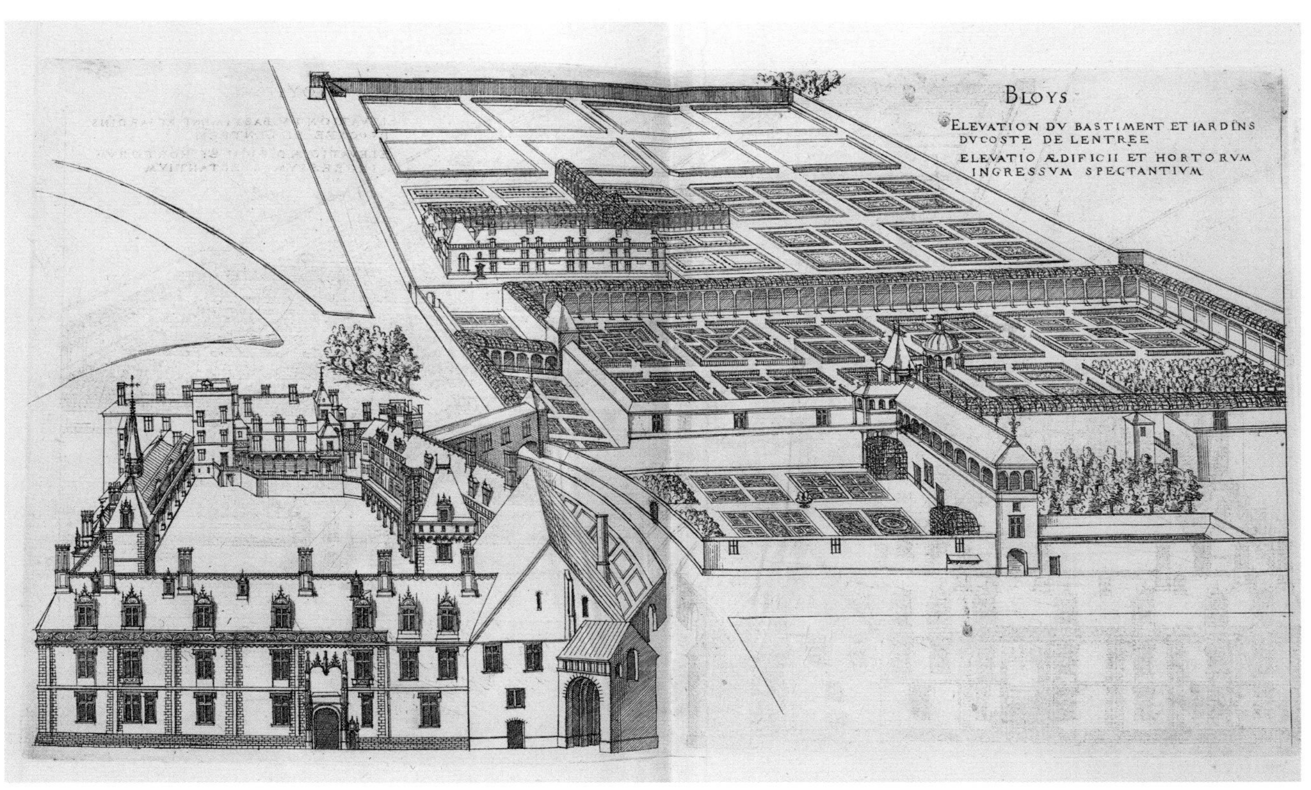

있을 뿐이었다. 숲은 프랑스인들에게 환영은커녕 심지어는 무시무시한 곳으로 여겨졌다. 자연을 향한 그들의 적대적 태도는 정원 개발에도 영향을 미쳤다. 17세기에 이르러 정원은 먼 숲까지 뻗어 나가는 큰 대로와 함께 전체적인 경관을 차지했을 것이다. 이는 자연에 동조하기보다 힘 또는 유기적 자연에 대한 정복을 보여 주었다. 앙브와즈, 블와, 가이용에 있는 정원들은 성곽의 비좁은 경계를 벗어났지만 그럼에도 여전히 자연 세계에 대한 불안감을 반영했다. 여기에는 이탈리아인들이 저 너머의 시골이라 '불렀던' 풍경이 결여되어 있었다. 16-17세기 동안에 프랑스의 가드닝이 더욱 정교해짐에 따라서 자연을 정복하려는 그들의 욕구는 나무와 관목, 과일나무 덤불을 다듬고, 유럽서어나무와 너도밤나무와 유럽피나무로 만든 팰리세이드palissade(*나무를 외줄기로 키워 머리 부분을 빽빽하게 다듬어 만든 조형미를 갖춘 생울타리)와 베르소berceaux, 그리고 인위적으로 정교하게 모양을 만든 회양목 파르테르까지 확장되었다. 형식성은 프랑스의 정원 양식을 규정하는 요소가 되었다. 프랑스 정원사들은 토피어리와 나무, 관목, 과일나무의 전정과 유인 작업에 있어 인정받는 전문가가 되었다.

물은 매우 다르게 취급되었다. 움직이고 깜짝 놀라게 하는 능력보다는 반사하는 성질에 더 가치를 두게 되었다. 이탈리아가 가진 가파른 언덕이 부족했던 프랑스인들은 대신 더 이상 방어를 위해 필요하지 않은 해자를 장식용 운하로 바꾸었다. 이는 (네덜란드와 마찬가지로) 습지처럼 축축한 토지의 배수를 위한 실질적인 목적을 수행하기도 했다. 루아르 계곡 주변의 광대한 물 공간 배치는 18세기 경관 공원이 영국의 시골 풍경을 변화시킨 것과 거의 같은 방식으로 지형을 지배하는 전체 경관을 만들어 냈다. 16세기 퐁텐블로Fontainebleau 서쪽 플뢰히-엉-비에흐Fleury-en-Bière에 길이 800미터, 폭 20미터 너비를 가진 최초의 운하 중 하나가 발굴되었다. 앙리 4세가 여기에서 영감을 얻어 퐁텐블로에 길이 1천200미터, 너비 40미터 규모의 대운하를 건설했다.

카트린느 드 메디치의 화려한 쇼

THE EXTRAVAGANZAS OF CATHERINE DE'MEDICI

1559년 앙리 2세의 죽음과 함께 그의 아내 카트린느 드 메디치(위 세밀화 참조)는 디안 드 푸아티에(앙리 2세로부터 성château을 하사받은 왕의 애첩)로부터 슈농소Chenonceaux를 인계받았다. 카트린느는 이곳에 자신의 유명한 연회를 위한 정원을 개발했다. 베르사유의 총림bosquets, 叢林에서 열렸던 루이 14세의 어마어마한 축제fêtes의 전신이다. 1560년 3월 카트린느는 아들 프랑수아 2세François II와 그의 신부 메리 스튜어트가 슈농소에 도착한 것을 축하하며 아이비로 승리의 입구 아치를 세웠다. 그리고 터널, 캐비닛으로 불린 배우 휴게실, 잔디로 만든 작은 극장, 다른 공상의 산물들로 공원을 장식했다. 1563년과 1577년에는 불꽃놀이, 물 축제, 가면극 등 더욱 많은 볼거리를 선보였다.

1564년에는 퐁텐플로에서 위그노와 가톨릭의 평화를 기념하는 축제를 개최했다. 피렌체 우피치 미술관에서 소장 중인 〈발루아 태피스트리Valois Tapestries〉는 그 장면들을 비롯하여 튈르리Tuileries 궁전에서 열렸던 미래의 앙리 3세에게 폴란드 왕관을 선사하는 폴란드 대사들을 환영하기 위한 연회 장면들도 묘사한다. 그리스 파르나소스 산의 예술의 신 아폴론과 뮤즈를 표현한 장식물들이 이러한 축제를 위해 만들어졌으며, 영구적인 볼거리가 되기도 했다. 카트린느가 프랑스인들에게 셔벗을 소개한 이후로 정원에는 얼음 저장고도 설치되었다.

카트린느는 퐁텐블로의 정원에 막대한 돈을 들였다. 볼로냐 출신의 화가 프란체스코 프리마티초Francesco Primaticcio를 고용하여 쿠르 오발Cour Ovale 북쪽에 있는 왕의 개인 정원 전체를 해자로 둘러쌌고, 페인트칠이 된 갤러리를 설치했으며, 파르테르와 조각상을 추가했다. 여기에 그녀가 여름에 휴양을 즐길 수 있는 동물원과 정교하게 색을 칠하고 금박을 입힌 유제품 보관소가 추가되었다.

▶ 우피치 미술관에 있는 〈발루아 태피스트리〉는 1560년대부터 카트린느가 마련한 연회 장면들이 묘사된 일련의 태피스트리로 모두 8개로 구성되어 있다. 1580년대 초에 브뤼셀 또는 앤트워프에서 만들어졌을 것이다. 방직공들이 그녀가 개최한 축제를 기록한 자료들을 참고하여 상세히 기록했던 것으로 보인다. 이 장면은 1564년 퐁텐블로에서 열린 성대한 궁중 축제를 묘사하는데, 마법에 걸린 섬에 포로로 잡힌 처녀들을 '구출하는' 모습을 담았다.

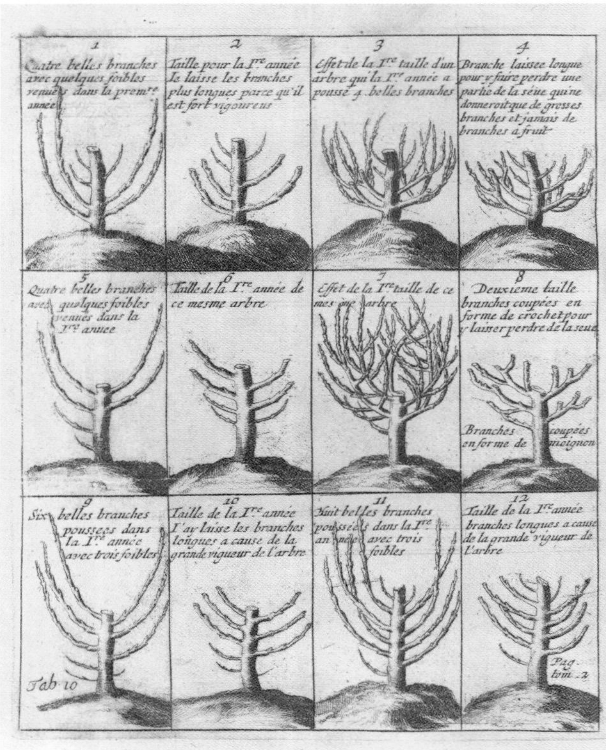

▲ 루이 14세의 정원사 장 드 라 퀸티니에는 1690년에 『과일과 채소 정원을 위한 완벽한 정원사 또는 지침서Le Parfait Jardinier ou Instruction pour les Jardins Fruitiers et Potagers』를 출간했다. 이 책은 과일의 재배와 가지치기에 관한 가장 포괄적인 매뉴얼로, 이 분야에 관심 있는 과일 재배가들에게 여전히 영감을 주고 있다. 1693년에는 존 에블린이 『완벽한 가드너The Compleat Gardener』라는 제목으로 영어로 번역했는데, 그의 마지막 중요 프로젝트였다.

새로운 규칙을 만들다 Formulating New Rules

이탈리아의 정원 건축가들은 레온 바티스타 알베르티의 작품들과 『폴리필로의 꿈』을 통해서 고전 로마 시대의 사상에서 영감을 얻을 수 있었다. 그러나 그 원칙들을 어떻게 발전시킬지는 정해진 것이 거의 없었다. 대신 정원이 만들어진 후에 완성된 결과물로부터 이론이 추론되는 경향이 존재했다. 대개 천재적인 재능을 가진 사람들이 매우 개성적으로 만들었던 매너리즘 정원들의 경우가 특히 그러했다. 하지만 '고전적'인 프랑스 정원은 건축학 이론으로부터 개발되었다. 일찍이 많은 원칙이 확립되었고, 이들이 프랑스 정원 디자인의 발전에 중심 역할을 했을 것으로 여겨진다.

프랑수아 1세(1494-1547)가 왕위에 올랐을 때, 그는 이탈리아 예술가들이 프랑스로 더욱 많이 유입되도록 장려했다. 왕은 1525년 파비아에서 패하고 신성로마 제국의 황제 샤를 5세에 의해 스페인에서 투옥된 이후 파리 근교에 거주하기 위해 루아르에 위치한 성을 포기했다. 그는 특히 도시 남쪽 숲에 위치한 퐁텐블로를 좋아했다. 1526년에는 이탈리아 디자이너인 프란체스코 프리마티초, 자코모 비뇰라Giacomo Vignola, 세바스티아노 세를리오Sebastiano Serlio, 화가 일 로소Il Rosso를 고용하여 자신의 조각과 장식에 대한 관심을 충족시키고, 이탈리아에 견줄 만한 그로토를 만들라고 지시했다. 퐁텐블로에 있는 팽Pins 암굴은 프랑스에서 가장 이른 시기에 만들어진 이탈리아 양식의 그로토 중 하나다.

이 시기의 정원 조성가들에게 이탈리아 방식으로 정원을 디자인할 수 있는 실용적 지침을 제공한 유일한 책은 세바스티아노 세를리오의 『건축과 투시도법 전집Tutte l'opere d'architettura』이었다. 1537-1547년에 모두 5권으로 출판된 책으로 장 마르탱에 의해 거의 즉시 이탈리아어에서 프랑스어로 번역되었다. 또 장식용 문양을 위한 최초의 디자인이 수록되어 있는 제4권은 프랑스에서 인쇄되었다. 1597년에 이르러서야 한 프랑스인이 바통을 이어받았는데, 리옹 출신 석공의 아들인 필리베르 드 로르메Philibert de l'Orme가 『건축 제1서Le premier tome de l'architecture』를 출간했다.

필리베르는 로마의 유물들을 연구한 후에 고전적인 건축 양식의 한 버전을 제안했다. 이것이 프랑스 지형에 더 적합했다. 게다가 항상 새로운 건축물을 만들어야 하는 게 아니라 기존 건축물에도 적용될 수 있었다. 적어도 18세기까지 그의 창의적이고 조화로운 디자인이 프랑스 고전 건축의 기초가 되었다.

1547년에 왕위를 계승한 앙리 2세는 필리베르의 전작인 『적은 비용으로 만들 수 있는 새로운 발명품Nouvelles inventions pour bien bastir et à petits fraiz』을 인상 깊게 보았는지, 그로 하여금 왕실의 모든 건물과 정원을 책임지도록 명했다. 그러나 앙리의 죽음 이후 비용 지출에 후한 카트린느 드 메디치가 프란체스코 프리마티초를 즉시 복직시켰다. 어쩌면 필리베르가 남편의 오랜 정부인 디안 드 푸아티에를 위해 아네Anet와 슈농소에 2개의 웅장한 정원을 설계한 데 대한 작은 복수였을지 모른다.

프랑스 정원 디자인의 황금시대는 17세기 후반부가 되어서야 찾아왔으나 그보다 이른 시기에 프랑스 정원 개발의 중요한 랜드마크라고 할 만한 일련의 정원들이 등장했다.

▲『프랑스의 가장 훌륭한 건물들』의 삽화는 몽타르지Montargis를 위해 디자인된 웅장한 격자 세공 아케이드를 보여 준다. 이 정교한 격자 세공은 프랑스의 형식 정원에서 중요한 특징으로, 지극히 평평한 정원 계획에 즉각적인 높이를 가져다주었다.

뒤 세르소의 판화

DU CERCEAU'S ENGRAVINGS

건축가이자 판화가였던 자크 앙드루에 뒤 세르소는 16세기 프랑스 정원에 대한 현존하는 최고의 기록을 남긴 것 외에도 영감을 주는 역할을 수행했다. 그가 그린 화랑, 분수, 장식물 등의 묘사는 프랑스 바로크 시대 전성기부터 오늘날까지 건축가와 정원사들이 모델로 계속 사용하고 있다.

뒤 세르소는 1515년경에 태어나, 1534-1544년에 이탈리아를 여행했고, 로마에서 고대 유물을 공부했다. 다시 프랑스로 돌아와 오를레앙에서 판화가로 자리 잡았다. 1539년에는 자신의 건축 안내서 가운데 첫 번째 책을 출간했고, 두 번째 책에는 분수와 파빌리온과 정원 장식물 디자인이 포함되었다.『고대의 기념물Monuments Antiques』(1560)에서는 로마 정원의 재건을 다루었다. 가장 잘 알려진 작품인『프랑스의 가장 훌륭한 건물들Les Plus Excellents Bâtiments de France』(총2권, 1567)은 앙리 2세(1519-1559)의 부인 카트린느 드 메디치에게 헌정된 저술로, 16세기 프랑스 건축의 진화에 대한 포괄적인 그림을 제시한다. 이 책은 루이 12세 치하에서 고딕에서 르네상스로 이행되는 과정과 그 이후인 앙리 2세와 앙리 3세(1551-1589)의 통치 기간 동안 점점 커져 갔던 고전주의 포용 과정도 보여 준다. 성과 정원은 점점 더 이탈리아 방식으로 연결되었다. 뒤 세르소의 가이용 그림은 1502년에 조르주 당부아즈의 주문으로 제작되기 시작했는데, 성과 정원의 보다 철저한 통합을 보여 주는 최초의 작품이다.

생제르맹앙레의 각 정원, 뤽상부르 궁전, 리슐리외는 기존 성에 딸린 부속물로 설계되는 대신에 통합된 계획의 일부분을 이루며 특별한 목적을 위해 지어진 집을 보완해 주었다.

가장 이탈리아적인 정원인 생제르맹앙레의 찬란함을 상기시킬 만한 증거는 오늘날 거의 아무것도 남아 있지 않다. 이 정원은 1593년 앙리 4세 때 준공이 시작되었지만 이미 앙리 2세 때 필리베르 드 로르메가 윤곽을 그렸다. 센 강 위 80미터 높이의 가파른 오르막에 조성된 이곳은 파리를 향해 굽이쳐 흐르는 강이 바라다 보이는 전경과 함께 장관을 이루었다. 에티엔 뒤 페라크Etienne du Pérac가 설계한 생제르맹앙레 정원은 8개의 비탈진 일련의 테라스와 함께 16세기 로마의 벨베데레 정원과 티볼리의 빌라 데스테를 모두 연상시켰다. 테라스는 새로운 파르테르 드 브로더리parterres de broderie(*자수 화단)로 조성되었다. 클로드 몰레Claude Mollet가 키 작은 회양목을 사용하여 색깔 있는 흙 또는 모래로 구획된 우아한 곡선을 이루는 아라베스크 문양을 만들어 낸 가장 초기의 사례 중 하나다. 프라톨리노에서 수력의 마법을 책임진 프란시니 형제는 자동 장치를 설치하는 일에 고용되었다.

루이 13세(1601-1643)와 루이 14세(1638-1715)는 둘 다 어린 시절 대부분을 생제르맹앙레에서 보냈다. 하지만 1618년까지도 그로토는 보수가 필요했고 거대한 테라스는 붕괴되고 있었다. 1660년 이후로 루이 14세의 명으로 일부 복원이 이루어졌지만 앙드레 르 노트르André Le Nôtre가 급경사면에 2.5킬로미터 길이의 넓은 산책로를 만들기 위해 새롭게 설계하고 확장한 상부 테라스를 제외하면 현재 남아 있는 부분은 거의 없다.

1615년 마리 데 메디치는 어린 시절을 보낸 피렌체 보볼리 정원의 웅장함을 모방하기 위해 파리에 뤽상부르 정원Jardin du Luxembourg을 조성하기 시작했다. 하지만 이곳의 부지 환경은 그녀의 계획을 실행하기 어렵게 만들었고, 마리가 보볼리로부터 모방할 수 있는 유일한 요소는 원형 경기장뿐이었다. 1644년에 존 에블린이 뤽상부르 정원을 방문하여 나무가 줄지어 식재된 산책로와 회양목 파르테르를 묘사했다. '아주 보기 드문 디자인으로 정확하게 다듬어져 자수 화단이 놀라운 효과를 내는… 이것은 4개의 정사각형 그리고 같은 수의 원형 매듭으로 나뉘고, 가운데에는 직경이 거의 9미터에 이르는 장려한 대리석 수반이 있다. … 9미터 높이의 회전 분수가 끊임없이 뿜어져 나오는 돌고래가 있는데, 물은 고대 로마의 장엄함을 본떠 만들어진 석조 수로를 통해 아르케이Arcueil로부터 흘러온다.' 베르사유 궁전을 설계한 자크 보이소Jacques Boyceau가 파르테르 문양의 책임자였을 것이다. 토마소 프랑시니는 수경 시설을 도맡았다.

16-17세기의 위대한 정원들 모두가 왕실에 속하지는 않았지만 전부 소유주의 사회적 지위와 권력, 부를 상징하는 강력한 인상을 주려는 의도가 있었다. 숲속으로 펼쳐진 전망과 이전에 본 적이 없는 규모의 평평한 지형을 가로질러 뻗어 있는 운하, 그리고 그 광대함만큼이나 엄청난 유지 관리 노동력이 필요한 파르테르 드 브로더리는 모두 프랑스식 장관의 일부였다. 그러나 17세기 후반에 시행된 거창한 계획의 전조일 뿐이었다.

루이 13세가 미성년이었던 시기 동안에 프랑스를 통일하고 절대 군주제의 토대를 마련했던 리슐리외 추기경(1585-1642)은 정치적 도구로서 정원의 유용성을 빠르게 이해한 인물이다. 정원이 보여 주는 자연에 대한 지배는 명백한 권력의 은유였다. 1630년대 말경에 파리에 있었던 리슐리외 추기경의 정원은 왕실의 정원 다음으로 규모가 컸다. 투렌Touraine에 있던 추기경의 부지는 공원과 정원뿐만이 아니라 그의 이름이 붙은 새로운 도시 전체로 구성되었다. 그의 정원은 리슐리외 자신의 높은 지위와 그것을 통해 왕의 최고 권위를 분명히 보여 주는 대상이었다.

▶ 가파른 경사지에 위치한 생제르맹앙레는 센 강으로 내려가는 웅장한 계단과 테라스와 함께, 프랑스의 모든 성 가운데 가장 이탈리아적인 스타일이었다. 프란치니 형제의 자동 장치를 갖춘 그로토는 프라톨리노의 그로토를 모방했다. 토마소와 알레산드로 프란치니 형제는 퐁텐블로와 뤼에유에 물의 경이로움을 창조했고, 토마소의 아들은 베르사유에 분수를 설계했다.

화단과 파르테르

FLOWER-BEDS AND PARTERRES

16세기 중반부터 이탈리아에서 화단의 문양을 위한 기본 도안이 필사본 형태로 유통되었다. 보통 구획된 정사각형 안에 배열되었고, 모래나 자갈길로 서로 분리된 기하학적 화단 디자인이 주를 이루었다. 세바스티아노 세를리오가 1537년부터 만든 디자인은 파도바 식물원의 판화와 1629년에 존 파킨슨John Parkinson이 저술한 『파라디수스Paradisus』에 등장하는 버전과 함께 유럽 전역에 잘 알려지게 되었다. 초기의 도안보다는 복잡해졌지만 세를리오의 문양 대부분은 여전히 단순한 삼각형과 반원형으로만 이루어져 있었다. 이 화단들은 집의 창문 또는 높은 테라스에서 바라보기 위한 목적이었다.

중세 정원에서 일반적이었던 화단 주변의 난간과 낮은 트렐리스는 르네상스 시대 동안에 낮은 생울타리로 대체되었다. 생울타리는 로즈마리, 은매화, 라벤더, 쥐똥나무 같은 식물들의 혼합 식재로 이루어졌다. 1600년이 지나기 전까지 화양목은 연속적인 생울타리로 인정받지 못했다. 때때로 한 무리의 여러 화단이 바깥쪽 퍼걸러 또는 '살아 있는 터널'로 추가적으로 둘러싸여 있었는데, 스크린 역할 외에도 그늘진 산책로를 제공했다.

프랑스에서 파르테르라는 말은 처음에는 꽃의 정원 전체를 일컫는 말이었으나 디자인이 더욱 정교해지면서 꽃들이 사라지기 시작했고 색깔 있는 모래나 자갈, 부서진 하얀 조개껍데기나 석탄 가루를 사용한 문양들이 그 자리를 채웠다. 1546년에 콜론나의 『폴리필로의 꿈』이 프랑스어로 번역되어 잇따른 실험이 유발되긴 했지만 1595년이 되어서야 생제르맹앙레에 회양목으로 만든 파르테르 드 브로더리가 조성되었다. 왕실 정원사 앙드레 몰레André Mollet가 앙리 4세를 설득하여 새로운 왜성 서양회양목 '수프루티코사'*Buxus sempervirens* 'Suffruticosa'를 사용하여 화단을 만들었다. 이 식물의 낮고 단정하게 자라는 습성 덕분에 몰레는 소용돌이, 아라베스크, 팔메트 무늬로 촘촘하게 깎아 낸 회양목으로 파르테르를 '수놓을' 수 있었고, 이것이 프랑스식 바로크 문양의 트레이드마크가 되었다. 이렇게 소용돌이치는 선들은 17세기 말에 헤트 루Het Loo 같은 네덜란드의 위대한 정원에 열광적으로 채택되었다.

◀▶ 16세기 중반의 프랑스 왕실 정원사 앙드레 몰레는 연속적으로 흐르는 회양목의 선으로 파르테르 드 브로더리를 개발했다. 우아한 소용돌이 작품은 땅 위로 올린 자수로, 거의 3차원에 가까운 느낌을 주었다. 회양목은 허브로 만든 생울타리보다 단정하고 관리도 쉬웠으며, 프랑스의 기후에도 잘 맞았다. 파르테르의 가장자리를 이루는 좁은 화단에는 향나무, 전나무 또는 주목 등의 작은 상록수들이 많이 식재되었다. 그 사이사이에는 꽃들을 위한 공간이 있었다.

1
Andre Mollet
1 2 3 4 5 10 15 20.

13
Jacqus Mollet inventor.
1 2 3 4 5 6 toisse

14
Andre Mollet inventor.
1 2 3 4 5 10 15 20

5
Andre Mollet Inventor
1 2 3 4 5 10 15

완벽한 질서: 르 노트르의 시대 Ordered Perfection: The Age of Le Nôtre

잘 다듬어진 생울타리, 곧은 길, 기하학적 설계 등을 특징으로 하는 프랑스의 정형식 정원은 세상의 지식은 이성을 사용하여 얻을 수 있다는 프랑스 합리주의에 대한 탁월한 표현으로 유명하다. 세심하게 관리되고 논리적인 배치의 프랑스 정원은 하늘을 비추는 넓은 연못들을 간간이 품으며 저 멀리 숲과 지평선 너머까지 뻗어 있었다. 생시몽 공작이 베르사유를 '자연을 압제하고 싶은' 욕망이라고 썼듯, 오늘날 이것은 프랑스식 가드닝과 그 지침을 정의하는 이미지로 남아 있다. 프랑스의 영향은 유럽의 궁중 전역에 걸쳐, 그리고 1660년 왕정복고 이후의 영국으로 확산되었다. 프랑스의 공간 이론과 자연을 다스리는 힘의 개념은 네덜란드, 독일, 스페인, 러시아에서 보다 단순한 이탈리아 양식에 부과되었다. 질서 정연하게 열을 맞춘 식물들이 정해진 패턴으로 정원에 이식되었는가 하면 엄격한 대오를 갖춘 나무들이 기하학을 그려 내며 원근법을 나타내는 선들을 강조했다.

이 새로운 스타일의 가장 위대한 실천가는 프랑스 왕실 정원사 앙드레 르 노트르(1613-1700)였다. 그는 시선을 무한대로 이동시키기 위한 공기 원근법 활용을 완벽하게 이루어 냈다. 하지만 착시 현상을 바탕으로 정원에 또 다른 차원을 추가했다. 1709년 출간된 데잘리에 다르장빌Dézallier d'Argenville의 『가드닝의 이론과 실제La Théorie et la Pratique du

▲ 프랑스 화가 장 밥티스트 마르탱(1659–1735)이 그린 1728년 보르비콩트 성의 정원. 폴란드 왕의 딸로, 1725년에 루이 15세와 결혼한 마리 레슈친스카가 정원을 방문하고 있다.

Jardinage』는 르 노트르가 실행한 것들을 체계화했다고 여겨진다. 동시대와 미래의 소유주와 설계가들이 자신들의 부지에 르 노트르의 원칙을 활용할 수 있는 수단을 제공했다. 이 책은 주로 식재에 관한 설명, 측량법과 테라스 조성 기술 등 '방법'에 관한 조언을 제공한다. 하지만 앙드레 르 노트르가 착시 현상과 가짜 원근법의 극장을 고안해 낼 수 있었던 데카르트 원칙에 관한 정보는 비교적 적었다.

철학자이자 수학자였던 르네 데카르트René Descartes(1596–1650)는 어디에서 바라보느냐에 따라 원근법의 관점이 달라질 수 있으며, 따라서 우리가 현실로 이해하는 것은 사실 고정관념의 개념에 근거한 환상임을 이해했다. 르 노트르는 이러한 환상을 다루는 기술을 개선하여 인간의 뇌를 속임으로써 눈을 만족시켰다. 이를 위해서 성으로부터, 그리고 정원의 여러 좋은 위치로부터 바라보이는 관점들을 신중하게 만들어 냈다. 이로써 실제보다 더 크거나 더 가깝게, 또는 더 먼 것처럼 보이는 느낌을 유발했다. 또한 사라졌다가 다시 나타나 시각적으로 시선을 사로잡는 방식으로 합쳐지기도 했는데, 가령 성이 운하로부터 솟아나는 듯이 보이도록 고안했다. 관점 속이기는 결코 새로운 기술이 아니었지만 르 노트르는 자신의 그림 연습으로부터 차용한 기술을 응용하여 전례 없는 규모로 그것을 사용했다.

르 노트르가 맡은 첫 번째 중책은 루이 14세의 재무 장관이었던 니콜라 푸케를 위한 일이었다. 예술의 열렬한 후원자였던 푸케는 1656년 유럽에서 가장 뛰어난 예술적 재능을 위한 전시장이 될 새로운 궁전과 정원에 대한 생각을 품었다. 그는 건축가로 루이 르 보를, 인테리어 디자이너로 샤를 르 브룅을 고용하여 르 노트르와 함께 일하도록 했다. 그렇게 해서 보르비콩트Vaux-le-vicomte에 만들어진 결과는 그야말로 장관이었다. 완벽한 대칭과 차분한 원근감을 주는 디자인으로 집과 정원을 통합시키는 단 하나의 나무랄 데 없는 구성이었다. 실내는 실외와 조화를 이루었다. 거대한 파르테르 문양이 실내의 조각품, 천장의 회반죽 장식, 카펫을 그대로 반복해 주었다. 응접실을 장식하는 거울은 바깥에 있는 웅장한 물의 거울과 매치되었는데, 하나의 수면이 성 전체의 파사드를 비추었다.

보르비콩트의 웅장함은 성의 장엄함에 있지 않다. 공간과 높이 차이를 능수능란하게 제어하는 데 있다. 르 노트르는 이곳 부지의 자연적인 윤곽을 살려 작은 강을 대운하로 만들고 얕은 골짜기를 일련의 평면과 경사로로 만들었다. 그래서 땅이 성으로부터 완만하게 떨어져 내리도록 한 다음에 다시 솟아올라 매우 인상적인 그로토가 이 구성의 종점을 나타내는 지평선을 향하도록 시선을 이끌었다. 시선은 넓은 길과 거대한 파르테르 드 브로더리의 복잡한 지상 설계에 따라 인도된다. 그리고 토피어리, 조각상, 분수의 리드미컬한 배치가 이를 돕는다. 어떤 구조물도 안정적이고 만족스러운 과정을 방해하지 않는다. 무한한 느낌은 땅과 하늘의 구분을 사라지게 하는 넓은 거울 수면에 의해 강화되어 보다 뚜렷해진다. 하지만 정원은 더 넓은 경관 안에 편안하게 자리 잡고 있다. 정원 조성 전에 이곳에 있던 세 마을은 손쉽게 내보내졌다.

푸케는 자신의 정원에 매우 만족했다. 1661년 8월에는 왕과 5천 명의 하객들을 호화로운 파티에 초대했다. 하지만 그로부터 3주 후에 체포되어 남은 인생을 감옥에 갇혀 보내게 되었다. 르 보, 르 브룅, 르 노트르는 베르사유에 있는 왕의 사냥 별장으로 갑자기 소환되었는데, 그곳에서 보르비콩트의 영광을 능가하기 위해 고군분투하며 이후 40년을 보냈다. 심지어 푸케의 나무와 조각상까지도 왕의 새로운 정원을 위해 강탈당했다.

보르비콩트와 샹티이의 정원은 프랑스 정원의 전형이 된 반면 베르사유에서 이루어진 르 노트르의 작업은 덜 성공적이었다. 베르사유의 정원은 너무나 광대한 규모로 많은 방해 요소들이 산재되어 있었다. 방문객들은 한 번에 전체를 둘러보기를 기대할 수 없었다. 또한 정원은 (중심축과 원거리 초점을 가지고는 있지만) 동선을 좌우할 만큼의 충분한 응집력이 결여되었다. 루이 14세는 『베르사유 정원 관람 방법La Manière de Montrer les Jardins de Versailles』이라는 안내서를 직접 저술까지 했다. 안타깝게도 태양왕이 없이는 정원도 레종 데트르raison d'être(존재의 이유)를 잃은 것처럼 보인다.

다음 페이지: 보르비콩트의 현재 모습. 루이 14세에게 유린당한 후 폐허가 되었지만 20세기에 와서 정원 디자이너 아실 뒤센느가 복원했다.

몰레 가문: 왕실 정원사들의 시대

THE MOLLETS: A DYNASTY OF ROYAL GARDENERS

몰레 가문은 적어도 4대에 걸쳐 출중한 정원사들을 배출했다. 첫 번째로 자크 몰레는 아네에서 오말 공작을 위해 일했다. 파리 인근에서 왕실 공원과 정원을 위해 일했던 사람은 그의 아들과 손자였던 클로드와 앙드레다. 이들이 파르테르를 개발한 주요 인물들로, 앙드레 르 노트르의 천재성을 위한 길을 닦아 주었다.

『식물과 정원의 극장Théâtre des Plans et Jardinages』(1652년 유작으로 출간)의 저자 클로드 몰레 역시 아네에서 시간을 보냈지만 주로 앙리 4세 아래에서 생제르맹앙레와 다른 왕실 정원에서 일했다. 클로드 몰레는 1582년 아네에 머무는 동안 에티엔 뒤 페라크가 자신에게 16세기 대부분에 걸쳐 사용되었던 서로 다른 디자인의 정사각형 반복보다는 산책로로 나뉘는 단일 구획 형태로 정원을 만들도록 가르쳤다고 주장했다. 그는 '이것은 프랑스에서 만들어진 최초의 자수 화단이었다'라고 썼다. '당시… 회양목은 여전히 드물게 사용되었는데, 극소수의 상류층만 그들의 정원에 회양목을 식재하기를 희망했기 때문이었다.' 대신에 클로드 몰레는 프랑스 기후에서 오래 살아남을 수 없는 여러 종류의 식물을 사용했다. 결국 1595년 앙리 4세는 몰레가 자신의 농장에서 재배해 온 새로운 왜성 서양회양목 '수프루티코사'를 생제르맹앙레의 정원에 식재하고, 퐁텐블로의 작은 정원에도 사용할 수 있도록 허락했다. 이를 통해 그는 정교한 소용돌이 문양과 물이 흐르는 듯한 선을 개발할 수 있었다. 혼합 식재로는 거의 달성하기 어려운 것이었다. 또한 튈르리 정원Jardin des Tuileries에서 더 높은 생울타리를 만들기 위해 평범한 서양회양목을 사용했다. (훗날 프랑스보다 추운 기후를 가진 스웨덴에서 일했던 그의 아들 앙드레는 서양회양목 대신 월귤*Vaccinium vitis-idaea*을 추천했다.)

클로드 몰레는 『식물과 정원의 극장』(오른쪽은 이 책의 표지 이미지)에서 어떻게 파르테르를 배치하고, 산책로의 간격을 정하며, 너도밤나무와 유럽서어나무로 '담장'과 생울타리를 만드는지 묘사했다. 그는 큰 키로 잘 다듬어진 가로수 길, 줄지어 식재된 나무들, 아치를 이루는 아케이드, 그리고 칼같이 잘린 생울타리가 파르테르의 배경으로 사용되었을 때 나타나는 '안심' 효과를 강조했다. 17세기와 마찬가지로 오늘날의 현대적인 꽃의 정원에서도 필요한 부분이다. 몰레 가의 정원사들(그리고 훗날 르 노트르)은 항상 거대한 파르테르와 인접한 곳에 화단을 배치했다. 그리고 여기에 관목, 여러 알뿌리, 여름 꽃들을 식재하기를 권했는데 이러한 주장은 종종 인정받지 못한다.

1651년에 앙드레 몰레가 스웨덴 크리스티나 여왕에게 고용된 동안 스웨덴에서 출간한 『즐거움을 위한 정원Le Jardin de Plaisir』을 통해 자신의 이론과 관점에 대한 개념들 대부분이 이탈리아에서 유래되었음을 보여 주었다. 그는 즐거움을 위한 정원의 범위를 이렇게 정의했다. '즐거움을 위한 정원은 야생지wilderness, 총림, … 가로수 길이나 산책로, 또한 분수, 그로토, 조각상, 원근법, 그리고 기타 장식품과 같은 것으로 이루어진다.' 앙드레는 시야에서 가장 멀리 있는 대상들이 '더 가까이 있는 대상보다 더 큰 비율로 그려져야 하고, 그렇게 함으로써 그것들이 더 아름답게 보인다'는 점을 강조했다. 또 정원이 집에서 더 멀어짐에 따라 일정한 규칙에 따라 정원의 특징적 요소들의 수열이 결정되어야 한다고 생각했다. 성 인근의 야생지는 어떤 '나무들, 생울타리 또는 다른 높은 구조물'로 가려져서는 안 된다고 했다. 파르테르 드 브로더리는 잔디 파르테르로 이어져야 하고, 전체는 가로수 길과 산책로의 격자형 체계로 나뉘어야 하며, 중심축에 대칭으로 배열되어야 한다. 16세기 이전에는 거의 언급되지 않았던 길은 집의 파사드와 수직으로 직선을 이루며 확장되어야 한다. 특징적인 식물로는 사이프러스를 추천했다. 프랑스에서 보스케bosquet로 알려진 총림 역시 유럽서어나무, 라임, 너도밤나무, 필리레아phillyrea 또는 월계귀룽나무로 이루어진 높은 생울타리와 함께 정형식 조성이 필수였다. 얇은 외줄기 위에 머리를 높이 유인하여 만든 식물들로 형성된 팰리세이드는 그늘진 산책로를 만들 수 있고 외곽 지역에 미로를 표시할 수 있다.

앙드레 몰레는 프랑스와 스웨덴 궁정 외에도 잉글랜드 내전 이전에 영국에서 헨리에타 마리아 여왕을 위해서 일했다. 그 후 네덜란드에서, 그리고 1660년 왕정복고 이후 다시 영국으로 돌아와 샤를 2세의 고문이 되어 세인트 제임스 공원St. James's Park에서 일했다.

THEATRE DES PLANS ET IARDINAGES:

CONTENANT
DES SECRETS ET DES INVENTIONS
incognuës à tous ceux qui jusqu'à present se sont meslez
d'escrire sur cette matiere:

Auec vn Traicté d'Astrologie, propre pour toutes sortes de personnes, & particulierement pour ceux qui s'occupent à la culture des Iardins. Par C. Mollet, pr. Iardin[illegible] au Roy.

Le tout enrichy de quantité de Figures.

A PARIS,
Chez CHARLES DE SERCY au Palais, en la Salle Dauphine, à la Bonne Foy Couronnée.

M. DC. LII.
AVEC PRIVILEGE DV ROY.

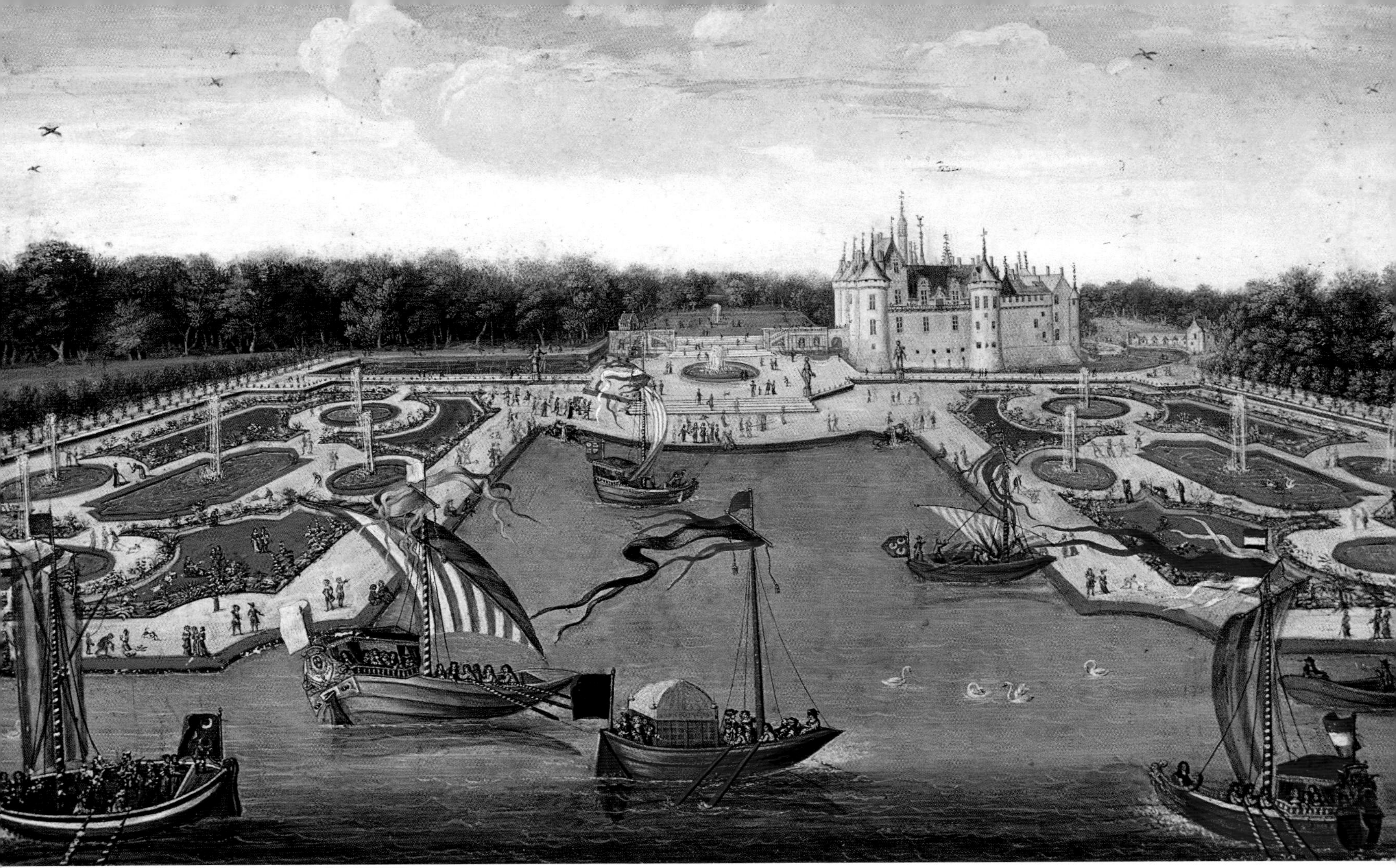

▲ 1680년에 아담 페렐이 그린 그림으로 샹티이의 북쪽에서 바라본 풍경이다. 1663년 프랑스군 사령관이었던 콩데 친왕은 샹티이의 정원을 재설계하기 위해 앙드레 르 노트르를 고용했다. 시작점은 불규칙적인 구식 건물이었다. 그는 정원을 한쪽에 조성하고 거대한 새 운하를 따라 확장되는 새로운 축을 확립했다. 이 축은 높은 테라스 위로 올라가고 저 너머 숲 쪽으로 사라지는 길을 따라 이어졌다. 양쪽에는 연못과 분수가 있는 똑같은 물의 파르테르를 배치하고, 수면 전체를 띠 모양으로 둘러쌌다. 다중 반사와 원근법을 교묘하게 다룬 샹티이는 많은 사람들이 르 노트르의 가장 훌륭한 업적으로 꼽는다. 또한 르 노트르 자신이 좋아했던 정원이었다. 베르사유 정원은 물을 기념하는데, 운하는 다양한 층으로 숨겨져 있지만 분수와 조각상에 의해 복잡해 보이지 않는다. 반사는 관람객의 인식을 증강시킨다. 이슬람 정원에서처럼 건물을 배가시키는 것이 아니라 하늘과 구름, 주변의 자연을 반사시킴으로써 가능했다.

베르사유 궁Château de Versailles은 유럽에서 루이 14세의 권력이 유례없이 막강하던 시기에 건설되었다. 원래 그의 아버지 루이 13세가 사용했던 사냥 별장이 성으로 지어졌고 25년에 걸쳐 재건되었는데, 처음에는 궁정 업무보다는 화려한 연회를 개최하기 위한 장소였다. 그러다 1682년 무렵에 궁정 인원들의 주된 거주 장소이자 정부의 소재지가 되었다. 베르사유 궁은 돈이나 인력 면에서 비용을 아끼지 않았다. 준비된 급수원의 부족은 1천400개의 분수를 설치하는 데 있어 전혀 문제되지 않았다. (초대형 엔지니어링 계획과 수십 개의 저수지가 조성되어야 했다.) 그런가 하면 광대한 직사각형 호수를 파기 위해 고용된 스위스 근위대는 유독한 습지 가스로 인해 희생되었다. 이 호수는 오늘날 스위스 병사의 연못Piece d'Eau des Suisses으로 알려져 있다.

왕의 개인적인 휴양을 위한 장소는 말리와 트리아농에 있었다. 베르사유는 정치 활동의 일환이었다. 궁정의 규모는 경외심을 불러일으킬 정도였다. 100헥타르(100만 제곱미터) 정도였던 원래의 정원은 1715년에 루이 14세가 죽음을 맞이했을 무렵 1천600헥타르(1천600만 제곱미터) 이상으로 확장되었다. 여기에 42킬로미터에 이르는 담장으로 둘러싸인 대공원의 규모는 6천100헥타르(6천100만 제곱미터)에 달했다.

◀ 1671–1674년에 지어진 수상 극장 총림에 대한 화가 장 코텔의 관점은 베르사유 물 경관 가운데 가장 독창적인 장관의 하나를 보여 준다. 신하들은 밤새도록 여흥이 필요했다. 그들 모두가 잠잘 수 있는 충분한 공간이 수상 극장 근처 어디에도 없었기 때문이다.

베르사유는 신화를 창조하려는 의도가 있었다. 루이 14세는 태양왕의 신화를 통해 (자신보다 먼저 존재했던 이집트와 페르시아의 정원사-왕자들처럼) 거의 신과 같이 전능한 모습으로 등장했을 것이다. 정원이 동서 방향으로 놓인 것은 태양이 매일 아침 베르사유 궁전 위로 떠오르고 매일 밤 운하로 지는 것처럼 보이도록 의도한 결과였다. 거대한 네트워크를 이루는 길들은 단 하나의 지점, 즉 루이의 방으로부터 시골 지역으로 방사상으로 뻗어 나간다. 마치 태양이 광선을 발사하는 것과 같다. 모든 분수와 조각상은 태양신 아폴론의 전설을 일부 묘사했는데, 1667년에 설치된 아폴론 연못이 가장 장관이었다. 성에서도 오직 루이만이 제단을 마주 보았고, 다른 모든 숭배자들은 왕을 향했다. 세심하게 제어되는 물 분사기, 엄격하게 다듬어진 식물들, 대운하가 1.5미터 정도 보이는가 싶다가 먼 안개 속으로 사라지고, 전망이 나타나 대지의 맨 끝으로 확장되었다. 정원의 모든 것, 즉 외견상 보이는 전부는 태양신 왕의 뜻에 복종했다.

▲ 1724년 피에르 드니 마르탱이 그린 그림이다. 여기 보이는 마를리 기계Machine de Marly는 방문객에게 매력적인 요소였다. 베르사유의 정원은 분수의 기능을 위해 반드시 필요한 물이 항상 부족했다. 그래서 마를리라는 일련의 물레방아로 작동되는 기계가 센 강으로부터 물을 퍼 올렸다. 그다음 물은 수로와 그 길을 따라 파낸 3개의 저수지를 거치며 언덕을 가로질러 6킬로미터를 이동했다.

축축한 땅에 세워진 베르사유 부지는 상서롭지 못했다. 하지만 성에서 바라볼 수 있도록 설계된 운하는 적절한 배수를 보장했다. 전체의 형식적인 틀은 숲을 깎아 만들었고, 이를 통해 부차적인 길들이 잘려 나왔다. 이 길들을 따라서 총 17개의 다양한 총림이 여흥을 위한 초록 방으로 만들어졌고 조각상과 분수로 장식되었다. 연회, 행사, 연극, 춤 등을 위한 시설은 원래 임시 '세간'으로 여겨졌으나 점차 영구적인 건축물로 대체되었다. 한 예로, 사라진 지 오래된 미로는 1664-1667년에 앙드레 르 노트르에 의해 설계되었다가 1669년 이후에 이솝 우화를 토대로 한 39개의 분수와 조각상을 포함하도록 다시 설계되었다. 또 다른 예로는 루이 14세의 정부인 몽테스팡 후작부인이 제안한 마레 총림Bosquet du Marais이었다. 가운데 나무 한 그루가 갈대로 둘러싸여 있었는데 모두 금속으로 만들어져 물이 분사되었다. 이 정교한 분수는 왕의 자랑이었다. 하지만 물 공급은 항상 요구 조건에 미치지 못했다. 루이가 행차할 때면 호각을 갖춘 정원사들이 분수를 차례로 가동시키기 위해 앞으로 달려갔다. 물을 공원으로 가져오는 비용은 엄청났다. 센 강에서 162미터 높이로 물을 끌어올리는 기념비적인 프로젝트에는 직경 12미터의 물레방아 14개가 동원되어 일련의 펌프로 구동되었다.

우리는 베르사유를 루이 14세가 자신의 권력과 위대함을 과시하기 위한 설정으로 판단할지도 모르지만 왕은 진정으로 자신의 정원과 식물에 관심이 있었으며 일 년 내내 꽃을 요구했다. 베르사유의 정원은 비록 전부는 아닐지라도 몰레 가문의 정원사들에 의해 자세히 설명된 식재 아이디어들을 대부분 포함시켰다. 가령 팰리세이드 또는 베르소를 위해 사용된 엄격하게 다듬어진 키 큰 너도밤나무 생울타리, 서양회양목으로 만든 정교한 파르테르 드 브로더리가 있다.

꽃 역시 소홀히 여기지 않았다. 왕은 꽃에 열정이 넘쳤고, 식물 탐험가들에게 식물들을 가져와 왕의 정원Jardin du Roi(1625년 파리에 조성되었는데, 나중에 파리 식물원Jardin des Plantes이 됨)에서 최초로 재배하도록 하거나 내한성이 의심스럽다면 몽펠리에에서 재배하도록 했다. 1629년에 오직 멕시코에서만 도입된 1만 개의 폴리안테스 투베로사는 1672년 프로방스에서 재배된 후 마차로 산을 가로질러 운반되어 베르사유의 화단에 향기를 더했다. 루이 14세는 르 노트르에게 정원에 '겨울에도' 꽃이 풍성해야 한다고 요구했다. 다른 꽃들로는 레반트로부터 들여온 알뿌리 식물과 지중해 지역으로부터 온 더욱 친숙한 식물들이 그랑 트리아농의 회양목으로 가장자리를 두른 화단에 식재되었다.

영국과 정원의 정치학 England and the Politics of Gardens

1497년에 일어난 화재로 옛 궁전이 소실된 이후 헨리 7세(1457-1509) 때 재건된 리치먼드 궁전은 로마인 이래로 광대한 정형식 정원을 소유한 최초의 정원이었다. 리치먼드 궁전 정원의 모습은 1501년에 '가장 아름답고 즐거운' 곳으로 묘사되었다. '산책로와 허브로 이루어진 왕실 매듭 정원, 사자와 용, 그리고 다른 많은 종류의 기묘한 짐승들… 많은 덩굴과 씨앗들, 그리고 이상한 열매가 제법 충만해 있었고' 주사위 게임과 당구에서부터 '볼링장, 훌륭한 테니스 경기'에 이르는 다양한 여흥을 제공했다.

1509년에 왕위를 계승한 헨리 7세의 아들 헨리 8세Henry VIII(1491-1547)는 르네상스 시대의 이탈리아에서 '학예 부흥New Learning'을 통해 철저히 교육받음으로써 유럽에서 가장 교육을 잘 받은 왕자로 평가받았다. 그의 수많은 궁전 정원은 스포츠를 즐기기 위한 장소로 남아 있었다. (화이트홀은 마상馬上 창 시합장, 4개의 테니스장, 볼링장, 그리고 투계장을 자랑했다.) 또한 왕자가 자신의 '힘과 중요성'을 보여 줄 수 있는 수단으로 정원에 대한 이탈리아식 개념을 받아들였다. 헨리 8세는 특히 경쟁 상대였던 프랑스의 프랑수아 1세보다 더 빛나기를 열망했다. 논서치Nonsuch에 있는 대궁전은 프랑수아 1세의 퐁텐블로에 대항하기 위해 특별히 만든 장소였다. (금란의 들판에서 열린 전설적인 평화 정상 회담에서는 두 군주가 화려함 속에서 서로 더 눈부시게 보이려 애썼지만 곧 전쟁 태세로 전환되었다.)

헨리 8세는 이탈리아의 왕자들과 추기경들이 자신들의 왕조의 권리와 정치적 야망을 강화하기 위해 고전적인 신들과 영웅들의 우상화를 사용했던 곳에서 자신이 속한 튜더 왕가의 합법성을 분명히 보여 주고자 아버지인 헨리 7세가 사용했던 문장紋章에 등장하는 동물들을 활용했다. 1550년대 안토니 반 덴 윈게르데가 그린 스케치(오른쪽 이미지)는 기둥 위에 높이 고정되어 있는 튜더 가문을 상징하는 짐승들의 숲을 보여 준다. 제왕의 이미지를 생성하기 위한 수단으로 정원을 이용하는 아이디어는 헨리의 딸 엘리자베스 1세Elizabeth I(1533-1603)를 통해 새롭게 정점에 달했다. 그녀의 통치 기간 동안 성모 마리아와 오랫동안 연관되어 온 도상학圖像學은 처녀 여왕에게 경의를 표하는 것으로 전용되었다.

윈게르데의 그림은 당시 영국 정원에 대한 최초의 정확한 시각적 기록이다. 담장으로 둘러싸인 공간 안에는 물고기 연못, 언덕, 탑, 그리고 연회장 건물이 산재하여 뒤섞여 있다. 헨리 8세가 만든 정원에는 르네상스 정원의 확실한 축을 이루는 기하학이 아직은 좀 요원했다. 이것이 실현되기까지 한 세기는 족히 걸렸다(1630년대 윌튼Wilton 정원에서 비로소 이루어졌다). 그 이유는 특히 1530년대에 헨리가 파문당했을 때 영국과 이탈리아 사이에서 여행이 크게 줄었기 때문이다. 따라서 르네상스 개념은 뒤 세르소의 그림, 필리베르 드 로르메의 이론, 그리고 장 브레드만 드 브리스의 패턴 서적을 통해 주로 프랑스와 네덜란드를 거쳐 영국으로 들어왔다.

테라스, 그로토, 조각상, 분수, 수경 시설 같은 특징들이 정원에 단편적으로 나타나기 시작했다. 엘리자베스 1세는 윈저 성에 훌륭한 테라스를 설치했는데, 영국 최초로 난간으로 된 경계를 만들었다. 워릭셔 주의 케닐워스 성Kenilworth Castle에서 레스터 백작 로버트 더들리는 자신을 꺼리는 여왕에게 대리석 분수, 오벨리스크, 조각상 등 모두 상징적 중요성이 가득한 것들로 구애했다. 또 다른 조신朝臣 크리스토퍼 해튼은 여왕을 맞이하기 위해 '기분 좋고, 달콤하며, 웅장한' 정원을 만들었다. 그곳에는 '여러 산책로와 많은 오르막과 내리막'이 있었다. 가장 위대한 것은 1575년부터 10년 넘게 만들어진 버글리 남작 윌리엄 세실William Cecil의 시어볼즈Theobalds 정원이었다. '엄청난 크기'의 이 정원은 그 시대의 호화로운 장식으로 유명했다. '흰색 대리석으로 만든 열두 명의 로마 황제'와 '대포, 깃발, 돛으로 완성되어 물 위에 떠 있는… 작은 배 모양'의 분수가 있었다. 이 분수는 묘하게도 빌라 란테에 있는 분수처럼 여겨진다. 모라비아에서 온 방문객 발트슈타인 남작이 1600년에 저술한 일기를 통해 초기 정원들의 모습을 엿볼 수 있다. 그는 바위 또는 '다양한 반투명 돌로 만들어진' 그로토 위에 매달려 방심하고 있던 방문객에게 물을 뿌리는 물놀이 분수, 프라톨리노의 연못과 비슷한 관상용 연못 모퉁이에 있는 나무로 만든 물레방아를 묘사한다.

하지만 어느 것도 살아남지 못했다. (2009년에 케닐워스 정원이 조심스럽게 재현되긴 했다.) 정책상의 문제로 많은 궁중 정원이 1642-1651년의 영국 내전 기간에 파괴되었다. 다른 정원들은 18세기 경관 혁명의 희생물이 되어(8장 참조) 현재는 고립된 파편들만이 남아 있다. 하지만 르네상스의 목가적 사상이 얼마나 완전하게 엘리자베스 왕가의 영국에 흡수되어 왔었는지를 알려 주는 방대한 문헌이 존재한다. 중세 시대의 정신은 자연 또는 시골 생활에서 감탄할 만한 것을 발견하지 못했으나 우리는 스펜서와 시드니, 존슨과 말로의 시 속에서, 그리고 셰익스피어의 시와 희곡 속에서, 그리고 정원에서 매우 자주

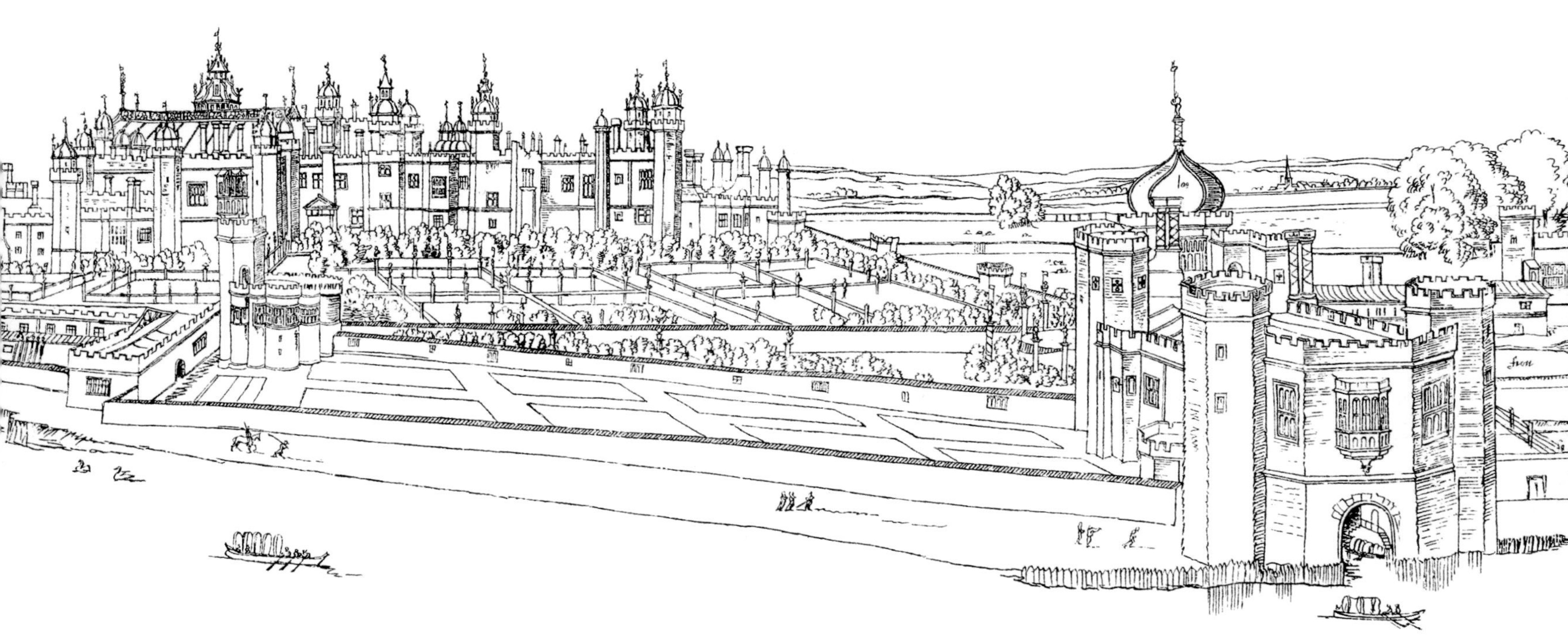

▲ 햄튼 코트 궁전Hampton Court Palace 스케치로, 필립 2세를 수행하며 여행했던 네덜란드의 화가 안토니 반 덴 윈게르데가 1588년에 그렸다. 실제 영국 정원에 관해 알려진 최초의 그림으로, 일군의 문장 동물들과 함께 헨리 8세의 프리비 가든의 경관을 선명하게 보여 준다.

열렸던 화려한 궁중 가면극에서 평온과 풍요로움이 가져다주는 단순한 삶에 대한 상상력을 발견할 수 있다. 즉 자연이 친절함을 베푸는 특별한 세상과 땅과 가까이 지내는 삶은 즐겁고 고결하다는 것이다. 이와 같은 인식은 점진적으로 정원이 무엇을 할 수 있고 또 어떤 모습이어야 하는지 대한 이해를 변화시켰을 것이다.

엘리자베스 1세 집권 시기에 셰익스피어의 『햄릿』과 존 다울런드John Dowland의 슬픈 노래에서 전형적으로 볼 수 있는 멜랑콜리의 매력이 뿌리내렸고, 17세기에 탄력을 받아서 18세기 후반에 아주 심오한 영향을 미치게 되었던 감성에 대한 숭배를 예시했다. 사실 여러 면에서 튜더 왕가의 정원은 18세기 정원의 정신과 매우 가깝다. 노샘프턴셔에 있는 리베덴 뉴 빌드Lyveden New Bield에서 가장 분명히 볼 수 있다. 특별한 느낌으로 잊을 수 없는 유적으로 살아남은 이곳은 튜더 왕가 정원의 열망만이 아니라 18세기 장인들과 필적할 만큼 지형을 잡고 물을 다루는 데 정통함을 보여 준다. 리베덴은 1590년대 시작되었지만 완성되지 않았다. 그럼에도 영국에서 가장 먼저 정원이 어떻게 복잡한 서사를 만들어 내고 강력한 개인적 표현 수단을 제공할 수 있는지를 놀랍도록 섬세하게 보여 준 사례다.

토머스 트레샴 경은 20여 년 동안 천주교 신앙에 대한 처벌로 감옥 또는 가택 연금에 처해졌는데, 교묘한 저항 행위로 자신의 믿음을 알리는 정원을 만들어 스스로를 위로했다. 그는 정원이 완성되기 전에 죽었고, 이후 400년 동안 리베덴 뉴 빌드('새로운 건물')에 있는 집과 정원은 아무도 손대지 않은 채 나무들과 덤불 아래 사라졌다. 1990년대 들어 복원이 시작되었을 때, 그곳에서는 홀든비Holdenby와 시어볼즈 같은

▲ 노샘프턴셔에 위치한 리베덴 뉴 빌드 정원 별장은 토머스 트레샴 경의 죽음 이후 1605년 남겨진 모습 그대로 미완성인 채로 있다. 4세기가 지난 후 복원 작업이 시작되어 원래의 언덕, 테라스, 물길이 모습을 드러냈다.

튜더 왕가 정원의 규모와 복잡성을 분명히 보여 주는 놀라운 유적이 드러났다. 트레샴은 이에 대해 거의 확실히 알고 있던 것이다.

정원은 언덕 기슭에 있는 가족 저택으로부터 과수원, 테라스, 언덕, 운하를 통해 맨 꼭대기 뉴 빌드까지 오르는 '순례지'로 계획되었다. 표면적으로는 '비밀의 집' 또는 가족들의 은신처였지만 실제 목적은 영적인 안식처, 그리고 심지어는 비밀리에 미사를 집전할 수 있는 장소로 이용하기 위함이었다. 당시에는 반역죄로 사형에 처해질 수도 있는 위험한 행위였다. 정원은 (십자가의 길을 연상케 하는) 7개의 테라스를 통해 올라가며 세심하게 구성된 전망들을 펼쳐 보여 주는데, 각각은 풍부하게 연계되어 있다. 길을 따라 넓은 과수원, 과일나무와 장미가 식재된 미로(하느님의 은총에 의해 인도되는 이 세속적 삶을 통해 가는 길을 의미한다), 그리고 갈보리Calvary(*골고타 언덕)를 연상시키는 나선형 언덕이 있었다.

오르막길은 십자형 별장lodge에서 절정을 이루었다. 트레샴이 러쉬톤 인근에 지은 삼각형 별장처럼 암호화된 건물로, 신앙의 진술을 통해 '읽을' 수 있는 삼차원 숫자 퍼즐이었다. 표징과 비율은 숫자 7과 5를 기준으로 한다. 5는 그리스도의 상흔의 숫자이며, 7은 칠고七苦의 성모, 십자가의 길(14개의 처소는 18세기까지 통용되지 않았다), 그리고 7개의 수난 도구들을 나타낸다. 이렇게 별장과 정원은 함께 그리스도의 수난을 기렸고, 그들 자신의 고통과 함께 박해받는 가톨릭 신자들에 의해 긴밀하게 확인되었다.

프랜시스 베이컨: 우리 시대의 에세이

FRANCIS BACON: AN ESSAY OF OUR TIME

프랜시스 베이컨Francis Bacon(1561-1626, 왼쪽 초상화)은 제임스 6세 겸 1세이자 대법관이라는 높은 지위까지 올랐지만 나중에 부패로 탄핵된 암울한 인물이다. 오늘날에는 문학, 철학, 과학에 관한 저술로 기억된다. 또한 조국 영국에서 경험 과학의 아버지로 칭송받아 왔다. 베이컨 이전에는 무언가가 사실이라는 증거는 절대 권위자의 발언이었다. 초기 세기에는 성경 또는 교부敎父, 나중에는 그리스 또는 로마의 사상가들이 그 역할을 했다. 그러나 베이컨은 스스로 알 수 있다고 믿었고, 제임스 1세 시대 때 급속 냉동 실험의 일환으로 닭고기 속을 눈雪으로 채우는 동안 감기에 걸려 죽었다고 알려져 있다. 에세이 『정원에 관하여Of Gardens』로도 기억된다. 이 저술은 다음의 격언으로 시작한다. '전능하신 하느님이 처음 정원을 만드셨으며, 그것은 인간의 가장 순수한 기쁨이다. 정원은 인간 영혼에 최고의 청량제로 그것이 없이는 건물과 궁전도 조잡한 수공품에 불과하다….'

1590년대에 자신이 만든 정원에서 베이컨은 선구자 같은 존재로서 영국 최초의 가로수 중 일부를 식재했다. 또 코페르니쿠스 이전의 경험 세계를 대표하는 트위크넘 공원Twickenham Park에 우화 정원을 만들었다. 1602년에는 하트퍼드셔에 있는 고함베리Gorhambury를 상속받았는데, 여기에 담장으로 둘러싸인 물의 정원을 만들었다. 베이컨은 로버트 세실Robert Cecil의 델Dell처럼 정사각형으로 해자를 둘렀으며, 부분적으로는 자신이 방문했던 가이용과 퐁텐블로의 정원에서 영감을 받았다. 고함베리의 주요 특징은 정사각형 호수에 조성된 거대한 섬에 지어진 연회장 건물이다. 건물 바닥은 색 자갈로 장식되었다.

그럼에도 그가 상상했던 정원은 훨씬 더 옛날 방식으로, 튜더 왕가의 주제를 상기시키는 것이다. 베이컨은 '타르트(*프랑스식 파이 종류의 하나) 장식에서 많이 볼 수 있는' 매듭 정원, 또는 '어린이를 위해 존재하는' 토피어리 형상을 위한 넓은 산책로, 낮은 생울타리와 피라미드, 장식용 나무 기둥, 그리고 '멀리 들판을 바라볼 수 있는' 연회장 건물이 꼭대기에 위치한 10미터 높이의 언덕을 추천했다. 야심찬 물의 정원사였던 베이컨이 연못을 반대했다는 부분은 의아하다. 그는 연못이 '정원을 비위생적으로 만들고, 파리와 개구리로 드글거리게 한다'고 충고한다. 베이컨은 이상적인 정원을 발견하기 위해 노력하면서도 향인가목 덤불, 인동, 야생 덩굴이 있는 자연의 '야생성'에 대한 인정과, 강한 틀 안에 담긴 비정형식 식재에 대한 20세기 욕망을 예상케 하는 정돈된 선들에 대한 욕망 사이에서 흔들렸다. 가장 흥미로운 것은 일 년 내내 흥미와 향기를 제공할 식재의 월별 안내서다. 그의 목표는 육체와 정신을 모두 새롭게 할 수 있는 영원한 봄을 만드는 데 있었다. 17세기 정원에서 점점 중요성이 커져 가는 주제였다.

이탈리아의 장면을 연출하다 Italy Sets the Scene

언덕, 터널, 트렐리스 정자 같은 중세 시대의 정원이 갖는 특징들은 제임스 1세 시대에 와서도 오랫동안 남아 있었다. 프랜시스 베이컨의 이상적인 정원에 대한 설명은 대부분 시어볼즈에 있는 로버트 세실의 정원에 기초를 둔다. 하지만 세기가 바뀌면서 이탈리아의 영향력이 더욱 뚜렷해졌다. 1615년 무렵에 건축가 이니고 존스Inigo Jones는 런던의 아룬델 경이 이탈리아에서 수집했던 고대 조각상들을 위한 배경으로 아룬델 하우스를 리모델링했다. 또한 정교한 궁중 가면극을 위해 이탈리아 건물과 경관을 바탕으로 한 무대 풍경을 제공하기도 했다. 제임스 1세의 아내이자 가면극에 관심이 많았던 앤 덴마크 여왕이 도입한 새로운 유행이었다.

이제 정원은 상징적인 의미를 얻었으며, 인간 사회를 조화로운 질서로 빚어내기 위한 은유를 창조했다. 1638년 가면극 《루미날리아Luminalia》에 등장하는 분열과 혼돈의 장면은 샤를 1세의 아내인 헨리에타 마리아 여왕 자신이 발견된 기쁘고 평화로운 정원으로 바뀌었다. 이처럼 정원은 왕실의 존재를 사회적 화합과 통치의 기술과 연결시켰다. 이니고 존스가 디자인한 풍경은 제작에 많은 비용이 들었지만 실제 정원보다는 훨씬 저렴했다. 무엇보다 동시대인들로 하여금 새로운 정원 개념에 눈뜨게 해 주었다. 여기에는 그가 이탈리아에서 관찰했던 많은 요소가 집결해 있었다. 장식적 요소들에 관한 엄청난 용어들을 비롯하여 프라톨리노의 그로토, 알도브란디니와 프라톨리노의 산을 포함한 다양한 버전의 파르나소스 산, 루카 인근 빌라 가르초니Villa Garzoni의 맨 위에 있는 테라스에서 소라고둥을 불고 있는 명예의 조각상 등이다.

물은 제임스 1세 시대의 정원에서 훨씬 더 중요한 요소가 되었다. 이탈리아에서 영감을 받은 분수대와 정교한 그로토는 이탈리아에서 기술을 습득한 엔지니어들에 의해 조성되었다. 1608년 무렵에 시어볼즈를 하트퍼드셔의 해트필드에 있는 새로운 궁전으로 바꾸도록 왕의 명을 받은 로버트 세실은 이스트 가든에 계단식 분수를 만들기 위해 살로몽 드 코Salomon de Caus를 고용했다. 해트필드에 위치한 델은 해자를 두른 정사각형 정원으로 된 물의 파르테르로, 자연적인 개울에 의해 둘로 나뉘어 2개의 삼각형을 만들었다. 이곳을 방문한 프랑스인 몽시외르 드 소르비에르는 1613년 해트필드에서 보낸 어느 저녁을 이렇게 묘사했다. '우리는 초록 대지가 보이는 홀에서 식사했는데, 거기에는 2개의 분수대가 있고 옆쪽에 에스팔리에가 자라고 있었다… 이 테라스에서는 거대한 물의 파르테르 전망을 즐길 수 있다… 또한 강물이 파르테르로 들고 나는 곳은 회양목 종류가 개방되어 있고, 그 주변엔 의자들이 있는데, 여기서 엄청난 수의 물고기들이 물속을 드나드는 것을 볼 수 있다. 물은 매우 맑아서 그들은 무리 지어 다니며 그곳의 모든 기쁨을 즐긴다.'

물의 마법사: 드 코 형제 Wizards With Water: The de Caus Brothers

살로몽 드 코(1576년경-1626)는 프랑스 위그노교도 형제 가운데 한 사람으로, 유럽 정원에 주목할 만한 영향을 미쳤다. 영국에 도착하기 전에는 이탈리아의 위대한 르네상스 정원을 연구하던 박식가였다. 그는 영국 왕자들에게 시각 중심적 시점에 관한 새로운 과학을 가르쳤고, 음악과 해시계와 수력학에 관한 도서를 저술했을 뿐만 아니라 온갖 기발한 장치를 설계했다. 그중에는 1세기에 융성했던 알렉산드리아학파의 작품을 이용한, 말하는 조각상과 물의 오르간도 있었다. 일부는 1615년에 출간된 저술 『동력의 원인Les Raisons des Forces Mouvantes』에 묘사되었는데, 증기 엔진의 초기 버전도 포함되었다.

살로몽은 영국에서 앤 덴마크와 그녀의 아들 웨일스 공 헨리를 위해 일했다. 서머셋 하우스Somerset House에 있는 여왕을 위해 기념비적인 분수를 제작했다. 이것은 여왕의 영국식 파르나소스 산으로, 영국의 주요 강들을 대표하는 4대 강의 신들을

◀ 1631–1635년에 아이작 드 코가 설계한 윌튼 하우스의 정원은 정방형의 정형식 파르테르, 엄격한 대칭형 배치로 뚜렷한 이탈리아풍 정원의 모습이다. 하지만 주 산책로 양쪽으로 규칙적으로 식재된 패턴과, 나더 강이 디오니소스와 플로라 조각상의 대칭적 배치를 거스르면서 야생의 숲을 통과하는 코스를 따라 자연스럽게 굽이치며 흐르도록 허용된 것은 이례적인 일이었다.

지지한다. 여러 뮤즈들, '바다의 돌', '홍합', '달팽이', '기이한 식물'로 장식되었으며 가장 꼭대기에는 황금 페가수스가 자리했다. 리치먼드에 있는 헨리의 궁전을 위해서는 프라톨리노의 거인과 맞설 만한 거대한 조각상을 템스 강 한가운데 앉힐 것을 제안했다. 그러나 이 계획은 1612년에 헨리의 이른 사망으로 중단되었다. 얼마 지나지 않아 헨리의 여동생 엘리자베스가 라인 강의 팔라틴 선제후 프레데릭 5세와 결혼하자 그녀와 동행하여 하이델베르크로 향한다. 살로몽은 그곳에서 유럽에서 가장 유명한 정원을 만들었다(176쪽 참조).

살로몽의 형인 아이작 드 코는 영국에 남았다. 아이작은 베드포드 백작부인, 루시 해링턴을 위해 무어 파크Moor Park에서, 그리고 영국에서 가장 영향력 있는 이탈리아 양식 정원이 된 윌트셔의 윌턴에서 일했다. 1630년대에 만들어진 이 정원은 가운데로 올라가는 넓은 산책로를 포함하여 세 부분으로 나뉘어 있다. 첫 번째는 4개의 '자수 화단'이 몰레 양식으로 구성되었다. 낮은 테라스에서 바라볼 수 있도록 설계되었고, 4개의 '대리석 조각상 분수'로 장식되었다. 두 번째 부분은 '야생지'였는데, 야생의 장소라기보다는 홀로 천천히 거닐 수 있는 곳이었다. 규칙적으로 식재된 나무숲 사이로는 산책로가 나 있었고 바깥쪽 가장자리에는 퍼걸러 또는 터널이 경계를 이루고 있었다. 높은 테라스 아래 마지막 부분은 로마 시대 경마장처럼 생긴 공간에 과일나무들이 그려져 있었는데 가장자리를 따라 '덩굴로 덮인 정자들'이 더 많이 있었다.

뒤쪽으로는 언덕이 원형 경기장 모양으로 만들어졌는데, 숲속으로 들어가는 길은 마르쿠스 아우렐리우스(로마 카피톨리노에 있는 원본으로부터 주조했다) 기마상에서 끝났다. 폭포는 물에 관한 이탈리아의 익숙한 주제인 페가수스로 장식되었다. 하지만 윌턴 정원이 이토록 유명해지게 된 이유는 테라스 아치 아래 자리 잡은 그로토 때문이었다. 아이작은 수압을 이용하여 여러 가지 극적 효과를 내는 속임수들을 설치했다. 눈물을 흘리는 듯한 신들과 반은 인간이고 반은 물고기 모습인 해신들tritons, 예상치 못한 사람들을 적시는 무수히 많은 물 분사기, 그리고 무지개를 만드는 비밀 장치가 포함되었다. 수십 년 후에 지칠 줄 모르는 열정을 지닌 정원 여행가 셀리아 파인즈Celia Fiennes는 이곳을 방문하고는 '나이팅게일과 온갖 새들의 노랫소리'에 이끌려 방으로 들어가던 중에 입구에 숨겨진 파이프라인 때문에 물에 흠뻑 젖었다고 기록했다.

매듭 정원, 잔디와 화단

KNOTS, GRASS AND PLATES

프랑스풍의 아라베스크와 소용돌이 장식이 영국에 오기까지는 오랜 세월이 걸렸다. 튜더 왕가(1485-1603)의 정원사들은 덜 정교한 매듭 정원knot garden을 선호했다. 매듭 정원은 중세 정원의 기능적인 직사각형 화단을 대체한, 복잡하게 얽혀 있는 디자인을 총칭한다. 일반적으로 곽향*Teucrium*, 산톨리나*Santolina*, 너도부추*Armeria*, 또는 로즈마리 같은 작고 향기로운 상록성 식물들이 엮여 매듭을 이룬다. (로마 시대에 널리 이용되었던 회양목 종류는 1595년에 이르러서야 다시 도입되었다.) 매듭 사이의 빈 공간은 꽃으로, 매듭이 더 복잡한 곳은 색 모래나 돌로 채워질 수도 있었다. 패턴은 카펫이나 의류의 자수, 석고나 띠 장식, 또는 가죽 제본과 정교한 장신구에서 영감을 얻었다. 1594년 토머스 힐Thomas Hill은 가드닝에 관한 영국 최초의 대중서 『정원사의 미로Gardener's Labyrinth』에서 프랑스 자수 장식을 소개했다. 가든 디자인에서는 모퉁이 또는 중심부에 식물의 덩굴손을 닮은 '트레일trayle'을 이용했다.

1560년 엘리자베스 1세의 고문 윌리엄 세실은 시어볼즈 별궁에 9개의 정사각형 매듭 정원을 가지고 있었다. 하나는 '꽃을 선택하여 심고', 나머지는 문장紋章을 매듭으로 표현하거나 더욱 단순하게는 '간격과 좁은 길 부분을 모두 잔디 매듭으로 보기 좋게 장식'했다. 잔디는 특정 패턴을 만드는 데 점점 더 많이 사용되었다. 1599년에 햄프턴 코트를 방문한 독일인 토마스 플래터는 프리비 가든Privy Garden에 있는 정사각형 정원을 기록했다. 이곳은 붉은 벽돌 가루, 하얀 모래, 잔디로 패턴을 만들어 체스 판처럼 조성되었다. 사람 모양으로 만든 정교한 토피어리도 있었다.

반면 프랜시스 베이컨은 1645년 쓴 에세이에서 '다양한 색깔을 입힌 흙'을 이용한 매듭 정원을 무시했다. 그가 생각하는 이상적인 정원은 우리가 오늘날 잔디lawn라고 부르는 것을 가진 정원이었다. '녹색 잔디가 곱게 깎여 있는 것만큼 눈을 즐겁게 하는 것은 없기' 때문이었다. ('잔디lawn'라는 말은 1548년 영국에 처음 등장했는데, '파크parke 또는 포레forret처럼 나무들이 있는 공터'를 뜻하며, 18세기 초까지는 정원에 사용되지 않았다.)

잔디grass는 관상 목적으로 이전부터 사용되었다. 엘레오노르 여왕은 1245년 윌트셔의 클라렌든Clarendon에 인공적으로 조성된 '잔디밭grass plot'을 가지고 있었다. 에드워드 1세 재위 기간에는 잔디 볼링장이 사용되었고, 튜더 왕가 시대에는 잘 다듬어진 잔디 볼링장이 귀족들의 정원에서 필수 요소이자 특징이었다. 1613년 무렵에 저베이스 마크햄은 『영국 농부The English Husbandman』에서 '밟지 않은 잔디'와 '잘 엮여 있는 자갈'에서 볼 수 있는 녹색과 노란색의 조합은 '모든 비교 대상을 뛰어넘는 빛과 기쁨을 선사한다'라고 썼다. 훗날 윌리엄 템플 경도 동감했는데, 그는 1680-1690년 무어 파크에 정원을 만들었다. '우리 정원의 아름다움과 우아함에 기여하는 두 가지 특별한 점이 있다. 산책로의 자갈, 그리고 거의 영구적으로 푸르른 질 좋은 잔디다.' 이 대목에서 영국 정원은 비할 데가 없었다. 심지어 샤를 2세 시대의 정원사 앙드레 몰레도 영국이 '다른 나라들을… 잔디 관리 기술, 즉 잦은 잔디 깎기mowing와 다짐 작업rolling에 의한 아름다운 효과에 있어' 모두 제쳤다고 인정했다.

근면함이 전부는 아니었다. 잔디는 영국 제도의 온대 기후에서 잘 자라나 회양목 또는 꽃의 정교한 패턴을 성공적으로 대체할 수 있게 해 주었다. 일반적으로 중앙의 조형물들을 둘러싸며 배치되는 4개의 잔디 화단 패턴은 영국식 파르테르의 주된 디자인으로 남았다. 1630년대부터 파르테르 아 랑글레즈parterre a l'Angloise가 가장 웅장한 정원에 채택되었다. 프랑스에서 영감을 받은 왕정복고의 정원은 어마어마한 규모의 잔디와 자갈의 패턴에 의존했다. 17세기 말 독일풍 정원은 더욱 사적인 느낌으로, 매듭 정원은 플라테 반데plate-bande(꽃 화단)로 장식된 잔디밭으로 대체되었다. 1995년에 복원된 햄프턴 코트의 프리비 가든은 1702년의 모습을 정확히 보여 주었다. 높이 올린 테라스와 자갈이 깔린 산책로가 있었으며, 플라테 반데와 가종 쿠페gazons coupés(잔디를 잘라 내어 기하학적 디자인으로 만든 패턴)에는 꽃들이 드문드문 배열되었다.

▶ 1685–1686년에 제이콥 로마노가 네덜란드의 윌리엄과 메리 부부의 사냥 별장으로 지은 헤트 루는 1689년 이후 왕궁이 되었다. 호화로운 정원은 다니엘 마로가 르네상스 양식으로 설계했지만, 본궁 아래쪽의 평평한 테라스는 자갈과 흙으로 이루어진 프랑스식 회양목 브로더리의 복잡한 아라베스크 문양으로 장식되었다.

▲ 하이델베르크에 있는 호르투스 팔라티누스Hortus Palatinus(*팔츠 정원)는 1618–1621년에 살로몽 드 코가 젊은 팔라틴 선제후 프레데릭 5세와 그의 영국인 신부 엘리자베스 스튜어트 공주를 위해 설계했다. 알프스 산맥 북쪽에 조성된 몇 안 되는 '이탈리아풍' 정원 중 하나다. 그러나 미처 완성되지 못했고, 고작 몇 년 동안만 존치되다가 30년 전쟁 기간 동안 대부분이 파괴되었다. 루이 14세의 군사 작전 기간 동안에는 더 많은 훼손이 발생했다. 몇몇 거대한 테라스만이 이곳이 지녔던 과거의 웅장함을 상기시킨다. 드 코는 1620년에 출간된 자신의 책 『호르투스 팔라티누스』에 정원 건축물들을 기록했다. 주요 특징으로 네카르 강 위에 세워진 거대한 옹벽, 생울타리와 퍼걸러로 구획된 테라스들, 미로, 가제보gazebo(*정원용 정자), 그로토, 그리고 헤라클레스의 말하는 조각상이 포함되었다. 수경 시설도 장관이었다. 수명이 짧았음에도 팔츠 정원은 '세계 8대 불가사의'로 찬사를 받았다. 자크 푸키에르가 그린 이 그림은 1620년 전에 그려졌다. 그의 그림은 계획되었지만 실현되지 못한 정원의 요소들을 포함하고 있을지 모른다.

복원된 정원들: 프랑스와 네덜란드의 영향

Restoration Gardens: French and Dutch Influence

오랜 코먼웰스Commonwealth(*1649-1653년의 영국의 공화정) 기간 동안에 샤를 2세는 사촌 루이 14세와 함께 은신처를 찾았다. 영국에서는 르네상스 시대의 원칙에 따라 만들어진 궁중 정원들이 잉글랜드 내전 동안 대부분 파괴되었다. 1660년의 왕정복고는 새로운 시작을 약속했고, 그 기조를 정한 것은 르 노트르 양식의 정원이었다.

1640년 윔블던 하우스에서 샤를의 어머니인 헨리에타 마리아 여왕을 위해 일했던 앙드레 몰레는 샤를의 왕정복고가 있은 지 몇 달 안에 런던으로 돌아와 세인트 제임스 파크의 운하를 파내는 작업을 감독하고, 화이트홀과 햄프턴 코트의 작업을 관장했다. 햄프턴 코트에는 라임나무 가로수 길이 양옆으로 식재되어 있는 더욱 웅장한 운하가 지평선까지 뻗어 새로운 시대의 시작을 알렸다. 샤를 2세의 아내가 되기 위해 포르투갈에서 온 브라간사의 캐서린을 환영하기 위해 계획된 운하와 가로수 길은 새 여왕이 금빛 발코니에서 바라볼 수 있는 경치의 일부였다.

그 후 30년 동안 독특한 영국풍 바로크 양식에 따라 전국적으로 사유지의 '개선'이 일어났다. 요하네스 킵Johannes Kip과 레오나르드 크니프Leonard Knyff의 조감도에서 익히 볼 수 있는 풍경이었다. 이들은 거대한 프랑스식 축을 가진 가로수 길이 집으로부터 방사상으로 뻗어 멀리 있는 시골 지역까지 이어지는 모습을 보여 주었다. 식재는 기하학적 블록 형태로 배치되었고, 집 아래로는 관상용 파르테르가 배치되어 위에서 내려다보며 감상할 수 있었다. 그 너머에는 야생의 숲이나 과수원, 높이 올린 산책로와 테라스, 그리고 어쩌면 그로토도 있었을 것이다. 이는 광대한 규모에 적합한 스타일이었다. 가령 배드민턴 하우스의 진입로는 4킬로미터에 달했다.

1688년의 명예혁명 이후로 프랑스보다 더 사적이고 덜 거창한 독일 양식이 유행했다. 주도자는 열정적인 왕실 정원사 부부 윌리엄 3세와 메리 2세였다. 17세기 동안 젊은 네덜란드 공화국은 아주 부유해졌다. 네덜란드 시민들은 해외를 여행하며 이탈리아의 르네상스 정원과 프랑스에서 앙드레 몰레와 앙드레 르 노트르가 작업하는 것을 발견했다. 네덜란드에서 르네상스 디자인은 평평하지만 숲이 없는 경관과 훨씬 더 작은 규모의 사유지에 맞게 변형되어야 했다. 네덜란드의 해안 간척지를 가로질러 불어오는 얼음같이 차가운 바람을 막기 위해 정원은 높은 생울타리로 둘러싸였다. 주변 시골 풍경은 세심하게 고안된 클레어부아claire-voie(*철제 가림막, 문, 그릴, 격자창 등 울타리에 난 작은 창. 이를 통해 바깥 경치를 즐길 수 있음)를 통해 내다볼 수 있었다. 이렇게 제한된 공간을 장식하기 위해 화분에 식재된 식물과 토피어리가 사용되었다. 네덜란드에서는 물이 콸콸 쏟아지는 분수를 갖춘 광대한 프랑스 정원이 너무 부담스러운 존재였다. 그들은 광대한 수면 대신에, 경관을 십자 형태로 교차하는 아주 흔한 배수로를 개조하여 유리 같은 관상용 운하로 만들었다. 무엇보다 거기에는 꽃들이 있었고 튤립만큼 높이 평가되는 꽃은 없었다.

영국에서 채택된 소박한 네덜란드 스타일은 글로스터셔의 웨스트베리 코트Westbury Court에서 완벽하게 볼 수 있다. 이 지역의 부유한 상인 메이나드 콜체스터는 1696-1705년에 새로운 스타일의 정원을 조성했다. 그의 정원에는 양옆에 키가 큰 생울타리와 토피어리가 있는 운하가 높은 벽돌 파빌리온으로 이어지는데, 또한 주변을 둘러싼 과수원과 파르테르를 감상할 수 있는 즐거운 전망을 제공한다. 10년 후에 추가된 철제 클레어부아는 인접한 들판에 식재된 가로수 길과 함께 정원 바깥의 경치를 볼 수 있게 해 주었다. 모든 담장에는 과일나무가 유인되어 있고, 화단은 꽃으로 화사하다. 이는 평화와 풍요를 느끼게 하는 매력적인 이미지다.

킵과 크니프의 조감도

THE BIRD'S-EYE VIEWS OF KIP AND KNYFF

영국에서는 18세기 초 이전에 개발되었던 대부분의 중요한 정형식 정원들이 향후 100년에 걸친 새로운 풍경식 정원 운동의 열풍이 부는 기간 동안 사라졌다. 하지만 우리는 헨드릭 단케르츠Hendrick Danckerts, 요하네스 보르스테르만스Johannes Vorstermans, 그리고 특히 네덜란드 태생의 2인조 레오나르드 크니프와 요하네스 킵의 조감도를 통해서 1700년까지 적어도 300개 이상의 정원이 존재했다는 사실을 알고 있다.

레오나르드 크니프(1650-1722)는 화가였고 요하네스 킵(1653-1721년경)은 지형적 경관에 특화된 판화 작가였다. 그들은 함께 작업하여 1707–1709년에 『브리타니아 일루스트라타 또는 여왕의 궁전의 몇몇 전망들, 또한 80개의 동판에 정교하게 새겨진 그레이트 브리튼의 귀족과 상류층의 본고장에 관하여Britannia Illustrata Or Views of Several of the Queens Palaces, as Also of the Principal seats of the Nobility and Gentry of Great Britain, Curiously Engraven on 80 Copper Plates』라는 매우 인상적인 제목의 저술을 출간했는데, 이 책은 나중에 『그레이트 브리튼의 새로운 극장Nouveau Théâtre de la Grande Bretagne』이라는 제목으로 재출간되었다. 이 책들에서 광범위하게 펼쳐진 조감도는 집 주변 정원들과, 숲을 통과하며 방사상으로 나 있는 가로수 길의 기하학적 단지를 보여 주면서 부지 전체에 대한 아름다운 지도 역할을 한다. 또한 각 후원자의 자산 규모와 기품을 드러낸다. 후원자들은 조감도를 타운 하우스에 걸어 둠으로써 초대장을 발행하는 번거로움 없이 자신의 재력과 취향을 광고하는 수단으로 삼았다. (요하네스 킵은 세인트 제임스 파크(1719)의 유명한 판화뿐만 아니라 글로스터셔(1712)와 켄트(1719) 자치주의 역사를 위해 이와 유사한 도판을 제작했다.)

이와 같은 지형적 조망은 다소 공상적이어서 지상의 현실보다는 후원자의 포부를 보여 준다는 설이 오랫동안 제기되어 왔다. 하지만 바스Bath 인근 디럼 공원Dyrham Park(왼쪽 이미지)에서 반증되었다. 킵의 판화는 정원 고고학을 통해 세부 사항까지 철저히 확인됨으로써 이제 주된 복원의 토대를 형성한다. 1710년에 윌리엄 블래스웨이트가 의뢰한 이 조망도는 정원을 아주 상세히 기록한다. 심지어 원래의 식재 계획을 재현하는 것조차 가능하다. 킵의 안내에 따라 복원 팀은 원래의 연못과 운하의 윤곽을 밝혀냈고, 야외 학습을 위한 회전식 '캐비닛'의 기초를 발견했으며, 플라워 보더를 원상 회복시켰고, 정원 한편에 전망 테라스를 복원했다. 그러나 공원에 위치했던 2개의 정교한 트렐리스 구조물의 목적 같은 특정 미스터리는 여전히 풀리지 않은 채로 남아 있다.

윌리엄 블래스웨이트는 윌리엄 3세(1650-1702)의 수석 보좌관 자격으로 유럽의 가장 웅장한 정형식 정원들을 방문했다. 이 과정에서 헤트 루에 장기간 머물 기회를 가졌다. 1691년부터는 디럼에 중요한 네덜란드 정원을 만들었는데 영국에서는 마지막임이 거의 확실하다. 그가 죽은 지 채 몇 년이 안 되어 파르테르는 잔디로 덮였고, 분수는 멈추었으며, 석조물은 매각되었다. 여기 보이는 영국의 가로세로 정원에서처럼 킵의 판화는 웅장함이 존재했다는 유일한 단서로 남게 되었다.

윌리엄과 메리 William and Mary

윌리엄 3세와 메리 2세 부부는 영국 왕위에 오른 후 햄프턴 코트의 오래된 정원을 헤트 루 궁이 떠오르는 스타일로 대대적으로 바꿨다. 1684년에 계획된 가장 위대한 이 네덜란드 정원은 제이콥 로마노Jacob Romano가 지은 우아한 사냥 별장 주변에 만들어졌다. 정원과 인테리어는 낭트 칙령의 폐지에 따라 네덜란드로 도망친 프랑스 위그노교도 중 하나였던 다니엘 마로Daniel Marot(1661-1752)가 설계했다. 정원 중심에는 부채꼴 모양의 호화로운 계단으로 들어갈 수 있는 거대한 침상원sunken garden(분지 정원)이 있다. 8개의 정사각형 화단으로 배열되었는데, 중앙에는 4개의 파르테르드 브로더리가 있었고, 바깥쪽 화단에는 꽃들이 중앙의 조각상을 둘러쌌다. 각각의 정사각형 주변에 조성된 회양목으로 가장자리를 두른 플라테 반데에는 한 종류의 희귀한 식물들이 마치 보석들처럼 식재되었다. 실개천과 분수, 목재 트렐리스를 타고 자라는 유럽서어나무 터널이 정원의 그림을 완성했다.

윌리엄과 메리는 재빨리 마로를 데려와 템스 강 기슭에 위치한 햄프턴 코트의 새로운 궁전에서 일하도록 했다. 이곳에서의 작업은 두 가지 구별되는 단계로 진행되었다. 첫 번째는 1689년부터 메리 여왕이 죽음을 맞이한 1694년까지였는데, 윌리엄은 아내를 잃고 상심에 빠졌다. 두 번째는 1698년부터 윌리엄 자신이 죽음을 맞이한 1702년까지다. 첫 단계에서 건축가 크리스토퍼 렌 경Sir Christopher Wren이 작업한 새로운 동쪽 진입로가 샤를 2세의 거리와 롱 워터에서 대각선으로 식재된 라임나무 거리와 함께 장식되었다. 다니엘 마로는 반원형으로 식재된 나무들 안쪽으로 광대한 파르테르를 새롭게 배치했다. 분수 정원이라고 이름 붙인 이곳에는 소용돌이무늬의 자수 화단, 가종 쿠페, 13개의 솟구치는 물 분사기jets d'eau가 있었다. 304주의 주목나무 오벨리스크, 그리고 24주의 구球 형태의 호랑가시나무를 포함하여 잘 다듬어진 상록수들이 길을 따라서 식재되었다. 전체 공간은 프랑스의 금속 세공사 장 티주가 만든 엄청나게 비싼 '철제 울타리'로 둘러싸였다. 1712년 이후에 이곳을 방문한 여행 작가 셀리아 피에네스Celia Fiennes는 다음과 같은 방문 소감을 기록했다. '넓은 자갈밭, 그리고 플뢰르 드 리스fleur-de-lys 문양을 낸 잔디밭을 네 구역으로 나누는 십자 교차로가 있는 첫 번째 정원의 집 옆에는 긴 운하와… 커다란 분수대가 있다.'

1690년경 프리비 가든에서부터 작업이 시작되었다. 측면 테라스를 넓히고 옛 연회장 건물과 탑을 서쪽 테라스에 있는 메리 여왕의 나무 그늘로 대체했다. 궁전의 아랫부분은 오랑주리가 되어 여름 동안 테라스에는 감귤류와 내한성이 약한 식물들이 배치되었다. 메리 여왕은 연못 정원에 흥미로운 식물 컬렉션을 마련했다. 궁전 북쪽에는 부시 공원Bushy Park과 야생의 숲으로 가는 새로운 길이 있었는데, 높게 다듬어진 생울타리 사이로 난 길들은 기하학적 네트워크를 이루었다. 두 번째 단계에서, 프리비 가든은 헨리 와이즈Henry Wise가 설계를 맡았다. 왕이 강을 더 잘 볼 수 있도록 정원은 3미터나 낮아졌다. 또 영국 정원에서는 보기 드문 대리석 조각상들이 장식 목적으로 수입되었고, 장 티주가 만든 더 많은 철제 스크린들이 전망에 프레임을 제공했다.

프리비 가든은 1995년에 1702년의 모습으로 세심하게 복원되었다. 또 19세기 초에 모래에 묻힌 헤트 루 역시 영국의 풍경식 정원에 자리를 내주기 위해 1980년대 초에 신중하게 복원되었다. 이제 완전히 성숙해진 이 두 정원은 네덜란드의 위대한 르네상스 정원을 진정으로 맛볼 수 있는 짜릿한 경험을 제공한다.

햄프턴 코트의 운영 책임자는 왕실 정원사 헨리 와이즈였다. 그는 파트너인 조지 런던George London과 브롬프턴 파크 너서리를 운영했다. 여기서 그들은 레오나르드 크니프와 요하네스 킵의 전경에 묘사된 거대한 방사상 길의 느릅나무, 라임나무, 마로니에를 재배했다. 또한 잘 다듬어진 알레와 토피어리에 필수인 주목나무, 유럽서어나무, 호랑가시나무, 파르테르를 위한 회양목, 그리고 길 또는 테라스에 놓을 화분을 위한 이국적인 식물들도 재배했다. 조지 런던과 헨리 와이즈의 정원은 유행의 최고 정점에 있었으며, 거의 30년 동안 영국의 귀족 정원을 독점했다.

다음 페이지: 크니프가 1702-1714년경에 그린 햄프턴 코트를 보여 주는 유화 작품이다. 오렌지 왕 윌리엄은 생전에 자신의 정원이 완성되는 것을 보지 못했다. 왕위를 박탈당한 그는 1702년에 죽음을 맞이했다.

프랑스 양식이 북유럽을 점령하다

French Style Conquers Northern Europe

자연에 대한 인간의 지배력은 민족 국가의 출현과 병행하여 증가하는 듯 보였다. 유럽의 다른 왕자들에게 있어 베르사유를 소유한 루이 14세의 사례는 잊히지 않았다. 그들은 르네상스 이탈리아에서 교황과 추기경들이 그랬듯 자신들의 웅대한 존엄성을 강화하기 위한 방법으로 정원을 바라보았다. 신성로마 제국의 분열은 당대의 독일과 대부분의 북유럽, 중부 유럽에 걸쳐 새로운 왕국, 공작의 영지, 선제후국, 대공이 다스리는 공국 등으로 이어졌다. 프랑스 고전주의의 조경 공식은 이와 같은 야심 찬 새로운 통치자들에게 국제적인 스타일을 제공했다.

1648년에 30년 전쟁을 이끈 개신교 사령관 구스타부스 아돌프 2세의 딸인 스웨덴의 크리스티나 여왕은 앙드레 몰레를 스톡홀름으로 소환했다. 몰레는 자신의 저술과 그가 프랑스의 왕실 정원에 조성한 거대한 파르테르 드 브로더리를 통해 스웨덴에 프랑스 양식을 소개했다. 한 세대 후인 1662년에 헤드비그 엘레오노라 여왕은 건축가 대大 니코데무스 테신Nicodemus Tessin the Elder에게 스톡홀름 서쪽 멜라렌 호수에 있는 섬에 새로운 궁전을 디자인해 달라고 의뢰했고, 테신의 아들 소小 니코데무스에게는 유럽에서 가장 화려한 바로크 정원 중 하나를 설계하도록 주문했다. 유럽에서 가장 북쪽에 위치한 광대한 물의 파르테르는 멜라렌 호수에 지어진 드로트닝홀름 궁전Drottningholms Palace이 '북부의 베르사유'라는 별명을 갖게 해 주었다. 물의 파르테르는 아드리안 데 프리스의 조각상으로 장식되었는데, 그 조각상은 스웨덴의 패배한 경쟁자가 프라하에 조성한 정원에서 루이 14세 스타일을 도용한 것이었다. 이 계획들은 의식적으로 앙드레 르 노트르의 정원을 모델로 했는데, 특히 샹티이를 본떴다.

드로트닝홀름으로 간 전리품 중에는 덴마크 왕의 여름 궁전이었던 프레데릭스보르 성Frederiksborg Castle에 있던 조각상들도 있다. 1700년에 프레데리크 4세(1671-1730)는 프랑스를 방문하는 중 앙드레 르 노트르의 정원에 매혹되었다. 샹티이와 마찬가지로 프레데릭스보르에는 중세 시대의 성이 호수 한가운데 위치했고, 호수에서 솟아오른 비탈에는 1720년대부터 화려한 테라스 정원이 새롭게 조성되었다. 경사가 급해서 웅장한 이탈리아풍의 물의 정원을 만들 수도 있었다. 언덕 꼭대기에서 물은 둥근 연못(실제로는 타원형)에 모아졌고, 그다음 라임나무들이 늘어선 긴 폭포 아래쪽으로 쏟아져 3개의 내리막 테라스를 지나 호수로 흘러갔다. 모노그램 형태의 파르테르와 작고 아기자기한 총림bosquet은 서로 시선이 맞물리며 양쪽에 대칭적으로 배치되었다. 즐거움을 위해 만들어진 이 정원은 45년 동안만 지속되다가 버려졌고, 이후 영국 스타일의 낭만적인 공원으로 바뀌었다. 1840년대 처음 제기된 테라스 복원은 1993년에서야 드디어 시작되었고 현재는 매우 아름다운 광경으로 완성되었다.

하지만 프레데릭스보르 성의 정원은 러시아의 차르 표트르 대제Peter the Great(1672–1725)의 여름 궁전이었던 페테르고프 궁전Grand Peterhof Palace 정원의 광대한 바로크식 배치에 비하면 초라하다고 할 수 있다. 프레데릭스보르 정원과 마찬가지로 오늘날 우리가 보는 페테고르프 정원은 현대에 재건된 모습이다. 제2차 세계대전 동안 궁전과 공원 대부분이 파괴되었기 때문이다.

1714년에 건축이 시작된 페테르고프 궁전은 바다에서 불과 610미터 떨어진 천연 테라스 위에 서 있다. 핀란드 만을 바라보며, 30킬로미터 떨어진 표트르 대제의 새로운 수도 페테르부르크까지 내다본다. 차르 자신은 정원의 초기 스케치 아이디어를 제공했고, 정원의 긴 산책로를 조성하기 위해 제거해야만 했던 나무들 중 일부를 자신의 도끼로 직접 베어 낸 것으로 알려졌다. 그의 영감의 원천은 베르사유였다. 페테르고프 궁의 테라스 위에 서 있는 표트르 대제는 루이 14세와 마찬가지로 자신이 살핀 모든 것의 주인이었다. (표트르 대제는 러시아의 현대화를 위해 서유럽을 두루 여행했다. 당시는 러시아에 사실상 정원이 없던 시기로 그는 이 여행을 통해 정원이 어떻게 스웨덴, 네덜란드, 프랑스의 궁중 문화의 일부가 되었는지를

▲ 덴마크에 있는 프레데릭스보르 성. 18세기 초에 프레데리크 4세를 위해 만들어진 정원은 프랑스의 앙드레 르 노트르가 만든 정원의 매력에 영감을 받아 조성되었다.

보게 되었다.) 표트르 대제는 유럽 전역의 주요 건축가들과 디자이너들을 러시아로 데려왔다. 특히 궁전에 대한 작업을 시작했던 요한 프리드리히 브라운슈타인, 1716-1719년에 페테르고프 궁전 정원의 주요 부분을 완성했던 장 밥티스트 알렉상드르 르 블롱, 그리고 르 블롱의 죽음 이후 궁전과 분수를 둘 다 추가했던 니콜라 미케티가 있었다.

정원 조성을 위하여 각지에서 나무들이 도입되었다. 러시아에서 4만 그루가 넘는 느릅나무와 단풍나무가, 이탈리아에서 과일나무들이, 그리고 러시아의 혹독한 겨울에도 불구하고 가까운 동방에서 이국적인 식물들이 들어왔다. 이 작업을 위해 군인들, 농노들, 스웨덴 전쟁 포로들로 이루어진 어마어마한 팀이 결성되었다. 나무들은 남쪽의 커다란 파르테르 정원과 북쪽의 대단히 정교하게 장식된 폭포 주변으로 배치되었다. 폭포는 대리석 계단으로 떨어져 내린 다음 사자를 제압하는 삼손의 커다란 금빛 분수가 있는 연못으로 흘렀다. 1709년 성 삼손의 날에 러시아가 스웨덴을 격파한 사건을 기념하기 위함이었다. 여기서부터, 물 분사 노즐이 옆쪽으로 설치된 운하와 프랑스풍 총림이 바다를 향해 고요히 흘러갔다.

▲ 1750년에 제작된 판화로 위대한 계단식 포도원과 파르테르 드 브로더리와 함께 현대 독일 상수시 궁의 매우 정형화된 원래의 배치를 보여 준다. 좌측 상단에 있는 풍차는 항상 정원 풍경의 일부로 의도되었다.

◀ 페테르고프의 삼손 분수는 1709년 폴타바 전투에서 스웨덴을 이긴 러시아의 승리를 기념한다. 표트르 1세는 자신을 성경에서 사자를 죽이는 삼손에 비유하기를 좋아했다. 사자는 스웨덴의 문장 일부로, 스웨덴의 샤를 7세를 상징했다.

독일과 오스트리아의 몇몇 정원은 여전히 바로크식 정원이 갖는 장려함의 일부 요소들을 간직하고 있다. 1696년에 하노버의 헤렌하우젠에서 선제후부인 소피는 정원사 마틴 샤르보니에르에게 네덜란드식 정원 디자인을 연구하도록 한 다음, 그로서 가든을 설계하도록 했다. 이 정원은 작은 생울타리 공간들로 이루어진 50만 제곱미터에 이르는 광대한 사각형으로 되어 있으며, 전체적으로 얕은 운하로 둘러싸여 있었다.

1693년에 빈 근처 쇤브룬에서 레오폴트 1세는 궁정 건축가에게 자신의 사냥 별장과 공원을 궁전과 정원으로 개조하여, 합스부르크 제국의 막대한 권력은 물론이고 오스만 제국을 지배하게 된 가문의 승리를 상징할 수 있도록 했다. 초창기 작업은 프랑스 건축가 장 트레Jean Trehet가 1714년까지 수행했다. 그러나 별 모양의 산책로 체계, 동물원, 오랑주리를 갖춘 이 공원은 반세기가 지난 후에야 완성되었다. 이탈리아 화가 카나레토가 정원의 모습을 그림으로 남겼다. 한편 요한 루카스 폰 힐데브란트는 1713년부터 도시의 성벽 바로 바깥에서 벨베데레Belvedere라는 2개의 층을 가진 정원을 설계하고 있었다. 두 부분으로 된 궁전과 정원은 어둠에서 신성한 빛으로 향해 가는 인간의 여정을 상징한다고 여겨졌다.

독일에서 1701년부터 시작된 샬로텐부르크는 베를린에서 가장 오래된 정원이자 독일 최초로 르네상스 원칙에 따랐다. 반세기 후에 팔츠 궁(만하임 인근)의 여름 궁전인 슈베칭겐 궁이 앙드레 르 노트르 스타일로 설계되지만 거대한 원형 파르테르가 새롭게 추가되었다. 그러나 1760년대에 이르러 바로크의 웅장함이 로코코의 재기 발랄한 정신으로 바뀌기 시작했다. 구불구불한 오솔길, 보다 자연스러운 특징들, 불규칙하게 이국적인 건물들과 함께 정원의 성격도 변했다.

로코코 양식의 진수는 앙투안느 와토Antoine Watteau와 프랑수아 부셰François Boucher가 그린 정원 그림에 완벽하게 표현되어 있다. 그들이 그린 정원은 딸랑딸랑 울리는 분수, 엉뚱한 파빌리온, 가짜로 만든 폐허 사이의 비탈진 풀밭에서 노니는 다채로운 나들이객으로 가득하다. (뷔르츠부르크 인근에 있는 기하학적으로 복잡한 페이츠호크하임 정원이 좋은 예다.) 또한 보다 분위기 있고 비대칭적인 정원 공간도 만들어졌다. 18세기 후반과 19세기에 유럽을 휩쓸었던 영국 정원jardins anglais의 전조다.

이러한 전환은 프로이센의 프리드리히 대왕이 세상에 대한 근심으로부터 벗어나기 위해 지은 상수시Sanssouci 궁을 둘러싼 거대한 공원에서 특별히 성공을 거두었다. 1744년에 프리드리히는 궁전 아래에다 대규모 계단식 포도원을 짓도록 명했다. 넓게 곡선을 이루는 3개의 테라스는 그가 이탈리아, 포르투갈, 프랑스에서 수입한 포도나무와 무화과에 최대의 온기와 빛을 제공했다. 그다음 해에는 베르사유 궁을 상기시키도록 의도된 정형식 파르테르와 3개의 테라스가 추가되었고, 다음 사반세기에 걸쳐 고대 로마의 네로 황제로부터 영감을 받은 넵튠 그로토, 네덜란드 정원, 탑, 그리고 벨베데레 등이 뒤이었다. 가장 재미있는 부분은 정교하게 만들어진 중국 찻집(1754-1757)이다. 금박을 입힌 실물 크기의 중국인들과 야자수 모양의 기둥으로 장식되었다. 프리드리히가 조성한 정원 대부분이 1822년부터 시작된 개발 기간 동안 유실된 반면에 조경 건축가 피터 조셉 레네는 낭만적인 경관 공원에서 이질적인 요소들을 통합하는 데 성공할 수 있었다. 광대하긴 하나 상수시 궁의 한 공원에서 오늘날의 우리는 사실상 유럽 정원 역사의 표본이라 할 수 있는 정원을 즐길 수 있다. 이탈리아 르네상스의 풍성함과 활력, 아주 높은 물 분사기와 정교한 격자 세공 트렐리스를 갖춘 위대한 프랑스 정원의 장중함, (궁전의 이국적인 인테리어를 반영한) 로코코의 즐거운 절충주의, 그리고 형식성에 관한 익숙한 규범을 대신하고자 했던 그림 같은 경관 정원이다.

▶ 1760년경에 카나레토가 그린, 합스부르크에 있는 황제의 여름 궁전 쇤브룬 궁이다.

Plants on the Move

변화의 식물들

르네상스가 지나간 곳에서는 인간과 식물의 관계에 큰 변화가 일어났다. 식물이 인간이 일군 정원의 모습을 고쳐 놓기 훨씬 전부터 식물은 인간의 삶을 변화시켰다. 식물과 관련된 새로운 직업들이 생겨났다. 식물학자는 식물을 연구하고 묘사했고, 작가와 인쇄업자는 식물에 관한 정보를 유통시켰으며, 화가는 식물 그림을 그렸다. 수집가는 식물을 찾아다녔고, 육묘업자는 식물을 번식시켰다. 그리고 정원사 군단은 식물을 기르고 보살폈다. 다양한 '르네상스인'들이 위와 같은 역할들 중 몇 가지를 의사, 외교관 또는 학자 같은 직업과 결합시켰다.

수집가들과 감정가들은 모두 식물에 대한 열정에 무릎을 꿇었다. 일부 이야기는 드라마처럼 극적이었다. 그중에는 네덜란드에서 튤립 투기로 파산한 가족들, 먼 곳에서 해적이나 전염병에 시달린 식물 사냥꾼들이 있다. 다른 이들에게 식물은 보다 절제된 역할을 수행한다. 오늘날 우리는 정원에서 오브리에타*Aubrieta*, 푸크시아*Fuchsia*, 로벨리아*Lobelia*, 마티올라*Matthiola*, 그리고 모나르다*Monarda*, 로비니아*Robinia*, 그리고 트라데스칸티아*Tradescantia*를 재배한다. 하지만 이 식물들의 이름이 붙게 된 이유가 되는 화가, 식물학자, 수집가에 대해서는 무엇을 알고 있는가? 클로드 오브리Claude Aubriet, 레온하르트 푸크스Leonhart Fuchs, 마티아스 드 로벨Matthias de l'Obel, 피에르안드레아 마티올리Pierandrea Mattioli, 니콜라스 모나르데스Nicolas Monardes, 장 로뱅Jean Robin, 존 트라데스칸트 1세John Tradescant the Elder가 그들이다. 이번 장은 식물들의 배후에 있는 몇몇 사람들에 관한 이야기를 들려준다.

◀ 알브레히트 뒤러가 1503년경 뉘른베르크 근처에서 그린 수채화 〈커다란 잔디The Large Piece of Turf〉는 식물 묘사에서의 새로운 자연주의를 드러낸다. 흐린 날에 그려진 이 상세한 습작에는 초원의 풀들, 민들레, 물가에 자라는 질경이가 보인다.

▲ 1614년경 지롤라모 피니가 파리에서 작업한, 꽃을 그린 습작이다. 화가는 그림 한쪽에 자신이 그린 모든 알뿌리 및 여러해살이 식물들의 목록을 포함시켰는데, 대다수는 쉽게 동정이 가능하다. 화가는 거의 동시에 이 그림과 매우 비슷한 그림을 그렸다. 그가 그렸다고 알려진 꽃 그림은 이 두 점뿐이다.

1562년은 벨기에의 상업 도시 앤트워프의 상인들이 터키로부터 헝겊에 감싼 알뿌리들을 배송받으면 그것들을 양파로 여겨 요리해 먹던 때였다. 사실 그 알뿌리들은 서유럽인들에게 새로운 발견이자 곧 금의 무게와 동등한 가치를 지니게 될 튤립 알뿌리였다. 수입되는 식물은 실용적이어야 한다는 게 당연하게 받아들여졌다. 가령 과거 로마인들은 티눈에 바르는 고약을 만드는 데 백합 알뿌리를 으깨어 썼다. 우리들은 생소한 식물을 식별하고 이름을 찾기 위해 온라인 검색을 할 수도 있지만, 1500년대 중반의 질문자에게는 약초 의학서밖에 없었다. 또 이런 책들은 식물의 종보다는 질병에 따라 색인을 구성했다. 게다가 관련된 명명법을 따라잡기에도 힘든 속도로 빠르게 새롭고 낯선 식물들이 나타나고 있었다. 1560년부터 100년 동안에는 이보다 앞선 2천 년의 기간보다 20배나 많은 식물들이 유럽에 처음으로 도입되었다. 이들은 새로운 학문을 위한 연구만이 아니라 새로운 형태의 가드닝을 위한 엄청난 잠재력을 제공했다.

턱없이 부족한 지식을 채우기 위해, 빠르게 변화하는 세상에 필요한 정보를 제공해 주는 새로운 유형의 많은 열성가가 등장했다. 르네상스 시대의 탐구 정신에 자극받은 그들은 전임자들이 신성시 여겼던 가정들에 의문을 제기하며 새로운 방식으로 식물을 바라보기 시작했다. 새롭게 발명되어 17세기가 시작될 무렵부터 사용되기 시작한 현미경의 도움으로, 이들 열성가들은 과학적 호기심을 갖고 식물들을 관찰하고, 보다 정확하게 식물들을 분석하고 분류할 수 있었다. 의사와 학자들의 연구는 예술가들로 하여금 자연에 나가 직접 식물을 그리게 했을 뿐만 아니라, 식물학의 진화에 힘입어서 식물의 구조에 대한 미적이고 기술적인 묘사 기법을 개발하는 데도 새로운 정점에 도달할 수 있도록 해 주었다. 이제 삽화는 인쇄를 통해서도 복제될 수 있었다. 책은 한동안 소수 특권층의 전유물이었지만 적어도 커뮤니케이션 혁명은 시작되었다.

인쇄술이 처음 발달했고, 가장 뛰어난 화가들과 식물학자들이 활동했던 지역은 유럽 북해 연안의 벨기에, 네덜란드, 룩셈부르크로 구성된 저지대와 라인 강 주변이었다. 가드닝에 관한 실용적인 매뉴얼은 새로운 식물을 키우는 방법에 관한 조언을 제공했다. 재배 기술을 실험하는 재배가들과 원예가들도 급속도로 늘어났다. 1600년대에 이르면 꽃을 비롯한 식물의 각 부분들을 포함하여 식물을 생동감 있게 그린 수채화와 금속 판화가 늘어남에 따라서 식물 삽화들을 수록한 화보집florilegium이 등장한다. 아직은 일반 정원사들이 식물과 그림을 즉시 이용할 수는 없었지만, 화보집은 독자들에게 알려진 모든 범주의 식물을 소개했다.

식물에 대한 이 새로운 비전이 정원의 외관에 실질적인 영향을 미치기까지는 어느 정도 시간이 소요되었다. 이탈리아와 프랑스에서 발전 중이던 르네상스와 바로크 정원들과 인접 국가에서 이를 모방한 정원들은 식물의 내용적 측면보다는 형식과 개념을 강조했다. 그러나 표면적으로 디자인 이론이 지배적인 곳에서도 마니아들의 식물 수집에 대한 저변의 흐름을 발견할 수 있다. 해외의 접촉 가능한 모든 나라로부터 식물이 도입되었다. 1600년 무렵, 식물 탐험은 대사들과 상인들의 무분별한 획득보다는 진지한 식물학자들과 수집가들이 목적을 가지고 추구하는 일이 되었다. 탐험가들은 책과 다이어리에 새롭게 도입된 식물들을 기록했고, 새로운 식물학자들은 그들을 분류하고 묘사했으며, 화가들은 그림을 그렸고, 재배가들은 목록을 만들어 전시했다. 또한 대학교 부속 식물원과 부유한 개인들이 소유한 정원에서도 식물을 보살피고 관찰했다. 식물원에서는 식별이 용이하도록 모눈종이에 식물을 표시한 카탈로그를 발행했다. (참고로 최초의 식물원은 1543년에 이탈리아 피사에 설립되었다.) 식물은 (오늘날의 정원사들과 마찬가지로) 순수한 관심이나 남들보다 한발 앞서려는 마음이나 알려진 모든 변종의 완전한 컬렉션을 갖겠다는 단순한 욕구에 동기 부여된 수집가들 사이에서 교환되었다.

식물학자들과 식물 감정가들로 이루어진 원예의 세계는 좁았다. 이 세계에 속한 인물들 대부분은 서로와 그들 각자가 식물 세계에 기여한 부분을 잘 알고 있었다. 거의 대개 의사로 훈련받았던 초기 식물학자들은 유럽의 궁정에 임명되었다. 궁정의 주인인 황제들과 왕들은 초기 식물학자들이 자신이 소유한 호화로운 정원뿐 아니라 과학적으로 중요한 컬렉션을 확립하는 데 있어 선두에 있기를 원했다. 다른 식물학자들은 부유한 후원자들의 보조금을 받고 과학적인 논평을 곁들인 호사스러운 화보집을 준비할 수 있었다.

튤립 파동

TULIPOMANIA

튤립은 우연히 튤립이 되었을 뿐이다. 이 식물을 처음으로 튤립이라고 언급한 사람은 신성로마 제국의 황제 페르디난트 1세가 콘스탄티노플의 술탄에게 파견한 대사 오기에르 기셀린 드 뷰스벡(1532-1592)이다. 이야기인 즉슨, 뷰스벡이 가이드가 머리에 쓴 모자를 장식한 꽃 이름을 물었는데 터번 대신 튤립이라는 답을 듣게 되었다는 것이다(89쪽 참조). 터키인들은 튤립을 랄레라고 불렀는데, 페르시아의 중심지로부터 온 꽃을 일컫는다. 튤립 학자인 애너 파보르드는 튤립을 소개했던 사람이 뷰스벡이 아니라 프랑스의 탐험가 피에르 블롱이었을지 모른다고 주장한다.

하지만 프랑스의 튤립 거래상들은 17세기 중반 무렵 튤립이 도입되었을 때 이미 400-500여 품종을 카탈로그에 수록하고 있었다. 1630년대의 네덜란드인들은 '튤립 파동'에 사로잡혔다. 극에 달했을 때는 튤립 알뿌리 하나가 암스테르담에서 가장 좋은 집보다 더 높은 값에 거래되었다. 가장 고가의 알뿌리는 바람직한 색으로 조합된 줄무늬와 불꽃의 화려한 패턴을 가진 꽃이 피는 종류였다. 예측할 수 없는 '브레이킹breaking' 현상이 원인이었는데, 현재는 바이러스 때문이라고 알려져 있다. 이 우연한 꽃들에 막대한 투기 자금이 몰렸지만 1637년 시장이 갑자기 붕괴되면서 거금은 사라졌다. 선물 거래의 첫 사례로 볼 수도 있다.

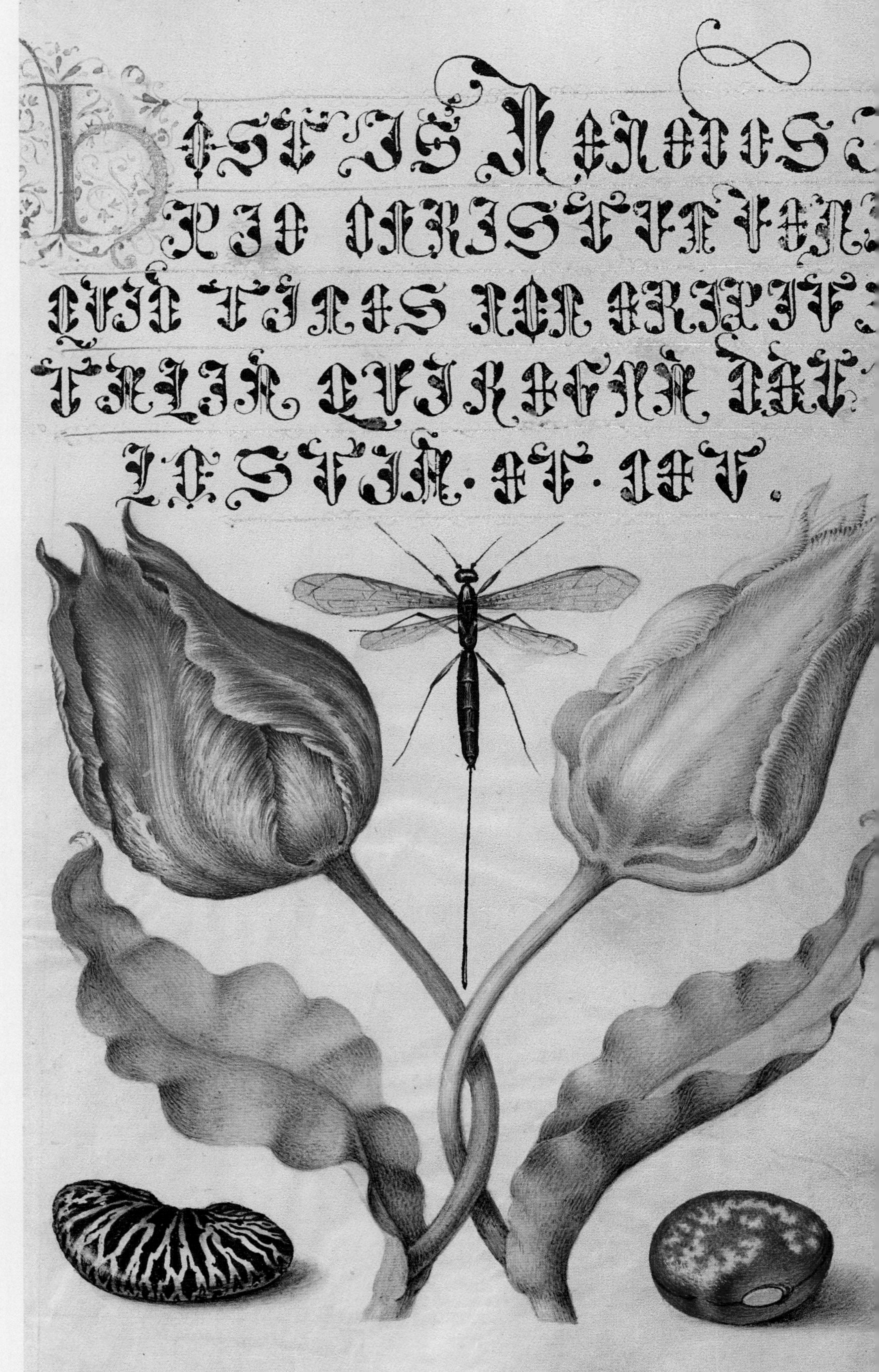

▶ 알뿌리 가격이 치솟음에 따라 잘 그린 튤립 그림의 인기도 점점 높아져 실물을 대체하게 되었다. 두 송이의 아름다운 튤립을 그린 이 그림은 1590년경에 프라하의 조리스 호프나겔이 루돌프 2세를 위해 그렸다.

식물을 위한 구세계의 탐험 Exploring the Old World for Plants

카롤루스 클루시우스로 알려진, 샤를 드 레클루즈Charles de l'Écluse(1526–1609) 같은 유명 식물학자들은 식물 세계에 대한 보다 과학적인 접근을 구체화했다. 한편 모험적이고 호기심 많은 이들도 식물 탐구에서의 자신들의 역할을 수행했다. 프랑스의 부유한 후원자 피에르 블롱(1517–1564)은 1546–1549년에 레반트 지역을 여행하며 식물을 관찰하고 수집했으며, 자신에게 생소한 가드닝에 관한 실용적인 방법들을 기록했다. 그의 구체적인 임무는 1세기의 약초 의학서인 디오스코리데스의 저술『약물에 관하여』(37쪽 참조)에 수록된 원래의 식물들을 확인하는 것이었다.

블롱은 프랑스에서 적응할 만한 나무와 약용 식물을 발견하는 데도 관심이 있었다. 그는 그리스 남동부에 위치한 코스 섬에 있는 히포크라테스의 플라타너스 나무에 감탄했고, 이집트에서 파피루스를 발견했으며, 바나나와 사탕수수를 보았고, 돌무화과나무의 '매우 아름다운 녹색 잎'을 찬사했다. 유감스럽게도 그가 수집한 대부분의 식물은 프랑스로 돌아오는 도중 해적의 습격을 받아 유실되었다.

터키에서는 터키의 알뿌리들을 유럽으로 수출하기 위해 거래를 행하는 상선을 목격했다. 1562년에 튤립 알뿌리가 앤트워프의 상인에게 전해졌다는 카롤루스 클루시우스의 이야기를 확인해 주는 이야기다(192쪽 참조). 남은 알뿌리들을 자신의 정원에 식재하는 행운을 얻기도 했다. 더욱 안목 있는 상인이 블롱이 식재한 알뿌리들을 발견하여 구해 냈다.

디오스코리데스의 식물들을 시작점으로 블롱은 여전히 고대 과학의 희미한 잔상에 갇힌 채 한동안 전설의 세계에 머물렀다. 한편으로 탐구심 많은 새로운 유형의 식물학자이자 정원사를 대표했다. 그는 폭넓은 범위의 다른 서식지에서 도입되어 서유럽에 적응한 외래 식물의 문제점들을 연구했다. 가령 내한성이 약한 코르크참나무*Quercus suber*, 호랑잎가시나무*Q. ilex*, 우네도딸기나무*Arbutus unedo*를 프랑스의 자신의 실험 정원에서 재배해 보았다.

100여 년이 지난 후인 1700년에 프랑스 왕 루이 14세는 디오스코리데스의 식물을 찾는 또 다른 임무에 조세프 피통 드 투른포르Joseph Pitton de Tournefort(1656–1708)를 파견했다. 파리의 식물학 교수였던 투른포르는 단순한 이론 식물학자가 아니었다. 화가 클로드 오브리와 함께 그리스의 섬들, 레반트, 터키를 여행한 이야기는 그의 포기할 줄 모르는 에너지와 인내심을 증빙한다.

그들은 콘스탄티노플에서 에르주룸으로 돌아오는 군사령관과 팀을 이루어 배를 타고 흑해를 따라 트레비존드(오늘날 트라브존)로 갔다. 바다에서 멀리 눈 덮인 폰투스 산맥으로 올라간 그들은 새로운 지형을 발견했다. '우리에게 익숙했던 식물들과 너무 다른, 정말 멋진 식물들로 가득해서, 우리는 어떤 식물을 먼저 살펴봐야 할지 몰랐다.' 스페인에서는 잡초처럼 흔히 볼 수 있는 보라색 꽃이 피는 유럽만병초*Rhododendron ponticum*와 그에게 두통을 안겨 준 향기를 지닌 노란철쭉*R. luteum*을 발견했고 이를 기록으로 남긴다. (이 꽃은 벌이 좋아하는 꽃가루의 원천이다. 기원전 4세기 말에 리산드로스가 기록했던 것처럼, 1만 명의 행군 서사시에서 그리스인들이 바다에 당도했을 때 이 꽃의 꿀이 군인들을 미치게 만들었다.)

18세기 말에 이르러서도 디오스코리데스의 식물들이 모두 확인되지는 않았다. 1780년대에 식물 수집가 존 시브토프와 화가 페르디난트 바우어가 그리스를 방문했다. 초기의 식물 탐험가 대부분은 식물 탐험의 여정에 자신들의 발견을 기록할 수 있는 화가와 동행했다. 그들은 아직 개발되지 않은 지역을 여행하면서 흔히 겪게 되는 모든 불편함 외에도 말라리아, 해적, 지진, 메뚜기 떼, 림프절 페스트 등과 맞서야 했다. 어쨌든 1787년에 그들은 2천 본이 넘는 식물들의 삽화와 표본을 가지고 그리스 서부의 파트라스로부터 집으로 돌아왔다. 그중 300본은 학계에서 새로운 것이었다. 시브토프의 발견은 1806–1840년에 제작된 10권짜리 저술『그리스 식물상Flora Graeca』으로 출판되었다.

신세계의 식물들 Plants from the New World

포르투갈 탐험가들은 일찍이 1498년에 말라바르 해안과 인도에서 향신료를 가져왔다. 그러나 그들의 발견은 가드닝에 거의 기여하지 못했다. 신대륙에서 발견된 가치 있는 정원 식물들의 풍요로움을 유럽에 처음 소개한 이들은 스페인 사람들이었다. 16세기경에 메리골드, 분꽃, 해바라기, 담배 같은 아메리카 대륙의 식물들은 이미 유럽에서 재배되고 있었고, 곧 동양의 정원에도 식재되었다. 아즈텍 왕국을 정복한 에스파냐 왕국의 탐험가 에르난 코르테스의 편지에는 아즈텍 왕들의 정원과 (그들의 정원에) 체계적인 화단으로 배치된 '식물원'의 놀라운 아름다움이 묘사되어 있다(198쪽 참조).

아메리카의 식물들을 묘사한 최초의 저술 중 하나는 1569-1571년에 두 권으로 나뉘어 출간되었다. 세비야 출신의 의사 니콜라스 모나르데스가 쓴 저술은 1577년에 존 프램턴에 의해 『새로 발견된 세계로부터의 희소식Joyfull Newes out of the Newe Founde Worlde』이라는 유쾌한 제목의 영어판으로 번역되었고, 이후 카롤루스 클루시우스가 라틴어로 번역했다. 이 책은 안내자들로부터 얻은 정보를 바탕으로 담배, 해바라기, 사사프라스, 그리고 25종의 약용 식물에 대해 기술했다. 스페인의 펠립 2세는 자신의 새로운 제국의 식물들이 가진 치유력에 이미 관심을 가지고 있었다. 1570년에 스페인 왕국의 궁중 의사 프란시스코 에르난데스Francisco Hernández를 7년간의 과학 탐험에 파견했다. 이 기간 동안 에르난데스는 수많은 삽화와 7권의 저술을 완성했다. 또 아즈텍인들의 전통 의학과 그들이 만든 식물원의 귀중한 정보를 제공했을 뿐만 아니라 멕시코 언어로 된 여러 식물의 이름을 지었다.

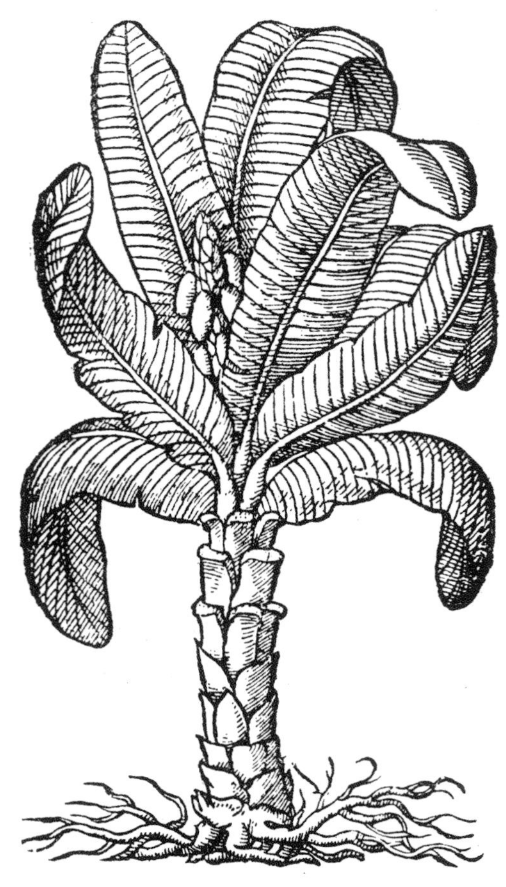

▲ 1544년 처음 출판된 피에르안드레아 마티올리의 『디오스코리데스의 약물에 관한 여섯 권의 해설』은 이후의 삽화 판본 가운데 가장 훌륭한 목판 약초 의학서다. 여기 실린 식물들은 조르조 우디네가 그렸고, 독일인 볼프강 마이어페크가 목판화로 바꾸었다. 한 페이지의 좁은 공간이라는 물리적 제약이 있었지만 화가들은 자연을 가능한 한 사실적으로 그렸다. 이 책에는 주로 그리스가 원산지인 디오스코리데스의 원본에 있던 식물들이 많이 수록되었다. 하지만 유럽의 다른 식물들, 신세계에서 도입된 식물들, 그리고 위의 그림에 보이는 바나나*Musa x paradisiaca*도 포함되었다.

화가의 눈으로 With an Artist's Eye

우리는 14세기 초에 페트라르카와 보카치오 같은 저술가들이 어떻게 자연 세계에 대한 관심을 다시 불러일으켰는지 살펴보았다. 이를 반영하는 듯 15세기에 오면 기도서 테두리에 자연주의적 꽃 그림들이 나타난다. 또 정원에서 기르는 살아 있는 꽃들이 종교화의 배경으로 자세하게 그려졌다. 꽃과 나무를 그린 레오나르도 다 빈치Leonardo da Vinci의 15세기 그림들과, 1500년대 초에 고향 뉘른베르크 인근의 야생화와 잔디를 그린 알브레히트 뒤러Albrecht Dürer의 수채화는 새로운 자연주의의 전조였다.

뒤러는 부지런히 자연을 공부할 것을 권했다. '… 스스로 더 잘할 수 있다고 생각하라. 자연에 의해 인도되고, 자연으로부터 떨어져 있지 마라. 진정으로, 예술은 자연 속에 깃들어 있고 그것을 그려 낼 수 있는 사람이 그것을 소유하게 되므로, 당신은 흔들리게 될 것이다.' 비록 뒤러가 식물 동정을 목적으로 삼고 개별 식물을 그리지는 않았지만 화가 자신이 수채화로 그린 꽃의 정확성에 관해 새롭게 언급한 것은 장차 식물학의 엄격함을 예측했다. 화가와 삽화가는 수년 동안 이미 왜곡된 이미지를 모방하기보다는 미학적인 부분과 분석적인 세부 사항에 관심을 갖고 야생에서 식물을 그리기 시작했다.

오래된 약초 의학서들은 유럽의 수도원이나 아랍 학자들 덕분에 그리스어와 라틴어 문헌으로부터 수 세기에 걸쳐 수작업으로 힘들게 복제되고 다시 복제되어 왔다. 그러나 이제 인쇄로 대체될 수 있었다. 양식화된 오래된 식물 그림들은 16세기에 장식용 흑백 목판으로 바뀐 실물 그림들로 대체되었다.

삽화들도 텍스트와 나란히 배치되어 복제되었다. 정확성과 세부 사항들이 진일보했고, 나중에 수작업으로 채색이 가능했던 동판화와 금속판화는 1600년대까지 대부분의 목판화를 대체했다. 100년 뒤에 꽃 그림은 화가와 과학자의 협업의 산물로 현대적인 식물 세밀화의 예술로 탈바꿈했다.

식물학의 탄생 The Birth of Botany

16세기 후반까지 식물 컬렉션은 주로 의사들의 교육 도구로 사용되었다. 그러다 점차 식물 연구에 대한 폭넓은 과학적 접근법이 채택되기 시작했다. 식물학 전공 학생들은 현장에서 자생 식물을 조사함으로써 식물들에 대한 지식을 넓혔다. 또 살아 있는 식물들을 보충하기 위해 건조시킨 식물 표본들의 컬렉션을 만들기 시작했다. 식물학은 1550년에 오래된 몽펠리에 대학교에 있는 기욤 롱드레Guillaume Rondelet 휘하의 의학부에서 공식 과목이 되었다. 이후로 많은 젊은 의사들이 연구의 일환으로 시골에서 식물들을 조사했다. (일부는 나중에 카롤루스 클루시우스처럼 존경받는 식물학자가 되었다.) 그들 중 더 많이 배운 사람들은 새롭게 도입된 식물들을 분류하고, 시험 재배하는 일에 고용되었다.

도도나우스로도 알려진 플랑드르 의사 겸 식물학자 렘버트 도도엔스Rembert Dodoens(1517–1585)의 경력은 식물들이 인식되는 방식의 엄청난 변화를 보여 준다. 그가 1554년에 저술한 약초 의학서 『본초서Cruydeboeck』에는 식물의 종보다는 질병에 따라 배열된 색인이 수록되었다. 반면 14년 후에 저술한 『꽃과 화환의 향기에 관한 본초서Florum et coronarium odoratarumque nollullarum herbarum historia』는 질병에 관한 질문 내지는 약용 식물에 대해서 전혀 다루지 않았다. 이 책은 식물학적 주제로, '순수한 즐거움과 정신의 상쾌함'을 주는 꽃에 관한 가장 초기의 과학 연구 중 하나다.

도도엔스와 로벨리우스(마티아스 드 로벨, 1538-1616), 카롤루스 클루시우스는 당대의 위대한 3대 플랑드르 식물학자였다. 크리스토프 플랜틴이 앤트워프에서 이들의 저술을 인쇄했다. 여기에는 일반적인 목판화로부터 발췌한 삽화들과 레온하르트 푸크스의 초기 저술인 『식물의 역사De historia stirpium』에 이미 소개된 도도엔스의 약초 의학서에 수록되었던 삽화들이 포함되었을 것이다. 플랑드르 태생의 대단히 뛰어난par excellence 식물학자인 카롤루스 클루시우스는 식물을 과학적이고 체계적으로 묘사한 최초의 인물이었다. 『희귀 식물의 역사Rariorum plantarum historia』(1601)를 비롯한 그의 업적은 합스부르크-빈의 황실 정원에서의 그의 지위와 다른 식물학자들과 탐험가들과 주고받은 방대한 양의 서신을 통해 유럽 식물학의 발달에서 가장 중요한 특징이 되었다.

▲ 로벨리우스라는 이름으로도 알려진 플랑드르 태생의 의사이자 식물학자 마티아스 드 로벨은 『새로운 식물에 관한 비망록Stirpium adversaria nova』(1570)의 저자로, 식물학(그리고 의학)이 정확한 관찰에 근거해야 한다고 주장했다. 나중에 칼 폰 린네에 의해 공식화된 분류에 관한 개념을 개발했다.

DE HISTORIA STIRPIVM COMMENTARII INSIGNES, MAXIMIS IMPENSIS ET VIGILIIS ELABORATI, ADIECTIS EARVNDEM VIVIS PLVSQVAM quingentis imaginibus, nunquam antea ad naturæ imitationem artificiosius effictis & expressis, LEONHARTO FVCHSIO medico hac nostra ætate longè clarissimo, autore.

Accessit ijs succincta admodum uocum difficilium & obscurarum passim in hoc opere occurrentium explicatio.

Vna cum quadruplici Indice, quorum primus quidem stirpium nomenclaturas græcas, alter latinas, tertius officinis seplasiariorum & herbarijs usitatas, quartus germanicas continebit.

Cautum præterea est inuictissimi CAROLI Imperatoris decreto, ne quis alius impunè usquam locorum hos de stirpium historia commentarios excudat, iuxta tenorem priuilegij antè à nobis éuulgati.

BASILEAE, IN OFFICINA ISINGRINIANA, ANNO CHRISTI M. D. XLII.

▲ 독일 식물학의 위대한 인물 중 한 명이었던 레온하르트 푸크스(맨 위). 나중에 푸크시아라는 식물에 그의 이름이 붙었으며, 1542년에는 『식물의 역사』를 출판했다(위). 이 저술은 라틴어 약초 의학서로 그가 교수로 있던 튀빙겐 주변에서 볼 수 있었던 400종의 독일 식물들을 다룬다.

16세기의 목판화 약초 의학서 Woodcut Herbals of the 16th Century

의사들이 저술한 세 권의 위대한 목판화 약초 의학서의 출현은 식물 세밀화의 새 시대를 예고했다. 세 사람은 모두 상세하게 기술했고, 실물을 그렸던 삽화가들은 뿌리를 포함하여 식물 전체를 묘사했다.

1530년대 스트라스부르에서 출판된 최초의 약초 의학서는 『생생한 약초 도감Herbarum Vivae Eicones』이다. 오토 브룬펠스가 글을 쓰고, 한스 바이디츠가 그림을 그렸다. 그리고 1542년에 바젤에서 출판된 『식물의 역사』가 그 뒤를 이었다. 레온하르트 푸크스(1501-1566)가 저술한 이 약초 의학서는 알브레히트 마이어가 그린 그림과 바이트 루돌프 스페클이 작업한 커다란 목판화가 포함되었다. 세 번째, 그리고 가장 아름다운 약초 의학서는 피에르안드레아 마티올리의 『디오스코리데스의 약물에 관한 여섯 권의 해설』인데, 1565년에 베니스에서 최초로 모든 삽화가 수록된 책이 출판되었다. 조르지오 리베랄레와 볼프강 마이어페크Wolfgang Meyerpeck가 섬세한 목판화를 디자인했다. 이 책은 유럽의 의사들을 위한 약용 식물학의 기본서가 되었고, 60판까지 발행되었다. 여기 묘사된 새로운 식물들 중에는 라일락, 마로니에, 프리뮬러 아우리쿨라*Primula auricula*, 다투라*datura*, 에린기움*Eryngium*이 포함되었다. 그러나 현대의 독자들이 보기에는 결점이 있다. 수록된 식물의 이름이 칼 폰 린네Carl von Linné 이전의 명명법을 따르기 때문이다. 가령 '나르키수스Narcissus'라고 표기된 식물은 튤립이다.

최초의 식물원 The First Botanic Gardens

식물원은 그 토대부터 일반적으로 대학교에 부속되어 의학과 식물학 연구를 위한 실험실 역할을 수행했다. 1543년에 이탈리아 피사의 대학교에 최초의 약초 재배원이 설립되었다. 1545년에는 파도바가 뒤를 이었다. 그다음으로 피렌체 역시 1545년에, 볼로냐가 1567년에, 네덜란드 라이덴이 1587년에, 독일 하이델베르크와 프랑스 몽펠리에가 1593년에, 영국 옥스퍼드가 1621년에, 그리고 파리의 왕실 정원Jardin du Roi(오늘날 파리 식물원Jardin des Plantes)이 1626년에 설립되었다. 이런 식물원은 학생들이 의학 공부에 필요한 식물 지식을 직접 습득하는 데 도움이 된다고 여겨졌지만 빠르게 그 이상의 무언가가 되었다. 해외에서 도입된 생소한 식물들은 뚜렷한 치료 효과가 없어도 금세 재배되고 분류되었다. 볼로냐와 피사에서는 식물학자 루카 기니Luca Ghini(1490년경-1556)가 호르투스 시쿠스hortus siccus를 확립했는데, 현대의 허바리움herbarium(*식물 표본실 또는 식물 표본집)의 전조였던 건조한 식물들의 컬렉션이었다. 이러한 컬렉션은 때때로 '겨울 정원'으로 알려졌다. (존 이블린은 1640년대에 파도바 식물원을 방문했을 때 식물 표본집을 선물받았다.) 그리고 인접한 화랑들에 있는 식물 및 다른 진기한 자연물의 그림들로 보충되었다. 진정한 르네상스 양식에서 동물계, 광물계, 식물계가 함께 전시됨으로써 자연과 자연사의 모든 세계가 연구 대상이 되었다.

새로운 식물원은 과학 실험과 가르침을 위한 장소를 제공하기 위해 실용적 요건들을 충족시켜야 했고, 어쩔 수 없이 디자인을 희생시켰다. 1545년의 파도바 대학을 위한 계획과 1621년의 옥스퍼드를 위한 계획을 비교해 보면 알 수 있다. 21세기의 시각에서 화단들이 질서를 갖추어 배치된 정원은 큰 매력을 지닌다. 특히 새로 도착한 식물들이 식별되고 식재되기까지 당시 사람들이 기다려야 했을 흥분을 떠올린다면 말이다.

대부분 복잡한 기하학적 화단은 중앙 우물을 둘러싸는 단순한 직사각형 화단에 자리를 내주었다. 로마의 매뉴얼에 규정된 바와 같으며, 중세 수도원의 정원에서 일반적이었던 배치와도 유사하다. 전형적인 식물원은 2개의 교차하는 길에 의해 4개의 사분면으로 나뉘었고, 각각의 사분면 화단은 다시 2개의 절반으로 나뉘어 풀빌리pulvilli라고 불리는 베개 모양의 몇몇 화단을 포함했다.

영국의 약초학자들 The English Herbalists

15세기에 인쇄술의 도입으로 전 유럽 학자들의 아이디어 교류가 보다 확대되었다. 영국은 16세기 동안 가르침을 위한 어떤 정원도 설립하지 못했다. 따라서 서유럽에 뒤처지게 되었다. 하지만 윌리엄 터너William Turner(1508년경-1568)가 『허브의 이름The Names of Herbs』을 통해 약초학자들과 약제상들이 사용한 식물들의 보통명사와 함께 그리스어, 라틴어, 영어, 네덜란드어, 프랑스어 이름을 정리함으로써 어느 정도 균형을 잡아 주었다. 1538년에 출판된 이 저술은 식물의 영어 이름을 사용한 최초의 권위 있는 책이었다. 의사이자 식물학자였던 터너는 당시 종교 분쟁에 연루되어 몇 년 동안 해외에서 망명 생활을 했다. 스위스에서는 자연주의자 콘라트 게스너와 친구가 되었고, 볼로냐에서는 루카 기니의 지도하에 식물학을 공부했다. 1547년에 에드워드 6세가 즉위한 후, 그는 사이언 하우스Syon House의 서머셋 공작의 의사 겸 사제로 임명되었고, 그곳에 오늘날에도 여전히 자라고 있는 뽕나무를 심었다. 터너는 1551-1568년에 저술한 『새로운 약초 의학서New Herball』로 '영국 식물학의 아버지'라는 칭호를 얻었다. 이 선구적인 연구에서 그는 전설이 난무하던 시대에 과학에 깃든 미신을 비난했다. 그중 하나는 맨드레이크 뿌리에 관한 것이었다. 맨드레이크의 뿌리에 정령이 살고 있고, 그것을 땅에서 뽑는 불행한 사람을 죽인다고 여겨졌다.

터너는 고전 작가들이 다루었던 식물들에 자신이 알고 있는 많은 자생 식물을 추가했으나 전부를 망라하려고 하지는 않았다. 1578년에 헨리 라이트Henry Lyte는 저서 『새로운 약초 의학서Niewe Herball』를 통해 도도엔스의 『본초서』를 영어로 번역하고 광범위한 내용을 추가했다. 이 책을 통해 라이트는 알려진 식물들의 포괄적인 목록을 집대성함으로써 덜 부유하고 덜 교육받은 국민들이 이용할 수 있기를 희망했다. 그가 원문에 자신이 덧붙인 부분을 구별 짓는 데 꼼꼼했던 반면에 존 제라드John Gerard(1545년경-1612)가 1597년에 저술한 『약초 의학서Herball』는 그러한 격식을 갖추지 않았다. 게다가 중대한 오류와 표절에도 불구하고 이후 영국에서 가장 사랑받는 약초 의학서가 되었다.

존 제라드는 직업상 이발사 겸 외과의사였지만 성향으로 보면 정원사였다. 1596년에 발행된 목록은 그가 런던에 있는 자신의 정원에서 당대의 흥미로운 식물들을 모두 키웠을 뿐만 아니라 열정적인 식물 수집가 버글리 남작 윌리엄 세실의 정원을 관리 감독했음을 나타낸다. 제라드가 쓴 『약초 의학서』의 상당 부분은 도도엔스로부터 따왔다. 이 책은 약 1천800개의 목판화를 수록하는데, 대부분 이전에 사용되었다. 심지어 그는 때때로 적절한 식물 설명을 달지 못했다. 새롭게 소개된 감자는 식물 삽화로는 최초로 게재된 것이었으나 원산지인 페루가 버지니아로 잘못 기술되어 있다. 제라드의 식물 동정 오류를 바로잡기 위해 인쇄업자가 마티아스 드 로벨을 데려왔다. 1632년에 제라드의 책을 출판한 출판사는 런던의 약제상이자 식물학자인 토머스 존슨Thomas Johnson에게 『약초 의학서』의 신판 제작을 의뢰함으로써 원문을 개선하고 플란틴 출판사의 목판화 2천766점을 수록하도록 했다.

약초학자 전통의 마지막 영국 작가는 런던 롱 에이커에 정원을 소유했던 존 파킨슨John Parkinson(1567-1650)이다. 그가 1629년에 저술한 책의 제목은 『햇빛 속의 파라다이스, 지상 낙원Paradisus in Sole Paradisus Terrestris』인데, 공원으로서 파라다이스를 암시하며, 자신의 이름(파크-인-선park-in-sun)으로 한 말장난이기도 하다. 화보집은 약초 의학서 못지않았다. 유용 식물의 획일화된 범주와 달리 '즐거움을 위한 꽃들의 정원'에 대한 설명, 그리고 꽃의 정원과 채마밭과 과수원을 위한 식물 목록을 담고 있다. 중세 정신의 향수를 불러일으키는 감성으로 파킨슨은 유니콘이 '이 지역에서 멀리 떨어진, 사나운 야수들이 우글거리는 아주 광대한 황야에' 살고 있다고 묘사하는가 하면 자신의 유명한 저술의 표지에는 에덴동산의 나무줄기에서 자라는 전설적인 타르타리의 양을 보여 주었다.

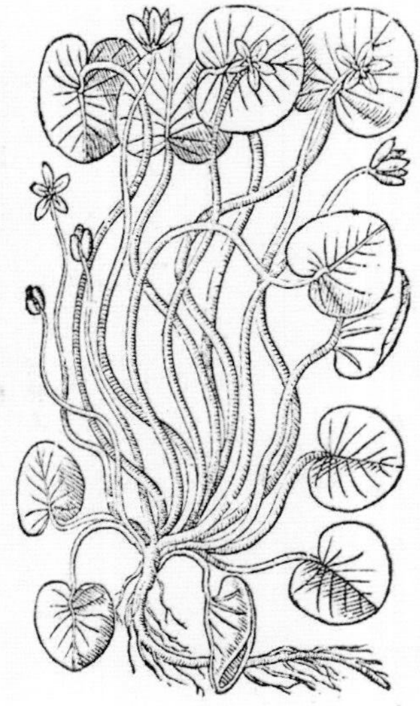

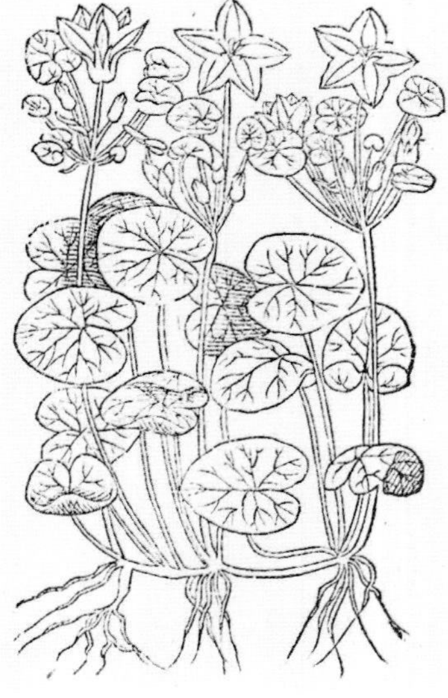

▲ 표절에도 불구하고 존 제라드의 『약초 의학서』는 유용한 참고 자료다. 특히 1597년까지 영국에서 이미 재배되던 식물들을 밝히는 데 유용하다. 위 그림의 식물은 유럽이 원산지인 흰색과 노란색 수련이다.

16세기에도 창세기 에덴동산에 대한 설명은 여전히 문자 그대로 진실로 받아들여졌다. 개인 식물 수집가들은 알려진 모든 식물이 재배될 수 있는 자신만의 에덴동산을 만들려고 노력했다. 이러한 노력은 인간이 몰락하기 전에 현존하는 지상 낙원을 재현한다는 개념을 반영하는 것이다. 1613년 가스파르드 바우힌Gaspard Bauhin이 종합적으로 저술한 『식물 해설 도감Pinax theatri botanici』에는 3천 종의 알려진 식물들이 목록화되었는데, 그 식물들은 전부 재배가 가능한 것으로 보였다. 존 파킨슨은 1640년까지 자신의 저서 『식물 극장Theatrum Botanicum』에 거의 4천 종의 식물을 기술할 수 있었다. 여기에는 아메리카 대륙과 동양에서 온 새로운 식물들이 여럿 포함되었다. 18세기 초까지 약 1만 종의 식물들이 알려졌으나 평범한 정원사가 수용하기에는 너무 많은 숫자였다.

눈부시게 아름다운 화보집 Glorious Florilegia

1600년대 초부터 자연 그대로의 아름다운 목판화, 동판화, 판화로 묘사된 새로운 화보집이 등장하기 시작했다. 이들은 나중에 수작업으로 채색될 수 있었다. 화보집은 새로운 식물학자들과 실질적으로 연관되었는데, 수집가들과 아마추어 정원사들에게도 아주 매력적이었다. 그들은 화보집의 섬세함에 도취되었고 거기 담긴 정확한 표현에 만족했다. 화보집은 현대 재배가들의 화려한 카탈로그에 견줄 만했다. 구식 약초 의학서와 달리 설명문이 거의 없어 식물학적 기록이라기보다는 개별적인 꽃의 아름다움만을 드러낼 뿐이었다. 현미경의 발명으로 미세한 현상의 정확한 표현을 더욱 강조할 수 있었다. 화보집은 오늘날 100만 파운드에 이르는 엄청난 가치를 지닌 수집가들의 품목이 될 운명이었다.

이 장르에서 가장 중요한 예술가 중 한 명은 프랑스와 영국, 그리고 아메리카 대륙 사이에서 자신의 시간을 나누어 활동한 프랑스 개신교도 자크 르 모왼 드 모르그Jacques Le Moyne de Morgues(1533년경-1588)였다. 기록 화가이자 지도 제작자였던 그는 1564년에 미국 플로리다에 식민지를 세우고자 했던 프랑스 위그노교도들이 행한 처참한 원정에 합류했다. 이곳은 불과 1년 후에 스페인이 지배하게 되지만, 르 모왼은 영국으로 탈출했다. 안타깝게도 북아메리카 식물을 그린 그의 그림들은 하나도 남아 있지 않다. 다행히 꽃을 그린 수채화들은 1586년에 블랙프라이어스에서 출판된 『전원으로 가는 열쇠Clef des Champs』에 담김으로써 영원히 남게 되는데, 1572년 이후 영국 망명자로서의 그의 작품을 반영한다. 꽃, 동물, 열매가 목판화로 담긴 르 모왼의 마지막 작품으로 알려진 것은, 다른 화가들을 위한 모델로 제공되도록 의도된 것이었다.

가장 인기가 많았던 화보집은 크리스핀 반 데 파스Crispin van de Passe의 『꽃의 정원Hortus Floridus』이었다. 봄, 여름, 가을, 겨울의 꽃들을 보여 주는 계절별 섹션으로 나뉜 이 화보집의 세심하게 제작된 동판화들은 여러 화가들과 과학자들에게 영감을 주었다. 정원 풍경도 볼 수 있다. 반 데 파스는 판화가 집안 출신으로, 1614년에 『꽃의 정원』이 출판되었을 때 겨우 25세였다. 라틴어로 쓰인 이 화보집은 이듬해 영어로 번역되었다. 특히 봄 섹션에 소개된 꽃들 대부분은 콘스탄티노플과 그 내륙 지역으로부터 온 최신 품종들이었다. 여름 꽃에는 글라디올러스, 붓꽃, 백합, 작약, 장미가 포함되었고, 가을 꽃에는 칸나, 메리골드, 분꽃, 나팔꽃, 해바라기, 담배 등 아메리카 대륙으로부터 온 식물들이 포함되었다.

카롤루스 클루시우스

CAROLUS CLUSIUS

카롤루스 클루시우스(1526-1609)는 8개 국어를 구사했을 뿐더러 법학, 철학, 역사학, 지도학, 동물학, 고전학을 공부한 다재다능한 르네상스인이었다. 그는 새로운 학문의 가장 중요한 인물 중 한 사람이었다. 그가 속한 무리는 디오스코리데스 또는 대 플리니우스의 저술을 연구하기보다는 개인적 관찰을 바탕으로 식물학을 연구했다. 라이덴에 세워진 새로운 대학교의 정원 감독관Praefectus horti으로 보낸 마지막 해에, 그는 (1594년 인덱스 스티르피움Index Stirpium에 기록된 대로) 이곳의 정원이 단순 약초원hortus medicus이 아니라 모든 식물을 아우르는 식물원hortus botanicus이 될 것임을 보장해 주었다.

클루시우스는 늘 학자 이상이었다. 직접 식물을 키웠으며, 지중해 동부에서 물밀듯이 들어오는 새로운 알뿌리를 관리하고 꽃을 피우는 데 전문성을 갖게 된 최초의 사람들 중 하나가 되었다. 또한 몽펠리에 대학교의 기욤 롱드레의 지도하에 의학과 자연사를 배웠는데, 그곳에서의 학습을 통해 남프랑스의 식물들을 잘 알게 되었다. 롱드레의 접근 방식에도 큰 흥미를 느꼈고, 나중에는 그에게 배운 대로 메모를 하며 스페인과 포르투갈로의 식물 탐사를 진행했다. 1571년에 클루시우스는 사사프라스, 해바라기, 담배, 감자 등과 같은 아메리카로부터 들어온 새로운 식물들 일부를 얻기 위해 런던을 방문했다. 이로써 담배와 감자의 대중화에 상당한 기여를 했다. 또한 니콜라스 모나르데스Nicolás Monardes의 『기쁜 소식Joyfull Newes』을 라틴어로 번역했고, 빈에 있는 막시밀리안 2세의 황실 식물원Imperial Botanic Garden의 원장으로 일하는 동안인 1573년부터 오늘날 헝가리 소재의 판노니아 평원의 식물상을 공부했다. 그리고 황제의 의사가 된 도도엔스(197쪽 참조)에 의해 1574년 빈 궁중으로 입성한다.

1576년에 클루시우스는 이베리아 반도의 식물상을 담은 책 『스페인의 희귀 식물Rariorum aliquot Stirpium per Hispanias』과, 뒤이어서 1583년에는 판노니아 식물상에 관한 책을 저술했다. 전자의 부록에는 레반트의 오기에르 기셀린 드 뷰스벡으로부터 알뿌리나 씨앗으로 받은 식물 목록을 포함시켰다. 여기에는 튤립과 아네모네 종류, 그리고 몇몇 라넌큘러스가 포함되었다.

결국 새로운 식물들이 대거 빈과 프라하의 왕실 정원 외에도 토스카나 대공의 메디치 정원과 네덜란드에 이르는 유럽으로 도입되었다. 카롤루스 클루시우스는 또한 동유럽으로부터 월계귀룽나무, 마로니에, 라일락, 필라델푸스*Philadelphus*를 입수했다. 1587-1593년에는 프랑크푸르트에 근거지를 두고서 친구 요아킴 카메라리우스가 프랑크푸르트에 설립한 식물원에서 헤세 백작 빌헬름 4세의 자문 역할을 하며, 『카메라리우스 플로리레기움Camerarius Florilegium』에 묘사된 원래의 식물들 다수를 공급했다. 67세였던 1593년에는 라이덴 식물원의 감독관 직책을 수락했다. 그는 그곳에 자신이 갖고 있던 튤립 일부를 가져갔으나 첫 번째 겨울 동안 상당수를 도둑맞았다. 1605년에는 『외래 식물에 관한 10권의 책Exoticorum libri decem』을 출간했다.

▲ 카롤루스 클루시우스(맨 위 초상화)는 피렌체의 식물 애호가 마테오 카치니에게서 이란이 원산지인 이 매력적인 튤립 알뿌리를 처음 받았다. 튤리파 클루시아나(위)는 훗날 클루시우스를 기려 그의 이름이 붙었다.

식물 감정가 Plant Connoisseurs

16세기 말까지, 인기 있는 희귀한 꽃을 찾는 국제 무역이 발달함으로써 일반 정원사들의 식물 이용 가능성이 급격히 증가했다. 부자들의 정원에서 처음 재배된 희귀하고 아름다운 꽃들은 식물 감정가 역할을 했던 약사, 식물학자, 아마추어 수집가도 이용할 수 있었다. 그다음 자디니에르 플로리스트jardiniers fleuristes 또는 플로리스트로 알려진 수집가와 재배가들이 이용했다. 이들은 절화 공급자가 아니라 원예의 모든 측면에 열렬한 관심을 가진 진지한 재배가였다. 많은 문헌이 각 식물의 원산지와 기후, 그리고 해당 식물이 요하는 토양의 종류를 배우는 것이 중요하다고 강조했다. 그들은 생태학에 대한 현대적 사고를 예측하며, 식물의 궁합까지 고려했다.

초기 식물 애호가들은 아이디어, 정보, 식물을 자유롭게 교환했다. 피렌체의 마테오 카치니와 프라하에서 루돌프 2세가 고용한 네덜란드인 에마누엘 스웨어트는 둘 다 식물 무역상이었다. 스웨어트는 1612년 프랑크푸르트에서 『화보집Florilegia』을 출판했다. 작가가 자신의 의뢰인들에게 정보를 제공하기 위한 카탈로그 형태의 저술이었다. 카치니는 백합, 라넌큘러스, 그리고 새롭게 발견된 분꽃을 담은 상자를 라이덴의 카롤루스 클루시우스에게 보냈다. 크레타 섬에서 발견한 튤리파 클루시아나*Tulipa clusiana*도 역시 클루시우스에게 보내 이름을 붙이도록 했다. 클루시우스는 답례로 녹색 튤립이 그려진 그림 외에도 많은 알뿌리를 피렌체로 보냈다. 또 다른 위대한 자연주의자로, 볼로냐에 식물원을 설립한 울리세 알드로반디는 당대의 식물학자들과 원예가들과 30년 넘게 주고받은 서신을 메모해 두었다. 그중에는 열렬한 아마추어 애호가 그룹이었던 귀족계 인사들도 있었다. 또한 그들과 주고받은 씨앗과 식물 목록도 보관했다.

루이 13세의 정원사였던 파리의 장 로뱅 역시 동시대 정원사들과 정보와 식물을 교환했다. 아메리카 북동부에서 온 아까시나무를 맨 처음 받은 사람이 장 로뱅인지 아니면 트라데스칸트인지는 여전히 논쟁의 여지가 있다. 어쨌든 이 식물은 로뱅의 이름을 따서 1630년경에 로비니아 프세우도아카시아*Robinia pseudoacacia*로 명명되었다. 1651년 파리의 재배가 피에르 모린Pierre Morin은 『카탈로그 드 켈크 플란테스Catalogue de Quelques Plantes』를 출간했는데, 여기 언급된 많은 식물을 장 로뱅으로부터 얻었다. 모린의 꽃의 정원은 가운데 꽃 모양의 타원형이 꽃잎 모양의 더 작은 화단들로 둘러싸여 있었다. 여기서 모린은 '튤립, 아네모네, 라넌큘러스, 크로커스 등'을 재배했다. 그것들은 '세계에서 가장 희귀한 종류들'이었다. 나중에 뎃퍼드에 위치한 세이스 코트의 존 에블린이 이 정원 패턴을 모방했다.

영국에서 '플로리스트'라는 용어는 아네모네, 프리뮬러 아우리쿨라, 히아신스, 패랭이꽃, 라넌큘러스, 프로방스장미*Rosa centifolia* 같은 꽃의 섬세한 디테일을 잘 아는 전문 재배가를 뜻하게 되었다. 플로리스트들은 경연을 통해 자신들의 값진 식물을 선보일 수 있는 그들만의 협회를 만들었다. 전통에 따르면 그 협회들은 주로 종교 박해를 피해 탈출한 플랑드르와 프랑스의 위그노 직공들에 의해 설립되었다. 그들은 자신들이

▲ 1629년에 출간된 존 파킨슨의 『파라디수스』 표지에는 에덴동산의 아담과 이브가 등장한다. 아담은 금단의 열매를 따고, 이브는 꽃을 따고 있다. 대추야자, 튤립, 프리틸라리아 임페리알리스Fritillaria imperialis 사이에 안데스 산맥으로부터 온 이국적인 파인애플이 보인다. 또한 악명 높은 '식물 양' 또는 '타르타리의 양'도 묘사되어 있다. 이 양은 줄기에서 자라는 것으로 믿어졌는데, 주변에 닿을 수 있는 풀을 모두 뜯어먹고 나면 굶어 죽었다.

▲ 가장 훌륭한 화보집 가운데 하나인 바실리우스 베슬러Basilius Besler의 『아이히슈테트의 정원Hortus Eystettensis』은 1613년 아이히슈테트의 대주교 영주를 위해 출판되었다. 대주교의 계단식 정원에서 자라는 광범위한 식물 컬렉션뿐만이 아니라 언덕 꼭대기에서 자라는 플라타너스 나무들을 묘사한 저술이다. 위의 그림은 세 가지 품종의 딸기와 용설란을 보여 준다. 베슬러는 식물을 선정하고 목록을 만들었으며, 원래 그림 중 일부를 제작했다. 야생종과 재배종을 모두 아우르는 1천 종 이상의 식물들(원종 600종과 품종 400종 이상)을 수록한 화보집으로, 17세기 초의 식물 소재를 알 수 있는 귀중한 참고 자료다.

좋아하는 식물들과 뛰어난 원예 기술을 영국으로 가져왔다.

일부 플랑드르 사람들은 안전을 보장받기 위해 연합 주(당시 네덜란드 공화국)에 이르는 먼 곳까지 이동했다. 그곳에서 꽃을 그리는 화가이자 원예가로 뛰어난 기량을 펼쳤는데, 네덜란드인Dutch이라고 불렸다. 꽃 애호가 협회들은 1648년 겐트에, 1650년 브뤼셀에, 1651년 브루제에 생겨났다. 모두 화훼 재배의 수호성인인 성녀 도로테아를 기렸고, 18세기에도 플랑드르에는 성녀 도로테아의 길드가 존재했다.

17세기 초까지 가장 인기가 많았던 꽃은 히아신스*Hyacinthus orientalis*, 수선화, 붓꽃, 그리고 특히 아네모네와 튤립 품종들이었다. 세르모네타의 공작 프란치스코 카에타니Francesco Caetani는 아네모네와 튤립 모두에 열정을 지녔다. 치스테르나에 있는 자신의 정원 화단에 폴리안테스 투베로사를 재배했는데, 쉽게 물을 줄 수 있도록 화분에 식재하여 관리했다. 또한 콘스탄티노플에서 온 수선화, 왜성 오렌지나무, 흰색 꽃이 피는 양골담초도 가지고 있었다. 그리고 튤립 1만 5천 구를 소유했지만 가장 가치 있는 식물로 아네모네, 특히 이탈리안 디 벨루토Italian di velluto라 불리는 솜털로 뒤덮인 품종을 꼽았다. 카에타니는 230품종 2만 9천 본의 식물을 확보했다. '온통 진홍색과 옅은 노란색'을 띠는 아네모네 '세르모네타'*Anemone* 'Sermoneta'는 1659년 토머스 핸머 경(1612-1678)이 슈롭셔에 있는 자신의 정원에서 재배했다. 핸머 경은 오늘날의 우리가 그들의 식물에 대한 열정을 확인할 수 있는, 17세기 영국의 몇 안 되는 아마추어 애호가들 중 하나였다. 독실한 왕정주의자로 프랑스에서 수년 동안 영국 내전을 겪은 다음에 웨일스 국경 지역의 베티스필드에 있는 집으로 돌아왔다. 1644-1652년에 그가 프랑스에서 지내는 동안 많은 식물들 외에도 재배에 관한 유용한 팁들을 확실히 배웠다. 정원 디자인에서는 트렌드에 흔들리지 않았다. 자신의 정원을 보수적이고 실용적인 방식으로 설계하고, 집 근처에 직사각형 튤립 화단을 만들었다. 최대 관심사는 희귀 식물 구하기였는데, 그는 1644-1652년에 걸쳐 당대의 위대한 프랑스 원예가들을 모두 만났다.

핸머 경의 생각은 저술 『가든 북Garden Book』에 생생하게 기록되어 있다. 1659년에 원본에 대한 필사본이 완성되었으나 출판은 1933년에야 비로소 이루어졌다. 핸머 경은 새로운 알뿌리의 열렬한 수집가였을 뿐만 아니라, 새롭게 도입된 식물을 위해 자신의 정원을 계획한 영국 최초의 작가들 가운데 한 명이었다. 주로 프랑스에서 구한 아네모네, 시클라멘, 프리틸라리아, 붓꽃, 수선화, 튤립 등 자신의 확장된 식물 목록뿐 아니라 그 식물들을 기르는 방법을 추천했다. '꽃의 자태가 매우 아름답고, 색채가 가장 풍부하고 감탄스러우며, 무늬의 다양성이 경이로운 알뿌리 식물의 여왕'인 튤립은 3년마다 캐내어 자구를 떼어 번식했다. 핸머 경은 자신의 튤립을 더욱 잘 보기 위해서 중앙 부분을 약간 높인 화단에서 재배했다. 또한 눈부신 진홍색 붉은숫잔대*Lobelia cardinalis*를 포함하여 북아메리카에서 온 식물들도 재배했다.

유명한 정원사 존 레아John Rea(1681년에 사망)는 저술 『플로라Flora』(1665)를 친구이자 이웃인 핸머 경에게 헌정했다. 또 다른 동시대 정원사이자 윔블던의 의회 의장이었던 겐 램버트는 튤립을 수집했다. 1655년에 핸머는 램버트에게 '애것 핸머Agate Hanmer'라는 품종의 아주 커다란 모체 알뿌리를 주었다.

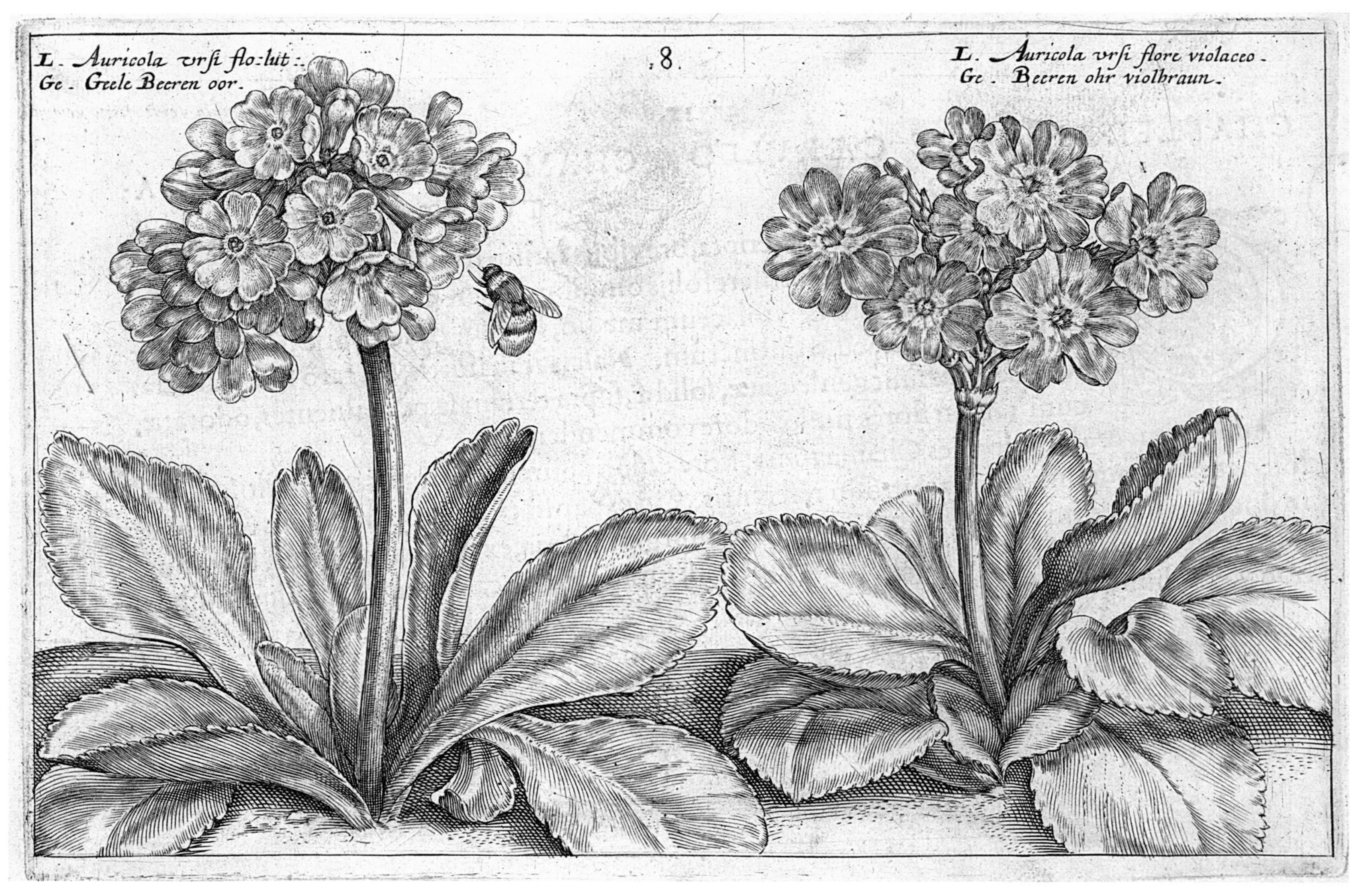

▲ 앵초과에 속한 프리뮬러 아우리쿨라는 18세기 동안 플로리스트들에게 인기 높은 꽃이었다. 1700년 이전에 위그노교도들이 영국으로 도입했을 것으로 추정한다. 자연 서식지는 알프스 산맥과 알프스 산맥 동쪽의 돌로미티 산맥의 고산 초원 지대다. 위의 그림은 크리스핀 반 데 파스의 『꽃의 정원』에서 발췌했다.

존 레아는 나중에 진홍색, 흰색, '그레들린gredeline'(회색빛을 띤 자주색)의 세 가지 특징적인 색을 지닌 이 값진 튤립을 묘사했다. 핸머 경은 세이스 코트 정원의 존 에블린에게도 같은 튤립을 주었다.

원예가 헨리 콤프턴Henry Compton(1632–1713)은 백작의 아들로 태어나서 1675년부터 죽을 때까지 런던의 주교를 지낸 인물이다. 재임 기간 동안 그는 풀럼 궁Fulham Palace에 정원을 만들었는데, 대부분 북아메리카가 원산지인 외래종 나무와 관목으로 유명했다. 콤프턴은 런던의 주교로서, 아메리카 대륙 관할권을 가졌다. 그는 자신의 성직자들에게 식물 채집 임무를 추가하도록 지시했다. 가장 유익한 성과는 아메리카 인디언들의 영혼을 구했을 뿐만 아니라 버지니아에서 몇 가지 새로운 종을 구해 왔던 존 바니스터John Banister였다. 풀럼 궁전의 정원은 최근 부분적으로 복원이 이루어졌는데, 담장 정원의 남쪽으로 있는 새로운 콤프턴 화단이 특징이다. 여기에는 콤프턴이 유럽에서 최초로 성공적으로 재배한 버지니아목련*Magnolia virginiana*이 포함되어 있다.

◀ 꽃의 갈런드garland로 둘러싸인 성녀 도로테아를 그린 그림이다. 1640년경에 플랑드르의 꽃 화가 필립스 드 말리에르가 그렸다. 7세기 이후 공경받았던 4세기의 순교자 성녀 도로테아는 정원사들의 수호자로 여겨진다. 플로리스트들의 길드에는 그녀를 기리는 이름이 붙었다. 유럽의 일부 지역에서는 여전히 그녀의 축일인 2월 6일에 나무들을 축복한다.

트라데스칸트 부자父子와 그들의 방주

THE TRADESCANTS AND THEIR ARK

17세기 전반기에 영국에서 가장 유명했던 원예가는 왕실 정원사 존 트라데스칸트 1세(1570년경–1638)와 그의 아들 존 트라데스칸트 2세John Tradescant the Younger(1608–1662)였다. 런던 남부에 있던 그들의 정원은 일반인들에게 디 아크The Ark로 알려진 유명한 박물관과 함께 6펜스의 입장료를 받고 대중에 개방되었다(이는 영국 최초의 공공 박물관이었다).

법적 공방 끝에 그들의 광범위한 자연사 컬렉션은 고서 수집가이자 골동품 상인이었던 엘리아스 애슈몰에게 넘기는 것으로 합의되었지만 트라데스칸트 2세와 그의 아내가 죽은 다음에야 가능한 일이었다. 트라데스칸트 부인은 남편보다 수년을 더 살면서 컬렉션을 소유하지 못해 점점 참을성을 잃은 애슈몰의 지속적인 압력을 받았다. 그리고 애슈몰이 옆집으로 이사 온 지 얼마 후에 연못에 빠져 죽은 채로 발견되었다. 1691년에 애슈몰은 이 컬렉션을 옥스퍼드 대학교에 기증했고, 이것이 애슈몰린 박물관의 토대가 되었다.

트라데스칸트 부자 모두 오트랜드 궁의 소유자인 찰스 1세의 정원사였다. 두 사람은 동료들로부터 많은 새로운 식물을 들여와 다른 식물 애호가들에게 전하는 일에 책임을 맡고 있었다. 존 트라데스칸트 1세는 솔즈베리의 첫 번째 백작이었던 로버트 세실의 정원사이기도 했다. 하트퍼드셔에 위치한 세실의 해트필드 하우스Hatfield House 중앙 계단의 중심 기둥에 그의 초상화가 새겨져 있다.

1610–1615년에 존 트라데스칸트 1세는 네덜란드를 여행하면서 해트필드 정원에 사용할 프로방스장미, 체리, 마르멜로, 양모과 외에도 엄선된 프리틸라리아, 튤립, 카네이션 품종들을 구했다. 나중에 그는 러시아와 북아프리카까지 가서 보라색 꽃이 피는 토끼풀을 수집했다. 트라데스칸트 부자는 영국 버지니아 회사의 지분을 가지고 있었고, 이를 통해 북아메리카에서 많은 식물을 확보할 수 있었다. 존 트라데스칸트 2세는 아버지가 사망한 1638년에 세 차례의 버지니아 방문 중 첫 방문 때 튤립나무*Liriodendron tulipifera*를 들여왔다. 왼쪽 튤립나무 그림은 1760년경에 농학자였던 앙리 루이 뒤아멜 두 몽소가 그렸다. 원예가이자 외래 식물 재배가로서 트라데스칸트 부자는 마땅히 명성을 누릴 만하다. 그들은 영국의 가드닝에 심오한 영향을 미쳤다. 존 트라데스칸트 1세는 1629–1633년에 해외에서 도입한 식물 목록을 만들었는데, 존 파킨슨의 『파라디수스』 사본에다 이 목록을 기록했다(199쪽 참조). 1634년에는 150종 이상의 식물과 다수의 과일나무가 포함된 카탈로그 『존 트라데스칸트의 정원 식물 카탈로그Plantarum in Horto Iohannem Tradescanti Nascentium Catalogus』를 출판했다. 1656년에 존 트라데스칸트 2세는 라틴어와 영어로 식물을 기술한 보다 방대한 분량의 책을 출간했다. 트라데스칸트 부자는 램버스에 위치한 세인트 메리 교회 묘지에 안장되어 있다. 현재 이곳에는 정원 박물관이 조성되어 있다.

◀ 이 유명한 정원사 부자는 유럽과 북아메리카로부터 수많은 식물을 도입하는 일에 책임이 있었다. 두 사람 모두 차례로 찰스 1세의 정원사로 일했다. 존 트라데스칸트 1세는 솔즈베리 공작 소유의 해트필드 하우스의 정원사였는데, 이곳에서 네덜란드로부터 장미와 과일나무를 수입했다. 나중에는 프리틸라리아 같은 새로운 외래 식물을 찾기 위해 러시아와 북아프리카로 탐사를 떠나기도 했다.

▼ 에마뉘엘 드 크리츠(1608-1665)가 그린 존 트라데스칸트 2세와 그의 아내 헤스터. 존 트라데스칸트 2세는 아버지가 죽은 1638년에 버지니아를 거점으로 북아메리카를 세 차례 방문했다. 그는 튤립나무를 영국에 도입했다.

식물의 변화하는 유행 Changing Fashions in Paris

필연적으로, 16-17세기 동안 레반트와 신세계에서 유럽으로 물밀듯이 도입된 식물들은 유럽 정원의 외형을 바꾸어 놓았다. 이 시기가 끝날 무렵에 이 새로운 나무, 관목, 꽃, 알뿌리는 기하학적 배치에 이국적인 요소를 더했다. 꽃을 위한 화단은 꽃이 가장 돋보이도록 특별히 설계되었다. 하지만 새로운 식물들이 주로 관상적인 디테일을 살려 준 반면에 기본 구조는 여전히 시험을 거치고 검증된 인기 식물들이 맡았다.

이탈리아에서는 향나무, 사이프러스, 월계분꽃나무*Viburnum tinus*, 월계수, 주목, 필리레아, 회양목을 토피어리로 만들 수 있었고, 16세기까지 이 식물들은 혼합 식재 생울타리를 만드는 데 흔히 사용되었다. 화단 가장자리에는 회양목을 포함하여 허브 종류를 혼식했다(회양목은 결코 단독으로 쓰이지는 않았다). 한편 산톨리나, 로즈마리, 은매화, 히숍도 마찬가지로 인기 있었다. 북유럽에서는 상록수가 덜 흔했으며, 내한성이 강한 향나무와 주목이 내한성이 약한 이탈리안 사이프러스를 대체했다. 16세기 후반에는 보다 정교한 정원에서 균일하고 깔끔하게 손질된 효과를 상기시키는 생울타리를 위해 단일 품종을 사용했다. 사이프러스와 월계수는 짙은 생울타리를 만들기 위해 엄격하게 다듬어졌다. 토피어리 주목은 위대한 프랑스 정원에서 없어서는 안 될 특징이었다. 유럽서어나무는 생울타리, 팰리세이드, 베르소 등을 위해 식재되었고, 종종 복잡한 꼭대기 장식 또는 다른 관상용 모양으로 다듬어졌다.

희귀 식물들을 수집하는 일은 이것들을 구할 능력이 있는 왕족, 부유한 성직자, 돈 많은 상인 사이에서 유행했고 종종 경쟁적인 게임이 되었다. 가장 희귀한 식물들은 처음에는 마치 박물관이나 화랑에 놓인 것처럼 감상이 용이하도록 빽빽하게 줄지어 재배되었다. 나중에는 그 식물들을 꽃의 정원의 패턴에 따라 식재하는 게 새로운 규칙이 되었다.

영국에서는 먼저 향나무와 약간 내한성이 떨어지는 월계수와 필리레아가 주목보다 선호되었다. 그러나 17세기 말에 존 에블린에 의해 인기를 얻은 주목이 토피어리와 생울타리의 단골 소재가 되었다. 유럽서어나무와 (매우 느리게 자라지만) 호랑가시나무 역시 구조적인 요소를 제공하기 위해 사용되었다. 가장 중요하게는, 회양목이 낮은 테두리용으로 탁월한 식물이 되었다.

1700년대까지 동북 아메리카에서 온 나무와 관목은 유럽 정원의 외형을 바꾸었다. 이 식물들의 도입은 새로운 가드닝 양식이 형성되는 데 도움을 주었다. 이제는 보다 자연스럽게 보이는 양식이 성행하고, 다듬어진 생울타리와 토피어리는 덜 유행했다. 처음에는 풍경식 정원 운동의 주창자들이 주로 토착 식물 소재를 사용했으나 점차적으로 표본 재배가 허용된 더 많은 아메리카의 나무와 관목(만이 아니라 다른 대륙에서 온 외래 식물들)이 새로운 양식에 잘 맞는 것이 확인되었다.

런던의 재배가들 London Nurserymen

17세기 말부터 런던의 재배가들은 새로운 종류의 식물들을 도입할 수 있었다. 이 식물들은 고객을 찾기 전에 먼저 분류되고 시험 재배를 거쳐야 했다. 브롬프턴 파크 너서리의 재배가 조지 런던George London과 헨리 와이즈를 비롯한 많은 이들은 정원에서 자라는 식물들의 재배만이 아니라 정원 디자인에 관련된 계획도 요청받았다. 18세기가 시작되면서 재배가들은 최신 식물학 분류에도 뒤지지 않아야 했다.

► 켄싱턴 고어의 재배가 로버트 퍼버는 『일 년 열두 달 그리고 열매에 관한 열두 개의 판화』라는 제목의 판화 시리즈로 유명하다. 그는 매월 적절한 배치를 보여 주었고, 꽃들은 식별이 가능하도록 번호가 매겨져 있었다. 이 판화들은 1월, 3월, 7월, 10월을 보여 준다. 수작업으로 채색되기 전에 원작은 피터 카스틸스가 그림을 그렸고, 헨리 플레처가 판화 작업을 했다.

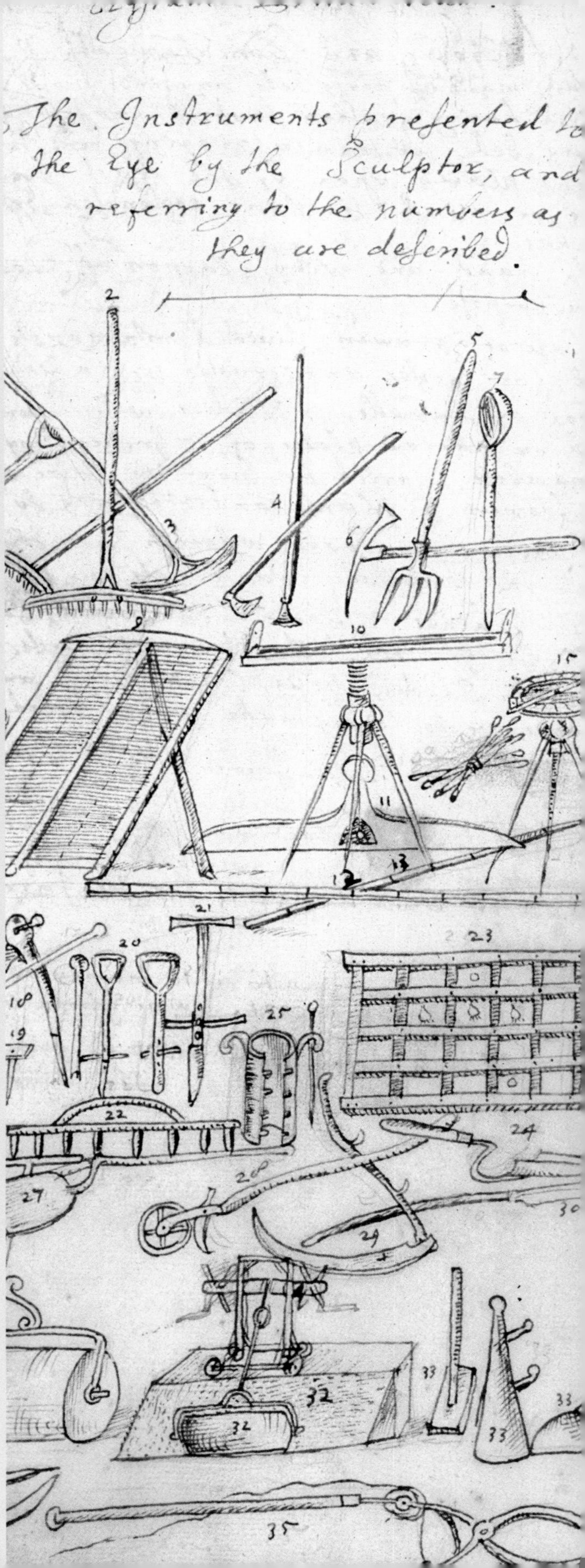

존 에블린: 박식한 원예가

JOHN EVELYN: ERUDITE PLANTSMAN

정원의 역사와 식재에 관해 17세기 후반의 가장 중요하고 영향력 있는 영국 작가는 존 에블린(1620–1705)이었다. 위에 보이는 초상화의 주인공인 에블린은 일기 작가, 나무 전문가, 번역가로 활동했다. 서리에 위치한 워턴(1699년에 에블린이 자신의 형에게 물려받은 사유지)에서 태어난 에블린은 당대의 원예와 수목 재배법 발달에 있어 주도적인 역할을 했다. 그의 저술은 그 시대의 정원이 안고 있는 모든 문제에 관한 최신 과학과 경험적 조사 내용들을 포함했다. 1642년부터 1647년까지, 영국 내전의 일부 기간 동안 그는 해외로 여행을 떠나 프랑스와 이탈리아의 정원들을 발견하고, 이를 자신의 다이어리에 아주 유려하게 묘사했다. 에블린의 저술 『실바, 또는 숲 나무들에 관한 담론Sylva, or a Discourse of Forest Trees』(1664)은 조림 사업과 선박 제작을 위한 참나무 식재를 장려하는 사업이 가장 중요했던 시기에 출판되었다. 이 책은 한 세기가 넘도록 나무에 대한 영문판 기준서였다.

그 후 200년이 흐르는 동안에도 많은 판본이 출판되었다. 2014년에는 가브리엘 헤메리가 쓴 『더 뉴 실바The New Sylva』가 출간되었다.

존 에블린은 유럽 대륙을 여행하기 전에 본가인 워턴에 있는 형을 위해 정원을 디자인하는 일을 도왔다. 그리고 다시 돌아와서는 사원과 함께 계단식 언덕을 완성했다. 1666년에는 역시 서리에 위치한 올버리에 아룬델 백작 3세의 주문으로 운하, 테라스, 언덕을 관통하는 터널을 설계했다. 이들 정원은 구성과 특징적 요소들에서 이탈리아적 감성을 뚜렷하게 지녔다. 죽음이 얼마 남지 않은 무렵에 에블린은 왕정복고 이후 영국에 조성된 프랑스 양식 정원이 가진 과시적인 경관을 못마땅하게 여겼다. 여행 중에 감명받았던 이탈리아풍 정원을 훨씬 더 선호했다.

1652년에 그가 뎃퍼드에 위치한 세이스 코트Sayes Court(코먼웰스 기간 동안 몰수되었던 아내의 조상들이 살던 집)로 이사했을 때, 대대적인 개선 작업과 식재 계획에 착수했다. 그의 계획은 피에르 모린의 파리 정원을 재현하는 것이었다. 에블린은 이곳을 두 번 방문했는데, 중앙에 있는 타원형 화단을 포함한 식재와 디자인에 감탄했다. 하지만 모린이 프랑스 정원을 둘러싸는 데 사용했던 사이프러스를 재배해야 하는 문제에 직면했다. 폭풍과 혹독한 겨울로 인해 씨앗부터 공들여 키운 많은 사이프러스 나무들이 죽고 말았다. (그가 보유한 더 특이한 식물들 중 다수는 종종 파리에 있는 장인에게서 얻은 씨앗에서 재배한 것들이었다.) 그 정원은 숲과 '정형화된' 야생지를 포함했는데, 대각선으로 난 8개의 주된 산책로가 일반 나무들이 식재된 야생지를 가로질렀다. 테라스 산책로와 호랑가시나무와 매자나무로 만들어진 팰리세이드가 그 부분의 정원을 완성했다. 서쪽의 넓은 산책로가 연회장 건물과 해자로 둘러싸인 섬 사이로 이어져 있었는데, 여기서 과일나무와 아스파라거스를 재배했다. 1653년 2월에는 달이 차오를 때 과수원을 조성했다. 그는 이것이 식물들의 성장을 촉진시킬 것이라 믿었다.

에블린이 형에게 워턴 사유지를 물려받은 후, 세이스 코트는 1696-1698년의 겨울 동안 러시아의 차르 표트르 대제에게 임대되었다. 차르의 즐거움 중 하나는 정원사들이 미는 손수레를 타고 정원을 누비는 과정에서 호랑가시나무 생울타리를 손상시키는 것이었다. 크리스토퍼 렌 경과 재배가 조지 런던의 현장 조사를 거친 후에 손수레 3개를 비롯하여 호랑가시나무, 필리레아, 과일나무 등 손상을 입은 최상급 식물들 다수를 교체하는 비용으로 55파운드의 수리비가 부과되었다. 존 에블린은 『실바』로 가장 많이 기억된다. 그러나 그의 가장 야심 찬 저서는 『엘리시움 브리타니쿰Elysium Britannicum』으로, 1657년경에 시작되었지만 1702년에도 여전히 미완으로 남았다. 이 책은 2001년에 존 잉그램의 편집으로 마침내 출판되었다. 완성되지 못한 원본은 영국 국립도서관에 남아 있다. 왼쪽 그림은 이 책에서 발췌한 정원 도구들을 그린 것이다. 작가는 이 책을 '방법에 관한' 매뉴얼로 의도하지는 않았지만 품격 있는 정원을 조성하는 데 필요한 모든 기술에 대한 설명으로 시작된다. 에블린은 정원에 대한 사상과 실천 방법에 관한 모든 측면을 다루려고 노력했다. 이 책은 정원의 즐거움과 덕목에 관한 철학적 담론으로 확대되었다. 일부는 『실바』에 포함되었고, 다른 일부는 1699년의 저술 『아세타리아, 샐러드에 관한 담론Acetaria, A discourse on Sallets』으로 통합되었다. 여기서 그는 채식주의의 이점을 논했다.

1725년에 굴지의 런던 정원사와 재배가 스무 명이 정원사 협회를 설립했다. 이 협회는 매달 모임을 가졌다. 목적은 최근 도입된 종류를 포함한 식물들에 대해 논하고, 그들의 명명법에 관한 규정 등 관련 이슈들을 명확하게 하기 위함이었다.

새로운 나무와 외래 식물을 최상으로 활용하기 위해서는 그들을 연구하고 원예학적 요건을 확립할 필요가 있었다. 동북부 아메리카의 많은 식물은 산성 토양을 필요로 했기에 적절한 장소에 식재될 수 있도록 주의를 기울여야만 했다. 상업적 성공을 향한 도전과 전망에 자극받은 더욱 진취적인 재배가들이 이들 수입 식물들에 투자했다. 수많은 인물들 중 과학적 사고방식을 가진 런던의 재배가 토머스 페어차일드Thomas Fairchild(1667–1729)가 있었다. 비록 중국인들은 수 세기에 걸쳐 수그루의 수술로부터 꽃가루를 채취하여 이를 암그루의 암술에 옮겨 주는 방식으로 식물을 교배해 왔지만 그 기술과 지식은 서양에 알려져 있지 않았다. 토머스 페어차일드는 새롭게 발견된 지식을 적용한 최초의 유럽인 가운데 한 명이었다. 즉 식물은 암수 기관을 가지고 있는데, 수염패랭이꽃*Dianthus barbatus*의 달콤한 꽃가루를 채취하여 카네이션*D. caryophyllus* 암술에 묻히면 1대 잡종이 만들어진다. 이것이 바로 카네이션 '페어차일즈 뮬''Fairchild's mule'로 알려진 품종이었다. 1690년에 혹스턴에 설립된 그의 양묘장nursery은 과일나무와 외래 식물로 유명해졌다. 대다수 식물들은 마크 케이츠비Mark Catesby를 통해 북아메리카에서 도입되었다. 그는 자신의 저서 『캐롤라이나, 플로리다, 바하마 제도의 자연사Natural History of Carolina, Florida and the Bahama Islands』를 준비하며 양묘장에서 일했다(215-216쪽 참조). 1722년에 출판된 토머스 페어차일드의 『도시 정원사The City Gardener』는 런던의 공해에서 살아남을 수 있는 식물들을 추천했다. 그의 양묘장에서 제공되었던 식물들 가운데 오늘날에도 같은 목적을 수행하는 나무는 단풍버즘나무*Platanus × hispanica*다. 그 후 동양의 버즘나무*P. orientalis*와 아메리카의 양버즘나무*P. occidentalis*의 교잡으로 만들어진 새로운 잡종은 나무껍질이 벗겨지는 특징이 있었으며 대기가 심하게 오염된 환경에서도 살아남을 수 있다.

재배가들은 필연적으로 소통을 좋아하는 사람들이었다. 그들의 출판물은 식물을 홍보하기 위한 목적이었지만 오늘날 우리에게는 최근의 발전에 대한 기록들로도 매우 귀중하다. 토머스 페어차일드가 회원으로 있던 정원사 협회는 1730년에 『카탈로구스 플란타룸Catalogus Plantarum』을 출간했다. 이 책의 첫 부분은 나무와 관목을 다룬다. 필립 밀러Philip Miller의 도움으로 편찬되었는데, 그는 1722년부터 첼시 피직 가든Chelsea Physic Garden의 책임자로 일했다. 정원사 협회의 다른 두 회원인 재배가 로버트 퍼버Robert Furber(1674–1756)와 크리스토퍼 그레이는 주교 헨리 콤프턴의 사망 이후에 풀럼에 있는 그의 식물 컬렉션 중 일부를 매입했다. 두 사람의 양묘장은 모두 외래 식물들로 유명해졌다. 로버트 퍼버는 1730–1732년에 자신의 켄싱턴 고어의 양묘장을 위한 카탈로그 형태로 『일 년 열두 달 그리고 열매에 관한 열두 개의 판화Twelve Months of the Year and Twelve Plates of Fruit』라는 제목의 판화 시리즈를 출판했다. 덕분에 양묘장은 큰 명성을 얻는다. 매달 적절한 그림과 함께 식물을 식별하는 비결이 제공되었다. 나무와 관목을 소개하는 그레이의 카탈로그는 마크 케이츠비가 발굴한 아메리카의 식물들을 판매하기 위해 편찬되어, 1737년에 영어판과 프랑스어판으로 발행되었다.

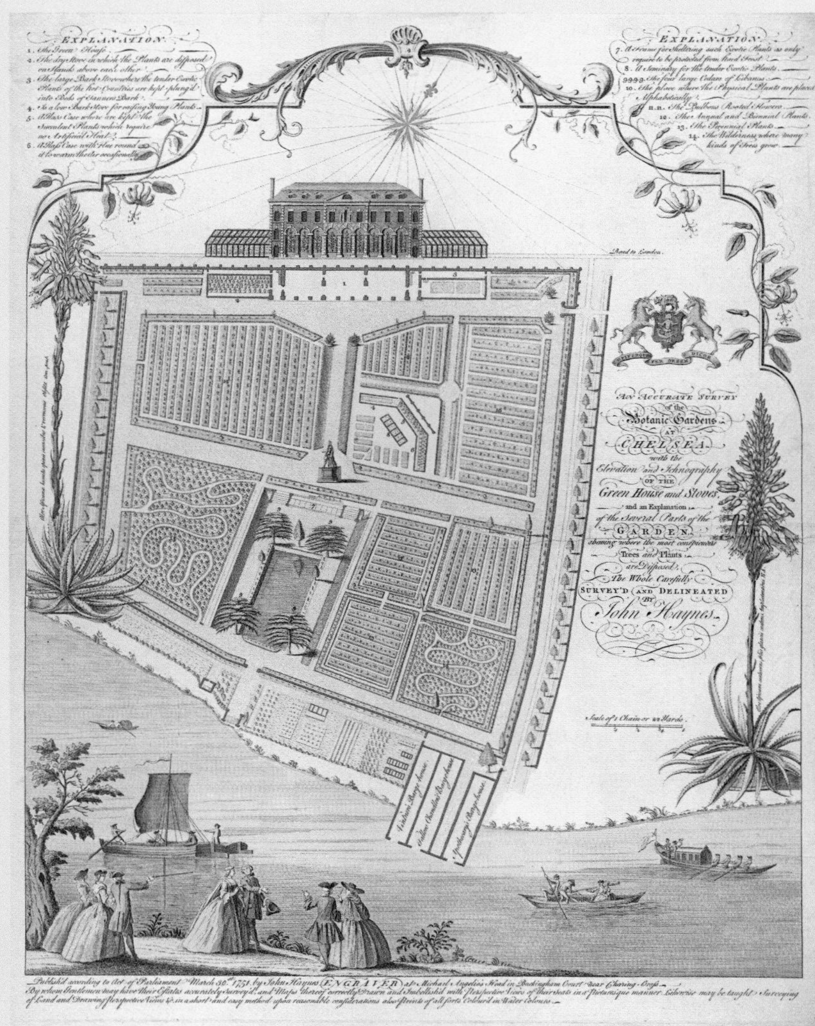

▲ 1751년에 그려진 이 그림은 자연주의적 가드닝의 새로운 양식에 따라 만들어진 직사각형의 서열 화단과 불규칙적인 구불구불한 산책로를 보여 준다. 17세기 말경 식재된 레바논시더 두 그루는 영국에서 최초로 식재된 표본으로 기록되었다.

필립 밀러와 첼시 피직 가든

PHILIP MILLER AND THE CHELSEA PHYSIC GARDEN

런던에 있는 첼시 피직 가든은 1673년에 런던 약사 협회가 약용 식물을 전시하기 위한 목적으로 설립했다. 지금은 강둑이 있어 강과 분리되어 있지만 오늘날까지 템스 강 강변 부지에 남아 있다. 이 정원은 재정적 어려움에 처해졌다가 1722년에 한스 슬론 경에게 구제되었다. 슬론 경은 아일랜드의 성공한 의사이자 식물 수집가, 자선 사업가였는데, 정원의 자유 보유권을 도입하여 1년에 5파운드만 받고 정원을 약사 협회에 영구 임대해 주었다. 임대 조건은 매년 새롭게 재배된 식물들의 건조 표본 50개를 그가 회원으로 있던 왕립 협회에 제공하는 것이었다.

이 정원은 필립 밀러(1691-1771)의 경영으로 식물 컬렉션을 비롯하여 보다 폭넓은 대중이 식물들을 이용할 수 있도록 한 관대함으로 유명해졌다. 밀러의 『정원사의 사전Gardener's Dictionary』은 한 세대 동안, 그리고 더 많은 식물 애호가들을 위한 18세기 원예학의 바이블이었다. 『정원사의 사전』은 1731년부터 1768년 사이에 8판에 걸쳐 출판되었다. 이 기간 동안 재배 중인 식물의 숫자는 5배 증가했다. 다름 아닌 필립 밀러 자신의 열성적인 수집 활동과 북아메리카, 서인도 제도, 희망봉, 시베리아와의 교류를 위해 신중하게 육성한 연락책, 그리고 새로운 도입 식물을 위한 자금을 대기 위해 결성된 다양한 연합체의 회원들 덕택이었다. 필라델피아 정원의 존 바트람John Bartram(215쪽 참조)도 그의 특파원 중 한 사람이었다. 밀러는 자신의 세 번째 판본(1760)에 '정원사의 달력'을 포함시켰다. 처음에 밀러는 린네의 식물 분류법(218쪽 참조)과 이명법의 채택을 꺼려 했지만 마지막 판본에서는 린네를 따랐다. 하지만 필립 밀러는 점점 고집스럽고 무례해지는데, '그의 자만심은… 그의 방대한 출판물에 의해 자라났기 때문에 그는 자신 외에는 아무도 무언가를 아는 사람이 없다고 여겼다.' 결국 79세의 나이에 은퇴를 강요받았고, 이듬해 세상을 떠났다.

앙드레 미쇼

ANDRÉ MICHAUX

프랑스인 앙드레 미쇼André Michaux(1746–1803)는 파리와 영국에서 수학했다. 1782년 프랑스 정부는 미쇼를 페르시아로 보내 식물학적 임무를 수행하도록 했다. 거기서 그는 훌륭한 식물 표본들과 동양의 수많은 식물들을 모았다. 1785년 무렵에는 왕실 식물학자 자격으로 루이 16세에 의해 북아메리카로 파견되었다. 외교적인 용어로 표현된 그의 임무는 새로운 과일나무 품종들과 관상용 정원 식물 외에도 선박 제작 때문에 고갈된 프랑스 고유의 숲을 다시 채울 만한 적절한 수종을 찾고, 왕의 정원을 위한 식물 표본도 준비하는 것이었다.

미쇼는 이전에 영국을 여행한 적이 있었으며 그때 아메리카의 새로운 외래 식물들을 인상 깊게 보았다. 그렇게 1786년 봄, 처음으로 아메리카 대륙으로 출발한다. 필라델피아에 위치한 존 바트람의 정원이었다. 특히 프랑스혁명 기간에는 돈이 부족했지만, 그래도 뉴욕 외곽의 호보켄과 더 남쪽의 찰스턴에 양묘장을 조성할 수 있었다. 거기서 씨앗을 발아시켰고 다시 파리로 돌아가는 긴 항해에도 살아남을 수 있을 만큼 식물을 육성했다. 불행하게도 이들 대부분이 바스티유 함락 이후의 어려운 시기 동안에 유실되었다. 그는 외국의 식물들을 미국으로 수입하기도 했다. 동백나무를 비롯하여 코카서스에서는 노랑철쭉*Rhododendron luteum*을 도입했다. 사우스캐롤라이나의 미들턴 플레이스에 있는 오래된 동백나무도 미쇼가 도입한 것으로 여겨진다. 참나무 종류에 관해 쓴 미쇼의 논문은 「북아메리카 참나무의 역사Histoire des Chênes de l'Amérique」라는 제목으로 출판되었다. 저서 『북아메리카의 식물상Flora Boreali-Americana』은 이런 종류의 책 가운데 최초였다. 둘 다 피에르-조셉 르두테Pierre-Joseph Redouté가 삽화를 그렸다. 이 저술들은 앙드레 미쇼의 죽음 이후 아들의 감독 하에 언론에 소개되었다.

▶ 앙드레 미쇼는 1803년에 죽음을 맞이하기 전, 자신이 관찰한 아메리카 자생 식물상에 관한 책인 『북아메리카의 식물상』을 저술했다. 이 책에서 40개의 새로운 속과 1천700종의 식물을 기술했다. 꽃개오동은 18세기에 미쇼가 유럽에 소개한 많은 소교목小喬木 가운데 대표적인 나무였다.

북아메리카의 식물 컬렉션 Plant Collection in North America

아메리카로부터 수많은 나무와 관목이 대거 유입되기 전에 주로 도입되었던 목본류는 마로니에, 라일락, 포르투갈월계귀룽나무*Prunus lusitanica*, 월계귀룽나무였다. 이들 모두 16세기 말까지 식물학자들이 목록화했다. 튤립나무와 아까시나무는 버지니아에서 들여왔고, 레바논시더*Cedrus libani*는 17세기에 레반트에서 도입되었다. 1700년대에는 보물 같은 식물들이 영국으로 쏟아져 들어왔다. 필립 밀러가 정원사 협회를 위해 그 목록을 정리했고, 자신의 저술 『정원사의 사전』에 수록했다.

모두 퀘이커교도인 아메리카의 자연주의자이자 식물 사냥꾼 존 바트람(1699–1777)과 영국의 상인 피터 콜린슨Peter Collinson(1694–1768)의 이야기는 18세기에 맞이한 식물 목록 확장에 관한 전반적인 정신을 가장 잘 보여주는 예다. 옥스퍼드와 캠브리지 대학교로부터 공적 직위를 금지당한 퀘이커교도들은 자연 세계와 친밀감을 발달시켰다. 그들은 자연 세계를 신의 작품이 현현한 것으로 인식했고, 지나칠 정도로 많은 이들이 식물학과 가드닝에 관여했던 것으로 보인다. 유럽과 아메리카의 식물과 서신 교류가 매우 왕성했던 시대였다.

바트람과 콜린슨의 관계는 1733년부터 1768년까지 장장 30년 이상 지속되었다. 또 그들은 유럽 정원의 모습을 바꾸는 데 중요한 역할을 했다. 아메리카의 새로운 식물들은 점점 유행하고 있는 자연적 양식에 쉽게 맞아떨어졌다. 목본 식물의 도입은 다른 무엇보다 조경 양식의 발달을 자극시켰을 것이다.

존 바트람은 북동 아메리카의 숲을 탐사하며 적어도 200종 이상의 새로운 식물들을 영국의 몇몇 수신인들과 피터 콜린슨에게 보냈다. 콜린슨은 처음에는 런던 페캄에 살았고, 그다음엔 밀힐에 살았는데, 그곳에서 많은 종류의 희귀 식물들을 재배했다. 1809년에 와서야 발견된 콜린슨의 『호르투스 콜린소니아누스Hortus collinsonianus』는 그가 적어도 42종의 새로운 식물들의 도입에 책임이 있었음을 말해 준다. 바트람은 식물의 자연 서식지에 관한 생생한 설명을 제공해 줌으로써 그들의 성공적 재배를 보장해 주었다.

콜린슨은 영국과 유럽 대륙의 동료 자연주의자들과 함께 식물과 씨앗을 나누었다. 웁살라의 린네, 라이덴의 그로노비우스Gronovius, 옥스퍼드의 딜레니우스Dillenius 등 당대의 가장 주목할 만한 분류학자들은 모두 바트람의 식물들을 연구했다. 린네는 심지어 그를 '당대의 가장 위대한 자연 식물학자'라고 부르기까지 했다.

1765년 무렵에 바트람은 콜린슨의 추천으로 왕의 식물학자로 임명되었다. 독학으로 공부한 바트람은 스스로 관찰한 것에 의존해야 했다. 그가 처음으로 학습하게 된 당시의 기본서로는 컬페퍼Culpeper의 『잉글리시 피지션English Physician』, 터너의 초기작인 『약초 의학서』, 그리고 파킨슨의 『파라디수스』 등이 있었다. 이들 중 어느 것도 아메리카 식물을 동정하는 자료로 유용하지 않았다. 적절한 시기에 바트람은 필립 밀러의 『정원사의 사전』 사본과 린네의 저술을 입수했다.

바트람은 유럽의 정원을 풍요롭게 만들기 위해 힘겹게 북아메리카의 숲을 샅샅이 뒤졌다. 교류 시스템이 잘 작동하여 그 대가로 유럽에서 재배한 식물들의 씨앗을 받았다. 바트람이 아메리카 최초의 식물원인 자신의 정원에서 재배한 자생 식물들 가운데 많은 종류가 마크 케이츠비의 저서 『캐롤라이나, 플로리다, 바하마 제도의 자연사』(총2권, 1730–1747)에 수록된 그림의 모델이 되었다. 유럽으로 향하는 바트람의 씨앗들은 1736년부터 '5기니짜리 상자'에 분배되어 구독자들에게 보내졌다. 그중에는 첼시의 필립 밀러, 에식스에 위치한 손던의 페트르 경Lord Petre, 서식스에 위치한 굿우드의 리치먼드 공작이 있었다.

◀◀ 『식물학자The Botanist』에서 발췌한 아메리카의 식물 사냥꾼이자 자연주의자 존 바트람의 초상화다.

◀ 피터 콜린슨의 정원에서 꽃을 피운 매우 좁은 잎을 가진 칼미아 안구스티폴리아*Kalmia angustifolia*는 마크 케이츠비와 게오르크 디오니시우스 에레트Georg Dionysius Ehret가 그린 그림이다. 케이츠비의 역작인 『캐롤라이나, 플로리다, 바하마 제도의 자연사』에서 발췌했다. 이 책은 1747년 최종 완성된, 북아메리카의 영국 식민지에 서식하는 동식물에 관한 최초의 중요한 연구 성과였다.

나무 후원자 Tree Patrons

18세기에 식물을 도입한 사람들은 초기 시대와 마찬가지로 대규모 재배를 위하여 여전히 후원자가 필요했다. 페트르 경은 에식스의 손던Thorndon에서 1732년부터 1742년에 죽음을 맞이할 때까지 아메리카와 유럽의 나무들을 재배했다. 그는 존 바트람의 수집 활동에 대해 1년에 10기니를 기부했다. 열대 식물을 기르고 과실이 달릴 수 있도록 난로를 설치한 하우스도 만들었다. 페트르 경의 동백나무는 영국에서 최초로 꽃을 피웠다. 새로운 조경 양식으로는 초창기였지만 그는 배티 랭글리Batty Langley(1696–1751)의 '규칙적인 불규칙'의 개념이 소개된 『새로운 가드닝의 원칙New Principles of Gardening』(1728)을 공부했다(233쪽 참조). 질서 정연한 계획 안에서 구불구불한 길들이 숲 지대 사이로 목적 없이 굽이칠 수 있었는데 아메리카의 관목과 나무들에게 완벽한 환경이었다. 페트르 경은 자신의 옥타곤 농장에서 바트람이 보낸 씨앗으로 키운 아메리카 식물들만 재배했다. 피터 콜린슨은 1740-1742년에 조성된 손던을 나무와 관목이 혼합된 곳으로 묘사했다. '약 1만 본의 아메리카 식물들이 약 2만 본의 유럽 식물들, 약간의 아시아 식물들과 섞여 있었다'.

다른 곳에서, 콜린슨은 엄청난 유입을 통해 영국이 '뒤집어지고 아메리카가 여기저기 이식되고 있었다'는 점을 시사했다. 18세기 후반기는 적합한 또는 특별히 준비된 토양과 함께 잇달아 생겨난 새로운 '아메리카 정원'으로 이어졌다. 바트람이 토착 서식지를 공들여 묘사한 것은 적절한 환경을 만들어 주는 데 충분한 지침을 제공했다. 찰스 해밀턴Charles Hamilton은 페인스힐에서 산성 모래로 이루어진 서리 토양이 이상적임을 발견했고 시더, 미국참나무, 튤립나무, 니사에 서리 토양을 원 없이 사용했다. 한편 윌리엄 벡퍼드는 솔즈베리 평원에다 문명에 때 묻지 않은 야생 식물들이 자라는 자신의 은밀한 에덴동산을 만드는 데 아메리카의 침엽수를 선택했다.

페트르 경이 사망하자, 그의 수천 그루에 달하는 나무들 중 일부는 베드포드 공작이 워번에 있는 자신의 정원에 사용하고자 매입했다. 리치먼드 공작은 아메리카의 숲, 상록수림, 그리고 일부 좋은 목련들을 식재했다. 1748년 무렵에 핀란드의 식물학자 페르 칸은 미들섹스에 위치한 아가일 공작의 사유지에서 재배한 아메리카의 소나무, 전나무, 사이프러스, 측백나무를 비롯한 다른 많은 아메리카 자생 식물들에 대해 기술했다. 1761년에 리치먼드 공작이 죽자, 조카 뷰트 경이 많은 나무를 큐 하우스 정원으로 옮겨 왕립 식물원 컬렉션의 핵심이 되었다.

동양에서 온 외래 식물들 Exotics from the Orient

18세기 유럽에는 미국 식물들만이 아니라 다른 나라들로부터 도입된 외래 식물들이 크게 증가했다. 1770년대 무렵, 종종 개인 애호가들의 후원을 받는 식물원들이 공식적으로 수집가 집단을 파견했다. 정원사들은 그들 중 다수가 오늘날 정원에서 자라는 식물들의 이름 가운데 있다는 사실을 인식할 것이다.

린네의 제자였던 스웨덴의 의사 칼 페테르 툰베리Carl Peter Thunberg(1743–1828)는 식물 연구를 위해 네덜란드에서 남아프리카로 향했다. 또 그는 네덜란드 동인도 회사에 소속되어 일하면서 일본과 상대하기 위해 네덜란드어를 완벽하게 공부하는 데 4년을 보냈다. 오직 네덜란드인만이 일본 땅에 발을 디뎠다. 툰베리는 암스테르담, 라이덴, 스웨덴으로 씨앗, 알뿌리, 식물 표본을 보냈다. 동인도 회사의 의사로서 엥겔베르트 캠퍼(406쪽 참조)가 80년 전에 같은 직책을 맡았던 나가사키 항에서 떨어진 데시마 섬에 있는 창고 정착촌에 합류할 수 있었다. 1712년에 출판된 캠퍼의 『회국기관』 제5부에서는 이전에는 유럽 독자들에게 알려져 있지 않았던 방대한 종류의 새로운 나무, 관목, 꽃들이 소개되었다. 툰베리는 일반적인 관찰자가 아니라 거의 타의 추종을 불허하는 식물학자였다. 그가 1784년에 저술한 『일본의 식물상Flora Japonica』은 캠퍼의 책과 같은 영향력은 없었다. 50년 후에 뷔르츠부르크 출신의 필리프 프란츠 폰 지볼트Philipp Franz von Siebold(1796–1866) 역시 의사로 일했는데, 그때는 식물을 조사하고 수집할 수 있는 기회가 훨씬 더 많았다.

영국의 조지프 뱅크스 경Sir Joseph Banks은 큐 왕립 식물원의 식물 컬렉션을 늘리기 위한 남아프리카 여행의 수집가로 스코틀랜드 정원사 프란시스 메이슨Francis Masson(1741–1805)을 택했다. 메이슨은 쿡 선장의 두 번째 탐사 항해에 동행했다. 급여는 돌아왔을 때 지급받는 조건으로 100파운드였고, 경비도 200파운드 추가되었다. 메이슨은 그만한 가치가 있는 사람이었다. 그는 먼저 변덕스럽고 지나치게 자신만만한 툰베리와 함께 여행했다. 메이슨이 큐 가든으로 보낸 식물 목록은 툰베리의 수집을

▲ 윌리엄 벡퍼드는 폰트힐 애비에서 제임스 스토러가 그린 위 그림처럼 아메리카 농장을 조성했다. 그 자취는 여전히 남아 있다. 북아메리카의 많은 식물이 산성의 토심이 깊은 양토를 요하기에 비슷한 조건을 요구하는 이와 같은 식물들이 함께 자랄 수 있도록 특별한 화단을 준비하는 게 관례가 되었다. 드넓은 사유지에서 야생지, 관목 숲, 숲속 산책로 등으로 불리는 지역은 목련, 산딸나무, 칼미아, 만병초를 위해 따로 남겨졌다. 이 식물들은 튤립나무, 미국풍나무, 낙우송으로 이루어진 숲의 하부에서 자랄 수 있었다. 1740년대에 페트르 경의 북아메리카풍 덤불숲과 리치먼드 공작의 아메리칸 우드는 이러한 이해의 발현일 수도 있다. 혹은 단순히 아메리카의 식물들에 대한 백과사전식 수집이었을 수도 있다. '아메리칸 가든American Garden'이라는 용어는 18세기 말에 보편적으로 사용되었고 점차적으로 양치식물, 복주머니란, 에피가에아 레펜스*Epigaea repens*, 그리고 다른 작은 숲 식물들이 양질의 검은 풀밭 같은 토양에서 번성할 수 있는 더 낮은 식물 층을 포함하는 의미로 확장되었다. 세기가 바뀔 무렵에 험프리 렙턴(248쪽 참조)은 자신의 많은 계획에 아메리칸 가든을 추가했다.

▲ 자신의 결혼식을 위해 화려하게 차려 입은 린네의 초상화. 그는 전 세계의 식물학자들과 정원사들이 같은 언어로 말할 수 있도록 해 주었다.

린네와 식물의 이름

LINNAEUS AND THE NAMING OF PLANTS

나중에 린네우스Linnaeus라고 알려진 칼 폰 린네는 18세기 생물학을 지배한 인물이다. 그는 고향인 스웨덴 웁살라에서 의사로 훈련받은 후, 북유럽을 여행하며 당대의 저명한 식물학자들을 만났다. 또한 초기에 두 권의 저술 『자연의 체계Systema Naturae』(1735)와 『클리포드의 정원Hortus Cliffortianus』(네덜란드 동인도 회사의 이사로, 자신의 하를렘 정원에 엄청난 외래 식물 컬렉션과 야생 동물을 보유했던 조지 클리포드George Clifford를 위해 준비한 책)을 출판했다. 이 시기에 린네는 자연 세계를 잘 정돈된 그룹으로 배열하고자 하는 열망에 사로잡혀서 이미 식물, 동물, 광물을 분류하고 이름을 부여한다는 자신의 아이디어를 연구하고 있었다. 1736년에는 영국을 방문했지만 1741년에 웁살라 대학교의 자연사 교수로 임명되면서 스웨덴으로 돌아왔다.

린네가 식물 분류 방법을 고안하기 전까지 식물학자들은 특정 그룹의 분류를 논리적으로 정당화할 수 있는 유사성에 관한 원칙을 확립하는 데 고군분투해 왔다. 이탈리아의 안드레아 체살피노Andrea Cesalpino(1524년경–1603)의 저술은 1704년에 영국의 자연주의자 존 레이John Ray가 쓴 식물의 성생활에 관한 시험적인 탐구와 설명을 제공하는 저술 『일반 식물의 역사Historia Plantarum Generalis』의 출판으로 이어졌다. 이 책은 린네를 포함한 후기 식물학자들에게 그들의 가정에 대한 이론적 근거를 제공해 주었다. 식물을 분류하는 린네의 자웅 분류법은 꽃에서 발견된 수술과 암술의 숫자에 바탕을 두고 있다.

19세기 초, 쥐시외Jussieu와 드 캉돌de Candolle이 린네의 자웅 분류법을 대체하는 보다 자연스러운 시스템을 도입했다. 그럼에도 식물과 동물의 이름을 부여하는 린네의 이명법은 그때까지 사용되었던 장황한 묘사와 비교했을 때 혁명적이었다. 보편적 라틴어에 기반을 둔 식물학 언어로 속genus, 屬과 종species, 種으로 식물을 명명하는 방식은 모든 국경에 걸친 자연주의자들을 연합시켰다. 『식물의 종Species Plantarum』으로 1753년에 처음 출판된 린네의 저술은 미래의 모든 식물학 연구의 출발점이 되었다. 1753년 이전에 발표된 식물 이름들은 린네 또는 그 이후 식물학자들이 채택하지 않았다면 현대의 명명법에 없었을 것이다.

조지프 뱅크스 경(221쪽 참조)은 (나중에 존 시브토프의 『그리스 식물상』을 편집한) 제임스 에드워드 스미스와 함께 소호 광장에서 아침 식사를 하고 있었다. 그는 스미스에게 편지를 건넸는데, 거기에는 1천 기니에 스웨덴의 유명한 자연주의자에게 속했던 모든 소장품과 도서관을 그에게 제공한다는 내용이 적혀 있었다. 스미스는 이 컬렉션을 매입했고, 이것은 1788년에 설립된 런던 린네 협회의 핵심이 되었다. 오늘날 벌링턴 하우스Burlington House의 로열 아카데미 안뜰에 자리한 린네 협회는 여전히 융성 중이다.

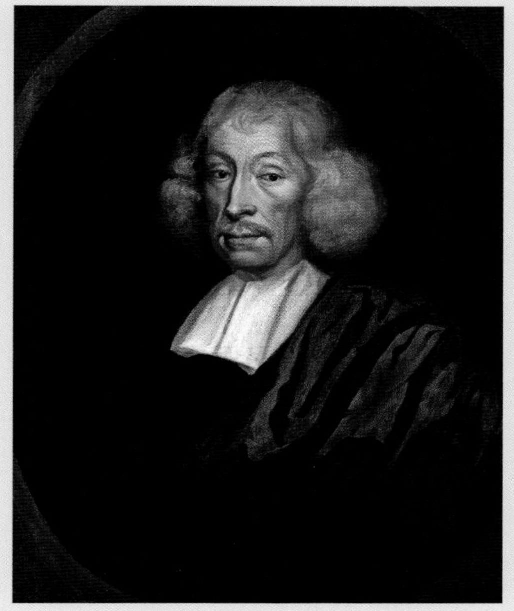

▲ 존 레이(1627–1705)는 '누구와도 견줄 수 없는' 독학 식물학자다. 1753년에 출판된 린네의 저술 『식물의 종』과 더불어 이명법 체계를 위한 이론적 기초를 제공했다. 레이의 저술인 『일반 식물의 역사』(1686–1704)는 약 1만 8천 종의 식물을 분류했으며, 식물의 구조, 생리, 서식지에서부터 약용에 이르기까지 모든 것을 상세하게 다루었다. 전작인 『캠브리지 카탈로그Cambridge Catalogue』(1660)와 『메소두스 플란타룸Methodus Plantarum』(1682)을 바탕으로 레이는 분류 기준에 대한 척도로 종의 개념을 사용했다. 그는 처음으로 식물 형태학과 공통된 특징들을 자세히 살펴보았고, '외떡잎식물monocots'과 '쌍떡잎식물dicots', '꽃잎petal'과 '꽃가루pollen'와 같은 새로운 식물학 용어를 도입했다.
그가 묘사한 많은 식물은 약제상 제임스 페티베르James Petiver(1664–1718)를 통해 그에게 알려졌다. 페티베르는 왕립 협회 회원으로, 배의 선장들과 외과의사들과의 우정을 통해 많은 외래 식물들을 습득했다.
존 레이가 가장 크게 신세를 진 사람은 반 리드였다. 리드의 책 『말라바르의 정원Hortus Malabaricus』(오늘날 인도 케랄라와 고아 지역의 식물들을 다룬 책)은 레이로 하여금 식물학적 파라다이스를 떠올리게 해 주었을 뿐만 아니라, 레이 자신의 책을 위해 615종의 식물들을 제공해 주었다.

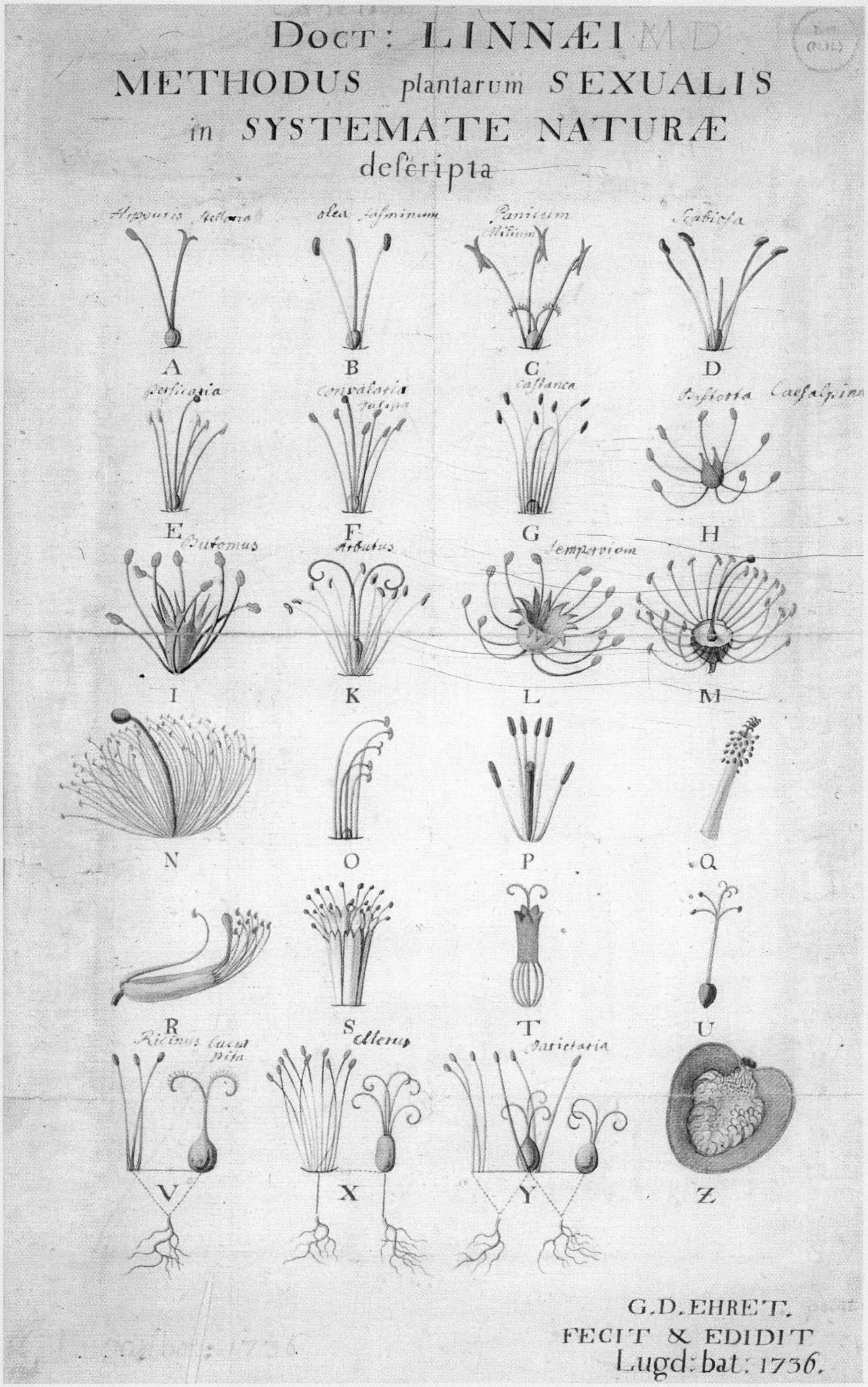
Doct: LINNÆI M.D.
METHODUS plantarum SEXUALIS
in SYSTEMATE NATURÆ
descripta
A
B
C
D
E
F
G
H
I
K
L
M
N
O
P
Q
R
S
T
U
V
X
Y
Z
G.D.EHRET.
FECIT & EDIDIT
Lugd: bat: 1736.

◄ 식물의 분류를 위한 자웅 분류법을 그린 게오르크 디오니시우스의 수채화다. 린네의 『자연의 체계』에 게재되었다.

훨씬 능가했다. 펠라르고늄*Pelargonium*, 헤더heather, 아르크토티스*Arctotis*, 로벨리아가 포함되었다. 남아프리카에서 툰베리는 네덜란드 상선을 타고 일본으로 갔다.

앙드레 미쇼 말고도 조금 덜 유명한 프랑스 식물 수집가들이 있다. 이들은 예수회 선교사 자격으로 17-18세기 중국에서 종종 활동했다. 베이징 선교단은 기 타샤르, 루이 르 콩트, 페레 당트르콜, 도미니크 파르냉, 피에르 덩카빌 등의 예수회 그룹으로 구성되었다. 도미니크 파르냉은 17세기 말 또는 18세기 즈음의 만주 여행에 중국 황제와 동행했고, 중국 등나무의 아름다운 보라색 꽃을 묘사했다. 그러나 이 식물은 1816년까지 유럽에 도입되지 못했다. 파리에서 공부한 선교사이자 아마추어 식물학자였던 피에르 덩카빌은 중국에 머물렀던 1740-1756년 동안에 측백나무, 가죽나무*Ailanthus altissima*, 모감주나무, 과꽃을 씨앗 상태에서부터 기를 수 있었고, 씨앗과 표본을 모두 수집했다. 그는 키위 열매를 묘사한 최초의 유럽인이었다. 린네의 제자 피터 오스벡은 1751년부터 1752년까지 광둥(광저우)에서 식물을 채집했지만 그 후 3년 내에 중국은 외국인에게 문호를 개방하지 않게 된다. 1792년에 매카트니 경Lord Macartney이 베이징 궁중의 영국 대사로 임명된 것은 잠입의 시도였다. 그는 부대사로 아마추어 정원사 조지 스턴튼을 데리고 갔다. 그들이 가져온 식물들 중에는 상록 매카트니 장미Macartney rose(로사 브락테아타*Rosa bracteata*)가 있었다.

17세기 초에 설립된 런던 동인도 회사와 네덜란드 동인도 회사는 인기 있는 향신료를 수입하는 게 주요 목적이었지만 점점 더 많은 새로운 외래 식물들의 원천이 되었다. 유럽으로 돌아가는 항해 동안 살아남은 사람들은 온실 전문 재배 기술을 필요로 했다. 1599년 라이덴에서 카롤루스 클루시우스는 내한성이 약한 수집 식물들을 보호하기 위해 납 틀 창문을 사용한 벽돌 화랑을 고안해 냈다. 그리고 앤트워프의 인쇄업자 크리스토퍼 플란틴을 위해 작업했던 꽃 화가는 그 안에 자라는 일부 인도 식물들을 그렸다. 다른 난방 하우스들은 더 부유한 개인 지주들의 소유였다.

보호 재배는 새로운 것이 아니었다. 로마인들은 온실 형태를 발전시켰고, 16세기 코모 호 주변에서는 외래 식물들을 목재 틀 안에서 재배했다. 또한 프란체스 카루 경은 1590년대 겨울 동안 난로를 피운 '목재 감실' 안에서 영국 최초로 오렌지를 재배했다. 1640년대까지 파도바와 피사의 식물원은 두 곳 모두 내한성이 약한 식물들을 보호하기 위해 온실을 사용하고 있었다. 1675년에 오렌지 공 윌리엄(1650-1702)은 네덜란드 동인도 회사에 지시하여 자신에게 온갖 종류의 진귀한 것들을 보내오도록 했다. 그중에는 남인도, 실론 섬, 동인도로부터 온 씨앗과 알뿌리가 포함되었다. 1687년 무렵이 되면 라이덴과 암스테르담의 온실에서 3천800종에 이르는 식물들이 재배되었다. 1682년 이후 암스테르담의 새로운 약초원은 잔 코멜린의 경영하에 말라바르의 총독으로부터 벵갈고무나무*Ficus benghalensis*를 입수했고, 새롭게 도입된 다른 희귀 식물들과 함께 온실에 전시되었다. 네덜란드에서 가장 훌륭한 정원 중 하나는 암스테르담의 은행가 조지 클리포드(1685-1760) 소유였다. 그는 네덜란드 동인도 회사의 이사였기 때문에 자신의 온실을 위한 새로운 식물을 확보하기 좋은 위치에 있었다. 1737년에 린네가 클리포드의 컬렉션을 목록화했을 때 말라바르, 실론 섬, 그리고 동남아시아로부터 도입된 최소한 95종의 식물들을 기록했다.

1688년에 오렌지 공 윌리엄은 영국의 왕이 되었다. 같은 해 네덜란드의 유명 식물 수집가 가스파르 파겔Gaspar Fagel이 사망하자 윌리엄은 내한성이 약한 그의 모든 식물을 매입했다. 그는 이 식물들을 재배하기 위해 햄프턴 코트의 새로운 궁전에 길이 17미터, 폭 2.5미터에 이르는 세 동의 유리온실을 지었다. 1690년에 크리스토퍼 해튼 경은 '영국에서 본 적이 없는 400본의 희귀한 인도 식물들… 그 안에 있는 난로는 영국의 다른 어떤 곳보다 더 잘 만들어졌다'고 묘사했다. 다른 유명한 수집가들 중에는 희망봉을 통해 외래 식물들을 많이 확보한 보퍼트 공작부인 메리와 1천 본이 넘는 식물들을 풀럼 궁전에 있는 자신의 온실에 보유했던 런던의 주교 헨리 콤프턴이 있었다.

▶ 유리로 된 워디안 케이스가 등장하기 전에 식물 수집가들은 자신들의 식물 전리품들을 바닷물 피해로부터 보호하기 위해 다양한 기발한 장치들을 사용했다. 가령 18세기 프랑스 식물 수집가 장-프랑수아 드 갈롭 드 라 페루즈 백작은 벌집 모양의 캐비닛과 반구형의 바구니를 사용했다. 씨앗은 보통 밀랍 코팅 후 밀랍을 입힌 면과 종이로 감싸거나 '병에 담아' 소금 상자 안에 포장했다.

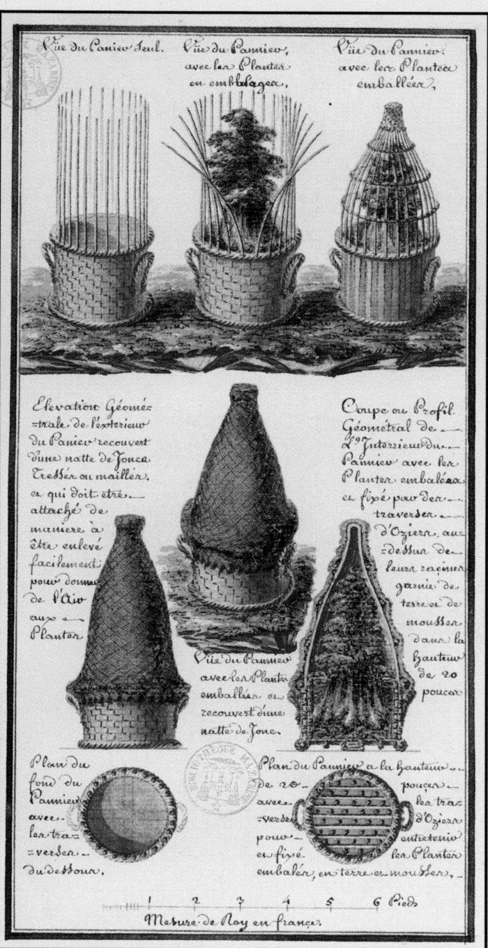

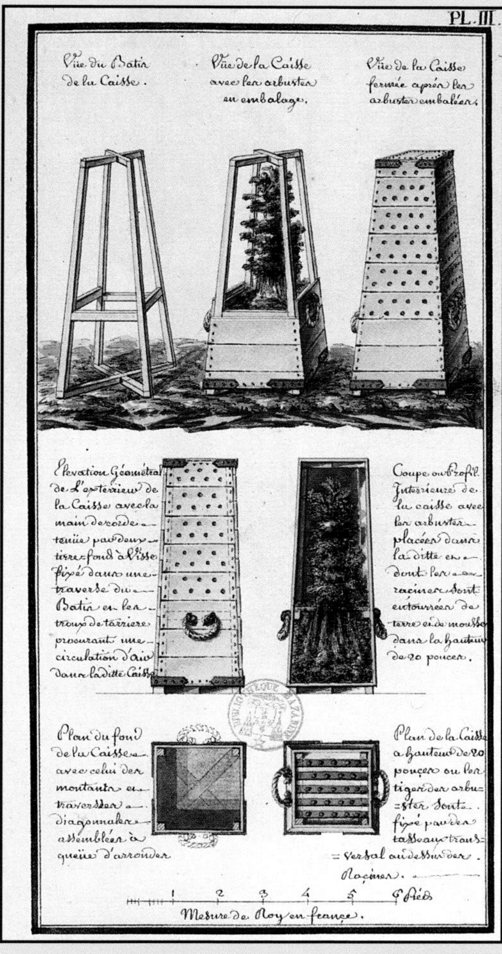

식물 수송

PLANT TRANSPORT

귀중한 식물을 발견하여 그것을 일단 적당한 항구로 옮겼다 해도 빅토리아 시대 이전의 식물 수집가들에게는 아직 임무가 끝나지 않았다. 긴 항해 동안 일부 식물들만 살아남았기 때문이다. 아무리 기발하게 포장했거나 수송하려는 식물들이 필요로 하는 빛과 물에 대한 요구 조건에 세심하게 주의를 기울인다 하더라도 식물 재배는 바닷물의 비말과 온도 변화에 여전히 취약했다. 악명 높았던 바운티 호에서 반란이 일어났을 때, 타히티로부터 1천 여 본의 빵나무 묘목들이 서인도로 운반되고 있었다. 폭도들은 가장 먼저 식물들을 배 밖으로 던져 버렸다. 선원들은 블라이 선장의 귀중한 식물 화물에 진력이 나 있었다. 그 묘목들은 갑판 아래 단단히 고정된 화분에서 재배되었는데, 갑판 위에서 햇빛과 공기를 쐬고 올 때마다 스펀지를 이용해 민물로 잎들을 닦아 주어야 했다.

워디안 케이스의 발명은 행복한 사건이었다. 1829년에 런던의 의사이자 열정적인 자연주의자였던 너새니얼 백쇼 워드Nathaniel Bagshaw Ward는 밀폐된 유리병 안 축축한 흙에 박각시나방 번데기를 놓아두었다. 나방은 때에 맞게 깨어났지만 흥미롭게도 몇몇 풀과 양치류의 새싹도 출현했다. 3년이 지난 후에도 그 식물들은 여전히 살아 있었다. 유리병 안에 갇힌 식물들은 신선한 공기나 물 없이도 3년이 넘게 계속 번성했고, 워드 박사는 유리병이 마치 자급자족이 가능한 미기후로 작용하고 있음을 깨달았다. 식물의 증산 작용으로 발생한 수분은 물방울로 응축되어 풀에 맺혔고 밤에는 흙 위로 떨어졌다. 그 물은 다시 식물의 뿌리로 흡수되었다. 1840년대에는 워디안 케이스가 전 세계에 걸쳐 식물을 운반하는 표준이 되었다.

조지프 뱅크스와 큐 가든

SIR JOSEPH BANKS AND KEW GARDENS

부유한 자연주의자이자 탐험가였던 조지프 뱅크스 경(1743~1820)은 1772년부터 사망할 때까지 왕립 협회의 회장이었다. 또한 정원사들의 후원자, 식물 수집가, 식물학자였다. 뱅크스는 국제적인 명성과 함께 영국 원예계에서 40년 이상 가장 중요한 인물이었다. 조지 3세의 과학 분야 조언자이기도 했던 그는 1771년부터 사망할 때까지 큐 왕립 식물원의 비공식 책임자로 일했다. 특히 관상용 식물과 유용 식물을 찾기 위해 수집가들을 파견했다.

뱅크스는 25세라는 젊은 나이에 일군의 과학자들을 대동하고 제임스 쿡 선장과 함께 인데버 호에 올라 전 세계를 항해했다. 과학자 무리 중에는 식물학자 대니엘 솔랜더와 시드니 파킨슨이 있었다. 파킨슨은 이미 뱅크스가 뉴펀들랜드와 아이슬란드로 초기 탐험을 다녀온 후에 그를 위해 표본 그림을 그려 준 적이 있었다. 쿡의 인데버 호 항해의 주된 목적은 타히티 같은 남반구의 한 지점에서 1769년 6월 예정된 금성의 태양면 통과를 관찰하는 것이었다. 두 번째 목적은 뱅크스가 선도적인 자연주의자 역할을 주도하면서 남태평양에 놓여 있는 거대한 남방 대륙을 탐사하는 것이었다. 뉴질랜드와 오스트레일리아 동부 해안, 특히 보터니 만과 그레이트 배리어 리프를 방문한 것은 매우 성공적인 탐사였다. 뱅크스는 여기서 1천300본이 넘는 식물들을 수집할 수 있었다. 도입된 오스트레일리아 식물들 중에는 뱅크스의 이름을 딴 방크시아*Banksia*, 병솔나무*Callistemon*, 멜라레우카*Melaleucas*, 클레마티스 포르스테리*Clematis forsteri*, 신서란*Phormium tenax*이 있었다.

사망률로만 보자면 그 항해는 재앙이었다. 뱅크스는 여덟 명의 강한 팀원들 가운데 파킨슨을 포함해 여섯 명을 잃었다. 그들 모두는 다양한 치명적인 질병의 희생자였다. 뱅크스는 시드니 파킨슨의 완성된 그림들과 다니엘 솔랜더의 글이 적힌 550개의 도판들로 이루어진 판화들을 가지고 있었다. 이들은 뱅크스가 살아 있는 동안에는 출판되지 못했고, 1980년대에 와서야 한정판으로 출판되었다. 2017년에 마침내 원판 181개를 복제한 새로운 『화보집Florilegium』이 출판되었다.

뱅크스는 조지 3세가 이웃하는 두 사유지를 합병하면서 발전하게 된 큐 왕립 식물원 개발에 중요한 역할을 했다. 리치먼드의 정원은 1764년부터 왕을 위해 랜슬롯 '케이퍼빌리티' 브라운Lancelot 'Capability' Brown이 조경을 맡은 반면 큐 하우스의 정원은 조지 3세의 어머니이자 웨일스 공의 부인이었던 오거스타를 위해 개발되었다. 1771년의 어머니 사망 이후 조지 3세가 이 둘을 합쳤다. 큐 하우스에는 이미 윌리엄 에이턴이 관리 감독하는 작은 식물원이 있었다. 왕은 뱅크스를 자신의 비공식적인 원예 고문으로 초빙했지만 에이턴은 큐 가든에 남아 있었다. 그가 1789년에 펴낸 카탈로그 『호르투스 큐엔시스Hortus Kewensis』에는 그곳에 자라는 5천600종의 식물들이 수록되었는데, 이 저술은 영국에 식물들이 도입된 날짜를 규명하는 데 가장 유용한 참고 자료다. 에이턴의 아들인 윌리엄도 1793년부터 큐 가든에서 일했다. 그는 1804년 런던 원예 협회를 설립하기 위해 해처드의 서점에 모인 일곱 명 중 한 사람이었다. 이 협회는 1861년에 왕립 원예 협회가 된다. 뱅크스가 죽은 후 큐 가든은 쇠퇴했다가 윌리엄 후커 경이 책임을 맡게 된 중요 국립 과학 원예 기관으로 1841년에 부활했다.

▲ 방크시아 인테그리폴리아*Banksia integrifolia*를 그린 이 수채화는 1768~1771년에 태평양을 가로지르는 제임스 쿡 선장의 첫 번째 항해 기간 동안 시드니 파킨슨이 완성했다.

▶ 1773년에 벤자민 웨스트가 그린 조지프 뱅크스 경은 남태평양을 통과하는 인데버 호의 여정 중에 수집한 보물 컬렉션을 자랑스럽게 보여 주고 있다.

▲ 1792년 발행된 윌리엄 커티스의 《식물학 잡지: 또는 전시를 통해 본 꽃의 정원》에서 발췌한 397번 도판에 그려진 캄파눌라 막시마*Campanula persicifolia* var. *maxima*다.

헨리 콤프턴의 온실에는 말라바르에서 보내온 씨앗을 재배한 식물도 있었다. 존 에블린(210-211쪽 참조)은 첼시 피직 가든의 지열 난방 온실에서 자라는 기나나무*Cinchona*를 보았다.

18세기를 거치며 점차적으로 온실은 더욱 효율적이 되었다. 특히 제임스 쉐라드의 온실이 그랬다. 그의 정원사 토머스 놀턴(1691–1781)은 요크셔 벌링턴 경Lord Burlington의 정원사가 되었다. 거기서 그는 이크노카르푸스 프루테스켄스*Ichnocarpus frutescens*, 유포르비아 안티쿠오룸*Euphorbia antiquorum*, 다투라 메텔*Datura metel*, 실론 섬의 문주란*Crinum* 등의 남아시아의 식물들을 재배했다. (요한 딜레니우스가 그린 쉐라드의 엘섬 정원은 1732년 출판된 『호르투스 엘타멘시스Hortus Elthamensis』에 수록되었다.) 피터 콜린슨(215-216쪽 참조)은 자신의 많은 아메리카 식물을 인도를 비롯한 다른 곳에서 온 식물들과 교환할 수 있었다. 페트르 경은 엄청난 규모의 온실 안에서 20만 본에 이르는 자신의 컬렉션과 함께 인도보리수*Ficus religiosa*와 사고야자*Metroxylon sagu*를 재배했다. 이러한 흥미로운 식물들의 도착에도 유럽의 훈련된 식물학자들은 18세기에 접어든 지 한참 후에야 비로소 인도에서 일하기 시작했다. 정확한 식물학적 묘사는 1786년 동인도 회사에 의해 콜카타 식물원이 설립된 후 본격적으로 시작되었다.

최초의 가드닝 잡지 The First Gardening Magazines

이번 장은 하나의 미디어 혁명인 인쇄술의 발명으로 시작했고, 또 다른 중요한 변화로 끝맺는다. 바로 가드닝 저널리즘의 출현이다. 19세기 이후부터 정기 간행물의 수가 크게 증가한 것은 글을 읽고 쓸 줄 아는 사람들이 전반적으로 늘고, 원예 정보를 위한 대규모 시장이 도래했음을 의미한다.

영국에서 가장 흥미롭고 오래 지속된 간행물 중 하나는 《식물학 잡지: 또는 전시를 통해 본 꽃의 정원The Botanical Magazine: Or Flower Garden Displayed》이었다. 창간호는 1787년 윌리엄 커티스William Curtis(1746–1799)가 제작했다. 커티스는 뛰어난 자연주의자이자 식물원 소유주였다. 이 잡지는 '노지, 온실, 난방 하우스에서 재배된 가장 관상 가치가 높은 외국 식물들'에 대한 묘사와 설명과 재배 정보를 제공함으로써 독자들의 관심을 끌었다. 삽화는 항상 살아 있는 식물들을 직접 그렸고, '색채의 부족한 점이 인정될 만큼' 세밀하게 채색되었다. 매달 2천 부가 각 1실링의 가격으로 발행되었고, 여기에 시드넘 에드워즈와 제임스 소워비의 도판들이 실렸다. 이들은 나중에 《식물학 기록부The Botanical Register》라는 경쟁 잡지를 창간했다. (제임스 소워비는 1791-1814년에 2천500개의 도판을 수록한 『영국 식물학English Botany』이라는 36권짜리 책을 출판하기도 했다.) 하지만 윌리엄 커티스의 《식물학 잡지》는 오랜 시간을 견뎠고, 여전히 《커티스의 식물학 잡지Curtis's Botanical Magazine》로 출간되고 있다. 추가적으로, 커티스는 런던 주변에서 자라는 야생 식물들을 연구하여 1770년과 1787년에 『런던 식물상Flora Londinensis』의 첫 두 권을 제작했다. 하지만 그 책들이 돈이 되지 않는다는 사실을 깨닫고는 대신 자신의 식물원에 기부했던 정원사들이 더욱 관심 있어 했던 화려한 외래 식물들을 묘사하는 쪽으로 방향을 틀었다.

19세기가 진행될수록 인쇄기는 더욱 빨리 돌아갔다. 8장에서 볼 수 있듯이 존 클라우디우스 루던이 자신의 원예 출판 왕국을 설립하고, 크게 확장되어 새롭게 유입된 독자층에게 어필하기 위해 디자인된 다수의 가드닝 잡지와 책을 제작하게 된 것은 그리 오래되지 않았다.

황후와 그녀의 화가

AN EMPRESS AND HER ARTIST

모든 식물 세밀화가 가운데 가장 유명한 인물일 피에르-조셉 르두테(1759–1840)는 니콜라우스 폰 자퀸과 더불어 화보집의 뛰어난 기능을 보유한 마지막 인물들 가운데 하나였다. 화보집은 체계를 따르지 않고 다양한 종류의 재배 식물들을 호화로운 구성으로 보여 주었다.

르두테는 1782년부터 왕의 정원에서 제라르 반 스팬돈크의 가르침을 받으며 꽃을 그리기 시작했고, 식물 묘사에 대한 과학적 태도를 발전시키도록 영감을 받았다. 왕실의 후원을 누렸음에도 불구하고 프랑스혁명에서 살아남은 르두테는 조제핀 드 보아르네를 위해 일하며 그 명성이 최고조에 달했다. 조제핀은 1796년에 나폴레옹 보나파트르Napoleon Bonaparte와 결혼함으로써, 1804년에 황후가 되었다. 그녀는 1798년에 말메종을 인수했다. 열정적인 정원사이기도 했던 조제핀은 에티엔느 피에르 벵트나Etienne Pierre Ventenat(1757–1808)를 자신의 식물학자로 고용했다. (그가 죽은 후에는 에메 봉플랑Aimé Bonpland이 그 자리를 대체했다.) 르두테는 그녀의 식물 화가였다. 루이마르탱 베르토는 디자이너로 고용되었다.

식물학에 대한 조제핀의 취향은 변덕에 훨씬 더 가까웠다. 그녀는 식물을 구하고, 정원을 조성하며, 자신의 식물이 그려지도록 하는 데 엄청난 돈을 지출했다. (알뿌리 하나에 약 3천 프랑을 지불할 정도였다.) 프랑스에 새롭게 도입된 많은 외래 식물들은 온실에서 적응시켰다. 그들 중에는 이제 막 오스트레일리아, 뉴질랜드, 남아프리카에서 들여온 내한성이 약한 식물들이 포함되었다. 아시아와 아메리카에서 들여온 보다 내한성이 강한 나무와 관목은 유럽 자생 식물들과 함께 정원에 식재되었다. 그녀의 장미 컬렉션은 카셀의 빌헬름스회헤에 위치한 독일 장미 정원과 양묘장으로부터 왔는데, 그곳은 1766년 이후 란트그라프 프리드리히 2세가 설립했다. 조제핀은 다알리아를 처음으로 재배한 사람 중 하나였다. (마드리에의 식물원에서는 이미 재배 중이었다.) 새로운 다알리아 품종의 씨앗은 에메 봉플랑으로부터, 그리고 멕시코에서 직접 알렉산더 폰 훔볼트Alexander von Humboldt로부터 받았다.

프랑스혁명 전에 조제핀은 스코틀랜드인 토마스 블레이키Thomas Blaikie가 영국 스타일로 설계한 파리의 바가텔Bagatelle에서 영감을 받아서 나무숲과 호화로운 잔디밭, 그 사이사이로 신전, 연못, 시골 다리가 있는 낭만적인 영국식 정원jardin anglais을 발전시켰다. 나폴레옹의 전쟁 동안에도 두 명의 런던 재배가인 제임스 리와 루이스 케네디가 해머스미스에 있는 바인야드 양묘장Vineyard Nursery에서 계속해서 그녀에게 많은 새로운 외래 식물들을 공급해 주었다. 케네디는 심지어 자신과 자신이 운송하는 어떤 식물도 영국 해협 봉쇄를 통과할 수 있음을 허락하는 특별 여권을 발급받기도 했다. 나폴레옹이 조제핀과의 이혼 후에 얻은 새 황후 마리 루이스 역시 가드닝에 관심을 보였지만 조제핀이 기르던 '영국' 식물들 다수를 뽑아 버렸다.

1814년에 조제핀이 죽은 후 완성된 르두테의 『장미Les Roses』(1817–1824)는 그가 남긴 가장 유명한 작품이지만 그의 다른 작품 『백합Les Liliacées』(1802–1816)은 더 호화롭다. 점묘 판화와 컬러 인쇄로 복제된 수채화들을 수록한 이 책은 총 8권으로 출판되었으며, 508개의 매우 아름다운 도판들이 포함되어 있다.

▶ 르두테의 가장 유명한 작품 『장미』(1817–1824)에 포함된 갈리카 품종의 장미 '오를레앙 공작부인Duchess of Orleans'을 그린 것이다.

The English Landscape Garden

영국의 풍경식 정원

우리의 이야기는 이제 18세기 영국으로 향한다. 이 시기에는 단 하나의 지배적인 양식이 존재했기 때문이다. 바로 영국의 풍경식 정원이다. 풀들이 가득한 초원, 구불구불한 호수, 완만하게 윤곽이 잡힌 언덕, 예술적으로 군락을 이루며 배열된 나무들이 영국의 풍경식 정원의 전형이다. 이들 정원은 '진짜 시골'과 거의 구별되지 않는다.

많은 이들이 조경가 랜슬롯 '케이퍼빌리티' 브라운, 이 한 사람의 작품이 가장 훌륭한 풍경식 정원 양식을 대표한다고 여긴다. 브라운을 비판한 사람들이 없었던 것은 아니다. 정원이 정확히 얼마만큼 풍경화처럼 보여야 하는지 혹은 그러지 말아야 하는지는 숱한 열띤 논쟁을 불러일으켰다. 또한 풍경식 정원 운동의 뿌리가 전적으로 영국에 있지도 않다는 사실이 밝혀졌다. 기원은 오히려 메소포타미아의 사냥 공원, 고대 로마와 르네상스 이탈리아의 정원들, 그리고 노르만 잉글랜드의 사슴 공원에서 찾을 수 있다. 그럼에도 더 큰 영향은 18세기 농업과 과학, 그리고 철학적이고 정치적 사고에서 일어나던 당대의 거대한 변화에서 비롯되었다.

18세기 정원 조성가들은 이처럼 이질적인 요소들로부터 예술적 형태를 창조해 냈고, 그것은 지속적인 효과를 가져왔다. 그들은 정원 디자인에 자연주의를 도입했다. 서양 사회에서는 완전히 새로운 개념이었다. '풍경식 정원사landscape gardener'라는 용어를 만들어 냈으며, 간접적으로는 우리에게 공원을 선사했다. 18세기 지주들의 사적 성소聖所는 이제 도시 거주자의 녹색 쉼터가 될 것이었다.

◀ 윌리엄 한난이 그린 웨스트 위컴 파크West Wycombe Park의 전경(1752년경)은 프랜시스 대시우드 경이 1739년에 착수하여 지반을 개선한 초기 모습을 보여 준다. 최초의 새로운 풍경식 정원 중 하나로 '로코코식' 폭포와 호수를 만들기 위해 댐으로 강을 막았다.

18세기 초에 정형식 정원은 여전히 최고 우위를 차지하고 있었다. 영국에서 정형식 정원 양식의 가장 위대한 권위자는 서로 파트너십을 구축했던 조지 런던과 헨리 와이즈였다. 조지 런던은 당시의 가장 인기 있는 조경가 중 한 사람이었고, 헨리 와이즈도 앤 여왕(1665–1714)의 수석 정원사가 되었다. 두 사람은 정원의 설계도를 작성했을 뿐만 아니라 당대 유행하는 정원을 만드는 데 필요한 식물들도 공급했다. 또 자신들의 명망 높은 브롬프턴 파크 너서리에서 요하네스 킵과 레오나르드 크니프의 지형적 조감도에 묘사된, 방사상으로 뻗은 거대한 가로수 길을 위한 느릅나무, 라임나무, 마로니에를 재배했다(179쪽 참조). 그리고 엄격하게 다듬어진 알레와 토피어리 모양을 위해 필수적인 주목, 유럽서어나무, 호랑가시나무, 파르테르와 화단 가장자리를 위한 회양목을 재배했다. 그들은 오늘날에도 정원을 향기롭게 해 주는 달콤한 향의 브롬프턴 스토크*Matthiola incana*도 육성했다.

엄격한 규칙과 더불어 이렇게 정형화된 양식의 가드닝은 조지프 애디슨Joseph Addison(1672–1719)의 에세이 『스펙테이터Spectator』를 통해, 그리고 알렉산더 포프Alexander Pope(1688–1744)가 《가디언Guardian》 지에 게재한 글을 통해 풍자되어 많이 회자되었다. 조지프 애디슨은 『상상의 즐거움The Pleasures of the Imagination』에서 공원이 시골 풍경과 통합될 수 있음을 제안하며, 곧게 뻗은 직선들과 상상 속에서나 나올 법한 토피어리를 비난했다. '개인적으로 나무가 이렇게 엄격한 모양으로 잘리고 다듬어진 것보다 줄기와 가지가 풍성하게 뻗어 나가는 모습을 보는 편이 더 낫다. 그리고 가장 완성도 높은 파르테르의 모든 자잘한 미로보다 훨씬 더 즐거워 보이는 꽃이 만발한 과수원에 이끌리지 않을 수 없다.'

알렉산더 포프는 1713년에 《가디언》 지에서, 그리고 토피어리를 판매하는 자신의 상상 속 카탈로그에서 '꾸밈없는 자연의 정감 넘치는 소박함'으로 돌아갈 것을 촉구했다. 그 카탈로그는 '저명한 도시 정원사가 폐기해야 할 녹색 목록'으로, 자연 형태의 남용이라고 여긴 것에 대한 조롱을 담고 있었다. '주목으로 다듬어진 아담과 이브. 아담은 큰 폭풍으로 선악과 나무가 쓰러지면서 조금 훼손되었다… 회양목으로 만든 세인트 조지. 그의 팔은 충분히 길지 않지만 내년 4월까지 용을 붙일 수 있는 상태가 될 것이다… 성장을 저해당한 한 쌍의 거인들은 싸게 팔릴 것이다.'

1719년 무렵 포프는 웨일스 공주에게 리치먼드 로지에 있는 그녀의 새로운 정원에 관해 조언하고 있었다. 그는

◀ 알렉산더 포프는 시인이자 풍자 작가, 그리고 18세기 초 자연 세계에 대한 태도 바꾸기라는 주장의 열렬한 지지자였다. 그는 가드닝의 취향에 관한 문제에 있어 막강한 영향력을 갖게 되었다. 포프는 '모든 가드닝 활동은 마치 벽에 걸린 한 폭의 풍경화 같은 경관을 그리는 작업'이라고 믿었다. 벌링턴 경과 윌리엄 켄트 말고도 다른 영향력 있는 지주들과 친분이 있었는데 풍경식 정원 운동에 의해 채택된 많은 아이디어의 배후에서 영감을 주는 사람이었다.

▲ 윌리엄 켄트가 그린 포프의 정원이다. 무지개 끝에 있는 신들, 신들의 제단, 호메로스의 흉상과 함께 고전적 장면을 연출한다. 포프의 개 바운스와 켄트 자신이 포프에게 팔을 두르고 있는 모습이 장면을 완성한다.

1728년에 옥스퍼드의 시학 교수이자 풍경식 정원 저술가였던 조지프 스펜스Joseph Spence에게 보낸 편지에서 자신의 생각을 펼친다. '정원을 배치할 때 가장 먼저 고려해야 할 것은 그 장소의 특별한 재능이다.' 정원사는 어떤 장소에 새로운 패턴을 부과하기보다는 그곳의 장점을 살리고 결점을 해결하는 기술을 사용하면서, 그곳에 존재하는 무엇을 잘 활용해야만 한다. 이 주제는 1731년에 『벌링턴으로 보낸 서신Epistle to Burlington』에 나타난다. 벌링턴 경(1694–1753)은 이 시기 윌리엄 켄트William Kent(1685–1748)의 도움을 받아 치즈윅Chiswick에 있는 자신의 정원에 세 번째 작업을 하고 있었다. 포프는 18세기의 나머지 기간만이 아니라 미래의 정원 디자인에 가장 중요한 규칙이 되었던 것을 보여 주었다. '매사에 자연을 절대로 잊지 말 것이며…'

이 시는 다음과 같이 계속된다.

매사에 그 장소가 지닌 특별한 재능을 찾아보라
그것이 물이 솟아올라야 할지, 떨어져야 할지 말해 준다
또는 어마어마한 언덕을, 오르고 싶은 천국으로 만들라
또는 계곡을 살려 원형 극장으로 파내라
시골을 다시 찾고, 열려 있는 공터를 발견하라
기꺼이 숲에 합류하고, 그늘에 다양한 변화를 주라
이제 의도하는 대로 선을 끊어 내고 방향을 정하라
당신이 심는 대로 그림을 그리고, 당신이 일하는 대로 디자인하라.

자연의 회복 The Rediscovery of Nature

애디슨과 포프는 그들의 풍자 속에서 프랑스식 격식에 대한 극단적인 표현에 재미를 붙였다. 프랑스와의 장기전은 영국 내에서 엄격한 프랑스 양식에 대한 일반적인 혐오를 양성했다. 그와 동시에 정치와 예술에서 보다 자유로운 영국의 태도는 정원에 새로운 사상의 자유를 불어넣었다. 그리하여 자연을 굴복시키고 통제하기보다는 자연을 탐구하고 존중하며 연구하는 즐거움의 대상으로 여길 수 있었다.

1677년 초, 존 월리지는 『가드닝의 기술The Art of Gardening』을 통해 형식적인 파르테르 식재에 대한 맹목적인 복종으로 인해 가드닝에서 많은 아름다운 식물을 잃게 되었음을 개탄했다. 그리고 1685년에 윌리엄 템플 경Sir William Temple은 『에피쿠로스 정원에 관하여Upon the Gardens of Epicurus』에서 불규칙적이고 형식에 얽매이지 않는 정원 양식의 개념을 제기했다. 템플은 중국에 간 적이 없었지만 정원의 자유로운 양식을 중국의 사라와기sharawadgi라는 개념으로 제시했다. 템플 경이 만들어 낸 용어로, '아름다움은 위대하고 시선을 사로잡아야 하지만 부분들의 어떤 질서나 배치 없이도 쉽게 관찰될 수 있어야 한다'는 의미였다.

1700년대 무렵에 티모시 너스는 시골집에 관한 자신의 책 『캄파니아 펠릭스Campania Felix』에서 멀리 강이 있고 탁 트인 전망의 끝에 언덕이 보이는 완만하게 솟아 있는 부지를 추천했다. 그는 강둑과 작은 언덕에 야생화를 식재하고 관목들이 자라는 야생지를 조성하라고 말한다. 시 역시 자연에 대한 새로운 감상을 표현했다. 제3대 샤프츠베리 백작 앤서니 애슐리 쿠퍼의 글은 미적 감상과 도덕성을 명쾌하게 연결시키는 자연에 대한 열정을 보여 주고 있다. '나는 더 이상 자연스러운 종류의 것들을 향한 나의 열정에 저항하지 않을 것이다. 그곳은 예술, 또는 인간의 자만이나 변덕이 그 원시 상태에 무단 침입하여 진정한 질서를 망쳐 놓지 않은 곳이다.'

프랑스 형식주의와 결별하기 위한 바람이 1720–1730년대의 변화 속도를 가속화시켰을지 몰라도, 자연과 함께 일한다는 개념은 비정형식 스타일이 종종 기하학적 배치와 결합되었던 17세기 이탈리아로 거슬러 올라갈 수도 있다(126쪽 참조). 자연주의에 대한 욕망 역시 목가적인 시골 생활로의 회귀를 강조했던 고전 로마 시대의 문학과 철학을 되돌아보게 했다.

잘 교육받은 젊은 영국인을 일컫는 '대감마님milord'은 언젠가는 자신의 땅을 개선하고 싶어 하는 전형적인 지주로서 베르길리우스의 『농경시』와 소 플리니우스의 편지들(40쪽 참조)에서 시골 생활의 즐거움을 찬양하는 목가적인 주제에 완전히 정통했다. 오비디우스의 시에 대한 그들의 지식은 자신이 그랜드 투어 중에 방문했던 이탈리아 르네상스 빌라들의 정원에 담긴 우화적인 메시지를 해독할 수 있게 해 주었을 것이다. 대감마님의 교육을 마무리하는 단계로 그랜드 투어는 그들에게 이탈리아의 풍경도 소개해 주었을 것이다. 이것은 영국의 더욱 푸른 환경에 비슷한 풍경을 발전시킬 가능성에 감사하는 작은 발걸음에 불과했다. 이탈리아에 머물렀던 윌리엄 켄트와 벌링턴 경이 1719년에 영국으로 돌아왔을 때, 그들은 정원의 기하학과 일직선을 보다 감각적인 곡선으로 바꿀 준비가 되어 있었다. 1년 후에 마테오 리파 신부가 중국에서 가져온 중국 정원에 관한 판화집이 벌링턴의 손에 들어왔다. 현재 영국 박물관에서 소장하고 있는데, 템플이 말한 사라와기의 원형을 인식할 수 있다.

▲ 벌링턴 백작 리처드 보일은 18세기 전반기에 크게 유행을 주도한 인물이다. 그는 예술 작품의 열렬한 애호가이자 수집가였으며, 영국에 팔라디안Palladian 양식을 도입하여 명성을 얻었다. 이탈리아 여행 후인 1719년에 보일은 찰스 브리지맨의 도움으로 런던 치즈윅에 있는 자신의 전통적인 바로크 정원을 개조하기 시작했다. 피터르 리즈브랙의 유명한 그림 세트는 1720년대 말의 여전히 분명한 형식적인 분위기를 띠고 있는 정원을 묘사한다. 리즈브랙은 거위 발 모양으로 난 가로수 길의 각 가지들이 끝나는 지점에 위치한 건물들과, 브리지맨 스타일의 원형 연못이 내려다보이는 벌링턴이 디자인한 즐거운 이오니아 사원을 보여 준다. 1725년 벌링턴은 팔라디오의 빌라 로툰다Villa Rotunda를 모델로 한 새로운 빌라를 짓기로 결정했다. 그는 알렉산더 포프의 개념을 행동으로 옮기며, 자신의 후배protégé 윌리엄 켄트에게 정원 작업을 맡겼다. 켄트는 미로를 완전히 없앰으로써 새로운 빌라에서 운하까지 전망이 트이도록 했고, 호수처럼 보이도록 가장자리를 부드럽게 만들었으며, 시골풍 폭포를 설치했다. 그의 가장 성공적인 개입은 상당히 정형화된 형태로 남아 있었다. 벌링턴이 고전적인 조각상을 전시할 수 있도록 한 한쪽이 개방된 생울타리 '담화실exedra'이었다. 전반적으로는 '가드닝의 자연주의 취향'의 첫 번째 시도였다.

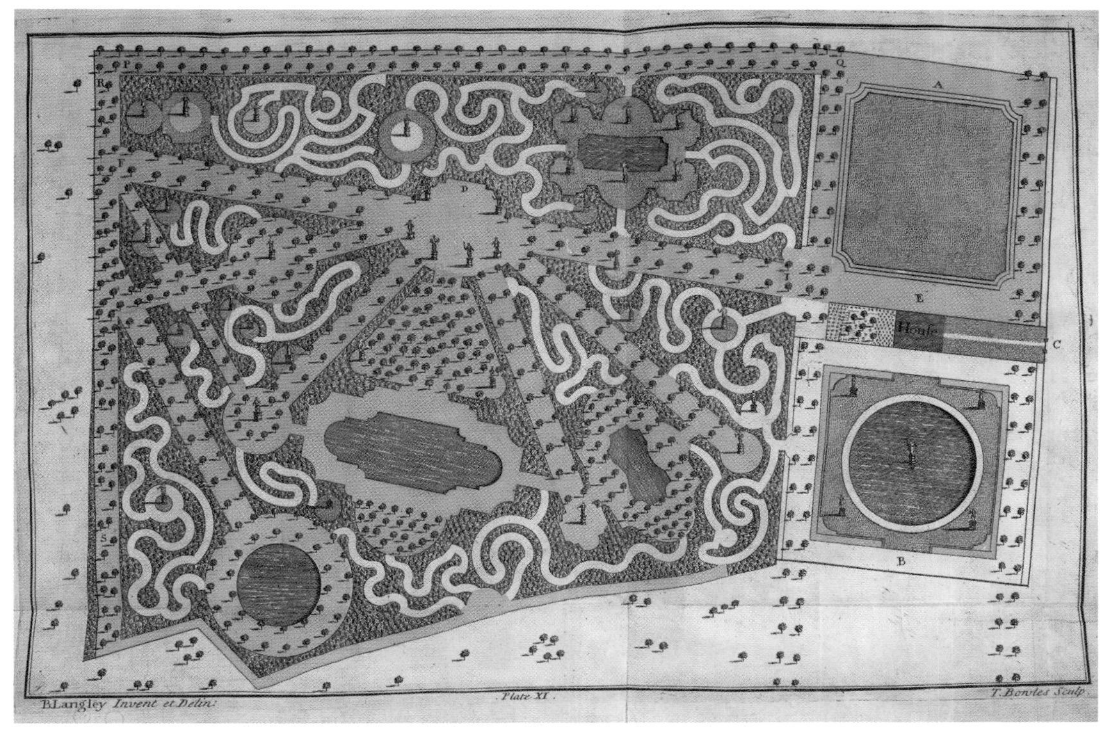

▲ 조지프 애디슨과 알렉산더 포프 외에 다른 사람들도 정원 조성가들로 하여금 새롭고 더욱 자유로운 형태에 대한 실험을 권장했다. 배티 랭글리와 스테판 스위처는 정원 이론에 '불규칙성'의 개념을 도입했다. 랭글리는 정원 설계가였을 뿐만 아니라 건축가이기도 했다. 또한 여러 책을 저술한 작가로도 알려져 있다. 위에 보이는 그림은 랭글리의 책 가운데 『새로운 가드닝의 원칙』(1728)에서 발췌했다. 그는 정원이 '규칙적인 불규칙성으로 이루어져야 한다'고 생각했고, '하찮은 꽃 매듭으로 부풀려진… 경직된 규칙적인 정원'에 개탄했다. 또한 프랑스의 정교한 파르테르 드 브로더리는 영국의 기후에 맞지 않아 잔디밭으로 대체되는 것이 가장 좋다고 여겼다.

자연스러운 진행 A Natural Progression

광범위한 일반화로, 18세기 풍경식 정원 운동에는 세 가지 발전 단계가 존재했다. 1720년대부터 1740년대까지의 최초의 혁신가들은 찰스 브리지맨Charles Bridgeman(1690-1738)과 윌리엄 켄트였다. 켄트는 알렉산더 포프의 영향을 많이 받았다. 브리지맨과 켄트가 만든 정원은 정형식과 비정형식 요소들을 혼합하여 시골 풍경에 대한 전망을 제공했다. 조각상, 사원, 파빌리온, 그리고 다른 건물들은 특히 켄트의 디자인에 있어 빼놓을 수 없는 요소였다. 존 아이슬래비John Aislabie의 작품으로, 요크셔에 위치한 스터들리 왕립 공원Studley Royal의 잔디와 물이 보여 주는 숨 막힐 듯 아름다운 풍경도 이 기간 동안에 만들어졌다.

두 번째 단계는 랜슬롯 '케이퍼빌리티' 브라운(1716-1783)과 그의 추종자들이 지배했다. 그들은 주로 1750-1780년대에 활동했다. 많은 사람에게 브라운이 만든 공원이 선사하는 단순한 아름다움은 영국의 풍경식 정원 양식에 있어 최고의 성취였다. 주된 요소들은 잔디, 나무, 하늘, 반사하는 물이다. 더 이상 집을 위한 건축적 지지 체계가 보이지 않는 이들 녹색 정원들은 집의 담장에서 더 넓은 풍경으로 흘렀다. 호수나 강으로부터 물이 유입되는 구불구불한 계곡과 더불어 땅은 자연주의적인 윤곽으로 모양이 잡혔다.

1788년부터 험프리 렙턴Humphry Repton(1752-1818)은 브라운 스타일의 풍경을 조성하기 시작했지만 집 주변에 꽃의 정원을 다시 선보였다. 결국 픽처레스크 운동Picturesque Movement에 더욱 동조하게 되었다. 이는 세 번째 단계로, 브라운의 온순함을 거부하고 비대칭으로 특징지어지는 낭만적 야생성, 멀리 있는 황야 지대나 산들의 극적인 풍경, 격하게 쏟아지는 물살과 허물어지는 폐허 따위를 요구하게 되었다.

스토우에서의 정치적 성명서

A POLITICAL MANIFESTO AT STOWE

18세기의 정원은 종종 동시대의 정치, 시, 그림과 생생하게 연결되었다. 특히 스토우에 위치한 정원이 그러했다. 정원을 만든 코범 경Lord Cobham과 휘그당Whig Party 수상인 로버트 월폴 경Sir Robert Walpole의 관계를 알기 전까지는 그 완전한 의미를 파악하기란 불가능하다. 열렬한 휘그당원이자 하노버 왕들의 지지자였던 코범 경은 1733년에 월폴과 조지 2세와 사이가 틀어졌다. 그는 현역 정치에서 은퇴했고, 정부에 비판적인 휘그당 분파의 일원이 되었다. 코범 경은 오늘날처럼 가시 돋친 정치 일기를 쓰는 대신에 월폴의 정치적·도덕적 결점에 관심을 끌고, 휘그당 성명서를 발표할 장소로 자신의 버킹엄셔 정원을 선택했다. 그는 대략 8개의 호수와 36개의 사원, 그리고 90개의 조각상과 흉상을 주문했다. 몇몇 요소들은 특별히 신랄한 비판을 표현했다. 가령 폐허처럼 지어진 현대 미덕의 사원Temple of Modern Virtue 안에다 머리 없는 조각상을 놓아 공직자들의 현재 상태를 나타냈다.

스토우를 만드는 데 걸린 30년 이상의 기간 동안에 연속적으로 뒤를 이은 디자이너들은 각기 다른 아이디어들로 정원 조성에 기여했다. 코범 경은 1714년 처음 정원 일에 착수하며, 존 반브루 경(1664-1726)과 찰스 브리지맨을 고용했으나 스스로 정원 양식 개발에 확고하게 개입하고 있었다. 1734년 현역 정치에서 물러난 후에는 자연주의적인 개선을 위해 윌리엄 켄트를 불러들였다. '케이퍼빌리티' 브라운은 1741년에 수석 정원사로 임명되었고, 코범이 죽은 후까지 10년 동안 그 자리를 유지했다.

영국 주요 인사들의 사원Temple of British Worthies(휘그당 영웅들의 집합체), 팔라디오풍의 다리(위 이미지), 엘리시온 평원, 그레시안 밸리와 같은 스토우의 특징적 요소들은 의심할 여지없이 인상적이지만 오늘날 우리의 눈으로는 이해가 쉽지 않다. 배경 지식이 없다면 이 정원이 담고 있는 의미의 복잡성은 방향 감각을 잃게 할 수 있다. 하지만 건물의 아름다움, 잔잔한 초원, 높은 곳의 조림지는 일련의 매혹적인 풍경식 정원으로 즐길 수 있다.

▲ 18세기 정원사들이 영감을 찾고 있었을 때, 그들이 의지했던 것은 클로드 로랭과 니콜라 푸생 같은 화가들의 캔버스였다. 위의 〈델로스 섬의 아이네아스가 있는 풍경Landscape with Aeneas at Delos〉(1672)에 보이는 것처럼, 멀리 있는 언덕과 나무숲과 고전적 폐허의 아르카디아Arcadia(*목가적 이상향 또는 낙원)를 담은 풍경들은 그들이 모방하고 싶어 했던 바로 그러한 낭만적 구성을 묘사했다.

개선자들 Enter the Improvers

부유한 후원자들을 위해 일했던 찰스 브리지맨과 윌리엄 켄트는 알렉산더 포프가 말한 '장소의 특별한 재능'을 처음 '찾아 낸' 주인공들이었다. 브리지맨은 요하네스 킵과 레오나르드 크니프가 묘사한 기하학적인 정원과 켄트의 보다 유동적인 풍경 사이의 과도기에 중요한 역할을 했다. 브리지맨의 디자인은 정원의 주요 특징적 요소들을 연결시키는 선명하고 곧은 전망의 중추中樞를 특징으로 하는데, '야생지'를 통과하는 구불구불한 산책로와 '약간씩 모습을 드러내는 숲'으로 변화감을 주었다. 그는 정원에 군사 기술을 적용했는데, 좋은 전망을 위해 성곽을 짓거나 시야의 방해 없이 암소와 양의 정원 침입을 막는 보이지 않는 장벽인 '하하ha-ha'로 움푹 꺼진 담장과 배수로의 방어적 배치를 재창조하는 등의 창의력을 발휘했다. ('하하'는 프랑스어에서 유래했다. 영국 최초의 것은 프랑스 디자이너 기욤 뷰몬트가 1689년에 컴브리아에 있는 레벤스 홀에 설치했다.) 브리지맨은 또한 블레넘에서 존 반브루 경과 함께 일했을 뿐만 아니라 스토우의 기본 설계를 만들었다. 그는 서리의 클레어몬트, 노샘프턴셔의 바우턴, 케임브리지셔의 윔폴에 인상적인 요소들을 만들었다. 1728년 브리지맨은 조지 2세와 캐롤라인 왕비의 왕실 정원사로 일하다가 10년 후 사망했다.

치즈윅, 스토우, 라우샴을 포함한 많은 곳에서 브리지맨이 켄트를 앞섰지만 영향력 있는 평론가 호러스 월폴Horace Walpole은 켄트를 영국 풍경식 정원 전통의 창시자로 맞이한다. 월폴은 1750-1770년에 쓴 에세이『현대 가드닝에 관하여On Modern Gardening』에서 켄트를 다음과 같이 언급한다. '그는 울타리를 뛰어넘어 모든 자연을 정원으로 보았다.' 1738년 무렵, 옥스퍼드셔의 라우샴에서 켄트는 '모든 사유지를 정원처럼 여긴' 애디슨의 개념을 이해하고 있었고, 주변 시골 지역을 '불러오는' 포프의 초대를 이용했다.

윌리엄 켄트의 작품들 The Works of William Kent

화가, 건축가, 극장 및 조경 설계가였던 윌리엄 켄트(1685-1748)는 요크셔의 가난한 집안 출신이었다. 견습생 코치 화가로 일하는 동안 그의 재능은 부유한 후원자들의 눈에 띄었고, 그들은 그로 하여금 1710년에 로마를 여행하며 미술을 공부할 수 있도록 자금을 대 주었다. 켄트는 9년 정도 이탈리아에 머물며 로마 외에 다른 도시들도 방문했다. 그리고 이 기간 동안 벌링턴 경에게 소개되었다. 1719년 켄트가 영국에 돌아오자 벌링턴 경이 그의 후원자가 되었고, 1731년까지 켄트를 고용하여 치즈윅에 있는 자신의 정원을 다시 설계하도록 했다. 켄트는 클레어몬트, 라우샴, 스토우에 있는 정원들을 포함하여 다른 몇몇 유명한 설계 작업을 진행했다.

켄트는 성공한 화가는 아니었지만 자신의 시각적 재능과 공간적 이해력을 이용하여 당대 최고의 정원 설계가가 되었다. 또 점차적으로 정원들을 모든 형식성의 흔적으로부터 벗어나게 해 주었다. 그는 자신의 친구 알렉산더 포프의 '모든 가드닝은 풍경화를 그리는 것'이라는 격언을 확장하여 빛과 그림자, 그리고 건축 양식과 함께 삼차원의 그림을 만들어 냈다. 이는 클로드 로랭과 니콜라 푸생 같은 화가들의 이상화된 낭만주의적 풍경을 닮은 정원을 창조하는 일이었다. 활동 기간 내내 풍경과 건물에 대한 자신의 제안을 담은 그림들은 켄트가 이탈리아에서 보낸 시간에 얼마나 깊이 빠져 있었는지를 증명한다. 가령 라우샴의 폭포는 발산지비오에 있는 빌라 바르바리고 피초니 아르데마니의 정원으로부터 영감을 받은 것으로 보인다(148쪽 참조).

옥스퍼드셔의 처웰 강 옆에 위치한 라우샴은 켄트의 걸작이자 가장 완벽하고 유명한 작품으로 남아 있다. 오늘날에도 여전히 그가 남기고 간 모습 그대로의 집과 정원을 감상할 수 있다. 그는 1737-1741년에 (그리고 아마도 1730년대 초 여전히 스토우에서 일하고 있는 동안) 라우샴에서 일했다. 호러스 월폴은 라우샴을 '가장 매력적인' 정원이라 생각했고, 스토우보다 더 좋아했다. 그는 이곳의 수수한 규모에 주목했다. '이 정원은 작은 다프네다. 가장 달콤한 작은 과수원, 개울, 숲속 작은 빈터의 포르티코, 폭포와 강은 상상할 수 있는 최상의 모습이며, 모든 장면이 완벽하게 고전적이다.'

라우샴에서 켄트는 처치 곤란한 작은 규모의 공간 안에 큰 다양성을 이루었다. 그는 서로 다른 관점들을 능숙하게 다룸으로써, 그리고 주변 들판과 생울타리를 아우르며 강 건너의 목가적 풍경 속으로 펼쳐지는 연속적인 전망들을 확장함으로써, 무대 디자인을 위한 그의 재능을 마음껏 펼쳤다. 스카이라인 위에 시선을 사로잡는 것과 강 건너 폐허가 된 방앗간 사원은 시선을 이끌며 정원과 그 너머 전원 지대의 구별을 모호하게 만드는 포컬 포인트focal point로 작용했다. 포프가 추천했던 방식이었다. 스키메이커스Scheemakers가 대리석으로 만든 말을 공격하는 사자상이 위치한 강 위의 테라스는 완만한 경사를 위해 평탄해졌다. 각각의 숲속 산책로와 탁 트인 빈터는 놀라움을 주도록 디자인된 건축적 요소로 마무리된다. 거대한 회랑인 프라이네스테Praeneste는 켄트의 전성기 때 작품으로, 결코 높게 올린 곳으로 보이지 않고 비스듬히 접근하게 되어 있다. 숲속 냉수 욕조와 팔각 연못의 물은 가느다란 석조 실개천을 통해 우아하게 선회하는 코스를 따라 아래쪽에 있는 큰 연못으로 흘러 내려가는데, 이 같은 모습은 18세기 풍경에서 흔히 볼 수 있었다. 비록 브리지맨은 1720년대에 라우샴에서 일하며 정원의 골격이 되는 물웅덩이, 가로수 길, 극장, 구불구불한 산책로를 만들었지만 오늘날 이곳의 분위기를 지배하는 것은 켄트의 더 부드러운 손길이다. 그는 브리지맨의 정형식 물웅덩이를 시골풍의 폭포가 있는 일련의 연못으로 자연스럽게 바꾸었다.

▲▶ 윌리엄 켄트의 명성에도 불구하고 그가 만든 정원 가운데 온전하게 남아 있는 것은 옥스퍼드 근처의 라우샴이 유일하다. 여기서 켄트는 브리지맨의 반半 정형식 조경에 좀 더 자연스러운 특징들을 도입했다. 높은 숲 지대의 팔각 연못에서부터 아래쪽 비너스의 계곡으로 흘러내리는 구불구불한 실개천(오른쪽 이미지)도 포함되어 있다. 프라이네스테(왼쪽 이미지)는 비스듬히 접근할 수밖에 없는데, 아래쪽으로 강을 바라보는 멋진 전망을 제공한다.

다른 영감의 길 Other Paths of Inspiration

윌리엄 켄트의 아이디어는 곧 다른 정원 조성가들에게 영향을 미치기 시작했다. 1740년대 무렵에 정원 디자인의 새로운 발전에 두각을 나타낼 4개의 영국식 정원이 이미 만들어지고 있었다. 이들 정원의 영감이 충만했던 소유주들은 자신들의 극히 개인적인 취향과 감성을 마음껏 탐닉했다. 스타우어헤드Stourhead의 헨리 호어Henry Hoare, 페인스힐의 찰스 해밀턴, 우번 농장Wooburn Farm의 필립 사우스코트Philip Southcote, 그리고 리소웨스The Leasowes의 시인 윌리엄 셴스톤William Shenstone은 모두 각자 다른 방식으로 가드닝에 대한 더 자연스러운 접근법의 발달과 18세기 말의 '그림 같은' 이상적 정원을 향한 가드닝의 진화에 일련의 새로운 사상들을 도입했다.

헨리 호어는 클로드 로랭과 니콜라 푸생이 묘사한 금박으로 장식된 고전적 장면들을 입체적으로 실현했다. 페인스힐은 장식용 건물로 가득했지만 소유주인 찰스 해밀턴은 식물에 관심이 많았다. 그리고 우번 농장과 리소웨스에서 필립 사우스코트와 윌리엄 셴스톤은 주변 풍경과 즐거움을 위한 정원과 농장을 혼합한 관상용 농장을 뜻하는 페르메 오르네ferme ornée를 창조하는 데 있어 남다른 길을 택했다. 반드시 실용적인 것만은 아닌 이 조합은 유럽 대륙의 여러 정원에 영감을 주었다. 18세기의 유산 가운데 가장 오래 지속된 것은 초원과 나무로 이루어진 공원 풍경이었으나 이 장면에서 꽃과 관목은 빠지지 않았다. 사실 아메리카 대륙에서 온 새로운 식물들의 발견은 특별한 관심을 끌었고, 페인스힐 같은 일부 정원들은 그 식물들을 포함하기 위해 특별히 설계되었다.

개선되고 완전해진 자연 Nature Improved and Perfected

18세기 중반 무렵에 기하학적 윤곽을 부드럽게 만드는 작업은 모든 형식과 대칭이 사라진 새로운 이상으로 발전했다. '개선된' 자연이라는 이상은 매우 신중하게 다루어졌고 많은 경우에 위대한 새로운 풍경식 정원들은 사실상 자연 풍경과 잘 구분되지 않았다.

1750-1780년에 풍경식 정원 운동의 가장 유명한 실천가였던 랜슬롯 '케이퍼빌리티' 브라운(245쪽 참조)은 자연의 역할에 더욱 중점을 두었다. 그는 주변 숲으로 부지를 둘러쌈으로써 공원을 사적인 안식처로 만들 수 있었다. 그곳에는 물결 모양의 푸르른 목초지, 멋지게 윤곽이 잡힌 땅덩어리, 곡선을 이루는 호수 또는 계곡을 굽이쳐 흐르는 강, 그리고 하늘을 배경으로 실루엣을 드러내는 장엄한 나무들의 군락이 있었다. 브라운은 오래된 사유지의 경우에는 집 주변의 전통적인 정원을 없애고 프랑스식 가로수 길의 선을 깨어 나무숲을 만들곤 했다. 꽃들과 실용적 키친 가든은 시야에서 사라졌다(없애 버렸다기보다는 신중하게 감추었다). 그의 손길을 통하여 이들 아르카디아적 풍경은 자연과 예술의 구분이 거의 불가능했던 이상을 완벽하게 재현해 냈다. 인간과 자연의 관계와 상호 의존성을 완벽하게 표현하는 이들 목가적 전원은 종종 18세기 합리주의의 전형으로 여겨진다.

풍경식 정원 운동의 발달은 1730-1820년에 울타리를 둘러친 토지의 급속한 증가와 함께 일어났다. 토지 소유주들은 3천500여 개의 개별적인 인클로저 법령Acts of Enclosure이 의회를 통과하면서 공유지를 자신의 땅으로 취할 수 있었다. 인클로저 법령은 농업 노동에 의존하지만 자신의 토지가 없는 새로운 하층민들을 양산함으로써 각종 사회적 박탈감과 불안을 야기했다. 급속히 늘어나는 인구를 위한 식량 공급을 크게 증가시키는 새롭게 향상된 농법이 도입될 수 있음을 의미하기도 했다. 물론 사유지에 훨씬 더 많은 이윤을 가져다주었다. 주변부의 땅은 새로운 경관 공원에 편입될 수 있었고, 이제 사유지의 합병이 가능해졌다.

이와 같은 발전이 영국의 면모를 바꾸어 놓았다. 때로는 사적 엘리시움Elysium(*그리스 신화에 등장하는 사후의 낙원, 극락, 파라다이스)을 위한 한 개인 소유주의 욕망을 충족시키기 위해 마을 전체가 옮겨지기도 했다. 올리버 골드스미스는 인클로저의 직접적 결과였던 사회적·경제적 문제들을 한탄하며 자신의 저서 『버려진 마을The Deserted Village』에서 그러한 토지 소유주들을 개선가가 아닌 삶의 모든 방식에 대한 파괴자로 묘사했다. '달콤한 오번, 평원의 가장 사랑스러운 마을'의 운명은 그의 태도를 잘 요약해 준다.

> 친구들은 달아나고 당신의 모든 매력은 사라진다.
> 당신의 나무 그늘 안에 폭군의 손이 보이고,
> 황량함이 당신의 모든 초록을 슬프게 한다…
> 비통한 소작농은 초라한 무리를 이끌고,
> 쓸 수 있는 한 팔도 없이, 그가 주저앉는 동안,
> 시골은 정원과 무덤을 꽃피운다.

골드스미스의 '달콤한 오번'은 옥스퍼드 인근 템스 강의 넌햄 코트니Nuneham Courtney를 가리키는 것으로 보인다. 1756년에 제1대 아르쿠르 백작은 팔라디오풍의 새 빌라를 지은 후에 마을을 1.6킬로미터 이동시켰다. 그곳은 강 건너 옥스퍼드의 먼 첨탑까지 보이는 전망이 좋은 마을이었다.

페인스힐: 상상의 풍경

Painshill: A Fantasy Landscape

서리에 위치한 페인스힐 경관 공원은 어느 귀족의 자녀가 구상했다. 1738년 아베르콘 백작의 막내아들 찰스 해밀턴은 이탈리아로 두 번째 그랜드 투어를 다녀왔다. 소설가 새뮤얼 리처드슨은 그곳 토양이 척박한 황무지에다 산성으로 너무나 열악하여 히스heath와 양골담초를 제외한 어떤 식물도 자라기 어렵다고 묘사했다. 해밀턴은 히스를 태워 토양을 개량한 다음 그곳에 순무를 재배하여 양에게 먹였고, 양이 땅을 비옥하게 만들었다. 찰스 해밀턴은 계속해서 40만 제곱미터에 이르는 정원을 일구었고, 새로운 특징적 요소들을 설치했지만 끝내 돈이 떨어져 1773년에 강제로 매각할 수밖에 없었다.

페인스힐에는 우화적이거나 문학적인 구성이 없다. 오히려 연결되지 않은 사건이나 에피소드 모음이다. 덕분에 서로 다른 감정에 호소하여 다른 분위기를 불러일으킨다. 이러한 특징들은 숲 지대와 화관목 지대를 관통하는 구불구불한 길들로 연결된다. 기발한 기계 장치로 몰 강으로부터 5미터 위까지 물을 끌어올려 조성한 호수에 의해 이곳 정원의 대체적인 순환로가 결정된다. 창의적인 건물들 외에도 많은 부분을 아마도 해밀턴이 직접 디자인했을 것이다. 페인스힐의 흥밋거리는 그가 아메리카의 이국적 식물들을 일찍 사용한 점, 관목류의 식재 방법, 식물과 분위기를 연결시킨 데 있다. 가령 어두운 주목나무는 묘지에 접근하는 사람들에게 구슬픈 감정을 유도하기 위해 사용되었고, 소나무류는 산비탈의 야생성을 불러일으켰다. 그리고 화단에는 엘리시온 평원의 목가적 전원 풍경을 도입했는데, 야생의 숲 지대와 대비되는 개방적이고 평평한 잔디밭이었다. 1768년에 아서 영 경은 약간의 경사진 풀밭에 지어진 고딕 사원에 감탄했다. '가벼움의 관점에서 이 사원을 능가하는 건물은 거의 없다.' 다른 특징적 요소들은 어두운 숲속 빈터로 물러나는가 하면 멀리 보이는 시야에서 드러나거나 불시에 방문객을 놀라게 했다.

처음에 해밀턴은 새롭게 도입된 북아메리카의 식물들을 가능한 한 많이 자신의 산성 토양에 키워 보는 데 관심이 있었던 것 같다. 1837년 이곳을 방문한 존 클라우디우스 루던(266쪽 참조)은 그 표본 식물들에 감탄했다. '나무들 중에는… 놀랄 만큼 훌륭한 은빛 시더, 해안소나무*Pinus pinaster*, 그리고 다른 소나무류, 아메리카의 참나무류, 코르크참나무, 호랑가시나무류, 니사 실바티카*Nyssa sylvatica*, 튤립나무, 아카시아, 낙엽성 사이프러스, 양버들, 그리고 다른 포플러류… 영국에 최초로 도입된 만병초와 아잘레아 종류가 있었다.'

▲ 페인스힐의 고딕 템플은 호수 주변 둘레 길에 세워진 첫 번째 건물이다. 찰스 해밀턴이 유럽 그랜드 투어 도중에 보았던 고딕 건축에 대한 관심에서 영감을 얻었다.

정원 역사가 마크 레어드의 도움으로 복원된 원형 극장은 '극장 식재'의 좋은 예를 보여 준다. 조지프 스펜스Joseph Spence가 추천한 대로 상록수와 낙엽성 관목이 층을 이루며 배열되어 있다. 1990년대 마크 레어드의 선구적인 연구는 페인스힐 정원에서 꽃은 배제된 대상이 아니라 중요한 역할을 수행했음을 드러냈다. 레어드는 엘리시온 평원에 있는 타원형 화단을 소개했다. 그는 1763년 존 파넬 경의 저널 도입부와 맥락을 함께하며 그 화단이 '무리 지은 화관목, 향기로운 나무와 꽃들로 단장되어 있었다'고 언급했다. 해밀턴은 공원의 서쪽 지역에 더 야생적인 식재 화단 조성을 시도했다. 월폴이 말한 것처럼 '전적으로 소나무류와 전나무류, 몇몇 자작나무류, 그리고 야만적인 산악 지대 국가에 동화된 것 같은 나무들로 구성된 고산 지대 풍경'을 만들기 위해서였다.

36년 동안의 놀라운 복원 과정의 정점으로, 한때 해밀턴이 그랜드 투어에서 가져온 미술 기념품을 소장했던 페인스힐의 바커스 신전이 2018년 봄에 개장했다. 페인스힐의 주요 장식용 건물들은 모두 복원되었다. 그중에는 이국적인 터키 텐트Turkish Tent(지금은 캔버스 천 대신 유리 섬유로 되어 있음)와 해밀턴이 현존하는 은둔자를 영입하는 데 실패한 것으로 유명한 은둔처Hermitage가 포함되어 있다. (은둔자는 불과 몇 주 동안에만 이곳에 머물렀다.) 그러나 페인스힐의 하이라이트는 1760년대 조지프와 조시아 레인이 짓고, 2013년에 복원된 크리스털 동굴임에 틀림없다. 원래의 반짝이는 종유석 효과를 재현하기 위해 거꾸로 된 목재 원뿔들에 수십만 개의 크리스털을 공들여 붙이고 화석, 산호, 그리고 '모든 가능한 형태의 천개天蓋와 샹들리에'로 보강 작업을 벌였다.

페르메 오르네의 기이한 매력 The Eccentric Charms of the Ferme Ornée

1715년 초 가드닝 작가 스테판 스위처Stephen Switzer(1682–1745)는 사유지에서 즐거움만을 위해 사용되는 구역과 수익이 창출되는 실용적 구역의 혼합을 제안했다. 유럽 전역에 걸쳐 페르메 오르네Ferme Ornée로 불리게 된 관상용 농장은 이 개념을 스타우어헤드에서 사용되었던 주변 산책로 개념에 접목시킨 스타일이었다. 첫 번째 페르메 오르네를 만든 사람은 서리 지방 처트시 인근에 위치한 우번 농장의 필립 사우스코트였다. 1735년에 사우스코트는 자신의 사유지 중 4분의 1이 채 안 되는 부분에 산책로를 만들고, 더 넓은 부분을 농장으로 남겨 두었다. 이곳은 농장을 장식하는 화관목과 생울타리에 피어나는 꽃들과 함께 산책로 자체가 온전한 정원이 되었다. 시골 농장을 풍경식 정원으로 바꾸는 개척자였던 사우스코트는 농장 건물을 자신의 산책로에 포함시켰을 뿐만 아니라 안쪽으로는 목초지와 곡식 경작지를, 바깥쪽으로는 윈저와 템스 강을 바라볼 수 있게 했다. 친구 조지프 스펜스의 조언으로 정교한 식재 계획을 고안하여, 어떻게 어두운 상록수와 더 밝은 톤의 낙엽성 관목 및 나무가 거리와 관점에 관한 인상을 제어할 수 있는지에 대한 안목을 보여 주었다.

우번 농장은 시인 윌리엄 셴스톤에게도 영감을 주었다. 그는 워릭셔에 위치한 리소웨스에서 1743년부터 1763년에 사망할 때까지 페르메 오르네를 만들었다. 60만 제곱미터가 안 되는 작은 규모였지만 리소웨스의 지형은 숲이 우거진 계곡과 급류가 흐르는 개울이 있어 매우 변화무쌍했다. 또 인근의 클린트 힐스와 리킨 산을 바라볼 수 있는 언덕이 있었다. 배슥거리는 성격의 괴짜 농부였던 셴스톤은 1년에 300파운드 정도의 적은 수입밖에 없었지만 자신의 영역을 하나의 온전한 풍경으로 바꿀 수 있었다. 이는 자신의 다소 과장된 시에 대한 개인적 실현이었다. 여기서 당신은 그가 상상한 숲속 님프들이 멜랑콜리한 목가적 풍경에서 즐거워하는 모습을 상상해 볼 수 있다. 정해진 길을 따라 방문객들은 그로토, 다리, 허미티지, 캐스케이드, 폭포, 그리고 작은 수도원 유적지를 보았다. 라틴어 비문은, 오늘날 이안 해밀턴 핀레이Ian Hamilton Finlay의 리틀 스파르타Little Sparta처럼(490쪽

▲ 우번 농장에 있는 필립 사우스코트의 페르메 오르네는 본질적으로 매력적인 시골 풍경을 가진 산책로였다.

참조) 고전 시대에 관한 연상을 불러일으켰고, 나무에는 시문이 걸려 있었다.

셴스톤은 자연 풍경을 꾸미고 있다고만 생각했으나 그의 풍부한 상상력의 결과는 때때로 친구들과 여행객들을 놀라게 했다. 존슨 박사에 따르면, 리소웨스는 '위인들이 부러워하고, 숙련된 사람들이 감탄하는 곳, 여행객들이 방문하고 싶어 하고, 디자이너들이 따라 하는 장소'가 되었다. 자금 부족으로 항상 제약받았던 셴스톤의 공예품들은 종종 즉흥적으로 만든 것들이었다. 그러나 대다수는 그가 죽은 후 10년 안에 폐기되었다.

18세기 말 무렵에 페르메 오르네는 특별히 디자인된 관상용 농장 건물을 포함하는 용어로 확장되었다. 프란츠 폰 안할트데사우Franz von Anhalt-Dessau 왕자는 독일 데사우에 위치한 사유지 뵈를리츠 전체를 풍경식 정원 스타일로 조성했다. 그는 공원 부지에 농업 구역과 적절한 건물들을 포함시켜 엄청난 규모의 페르메 오르네를 만들었다. 또한 18세기 말 프라하 북쪽에 위치한 벨트루시에서 초텍 백작은 블타바 강 주변 농장에 일련의 작은 건물들과 기념물들을 세웠다. 각 건물은 들판과 숲을 지나는 산책로에 포컬 포인트를 제공했다.

스타우어헤드의 베르길리우스풍 배경

STOURHEAD'S VIRGILIAN SETTING

은행가였던 헨리 호어(1705-1785)는 아내가 죽은 후 마음의 위안을 찾기 위해 가드닝에 의지했다. 그는 스타우어헤드의 '아주 유명한 데미 파라다이스Demi-Paradise'(호어의 묘비에 새겨진 문구)를 조성하기 시작했다. 여기서 호어는 석회암 구릉 지대 아래쪽 깊숙한 윌트셔 계곡 끝에 댐을 건설하여 비정형 호수를 만들었다. 그로부터 40년에 걸쳐 호수 주변에 사원들, 나무들, 그리고 비탈진 숲을 배치하여 클로드 로랭의 그림처럼 고요한 물에 비치도록 했다. 여기서 호어는 켄트의 둘레 길 개념을 발전시켰다. 길을 따라 여러 '사건들'이 호수를 가로질러 신중하게 고안된 일련의 풍경들로 차례차례 드러났다. 호수 위 높은 곳에 세워진 아폴로 신전의 돔은 오후 햇빛을 받도록 설계되었다. 풍경화의 초기 수집가였던 호어는 풍경 속에 이러한 그림들을 만들어 내는 일을 확실히 즐겼으며, 주요 비경을 '매력적인 가스파르Gaspard 그림'이라고 묘사했다. (가스파르 뒤게Gaspard Dughet는 그의 컬렉션에 포함된 화가들 중 하나였다.)

자신의 표현대로 '책을 주의 깊게 들여다보고, 속된 사람들로부터 신사를 구별하게 해 주는 지식을 추구하는' 습관이 일찍이 몸에 뱄던 호어는 유럽을 널리 여행했으며, 벌링턴 경의 친구이기도 했다. 벌링턴을 통해 켄트의 조경 활동도 알게 되었다. 호어는 건축가 헨리 플리트크로프트의 후원자가 되었는데, 그는 켄트 밑에서 경력을 시작했으며 스타우어헤드에 많은 건물을 디자인했다. 로마의 판테온을 모델로 한 건물도 있었다.

1740년대에 스타우어헤드의 주된 식생인 낙엽수림은 (하부에 소아시아로부터 온 상록수 월계귀룽나무를 식재했음에도 불구하고) 필요한 밀도를 얻기 위해 수년이 필요했을 것이다. 오늘날, 19세기 북서 아메리카에서 도입된 큰 키의 짙은 침엽수들과 만병초 컬렉션으로 숲은 더 빽빽해졌고, 둘레 길의 놀라움을 주는 요소들은 더 강화되었다.

수년에 걸쳐 스타우어헤드에 많은 의미가 부여되었다. 호어가 아이네아스와 로마의 건국에 관한 이야기를 묘사하는 우화적인 풍경을 고안했다는 설도 제기되어 왔다. (두 아내와 두 자녀를 단숨에 잃고, 1751년에는 유일한 아들마저 잃은 한 남자가 왜 왕조의 이야기를 들려주고자 했는지는 불분명하지만) 다른 이들은 정원의 수많은 고딕 양식의 요소들을 강조하며, 앵글로색슨의 역사와 연결시킨다.

학자들은 호어가 둘레 길로 취했던 길에도 동의할 수 없다. 호어가 자신의 정원에 포함시켰던 순전히 다양한 종류의 요소들, 특히 터키 텐트, 중국 다리, 벽감, '우산' 고딕 양식의 오랑주리, 은둔처(현재 모두 소실)는 어떤 웅대한 계획의 일부라기보다는 그것들이 개별적으로 지닌 시각적 매력과 상상력을 즐기기 위한 대상이었음을 시사하는 듯하다. 확실한 것은 호어의 개인적 비전이 모든 수준에서 즐길 수 있는 걸작을 만들어 냈다는 점이다. 호러스 월폴은 스타우어헤드를 '세상에서 가장 그림 같은 장면 중 하나'라고 묘사했다. 호어의 시대에는 화가 코플스턴 웨어 뱀필드와 스웨덴 조경 설계가 프레더릭 매그너스 파이퍼 같은 전문가들이 그것을 보기 위해 몰려들었다. 그들은 자신들의 버전으로 풍경을 만들기 시작했다. 그중에는 헤스터콤에 조지 왕조풍의 즐거움을 위한 정원을 가지고 있었던 뱀필드, 스웨덴 하가 공원과 드로트닝홀름의 서머셋과 파이퍼가 있었다. 나중에 윌리엄 터너와 존 컨스터블은 둘 다 풍경화를 그렸다.

스타우어헤드의 조성은 켄트(1748년 사망)가 쇠퇴하고 '케이퍼빌리티' 브라운이 아직 자신의 단조로운 계획으로 자연에 대한 혁명을 지배하지 못했던 시기에 걸쳐 있다. 1785년 호어가 사망할 무렵, 더욱 과장된 고딕 양식의 톤을 특징으로 하는 픽처레스크 운동이 우위를 차지했다.

▲ 스타우어헤드의 판테온은 본채 건물 근처 산비탈에서 바라보는 '전망'의 포컬 포인트로 디자인되었다. 로마의 원래 판테온에 경의를 표하는 것으로, 정원의 설립자이자 소유주인 헨리 호어가 '완벽한 패턴'으로 여겼던 건축물이다.

기쁨의 사원

TEMPLES OF DELIGHT

어떤 풍경식 정원도 시선을 사로잡기 위해 엄선된 건축물 없이 완성되지 않았다. 사원, 오벨리스크, 다리, 탑, 그로토, 그리고 폐허는 '살아 있는 그림'에 분위기와 흥밋거리를 부여해 주었다. 이러한 건축물들은 귀족적인 즐거움을 위한 정원의 자급자족적인 세계 속에서 포컬 포인트이자 공연 무대가 되었다. 종종 철학, 역사, 문학, 신화적 주제를 담기도 했다. 찰스 해밀턴은 페인스힐에서 자신과 손님들에게 로마의 영묘, 유명한 상상 속 터키 텐트, 바커스 신전, 허미티지 외에도 거대한 그로토를 선사했다. 각각은 방문객으로 하여금 사색에 빠지든, 기쁨을 느끼든, 우울감을 느끼든, 특별한 반응을 유발하도록 계산되었다. 스토우의 40여 개에 달하는 건물을 의뢰하면서 코범 자작은 정치적 논점(234쪽 참조)을 만들어 냈을 뿐 아니라 자신의 가훈에 부응하며 즐거워했다. '당신의 사원은 얼마나 즐거운가Templa Quam Delicta!'

18세기 초부터 영국에서는 상상 속에나 나올 법한 격자 세공과 만곡을 이루는 지붕 선을 가진 이국적인 중국풍의 파빌리온과 탑이 인기를 끌었다. 하지만 독일과 프랑스에서는 18세기 중반까지 중국풍이 유행하지 않았다. 그늘과 쉼터 제공 외에도, 이들 정원 건축물은 상류층을 즐겁게 하고자 사용되었다. 도덕적 가르침 또는 숭고한 사상 대신 재미가 목적일 때 장식용 건물들은 오래가도록 만들 필요가 없다. 스웨덴 여왕의 첫 번째 중국식 파빌리온인 드로트닝홀름의 키나 슬로트Kina Slott는 나무로 만들어졌지만 스웨덴 궁정에서 매우 인기가 높아 벽돌과 돌로 지어진 영구적인 파빌리온으로 대체되었다. 18세기의 많은 '터키 텐트'는 캔버스 천으로 만들어졌다.

◀ 윌리엄 하프페니는 자신을 '건축가이자 목수'라고 불렀고, 18세기 전반기에는 일련의 영향력 있는 패턴 북을 출간했다. 그 책들에는 사원, 정원 파빌리온, 그리고 고정 세간과 반고정 세간 인테리어를 위한, 특히 중국풍의 수많은 멋진 디자인이 제공되었다. 그 책들은 임시 건축업자와 '메트로폴리스로부터 멀리 떨어진 일꾼들'에게 '적은 비용으로 다양한 종류의 재료를 사용하고 모든 최신 유행을 적용한 시골 건물을 짓는 방법'에 대한 아이디어 제공을 목표로 했다.

브라운의 '천재의 힘'Brown's 'Force of Genius'

랜슬롯 '케이퍼빌리티' 브라운은 의심할 여지없이 영국의 모든 조경 설계가들 가운데 가장 잘 알려진 사람이다. 그는 사유지의 잠재력 또는 '능력capabilities'을 평가하기 위해 해당 부지를 답사하는 습관으로 이 별명을 얻은 것으로 유명하다. 무엇보다 평생 인정받았던 드문 인물이다. 호러스 월폴이 자신의 저서 『현대 가드닝에 관하여』를 통해 '매우 유능한 마스터'라고 칭송했던 그는 윌리엄 켄트의 훌륭한 후계자였다. 실제로, 자연의 효과를 재현하는 데 있어서 브라운의 작품(그리고 그와 동시대인들의 작품들)은 매우 성공적이었다. 영국의 시골 풍경이 얼마나 이들 18세기 설계가들의 덕을 보고 있는지는 최근에서야 진가를 인정받고 있다. 윌리엄 챔버스 경Sir William Chambers(1723–1796)은 브라운의 정원들이 '평범한 들판과 거의 다를 게 없으며, 따라서 그 정원들 대부분에 자연이 긴밀하게 모방되어 있다'고 심술궂게 논평했다.

목가적이고, 반복적이며, 시각적으로 신나는 것들이 없는 브라운의 공원은 문학적 암시나 우화에 의존하지 않았다. 대신에 대규모 부지를 다루는 그의 이상은 자연의 거친 부분을 개선하고, 결점을 없애며, 에드먼드 버크Edmund Burke가 『우리의 숭고하고 아름다운 생각의 기원에 관한 철학적 탐구A Philosophical Inquiry into the Origin of our Ideas of the Sublime and Beautiful』(1757)에서 정의한 아름다움의 감각을 만들어 내는 요소들을 유지하는 것이었다. 브라운의 풍경은 시각적 흥분의 전율을 불러일으키기보다는 온화한 평온을 유도한다.

브라운의 가장 주목할 만한 업적 중 하나는 후세를 위해 식물을 식재하는 능력이었다. 심지어 젊은 시절에도 너도밤나무, 참나무, 밤나무를 식재했는데 이 나무들은 그가 영국 전역에 걸쳐 공원들을 재배열하면서 '숲 지대를 만들고, 식물 군락을 형성해 주며, 나무들을 점점이 배치할 때' 중요하게 쓰였다. 다만 그의 일생 동안 이 풍경들은 어느 정도 휑해 보였음에 틀림없다. 왜냐하면 그가 식재한 식물들은 대부분 어린 묘목들로, 높이가 1-1.2미터에 불과했기 때문이다. 따라서 소, 양, 사슴으로부터 보호해 주는 울타리가 필요했을 것이고, 심지어 30년 동안에도 그의 포부가 실현되기 어려웠을 것이다. 하지만 이 식물들은 또한 가축을 위한 방목지, 말을 위한 건초, 건축을 위한 목재, 그리고 사냥을 위한 덮개를 제공함으로써 경제적으로 자급자족할 수 있도록 해 주는 생산적인 풍경이었다는 점을 잊어서는 안 된다. 그 풍경이 아름다웠음은 덤이다.

랜슬롯 브라운은 1716년에 노섬벌랜드의 커크할 마을에서 태어났다. 16세 때 얻은 첫 직장은 커크할 타워였는데, 윌리엄 로레인 경이 '식재와 인클로저'를 통해 자신의 사유지를 대대적으로 개선하던 중이었다. 깨어 있는 고용주 밑에서 일하면서 농업, 관개, 개간에 대한 새로운 방법들, 그리고 새롭게 도입된 나무와 관목을 재배할 수 있는 가능성을 본 브라운은 장차 자신의 이름이 많은 사람들의 입에 오르게 될 경력을 시작했다. 브라운은 젊은 남자로서는 상당한 권위와 함께, 모두 아주 큰 규모로, 토지의 윤곽을 잡고, 호수를 만들고, 큰 나무들을 이식하는 일에 대한 안목을 개발할 기회를 부여받은 듯했다.

▲ 건축가 윌리엄 챔버스 경은 '케이퍼빌리티' 브라운의 일생 동안 가장 맹렬한 비평가였다. 챔버스는 오늘날 큐 가든의 파고다Pagoda로 더 유명하지만, 1750년대 무렵에 국유지 감독관이자 로열 아카데미의 회계 담당관이 되었다. 그는 브라운의 작품이 내용물에 있어, 그리고 마음을 움직이는 특징적 요소들에 있어 다양성이 부족하다고 비난했다. 챔버스 경은 '숲 전체가 작은 풀들과 몇몇 아메리카 잡초들을 위해 완전히 사라졌다'고 주장하며, 브라운의 '평범한 초원'(고전에 대한 교육이 부족하다는 것을 비호의적으로 암시하는 표현)에 대해 상상력이 부족하다고 규탄했다. 반면에 시인 윌리엄 메이슨은 자신의 풍자적인 글 『윌리엄 챔버스 경에게 보내는 용감무쌍한 서한An Heroic Epistle to Sir William Chambers』을 통해 챔버스 작품의 전체적인 특성을 공격하며 브라운을 옹호했다.

▲ 리처드 코스웨이가 그린 '케이퍼빌리티' 브라운의 초상화다.

1739년 랜슬롯 '케이퍼빌리티' 브라운은 남쪽으로 이주했다. 그는 자신의 고용주로부터 받은 추천서를 가지고 다니며 사유지들을 방문했다. 2년 후에는 스토우에서 수석 정원사 직책을 구했는데, 코범 경을 위해 윌리엄 켄트 밑에서 일하는 것이었다(찰스 브리지맨은 그 전년도에 사망했다). 여기서 브라운은 그레시안 밸리의 다음 단계 확장을 담당했다. 1만 7천600입방미터의 흙을 제거하고, 브리지맨의 테라스를 철거하며, 남쪽 잔디밭을 조성하는 일을 감독했다. 코범의 신임을 얻게 되면서 스토우의 건축물뿐만 아니라 조경 작업, 도서관의 건축 작품 연구 사업을 책임지는 서무계로 빠르게 승진했다. 그는 코범이 죽은 지 2년이 지난 1751년까지도 스토우에서 일했다. 하지만 그 이전부터 다른 의뢰 건들에도 착수했다.

독립적인 설계가로서 브라운이 첫 번째 주요 임무를 수행한 곳은 우스터셔의 크룸 코트Croome Court였다. 여기서 그는 팔라디오풍의 새로운 건물을 짓고 교회를 옮겼을 뿐만 아니라 습지 같은 땅의 물을 빼내 '(그레이트브리튼) 섬 안의 어느 곳보다도 희망이 없는 곳'에 새로운 호수와 공원을 만들었다. 코번트리 백작에게 브라운을 추천한 사람은 샌더슨 밀러(1716–1780)였을 것이다. 밀러는 신사 건축가로, 나중에 가짜로 만든 폐허로 유명해졌다. 그는 브라운과 매우 비슷한 방식으로 풍경을 다루었고, 물을 다루는 완벽한 기술과 배수에 관한 전문성을 공유했다. 이후 몇 년 동안 브라운이 맡았던 작업들 가운데는 펫워스, 버글리, 롱리트, 보우드, 그리고 시온 하우스가 포함되었다. 그의 프로젝트들 중 일부는 20년 동안이나 지속되었고, 영국과 웨일스 지방에서 적어도 270개의 프로젝트를 수행했던 것으로 여겨진다. 1760년대에 브라운은 블레넘의 800만 제곱미터에 이르는 부지와 채츠워스의 파르테르와 공원에 대한 재배치 작업을 진행했다. 그는 자신의 나머지 경력 기간 동안 계속해서 건물과 땅을 '개선'해 나갔고, 클레어몬트와 피셔윅에서와 같이 이따금씩 건축 및 재건축 작업에 참여했다. 1764년에는 왕실의 인정을 받아 햄프턴 코트의 마스터 가드너로 임명되면서 자신과 가족들을 위한 집과 땅을 하사받았다. 브라운은 1770년대 동안 베링턴 홀, 셰필드 공원, 디츨리 홀에서 일했다. 자신이 만든 공원에 대한 수요가 항상 많았음에도 건축 역량을 스스로 터득했다. 브라운은 의뢰인들에게 (종종 사위 헨리 홀랜드와 함께) 복합적인 서비스를 제공할 수 있었다. 이 능력은 특히 디자인 구성이 풍경과 장식용 빌딩의 통합에 의존할 때 중요했다.

브라운은 1783년에 많은 지인이 슬퍼하는 가운데 죽음을 맞이했다. 자수성가로 크게 성공한 그는 '위트, 학식, 그리고 높은 정직성'을 지닌 사람으로 묘사되며, '쾌활하고 상냥한 동반자이지만 자신의 직업에서는 천재'라고 일컬어졌다. 렌스터 공작으로부터 아일랜드에 있는 사유지에서 일하는 조건으로 1만 파운드를 제의받았지만 '아직 영국을 완성하지 못했다'는 이유로 거절했다.

브라운은 일생 동안 그를 폄하하는 사람들이 거의 없었지만 그의 죽음 이후 능력이 떨어지는 모방자들이 그의 원칙에 오명을 안겨 주면서 평판이 실추되었다. 그리고 1790년대 픽처레스크 운동의 옹호자들은 브라운의 '완벽하게 구성된' 풍경들이 흥미가 부족하다고 비난했다. 브라운이 만든 공원들의 유용성과, 그곳에

식재한 식물들이 다 자라기까지 걸리는 시간을 간과했기 때문이었다. 자칭 브라운의 후계자인 험프리 렙턴은 브라운의 '천재성'을 옹호했지만 그의 작품은 곧 다른 방향으로 발전했다. 빅토리아 시대 동안 브라운의 공원들이 원숙한 상태에 도달했다. 그러나 그것들을 만든 사람들은 거의 잊혔고, 20세기 중반이 되어서야 브라운의 업적이 알려지게 되면서 다시 한 번 인정받게 된다.

▲ 브라운은 크룸 코트에서 제6대 코번트리 백작을 위해 일했다. 코번트리 백작은 1651년, 28세의 나이에 사유지를 물려받았다.

▲ 19세기 작가 존 클라우디오스 루던은 처음에는 험프리 렙턴을 존경하지 않았다. 하지만 나중에는 렙턴의 아이디어를 크게 인정했고 풍경식 정원에 관한 그의 저술(렙턴은 능력 있는 저술가였다)을 재출간함으로써 상대적으로 무명이었던 렙턴를 세상에 알려 주었다. 루던은 렙턴이 새로운 경력을 시작하게 된 것을 다음과 같이 묘사했다. '걱정으로 잠을 설치던 어느 날 밤, 렙턴의 마음에 풍경의 아름다움을 향상시키기 위해 자연의 감각을 이용할 수 있겠다는 가능성이 떠올랐다. 그것은 시골 생활의 가장 소중한 즐거움 중 하나였다. 처음에 이 계획은 거의 희미한 불확실한 꿈으로 그의 상상 속에 들어왔다. 그리고 날이 밝아 그가 실행 가능성을 숙고했을 때 더욱 실체를 갖춘 형태가 되었다. 렙턴은 평소와 같은 빠른 결단력으로 다음 날 아침 일어나서는 새로운 목적의 에너지로 하루 종일 전국 곳곳에 있는 다양한 지인들에게 편지를 작성했다. 편지에 자신이 '풍경식 정원사Landscape Gardener'가 되고자 하는 의도를 설명했다. 그는 직업의 현실적 목적에 필요한 기술적 지식을 습득하는 데 온정신을 쏟았다.'

렙턴과 그의 레드 북스 Repton and his Red Books

랜슬롯 '케이퍼빌리티' 브라운이 죽은 후에 최초로 '풍경식 정원사'라는 칭호를 얻은 인물은 험프리 렙턴(1752–1818)이다. 그는 대중의 존경을 받으며 브라운의 후계자가 되었다. (그리고 어떤 면에서는 19세기 형식주의로의 회귀를 위한 길을 준비했다.) 1790년대에 그는 브라운과 동시대인들을 무색하게 만들면서 영국 전역에 걸쳐 50개가 넘는 시골 사유지들을 맡아 일했다. 코크스(홀컴 홀, 1788–1789), 포틀랜드 공작(웰벡 애비, 1789, 그리고 벌스트로드, 1790), 베드포드 공작(워번 애비, 1806, 그리고 엔드슬레이Endsleigh, 1814), 그리고 영국 수상 소小 윌리엄 피트(1791)에게 고용되었다.

렙턴은 일련의 실패를 거듭한 후인 1788년 36세의 나이에 정원 설계가로의 경력을 시작했다. 브라운이 정원 설계를 시작했던 나이보다 한 살 더 많았으며, 게다가 브라운이 커크할과 스토우에서 몇 년간 실습한 경력이 렙턴에게는 없었다. 대신 펠브리그 홀에 있는 이웃 윌리엄 윈덤의 도서관에서 새로운 사업에 관한 책들을 읽었고, 윌리엄 길핀William Gilpin이 제시한 '픽처레스크'의 원칙을 공부할 기회를 가졌다. 이들은 조경에 대한 당대 사람들의 취향을 빠르게 변화시켰다. 브라운에게 노섬벌랜드의 언덕이 영향을 미친 것과 마찬가지로 넓은 하늘과 멀리 보이는 경치를 가진 이스트 앵글리아의 시골 지역은 렙턴의 비전에 중요한 부분으로 남는다. 그는 의류 무역을 배우며 네덜란드에서 시간을 보내기도 했는데, 거기서 네덜란드의 정원들을 그리고 묘사했다. 꽃으로 가득한 소규모의 정형식 정원들은 '케이퍼빌리티' 브라운의 광범위한 풍경과는 사뭇 달랐다. 이 정원들은 시간이 흐를수록 점점 더 중요해졌고, 렙턴은 떠오르는 중산층을 위해 더 개인적이고 장식적인 정원들을 만들었다.

렙턴은 활동 기간 동안 약 400개의 정원에 대해 자문했지만 그중 많은 부분이 실현되지 못했다. 처음에 이 정원들은 주로 대지주들에게 속해 있었다. 하지만 1800년대에 접어들면서 렙턴은 새롭게 부자가 된 졸부 계층을 위해 일하게 되었다. 제한된 규모의 사유지를 가진 의뢰인이나 교외 지역에 있는 빌라의 소유주들이었다. 1820년대에 존 클라우디우스 루던이 이 빌라들을 묘사했다(269쪽 참조). 렙턴은 대규모 사유지를 설계할 때도 종종 전체 경관이 아니라 집 주변의 관상 구역처럼 정원의 일부를 설계하는 데 몰두했다.

렙턴은 자신의 첫 번째 임무를 위해 전문 조사관을 활용했다. 그는 건축가로 돌아선 데생 화가로 노리치에서 활동한 윌리엄 윌킨스와 업무 협약을 맺었다. 브라운과 달리 렙턴은 자신이 직접 계약을 맺지 않았는데 대신 하루치 수수료와 추가 경비를 청구했다. (『맨스필드 파크Mansfield Park』의 제인 오스틴의 기록에 따르면 그의 하루치 수수료는 1790년 무렵 5기니였으며, 집에서 작업하는 도면 작성은 2기니였다.) 하지만 프랑스와 전쟁이 발발하면서 인플레이션이 일어나고 세금이 오르자 수수료도 곧바로 인상되어야 했다. 일부 의뢰인들로부터 몇 년 동안 지속적으로 연봉을 받았지만 그에게는 거의 도움이 되지 않았다. 1794–1799년에는 건축가 존 내시John Nash(1752–1835)와 파트너십을 맺었다. 그들은

▲ 렙턴은 제3대 포틀랜드 공작 윌리엄 헨리 캐번디시 벤팅크(1738–1809)를 위해 1790년, 1793년, 그리고 1803년에 『레드 북스』를 제작했다. 이 책자를 통해 공작의 사유지에 자신이 제안하는 변경 사항을 개괄적으로 보여 주었다. 그가 권고한 내용 중에는 지하층 앞쪽에 경사진 둑을 올려 수도원의 주된 층을 강조하는 것, 유원지를 조성하는 것, 호수를 파내고 확장하는 것, 그리고 새로운 다리를 건설하는 것 등이 포함되었다. 위의 그림은 '전'과 '후'의 풍경을 보여 준다.

1796년 코샴 코트에서 첫 번째 프로젝트를 시작했다. 렙턴의 장남과 차남인 존과 조지 역시 여러 번 내시를 도왔지만 좋지 않은 관계로 끝났다. 렙턴이 새로운 경력의 일을 시작했을 때 그의 재정 문제에 관한 세부사항은 흥미로운 읽을거리를 제공한다. 수수료 또는 진척된 작업 비율로 비용을 부과하는 방식은 오늘날의 설계가들과 크게 다르지 않다. 19세기의 처음 몇 해 동안 그의 수입은 떨어졌고, 1811년에는 교통사고로 부상을 당하기까지 했다. 이 일로 결국 휠체어 신세를 지게 되었다.

렙턴은 기술적 자질이 뛰어나지는 않았지만 경쟁자들에 비해 그림 그리는 능력이 탁월했다. 디자인 작업의 중요한 특징은 유명한 『레드 북스Red Books』 제작이었다. 렙턴은 이것을 각각의 고객을 위해 준비했는데, 자신이 제안한 개선 방안을, 즉 작업을 시행하기 전과 후의 사유지 경관을 섬세한 수채화로 그려 고객에게 보여 주었다. 오버레이를 들어 올리면 완전히 바뀐 정원의 모습이 드러났다. 그림에는 두서없는 설명 문구들이 달려 있었다. 의뢰인들은 종종 붉은색 모로코산 가죽으로 장정된 이 멋진 책들을 전시하기도 했다. 이것이 톡톡한 광고 역할을 수행해 주었다. 오늘날에도 여전히 참고할 수 있는 기록이다. 하지만 그만큼 제작비가 비쌌고, 렙턴은 콘월에 있는 자신의 걸작chef-d'oeuvre 안토니 하우스에 대해서는 책자 제작비인 31파운드를 청구할 필요가 있음을 깨달았다.

1790년대 동안 주변 시골 지역에 잘 맞아떨어지는 것처럼 보이는 공원을 설계하는 데 있어서는 브라운을 따랐다. 브라운이 창조한 풍경에 관한 작업 의뢰를 받았을 때, 그는 제한된 변경 사항만을 시행했다. 브라운이 중요한 나무들이 자람에 따라 공간 확보를 위하여 일부 나무들은 베어 낼 계획이었다는 점을 이해하고 있었기 때문이다. 심지어 이전 시대에 조성된 가로수 길을 유지하는 경우도 있었다. 가령 1800년에 요크셔에 위치한 헤어우드의 가로수 길은 브라운이 식재한 지 30년 정도 되었다. 때때로 렙턴은 이러한 곳에 새로운 차로와 관문을 설계하는 일을 스스로 제안했다. 그의 특기 중 하나는 구불구불한 진입로였다. 정문에 들어서면 그 집을 한눈에 바로 볼 수 있게 한 다음에 빙 돌아가는 길을 따라가도록 했다. 그리고 도착하는 마지막 순간까지 언덕 또는 나무가 그 집을 가리게 한다. 이는 실제보다 부지가 크게 보이도록 하는 효과가 있었다. 브라운이 언덕 위에 조림지를 만들었다면 렙턴의 조림지는 경사지를 따라 조성되었다. 또 하부에는 관목을 식재하여 더욱 꽉 차 보이도록 했다.

▲ 험프리 렙턴은 노퍽에 있는 셰링엄 파크에 해안 풍경과 숲에서 영감을 받아 자신이 가장 만족스러워 했던 풍경 중 하나를 만들어 냈다. 1812년에는 이곳을 위한 『레드 북스』를 제작했다. 렙턴은 실제 교육이나 경험은 없었지만 자신감이 넘치는 사람이었다. '내가 상담을 의뢰받았던 모든 곳에서, 나는 그곳이 어떻게 개선되어야 하는지 거의 즉시 알아보는 특별한 능력이 있음을 알게 되었다.'

렙턴은 보다 멀리 떨어진 대정원에서는 브라운의 선례를 따랐다. 그에 반하여 집이 땅과 형식적으로 연결될 필요가 있다고 느꼈고, 잔디가 현관문 앞까지 자라도록 하는 대신 종종 테라스를 도입했다. 또한 의뢰인들이 집 근처에 장식용 정원 조성을 원하는 경우가 있음을 알아채고는 꽃과 다른 관상용 식물 재배를 위한 구역을 만들기도 했다. 여기에는 아메리카와 다른 곳에서 이제 막 도입된 여러 가지 새로운 식물들이 포함되었다. 1804년에는 워번 애비에서 베드포드 공작을 위해 꽃 터널, 장미 정원, 동물원, 아메리카의 정원, 그리고 영국 최초로 만들어진 중국 정원을 디자인했다. 그리고 1813년에 버킹엄셔의 애쉬리지 공원에 16개의 테마 정원 시리즈를 제안했다. 저택의 남쪽 구역에는 원형 장미원이 포함되어 있었다. 『풍경식 정원의 이론과 실제에 관한 단편Fragments on the Theory and Practice of Landscape Gardening』(1816)을 통해서는 매우 열정적으로 글을 썼다. '내가 상담한 모든 주제 가운데 이 정원에 관한

▲ 험프리 렙턴의 『풍경식 정원의 이론과 실제에 관한 단편』에서 발췌한 〈가드닝의 호사The Luxuries of Gardening〉라는 제목의 그림이다. 렙턴이 사고 때문에 다리를 다쳐 바퀴가 달린 환자용 의자에 앉아 있는 모습을 묘사한다. 희귀한 외래 식물들을 위한 높임 화단, 둥근 테 모양의 퍼걸러와 많은 가드닝 활동은 더욱 아늑한 정원에 관한 렙턴의 관심을 반영한다. 렙턴은 유원지와 키친 가든의 결합을 권장했다. 특히 산책로 위쪽에 과일나무를 유인한 둥근 테 모양 에스팔리에를 이용해 그늘진 산책로나 식물로 덮인 베르소를 만들었는데, 사과, 배, 자두 따위가 가까이 달려 있는 걸 볼 수 있다.

계획만큼 내 마음에 큰 관심을 불러일으킨 것은 거의 없다. … 그것은 내 나이에 쇠퇴한 기력으로 낳은 막내이면서 내가 가장 좋아하는 자식과 같다. 더 광범위한 조경 계획을 더 이상 맡을 수 없게 되었을 때 나는 먼 경치를 수반하는 것으로부터 벗어나 정원의 좁은 원 안에서 내 관점을 접하게 되어 기뻤다.'

렙턴의 마지막 『레드 북스』는 1814년 말 베드포드 공작을 위해 마련되었다. 데번의 타비스톡 근처에 있는 엔드슬레이Endsleigh 정원이었다. 여기서 그는 제프리 와이어트빌이 설계한 시골집cottage orné 주변의 아름다운 타마르 계곡에 조경 작업을 진행하여 강 아래쪽으로 기분 좋은 경치를 즐길 수 있도록 했다. 이러한 시골집 풍경에는 와이어트빌이 매력적으로 설계한 어린이 정원이 포함되어 있었다. 렙턴은 이곳에 주변보다 높이 올린 연못을 추가하여 배를 띄울 계획을 세웠다. 꽃이 가득한 긴 테라스는 멀리 보이는 경치를 제공했다. 시골의 목가적 풍경을 즐기고자 하는 공작부인의 갈망을 인식한 그는 식물을 지나치게 많이 재배함으로 인해 부지의 그림 같은 특징이 훼손되지 않도록 유의했다. 강에 놓인 징검돌로 된 둑은 마차가 건너가는 길을 제공했고, 먼 시골집 굴뚝에서 피어오르는 연기는 적절히 시골스러운 활기를 더했다. 자신의 삶을 끝마칠 무렵에는 브라운의 깔끔한 순수성에서 멀리 떠나와 상당한 발전을 이룬 상태였다.

▲ '픽처레스크' 운동의 선구자였던 윌리엄 길핀은 이상적인 풍경은 활기를 북돋아 주는 거칠기와 아름다움을 결합해야 한다고 생각했다. 위의 그림은 직접 그린 〈파국의 산악 풍경Mountainous Landscape with Ruin〉(날짜 미상)이다.

픽처레스크 논쟁 The Picturesque Debate

험프리 렙턴이 '케이퍼빌리티' 브라운의 후계자로 떠오를 무렵, 브라운이 30년 동안 가드닝 양식을 지배한 데 반발하는 움직임이 새롭게 극에 달했다. 비평가들은 단조롭고 획일적인 브라운의 조경을 개탄했다. 대신에 폐허가 된 성과 무너진 수도원으로 강조된, 야생성으로 특징 지워진 지형에 '픽처레스크'의 미학을 적용하기를 요구했다. 풍경은 '그림 속에 어울릴 만한 고유한 아름다움'을 제공해야 한다.

햄프셔의 성직자 윌리엄 길핀(1724-1804)이 했던 표현이다. 1782-1809년에 그가 풍경을 관찰한 내용이 책으로 출판되었으며, 이는 클로드 유리Claude glass(*영국의 화가 클로드 로랭이 고안했으며, 18-19세기 풍경화가들에 의해 널리 사용된 볼록거울. 어두운 색으로 코팅되어 있어 이를 통해 풍경을 바라보면 전체적으로 색의 톤은 낮아지고 초점은 약간 흐릿해지는 필터 효과가 있다)라는 이상적인 틀 안에서 풍경을 바라보기 위해 여행을 떠나는 새로운 유행의 추구에 박차를 가했다. 1792년에 길핀은 픽처레스크의 아름다움에 관해 쓴 에세이에서 '아름다움과 픽처레스크의 대상 사이에… 차이점'을 만들어 내고자 했다. 그는 아름다움은 부드러움과 연관되어 있지만 부드러움의 특질들이 '픽처레스크의 아름다움을 자처하는 대상의 자격을 박탈시킨다'고 여겼다. 근본적인 차이점은 울퉁불퉁하고 비틀린 고대의 나무, 바위가 많은 협곡, 또는 아이비로 덮인 폐허와 같은 곳에서 발견할 수 있는 활기를 북돋아 주는 거칠기였다. 이 부분에서 그는 철학자 에드먼드 버크가 에세이 『우리의 숭고하고 아름다운 생각의 기원에 관한 철학적 탐구』에서 다룬 차이점에 근접했다. 버크는 부드럽고, 규칙적이며, 기분 좋은 감정을 불러일으키는 대상들을 '아름다움'이라고 정의했다. '숭고함'은 광대함, 모호함, 예측 불가함, 그리고 두려움을 불러일으키는 능력과 관련되었다.

1790년대에 유브데일 프라이스 경은 이러한 이론들을 통합시켜서 와이 밸리의 폭슬리에 있는 자신의 사유지를 시작으로 이론을 조경에 적용시키고자 했다. 1794년에는 『픽처레스크에 관한 에세이Essays on the Picturesque』를 펴냈다. 이 책은 그의 이웃 리처드 페인 나이트Richard Payne Knight가 「풍경The Landscape」이라는 교훈적인 시를 쓴 지 몇 개월 후에 출판되었다. 그는 중세 시대의 가짜 성을 의도적으로 비대칭을 이루도록 지었는데, 이것이 영국 최초의 픽처레스크 건축물이다. 그리고 다운톤에 있는 자신의 사유지를 숭고한 스타일로 발전시켜, 늘어진 나무들과 바위투성이 강 협곡 같은 자연의 이점을 극적으로 활용했다. 그들의 접근 방식에는 차이가 있었지만 프라이스와 나이트는 '흥미롭지 못하고' '재미없는' 브라운을 경멸한다는 점, 그리고 자신이 원하는 취향으로 다운톤의 야생 경관을 예찬했던 렙턴을 맹공격한다는 점에 있어서는 일치를 이루었다.

이에 대한 응답으로 렙턴은 『풍경식 정원에 관한 스케치와 지침Sketches and Hints on Landscape Gardening』(1795)을 서둘러 출간했다. 여기서 렙턴은 풍경은 그림으로 보이기 위한 목적으로 조성되어서는 안 되며 즐거움과 이용적 측면을 위해 구성되어야 한다고 강조했다. 렙턴은 낭만적 풍경의 픽처레스크적 품질은 충분히 인정했지만 예술의 지나친 간섭으로 해를 입어서는 안 된다고 느꼈다. 또한 더 이상 유행하지 않는 건물을 파괴하지도 않았고 가짜 폐허를 짓지도 않았다. 사유지 일꾼들을 위한 관상용 시골집은 허용했지만 말이다. 다운톤의 광대한 캔버스나 극적인 지형의 도움 없이 만들어진 렙턴의 픽처레스크 버전은 숭고하다기보다는 아늑했다.

잡지와 평론지에서 다루어진 픽처레스크 논쟁은 여러 해 동안 활발한 토론 주제였다. 이는 렙턴이 브라운으로 회귀하고, 1803년에 『풍경식 정원의 이론과 실제에 관한 논평Observations on the Theory and Practice of Landscape Gardening』과, 1806년에 『풍경식 정원의 취향 변화에 관한 조사An Inquiry into the Changes of Taste in Landscape Gardening』를 통해 스스로를 방어함에 따라 불거졌다. 1804년에 존 클라우디우스 루던은 렙턴의 작품을 '유치하고', '귀엽다'고 치부하면서 그를 폄하하고 페인 나이트와 유브데일 프라이스 경을 지지했다. 하지만 나중에 렙턴의 작품과 18세기 가드닝에 기여한 공로를 인정했다. 1840년 무렵에 루던이 렙턴의 저술을 출판했을 때, 그는 가드네스크 양식Gardenesque Style(269쪽 참조)의 선구자 중 한 사람으로 렙턴을 칭찬했다. 이 책에서 루던은 가드네스크 양식을 처음으로 분석하고 기술했다.

화훼 장식과 방향 전환 Floral Decorations and Diversions

18세기 동안 초창기의 위요된 꽃의 정원들 대부분이 사라졌지만 영국의 풍경식 공원에 꽃이 없었다는 것은 대체로 근거가 없는 믿음이다. 18세기 동안에도 관목 숲shrubbery과 꽃의 정원이 살아남았을 뿐만 아니라 '케이퍼빌리티' 브라운을 포함한 디자이너들은 계속해서 그것들을 식재했다. 아메리카와 다른 곳에서 도입된 외래 식물들은 대정원의 농장을 하하 안쪽 또는 그 너머까지 증가시켰다. 혹은 우번 농장과 리소웨스의 페르메 오르네처럼 신중하게 만들어진 순환 산책로 주변으로 외래 식물들이 길을 따라 식재되는 전체적인 계획이 설계되었다.

하하를 통해 방목 가축으로부터 보호받는 유원지에서는 화관목과 꽃들이 중요한 특징이었다. 정원의 이러한 지역은 18세기 북아메리카 동부에서 도입된 그늘을 좋아하는 많은 숲지대 식물들을 위한 자연 서식처가 되었다. 그중에는 피터 콜린슨(215쪽 참조)을 통해 존 바트람이 도입한 미국이팝나무*Chionanthus virginicus*, 산딸나무, 만병초 같은 외래 식물이 있었고, 이들은 양묘장에서 구할 수 있었다. 여름에는 관목 숲이 집 근처에 그늘진 산책로를 제공했다. 또 자갈과 잔디로 이루어진 구역의 평평함과 단조로움을 완화시켜 주는 역할을 했다. 파르테르가 점차적으로 공원 전체를 조망할 수 있는 가로수 길과 잔디밭으로 대체됨에 따라서 관목 숲은 집 주변에 혹은 꽃과 함께 혼합되어 순환 산책로에서 볼 수 있는 특징적 요소로 조성되었다. 18세기 말, 버킹엄셔의 하트웰과 옥스퍼드셔의 넌햄 공원은 원래의 화단 식재 스타일로 유명해졌다. 그리고 에식스의 오들리 엔드Audley End와 서리의 딥덴Deepdene에서 꽃의 정원이 다시 한 번 주택의 창문 아래 등장한다. 집 주변의 유원지는 (큰 낫으로 자르거나 양이 뜯어먹어) 깔끔하게 손질된 잔디밭, 꽃이 피는 숙근초와 혼합 식재된 관상용 나무와 관목과 함께 공원 자체에 결핍되었던 다양성을 제공했다. 험프리 렙턴은 이것을 '꾸며진 단정함'이라 칭했다.

관목 숲의 도입 The Arrival of the Shrubbery

1822년 루던은 『백과사전Encyclopedia』에서 관목 숲을 다음과 같이 정의했다. '우리는 관목 숲 또는 관목 정원을 통해 아름다운 향기로 가치를 지닌 관목들이, 주로 관상 가치가 높다고 여겨지는 나무들과 초본성草本性 꽃들과 결합되어 전시된 경관을 이해한다. 현대 관목 숲의 형태나 계획은 일반적으로 구불구불한 보더border(*잔디나 마당의 둘레에 조성된 화단. 보통 담장이나 생울타리를 따라 조성) 혹은 산책로를 따라 형성된 일정하지 않은 폭의 띠 화단을 형성한다. 초본류와 가장 낮은 관목류로 시작하여 뒤로 갈수록 단계적으로 키가 커지는데, 맨 마지막에는 관상용 나무들이 역시 높이에 따라 단계적으로 배치된다.'

자연적인 스타일이 발달함에 따라서 관목 숲 또는 야생지는 서로 다른 식재 패턴을 띠게 되었다. 상록 관목과 낙엽 관목의 군락이 확실하게 분리되거나 대비 효과를 위해 함께 혼합 식재된 방식들 사이에는 차이가 있었다. 관목 숲은 처음에는 '농장' 혹은 '보더'로 알려져 있었다. '관목 숲'이라는 단어 자체는 18세기 중반까지 사용되지 않았다. 기하학이 배제되어 있다는 점 외에, 관목 숲이 오래된 야생지와 크게 다른 점은 프랑스식 정원에서 볼 수 있는 생울타리로 둘러싸인 공간과 대조적인 개방성이었다.

▲ 1777년 폴 샌드비가 그린 넌햄 코트니에 관한 일련의 수채화다.

1740년대 라우샴에서 켄트는 주목, 호랑가시나무, 라일락, 장미를 혼합 식재했다. 70년 이상 지난 후인 1823년에 헨리 필립스가 『실바 플로리페라: 관목 숲에 관한 역사적·식물학적 논의Sylva Florifera: The Shrubbery Historically and Botanically Treated』에서 정확히 제안했던 그것이었다. 필립스는 온대 기후의 이점을 누리는 영국의 정원사들이 전반적인 효과를 고려하기보다는 너무 다양한 종류의 서로 다른 식물들을 함께 재배하려 한다고 평했다. 이는 무절제한 영국의 정원에서 발견할 수 있는 '연결되지 않은 아름다움의 혼돈'이라고 한탄했던 독일의 조경 설계가 프리드리히 루트비히 폰 스켈Friedrich Ludwig von Sckell(1750–1823)이 제시한 견해다.

윌리엄 챔버스는 『동양의 가드닝에 관한 논문Dissertation on Oriental Gardening』에서 나무와 관목이 필요로 하는 서로 다른 재배 조건을 강조했다. 또한 너무 다양한 새로운 외래 식물들을 무차별적으로 식재하기보다는 적절한 크기, 습성, 잎을 가진 나무와 관목을 선택하는 것이 중요하다고 역설했다. 하지만 1820–1830년대에 도입된 새로운 가드네스크 계획과 함께 과도한 다양성에 대한 영국인들의 열망은 새로운 정점을 향해 치달았다.

1800년대 무렵에 존 클라우디우스 루던은 두 가지 종류의 관목 숲 식재 방안을 명확하게 정의했다. 먼저 '혼합' 또는 '일반적' 방식으로, 관목과 나무를 줄지어 식재하되 가장 키가 큰 종류를 뒤쪽에 배치했다. 그리고 선택 혹은 그룹화 방식이 있었는데 강렬한 인상을 주기 위해 하나의 종 또는 품종을 무리 지어 식재했다. 숙근초는 관목 앞쪽으로 한데 모아서 식재했을 것이다. 『영국의 정원사English Gardener』에서 윌리엄 코벳은 키 큰 나무들을 뒤쪽에, 더 작은 관목들을 앞쪽에 단계별로 식재하는 일반적인 방식을 기술했다. 한편 건축가 존 내시는 더 큰 군락 식재를 시도했다. 렙턴의 팬이자 독일 실레지아에 있는 자신의 사유지에 이미 영국 스타일을 도입했던 퓌클러무스카우Pückler-Muskau 왕자는 1826년에 영국을 방문하는 동안 리젠트 파크와 세인트 제임스 파크에 있는 내시의 작품을 연구했다. 그는 관목을 밀도 있게 군락 식재하여 풀이 사라지게 하고 맨땅을 감추는 방식을 언급했다. 나중에 자신의 책 『풍경식 가드닝의 길잡이Andeutungen über Landschaftsgärtnerei』에 이러한 아이디어들을 포함시켜 1834년에 출판했다.

화단의 변천사 The Changing Fortunes of the Flower-bed

꽃과 어우러진 관목 숲과 대조적으로, 18세기 화단 식재에 관한 대부분의 증거는 주로 18세기의 마지막 4분기에 조성된 세 정원인 오들리 엔드, 넌햄 파크Nuneham Park, 하트웰Hartwell에서 찾을 수 있다. 18세기에 걸쳐 집 근처에 꽃의 정원이 계속해서 존재했음은 분명하다. 1750년 무렵 화단은 창문 아래 또는 순환 산책로에 따로 독립적인 정원으로 조성(254쪽 참조)되기보다는 집의 한쪽 면에 만들어졌을 가능성이 높다. 공간이 제한적이었던 마을 정원에서 기하학적 화단의 축을 이루는 배치 방식은 18세기 내내 계속해서 사용되었다. 하트웰, 넌햄 파크, 오들리 엔드의 문서화가 잘 되어 있는 정원에서 사용된 식물들은 설계도, 레이아웃에 대한 설명, 그리고 동시대에 그려진 그림들을 통해 확인할 수 있다. 넌햄 파크의 엘리제Elysée 꽃의 정원은 1770년대 초에 조성 작업이 시작되었는데, 이곳은 장-자크 루소(1712–1778)의 철학적 저술에서 영감을 받았다. 루소는 야생의 꾸밈없는 자연에 대한 사랑을 표현했다. 이 정원은 아직 상속받기 전의 제2대 아르쿠르 백작과 시인 윌리엄 메이슨William Mason에 의해 계획되고 식재되었다. 또한 메이슨의 시를 통해 기억된다. 1777년 폴 샌드비Paul Sandby가 그린 두 점의 수채화에도 묘사되었는데, 당대 사람들은 판화로 감상할 수 있었다. 이 정원은 빽빽한 관목 숲으로 둘러싸인 비정형식과 비대칭 공간에 조성되었고, 정원의 나머지 구역으로부터 독립적이었다. 하지만 주된 화단들은 템플 오브 플로라에 초점을 맞춘 축 주변에 배치되었다. 가장자리에 회양목, 패랭이꽃, 또는 아르메리아 마리티마*Armeria maritima*가 식재된 화단은 원형, 타원형, 또는 심지어 불규칙적인 모양이었다. 일부 관목들이 풀밭에 점점이 식재되었다. 거의 10년이 지난 후인 1785년의 도면은 순환 산책로, 꽃 화단이 군데군데 있는 잔디밭, 그리고 건축과 조각 조형물의 앙상블을 보여 준다. 이러한 요소들은 루소의 개념에 근거한 시적이고 도덕적인 계획을 나타낸다. 에덴동산과 '지구의 경계'에 위치한 호메로스의 엘리시온 평원을 떠올리게 한다.

1778년 아버지가 죽은 후에 아르쿠르 경은 정원에 루소의 흉상을 포함한 몇 가지 변화를 도입했다. 1794년 무렵에는 숫자를 줄이고 크기를 넓힌 식재 공간으로 통합된 것 같은 더 적은 수의 화단들 외에는 원래의 계획과 거의 다를 바 없는 전체 계획이 새롭게 수립되었다. 식물들은 점점 증가하는 비정형식 유행에 따라 화단 가장자리를 넘쳐흐르며 자라게 했다. 화단 식재는 너새니얼 스윈덴의 『전시 식물의 미학The Beauties of Flora Display'd』에서 추천한 내용과 일치했을 것이다. 이 책은 샌드비가 해당 장면을 그리고 있을 때와 같은 시기에 출판되었다. '가장 낮은 식물을 앞에 배치하고, 가장자리로부터 위쪽으로 점차적으로 키가 큰 식물들을 배치한다. 그러면 온실 안에 배치된 식물들, 또는 극장의 좌석 배치와 같은 모습을 이룰 것이다. 또한 다양한 색상의 변화는 가장 기분 좋고 만족스러운 효과를 나타낼 것이다.' 이는 '극장' 또는 '극장식' 식재로 알려진다.

에식스에 위치한 오들리 엔드(대정원의 조경은 대부분 '케이퍼빌리티' 브라운이 진행)의 엘리시움 정원은 집으로부터 어느 정도 떨어진 숲속에 숨겨져 있었다. 1780년 리처드

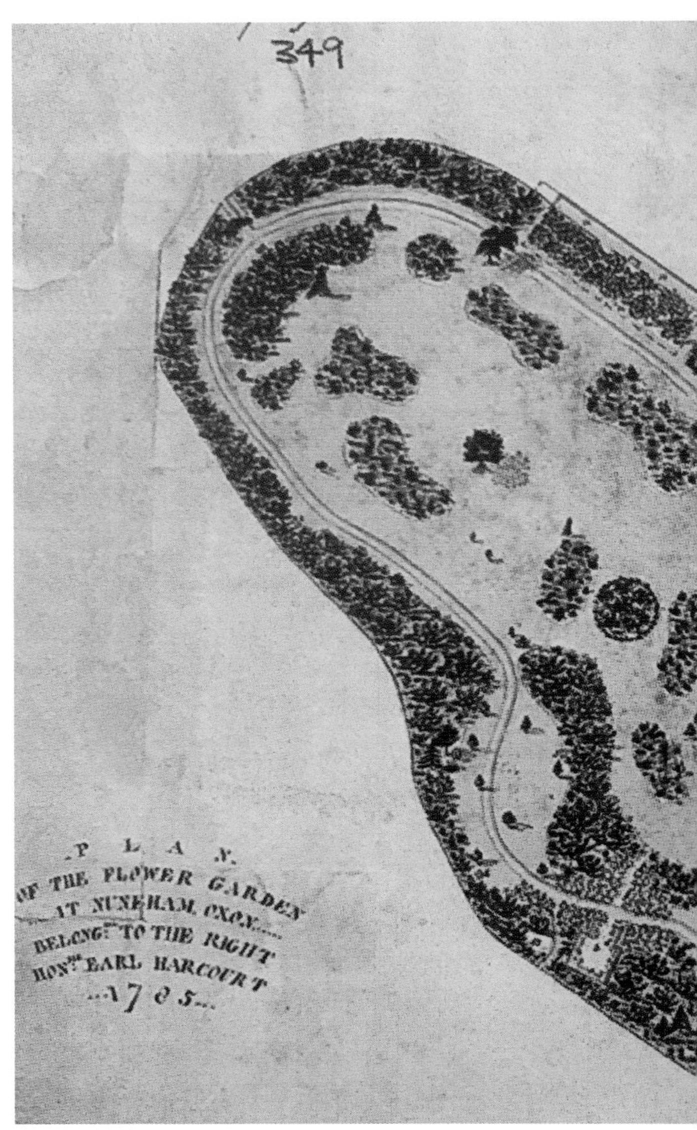

▲ 1785년에 만들어진 넌햄 파크의 화단 배치도는 화단이 군데군데 배치된 잔디밭과 순환 산책로를 따라 점점이 배치된 건축물과 조각상의 앙상블과 더불어 전체적인 시야에서 정원의 진화를 보여 준다. 기호 설명표에 표시된 관목과 꽃들은 독립된 화단에 식재되어 있다. 주요 관목 숲 앞쪽에는 꽃이 보이지 않는다.

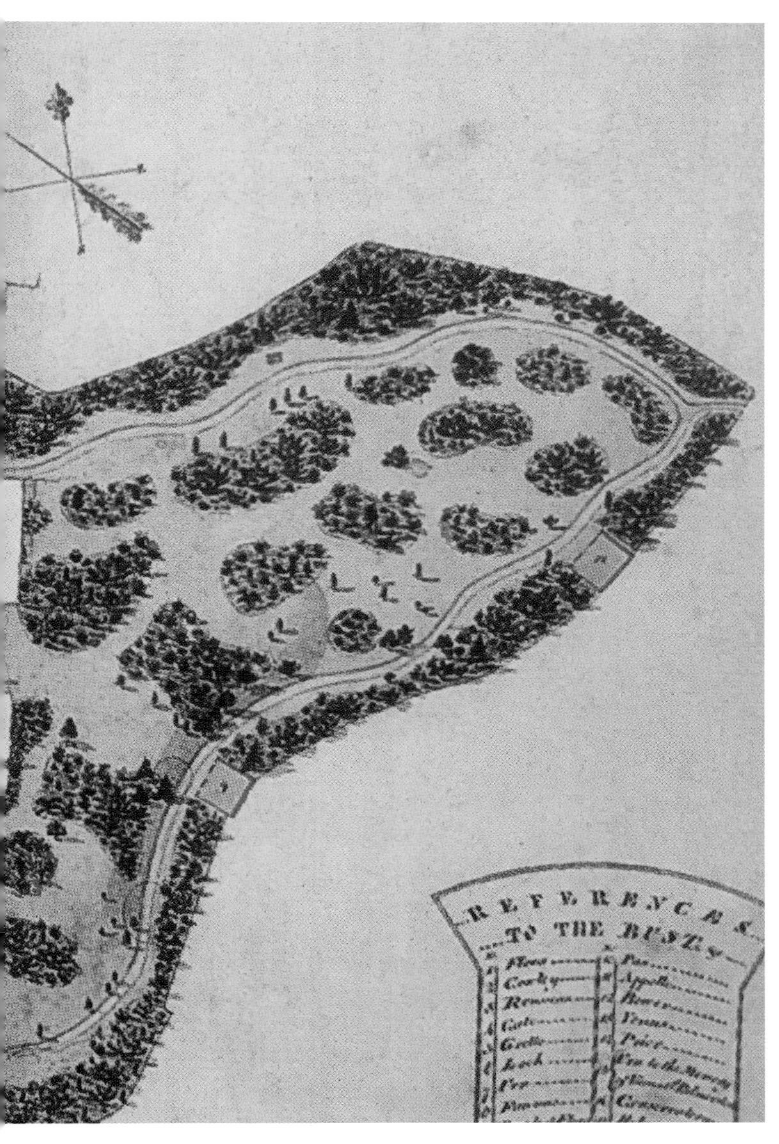

우즈Richard Woods가 조성했고, 플라시도 콜룸바니가 10년 이내에 디자인과 식재를 개선한 이 정원은 1788년 윌리엄 톰킨스가 그렸다. 초승달 모양의 비정형식 운하를 서로 다른 방향에서 바라본 두 가지 전망을 보여 준다. 첫 번째는 저녁 빛 속에서 로버트 애덤이 디자인한 팔라디오풍의 찻집을 향해 북쪽을 바라본 것이다. 두 번째는 오전의 중반쯤 우즈가 디자인한 폭포 쪽을 향해 남쪽을 바라본 것이다. 톰킨스가 묘사한 정원은 관목 숲이 주변을 둘러싼 우아한 장면을 보여 준다. 앞쪽에는 꽃들이 식재되어 있다. 일부 방문객들은 자갈이 깔린 순환 산책로를 거닐고 있으며, 잔잔한 물 위에는 백조가 떠다닌다. 화분에 식재된 외래 식물들을 배경으로 파란색과 하얀색으로 된 텐트가 보이는데, 남쪽 전망의 특징적 요소다. 아마도 집으로 향하는 산책 전에 차를 마시기 위한 장소였을 것이다. 한편 관목 숲 위쪽으로는 집 건물에 솟아 있는 탑이 보인다.

▲ 버킹엄셔에 있는 하트웰 하우스의 정원은 18세기 초 제임스 깁스James Gibbs(1682–1754)가 설계했다고 추정한다. 정형식 정원은 나중에 리처드 우즈가 다시 설계했는데, 이때 관목과 나무를 선정하기도 했다. 아직 남아 있는 송장에는 당시 정확히 무엇이 주문되었는지가 상세히 기록되어 있다. 위 그림은 깁스의 식재 계획 중 하나를 보여 준다.

유럽의 영국식 정원 The English Garden in Europe

▲ 1780년에 이 정원이 조성된 직후 완성된, 독일 화가 야코프 필리프 하케르트가 이탈리아 남부 카세르타에 위치한 낭만적인 영국식 정원을 그린 그림이다. 베수비오 산을 향한 전망을 보여 준다. 이 정원은 영국에서 특별히 파견된 존 안드레아스 그레퍼가 설계했다. 그와 함께 일한 카를로 반비텔리는 마리아 카롤리나 여왕(마리 앙투아네트의 언니)을 위해 카세르타 궁전 정원의 나머지 부분을 설계한 사람이다.

18세기가 끝나 갈 무렵에 롱리트와 블레넘 같은 영국의 대규모 공원과 스토우, 라우샴, 페인스힐, 스타우어헤드와 같은 보다 지적이고 문학적인 설계는 유럽에서 영국식 정원jardin anglais, jardin anglochinois, Englischer Garten, giardino inglese으로 새롭게 해석되는 모델이 되었다. 영국의 풍경식 공원이 외국에 적용된 모든 사례가 완전히 성공적이지는 않았다. 이것은 자국 내에서의 성공이 기후와 지형에 크게 의존했음을 입증한다. 유럽 대륙에서는 종종 기이하고 희미하게 반영된 양상을 띠거나, 때때로 기존 바로크 양식의 확장으로 여겨졌다. 여러 면에서 볼 때 영국의 이상을 가장 잘 떠올리게 했던 것은 19세기 공공의 공원으로 해석되었던 자연 풍경식paysager 스타일이었다.

스웨덴과 러시아처럼 멀리 떨어진 나라의 군주들은 새로운 영국식 스타일을 요구했다. 여기에는 매끄럽게 흐르는 잔디밭, 나무숲, 윤곽을 드러내는 계곡, 곡선을 이루는 호수, 사원과 장식용 건물, 그리고 특히 터키 텐트와 중국 찻집이 포함되었다. 러시아 예카테리나 대제는 영국식 정원의 열렬한 신봉자였다. 1772년에 볼테르에게 보내는 편지에서 '나는 이제 영국 스타일의 여흥을 즐길 수 있는 정원을 좋아한다'고 썼다. 유럽 전역에 걸쳐서 사람들은 '케이퍼빌리티' 브라운의 단조로움을 버리고, 종종 매우 좁은 공간에 구불구불한 오솔길과 다리와 픽처레스크의 미학에 더욱 가까운 폐허가 된 건물 따위를 마음껏 채워 넣었다. 루소, 괴테, 토머스 제퍼슨Thomas Jefferson(1785년 영국의 공원들을 방문함), 독일의 대지주인 뵈를리츠의 프란츠 폰 안할트데사우 왕자, 그리고 실레지아의 퓌클러무스카우 왕자 같은 작가들과 정치인들은 모두

▲ 퐈플리에르 섬에 있는 철학자 장-자크 루소의 무덤은 프랑스 에름농빌Ermenonville에 위치한 마르키스 드 지라르댕의 정원에서 볼 수 있는 유명한 볼거리가 되었다. 훗날 독일 뵈를리츠에서 이를 모방하기도 했다. 지라르댕은 자신의 정원을 만들 때 시인이자 정원사였던 윌리엄 셴스톤의 아이디어에 이끌렸지만 진정으로 그에게 영감을 준 사람은 루소였다. 루소의 시신은 프랑스혁명 중에 발굴되어 파리의 판테온에 다시 묻혔다. 하지만 반원형으로 식재된 양버들로 보호되고 있는 이 시골 무덤에는 여전히 '여기 자연과 진리의 사람이 잠들다'라는 명문銘文이 남아 있다.

영국의 공원처럼 설계된 대규모 정원 건설을 장려하면서 영국식 정원을 전파했다. 때때로 휴양을 위한 정원이 식물학적 컬렉션으로 계획되기도 했다. 가장 성공적인 예로 프랑스 조제핀 황후의 말메종 정원 혹은 이탈리아 나폴리 인근 카세르타의 잉글리시 가든이 있다.

프랑스의 많은 정원 작가들이 프랑스의 더 형식적인 특징과 대비되는 디자인의 불규칙성을 일부 받아들였고, 배티 랭글리가 그린 그림들과 크게 다르지 않은 레이아웃을 추천했다. 장-마리 모렐은 여기서 한발 더 나아가 1776년 『정원의 이론Théorie des Jardins』을 통해, 특히 시골 정원을 위한 자연주의적 디자인을 촉구했다. 하지만 그는 마을 정원과 공공의 공간에서 기하학의 일부 장점을 허용하기도 했다. 영국식 프랑스 정원들 가운데 일부는 '케이퍼빌리티' 브라운이 내세웠던 모든 것을 졸렬하게 모방한 것으로, 나무들의 식재 또는 넓게 펼쳐진 풍경도 강조하지 않았다.

앙드레 르 노트르 양식인 정형식 정원jardin régulier의 정반대 개념으로 해석되는 최초의 영국식 정원jardin anglais은 1731년부터 프랑스 남서부 지롱드 지방에 위치한 라 브레데La Brède의 역사가이자 철학자였던 몽테스키외 남작에 의해 만들어졌다. 몽테스키외는 1729년에 영국을 방문했지만 그의 디자인은 기존 정원의 영향보다는 사상 교류의 결과였음에 틀림없다. 가령 치즈윅에서 윌리엄 켄트의 개선 작업은 1731년 이후에야 시작되었다. 라 브레데에서 몽테스키외는 해자 너머로 잔디를 확장하고, 농경지를 가로지르는 시야를 트이도록 하여 성 자체를 풍경 속 포컬 포인트로 만들었다.

18세기 대부분의 기간 동안 영국과 프랑스가 전쟁을 치르게 되면서, 영국으로부터 오는 정보는 간접적으로 전해지는 경향이 있었다. 그러나 일부 자유주의 성향의 프랑스인들은 토지의 중요성을 사회 질서의 근간으로 인식하면서 영국의 농업 기술 발전을 칭송했다. 이들 중 한 사람은 영국 예찬론자 마르키스 드 지라르댕Marquis de Girardin이다. 1763년 영국을 방문하여, 윌리엄 셴스톤의 리소웨스를 둘러보았다. 1766-

▲ 러시아 상트페테르부르크 근처의 파블로프스크 궁전Pavlovsk Palace은 1780년대에 예카테리나 대제의 며느리이자, 파벨 알렉산드로비치 대공(1796년에 차르에 즉위)의 아내인 마리아 표도로브나 공주를 위해 지어졌다. 600만 제곱미터 규모 부지의 높은 지대에 우뚝 세워진 궁전의 고전적 디자인은 찰스 카메론이 설계했다. 그리고 파벨 대공이 차르가 된 후 빈센조 브레나가 개조했다. 집 근처의 정원은 카메론에 의해 정형식으로 조성되었는데, 그는 또한 계곡에 있는 슬라브얀카 강의 비탈진 숲 지대를 따라 영국식 정원을 개발했다. 또 공주가 선호하는 고전적 건물과 시골풍의 토착 조형물을 만들었다. 식물에 관심이 지대했던 공주는 40년 넘도록 정원의 식물학적 발전에 책임이 있었다. 브레나가 변화시킨 부분 중에는 중앙 구역에 올드 실비아Old Sylvia라는 이름의 빈터를 만들고, 여기에 고대 신화에 등장하는 신들과 여신들의 조각상으로 장식한 것을 포함시켰다. 1820년대에는 이탈리아의 무대 디자이너 피에르토 곤자가가 화이트 버치스White Birches라고 불리는 구역을 러시아 북부의 초원과 숲을 이상화한 풍경으로 만들고, 퍼레이드 그라운드Parade Ground를 추가했다.

1776년에 조성된 마르키스 드 지라르댕의 공원은 완전히 자연주의적이었다. 푀플리에르 섬에 있는 루소의 석관石棺을 비롯하여 이질적인 건물들을 다수 포함했다.

샤르트르 공작은 1770년대 동안 파리 외곽에 몽소 공원Parc Monceau을 만들기 위해 루이 카로지 드 카르몽텔을 고용했다. 몽소 공원의 픽처레스크 풍경은 장식용 건물과 조형물로 가득 차 있었다. 프랑스혁명 직전, 스코틀랜드의 풍경식 정원사 토머스 블라이키Thomas Blaikie(1758–1838)가 설계 작업을 다시 진행했고, 1860년대에 공공의 공원이 되었다. 이 시기는 탁월한 도시 계획가 오스만 남작이 대로를 건설하고 도시의 광활한 지역을 재정비하던 때다. 1775년에 블라이키는 아르투아 백작(미래의 샤를 10세)을 위해 불로뉴 숲Bois de Boulogne의 라 바가텔La Bagatelle에 정원을 설계했고, 건축가 벨랑제르와 함께 작업했다. 첫 번째 영국식 정원 중 하나인 이 정원은 돌출된 바위들과 폭포로 장식된 픽처레스크 풍경으로 구성되었다. 나중에는 나폴레옹의 소유가 되는데, 1815년에 샤를 10세에게 반환되었다. 그다음 1835년 한 영국인에게 인수되었다가 1905년 파리 시에 매각되었고, 그 후 포레스티에가 설계한 훌륭한 장미 정원이 조성되었다. 블라이키는 조제핀 황후가 말메종에 영국식 정원을 설계하는 것을 도왔다. 1770년대 무렵에 프랑스인들과 이탈리아인들은 작은 규모의 영국식 정원 만들기를 장려했다. 이들 정원은 종종 기존의 정형식 배치에 딸려 조성되었다. 이들은 구불구불한 길로 연결된 이국적 건물, 폐허 또는 바위들이 특징이었다. 유럽 부자들의 환상은 종종 중국풍의 영국식 정원jardins anglo-chinois이라고 불렸다. 영국의 정원이 중국의 정원과 완전히 닮았다는 당시 문학을 통해 조장된 그릇된 믿음에서 비롯된 것이었다. 1743년 이래로 중국 황제 정원에 관한 예수회 아티레Attiret 신부의 기록을 잘 알고 있던 프랑스인들은 윌리엄 챔버스 경의 논문과 그로부터 발췌한 토머스 웨이틀리의 인용구를 읽었다. 프랑스인이 영국의 풍경식 공원의 모든 개념이 중국으로부터 차용된 것이라고 믿게 만들기에 충분한 자료였다. 그들은 자신들이 경탄해 마지않는 무언가를 영국인들이 고안해 냈을 리가 없다고 믿었을지 모른다. 파빌리온과 그로토, 구불구불한 산책로, 굽이치는 물, 작은 동물원, 물고기 연못에 관한 아티레의 묘사는 그들에게 이런 스타일이 중국에 기원을 두고 있음을 확인시켜 주었을 것이다.

풍경식 정원 운동의 유산 The Legacy of the Landscape Movement

영국에서 개인 소유의 아르카디아는 19세기에 걸쳐 계속해서 만들어졌다. 이 정원들은 급속히 팽창하는 산업화로 오염된 도시 속에서 공공의 휴양지로서 공원과 묘지에 대한 개념에도 영감을 주었다. 1843년 에드워드 켐프Edward Kemp와 함께 디자인된 조셉 팩스턴Joseph Paxton의 버컨헤드 파크Birkenhead Park는 미국의 조경가 프레드릭 로 옴스테드Frederick Law Olmsted로 하여금 뉴욕 센트럴 파크Central Park를 위한 자신의 혁신적인 계획을 제시하도록 자극했다.

영국의 풍경식 정원은 모방되고, 변형되고, 개조되고, 때로는 잘못 이해되기도 하면서 예술의 한 형태로 세계적인 명성을 얻는다. 영국이 예술의 세계에 남긴 가장 위대한 공헌일 것이다. 오늘날 시골 지역에서 본질적인 영국다움을 느끼게 해 주는 요소는 사실 농업을 위해 수정되고 변형된 자연으로, 다시 말해 인간이 만든 풍경이다. 풍경식 공원은 눈을 즐겁게 해 주었을 뿐만이 아니라 자연의 리듬과 조화를 추구했다. 영국식 공원은 세월이 흘러도 변치 않는 평온함을 지니고 있다. 풀과 물, 나무, 하늘, 그리고 건축물 같은 기본 재료들은 함께 결합되어 일련의 자연주의적인 그림들을 만들어 내고, 그렇게 다듬어지고 정돈된 자연은 우리 마음을 사로잡는다.

'케이퍼빌리티' 브라운의 추종자들과 픽처레스크 운동의 지지자들 사이의 애매모호한 논쟁과 구별은 이제 별로 중요하지 않아 보인다. 중국의 영향에 관한 문제 역시 희미해졌다. 유럽에서 중국에 대한 지식이 더 크게 늘어남에 따라서 영국식 스타일은 우연하게도, 눈으로 보는 것만이 아니라 마음으로 자연을 보는 중국식 가드닝의 이상을 담은 시와 풍경화와 공통적인 뿌리를 갖고 있었음이 분명해졌기 때문이다.

그것의 진짜 기원이 무엇이든 풍경식 정원 운동은 정원 이론에 혁명을 일으켰다. 아주 최근까지도 역사가들은 서양 정원 발달의 역사를 하나의 꾸준한 점진적 진행 과정으로 보는 경향이 있었다. 이는 18세기에 두 개의 전통으로 분리되었다. 하나는 정형식 정원으로, 대부분 이탈리아와 프랑스에 기원을 두었고 예술이 자연을 지배했다. 다른 하나는 비정형식 정원으로, 자연이 주도적인 역할을 하는 영국의 풍경식 공원에서 전형적으로 볼 수 있었다. 상반되는 정원 이론들은 종종 상호 배타적인 스타일로 단순하게 받아들여져 왔다. 현실은 이것을 말도 안 되게 만든다. 대부분의 정원은 정형식과 비정형식 요소들을 모두 포함하는데 서로 유용하게 보완적이다. 가령 대부분의 정형식 정원은 외곽 지역에 구불구불한 길이 있어 도움이 되고, 대부분의 자연주의적 풍경은 집 근처의 건축적 요소들로 더 나아진다.

18세기의 발달은 가드닝의 목적과 수단에 대한 재평가로 이어졌다. 특히 다른 예술과의 관계에 있어서 그 기능과 중요성에 새로운 평가가 진행되었다. 그때까지 정원 디자인은 주로 집의 건축적 보완 정도로 존재했다면, 이제는 그 자체로 하나의 예술적 형태로 발전했다.

The Eclectic 19th Century

19세기 절충주의

19세기 유럽의 원예에 관한 이야기는 매우 방대하고 다층적이다. 그래서 이 주제에 접근하는 가장 좋은 방법은 당대의 가장 중요한 스타일의 경향과 가장 영향력 있는 유행의 선도자를 선정하는 일일 것이다. 그들은 정원 건축가, 저널리스트, 또는 작가일 수도 있다. 또한 가장 혁신적인 실무 정원사들과, 가장 중요한 정원들을 여기 포함시켜야 한다. 그중에는 절충주의 식물 애호가들이 만든 정원들도 있다.

새로운 변화를 가져온 하나의 발상에 사로잡혀 있던 18세기와 달리, 19세기의 가장 웅장한 정원들은 적어도 1870년까지는 디자인에 있어 거의 혁신적이지 않았다. 과거 정원 스타일을 '단장'하여, 19세기 동안 반복적으로 변화하는 유행을 좇았을 뿐이다.

1790년대부터 유브데일 프라이스 경과 리처드 페인 나이트 같은 험프리 렙턴과 픽처레스크의 옹호자들은 랜슬롯 '케이퍼빌리티' 브라운의 단조로운 경관을 거부하면서 집 근처에 테라스와 화단을 다시 조성했다. 1830년대부터는 적절히 '시대적인' 정원으로 보완된, 엘리자베스Elizabethan 양식 또는 자코비언Jacobean(*영국 왕 제임스 1세 시대) 양식의 시골 저택에 열광하는 복고주의자들이 등장했다. 1840년대에는 정교한 화단 패턴으로 장식된 위풍당당한 테라스가 특징인 웅장한 이탈리아식 정원이 발달했다. 최신 가드닝 유행을 뽐내기에도 이상적이었다. '베딩 아웃bedding out' 또는 '화단 정식定植'은 정원에 흥미진진한 새로운 종류의 식물들을 가져왔다. 무수히 많은 질감과 눈부신 새로운 색깔을 지닌 계절성 일년초 식물들이었다. 그러나 이는 1870년대 무렵에 셜리 히버드Shirley Hibberd(1825–1890)나 영향력 있는 아일랜드인 윌리엄 로빈슨William Robinson(1838–1905) 같은 작가들을 중심으로 자연주의의 부활이라는 반작용을 촉발시켰다. 윌리엄 로빈슨은 온대 기후에 적합하고 내한성이 강한 자생 식물과 외래 식물들의 재배를 주창했다.

◀ 영국 요크셔 헤어우드 하우스의 테라스다.

19세기에 걸쳐 의제가 되었던 것은 개념이 아니라 식물이었다. 정치적·경제적·기술적 요인들이 적절하게 합일점을 찾으면서 갑자기 이전까지 볼 수 없었던 다양한 식물들이 대량으로 이용 가능해졌다. 영국에 가장 큰 영향을 미치게 될 정원들은 유행에 완전히 무관심한 개인들에 의해 만들어졌다. 그들은 단지 식물을 수집하고 시험해 보기만을 원했다. 식물 탐험가들은 새로운 보물을 찾기 위해 제국을 샅샅이 뒤졌다. 그 결과 식물원, 그리고 비치Veitch와 로디그스Loddiges 같은 선구적인 양묘장에 식물을 공급했다. 그들이 발견한 많은 식물은 여러 다양한 정원 조성가들의 정원으로 들어갔다. 19세기 가드닝의 가장 혁신적인 사건이었을 것이다. 1830년대부터 가드닝은 새로운 중산층의 전유물이 되었다. 그들은 교외 지역 빌라에 살면서 가드닝을 위한 한정된 공간을 가지고 있었다. 개인적 감상을 위한 표본 식물(종종 토종 식물보다는 희귀 식물) 배치를 선호했던 '가드네스크' 양식은 소박한 화단에서도 원예에 있어 남들보다 한발 앞선다는 스릴을 가져왔다.

▲ 1846년 그릴리 & 맥엘라스가 파머스 라이브러리를 위해 출판한 존 클라우디우스 루던의 초상화다.

불멸의 존 루던 The Indefatigable John Loudon

'가드네스크'라는 용어는 스코틀랜드의 디자이너이자 작가, 식물학자로 19세기 영국 가드닝의 두 정상급 거장 중 한 사람인 존 클라우디우스 루던(1783-1843)에 의해 만들어졌다. 정원사의 아들로 태어나 찬사를 받는 건축가, 디자이너, 거물, 그리고 하원 의원으로 성장한 조셉 팩스턴(1803-1865)과 마찬가지로 루던도 변변치 않은 집안 출신이었다. 하지만 부유하게 세상을 떠난 팩스턴과 달리 작가, 백과사전 편집자, 활동가, 그리고 19세기 취향의 주요 결정권자라는 놀라운 경력에도 불구하고 아주 가난하게 생을 마감했다.

장로교 농부의 아들로 태어난 루던은 14세 때부터 양묘장에서 일했고 곧 실용적인 가드닝을 훨씬 뛰어넘는 범위까지 관심을 갖게 되었다. 1803년에는 『공공 광장의 설계에 관한 논평Observations on the Laying out of Public Squares』을 출판하며, 런던에서 저널리스트로서 경력을 쌓기 시작했다. 1812년의 북유럽 투어 기간 동안 루던은 대중들이 쉽게 접근 가능한 공원을 제공하는 데 있어 유럽 대륙이 우위에 있다는 점에 주목했다. 그리고 영국도 그렇게 되어야 한다고 믿었다. 루던이 건강과 레크리에이션을 위한 '숨 쉬는 공간'을 제창한 것은 도시 계획에 그가 기여한 가장 지속적인 공헌 중 하나로 남아 있다. 오스만 남작이 파리의 도시 정비 계획을 다시 수립하고, '그린벨트'를 만드는 데도 영향을 미쳤다. 1815년과 1819년의 유럽 대륙 투어를 통해서는 공공 공원에 조성된 가로수 길의 아름다움, 균형과 질서, 그리고 특히 유럽 대륙의 많은 정원에서 볼 수 있는 '아주 깔끔한spick-and-span' 유지 관리법에 눈떴다. 이것은 1831년 버밍엄 식물원, 1839년 더비에 있는 새로운 수목원을 위한 루던 자신의 디자인에 중요한 요소가 되었다. 이곳에는 1천 종에 이르는 다양한 나무들과 관목들의 종과 품종이 식재되었다. 각각은 방문객들에게 정보를 제공하기

▲『묘지의 배치, 식재, 관리, 그리고 교회 묘지의 개선에 관하여On the laying out, planting, and managing of Cemeteries and on the Improvement of Churchyards』에서 발췌한 그림. 즐거움을 위한 정원이 기부자들에게만 개방되었던 18세기에 루던은 자신의 아이디어를 묘지와 식물학 컬렉션으로 확장시켰다. 모두에게 개방된 새로운 배치는 곧 '대중들의 공원People's Parks'으로 알려진다.

위해 완벽하게 라벨 작업이 되어 있었다. 루던은 교육의 힘을 크게 믿었고, 특히 정원사들(과 그들의 고용주들)을 위한 교육 개선에 노력했다. 그는 정원사들의 임금과 근로 조건을 개선하기 위한 지칠 줄 모르는 캠페인을 벌이기도 했다. 식물에 대한 루던의 지식은 어마어마했다. 23세의 젊은 나이에 명망 높은 린네 협회에 선출되었고, 1822년에는 채소 재배부터 러시아의 유명 정원들을 다루는 저술『가드닝 백과사전Encyclopedia of Gardening』을 출판했다. 그리고 1828년에는 당시에 알려진 식물들의 목록을 도입 날짜와 출처와 함께 수록한『식물 백과사전Encyclopedia of Plants』을 출판했다. 10년 후 모두 8권짜리 저술인『영국의 수목원과 관목 숲Arboretum et Fruticetum Britannicum』이 나왔다. 이 책은 학문적으로는 위대한 업적이었으나 상업적으로는 완전한 실패작이었다.

한편 1826년에는《가드너스 매거진Gardener's Magazine》을 창간했는데 곧 월간지가 되어 3천 부 정도씩 판매되었으며, 루던이 자신의 견해를 피력할 수 있는 편리한 기회를 제공해 주었다. 1830-1840년대에 그와 아내 제인은 수많은 정원을 탐방했다. 이 기록은《가드너스 매거진》에 모두 완벽하게 수록되었다. 찬사와 비난이 자유롭게 쏟아지는 가운데 큐 왕립 식물원의 경영진과 왕립 협회의 '편협한 운영 체계'는 입을 모아 이 잡지를 강하게 비판했다. 하지만 (특히 정원 관리 측면에서) 루던의 높은 기준을 충족시키기 어려운 데도 불구하고 많은 토지 소유주들이 그의 조언을 간절히 듣고 싶어 했다.

젊은 시절에 루던은 '케이퍼빌리티' 브라운 또는 험프리 렙턴의 보다 평온한 풍경을 선호하는 사람들보다는 픽처레스크 지지자들을 옹호했다. (하지만 나중에는 렙턴을 존경한다.) 콰트르메르 드 퀸시가 저술한『미술에서 모방의 본질, 취후, 수단에 관한 에세이Essai sur la nature, le but et les moyens de l'imitation dans les beaux-arts』(1823)에도 큰 흥미를 가졌다. 다음과 같이 시작되는 이 책은 자연을 지나치게 모방한 영국 정원을 비난했다. '예술 작품으로 인정받기 위한 어떠한 창작물도 결코 자연의 작품으로 오인을

▲ 1850년대 프랑스 나폴레옹 3세(1808–1873) 통치 시기에 공원을 도시 계획에 통합시키려는 최초의 진지한 시도가 있었다. 오스만 남작이 새로운 가로수길, 산책로, 광장 등으로 파리에 변화를 가져오는 동안에 정원 건축가 장 샤를 알팡과 그의 수석 정원사 장피에르 바리에데샹은 파리 주변에 새로운 공원을 만들었다. 서쪽으로는 불로뉴 숲(1852), 남쪽으로는 뱅센트 숲Bois de Vincennes(1860), 그리고 파리의 북쪽 변두리에는 뷔트쇼몽 공원Parc des Buttes-Chaumont(1865)이 그것이다. 동시에 오스만과 알팡은 몽소 공원과 뤽상부르 정원을 재설계했다. 그들은 가로수들로 거리의 선을 잡았고, 20제곱킬로미터의 공원 부지를 도시에 추가했다. 모두 일반인에게 녹지대를 제공했다. 한편 미국에서는 프레드릭 로 옴스테드가 1850년대부터 일련의 공원들을 만들었는데, 그중 뉴욕의 센트럴 파크가 있다.

받을 만한 것이 되어서는 안 된다.' 점차적으로, 루던은 가드닝에서의 예술가적 기교의 필요성을 받아들이기 시작했다. 여기에는 적절한 경우 더 기하학적인 스타일로의 회귀가 포함되었다. 『공공 정원과 산책로 설계에 관한 논평Remarks on Laying out Public Gardens and Promenades』(1835)에서는 자신의 가이드라인 원칙을 제시했다. 첫 번째는 '모든 정원은 예술 작품'이다로, 정원을 자연 자체로 오인하는 것을 경계했다. 두 번째는 '표현의 통일감'을 요구했다. 이 말은 어떤 풍경 안에서 눈에 보이는 것은 모두 하나의 그림처럼 구성되어야 함을 의미했다. 세 번째는 아마도 모든 권고 사항 중 가장 험난한, 다양성에 관한 것이었다. 네 번째는 '관계' 혹은 순서라고 불렀던, 방문객 앞에 펼쳐지는 풍경식 정원의 일련의 풍경이었다.

유리온실 디자인에 혁신을 일으켰던 유연한 연철 창살의 발명에서부터 새로운 교외 지역 정원을 위한 가이드라인 작성까지, 루던의 영향력은 아무리 높게 평가해도 지나치지 않다. 그러나 명성에도 불구하고 평생 벌어들였던 수입은 가족을 부양할 만큼 충분하지 못했다. 이미 여러 정원 서적을 저술한 아내 제인은 스스로 부양해야 했다. 그녀는 4권짜리 저술인 『여성들의 꽃 정원Ladies' Flower Garden』과 『여성들의 시골 동반자The Lady's Country Companion』 등과 같은 여성 정원사들을 위한 책을 저술하여 주목할 만한 성공을 거두었다. 『아마추어 정원사의 달력Amateur Gardener's Calendar』에서는 정원에서 무엇을 해야 하고 무엇을 하지 말아야 하는지에 대한 지침까지 제시했다. 이 주제는 1870년대 윌리엄 로빈슨에 의해 다시 다루어졌고, 지금도 여전히 정확한 정보와 도움말의 모델이다.

가드네스크

THE GARDENESQUE

1828년에 출판된 찰스 매킨토시Charles McIntosh의 저술 『실용적 정원사Practical Gardener』의 권두 삽화(오른쪽 이미지)는 존 클라우디우스 루던과 그의 동시대인들이 분석한 대로 가드네스크 양식을 완벽하게 묘사하고 있다. '자연주의' 운동의 확장으로 시작된 절충주의적인 스타일은 빠르게 성장 중이던 새로운 중산층이 속한 교외 지역 빌라에서 발달했다. 식물을 아름다운 자연 형태로 자유롭게 자라도록 하기 위함이었다. (루던은 밀식되어 형태가 망가질 수밖에 없는 식물들로 괴로워했다.) 그러나 1840년대 무렵에 새로운 외래 식물들이 이용 가능해지면서, 이들 수집가의 정원들은 대부분 인위적으로 보이게 되었다. 잔디밭에 점점이 배치된 독립된 조형물, 표본 나무들과 관목들, 그리고 원형 화단들과 함께 식물들이 마치 화랑의 전시물처럼 전시되었기 때문이다.

루던은 『교외 지역의 정원사Suburban Gardener』(1838)에서 교외 지역 빌라에 적합한 식물들에 대해 기술했는데, 등급에 따라서 1-4등급으로 분류했다. 빌라 정원사는 자신이 이용 가능한 공간에 따라 정교한 암석원, 양치식물원, 펠라르고늄 피라미드, 그리고 색이 있는 잎들로 장식 효과를 가질 뿐만이 아니라 내한성이 약한 외래 식물들을 보호하는 다양한 온실과 재배 하우스를 갖고 싶어 했을지도 모른다. 저자는 가능한 한 외래 식물들, 또는 적어도 토종 식물 가운데도 희귀하거나 특이한 형태를 지닌 식물들을 사용하기를 추천했다. 수양버들과 외래 포플러 종류, 유럽오리나무 '임페리얼리스'*Alnus glutinosa* 'Imperialis', 그리고 아메리카의 자작나무 종류들은 자생 종이나 일반 종보다 선호되었다.

루던은 픽처레스크와 가드네스크를 명확하게 구분했다. 전자는 '야생 상태에서 자연을 모방한 것으로, 화가들이 베끼기 좋아하는 것'이고, 후자는 '인간의 욕구와 바람에 알맞게 어느 정도 경작되거나 개선된 자연의 모방'이라고 말했다. 픽처레스크는 더 넓은 부지에 적당하고, 가드네스크는 '경치 감상을 좋아하는 일반인보다는 식물학자에게 적합하다. 나무와 식물의 개별적인 아름다움을 전시하고, 잔디밭, 산책로 등을 높은 수준으로 유지하기 위해 계획되기 때문'이다. 1866년에 존 아서 휴즈는 가드네스크에 더욱 유용한 정의를 내렸다. '그것은 덩어리든 그룹이든 결코 서로 닿지 않는 방식으로 식재되어 있는 나무와 관목으로 구별된다. 그렇게 하면 가까이서 보았을 때 각각의 나무와 관목이 뚜렷하게 구별되어 보일 것이다. 이것의 특징은 장엄함보다는 우아함에 있다.' 오늘날 이 스타일은 디자인보다 식물을 높게 평가하는 열정적인 식물 애호가들에게 여전히 인기 있다.

정기 간행물의 급증

PROLIFERATING PERIODICALS

19세기의 무시할 수 없는 영향력은 채색 삽화를 더욱 저렴한 방식으로 인쇄하고 재생산할 수 있게 된 것이었다. 이로써 더 많은 독자들이 비교적 싼 가격으로 잡지와 책을 이용할 수 있었다. 19세기 중반 무렵에 정기 간행물은 식물 협회의 새로운 법안, 색채 이론과 스타일 등을 홍보하면서 새롭게 출현한 고도로 숙련된 수석 정원사 그룹이 서로 지식을 나누고 동시대인들과 논쟁하는 매개체가 되었다.

1826년에 존 클라우디우스 루던이 《정원사의 잡지》를 출간했을 때 이미 몇몇 저널이 존재했다. 《커티스의 식물학 잡지》는 1787년부터 이어져 오고 있었고, 1815년에는 해크니에 위치한 로디그스의 양묘 회사에서 삽화가 수록된 《식물학 기록부Botanical Register》를 매달 발간했다. 여기에는 당시 유럽에서 가장 방대했던 로디그스 가문의 식물 컬렉션 카탈로그가 포함되어 있었다. 또한 조셉 팩스턴의 《원예학 기록부 그리고 보통의 잡지Horticultural Register and General Magazine》가 있었다. 이보다 나중에 출판된 《식물학 잡지 그리고 꽃식물 기록부Magazine of Botany and Register of Flowering Plants》는 왼쪽에 보이는 델피늄과 같은 삽화가 특징이었다.

루던의 사망 후에도 정기 간행물들은 계속해서 시사 정보를 제공하면서 원예 발전에 영향을 미쳤다. 이들 중에는 《원예 주간Horticulture Week》으로 이어진 《가드너스 크로니클Gardeners' Chronicle》(1841)과 오늘날 왕립 원예 협회에서 《더 가든The Garden》이라는 이름으로 출간되는 《런던 원예 협회 저널The Journal of the Horticultural Society of London》(1846), 그리고 1905년까지 《원예 저널Journal of Horticulture》로 지속된 《코티지 가드너Cottage Gardener》(1846–1861)가 포함되었다. 이 잡지들은 아메리카와 아시아에서 온 어두운 톤의 새로운 만병초와 침엽수에서부터 주로 멕시코와 남아메리카에서 온 화사한 여름 화단의 새로운 팔레트에 이르기까지의 19세기 동안 도입된 식물들을 기록하고, 또 이로 인해 변화하는 정원 유행의 모든 것을 상세히 보여 준다. 그리고 1780–1870년대 가드닝의 거의 모든 측면이 어떻게 변화했는지 알려 준다. 이 시기에 큰 낫이 잔디 깎는 기계로 대체되었다. 유리와 금속의 새로운 제조 방법들과 진보된 온실 관리 시스템은 유리온실 재배에 혁명을 일으켰다. 발아와 번식에 관한 새로운 방법들은 유행하는 화단 계획을 채우는 데 필요한 일년초를 대량으로 생산할 수 있도록 해 주었다. 잡지는 특히 정원사들이 전무후무한 다양한 기술을 발전시켰던 생산적인 정원에 사용된 기술과 장비에 관한 기술 정보를 제공하는 대단히 매력적인 출처였다.

엄청난 조셉 팩스턴 The Prodigious Joseph Paxton

존 클라우디우스 루던과 마찬가지로 조셉 팩스턴 경(1803-1865)도 농부의 아들이었다. 소박한 정원사로 일을 시작했고, 1823년 무렵엔 치즈윅에 위치한 런던 원예 협회가 새롭게 개장한 정원에서 일하고 있었다. 이곳은 제6대 데본셔 공작으로부터 임차한 부지에 있었다. 공작은 2년 안에 더비셔에 위치한 미국 일리노이 주 채츠워스의 수석 정원사 자리에 당시 23세였던 팩스턴을 초대했다. 출발은 순조로웠다. '나는 1826년 5월 9일 새벽 4시 반에 채츠워스에 도착했다. 이른 시간이라 아무도 보이지 않았기 때문에 오래된 포장로를 따라 온실 정문 문턱을 넘어 들어갔다. 나는 즐거움의 정원을 살펴보았으며, 집 둘레를 둘러보았다. 그다음 키친 가든으로 내려가 바깥쪽 담장을 기어올라 그곳 전체를 보았다. 6시 정각에 남자들에게 작업을 지시했고 채츠워스로 돌아와 토머스 웰던에게 상수도 시설을 작동해 보도록 했다. 그 후 불쌍한 그레고리 여사와 그녀의 조카딸과 함께 아침식사를 하러 갔다. 조카딸과 나는 사랑에 빠졌다. 이렇게 해서 9시가 되기 전에 채츠워스에서 나의 첫 번째 아침 일과를 완수했다….'

팩스턴은 1858년 공작이 죽을 때까지 채츠워스에 남았다. 그리고 그곳에서 공작의 정원사, 숲 관리자, 온실 디자이너, 조경 설계가가 되어 주었다. 채츠워스에는 17세기 정원의 훌륭한 특징적 요소들이 많았는데, 사우스 파르테르 끝 쪽에 있는 캐스케이드Cascade와 그레이트 커낼Great Canal이 포함되었다. 또한 1760년대 이후에 조성된 브라운 스타일의 풍경이 있었는데, 다행히도 이와 같은 17세기 요소들은 살려 두었다. 하지만 정교한 문양 정원, 테라스, 토피어리, 가로수 길은 사라졌다. 1820년대 팩스턴은 제프리 와이어트빌과 함께 새로운 노스 윙 작업에 착수하면서, 집 근처 풍경을 보다 정형식의 유행에 맞는 분위기로 재해석하는 임무를 맡았다. 암석원을 설계했으며, 세계에서 가장 높은 물 분사 노즐을 갖춘 아주 인상적인 황제 분수를 설치했다. 16만 제곱미터의 수목원은 1835년에 작업이 시작되었고, 1천670종의 서로 다른 표본 식물들이 과에 따라 배열되었다. 팩스턴은 온실을 채우기 위해 식물 수집가들을 파견했다. 존 깁슨John Gibson은 미얀마로부터 진홍색 꽃을 피우는 신성한 암헤르스티아 노빌리스*Amherstia nobilis*를 가지고 돌아왔다. 와이어트빌의 새로운 오랑주리에는 말메종(275쪽 참조)에 있는 조제핀 황후의 컬렉션에서 구해 온 오렌지나무를 들여놓았다. 팩스턴은 남아메리카의 느린 유속을 모방하여 설계한 물탱크와 함께 자신이 고안한 온실에서 거대한 수련 빅토리아 아마조니카*Victoria amazonica*를 조심스럽게 다루어 영국에서 처음으로 꽃 피우게 만들었다. 그러나 그가 채츠워스에서 이룬 가장 큰 업적은 거의 5천 제곱미터(1에이커)에 이르는 면적에 조성된 온실인 그레이트 스토브Great Stove라고 할 수 있다. 여기에는 두 대의 마차가 지나갈 수 있을 만큼 넓은 도로가 나 있었으며 연못과 폭포, 이끼류, 양치류, 그리고 수천 본의 열대 식물들이 자리 잡았다.

그레이트 스토브가 완공되었을 때 그것은 세계에서 가장 큰 유리온실이었다. 하지만 이 기록은 곧 깨질 예정이었다. 팩스턴은 1851년 영국 박람회를 위해 수정궁Crystal Palace을 설계했는데, 채츠워스의 수련 온실보다 규모가 컸다. 한편 하이드 파크 전시 홀을 위한 245개의 계획은 모두 부결되었고, 전체적인 계획마저 취소될 위기에 처했다. 어려움을 알게 된 팩스턴은 9일 만에 새로운 디자인을 고안했다. 조립식 모듈을 이용한 그의 혁신적인 디자인은 비용이 적게 들었을 뿐만 아니라 설치와 철거가 용이했으며, 쉽게 준비될 수 있었다. 언론과 대중에게 퍼진 냉소에도 불구하고 1851년 5월 개최된 영국 박람회는 성공적이었다. 팩스턴은 기사 작위를 받았다.

다음 페이지: 팩스턴은 그레이트 스토브를 짓기 위해 나무로 된 유리창살을 사용했고, 곡선 구조와 결합된 연동식 기술을 적용했다. 19세기 초에 루던이 지지했던 방식이었다. 훗날 큐 가든의 팜 하우스를 설계한 데시무스 버튼이 팩스턴의 그레이트 스토브 건축을 도왔다. 하지만 제1차 세계대전 동안에는 건물 난방이 불가능했고 이로 인해 귀중한 많은 식물이 추위와 방치로 죽었다. 건물은 1920년에 철거되었고 현재 이 부지에는 미로가 조성되어 있다.

THE GREAT CHATSW

THE EXTERIOR, FR

TH CONSERVATORY.

ITALIAN TERRACE.

박람회가 끝난 다음 런던 남부에 위치한 시드넘에 수정궁이 다시 건립되었고, 1936년 화재로 건물이 전소될 때까지 남아 있었다. 팩스턴은 눈부신 파사드를 보완하기 위해 바로크 양식의 매우 웅장한 이탈리아풍 테라스를 디자인했다. 1852년에 《가드너스 크로니클》은 '5만 본의 진홍색 펠라르고늄이 계약'된 것을 보도했고, 1854년에 《코티지 가드너》는 칼세올라리아*Calceolaria*, 로벨리아, 페튜니아*Petunia*, 버베나*Verbena*, 가울테리아*Gaultheria*, 알리섬*Alyssum*, 네모필라*Nemophila*, 샐비어, 헬리오트로프가 키 작은 만병초와 아잘레아 사이사이에 식재된 것에 관해 언급했다. 여기에는 콘크리트로 만든 실물 같은 모습의 공룡이 연출된 섬, 호수, 사원, 폭포 같은 영국 풍경이 함께 어우러져 있었다. 다만 이 모두는 조금 과하게 들린다.

팩스턴은 자신의 명성이 높아짐에 따라 채츠워스의 업무들을 다른 많은 프로젝트와 결합시켰다. 1840년대에는 공공의 비용으로 지어진 첫 번째 공원인 버컨헤드 파크(1843)를 비롯한 여러 정원과 공원을 설계했다. 그리고 메이어 드 로스차일드 남작을 위해 멘트모어 타워스Mentmore Towers라는 시골 저택을 설계했다. 그리고 저널리즘으로 사업을 확장하여 1831년부터 1834년까지 《원예학 기록부 그리고 보통의 잡지》를, 1834년부터 1849년까지 《팩스턴의 식물학 잡지Paxton's Magazine of Botany》를 편집했으며, 1841년에는 《가드너스 크로니클》의 설립자 중 한 사람이 되었다. 1854년에는 코번트리의 자유당 의원에 선출되었다. 팩스턴은 조립식 온실 판매와 미들랜드 철도 책임자로 일하면서 상당한 재산을 모았다. 하지만 위대한 성공 속에서도 겸손함을 유지했던 것으로 보인다. 데본셔 공작에 따르면 '이 땅의 최상류층과 최하층으로부터 온전히 변함없는 호의와 찬사'를 받았다.

◀ 1851년에 팩스턴의 수정궁이 개장했을 때 대중은 안전에 두려움을 느끼는 분위기였다. 수정궁 유리가 5천 만 마리의 참새들이 배출하는 배설물을 견디지 못할 거라는 이야기도 있었고, 판유리는 빅토리아 여왕의 개막식 행사에서 쏘는 예포 소리에 산산이 부서질 것이라고도 했다. 사전 예방 차원에서 실내의 화랑 구역이 현장에서 세워졌고 일꾼들이 그 위에서 뛰어 보게 함으로써 테스트를 마쳤다. 영국 박람회는 수많은 방문객을 모았고, 세계 도처에 유리로 덮인 '겨울 정원'의 영감을 고취시키며 경이로운 성공을 거두었다.

▲ 조셉 팩스턴은 1851년에 열린 영국 박람회에 기여한 공로로 기사 작위를 받았다. 또 나중에 하원 의원을 지냈으며, 대도시 개선에도 많은 부분 관여했다. 채츠워스에서의 훌륭한 업적으로 가장 많이 기억되지만 수많은 공공 공원의 조성을 도맡았다. 그중 버컨헤드 파크(1843)는 프레드릭 로 옴스테드가 뉴욕 센트럴 파크 조성 계획을 수립하기 전에 방문했던 공원이다.

자연에 대한 예술의 승리 Art Triumphs Over Nature

가드네스크의 발전과 함께 고딕, 튜더, 자코비언, 이탈리아풍, 스코틀랜드 남작풍 등을 포함한 다수의 건축 양식을 이끄는 복고주의 경향이 나타났다. 19세기가 끝나 갈 무렵에는 심지어 프랑스풍의 대저택chateaux도 조금 등장했다. 이들은 모두 그 양식에 적절한 정원을 부여받았다. 개중에는 모순되는 사례도 있었다. 가령 티볼리에 위치한 16세기 이탈리아풍의 빌라 데스테는 영국 엘리자베스 양식 정원의 재건을 위한 모델이 되었다. 또한 버킹엄셔의 애쉬리지에 적용된 험프리 렙턴의 디자인은 분수 주변으로 고딕 정원을 포함했지만 진정한 고딕 양식이라기보다는 16세기와 더 밀접하게 연관되었다.

프랑스풍이나 이탈리아풍을 되짚어 보거나 감상적인 중세 시대의 형태를 들먹이든지 간에, 빅토리아 시대의 수석 정원사들은 터무니없이 과시적인 전시에 식물의 가능성을 전적으로 활용했다. 테라스에 함께 식재된 화단 컬렉션은 네덜란드 정원으로 불리는 만큼 쉽게 이탈리아 정원으로 불릴 수 있었는가 하면, 회양목으로 가장자리를 두른 자갈 패턴은 프랑스적인 느낌을 더 많이 가지고 있었다. (유행을 선도했던 파르테르 디자이너인 윌리엄 앤드루스 네스필드William Andrews Nesfield는 데자일러 다르젠빌의 프랑스 바로크 양식 패턴을 조심스럽게 모방했다.) 중세 시대의 함축적 의미를 지닌 허브 정원과 함께 '오래된 영국식 정원'은 토피어리와 단순한 꽃들을 포함하고 있었을지 모른다. 물론 이런 정원들은 자연을 향한 새롭고 변화된 태도를 나타내는 것처럼 보였던 18세기 목가적 풍경과는 정반대였다. 1830년대의 이와 같은 디자인의 발달은 빅토리아 시대의 가드닝이 자연에 대한 예술의 승리를 완벽하게 보여 줄 정도로 정원 조성에 건축가의 역할을 회복시켰다.

찰스 배리의 이탈리아 테라스 Charles Barry's Italian Terraces

'이탈리아풍'이라는 용어는 거의 모든 정형식 계획에 적용되었다. 보통 18세기 풍경에 덮어씌워졌으며, 테라스 너머로 공원과 호수가 보이는 전망으로 유지되었다. 건축가 찰스 배리 경Sir Charles Barry(1795–1860)은 1815년 이후 이탈리아의 빌라와 정원을 둘러보았고, 빅토리아 시대 정원에 진정으로 르네상스적인 요소들을 재도입하는 일을 진행했다. 오직 대규모 프로젝트에 적합한 배리 경의 기념비적인 테라스는 호화로움을 추구하는 빅토리아 시대의 욕망과 완벽하게 맞아떨어졌다. 또 혁신적인 수석 정원사들이 색깔 배합을 통해 자신들의 기량을 뽐낼 수 있는 이상적인 수준의 공간을 제공했다.

이탈리아 르네상스에 대한 그의 연구를 반영한 첫 번째 저택과 정원은 1840년대 서덜랜드 공작을 위해 설계한, 스태퍼드셔의 트렌트햄 홀Trentham Hall이었다. 그는 평평한 지형에 계단식 테라스를 도입했는데, 저택과 호수 사이 늪지대를 파 4개의 계단으로 분리되는 2개의 얕은 테라스를 만들었다. 위쪽 테라스에는 원형 분수가, 아래쪽 테라스에는 직사각형 파르테르 화단과 수직적 악센트를 주는 주목나무와 사이프러스가 있었다. 배리 경은 호수 둘레에 난간을 설치하고 곤돌라를 도입하여 적절히 이탈리아풍의 분위기를 살렸다. 마조레 호수의 이졸라 벨라Isola Bella를 연상시키는 바로크 양식의 섬을 조성하려는 야심찬 계획은 실현되지 못했다. 하지만 모퉁이 파빌리온, 오렌지나무처럼 다듬어진 포르투갈월계귀룽나무, 그리고 파란색 네모필라, 노란색 칼세올라리아, 진홍색 펠라르고늄처럼 밝은 원색의 꽃들이 식재된 기다란 리본 보더 등 수많은 특징이 있었다.

▲ 1857년 에드워드 아드베노 브룩이 저술한 『영국의 정원The Gardens of England』에서 발췌한 서퍽의 슈러블랜드 파크. 브룩은 영국에서 가장 호화로운 시골 저택 19곳을 여행하며 몇 차례의 여름을 보냈다. 그리고 위의 그림처럼 멋진 수채화들 속에 그 저택들의 화려함을 담았다.

배리의 거창한 계획에 맞춰 1841년 조지 플레밍이 수석 정원사로 영입되었다. 그는 배수, 유리온실 관리, 난방 시스템 등 필수 관리에 필요한 모든 전문 기술을 보유하고 있었다. 플레밍의 혁신적인 화단 계획은 트렌트햄을 유명하게 만들었다. 예를 들면 파란색과 흰색 물망초를 물줄기처럼 식재하여 즐거움의 정원을 지나 호수로 흘러 내려가는 구불구불한 시냇물처럼 연출했다. 오늘날에도 봄철 식재 계획으로 시도될 수 있는 이 화단 계획은 그가 추후 계획에서 수립할 리본 보더의 맛보기였다. 트렌트햄에 있는 배리의 테라스는 21세기 초 피트 아우돌프Piet Oudolf와 톰 스튜어트-스미스Tom Stuart-Smith의 새롭고 다채로운 식재와 함께 복원되었다. 숙근초와 그라스류를 이용한 그들의 드라마틱한 식재 계획은 빅토리아 시대 조지 플레밍의 화단 정식만큼이나 유행을 선도했다.

배리는 버킹엄셔에 위치한 클리브덴의 서덜랜드 공작과 공작부인에게 다시 고용되었는데, 1849년부터 공작 부부의 저택과 부지를 이탈리아풍으로 만드는 일을 시작했다. 이곳에서 템스 강을 바라볼 수 있고 위대한 파르테르를 내려다볼 수 있는 넓은 테라스를 만들었다. 이 파르테르 정원에는 쐐기 모양 화단으로 된, 2개의 넓은 보더가 급경사면의 가장자리에 드라마틱하게 자리 잡은 거대한 원형 화단으로 이어졌다. 각각의 화단은 20센티미터 높이로 다듬어진 쥐똥나무 또는 가문비나무로 가장자리를 둘렀다. 수석 정원사 존 플레밍(조지 플레밍과 혼동하지 말 것)이 일년초를 식재했다. 그는 요크셔 헤어우드에 있는 배리의 새로운 파르테르를 식재하기 위해 호출되었다. 존 플레밍은 색에 대해서는 전문가였을 뿐만 아니라 혁신가였다. 야생 알뿌리 식물들을 숲과 초원에 식재했고, 나중에는 열대 식물을 이용한 화단을 계획했다. 1896년, 당시 클리브덴의 소유주였던 아스토르 경은 로마의 빌라 보르게세Villa Borghese로부터 유명한 17세기 난간을 인수했다. 의심할 여지없이 배리를 기쁘게 했을 것이다.

▲ 이 석판화 역시 『영국의 정원』에서 발췌했다. 트렌트햄 홀 정원의 파르테르를 보여 준다. 찰스 배리가 1840년대 서덜랜드 공작을 위해 설계한 이 저택과 정원은 이탈리아 르네상스에 관한 배리의 연구를 최초로 반영했다.

배리가 가장 좋아했던 정원은 서퍽의 슈러블랜드 파크Shrubland Park였다. 원래 험프리 렙턴과 다른 사람들이 만든 드넓은 정원을 그가 리모델링했다. 배리는 1852년 유명 수석 정원사 도널드 비튼Donald Beaton이 1852년 은퇴하기 직전에 그의 업무를 이어받았다. 비튼 역시 정원 저널리스트였다. 존 클라우디우스 루던이 만든《가드너스 매거진》과 나중에는《코티지 가든》에 기고하며, 다채로운 화단 식재에 관한 자신의 최근 실험들을 공유했다.

배리는 슈러블랜드 파크의 저택 앞 언덕 아래쪽으로 일련의 테라스들을 개척했다. 가장 낮은 테라스는 약 1.6킬로미터까지 확장되는 '녹색' 진입로로 사용했으며, 일련의 정원들 사이로 동선을 만들었다. 여기에는 월계수 담장이 있는 프랑스 정원, 군락 식재 화단으로 꾸며진 원형 분수 정원, 그리고 스위스 코티지Swiss Cottage가 포함되었다. 빨간 펠라르고늄 꽃병으로 장식된 가파른 계단은 테라스와 집을 연결해 주었고, 더 아래쪽으로 내려가는 계단은 공원으로 인도해 주었다. 둑에는 전정을 하지 않은 회양목과 상록 관목류 같은, 소위 '야생지' 식물들이 식재되었다. 그 아래로는 45센티미터 높이로 다듬어진 주목나무가 줄지어 식재되어서 소용돌이 문양의 잔디, 은빛 모래, 꽃들을 둘러쌌다. 각 화단의 뒤쪽을 가로질러서는 2개의 머리를 가진 뱀 모양으로 다듬어진 무늬 회양목이 주목나무 사이로 비틀리며 나아갔다. 많은 정원 주인이 이 같은 정교한 디자인에 영향을 받았지만 배리의 내리막 계단이 예술과 자연 사이의 완벽한 단계적 전이를 나타내고 있다는 데 거의 이해해지 못했다. 슈러블랜드 파크는 빅토리아 시대의 이탈리아풍 복고주의를 보여 주는 가장 중요한 본보기가 되었다.

네스필드: 파르테르의 부활 Nesfield: The Revival of the Parterre

군인이자 화가였던 윌리엄 앤드루스 네스필드(1793–1881)는 1830년대부터 윌리엄 번, 에드워드 블로어 같은 복고주의 건축가들, 그리고 처남 안토니 살빈과 함께 일하면서 그들이 엘리자베스 양식 또는 자코비언 양식으로 지은 집을 돋보이게 해 주기 위한 정원을 조성했다. 네스필드는 초기 유럽의 정원 문학에서 영감을 얻었고, 1830년대 초에 이미 집의 테라스에 프랑스풍의 파르테르 드 브로더리를 만들고 있었다. 17세기 프랑스 몰레 가문 또는 네덜란드 헤트 루의 다니엘 마로가 창안했던 계획을 연상시키는, 낮게 자라는 서양회양목 '수프루티코사'와 다양한 색자갈로 이루어진 문양의 중심에는 종종 거대한 조각 분수가 놓였다. 원래의 것과 마찬가지로 이 정교한 계획은 테라스에 있는 사람들의 즐거움과, 집의 위쪽 층으로부터의 감상 모두를 염두에 두고 디자인되었다.

1830년대 제16대 슈루즈베리 공작은 네스필드를 고용하여 부친이 만든 앨턴 타워Alton Towers의 절충적인 정원을 합리적으로 바꾸고, 거대한 'S'자 모양의 회양목 파르테르를 조성하도록 했다. 1846년 네스필드는 블로어가 지은 자코비언 양식의 복고풍 저택인 체셔의 워슬리 홀Worsley Hall의 첫 번째 테라스에 회양목으로 소용돌이 문양을 조성했다. 두 번째 테라스에는 프랑스 양식의 파르테르를 조성했는데, 앙드레 르 노트르의 여러 아이디어들을 정리한 데잘리에 다르장빌의 책 『가드닝의 이론과 실제』(1709)에서 디자인을 따왔다. 그가 만든 패턴들은 '꾸밈없고 독특하다'고 묘사되었고, 네스필드를 파르테르 디자이너로서 아주 유명하게 만들었다. 특히 회양목과 색자갈만을 사용한 파르테르 드 브로더리가 주목받았다. 1843년부터 1848년까지는 큐 왕립 식물원에 고용되었다. 팜 하우스Palm House 설계가인 데시무스 버튼Decimus Burton과 함께 일하며 브로드 워크Broad Walk를 조성했고, 수목원의 식재를 감독했으며, 더욱 넓은 풍경으로 전환되는 것을 표시하기 위해 테라스를 만들어 방사상으로 펼쳐지는 세 가지 전망의 분기점을 열어 주었다. 《가드너스 매거진》에 따르면 그 이후로 '시골 지역 곳곳의 감각 있는 신사들이' 네스필드에게 조언을 구했다. 그리고 200개가 넘는 프로젝트를 완수했다. 그중에는 콘월의 트리그레헌, 요크셔의 캐슬 하워드, 그리고 오늘날 아라벨라 레녹스보이드가 호화롭게 복원한 체셔의 이튼 홀이 있다. 네스필드가 요크셔의 브루턴 홀에 설계한 파르테르 가든은 오늘날까지 남아 있다. 1857년 그는 여기에 밝은 노란색의 분쇄목과 빨간색, 흰색, 파란색의 으스러뜨린 타일 조각들과 함께 10센티미터 높이로 잘린 키 작은 회양목을 사용하여 두루마리와 깃털 디자인의 윤곽을 나타냈다. 이 아이디어는 때때로 역효과를 낼 수도 있었다. 레이디 에밀리 폴리를 위해 작업한 스토크 에디스에 있는 회양목이 페인트로 피해를 입기도 했다.

네스필드는 명성이 절정에 달했을 때인 1861년에 앨버트 공이 개장한 켄싱턴 소재 영국 왕립 원예 협회RHS의 새로운 정원 설계자로 발탁되었다. 하지만 광물에 크게 의존했던 그의 설계는 논란이 많았다. 여기에 유지를 위한 자금도 부족해 곧 쇠퇴하기 시작했다. 1863년에 진행된 마지막 위대한 프로젝트는 런던 리전트 파크의 애비뉴 가든이었다. 이곳은 1990년대에 복원되었다. 네스필드는 자신이 평소 사용하는 복잡한 아라베스크 대신 화사한 색상의 꽃들로 이루어진 길고 좁은 화단을 디자인했는데 공원을 이용하는 일반 대중hoi polloi의 환호를 받았음에 틀림없다.

정교한 파르테르 외에도 그는 집 근처에 인상적인 돌계단과 상록 관목으로 모양을 만든 조각상들을 배치하여 조경하기를 좋아했다. 잔디밭에는 표본 나무들을 잔뜩 식재하여 자연과 유사한 풍경을 만들었다. 오늘날 우리가 빅토리아 시대의 공원과 빌라 정원과 연관 짓는 재미없는 녹색 관목 숲을 고취시켰을지도 모른다. 그의 계획은 풍경을 더 만들어 내는 쪽으로 확장되었다. 이를 위해서 네스필드의 스타일은 꼭 직선적이지는 않더라도 정형식이었고, 레퍼토리는 미로와 잔디 볼링장과 수목원을 포함했다. 이들은 파르테르와 바깥쪽 즐거움의 정원을

▲ 체셔의 이튼 홀에 조성된 네스필드의 파르테르. 잡지 《컨트리 라이프》에 싣고자 촬영되었다. 이 계단식 이중 파르테르는 1843년에 설계되었으며 흰색 자갈과 회양목 아라베스크를 결합시켰다. 그리고 정원을 의뢰한 웨스트민스터 후작을 위해 'W'자를 형상화했다.

연결시키는 장치로 사용되었다. 계획으로 보자면, 네스필드의 설계는 배티 랭글리의 『새로운 가드닝의 원칙』(1728)에서 처음 선보인 구불구불한 설계와 분명한 유사성을 가지고 있다. 여기서 불규칙한 오솔길은 종래의 기하학적 배치 안으로 도입되었다. 더 넓은 풍경 속에서 그는 정원 소유주들에게 새롭고 희귀한 나무들을 수집하도록 권장하면서 상당한 식물학적 흥미를 나타냈다. 네스필드는 자신이 창조해 낼 수 있는 강한 질감의 패턴을 높이 평가했다. 그는 파르테르를 부분적으로 집 내부의 확장으로 봤다. 또한 공원 너머의 더 부드러운 그림 같은 풍경과, 심지어 멀리 보이는 더욱 야생적이고 자연스러운 시골 지역에 대한 전경으로 보았다. 이러한 고전적인 공식은 이전 시대와 마찬가지로 현재에도 유효하다.

카펫 화단의 열풍

A CRAZE FOR CARPET BEDDING

1860년대 말 식물의 잎은 더욱 중요해졌다. 화단 정식은 새롭고 보다 섬세해졌다. 웅장한 정원의 일부에는 에케베리아*Echeveria*, 셈페르비붐*Sempervivum*, 이레시네*Iresine* 같은, 키 작은 아열대 및 다육 식물들이 다양한 색깔과 질감의 잎을 선사하며 모자이크처럼 정교하게 식재되었다. 이것들은 서덜랜드 공작 해리엇을 위해 수석 정원사 존 플레밍이 고안한 거대한 'HS'자 같은 모노그램이거나 추상적 혹은 더 사실적인 패턴일 수도 있었다. 시드넘의 수정궁 공원 관리자였던 조지 톰슨은 서로 다른 종으로 색을 입힌 6개의 나비 모양 화단을 만들었다. 카펫 화단은 평탄해 보이지 않도록 때때로 둔덕으로 조성했고, '양각', '보석', '태피스트리', '모자이크', '예술적인' 화단으로 불렸다. 식물 잎은 꽃 피는 일년초보다 더 오래갔고, 레터링 같은 복잡한 패턴에 더 적합했다. 이 식물들은 모토, 문장紋章, 꽃시계, 시민의 자랑을 보여 주는 형태로 빠르게 채택되었다. 또한 앨리스 드 로스차일드를 위해 만들어진 에이스로프의 '플라워 바스켓'처럼 정교하고 조각 같은 삼차원 전시에 이상적이었다. 이 조각 같은 화단은 인기를 끌었고, 곧 공원과 새로운 해변 휴양지에서 특징적 요소가 되었다.

▲ 요크셔에 있는 브리들링턴의 카펫 화단에서 선보인 유머러스한 화단. 기술적으로 구현이 쉽지 않은 삼차원 전시다.

네스필드는 1881년에 사망할 당시 이미 잊힌 사람이었다. 그의 소박한 파르테르는 꽃 전시를 좋아하는 식물 애호가들과 수석 정원사들, 그리고 그러한 종류의 인위성을 경멸했던 더욱 자연주의적인 정원사들로 이루어진 새로운 세대에게서 대체로 인기를 상실했다. '야생' 가드닝의 옹호자, 윌리엄 로빈슨(417쪽 참조)은 '(네스필드의) 가드닝 스타일이 지닌 매우 만족스럽지 못한 특징, 즉 피로감을 주는 형식성과 식물들이 어떠한 우아함 또는 자연스러운 방식으로 자라거나 배열되는 것을 심히 방해하기만 한다는 점'에 불평했다. 1852년 초에 정원사이자 저널리스트 도널드 비튼Donald Beaton은 다음과 같이 썼다. '습한 기후, 그리고 반내한성 식물과 훌륭한 잎을 가진 식물들이 넘쳐 나는 이곳에서 우리는 그러한 극단적인 것에 의지할 필요가 없다.' 20세기 말에 또다시 역사주의의 물결이 일어나면서 그의 파르테르가 다시 유행했다.

화단의 탁월함 The Brilliance of Bedding

찰스 배리 경의 이탈리아풍 테라스와 네스필드의 초기 파르테르 문양은 계절성 화단을 위해 낮게 자라는 식물들의 사용을 증가시키는 데 박차를 가했다. 1840년대, 1850년대, 1860년대의 영국은 화단 기술의 절정을 보여 주었다. 돌 또는 회양목으로 가장자리를 두른 화단들은 반내한성 일년초와 비내한성 식물들로 채워졌다. 유리온실 안에서 씨앗 또는 삽수로부터 재배된 이 식물들은 정교한 색상 배합을 통해 배열되었다.

16세기 이래로 봄철 개화 알뿌리 식물들이 주로 신세계에서 도입된 여름철 개화 식물들의 인기로 대체되긴 했지만 단기적인 효과를 위한 계절성 식재라는 개념에서는 새로울 것이 없었다. 17세기 이탈리아에서 세르모네타의 공작 프란치스코 카에타니는 치스테르나에 있는 자신의 화단에 엄선된 아네모네와 라넌큘러스를 재배했다. 1680년대 영국에서는 존 래와 그의 사위 사무엘 길버트 목사가 보다 이른 시기 개화하는 튤립을 대체하기 위해 아마란투스, 분꽃 같은 다수의 여름철 개화 식물들을 추천했다. 금어초는 노르만 시대 이래로 영국에서 재배되었고, 멕시코에서 도입된 메리골드(아프리칸메리골드*Tagetes erecta*, 프렌치메리골드*T. patula*)는 1629년 출판된 존 파킨슨의 『파라디수스』에 포함되었다. 브롬프턴 파크 너서리의 헨리 와이즈는 자신의 향기 나는 품종 컬렉션을 사용했을 뿐만 아니라 의뢰인들의 화단을 붉은강낭콩과 일년초인 꽃댑싸리*Bassia scoparia* f. *trichophylla*로 채웠다. 필립 밀러는 18세기 정원사들에게 겨우내 연기 가득한 어두운 온실에 보관했던 비내한성 외래 식물을 여름 전시를 위해 화단으로 내놓을 것을 촉구했다. 심지어 험프리 렙턴은 브라이튼에 있는 로열 파빌리온의 여름 화단에 (17세기 말에 희망봉에서 도입된) 펠라르고늄 사용을 권장했다.

백일홍, 다알리아, 헬리오트로프는 1800년까지 유럽에 도입되었다. 남아메리카의 베고니아, 칼세올라리아, 페튜니아, 버베나, 그리고 화려한 멕시코산 샐비어*Salvia splendens*는 모두 1820년대 후반까지 도입되었다. 제인 루던은 페루에서 온 버베나*Verbena chamaedrifolia*를 1844년 무렵 런던의 모든 발코니에서 볼 수 있었다고 기록했다. 식물 수집가 데이비드 더글라스David Douglas(1799-1834)는 아메리카 서부 해안으로부터 유럽으로, 침엽수만이 아니라 정원에서 가치가 있는 많은 꽃식물을 도입했다. 이들은 곧 로디그스 양묘장을 통해 빠르게 보급되었다. 이들 중 클라르키아*Clarkia*, 미뮬러스*Mimulus*, 그리고 파란 꽃이 피는 파켈리아*Phacelia tanacetifolia* 같은 몇몇 종류만이 남아메리카 국가들에서 도입된 일년초가 가진 색의 화려함에 필적할 수 있었다. 19세기 중반 무렵에는 적합한 식물의 수가 확장되어 더 큰 기회를 주었다. 많은 비내한성 목본류도 역시 여름철 쇼에 사용되었다. 유리온실이 더욱 저렴해지면서 정원사들이 외래 식물을 대량으로 생산할 수 있었고 또래 정원사들이 새로운 가드닝 정기 간행물에 발표한 디자인에서 영감을 받아 자연을 전혀 가장하지 않은 복잡한 기하학적 체계를 구현할 수 있었다.

▲ 1816년 독일 왕자 헤르만 퓌클러무스카우는 프로이센 동부의 땅을 물려받아 풍경식 공원을 조성했지만 나중에는 영국에서 보았던 정원, 특히 험프리 렙턴의 작품에 영감을 받았다. 그는 정원을 리모델링하여 평지를 만들고 여기에 낮게 자라는 잎 식물들의 패턴을 조성했다. 1860년대 카펫 화단을 연상시키는 것이었다. 1834년에는 『풍경식 가드닝의 길잡이』를 저술했고 1846년에는 브라니츠에 있는 가문의 또 다른 사유지로 이주했으며 상수시 근처에 유명한 풍경식 정원을 설계했다.

정원사들은 겨울 화단에 주로 무늬 호랑가시나무, 잘 다듬어진 회양목 또는 필리레아, 그리고 포르투갈월계귀룽나무 토피어리 같은 내한성 상록 관목과 더불어 식나무*Aucuba*, 개야광나무*Cotoneaster*, 스키미아*Skimmia*, 뿔남천*Mahonia*을 함께 식재했다. 모두 영구적인 식재 계획에서도 사용되는 식물들이다. 관목은 종종 쉽게 이동할 수 있는 통에 식재하여 땅속에 묻었는데, 계절에 따른 교체를 쉽게 하기 위해서였다.

19세기 비내한성 또는 반내한성 식물의 유행에도 불구하고 숙근초가 완전히 배제되지는 않았다. 제법 큰 정원들은 모두 괜찮은 숙근초 보더를 보유했다. 정원사 팀과 유리온실이 없는 작은 크기의 정원들은 유행하는 화단을 꾸리지 못했을 것이다. 하지만 숙근초와 봄철 토양에서 기르는 구식 일년초, 그리고 바깥에서 겨울을 날 수 있는 내한성 일년초를 고수했다. 화단은 비용이 많이 들었지만 오히려 그것이 중요했다. 19세기 중반 버킹엄셔에 위치한 할튼의 알프레드 드 로스차일드의 수석 정원사였던 어니스트 필드는 부유한 이들이 '자신들의 화단 식물 목록의 크기를 통해 부를 과시하곤 했다. 가령 대지주들은 1만 본, 준남작은 2만 본, 백작은 3만 본, 공작은 4만 본과 같은 식이었다'고 기록했다. 1903년 로스차일드의 목록은 4만 418본이었다.

1850년대 무렵이 되면 실제로 원예에 종사하는 사람들은 대칭적인 방식에 따라 배열된 단순한 모양의 화단을 선호한다. 그들은 고딕 양식의 시골 저택에 어울리는, 동시대 건축가들이 설계한 멋진 도형 또는 작가들이 제안한 복잡하게 서로 맞물린 원, 테, 링에 수반되는 복잡한 관리를 꺼려 했다. 최초의 리본 보더는 구불구불한

개울의 느낌을 주기 위해 뱀 모양으로 조성되었다. 그러나 1850년대 무렵에는 기하학적 선형의 느낌을 내고자 길을 따라 배열되는 경향이 있었다. 엔빌 홀에서처럼 일부 리본 보더는 일곱 가지 색깔의 줄로 이루어졌다. 보통은 세 줄로 되어 있었고, 종종 빨강, 하양, 파랑의 프랑스 국기에 사용되는 애국적인 색으로 구성되었다. 봄철 물망초의 물결로 유명해졌던 트렌트햄의 조지 플레밍은 리본 보더의 모험적인 주창자였다. 그는 여름철 개화하는 모든 최신 일년초를 사용하여 보더 화단의 전체 길이로 뻗어 가며 색깔이 계속 이어지는 평행선을 만들어 냈다.

일반적인 관목과 조날zonal 계통 펠라르고늄 역시 낮고 균일한 크기의 화단 식물들을 대신해서 자주 사용되었다. 기발하게도, 더 작게 자라는 거의 모든 화단 품종이 삼차원 효과를 위한 수직 원뿔에 식재되었다. 높이감을 주기 위한 다른 효과는 가운데 쪽으로 흙으로 둔덕을 쌓아 핀쿠션 화단을 만드는 것이었다. 가드닝 작가 셜리 히버드는 펠라르고늄의 피라미드를 제안했다. 개화기를 늘릴 수 있는 보다 실용적인 방편으로 그는 이미 꽃이 피어 있는 식물이 식재된 화분을 바로 토양 속에 묻기도 했다.

색깔: 대비와 조화 Colour: Contrast and Harmony

자주색 헬리오트로프, 노란색 칼세올라리아, 파란색 로벨리아, 진홍색 펠라르고늄 또는 제라늄은 우리의 눈길을 사로잡는 색의 대비를 이루며 동심원으로 배열되었다. (현대인의 눈에 요란해 보인다고 해도) 빅토리아 시대 중반 취향의 대표적인 본보기였다. 거트루드 지킬Gertrude Jekyll(428쪽 참조)이 19세기 후반에 언급했듯이 제라늄이 이토록 추한 방식으로 사용되었던 것은 제라늄의 잘못이 아니었다. 사실 많은 계획이 색깔과 디자인 모두에 더 사려 깊은 접근법을 보여 주었다.

남아메리카의 비내한성 식물들이 영국에 도착했을 때, 여름철 관상을 위해 그것들을 사용한 최초의 실험들 중 하나는 (1826년에 루던이 기록한 바와 같이) 더블린의 피닉스 파크에서 볼 수 있었다. 처음 그 계획들은 식물들의 군식 효과보다는 혼합 식재를 적용했다. 하지만 일부 옹호자들이 '군식'이 더 자연스러워 보인다고 주장하면서 나중에는 이것이 더욱 유행했다.

1830년대 말에 오면 꽃의 정원을 위한 색채 계획은 거의 학문적인 연구가 된다. 런던 켄싱턴 소재 베드포드 로지의 베드포드 공작을 위해 일했던 수석 정원사 존 카이John Caie(1811–1879)는 색깔이 '깨끗하고, 단순하며, 쉽게 이해할 수 있어야 한다'고 권고하는 데 앞장섰는데 혼합 식재보다는 확고한 군식을 제시했다. 그리고 화합하는 모습을 잃어 가며 다양성을 추구하는 '작은 예술가'를 비판했다. 카이는 《가드너스 매거진》을 통해 색은 복잡한 패턴보다는 단순한 원으로 된 화단 안에서, 조화를 위해 계획되기보다는 직접적인 대비를 위해 배열되어야 한다고 조언했다. 이러한 규칙은 1840년대 무렵 모든 가드닝 전문가들을 통해 거의 받아들여졌다. 19세기가 진행되면서 화사한 색조를 지닌 점점 더 많은 식물이 남아프리카와 남아메리카로부터 도입되었고 펠라르고늄, 로벨리아, 페튜니아, 버베나, 샐비어 등은 화단의 주된 식물들이 되었다. 많은 사람이 교배에 가담하여 전체적으로 노란색, 자주색, 진홍색, 파란색, 빨간색, 흰색의 여섯 가지 주요 색상 그룹을 포함할 수 있었다. 색은 선명할수록 좋았다.

1856년 카이는 런던을 떠나 아가일에 위치한 인버러리 성의 수석 정원사가 되었다. 서덜랜드 파크의 은퇴한 정원사 도널드 비튼과 클리브던의 존 플레밍은 화단 시스템의 가장 영향력 있는 주창자였다. 클리브던에서 플레밍은 봄철 화단으로 실험했다. 그는 영구적인 가장자리에는 이른 봄 개화하는 크로커스를 사용하고 튤립, 히아신스, 수선화 등 봄철 개화 알뿌리 식물들 외에도 아네모네, 에리시멈, 알리섬, 그리고 데이지, 물망초, 팬지를 식재했다.

▲ 색상의 차이와 대비를 보여 주는 색상환. 1861년 파리에서 피르맹 디도가 출판한 유진 슈브뢸의 『색상을 정의하고 이름을 지정하는 방법의 해설Exposé d'un Moyen de définir et de nommer les couleurs』에서 발췌했다.

슈브뢸의 색상환

CHEVREUL'S COLOUR WHEEL

1810년에 독일의 시인 괴테가 『색채 이론Theory of Colours』을 출판하여 색의 본질과 인지 과정을 살펴보았다. 파리의 고블랭Gobelins 태피스트리 작업에 고용되었던 프랑스의 화학자 미셸 외젠 슈브뢸Michel Eugene Chevreul은 괴테를 좇아 1839년에 색채 행동에 관한 이론서를 출판했고, 1854년 영어로 번역되었다. 슈브뢸은 염료 사용의 개선을 위해 서로 인접한 색의 영향을 연구했다. 그의 유명한 색상환은 색의 조화와 동시 대비에 관한 그의 이론을 입증했고, 파리의 태피스트리처럼 정원사에게 유용했다.

조셉 팩스턴은 보색에 대한 슈브뢸의 견해를 지지한 반면에 도널드 비튼은 슈브뢸의 작업은 정원 경험이 전무한 색채 이론가의 단순한 추측이라며 일축했다. 그는 녹색 배경 효과는 전혀 고려하지 않았는데, 꽃의 색은 녹색에서 분리될 수 없었다. 이론가들은 추상적으로 색을 고려하지만 정원사는 빛, 전망, 명암, 그리고 대기 효과 등의 다양한 변수를 고려해야 한다. 영국의 습한 잿빛 온대 기후에서는 선명한 색이 요란해 보일 수 있는 반면에 강한 햇빛에서는 희미해짐으로써 아무것도 아닌 엷은 색조가 빛을 발할 수 있었다.

▲ 클리브던에서 존 플레밍이 보여 준 선례를 따라 적어도 세 차례 시즌의 화단을 갖는 것이 일반적이 되었다. 버킹엄셔에 위치한 워데스던 저택의 화단 모습이다.

플레밍의 유일한 문제점은 가을철 알뿌리 식재로 지면이 깨끗하게 비워져야만 하는 텅 빈 화단이었다. 비튼의 혁신은 색깔의 미묘한 차이였는데, 매우 유사한 색의 식물들이 줄지어서 혹은 무리를 이루며 차등적으로 식재되어 세련된 결과를 얻었다. 두 사람 모두 색채 효과의 옳고 그름에 독단적인 입장을 취하지는 않았다. 대신 지속적인 실험을 권장했다. 반면에 정기 간행물에서는 논란이 활발하게 진행되어 다양한 의견 개진에 여지를 남겼다.

◀ 수석 정원사들은 멍키퍼즐트리*Araucaria araucana*처럼 유행에 따라 새롭게 도입되는 수많은 식물의 재배에 필요한 사항들을 숙지해야 했다. 수작업으로 채색한 이 석판화는 1862–1865년 벨기에에서 출판된, 루이스 반 호테와 찰스 르메어의 『유럽의 온실과 정원의 식물상Flore des Serres et des Jardins de l'Europe』에서 발췌했다.

정원의 새로운 기술 New Technology in the Garden

화단 정식bedding out에는 영국 제국의 영향력과 경제력 외에도 기술과 원예의 폭발적인 혁신이 반영되었다. 1845년 이전에는 유리에 세금이 많이 부과되었기에 오랑주리와 온실conservatory에 외래 식물을 재배하는 것은 부자들의 전유물이었다. 유리 관련 세금 폐지와 판유리의 발명은 효율적인 온수 시스템과 서리 방지, 방수 주철과 함께 대규모 온실 조성을 가능하게 했다. 온실에서는 화단 식물들만이 아니라 복숭아, 포도, 파인애플처럼 사교 모임에서 인기 있는 식용 식물, 그리고 바나나, 야자, 향기 나는 아카시아 같은 비내한성 외래 식물을 재배했다. 난초류, 양치류, 펠라르고늄 같은 더 이동성이 좋고 바람직한 표본 식물들은 시간 간격을 두고 온실로 옮겨졌을 것이다. 그렇게 온실은 유행을 따르는 중산층 가정에 필수 요소가 되었다. 값싼 석탄과 값싼 노동력 덕분에 이런 식물들이 적절한 가격에 제공될 수 있었다. (박봉이긴 하지만) 고도로 숙련된 전문 정원사 부류의 등장으로 재배 가능한 식물의 범위와 품질이 크게 증가했다.

18세기 내내 계통 식물 육종은 예측하기 어려운 복불복의 영역이었다. 새로운 정원 식물 잡종은 특별한 형질을 위해 의도적으로 육종되기보다는 주로 씨앗에서 발아한 묘苗에서 우연히 발견되었다. (펠라르고늄은 몇 안 되는 예외 중 하나였다.

1714년 무렵에 펠라르고늄 조날레*Pelargonium zonale*가 이미 펠라르고늄 인퀴난스*P. Inquinans*와 교배되어 화단용 제라늄의 원조 격인 조날 펠라르고늄이 만들어졌다.)

하지만 보다 과학적인 접근이 탄력을 받고 있었다. 18세기 픽처레스크 운동의 옹호자인 리처드 페인 나이트의 동생인 토머스 앤드루 나이트는 초기 과일 전문가로서 과수원에서 재배되는 새로운 개량 과일을 상업용으로 재배했다. 1795년에 그는 식물 육종에서의 우성과 열성의 작용에 관한 논문을 제출했다. 그레고어 멘델Gregor Mendel(1822–1884)이 완두콩의 유전적 특성에 대한 유명한 실험을 수행하기 훨씬 전이었다. 나이트는 1804년 원예 지식을 증진시키기 위해 설립된 런던 원예 협회의 초대 회장을 지내기도 했다.

장미 역시 과학적인 접근의 혜택을 받았다. 1792년에 노란색 목향장미*Rosa banksiae*가 도착한 데 이어 중국으로부터 더욱 흥미로운 장미들이 도입되었다. 1850년대 무렵에 새로운 색깔의 장미들은 생육이 왕성한 고전 유럽 장미와 교잡을 통해 하이브리드 퍼페추얼hybrid perpetual 계통의 장미로 만들어졌다. 이들은 한 계절이 아니라 여름 내내 꽃이 피고 진다는 특징이 있다.

이제 식물들은 국제적으로 합의된 이명법 체계에 따라 분류되었고, 새로운 도입 식물들은 빠르게 식별되어 명명된 후 점점 수가 늘어나는 양묘장을 통해 유통되었다. 낯선 식물들은 또한 그들의 재배에 필요한 요구 사항에 대한 분석이 이루어져야 했다. 이에 따라 식물학자들은 분류학자 역할을 했고 식물들이 어떻게 기능하는지도 이해할 필요가 있었다. 실제로 영국 곳곳으로 쏟아져 들어오는 새로운 식물들의 재배 방법을 알아낸 사람들은 수석 정원사들이었다. 그들은 각각 연이어 유행하는 식물들의 서로 다른 요구 조건을 터득하고, 새로운 원예 잡지에 자신들의 지식을 공유한 주역들이었다.

수석 정원사들의 관리를 통해 담장으로 둘러싸인 키친 가든은 더 이상 18세기처럼 멀리 감추어져 있지 않았다. 자연스러운 계절성을 훨씬 뛰어넘는 엄청나게 다양한 과일과 채소를 생산해 내면서 그 이전에도 또 이후로도 결코 볼 수 없는 정교하고 세련된 수준에 도달했다. 독일 화학자 유스투스 폰 리비히가 이끄는 가운데, 식물의 병과 영양에 대한 이해가 높아졌다. 그 결과로 최초의 인공 비료가 도입되었다. 고무호스 같은 유용한 발명품들도 존재했다. 첫 번째 고무호스는 1821년에 미국에서 특허를 받았다.

재능 있는 아마추어들도 식물 지식에 기여했다. 코츠윌드의 비턴에서 성직자 헨리 니콜라스 엘라콤(1822–1916) 수사 신부는 큐 가든과 다른 저명한 정원사들과 식물과 씨앗을 교환했다. 그는 지중해 회향fennel으로 불리는 페룰라 콤무니스*Ferula communis*를 씨앗에서부터 성공적으로 재배하여 3.6미터까지 꽃대를 피워 올리게 만들었다. 이는 널리 사랑받았던 그의 정원에 새롭게 도입된 많은 식물들 가운데 하나였다. 특히 설강화*Galanthus nivalis*를 좋아했다. 1860년 페인스윅의 제임스 앳킨스로부터 설강화 '앳킨시Atkinsii'를 얻게 되었을 때는 열정적인 많은 정원사들에게 이 식물을 분양해 주는 역할을 했다. 설강화 '앳킨시'는 특별히 훌륭한 품종으로 크기, 형태, 품질, 왕성한 생장에 있어 다른 어떤 품종에도 뒤지지 않았으며, 키는 18센티미터까지 자랐다. 엘라콤이 식물과 계절별 가드닝에 대해 저술한 『글로스터셔 정원에서In a Gloucestershire Garden』(1895)는 여전히 실용적이고 학문적인 고전으로 남아 있다.

▲ 엘라콤 수사 신부는 특히 자신의 정원에서 아주 높고 거대하게 자란 지중해 회향을 자랑스러워했다. 그의 식재는 '적합한 장소에 적합한 식물 식재right plant, right place'의 초기 사례다. 그는 식물을 보여 주기 위해서가 아니라 성공적으로 잘 자라게 하는 데 기반을 두었는데, 20세기 생태학적 인식을 예측한 것이었다.

잎의 유행

A FASHION FOR FOLIAGE

1840년대 후반, 실험적인 수석 정원사였던 조지 플레밍은 이미 트렌트햄 홀에서 장식적인 잎을 가진 식물들을 재배하고 있었다. 1830년대에 들어서면서 양치류에 관한 책들이 등장하고, 1840년대에는 워디안 케이스(221쪽 참조)가 발명된다. 이제 양치식물은 이끼류와 아이비와 경쟁하며, 실내에서 재배되어 거실에서 즐길 수 있었다. 밖에서는 루바브, 녹색에서 자주색과 흰색까지 모든 색을 지닌 케일 같은 내한성 실용 작물들, 그리고 일반종과 무늬종 옥수수가 잎에 흥미를 더했다.

1850년대 독일에서는 보다 이국적인 식물들이 사용되고 있었다. 남아메리카와 중앙아메리카로부터 온 열대 칸나와 마란타는 모두 장식적인 줄무늬와 패턴을 가진 잎을 선보여 여름 화단용으로 인기를 끌었다. 여름이 더욱 무더웠던 파리에서는 장 샤를 아돌프 알판드와 장-피에르 바리에-데샹Jean-Pierre Barillet-Deschamps이 몽소 공원에 콜레우스*Coleus*, 칼라디움*Caladium*, 디펜바키아*Dieffenbachia*, 신서란*Phormium*, 필로덴드론*Philodendron*을 택했다. 여름 화단에서는 생태학적 가드닝을 전혀 시도하지 않았다. 식물학적 무질서 속에서 가뭄에도 견딜 수 있는 사막 식물들이 열대 우림 식물들과 함께 자유롭게 어우러졌다. 1867년에 몽소 공원을 방문한 윌리엄 로빈슨은 무늬 잎을 가진 물대*Arundo donax*, 까치숫잔대*Lobelia × speciosa*, 인도고무나무*Ficus elastica*가 식재된 화단을 보고 감탄했다. 화단들의 하부는 비현실적이게도 목서초mignonette로 위장되었다. 빅토리아 시대의 절충적인 가드닝 방식이었는데, 결과가 매력적이라면 별난 조합도 허용되었다.

1864년 무렵에 오늘날 템스 강 남쪽 둑(위 이미지)에 있는 배터시 파크 감독관이었던 존 깁슨은 프랑스인들이 이국적 효과를 내고자 열대와

아열대 식물들을 사용하는 데 경쟁하기로 했다. 그는 바람에서 보호받는 정원을 조성했는데, 화단 가장자리를 끊어 움푹 들어가게 만들었다. 여기에 흙을 쌓아 위간디아*Wigandia* 같은 내한성이 약하고 희귀한 표본 식물들이 다른 식물들로 보호받을 수 있도록 조치했다. 불규칙한 형태의 잔디밭에는 나무고사리(딕소니아*Dicksonia* 품종)와 야자처럼 생긴 드라세나 종류가 점점이 식재되었고, 일부 화단에는 가지속*Solanum* 식물과 칸나가 식재되었다.

1860년대 동안 로빈슨은 열대 식물 화단의 흥미진진한 가능성에 관한 세 권의 책 일부를 저술하는 데 헌신했다. 하지만 1870년대 무렵에는 존 깁슨이 비내한성 식물을 사용하는 것을 비난했다. 대신에 대나무, 팜파스 그래스, 아이비, 그리고 매우 다른 효과를 만들어 내는 거대한 큰멧돼지풀*Heracleum mantegazzianum* 같은 내한성 품종을 추천했다. 오늘날 큰멧돼지풀은 위해 식물로 여겨진다. 영국의 정원에서는 사용이 금지되었는데 큰멧돼지풀의 잎과 줄기가 고통스러운 물집을 유발하기 때문이다.

◀▲ 왼쪽은 체셔의 태튼 파크에 있는 퍼너리fernery(*양치식물을 재배하고 전시하기 위한 온실)다. 1850년대에 조셉 팩스턴이 비내한성의 훌륭한 식물 컬렉션을 위한 공간으로 지었다. 오스트레일리아와 뉴질랜드로부터 도입된 나무고사리도 포함되었다. 군자란*Clivia*과 우드와르디아 라디칸스*Woodwardia radicans*(*새깃아재비속에 속하는 양치식물의 일종)가 위로 자라고 있음을 볼 수 있다. 규모는 다르지만 1840년대의 워디안 케이스의 발명은 양치식물 채집 광풍, 즉 '프테리도마니아pteridomania'로 이어졌다. 사람들은 면밀하게 유리를 끼워 만든 케이스 안에 비내한성 양치식물을 재배했다. 이 방법은 대기와 다른 오염으로부터 그 식물들을 보호해 주었다(오른쪽 위 이미지).

거대한 침엽수 사냥 Hunting the Giant Conifers

19세기에 서양에 도입된 많은 나무들은 임업 개발을 위해서도 사용되었지만 원래는 넓은 수관을 가진 낙엽수 위주로 구성되었던 정원과 풍경의 외관을 급진적으로 변화시키는 데도 한몫을 담당했다. 기존에 조성된 스타우어헤드와 같은 공원들이 새로운 양상을 띠게 된 한편, 수목원 또는 침엽수를 집중적으로 재배하는 침엽수원pinetum에서는 열심히 새로운 나무들을 수집했다. 19세기 내내 많은 선교사들과 탐험가들이 자연주의자로 활약했다. 그중에는 식물학자로 훈련받은 전문적인 식물 사냥꾼들도 있었다. 그들은 식물원과 양묘장, 그리고 개인 후원자의 특별한 지시를 받고 식물 수집에 파견되었다. 개발 중이던 큐 가든에서는 전 세계로 탐험가들을 보내 그들에게 실용적·과학적 용도를 위한 외래 식물들을 찾도록 했다. 한편 양묘장 또는 런던 원예 협회(1861년부터 왕립 원예 협회)를 통해 파견된 사람들 역시 집과 정원을 위한 관상용 식물을 찾아다니고 있었다.

스코틀랜드인 데이비드 더글라스는 런던 원예 협회에 고용되어 1823-1827년에 유럽과 멀리 떨어진 아메리카 북서부를 탐험했다. 이곳 기후는 영국 제도와 매우 유사했으며 소나무류, 전나무류, 잎갈나무류, 미국삼나무 같은 거대한 침엽수들이 경관을 지배했다. 1741년에 한 무리의 러시아인들이 같은 지역을 탐험했지만 그들이 수집한 식물들은 상트페테르부르크로 돌아가는 여정을 겪으면서 거의 살아남지 못했다. 1791년에는 이탈리아 항해사 알레산드로 말라스피나가 이끄는 스페인 탐험대가 태평양 연안을 방문했다. 말라스피나 무리의 식물학자들 중 한 명인 프라하 출신의 행케는 해안가에서 미국삼나무 종류인 세쿼이아 셈페르비렌스*Sequoia sempervirens* 표본들을 수집했다. 하지만 나중에 마드리드의 식물원에서 발아한 씨앗들에 속하지는 못했다. 아치볼드 멘지스 또한 미국삼나무 표본을 발견했지만 그도 더글라스도 이 씨앗을 가지고 오지는 못했다. 독일의 박물학자 테오도어 하르트베흐는 더글라스의 탐험이 있은 지 몇 년 후에 미국삼나무를 도입한 인물으로 여겨진다. 하지만 일부 사람들은 이 나무가 1843년에 와서야 러시아를 거쳐 마침내 영국으로 도입되었다고 여긴다.

세 번의 탐험에서 더글라스가 얻은 전리품에는 더글라스전나무로 불리는 미송*Pseudotsuga menziesii*, 귀족전나무*Abies procera*, 설탕소나무*Pinus lambertiana*, 그리고 몬터레이소나무*P. radiata*가 있다. 몬터레이소나무는 따뜻한 캘리포니아에서 도입되었고, 훗날 오스트레일리아 일부 지역에 귀화했다. 또한 윌리엄 롭William Lobb은 비치 양묘장을 위해 캘리포니아로부터 거삼나무*Sequoiadendron giganteum*를 수집했는데, 제임스 베이트먼이 비덜프 그레인지Biddulph Grange 가든을 위해 12기니에 12주의 묘목을 구입했다. 캘리포니아의 또 다른 침엽수인 금백*Chamaecyparis lawsoniana*은 1854년 에든버러에 위치한 로슨 양묘장을 통해 도입되었다. 레일란디측백*Cupressus × leylandii*은 쿠프레수스 마크로카르파*C. macrocarpa*와 보다 북쪽 지역이 원산인 다른 편백속*Chamaecyparis* 식물과의 속간 교잡으로 탄생하여 1888년 웨일스에서 자라기 시작하여 영국 제도에서 가장 빨리 자라는 침엽수가 되었다.

1830-1840년대에 글래스고의 식물학 교수인 조지프 후커 경(1817-1911)은 스코틀랜드 서부 해안에서 비내한성 나무와 관목을 재배할 수 있는 가능성을 인식했다. 이곳은 멕시코 만류로 습도와 강우량이 높지만 서리가 거의 내리지 않는 완벽한 환경이었다. 곧 콘월과 아일랜드 서부에도 새로운 나무 컬렉션이 조성되었다. 여기서는 나중에 후커 경이 수집한 다수의 만병초 종류와 약간의 동백나무 종류도 살아남을 수 있었다. 오늘날에는 몬터레이소나무와 쿠프레수스 마크로카르파로 이루어진 방풍림 안에서 히말라야에서 온 만병초와 목련, 그리고 칠레와 뉴질랜드로부터 도입된 식물들이 함께 번성하고 있다. 캘리포니아의 숲이 벌목업자들에게 심각하게 위협받았던 19세기 말, 이미 전설적인 수목 재배가이자 환경 보호 운동가였던 스코틀랜드인 존 뮤어John Muir는 많은 나무들을 공공의 보호 아래 두었다.

▲ 가장 초창기 나무 컬렉션 중 하나는 1829년에 설립된 로버트 핼퍼드 경의 웨스톤버트 수목원이다. 이곳은 방사상으로 뻗은 숲길과 함께 기하학적인 격자형 체계에 따라 배치되었다. 19세기 후반, 더욱 새로워진 수목원은 유사한 서식지로부터 도입된 식물들을 그룹화함으로써 이상적인 자연 공원이 되었다. 한껏 원숙해진 수목원은 이제 서양에서 가장 훌륭한 수목원 가운데 하나다.

암석원의 부상

THE RISE OF THE ROCKERY

▲ 홀 하우스에 있는 브로튼 부인의 암석원에는 뾰족한 바위 덩어리들이 8미터 높이까지 쌓아 올려 있었다. 눈을 표현하기 위해 회색 석회암, 석영, 스파spar, 그리고 흰색 대리석이 사용되었다.

르네상스 시대의 정교한 그로토와 18세기 말의 정원에서 볼 수 있던 픽처레스크 양식의 폐허, 동굴, 아치는 서양에서 암석을 이용하여 만든 형태다. 하지만 오늘날 우리가 알고 있는 암석원은 18세기가 끝나 갈 때까지 존재하지 않았다. (반면에 중국과 일본에서는 바위가 정원의 필수 요소였다.) 1775년 토마스 블레이키는 식물학자 존 포더길 박사에 의해 '희귀하고 호기심을 자극하는 식물들'을 찾기 위해 스위스 알프스에 파견되었다. 이것은 성공적인 여행이었고, 블레이키는 440개의 씨앗 패킷을 보내 왔다. 일부는 1789년까지 큐 가든에서 자랐다. 영국에서는 1780년대에 런던 첼시 피직 가든(213쪽 참조)에서 고산성 식물들을 위한 암석원이 처음 기록되었다. 여기에는 조지프 뱅크스가 1780년의 탐사 여행에서 아이슬란드로부터 가져온 화산암이 사용되었다.

점차적으로 암석원은 자연에서 나타나는 모습처럼 천연석을 쌓아 만든, 더욱 실제와 같은 모습을 갖추었다. 그리고 땅속 깊이 탐색하며 자라는 전형적인 고산 식물들의 뿌리를 위한 깊은 토양 주머니를 제공했다. 이와 달리 자연을 모방하는, 때로는 기이한 방식들도 존재했다.

1838년 브로튼 부인은 홀 하우스의 잔디밭 끝 쪽에 스위스에 있는 거대한 샤모니 계곡을 축소하여 재현했다. 한편 1842-1848년에 조셉 팩스턴이 채스워스에 조성한 웅대한 암석원은 폭포와 거대한 바위 더미와 함께 가공할 규모를 자랑했다. 1850년대의 비덜프 그레인지의 암석원은 강렬한 빛과 정확한 배수 조건을 달성하기는 어려웠지만 고산성 식물의 요구에 부합하는 재배 조건을 제공하려고 했던 진정성 있는 시도였다.

1848년 무렵, 암석원 애호가들은 실제 바위와 제임스 풀럼의 (돌무더기 위에 포틀랜드 시멘트를 부어 만든) 풀러마이트Pulhamite 돌 가운데 선택할 수 있었다. 백하우스 요크 양묘장은 암석원 식물을 전문으로 취급하기 시작했다.

1900년 무렵, 헨리Henley 근처에 있는 프라이어 파크의 프랭크 크리스프는 모든 암석원 가운데 가장 경이로운 것을 만들어 냈다. 마터호른 산의 축척 모형인데, 정상에는 설화 석고로 만든 눈이 쌓여 있었다. 특별히 조성된 철로를 이용해 템스 강 계곡으로부터 약 4천 톤의 돌이 운반되었다. 크리스프의 암석원은 기괴한 모습에도 불구하고 고산 식물의 신중한 재배를 위한 장소였으며, 약 2천500종의 식물들에게 적합한 서식처를 제공해 주었다. 식물들을 야생에서 자라는 것처럼 재배하고자 했던 당대의 욕망은 암석원에 대해 쓴 레지날드 파러의 고전적 저서와 함께 다음 세기의 고산 식물 재배에도 영향을 미쳤다.

동양으로부터의 발견 Discoveries from the East

1815년부터 쇄도한 만병초萬病草의 유입은 유럽 숲 정원의 모습을 바꿔 놓았다. 첫 번째 만병초는 인도 콜카타 식물원에서 영국으로 왔다. 네팔에서 채집한 로도덴드론 아르보레툼*Rhododendron arboretum*의 씨앗이 흑설탕 통 안에 성공적으로 포장되어 운송되었다. 이후 만병초 교잡이 빈번하게 이루어졌고, 수많은 낙엽성 아잘레아 가운데 최초인 겐트 아잘레아 같은 품종들이 만들어졌다. 이 만병초 묘목들은 산성 토양에서 살아남아 새로운 종류의 숲을 형성했는데, 봄에는 화사한 색깔을 드러내고 연중 나머지 기간 대부분은 무미건조한 느낌이었다.

1842년 제1차 아편전쟁에서 중국이 패한 후에 식물 수집가 로버트 포춘(1812–1880)은 런던 원예 협회를 통해 파견되어 중국을 탐험했다. 그의 업무는 정원에 사용할 내한성 식물 찾기였다. 여기에는 파란색 작약, 노란색 동백나무, 노란색 겹꽃 장미, 아잘레아, 백합, 오렌지, 복숭아, 그리고 다양한 차 종류가 포함되었다. 처음 두 가지 품목은 찾기 불가능했지만 한 양묘장에서 노란색 겹꽃 장미를 발견할 수 있었다. 1848년 그의 두 번째 탐사에서 발견된 것들은 중국에서 밀반출되어 인도의 아삼과 시킴 지방에 있는 새로운 농장에 공급되었다. 차는 인도의 주요 수출품 중 하나가 되었다. 포춘은 중국의 재배가들로부터 많은 훌륭한 식물을 도입할 수 있었다. 중국수양쿠프레수스*Cupressus funebris*와 백송*Pinus bungeana* 외에도 겨울에 꽃이 피는 인동 종류와 재스민 같은 내한성 관목류, 그리고 운금만병초*Rhododendron fortunei*가 포함되었다.

1860년에 포춘은 마침내 외국인에게 문호를 개방한 일본을 탐사할 수 있었다. 그러나 삼나무*Cryptomeria japonica*, 뿔남천 종류, 대상화 컬렉션 수집은 유명한 양묘장에서 파견되어 일본에 온 동료 존 굴드 비치John Gould Veitch보다 뒤처졌다. 같은 시기 일본에서 수집 활동을 벌였던 비치는 소나무류, 편백류, 일본잎갈나무*Larix kaempferi*를 포함한 17종의 새로운 침엽수만이 아니라 목련류와 백합류를 도입할 수 있었다. 18세기의 '아메리카 정원'은 식물이 자생하는 서식지와 유사한 환경을 제공해야 할 필요성을 보여 주었다. 많은 만병초류, 단풍나무류, 목련류가 산성 토양을 필요로 했기에 더욱 중요해졌다.

동인도 회사 회원들은 인도로부터 식물을 공급받을 수 있는 좋은 위치였다. 조지프 뱅크스 경은 당시 개발 중이던 콜카타 식물원의 로버트 키드 중령(1746–1793)과 윌리엄 록스버그(1751–1815)로부터 씨앗을 선물받았다. 벵골에 있는 콜카타 식물원 정원은 식물학적 지식의 발전보다는 실용적인 상업용 작물의 실험을 위해 설립된 곳이었다. 그러나 마드라스의 식물상에 몰두했던 (그리고 뱅크스에게 자신의 논문들을 남겼던) 독일인 의사 요한 게르하르트 쾨니그(1728–1785)는 인도에서 발견될 부富에 대해 암시했다. 18세기 무렵 동인도 회사는 에든버러의 존 호프 교수에게 식물학 훈련을 받은 외과의사들을 고용하고 있었다. 윌리엄 록스버그는 호프의 가장 재능 있는 제자 중 한 사람으로 인정받았고, 1789년 마드라스 정부의 자연주의자로 임명되었다. 그는 토종 식물들을 묘사하기 위해 사말코타Samalkota의 정원에 원주민 화가들을 고용했고, 1790년 무렵 700점에 달하는 완성된 그림을 얻었다. 록스버그는 지역 화가들에게 자라나는 꽃들을 그리도록 의뢰한 최초의 영국인 식물학자로 보인다. 그리고 이렇게 제작된 그림들 대다수는 1795-1820년에 모두 3권으로 출판된 『코로만델 해변의 식물들Plants of the Coast of Coromandel』에 수록되었다.

1793년에 록스버그는 동인도 회사의 콜카타 식물원 감독관으로 임명되었다. 첫 번째 임무는 런던 출신의 재배가인 크리스토퍼 스미스를 식물원 정원사로 임명하는 것이었다. 스미스는 런던 큐 가든으로부터 콜카타 식물원 정원에 필요한 식물들을 가져왔다. 또 자신이 유럽의 기후에 적합하다고 생각했던 인도 식물들을 거의 즉시 탁송 화물로 부쳤다. 록스버그의 우선순위 임무는 기근으로부터 인구를 보호하는 것이었고, 이를 위해 특별한 코코넛 작물을 재배했다. 하지만 2년 정도의 기간 동안 2천 본의 식물들을 영국으로 보냈다. 식물들은 네팔과 서인도 등과 같은 다른 국가들에서도 도입되었다. 1803년의 한 방문객은 육두구, 계피, 비파가 성공적으로 재배된 것을 보았다고 언급했다.

윌리엄 록스버그는 30년 넘도록 인도 식물들의 방대한 목록을 집대성했는데 그가 죽은 후에 『인도의 식물상Flora

Indica』(1820–1830)이라는 제목으로 출판되었다. 이 책의 편집자 윌리엄 캐리는 록스버그의 후계자인 나다니엘 월리치Nathaniel Wallich(1786–1854)가 네팔에서 발견한 식물들을 추가했다. 캐리는 록스버그가 원래 콜카타에 보유 중이던 300종의 식물을 거의 3천500종으로 증가시켰고, 2천 종 이상의 새로운 식물들에 관한 설명과 그림을 준비하는 업적을 세웠다고 했다. 그는 록스버그 아이콘Roxburgh Icones으로 알려진 2천542점의 식물 세밀화들을 모았는데, 큐 왕립 식물원에 남아 있다.

콜카타 식물원을 인계받은 나다니엘 월리치는 열정적이고 용감한 수집가였다. 네팔에서 1년의 시간을 보냈고, 힌두스탄 평야의 서부와 미얀마 남부에서도 식물을 수집했다. 그는 많은 인도 식물에 자신의 이름을 남겼다. 히말라야에서 월리치가 발견한 식물들 중에는 몇몇 홍자단과 제라늄 종류, 베르게니아 리굴라타*Bergenia ligulata*, 그리고 부탄잣나무가 있다. 1835년 데본셔의 공작은 미얀마의 암헤르스티아 노빌리스에 관한 월리치의 설명을 읽었다. 월리치는 그에게 2개의 암헤르스티아 표본을 주었는데, 하나는 집으로 가는 항해 도중 고사했다. 나머지 하나도 채스워스에서 꽃을 피우지 못했다. 하지만 런던의 존경받는 정원사였던 미들섹스의 로렌스 부인이 마침내 어린 묘목을 얻어 가장자리가 노란색인 붉은 꽃들의 화려한 총상 꽃차례를 만들어 냈고, 그중 하나의 꽃차례를 빅토리아 여왕에게 헌정했다.

1830년대 동안 영국 동인도 회사는 빅토르 자크몽이 파리 식물원을 위해 식물을 수집할 수 있도록 해 주었다. 자크몽의 노트는 1832년에 그가 일찍 죽음을 맞이한 후 파리로 돌아왔는데, 4천700본에 이르는 식물들의 서식지에 관한 설명과 세부 사항이 담겨 있었다. 엑세터에 있는 비치 양묘장에서 일하고 있던 토마스 롭(1820–1894)은 1848년 인도로 가서 난초를 수집하던 중 카시아 힐즈에서 조지프 후커를 만났다. 네팔에서 롭은 베르베리스 왈리치아나*Berberis wallichiana*와 릴리움 왈리치아눔 네일게렌세*Lilium wallichianum* var. *neilgherrense*를 보내왔다. 커티스는 1856년에 자신의 잡지를 통해 롭이 아삼으로부터 보내온 하이페리쿰 오블롱기폴리움*Hypericum oblongifolium*에 대해 다루었다.

런던 원예 협회의 서기관이었던 존 린들리는 상대적으로 도외시된 히말라야 지역의 식물상에 집중할 것을 제안했다. '영국 제국의 기후와 히말라야 여러 지역의 유사성이 잘 알려져 있다'는 이유에서다. 식물학자들만이 아니라 육군 장교들까지 많은 탐험가들과 수집가들이 곧 이 지역으로 몰려들었다. 아일랜드 출신 에드워드 매든 중령은 글래스네빈Glasnevin 식물원과 큐 식물원에 씨앗을 보내 주었다. 그가 도입한 가장 기억에 남을 만한 식물은 자이언트 히말라야 릴리로 불리는 카르디오크리눔 기간테움*Cardiocrinum giganteum*이다(1824년 월리치가 묘사). 1851년 콘월의 트루로 근처에 위치한 보스카웬Boscawen 정원에서 첫 번째 꽃이 피었다.

많은 히말라야 식물이 영국에서 실제로 내한성이 있음이 증명되었으나 만병초보다 인기 있는 식물은 없었다. 훗날 큐 가든의 디렉터로서 아버지의 뒤를 이은 조지프 후커는 시킴 히말라야 지역에서 25종의 만병초를 수집했다. 그중 로도덴드론 실리아툼*R. ciliatum*은 수고가 단 18센티미터였을 때 큐 가든에서 처음으로 꽃을 피웠다. 찰스 다윈에게 헌정된 후커의 저술 『히말라야 저널Himalayan Journals』(1854)은 그의 식물 수집 탐험에 대해 기술한다. 하지만 그는 『영국 식물 안내서Handbook of British Flora』로 가장 많이 기억될 것이다. 이 책은 1858년 조지 벤담과 함께 저술했고, 보통 간단히 '벤담과 후커'로 불린다.

많은 다른 히말라야 속genus들은 곧 서양 정원을 풍요롭게 만들었다. 그중에는 캠벨목련*Magnolia campbelli*, 캐시미어마가목*Sorbus cashmiriana*, 히말라야가문비나무*Picea smithiana*, 개잎갈나무*Cedrus deodara*, 덩굴식물인 클레마티스 몬타나*Clematis montana*, 그리고 눈부시게 파란 히말라야 양귀비가 포함되었다. 히말라야 양귀비 중 첫 번째인 네팔양귀비*Meconopsis napaulensis*는 월리치를 통해 발견되었지만 이 식물의 다양한 종류들을 영국에 도입한 사람은 후커였다. 가장 화려한 종류는 조지 와트가 네팔의 칸첸중가의 유적지에서 발견한 메코놉시스 그란디스*M. grandis*였다. 빅토리아 시대 사람들에게 추앙받던 화단 식물들의 획일적인 전시는 시노 히말라야 지역으로부터 온 내한성 고산 식물로 꾸준히 대체되었다. 어니스트 헨리 윌슨, 조지 포레스트, 킹덤 워드, 그리고 러들로와 셰리프는 모두 중국 서부 후베이와 시킴 지방을 탐험한 용감무쌍한 인물들이었다. 그들이 발견한, 일일이 열거하기에는 너무나 많은 식물들은 유럽에서 자연적으로 보이는 로빈슨 스타일의 정원을 만들 수 있는 가능성에 변화를 가져왔다.

엘바스턴: 나무들의 극장

ELVASTON: A THEATRE OF TRESS

영국 더비셔에 있는 엘바스턴 캐슬만큼 침엽수를 열심히 도입한 곳도 없었다. 이곳의 수석 정원사 윌리엄 배런William Barron은 큰 가로수 길에 침엽수를 세 줄로 식재함으로써 전정과 접목, 심지어 종간 교잡 실험을 했다. 그는 자신의 고용주인 제4대 해링턴 백작을 위한 환상적인 풍경을 조성하고자 엄청나게 복잡한 식물 조각을 만들었다. 백작은 정부이자 배우였던 마리아 푸테와 결혼하기 위해 상류 사회에서 쫓겨났다. 이후 엘바스턴을 가상의 세계로 변모시키기를 바랐다. (아주 느슨하게) 기사도적인 사랑의 개념을 주제로 한 일련의 연극 같은 정원 룸을 만들어 자신들의 사랑을 기념하고자 했다. 그러나 배런은 이러한 모험의 공간 전체를 상상 속 침엽수원으로 여겼다. 잔디밭은 표본 소나무류, 전나무류로 장식했고, 존 굴드 비치의 값비싼 멍키퍼즐트리를 점점이 식재했다. 또 주목나무로 담장과 터널, 정자를 만들었다. 몽 플레지르Mon Plaisir 정원(위 이미지)을 그린 에드워드 아드베노 브룩의 묘사는 의심할 여지없이 엄청나게 비싸고 높게 자란 멍키퍼즐트리(286쪽 참조)를 보여 준다. 이 나무는 황금빛 호랑가시나무와 주목나무로 에워싸인 나무 그늘 아래 별 모양 화단으로 둘러싸인 공간에 자랑스럽게 자리 잡고 있다. 정원 너머에는 거대한 토피어리 나무가 보인다. 방문이 허락된 극소수의 사람들 중 하나였던 존 클라우디우스 루던은 이곳에 대해 '유럽 정원에서 알려졌거나 구할 수 있는' 거의 모든 종류의 침엽수가 자라고 있었다고 언급했다. 숫자와 크기에 있어 이전에는 결코 이런 규모로 자리 잡은 적이 없었던 많은 희귀 종들이 포함되었다.

▲ 이집트 신전의 입구를 지키는 돌 스핑크스. 출입구 위에는 태양신 라의 상징물이 자리 잡고 있다.

베이트먼의 호기심 보관함 Bateman's Cabinet of Curiosities

이렇게 많은 바람직한 새로운 식물들을 재배하기 위해서는 특별한 환경 조건이 필요했다. 이것은 스태퍼드셔에 위치한, 가장 흥미로운 빅토리아 시대 정원인 비덜프 그레인지를 위한 시작점이었다. 왕립 원예 협회의 초대 회장이었던 제임스 베이트먼(1811–1897)은 식물 애호가이자 재능 있는 아마추어 정원사로서 난초에 대한 열정을 비롯한 폭넓은 분야에 관심을 가지고 있었다. 그는 1850년대 동안 비덜프에서 다양한 식물 컬렉션을 위한 재배 조건과 픽처레스크 스타일의 환경을 제공했다. 또 이 식물들이 정원의 독립된 구역, 즉 서로 교묘하게 감추어진 일련의 '분할된 칸'에서 자라도록 했다. 정원에 미스터리가 숨겨진 듯한 느낌을 주기 위함이었다.

여기에는 이탈리아 테라스, 장미 정원, 다알리아 길, 여러 가지 색깔의 아잘레아, 거삼나무들, 그리고 존 클라우디우스 루던과 윌리엄 배런이 권장했던 언덕 위에 나무들을 식재한 침엽수원과 수목원이 있었다. 이러한 '세계 여행'은 이집트 피라미드와 함께 계속되었다. 그리고 피라미드는 마법처럼 '체셔의 시골집'으로 변형되었다. '스코틀랜드 협곡'은 다양한 산간 지대 식물들을 위해 믿음직스러운 산악 환경을 제공했다. (제임스 베이트먼은 해양 화가이자 암석 공사 전문가였던 에드워드 쿠케의 도움을 받았다.) 가장 장관은 '중국'이었을 것이다. 정원의 나머지 구역으로부터 신중하게 가려짐으로써 좁은 터널을 통해 들어가게 되어 있던 이 정원은 세심하게 구성된 놀라움이 가득했다. 여기에는 중국식 다리와 사원, 절, '드래곤 파르테르', 그리고 거대한 바위들을 쌓아 조성한 '중국의 벽'이 있었다. 베이트먼이 수집한 중국 식물들도 자랐는데, 특히 늘어지는 모양과 원뿔 모양을 가진 식물들과 로버트 포춘이 동양을 여행하며 발견했던 다양한 새로운 식물이 포함되었다.

▲ 비덜프 그레인지의 서쪽 테라스에서 바라본 다알리아 길과 셀터 하우스. 담장과 생울타리가 줄지어 조성된 계단식 산책로는 이탈리아 정원에서 끝난다.

제임스 베이트먼은 조지프 후커와 찰스 다윈Charles Darwin의 친구였다. 당대의 과학적 진보, 특히 새롭게 떠오르던 지질학과 고생물학도 매우 잘 알고 있었다. 또한 독실한 사람이었다. 정원의 중심부에 화랑을 지었는데, 이를 통해 자신의 종교적 신념과 화석 기록에 대한 지식을 조화시키고자 했다. 한편으로는 동료이자 난초 애호가였던 다윈의 진화론에 대한 도전이었다. 베이트먼은 '신앙인에게 그 문제를 해결하는 것은 어렵지 않다'고 주장했다. '양치류와 민꽃식물들은 신의 계획 초기에 등장했다. 왜냐하면 그 식물들이 궁극적으로 전환될 석탄은 우리 인류의 미래의 안락과 문명을 위해 오랫동안 축적되어야 했기 때문이다. 하지만 난초의 창조는 그들의 아름다움이 지닌 온화한 영향력에 의해 위로받게 될 인간이 지상에 등장할 때가 다가올 때까지 연기되었다.'

비덜프의 정원은 20세기 초에 황폐화되었으나 1988년 내셔널 트러스트에 인수되었고, 1856년 에드워드 켐프가《가드너스 크로니클》에 게재한 일련의 기사를 바탕으로 10여 년 동안 광범위한 복원 작업이 이루어졌다. 켐프는 '그 장소 전체에 걸친 표면의 놀라운 다양성'과 베이트먼이 '호기심 또는 인간의 취향에 따라 발견되고 재배된 위대한 식물 과에 속하는 거의 모든 내한성 식물들'을 위한 '안락한 서식지'를 되찾아 낸 방식에 기쁨을 감추지 못했다.

자연으로 회귀 Back to Nature

가장 웅장한 정원의 테라스에서 인공적인 것이 승리하는 동안에도 보다 자연주의적인 풍경과 토종 야생화에 대한 감상은 항상 존재했다. 1860년대 클리브던에서 존 플레밍은 숲 지대의 개방된 경관에 블루벨, 프림로즈, 아네모네 네모로사*Anemone nemorosa*가 식재된 둑을 조성함으로써 윌리엄 로빈슨의 『야생의 정원The Wild Garden』(1870)을 미리 선보였다. 역시 로빈슨보다 10년 앞선 시기인 19세기 중반 셜리 히버드가 저술한 책들은 기본적인 상식들로 가득했다. 가령 규모가 더 크거나 도시에 있는 정원만을 위한 화단의 화려함을 추천했고, 파르테르가 필요 없는 환경 조성을 제안했다. 파르테르를 가져야만 하는 사람들을 위해서 위해서 히버드는 다음과 같이 조언한다. '파르테르의 식재는 그것을 설계할 때와 마찬가지로 실수를 범하기 쉽다.' 그는 강렬한 원색만 사용하는 대신 중성 색조들로 실험해 볼 것을 제안했다. '진홍색 제라늄과 노란색 칼세올라리아의 진부한 반복은 다시없는 저속함과 무미함이다. 그리고 빨간색, 흰색, 파란색의 일반적인 배열은 문명인의 예술적 지위를 나타내기보다는 미개인을 즐겁게 하기에 좋은 방식이다.' 로빈슨과 마찬가지로 히버드 또한 과장을 좋아했다. 그럼에도 그의 저술은 이 주제에 관한 사람들의 관심을 끌었다. 다만 그것을 운동으로 번지게 한 것은 로빈슨의 몫이었다. 히버드는 보더를 조성하는 데 있어 전체적인 디자인의 일관성과 식물 또는 색군의 반복을 추천했다. 오늘날에도 유효한 조언이다. 여기서 다시 한 번 히버드의 말을 인용할 가치가 있다. '내한성 초본류 보더는 꽃의 정원에서 가장 훌륭한 특징이다. 하지만 일반적으로는 가장 안 좋은 것으로 치부된다. 잘 만들어지고, 잘 채워지고, 잘 관리되었을 때 이것은 일 년 열두 달 가운데 열 달 동안 풍성한 꽃을 선사한다… 화단 체계는 장식에 불과한 반면에 초본류 보더는 근본적으로 꼭 필요한 특징이다.'

19세기 말 무렵에 히버드의 아이디어는 윌리엄 로빈슨을 통해 확장되었다. 그리고 거트루드 지킬(428쪽 참조)에 의해, 히버드와 도널드 비튼을 모두 크게 만족시킬 법한 방식으로 조직화되었다.

▲ 1998년 스태퍼드셔의 스토크온트렌트 인근에 위치한 트렌트햄의 정원은 음울한 상태였다. 하지만 집과 정원에 대한 대규모 복원 프로젝트가 진행된 후 예전의 영광을 되찾았다. 이 정원은 현대 세대를 위해 다시 상상되었다. 피트 아우돌프, 나이젤 더넷, 톰 스튜어트-스미스의 설계로 다시 활력을 찾았다. 위의 사진은 트렌트햄 정원의 테라스를 보여 준다.

빅토리아 양식: 매도와 부활 Victorian Style: Reviled and Revived

'케이퍼빌리티' 브라운의 풍경은 그가 죽은 지 몇 년 지나지 않아 비난받았다. 그리고 빅토리아 시대의 인공성 역시 20세기 대부분에 걸쳐 요란하고 조잡하며 생태학적으로 건강하지 못하다는 비난을 받았다. 그러나 세기가 바뀔 무렵 재창조된 정원들은 이를 다시 생각하는 계기를 가져온 듯하다. 영국 버킹엄셔 주의 워데스던 저택Waddesdon Manor에 있는 프랑스 스타일의 대저택에서 호화롭고 혁신적인 화단의 전통이 부활했다. 찰스 배리 경과 윌리엄 앤드루스 네스필드가 요크셔 헤어우드의 정원을 위해 계획했던 거대한 남쪽 테라스는 1994년에 웅장하게 재현되었다. 트렌트햄은 21세기 동안 의기양양하게 재창조되었으며, 북아일랜드에 있는 캐슬 워드의 정교한 패턴을 가진 침상원沈床園(*주변보다 낮은 위치에 조성한 정원)은 복원 중이다. 더욱 흥미로운 것은 슈롭셔의 서니크로프트Sunnycroft, 케임브리지셔의 페코버 하우스Peckover House 같은 소박한 사유지의 복원일 것이다. 우리에게 교외 지역 빌라 정원에 대한 통찰력을 전해 주는데, 특히 한때 찰스 다윈의 집이었던 켄트의 다운 하우스가 매혹적이다. 이곳은 다윈의 야외 실험실 역할을 했다.

빅토리아 양식의 공공 공원은 덜 행복하다. 밀레니엄 전후로 부흥을 누렸지만 지금은 다시금 자금 마련에 어려움을 겪고 있기 때문이다. 그러나 빅토리아 양식의 키친 가든에 대한 엄청난 관심은 막을 수 없어 보인다. 가장 이른 시기에 복원이 이루어진 곳 중 하나는 1980년대 더비셔에 위치한 칼크 수도원이다. 19세기 정원사들의 사무실이 여전히 손상되지 않은 채 발견됨으로써 관심이 촉발되었다. 하지만 대중의 상상력을 사로잡은 복원은 1990년대 콘월의 헬리건Heligan에서 이루어졌다. 여기서는 정원의 기본 구조를 복원하려는 작업만이 아니라 한때 이곳에 사용되었던 잃어버린 원예 기술을 재발견하려고 했다.

▲ 톰 스튜어트-스미스는 트렌트햄의 호숫가 정원을 이루고 있는 빅토리아 시대의 이탈리아풍 파르테르에서 10만 본이 넘는 자연주의적인 알뿌리 식물과 숙근초를 포함하는 식재 계획을 수립했다. 이곳은 이런 형태의 정원 가운데 유럽에서 가장 규모가 큰 것 중 하나였다.

이렇게 오랫동안 방치된 많은 수의 공간은 커뮤니티 가든, 시민 농장, 양묘장 등 생산적 공간으로 환원되고 있다. 내셔널 트러스트에 속한 30곳이 넘는 키친 가든이 전일제 생산 농장으로 돌아왔다. 매년 더 많은 숫자가 추가되고 있다. 오늘날 우리는 이들 정원 대부분을 살아 있는 역사로 즐길 수 있다. 이곳에는 다양한 유산이 자라고 있고 (모두가 그렇지는 않겠지만) 빅토리아 시대의 재배 방식들을 선보인다. 가장 인상적인 곳 가운데 하나는 서식스에 있는 웨스트 딘인데 가장 까다로운 빅토리아 시대 수석 정원사들의 마음을 확실히 기쁘게 했을 아름답고도 엄격한 원예학의 본거지다.

The Americas 아메리카 대륙

남북 아메리카 대륙의 광활함 속에서 정원에 대한 언급은 다음의 질문을 유발한다. 지역의 기후란 어떤 것인가? 유럽인들이 상륙하기 전에 오늘날 멕시코(1300년부터)의 아즈텍족과, 오늘날 페루(1438년부터)의 잉카족은 타의 추종을 불허할 만큼 자신들이 사는 지역의 재배 조건을 완벽하게 이해하고 있었다. 16세기 초, 정복자들이 그 제국들을 멸망시켰을 때 그들은 그 지역에 잘 확립되어 있던 가드닝 전통의 진가를 알아보기 시작했다. (아즈텍족의 가드닝 전통은 화려함에 있어 그들과 동시대를 살았던 페르시아인들과 무굴 인도인들에 필적했다.) 영국, 프랑스, 네덜란드, 스페인의 초기 식민지 개척자들은 예상치 못한 기후와 외래 식물들과 다양하게 맞섰다. 그리고 결국 가드닝을 위한 지역을 만들어 내는 데 성공했다. 처음에는 동부 해안가를 따라서 그다음에는 더 멀리 서쪽으로 진출했다. 이 시기에 장차 캐나다가 될 지역의 원예는 대부분 비슷한 패턴을 따랐거나 존재하지 않았다.

19세기 말이 되면 가드닝이 보편화된다. 13장에서도 소개하겠지만 이번 장에서 다루고자 하는 이야기는 아메리카 대륙의 정원 디자이너들이 진정으로 그들의 역량을 발휘했던 시대에 관한 것이다. 여기서 우리는 이전의 디딤돌들에 관심을 갖게 된다. 즉 어떻게 아메리카의 지역적 스타일이 유럽에서 도입된 설계 개념으로부터 점차적으로 진화했는지, 그리고 어떻게 프레드릭 로 옴스테드 같은 위대한 선각자의 주도 아래 정원 조성 영역에서 더 새롭고 민주적인 태도가 나타나기 시작했는지. 이 과정에서 아메리카 대륙과 유럽 사이에 이루어진 대규모 식물 교환이 어떻게 대서양 양쪽 편에 있는 정원사들에게 혜택을 주었는지 또한 분명해진다.

◀ 서인도 원주민 중 한 사람이 씨앗을 뿌리고 있는 장면을 담은 그림으로 프랜시스 드레이크 경의 항해 동안 완성되었다. 16세기 후반에 그려진 199점의 삽화들 가운데 하나로, 18세기에 출판된 『인도의 자연사Histoire Naturelle des Indes』에 수록되었다.

아즈텍과 마야의 정원 Gardens of the Aztec and the Maya

1519년 스페인의 에르난 코르테스Hernán Cortés가 장차 멕시코가 될 지역을 점령할 당시, 1300년에 마야인들을 정복한 아즈텍인들이 북아메리카 남부를 지배하고 있었다. 아즈텍인들이 세운 제국은 작은 공국들의 모자이크로 이루어졌다. 아즈텍족은 인신 공양, 식인 같은 잔인한 풍습으로 기억되기도 하지만 16세기에 스페인 사람들이 발견했던 것처럼 아름다움과 즐거움 역시 그들의 문화에 중요한 부분이었다. 역사가 윌리엄 히클링 프레스콧이 묘사한 대로 테노치티틀란Tenochtitlán(오늘날 멕시코시티)으로 가는 길은 열대 초목들로 이루어진 지상 낙원 같았다. '신록이 무성한 융단으로 덮여 있고, 코코아나무들과 깃털 같은 잎이 무성한 야자나무들의 숲이 그늘을 드리우는 드넓게 구릉진 평원에는… 짙은 자주색 포도송이들과 무늬 메꽃들이 함께 덩굴을 이루며 자란다.'

아즈텍인들은 수준 높은 정원사들이었음이 분명하다. 해안 평원에서 번갈아 발생하는 열기와 습기는 모든 종류의 생장을 자극했다. 스페인군이 수도 테노치티틀란으로 진격하면서 계곡(멕시코 분지)을 발견했는데 이에 대한 스페인 사람들의 묘사는 프레스콧에게 깊은 영감을 주었다. '물, 숲 지대, 경작된 평야가 그림처럼 어우러진 그 빛나는 도시와 그늘진 언덕, 즐겁고 멋진 전경이 그들 앞에 펼쳐졌다. … 참나무, 플라타너스, 시더로 이루어진 고귀한 숲은 그들의 발밑에서 멀리까지 뻗어 있고… 유명한 베니스와 같은 아즈텍인들의… 큰 도시 한가운데… 노란 옥수수밭, 그리고 높이 솟은 용설란*Agave americana*(아가베), 과수원과 꽃 피는 정원들이 뒤섞여 있다.' 아즈텍인들은 산으로 둘러싸인 해발 2천200미터 고원의 호수에 '떠다니는 섬들'(치남파chinampa)을 만들었다. 비옥한 치남파는 인공적으로 만든 진흙 둑길로 연결된 배수로와 함께, 채소와 꽃을 재배하는 정원을 제공했다. 정복자들의 기록에 따르면 가드닝은 아즈텍인의 취미이자 엘리트 계층의 직업이었다.

마야 문명은 1천 년 넘게 즐거움을 위한 공원을 개발했지만 1500년 무렵 아즈텍의 통치자들과 귀족들은 더욱 화려하고 풍성한 공원을 제공할 수 있었다. 이들은 모두 위대한 제국의 휴양지로서 테노치티틀란과 테스코코Texcoco 근처 신성한 언덕에 개발되기도 했고, 테스코코 호의 곶과 섬에 수렵원으로 조성되기도 했다. 이 공원들은 고급스러운 궁전을 가졌다. 테스코징고와 같이 바위를 깎아 만든 목욕탕, 또는 차풀테펙Chapultepec 같은 얕은 돋을새김으로 바위에 얼굴을 새긴 곳도 있었다. 아즈텍의 황제 몬테수마 2세는 후대를 위해 자신의 화상을 보존했다.

도시에는 도시 정원이 있었다. 프레스콧에 따르면 일부 집들은 '평평한 지붕을 가지고 있었고… 난간으로 보호됨으로써 모든 집은 하나의 요새였다. 때때로 이 지붕들은 꽃들로 수놓은 파르테르와 유사할 만큼 두껍게 덮여 있었지만 꽃들은 건물들 사이에 조성된 넓은 계단식 정원에서 자주 재배되었다.' 동물원과 커다란 새장이 있는 놀이공원만이 아니라 수경 시설, 나무숲, 그리고 아주 많은 꽃을 볼 수 있는 원예 정원이 있었다. 또한 식물 컬렉션, 양묘장, 연구 목적을 위해 과학적인 방식으로 조성된 화단으로 파종상을 갖춘 단순한 식물원도 있었다. 14세기 중반에 런던에서 정원을 가꾸었던 다니엘 수사를 제외하고(120쪽 참조) 식물학적 컬렉션이 알려진 가장 초기의 사례에 속한다고 볼 수 있다. 그리고 반세기 이상 지난 후인 1540년대 유럽에 설립될 이탈리아 피사와 파도바 식물원보다도 앞선 것이었다.

아즈텍의 숙련된 정원사들은 해안 평원의 우림으로부터 온 내한성이 약한 식물들을 보호하고 재배하는 방법을 알고 있었음이 거의 확실하다. 오늘날 우리에게 알려진 가장 장식적인 꽃들 가운데 다알리아, 백일홍, 메리골드, 코스모스, 티그리디아 파보니아*Tigridia pavonia*, 폴리안테스 투베로사 같은 식물들이 멕시코에서 유래되었다. 담배, 해바라기, 분꽃 같은 식물들은 남아메리카가 원산이지만 아즈텍 문명에 흡수되었다. 이

▲ 아즈텍인들이 만든 떠다니는 인공 섬 치남파는 오늘날에도 여전히 작물을 재배하기 위해 사용된다. 겹겹이 쌓인 진흙과 초목이 나무뿌리들로 결합되어 물 위에서도 경작 가능한 땅덩어리가 만들어졌다.

식물들은 나중에 더 북쪽으로 옮겨졌고, 초기 유럽 정복자들이 도착했을 때 아메리카 원주민들이 이들을 재배하고 있었다.

멕시코에서 빠르게 자라는 토종 나무들 가운데는 낙우송*T. distichum*과 사촌 관계인 몬테주마낙우송*Taxodium mucronatum*과 세쿼이아 셈페르비렌스가 포함되었다. 둘 다 습지 환경과 높은 고도에서 잘 견디며, 산비탈을 녹화시키고, 웅장한 공원에 줄지어 자라거나 가로수 길에 식재되어 무게감을 주었다. 동물원에 있는 정원은 포유류와 조류를 수용하고자 하는 목적으로 조성되었다. 길 가장자리를 장식하는 트렐리스에는 꽃들이 자랐다. 하지만 관개용 운하 체계에 의해 (우리가 초기 이집트 무덤 벽화와 무슬림 정원에서 보았던 것과 같은) 직선으로 된 방식으로 구성되었다.

1460년대 동안 테노치티틀란의 몬테수마 1세는 테노치티틀란 남동쪽으로 95킬로미터 떨어진 후아테펙에 원예 정원을 만들었다. 이곳에 식재 가능한 식물들은 멕시코 분지보다 훨씬 다양했다. 황제는 10킬로미터에 이르는 경계 울타리 안의, 언덕이 많은 이곳 지형에서 개울을 댐에 가두는 방식으로 호수를 만들었다. 주변에는 다양한 열대 식물들을 식재했다. 일부는 테노치티틀란으로 가져왔는데, '상당한 물량의 식물들이 여전히 뿌리에 흙이 붙은 채 고운 천으로 감싸여 있었다.' 나중에 에르난 코르테스는 스페인 왕 샤를 5세(1500-1588)에게 보낸 편지에서 이 정원을 묘사했다. '지금까지 본 중에서 가장 아름답고 활력을 주는 정원이다. … 거기에는 멀찍이 여름 별장들이 있고 … 아주 화사한 꽃 화단, 다양한 열매가 달리는 수많은 나무들, 그리고 주로 허브 종류와 향기 나는 꽃들이 가득하다.' 치아파스 정복에 참여했던 디아스 델 카스티요Díaz del Castillo가 1532년 출판한 『멕시코의 발견과 정복 연대기Chronicle of the Discovery and conquest of Mexico』에서는 이렇게 묘사된다. '과수원은 너무나 아름답다. … 우리가 뉴new스페인에서 보았던 모든 것은 바라볼 만한 최고의 가치를 지니고 있었다. … 분명히 위대한 왕자의 과수원이었다.'

몬테수마 1세는 1468년에, 네사우알코요틀Nezahualcoyotl은 1472년에 죽음을 맞이했다. 1475년 테노치티틀란에 지진이 발생하자 통치자 악사야카틀Axayacatl은 귀족들과 가정주부들에게 재건된 도시를 조경과 정원으로 아름답게 꾸미도록 독려했는데, 훗날 몬테수마 2세 시대에 스페인 사람들에게 칭송받았다. 즐거움을 위해 마련된 주요 정원들은 악사야카틀 궁전 근처에 위치했다. 땅은 축축했으며, 주요 도시 운하가 정원들 사이로 흘렀다. 꽃뿐만 아니라 무수히 많은 물새와 다른 조류들, 파충류들의 서식지였다. 또 여러 곳으로 분산된 동물원과 커다란 새장 단지가 있었다.

테노치티틀란은 1519년 무렵 멕시코 분지에서 가장 중요한 도시였다. 좁은 도로와 운하로 이루어진 이 도시는 격자형 체계로 건립되었고, 3개의 넓은 둑길에 의해서 북쪽, 서쪽, 남쪽의 육지로 연결되었다. 공공 서비스와 위생 시스템은 16세기 유럽 어느 곳과도 비할 곳이 없었다. 각각의 거리에서 남자들은 끊임없이 비질하고 물을 뿌렸으며, 밤새도록 화로에 불을 지피며 곁을 지켰다. 거대한 바지선이 모든 폐기물을 수거했고, 이는 치남파 화단을 비옥하게 만드는 데 쓰였다. 16킬로미터 길이에 이르는 제방은 호수의 서쪽 끝을 차단함으로써 염습지에서부터 동쪽에 이르기까지, 달달한 민물을 가두었다. 안토니오 데 솔리스에의 동시대 기록은 테노치티틀란에 있는 몬테수마 2세의 정원에 대한

▲ 1570년 스페인의 필립 2세(1527–1598)의 주치의였던 프란시스코 에르난데스는 '신세계의 자연사, 고대사, 정치사' 연구를 의뢰받았다. 에르난데스가 저술한 16권의 책은 아즈텍인들의 의학 전통과 식물학적 가드닝에 관한 귀중한 정보를 제공한다. 에르난데스가 최초로 묘사하고 기술한 가장 놀라운 식물들 가운데 하나는 코코소치틀cocoxochitl, 또는 겹꽃 다알리아다. 그는 쿠아우나우악 산 근처에서 이 꽃을 발견했다.

묘사를 제공한다. '이 모든 집은 훌륭히 경작된 커다란 정원을 가지고 있다. 이런 휴양지에는 과일나무도, 먹을 수 있는 식물도 없었다. 식용을 위한 과실이 자라는 과수원은 평범한 사람들의 소유물이었고, 왕자들 사이에서는 유용성보다는 정원을 즐기는 쪽이 적절했다고 한다. 도처에 희귀한 다양성과 향기를 지닌 꽃들이 있었고, 약초는 마구간(아마도 야생 동물들을 위한 우리)에서 사용되었다. 모든 종류의 질환과 고통은 그 병을 치유하는 식물이 있었고, 식물의 즙을 내어 물약으로 마시거나 바르는 약으로 이용했다. 그들은 경험적으로 훌륭한 성과를 거두었는데 병의 원인을 찾지 않고도 환자를 건강히 회복시켰다. 이 모든 정원에는 … 깨끗한 민물이 흐르는 분수가 많았는데, 물은 이웃하는 산에서 온 것으로, 개방된 수로를 따라 둑길까지 흘러와 파이프로 들어간 다음 도시로 유입되었다.'

1521년 에르난 코르테스는 테노치티틀란을 포위하고 정복했다. 이 과정에서 테노치티틀란의 아름다운 정원 대부분을 파괴했다. 차풀테펙의 정상은 성이 되었고, 19세기로 가면 합스부르크가의 통치자 막시밀리안의 황궁이 된다. 그리고 1934년부터는 멕시코 공화국 대통령들을 위한 궁전이 되어 왔다. 이곳 공원은 멕시코시티에서 가장 중요한 휴양지 가운데 하나로, 아즈텍 시대부터 있던 고대 사이프러스 일부가 자라고 있다. (다시 16세기로 돌아가) 코르테스는 후아테펙을 자신을 위한 공간으로 만들었고, 스페인 왕국의 의사 프란시스코 에르난데스가 1570년에 이 도시를 방문했다. (오늘날에는 휴양지가 되었다.) 1532년 디아스 델 카스티요는 스페인 침공을 이렇게 말했다. '미래의 어떤 발견도 이보다 더 기가 막히지 않을 것이다. 아아! 오늘, 모든 것이 전복되어 사라지고, 아무것도 남아 있지 않다.' 이탈리아의 르네상스, 그리고 동시대인 페르시아와 무굴 인도의 정원들과 어깨를 나란히 할 만한 아즈텍의 정원들은 스페인에 의해 마구 파괴됨으로써 관념의 영역을 제외하고는 미래의 정원 발달에 아무 영향도 미치지 못한 것으로 보인다.

네사우알코요틀의 정원 휴양지

The Garden Retreats of Nezahualcoyotl

아즈텍의 통치자 네사우알코요틀(1430년경–1472년에 재위)은 '꽃의 정원과 커다란 새장을 즐겼다'. 17세기의 역사학자 알바 익스틸소치틀은 테스코코에 지어진 네사우알코요틀의 궁전에 대해 이렇게 썼다. '길은 관목 숲의 복잡한 미로를 지나서 키가 큰 시더와 사이프러스 숲이 그늘을 드리우는 욕조와 반짝이는 분수가 있는 정원으로 이어졌다.' 물이 담긴 수조에는 다양한 종류의 물고기들이 가득 차 있었고, 새들이 있는 커다란 새장은 요란한 열대의 깃털로 반짝였다. 산 채로 구할 수 없었던 많은 새들과 동물들은 금과 은으로 매우 능숙하게 표현되어, 위대한 자연주의자 프란시스코 에르난데스의 연구에 모델로 제공될 정도였다.

네사우알코요틀이 가장 선호했던 거주지는 수도의 북동쪽인 테즈코칭코Tezcotzinco에 위치한 시골 별장이었다. '테라스나 행잉 가든에 조성되었고, 모두 520개의 층층 계단을 가지고 있었는데, 대부분 천연 반암을 다듬어 만들었다.' 언덕 정상의 정원에는 수로가 있어 언덕과 계곡 너머 수 킬로미터에 걸쳐 물을 운반하여 저수지에 공급했다. 저수지 아래 유역은 수많은 수로들에 물을 분배함으로써 궁전을 둘러싼 관목과 꽃을 생기 있게 해 주었다. 네사우알코요틀의 가장 유명한 정원은 1420년대 후반에 테노치티틀란에서 시작된 차풀테펙이었다. 이곳은 아즈텍의 즐거움을 위한 정원들 가운데 최초로 기록되었다. 16세기 무렵에는 해안 우림으로부터 온 난초들이 재배되고 있었고, 넓은 층계참이 계단식으로 조성된 언덕에는 나무들이 식재되었다. 오늘날에는 고고학 유적지일 뿐이다.

페루의 잉카 The Incas of Peru

1532년 남아메리카에서 스페인 사람들은 콜롬비아 이전 시대의 또 다른 수준 높은 문명을 발견하고 이를 파괴했다. 기원전 2500년경부터 이어져 온 페루 안데스 산맥의 잉카 제국 문명이었다. 스페인 통치자와 고위 관료들은 가장 이른 시기의 스페인 연대기에 묘사되어 있는 정교한 정원들을 가지고 있었다. 불행하게도 정원의 레이아웃이나 관상용 식물들에 관해서는 어떠한 세부 사항도 남아 있지 않다. 해발 3.16미터에 위치한 티티카카 호수 주변에는 집중적인 농업 시스템이 있었다. 매우 성공적이어서 인구 밀도만 높았을 뿐 아니라 계곡과 관개가 가능했던 사막 지역에는 주거 지역을 이룰 수도 있었다. 소규모 산비탈 계단식 밭에서는 채소와 과일 외에도 의약, 피임약, 염료, 독성 물질을 위한 식물이 재배되었다. 스페인의 식물학자 이폴리토 루이즈 로페즈Hipólito Ruiz López는 1777–1788년에 이루어진 남아메리카의 탐사 여행 동안 잉카인들이 사용했던 약초들을 연구했다. 가파른 비탈의 테라스는 가장 낮은 지대에는 수백 헥타르에 걸친 작물 재배지가 포함되기도 했고, 맨 꼭대기 지대에는 고작 몇 줄 정도의 옥수수만 재배할 수 있도록 배열되었다. 이 거대한 테라스는 특정한 식물 품종들이 번성할 수 있는 보호된 미기후 지역을 제공했다.

마을들은 과수원과 넓게 퍼진 정원들 사이로 아주 높은 산악 고원 지대를 따라 무리를 지었다. 이에 대해 역사가 윌리엄 히클링 프레스콧이 『페루 정복의 역사History of the Conquest of Peru』에서 기술한 정보는 초기 스페인 연대기로부터 얻어졌다. 침략자들은 잉카의 통치자들에게 속했던 정교한 정원을 발견했다. 이 정원에는 수로, 연못, 때때로 은 또는 금으로 만들어진 수반이 있었다. 프레스콧은 계속해서 '수많은 다양한 식물로 가득한… 숲과 바람이 잘 통하는 정원', 그리고 금과 은으로 가장자리를 장식한 '파르테르'에 식물이 함께 배치된 것을 묘사한다. 감자가 이곳에서 최초로 재배되었다는 사실은 잘 알려져 있지만 불행하게도 스페인의 자료는 더 이상 유용한 세부 정보들을 제공하지 못한다. 프레스콧은 수도 쿠스코에 위치한 유카이yucay의 정원을 자세히 기술한다. 여기서 물은 은으로 된 지하 수로와 금으로 된 수반을 통해 흘렀다. 화단은 수많은 종류의 식물로 채워졌고, 꽃들은 열대의 온화한 기후 속에서 쉽게 잘 자랐다. 믿기지 않게 들리지만 페루의 산들은 잉카인들이 훌륭하게 장식해 놓았던 금으로 충만했다.

▲ 태양의 상징: 일반적으로 페루가 원산지라고 여겨지는 해바라기*Helianthus annuus*는 16세기 말 유럽에서 재배되었던 것으로 보인다. 해바라기는 거대한 크기로 인기를 끌었다. 현대에는 작물로 재배되는 해바라기가 아주 흔하다. 위의 정물화는 바실리우스 베슬러가 1613년에 출판한 위대한 화보집 『아이히슈테트의 정원』(203쪽 참조)에서 발췌했다.

훔볼트의 아메리카 여행

HUMBOLDT'S AMERICAN TRAVELS

▲ 프리드리히 게오르크 바이치가 그린, 터무니없이 긴 이름을 지닌 프리드리히 빌헬름 하인리히 폰 훔볼트의 초상화다.

1799년 독일인 알렉산더 폰 훔볼트Alexander von Humboldt(1769-1859) 남작과 프랑스인 식물학자 에메 봉플랑은 스페인 영토를 향해 항해했다. 그리고 1803년 3월에 오늘날의 멕시코 땅인 뉴스페인과 안데스 산맥에 도착했다. 훔볼트는 스페인 제국에 대한 식민지의 분개가 들끓던 시기에, 자비로 식물 재료를 연구하고 관찰하고 수집할 것을 위임받았다.

훔볼트는 안데스 대산맥의 지질학과 동식물, 그리고 잉카 제국의 재배 역사를 연구하며 2년의 유익한 시간을 보냈다. 또 다른 1년 동안에는 뉴스페인의 고원 지대 연구에 몰두했다. 그는 오늘날 콜롬비아에 해당하는 뉴그라나다의 보고타에서 유명한 식물학자 호세 셀레스티노 무티스를 만났다. 무티스는 1760년 이래로 말라리아를 억제하는 퀴닌quinine 식물을 포함한 남아메리카의 식물상을 연구해 왔던 사람이다. 에콰도르의 두 주요 화산인 침보라소와 피친차에 오른 훔볼트와 봉플랑은 오늘날 페루에 해당하는 페루 부왕령副王領으로 출발했는데, 가는 길에 키토와 쿠스코 사이에 있는 잉카의 도로에 깔린 반암 포장석을 조사했다. 훔볼트는 인근에 있는 잉카의 타파유팡기Tapayupangi 유적지를 방문했다. 이곳의 '여름 별장'은 단단한 바위에서 떨어져 나왔으며 황홀한 풍경을 바라볼 수 있는 전망을 제공했다. 파괴된 잉카 제국의 옹호자였던 그는 18세기 독일의 영국식 정원과 공원을 언급하며 '우리의 영국식 정원에는 더 우아한 것이 아무것도 들어 있지 않다'고 기록했다. 훔볼트와 봉플랑은 멕시코로부터 말메종의 주인인 조제핀 황후에게 새로운 종의 다알리아 씨앗을 보냈다. 훗날 봉플랑은 귀국하여 1808년 말메종의 큐레이터가 되었다(225쪽 참조).

탐험대는 6만 본이 넘는 식물 표본을 가지고 프랑스로 돌아왔다. 1804년 훔볼트는 자신의 가장 인기 있는 책이 되는 『자연의 측면Aspects of Nature』을 저술했다. 이 책은 여행기나 과학 논문이라기보다는 '자연사에 관한 미학적 논의'였다. 주요 독자는 교육을 받았지만 비과학적인 독자들이었다. 정원사들에게도 흥미로운 내용이 있었다. 진짜 토종 식물을 고수하는 대신 다른 어떤 지역에 자라는 식물과 닮은 식물을 식재함으로써 정원에 특정 지역의 스타일을 연출하는 게 가능하다 주장이다. 현대의 사례로는 지중해 스타일 정원에 뉴질랜드에서 온 신서란 종류를 사용하는 것이다. 여행의 결과는 20년이 넘는 세월에 걸친 고된 노력 끝에 약 30권의 책으로 출판되었다.

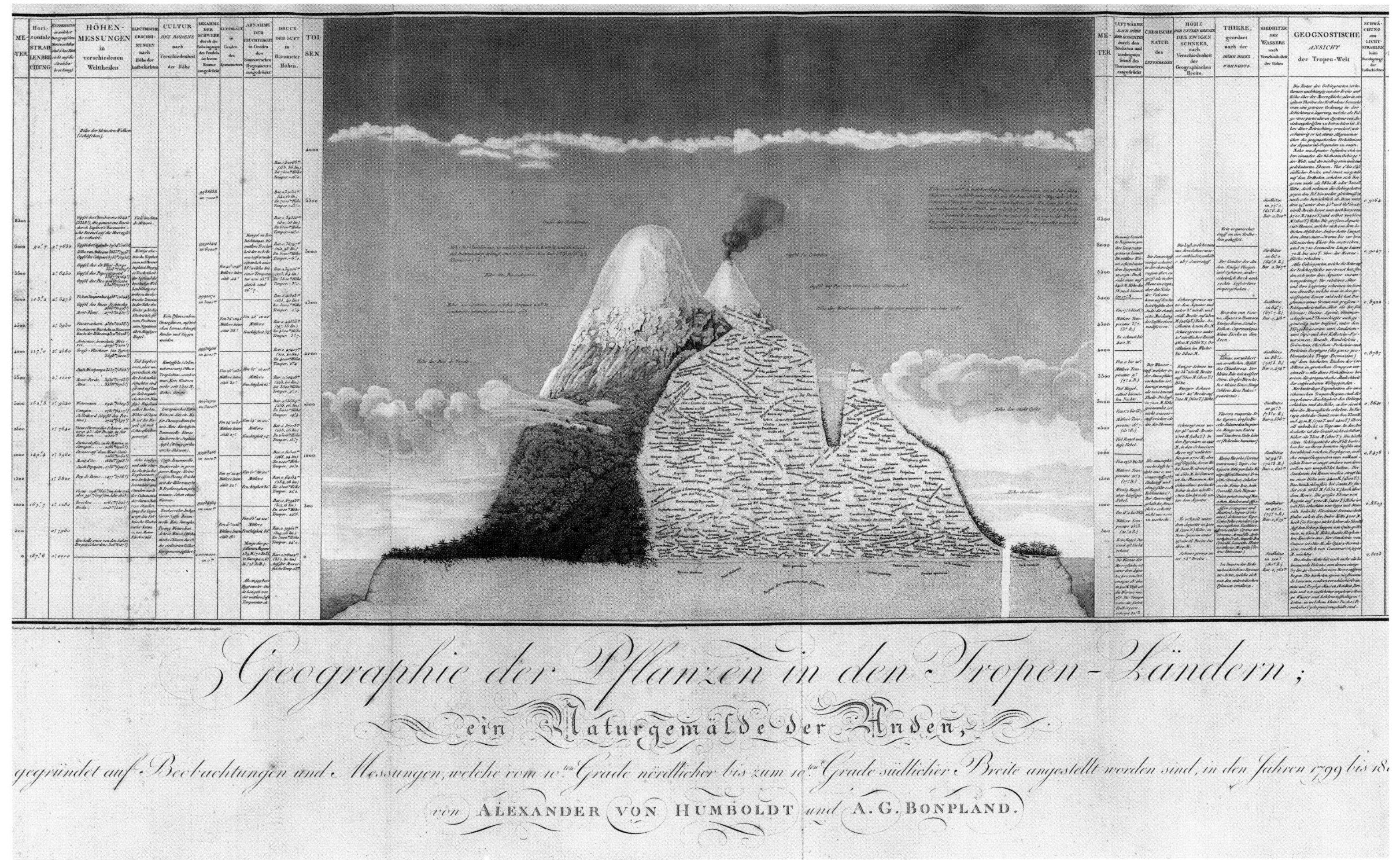

▲ 쇤베르거와 장-프랑수아 터핀이 그린 도판이 실린 『열대 국가 식물들의 지리학, 안데스 산맥에 관한 연구A Geography of Plants in Tropical Countries, A Study of the Andes』는 파리에서 출판되었다. 이 상세한 조사는 알렉산더 폰 훔볼트와 에메 봉플랑이 수행한 연구에 근거하여 1799–1803년에 북위 10도에서 남위 20도까지의 관찰과 측정을 통해 이루어졌다.

정복자들에게 잉카인들의 예술적이고 기술적인 업적은 아주 놀라운 일이었다. 칼라하리 사막이나 고비 사막, 북극 같은 환경적으로 가혹한 지역에서도 인구는 생존했지만 잉카처럼 높은 고도에서 이토록 생산적인 농업과 목가적 사회를 발전시키고 또 높은 인구 밀도를 유지한 곳은 없었다. 해안을 따라 거의 사막에 가까운 땅의 대부분은 관개가 이루어져야만 경작될 수 있었다. 그럼에도 잉카인들은 페르시아의 카나트(58쪽 참조)처럼 정교한 운하와 지하 수로 체계를 발달시켰다. 그들 중 일부는 엄청나게 길어서 산비탈로부터 적어도 650킬로미터에 이르는 곳까지 물을 가져왔다. 물은 천연 호수나 저수지에서 왔지만 길을 따라 형성된 다른 유역들은 배관을 통해 물을 공급할 수 있었다. 이를 위해서는 잉카인들이 웅장한 포장로를 건설할 때와 비슷한 상당한 엔지니어링 솜씨가 필요했다. 수로는 거의 1.5미터 높이와 1미터 폭의 석판으로 건설되었다.

잉카인들은 다양한 종류의 거름, 특히 바닷새의 배설물인 구아노guano를 농작물을 위한 비료로 사용하기 위해 개척했다. (몇 백 년 후 유럽의 사업가들은 막대한 이익을 남기고 팔기 위해서 구아노를 거둔다.) 계절에 따른 기온의 변화보다는 일교차가 수반되는 기후 상황을 고려함으로써 잉카인들은 서로 다른 고도에 적합한 다양한 식물을 재배할 수 있었다. 즉 해수면 부근에서는 바나나와

Their rype corne
Their greene corne
Corne newly sprong
Their sitting at meate
The place of solemne prayer
The house wherin the Tombe of their Herounds standeth
SECOTON
A Ceremony in their prayers wth strange jestures and songs dansing about posts carued on the topps lyke mens faces.

카사바*Manihot esculenta*를, 보다 높은 고도에서는 주요 작물인 옥수수, 용설란, 담배*Nicotiana* spp.를 재배했다. 자연주의자이자 여행가였던 알렉산더 폰 훔볼트는 열대 지방과 극지방 사이에 존재하는 식생 지대는 수직으로도 나타날 수 있다는 사실을 최초로 인식한 사람들 가운데 하나였다. 적도 부근의 해수면에서부터 만년설의 최저 경계선까지, 정확히 잉카 제국이 차지했던 영토가 그러했다.

◀ 1590년에 존 화이트가 그린 이 그림은 화가가 노스캐롤라이나의 세코톤에 위치한 원주민 마을을 바라보는 관점을 보여 준다. 독일인 출판업자 테오도어 데 브리가 1590년에 출판한 『버지니아의 새롭게 발견된 땅에 관한 간단하고 정확한 보고서A Briefe and True Report of the New Found Land of Virginia』에 판화로 삽입되었다. 이 작품은 월터 롤리 경에게 헌정되었고, 카롤루스 클루시우스가 라틴어와 프랑스어로 번역했다. 많은 부분을 상상력에 힘입었고, 존 화이트가 묘사한 현실보다는 스타일 면에서 더욱 유럽적인 작품이다.

북아메리카의 아이디어 교환 Exchange of Ideas in North America

아즈텍족이나 잉카족과 달리 북아메리카 인디언들은 기본적으로 수렵 채집인들이었다. 그들은 주식인 물고기와 사냥감에 과일과 채소를 보충했다. 또 상당한 식물학적 지식을 지녔는데, 특히 병을 치료하기 위해 재배한 식물들에 해박했다. 그러나 인디언들의 삶의 방식은 '즐거움을 위한 정원'이라는 순전히 관상적인 개념과는 맞지 않았다. 그들이 재배했던 50종 이상의 식물들은 음식, 음료, 염료, 옷감, 그리고 가장 중요한 의약을 제공했다. 일렉스 카시네*Ilex cassine*와 일렉스 보미토리아*I. vomitoria* 같은 호랑가시나무 종류는 대중적으로 인기 있는 음료를 생산했는데, 프랑스와 스페인의 작가들에게도 찬사를 받았다. 카마시아*Camassia* 종류의 알뿌리는 북서쪽 지역에서 채소로 이용되었다. 멕시코와 플로리다에서 초기 스페인 선교사들은 토착 원주민들에게 유럽에서 가져온 복숭아, 사과, 오이, 수박을 재배하는 법을 가르쳐 주었다. 복숭아 나무는 더운 여름에 번성했고, 복숭아 과수원은 너무 흔해서 초기의 아메리카 식물학자들은 토종 과일이라고 믿었다. 토종 붉은 뽕나무*Morus rubra* 역시 매우 흔했고 달콤한 검은 과일로 인기가 많았다. 이들은 자주 원주민들의 주거지 근처에 식재되었다.

북아메리카의 여러 지역 가운데 가장 초기의 유럽인들이 정착한 곳은 플로리다였다. 1565년 스페인 사람들이 플로리다 동북부의 항구 도시 세인트 오거스틴에 자리 잡았다. 세인트 오거스틴 주지사는 농업에 필요한 도구, 씨앗, 식물을 수입했고 이민자들의 마을은 25년 안에 정원과 과수원을 갖게 되었다. 유럽의 전통에 따라 담장으로 둘러싸인 직사각형으로 조성되었고, 약탈자들을 막기 위해 울타리를 쳤다. 더 북쪽으로는 캐롤라이나까지, 서쪽으로는 앨라배마까지 자리 잡은 많은 사절단이 있었고, 비슷한 모습의 정원들이 치료 효과가 있는 식물들을 재배하고자 조성되었다. 처음에는 유럽에서 가져온 식물들이 주를 이루었지만 점차 아메리카 인디언들이 치료제로 사용했던 식물들을 포함했다. 조지아의 식민지 설립자인 제임스 오글소프가 1733년 서배너에 도착했을 때 그는 선교사들이 남기고 간 올리브, 무화과, 레몬 농장, 그리고 스페인 사람들이 도입한 복숭아를 재배하고 있는 원주민들을 발견했다.

메인Maine 주의 동쪽 해안(당시에는 뉴프랑스)에는 사무엘 드 샹플랭Samuel de Champlain이 이끄는 프랑스인들이 1618년 무렵에 정원을 조성했다. 정원 배치도에 대한 스케치는 『여행기Les Voyages』에 수록되었는데, 동시대 프랑스 모델에 근거한 집들과 깔끔한 직사각형 문양의 정원을 보여 준다. 하지만 그것이 완성되었는지는 확실치 않다. 초기 몇 년 동안 대서양 연안의 모든 새로운 정착지에서 볼 수 있는 디자인의 기본 요소들은 아주 유사했다. 담장으로 둘러싸인 정원은 단순하고 기하학적으로 배치된 화단을 가지고 있었고, 보통 직선으로 되어 있었다. 이것은 집 바로 옆 울타리 안쪽에 적합했고 실용적이었다. 정원 소유주들에게는 아름다움만을 위해 식물을 재배하는 사치를 위한 공간이 거의 없었고, 그럴 만한 여유도 없었다. 식물들은 과일나무, 채소, 약간의 꽃들을 포함할 뿐이었다. 씨앗과 도구들은 그들의 고국에서 왔다.

새롭게 출현한 스타일은 지역 기후와 태도의 결과였고 이전과 주요한 차이를 보였다. 척박한 뉴잉글랜드로 온 유럽 정착민들은 종교적 또는 정치적 박해로 유럽을 탈출한, 개인적인 신념을 지닌 학식 있는 사람들이 많았다. 스페인이나 프랑스의 예수회 사람들이 그 지역에 종교를 전파하는 첫 번째가 되는 것을 막기 위해서라도 신세계에 청교도 복음을 전하는 것이 의무라고 느끼는 사람도 있었다. 이들 종교의 소박한 도덕성에 관한 근엄한 요구는 겉모습에 관한 어떠한 사치 또는 개인적 과시를 금지했다.

북쪽보다 따뜻한 남쪽 지역의 초기 정착자들은 이상주의보다는 이윤 추구라는 욕구에 사로잡혔다. 특히 18세기 초에 노예 노동이 유입되면서 광범위한 담배, 인디고, 목화 농장이 발달하자 토지 소유주들은 비로소 즐거움을 위한 정원의 사치를 누릴 수 있었다. 18세기 말이 되면 수송을 쉽게 하고자 강을 따라 대규모 농장을 조성했던 식민지 주민들이 전체 단지를 개발한다. 저택, 농장, 농장 건물, 하인 또는 노예 제도, 그리고 정원은 모두 하나의 단위를 이루었다. 그리고 이탈리아 빌라에 필적할 만한 하나의 공동체를 형성했다. 몇 가지 예외가 있긴 했으나 문서로 기록된 대부분의 정원들 또는 최근의 발굴로 드러난 정원들은 18세기 내내 전통적인 기하학적 디자인으로 남아 있었다. 그러나 미국 독립 전쟁(1775–1783)이 일어날 때까지 이어졌던 유럽과의 긴밀한 접촉은 이곳에서 발달한 자연스러운 비정형식 정원에 대한 최신 지식을 얻을 수 있게 해 주었다. 소수의 몇몇만이 그것을 구현할 수 있었지만 말이다. 18세기 말경, 문서와 시각 자료로 남아 있는 증거는 마운트 버넌의 조지 워싱턴George Washington(1732–1799)과 몬티첼로의 토머스 제퍼슨Thomas Jefferson(1743–1826)이 더욱 자유로운 새로운 스타일 요소들을 시험적으로 도입했음을 보여 준다.

New-Englands
RARITIES
Discovered:
IN
Birds, Beasts, Fishes, Serpents, and Plants of that Country.
Together with
The Physical and Chyrurgical REMEDIES wherewith the Natives constantly use to Cure their DISTEMPERS, WOUNDS, and SORES.
ALSO
A perfect Description of an Indian SQUA, in all her Bravery; with a POEM not improperly conferr'd upon her.
LASTLY
A CHRONOLOGICAL TABLE of the most remarkable Passages in that Country amongst the ENGLISH.
Illustrated with CUTS.
By JOHN JOSSELYN, Gent.
London, Printed for G. Widdowes at the Green Dragon in St. Pauls Church-yard, 1672.

▲ 1672년 출판된 존 조슬린의 『뉴잉글랜드에서 발견된 희귀 식물들』 속표지. 저자가 자신의 경험을 바탕으로 쓴 이 책은 견과류, 곡물류, 호박류, 그리고 블루베리 같은 과일에 대해 논한다. 다양한 토착 야생화를 포함함으로써 정착자들에게 유용한 안내서로 인정받았다. 조슬린은 식물을 동정하기 위한 참고서로 존 제라드의 『약초 의학서』를 수정 보완한 토머스 존슨의 1633년 개정판을 사용했다.

영국의 개척자 정착민 England's Pioneer Settlers

영국인들은 북쪽의 프랑스인들과 뉴욕의 네덜란드인들 사이를 비집고 들어가 그럭저럭 자신들의 정착지를 세웠다. 그렇게 남쪽으로 체서피크 만까지, 그리고 스페인의 간섭 지역 밖에 위치한 버지니아에 기지를 설립했다. 북쪽에서는 새롭게 도착한 사람들이 자신들을 식민지 주민이 아닌 정착민들로 여겼다. 그들의 목적은 영국으로부터의 자유와 독립을 확립하는 데 있었다. 한편 영국은 버지니아의 간석지에서 식민지 확장을 통한 이익을 기대했다.

새롭게 도착한 사람들에게 17세기 아메리카의 야생 그대로의 시골 지역은 농작물이나 치료제를 위한 경제적 재료를 찾는 장소로 가장 크게 다가왔을 것이다. 어떤 이들에게는 이곳의 식생이 경이로운 원천이었다. 그들은 나무들, 관목들, 아름다운 꽃들을 탐사하고 그것들의 잠재적 사용을 위해 분류했다. 또 다른 이들에게는 늪지대, 암석, 식인 풍습을 가진 인디언, 늑대, 모기, 뱀이 가득한 '끔찍하고 극심한 황무지'였다. 자연 식생은 유럽에서 들여온 뿌리와 씨앗을 심기 위해 파 뒤집어지거나 불태워졌다. 정착민들은 점차적으로 식물 약재에 대한 인디언 원주민들의 기술을 터득했다. 그리고 토종 과일 덤불과 관상용 식물들을 모두 자신들의 땅에 도입했다. 영국에서 온 가정주부들은 이미 다양한 꽃과 뿌리를 양조, 발효, 증류하는 데 능숙했고, 곧 주변 식물들을 가지고 실험했다.

개척 이민자들을 위해 신세계 환경을 알려 주는 정확한 정보는 거의 없었다. 토마스 헤로인의 『버지니아… 이야기Account ... of Virginia』, 니콜라스 모나르데스의 『새로 발견된 세계로부터의 희소식』(1577), 윌리엄 우드의 『뉴잉글랜드의 전망New-England's Prospect』(1634)은 모두 존 조슬린John Josselyn의 저술 『뉴잉글랜드에서 발견된 희귀 식물들New England's Rarities Discovered』(1672)과 『뉴잉글랜드로 향한 두 번의 항해기An Account of Two Voyages to New England』(1673)와 함께 가장 유용한 책들이었다. 윌리엄 우드와 존 조슬린은 단연코 가장 정확한 정보를 제공했다. 둘 다 경험에서 나온 이야기였고, 조슬린은 식민지에 살고 있던 형을 두 번 방문했다.

1620년 영국 청교도들이 매사추세츠 플리머스에 당도했다. 구세계에서 가져온 그들의 첫 번째 씨앗은 혹독한 겨울이 지난 후인 1621년 3월 7일에 땅에 뿌려졌다. (청교도들의 사과나무 중 일부는 20세기 초까지도 살아남았다.) 그들의 초기 정원은 집과 가까웠고, 고국에 있는 정원의 모습과 비슷한 직사각형 앞뜰 혹은 뒤뜰 정원의 복제품이었다. 정원은 하얗게 칠한 목재 말뚝 울타리로 둘러싸여 있었다. 정착민들은 곧 그늘이 필수라는 사실을 깨달았고, 집의 남쪽에 참꽃단풍*Acer rubrum* 같은 나무를 식재했다. 지금까지 이어지는 전통이다.

매사추세츠 만 식민지의 첫 번째 주지사였던 존 윈스럽은 1620년대 동안 보스턴 항의 코난트 섬에 주지사의 정원을 조성했다. 1630년대 무렵에 작성된 기록에 따르면 그는 포도나무 외에도 뽕나무, 라즈베리, 커런트, 밤나무, 개암나무, 호두나무, 월귤나무, 그리고 '흰 가시 산사나무haws of white-thorne'를 재배했다. 이 식물들은 이웃에 사는 조지 펜윅의 과수원을 채우기에 충분했다. 이곳은 나중에 아메리카 최초의 과실수 양묘장 중 하나가 된다. 1631년 윈스럽은 아들 존에게 영국으로부터 더욱 많은 씨앗을 가져오도록 했다. 고국에서 적응해 왔을 법한 오래된 익숙한 꽃들이었지만 (실험하기에는 너무나 값비싼) 유럽에서 유행했던 새로운 '희귀' 알뿌리 식물들은 아니었다. 윈스럽의 정원은 웅장하지는 않았어도 특정 분위기를 내는 데는 성공적이어서 사람들이 저녁에 휴식과 즐거움을 위해 '안으로 들어서기에' 충분했다.

뉴욕의 네덜란드인 The Dutch in New York

유럽의 원예에 있어 네덜란드의 패권은 17세기 초에 이미 명백해졌다. 1685년 낭트 칙령 폐지 이후 대거 유입되었던 네덜란드 이민자들과 위그노교도들은 오로지 열심히 일하는 확고한 직업만이 지속적인 수익을 가져다주리라 믿었다. 그들은 스페인인들처럼 금에 유혹되거나 버지니아 식민지 주민들처럼 담배 작물로부터 일확천금을 노리지 않았다. 뉴암스테르담(오늘날 뉴욕)과 롱아일랜드에 일찍 정착한 사람들은 자신들의 배경에 심사숙고했다. 네덜란드와 크게 다르지 않은 기후는 농사와 과일나무 재배에 적합했다.

네덜란드 식민지 행정관이었던 피터 스투이페산트는 1647년에 뉴암스테르담에 정착했다. 이때 그는 네덜란드로부터 유명한 스투이페산트 서양배나무인 봉 크레티엥Bon Chrétien을 통에 담아 가지고 왔다. (이 나무는 1866년까지 오늘날 뉴욕의 바우어리 지구에서 번성했다.) 40~50명의 노예들이 돌보던 스투이페산트 농장과 정원은 번창하여 꽃, 채소, 농작물 외에도 과일나무로 유명했다. 식물들은 씨앗과 어린 가지로 번식되어, 올버니와 그 너머까지 허드슨 강 상류의 농장들로 유통되었다.

또한 네덜란드인들은 토종 식물들의 관상적·재정적 가치를 인식했다. 1655년 변호사 겸 농장주 아드리안 반 데르 동크는 네덜란드인들이 여러 종류의 패랭이꽃, 좋은 튤립 품종들, 프리틸라리아 임페리알리스, 아네모네, 제비꽃, 메리골드 외에도 붉은색과 흰색 장미를 재배하고 있었다고 기록했다. 그는 멋지게 자라는 다양한 토종 나무들과 릴리움 콘콜로르*Lilium concolor*, 그리고 자신이 매우 향기로운 꽃이라고 묘사한 빨간색, 하얀색, 노란색의 복주머니란 종류maritoffles, 몇몇 캄파눌라 종류 등의 토종 꽃에 주목했다. 1652년 롱아일랜드의 북쪽 끝에 위치한 셸터 아일랜드에서 너새니얼 실베스터는 유럽에서 도입된 회양목(보통의 서양회양목 종류로 나중에 미국인들에 의해 미국회양목으로 불림) 농장을 설립했다. 아메리카에서 재배된 첫 번째 회양목이었을 것이다. 어마어마한 양의 회양목 나무들 대부분은 원래 있던 종류들을 대체한 것임이 틀림없지만 실베스터의 정원은 여전히 번창하고 있다.

동부 및 남부의 초기 원예 Early Horticulture in the Eastern and Southern States

식민지 시대 내내 북부 해안 지방에 위치한 주state들에서는 정형식 정원 디자인 취향이 지배적이었다. 농장과 정원은 일반적으로 소규모로 유지되었다. 토양은 단단하고 돌투성이였으며, 겨울은 길고 추웠다. 식민지 개척자들이 무엇을 재배했는지는 주로 양묘장 목록에서 얻을 수 있었다. 상인들은 영국과 네덜란드에서 여전히 구할 수 있는 뿌리와 씨앗을 강조했다.

18세기의 유명한 시골 별장들이 많이 남아 있긴 하지만 원래 있던 정원들은 상상에 맡길 수밖에 없다. 도시에서는 공공 공지와 일부 작은 개인 정원들이 모두 살아남았다. 입스위치와 렉싱턴의 마을 녹지, 그리고 보스턴과 케임브리지의 유명한 공원은 원래 일반적인 소 방목지와 지역 민병대 훈련장으로 계획되었다가 이후 도시 설계를 위한 선례가 되었다. 매사추세츠 세일럼에 위치한 작은 개인 정원인 니콜스Nichols 정원은 최근까지도 200년 이상 된 레이아웃을 유지했다. 니콜스 정원은 일반적인 엄격한 패턴을 가졌는데 길고 곧게 뻗은 길이 경사진 정원을 반으로 가르고 있었으며, 양옆은 직사각형 화단으로 세분되었다.

1600년대 후반, 버지니아에 동시대 유럽 유행에 기초한 몇몇 우아한 정원이 조성되었다. 버지니아는 당시 영국의 식민지 가운데 가장 인구가 많고 번창하던 지역이다. 하지만 18세기 동안에 아프리카 노예들이 아메리카 대륙에 유입되기 전까지는 이곳조차도 노동력 부족으로 개발이 지연되었다.

이후 100년 동안 남부 지방은 계속해서 모국의 시장과 호화로운 물자에 의존했다. 하지만 버지니아의 정원 디자인은 자연의 매력에 대한 영국의 새로운 각성을 즉시 반영하지는 않았다. 고국에서 멀리 떨어진 정착민들은 여전히 전통적인 프랑스 또는 네덜란드의 정원 양식이 옛 시절을 떠올리게 한다고 여겼다. 길들인다는 것은 질서와 안전, 단정함을 뜻했다. 울타리로 둘러싸인 정원은 다루기 힘들고 잘 알려지지 않은 자연과는 본질적으로 대조를 이루었다. 열심히 일하는 식민지 주민들에게는 야생의 낭만적인 아름다움이 주는 미적 가치를 감상하거나 그것을 픽처레스크 원칙으로 적용할 시간적 여유가 없었다.

그러나 18세기가 진행되면서 많은 수의 부유한 버지니아 신사들이 영국을 방문한다. 그들은 영국에서 비정형적인 픽처레스크 디자인을 접했고, 집으로 돌아와 자신의 정원에 변형된 형태로 적용해 볼 수 있었다. 1779년 무렵에 그들은 압제, 억압과 연결된 보다 통제된 디자인의 포기를 고려할 만큼 계몽, 자유, 평등의 원칙을 확실히 이해할 수 있었다. 1785년 토머스 제퍼슨은 영국의 풍경식 공원 중 일부를 방문했다. 그중에서 특히 우번 농장에 있는 필립 사우스코트의 비교적 수수한 페르메 오르네(237쪽 참조)는 몬티첼로에 있는 자신의 농장에서 실행해 볼 법한

▲ 식민지 시대의 윌리엄스버그 총독 관저의 정원은 18세기 초 영국 정원의 레이아웃과 매우 흡사하다. 잘 다듬어진 토피어리, 언덕, 나뭇가지로 엮은 정자, 물의 정원이 있다. 원래 야심 찬 알렉산더 스팟우드 주도로 1716년부터 막대한 공적 자금을 들여 조성되었다. 1930년대에 이루어진 복원 작업에 도움이 되었던 것들은 안타깝게도 약간의 설명 자료뿐, 도면은 전혀 남아 있지 않았다. 여기 보이는 볼룸 가든은 남북 방향 축을 따라 배치되어 있다. 기하학적인 화단의 정형식 식재와 요픈 호랑가시나무yaupon holly라 불리는 일렉스 보미토리아*Ilex vomitoria*로 만든 토피어리 형태가 보인다. 스팟우드 총독은 위대한 식물 수집가인 윌리엄스버그의 존 커스티스와 동시대인이었지만 주로 디자인에만 관심 있어 보였다.

아이디어로 영감을 주었다.

버지니아의 수도 윌리엄스버그는 개발 중이던 주의 핵심 지역이 되었고, 아메리카의 장식용 정원들 가운데 인정할 만한 최초의 정원을 갖는다. 1694년 존 에블린은 영국에서 아메리카의 기자에게 보낸 한 서신에서 영국의 유명 디자이너이자 재배가인 조지 런던이 햄프턴 코트의 정원사 제임스 로드를 파견했는데, 그 이유는 '우리나라에 새롭게 조성된 새로운 대학에 디자인된 정원을 만들고 식물을 식재하기 위함'이라고 썼다. 그 대학은 윌리엄 앤 메리 대학이다. 에블린이 편지를 쓴 이듬해 완공되었으며, 대학 정원은 자생 식물만이 아니라 구세계로부터 새롭게 도입된 식물에 기후가 미치는 영향에 관한 연구를 위한 실험 정원으로 여겨졌다. 1700-1704년에 주지사 프랜시스 니콜슨은 윌리엄스버스를 격자형 체계로 조성했다. 필라델피아와 마찬가지로 아메리카 도시 계획의 초기 사례라고 할 수 있다. 큰 부지들은 공공녹지를 위해 보전되는 공유지와 함께 도시 가장자리에 자리 잡았다. 1711년 니콜슨의 뒤를 이어 주지사가 된 알렉산더 스팟우드는 주지사 관저의 정원을 위한 정교한 기하학적 디자인을 개발했다. 그 결과 깊은 계곡의 정형식 운하와 물고기 연못이 내려다보이는 테라스 구역(오늘날 키친 가든으로 복원됨) 외에도 과수원과 습지를 가로지르는 풍경 일부를 포함했다. 단지 전체는 공원 같은 효과를 주기 위해 하하로 둘러싸였다. 1717년경 테라스와 운하가 완공됨으로써 18세기 전반의 아메리카에서 가장 훌륭한 정원이 되었다. 나중에는 버지니아 농장들이 정원을 개발하는 모델이 되었을 것이다.

여행가 앤드루 버너비는 1759년 필라델피아 도시에는 '빌라, 정원, 풍성한 과수원'이 많았다고 기술했다.

형식성과 픽처레스크

FORMALITY AND PICTURESQUE

버지니아 리치먼드 근처 웨스트오버에 위치한 윌리엄 버드 1세의 정원은 18세기 초에 이미 유명했다. 그의 집은 식민지 아메리카 건축의 현존하는 가장 훌륭한 사례 중 하나다. 1701년 웨스트오버의 계획도는 집으로부터 방사상으로 뻗은 3개의 가로수 길을 보여 주지만 정원에 대한 세부 사항은 없다. 윌리엄 버드 2세는 1705년 아버지의 부지를 물려받아 개선 작업에 착수했다. 그리고 1712년 영국인 식물 수집가이자 작가인 마크 케이츠비Mark Catesby의 방문에 고무되어 아메리카 식물을 수집했다. 1714년 버드 2세는 영국에 있었는데, 그곳에서 블레넘과 미들섹스에 위치한 아가일 공작 집을 방문했다.

윌리엄 버드 2세는 영국에 보낸 서신을 통해 자신의 가드닝 철학을 상당 부분 보여 주었다. 그는 '자연 그대로의, 사람이 살지 않는 숲'에 대한 감상과 성공적인 조경의 그림 같은 품질 등을 적었다. 웨스트오버는 아메리카에서 가장 초기에 조성된 픽처레스크 정원 가운데 하나였을지도 모른다. 1720년대부터 버드 2세는 처남 존 커스티스John Custis와 함께 한스 슬론 경과 퀘이커교도 식물학자인 피터 콜린슨을 통해 영국에서 온 식물을 확보했다(215쪽 참조). 1738년에 아메리카의 위대한 식물 전문가 존 바트람은 웨스트오버를 '새로운 문, 자갈길, 울타리, 시더가 훌륭하게 어우러져 있고, 초록색 작은 집에는 열매가 달린 두세 그루의 오렌지나무가 있다'라고 묘사했다. 부유했던 존 커스티스 4세에게 속한 1만 6천 제곱미터의 넓은 부지에 조성되었던 윌리엄스버그의 정원은 현재 아무것도 남아 있지 않다. 다만 '모양이 잘 잡힌' 나무들과 관목들에 대한 커스티스의 감상은 그의 정원이 꽤 정형식으로 된 선에 맞춰 배치되었으며, 전적으로 식물학적 관심을 위한 목적은 아니었음을 알려 준다.

커스티스와 버드는 둘 다 식민지와 고국의 식물 교환을 발전시켰다. 대서양을 가로질러 많은 식물을 영국으로 보냈고, 그만큼의 식물들을 영국으로부터 받았다. 커스티스는 무늬가 들어간 호랑가시나무와 서양회양목을 비롯한 수많은 상록수를 식재했다. (그는 남부 지방에서는 최초로, 소위 키 작은 영국 회양목으로 알려진 서양회양목 '수프루티코사'를 받았다고 언급한 사람이었다.) 이러한 식물들에 대한 커스티스의 취향은 유행에 뒤떨어졌으나 항상 다채로운 꽃들을 찾고 있었으며, 영국에 있는 지인들을 통해 동양으로부터 온 장미, 튤립, 다른 알뿌리 식물들을 수입했다. 커스티스가 소유한 많은 상록수는 피라미드, 볼, 그리고 다른 장식적인 모양으로 다듬어졌는데, 일부는 가뭄에 고사하고 말았다. 수입 품목 중에는 '멋지게 자란 줄무늬 호랑가시나무와 수형이 좋고 너무 크지 않은 주목나무'가 포함되었다. 그럼에도 그가 피터 콜린슨과 팀을 이루기 전까지는 모든 탁송물이 좋은 상태로 도착하지 못했다. '나의 정원을 위한 회양목은 모두 썩어 문드러졌다.' 1723년 커스티스는 이렇게 불평했다. '나는 단 하나의 잔가지도 갖지 못했다. 그 정원사는 바보이거나 못된 놈이었다.'

1734-1746년에 커스티스와 콜린슨이 주고받은 서신은 가드닝에 관한 내용이다. 1737년 커스티스가 대부분 유럽에서 도입하여 재배했던 식물 목록은 남아 있지 않으나 콜린슨과의 서신은 그가 구세계로 보냈던 많은 아메리카 자생 식물을 언급한다. 그는 뛰어난 정원사였고, 외국 식물에 관한 한 아메리카 해안에서 최상의 컬렉션을 가졌다고 자부했다. 영국에서 온 식물들이 더위에 약하다는 점을 알고는 아메리카의 혹독한 겨울과 건조한 여름, 그리고 기상 이변에 속상해했다.

▲ 한스 히싱이 그린 존 커스티스(1678-1749, 맨 위)와 윌리엄 버드 2세(1674-1744, 위)의 초상화다.

대서양의 다른 식민지에서와 마찬가지로 펜실베이니아의 온화한 기후에서 만들어진 최초의 정원들은 과수원과 농장에 딸린 부수적인 구역이었다. 이 정원들은 울타리로 둘러싸여 있었고, 직선형으로 디자인되었으며, 실용적으로 사용되었다. 영국 출신의 신대륙 개척자 윌리엄 펜William Penn의 지휘로 설립된 필라델피아는 격자형 체계로 조성되었고 중심부에는 4만 제곱미터 규모의 정사각형 공원을 갖추었다. 또한 3만 2천 제곱미터 규모에 달하는 4개의 부수적인 공공장소가 '모두에게 편의와 레크리에이션을 제공하기 위해' 마련되었다. 펜은 이렇게 썼다. '모든 집이 부지 한가운데 위치한다면 각각의 측면에 정원과 과수원, 또는 밭을 위한 땅이 있을 수 있고, 녹색의 컨트리 타운이 형성될 수 있다. … 이것은 건강에 항상 유익할 것이다.' 그는 모든 소유주에게 문 앞에 한 그루 이상의 나무를 식재하라고 권고했다. 이를 통해 여름철 작열하는 태양으로부터 도시에 충분한 그늘을 드리울 수 있고 더욱 건강해질 수 있다고 말했다. 많은 새로운 아메리카 도시들이 이 관행을 채택했다. 도시 중심부는 대중을 위한 공공의 장소로 남겨 두었다.

프렌즈 협회는 허브, 뿌리, 식물, 나무의 본성을 가르치기 위해 설립되었다. 펜은 자신의 정원이 본보기가 되기를 원했다. 영국으로부터 정원사들을 데려와 펜스베리에 있는 자신의 사유지에서 일하도록 했다. 펜의 정원사 제임스는 5월의 식물 생장 속도를 영국과 비교하며 기록했다. '씨앗들이 빨리 발아한다. 영국에서서는 발아하는 데 14일이 걸리는 씨앗들이 여기서는 6일 또는 7일 만에 발아한다.' 윌리엄 펜의 편지는 집 앞의 테라스, 현관에서 층계참까지 이어지는 포플러 산책로, 이어서 과수원과 초원에 관해 언급했다. 1684년 그는 4천 주의 과일나무와 갈리카 장미 일부를 수입했지만 이를 제외하고는 정원의 지형에 관련된 더 이상의 언급은 찾을 수 없다.

펜의 정원은 아메리카 원예 발전의 중심부가 될 지역에 세워진 최초의 정원들 가운데 하나였다. 델라웨어 계곡, 스쿨킬 강과 브랜디와인 강이 있는 곳이었다. 17세기가 진행되는 동안 부유한 필라델피아 사람 여럿이 이 지역의 시골 대저택을 획득했다. 그들은 스쿨킬 강의 존 바트람 양묘장과 같은 양묘장을 필요로 했다. 새로운 경관에 자생 식물과 영국으로부터 수입된 식물과 씨앗을 공급하기 위함이었다. 이 정원들은 자연주의적인 숲 조성과 함께 '시골을 부르는' 일부 초기 시도에 의해서 전통적인 정형식 요소들이 완화되어 알맞게 조절된 혼합 양식을 선보였을 것이다. 펜의 손자 존 펜은 오늘날 필라델피아 동물원 부지에 솔리튜드Solitude라는 정원의 터전을 마련했다. 여기서 그는 집 근처의 모든 형식성을 탈피했다. 이를 위해 둘레 길을 따라 멀리 꽃의 정원에 이르기까지 다양한 자연 효과를 보여 주는 풍경이 펼쳐지도록 했고, 집과 강 사이에 나무 군락을 조성하여 원근감을 주도록 계획했다.

1682년 토마스 애시는 사우스캐롤라이나 찰스턴에 위치한 정원과 애슐리 강과 쿠퍼 강의 농장에 있는 정원들을 묘사할 수 있었다. 그의 글은 이렇게 시작했다. '그곳은 코와 눈이 즐겁고 기분 좋은 장미, 튤립, 카네이션, 백합 등 허브와 꽃들로 아름답게 장식되었다.' 17세기 말과 18세기 찰스턴의 가드닝에 관한 대부분의 서신은 전적으로 식물과 양묘장을 자세히 설명했으며, 정원 레이아웃은 거의 언급하지 않았다. 이것은 다양한 서식지로부터 온 여러 식물을 위한 기후 적합성으로 설명 가능하다. 숱한 농장 정원들은 쌀과 인디고 작물을 재배하는 밭과 인접해 있었고, 관개 시스템을 공유했다.

▲ 존 바트람의 아들, 윌리엄 바트람(1739–1823)은 젊은 시절 아버지의 정원 계획도를 그렸다. 이 그림은 1759년 1월 런던의 피터 콜린슨에게 보내졌다. 그림에는 '강 위로 보이는 존 바트람의 집과 정원의 초안'이라고 적혀 있다. 상단에는 콜린슨이 '1758'과 '피터 콜린슨에게 보냄'이라는 글씨를 추가했다.

▲ 미들턴 플레이스의 벼 재배 농장에 있는 테라스와 나비 연못은 1742년에 조성되었다. 이곳은 작업 농장 단지의 일부였다. 호수는 벼농사를 위해 필요한 때 물빼기와 물대기를 해 주었다. 헨리 미들턴의 테라스는 요크셔에 위치한 스터들리 로열에 있는 존 아이슬래비의 달의 연못에서 영감을 얻었을지 모른다.

1730년대 쿠퍼 강의 크로우필드에 위치한 윌리엄 미들턴의 정원은 단순화된 프랑스 양식으로 조성되었다. 1743년 무렵 엘리자 루카스 핑크니Eliza Lucas Pinckney는 구불구불한 산책로, 다양한 층위, 야생지와 숲, 언덕, 그리고 그녀가 소위 '고전의 풍미'라고 부른 공간을 기술했다. 정원의 나머지 구역보다 낮게 조성된 커다란 정사각형 잔디 볼링장은 꽃 피는 칼미아*Kalmia latifolia*와 꽃개오동*Catalpa bignoniodes* 나무들로 둘러싸여 있었다. 여기 언급된 많은 요소가 고고학적 발견으로 확인되긴 했지만 크로우필드에 남아 있는 것은 거의 없다. 그러나 애슐리 강의 미들턴 플레이스에서 1742년부터 조성되기 시작한 정원은 여전히 원래 소유주인 헨리 미들턴의 후손들이 소유하고 있고, 최근 복원도 이루어졌다. 현재 주 저택은 사라졌지만 5개의 우아한 테라스는 나비 연못으로 내려가고, 거기서 정원은 낮게 깔린 논과 만난다. 정교한 수위 조절로 연못들의 높이와 조력 물레방아 연못으로 흐르는 물의 흐름을 유지한다. 100명의 농장 노예들은 주로 기하학적 정원을 조성하기 위해 '10년 동안 비수기에 걸쳐 일했다'. 대부분의 정원은 강이 굽은 곳에 북쪽으로 배치되었고, 가장자리에 회양목이 식재된 파르테르, 잔디 볼링장, 언덕은 운하로 둘러싸였다.

이 지역의 식물과 씨앗에 대한 수요는 1701년 존 로슨이 양묘장 사업을 시작하기에 충분했다. 1719년과 1726년 사이에 마크 케이츠비가 찰스턴을 방문했다. 케이츠비는 이 방문을 통해 『캐롤라이나, 플로리다,

바하마 제도의 자연사』를 위한 자료를 수집했다. 1730년 무렵 존 바트람은 지역 정원사이자 『정원사의 달력Gardener's Calendar』의 저자인 마사 로건과 씨앗과 식물에 관한 서신을 주고받았다. 칼 폰 린네가 중국으로부터 온 치자나무*Gardenia*에 이름을 붙인 다음인 1754년에 아마추어 식물학자 알렉산더 가든 박사가 도시 근처에서 양묘장을 열었다. 유명한 프랑스인 앙드레 미쇼의 양묘장이 가장 흥미로웠다.

미쇼는 프랑스에 경제적으로 유용한 식물들, 특히 산림 녹화용 나무들을 조사하고 도입하기 위해 1785년 프랑스 정부로부터 파견되었다. 1786년 그는 찰스턴 외곽에 45만 제곱미터(45헥타르)에 달하는 넓은 규모의 땅을 매입했다. 거기서 아메리카 동부 지역에 걸친 자신의 광범위한 여행을 통해 발견한 가치 있는 자생 식물들과 유럽 또는 더 먼 곳으로부터 도입된 식물들을 재배했다. 그는 아메리카의 정원에 미들턴 팰리스에서 처음으로 재배한 동백나무를 비롯하여 목서*Osmanthus fragrans*, 멀구슬나무, 은행나무*Ginkgo biloba*, 그리고 아잘레아 인디카*Azalea indica*를 도입한 공로를 인정받고 있다.

▲ 영국의 식물 전문가이자 수집가였던 마크 케이츠비는 자신의 탐험에 대한 기록으로 아메리카의 영국 식민지에 서식하는 식물상과 동물상에 관한 엄청난 연구 결과물을 만들어 냈다. 그가 이 작업을 완성하는 데는 20년이 걸렸고 220점의 판화가 수록되었다. 판화 대부분은 그가 직접 제작했지만 몇몇은 18세기 화훼 예술 분야의 천재로 알려진 게오르크 디오니시우스 에레트가 제작했다.

대서양 횡단 교류 The Transatlantic Exchange

정착민들은 자신들에게 친숙한 약초와 허브, 유용한 과일의 삽수를 가져왔다. 또 사치품으로 그들이 가장 좋아하는 향기를 지닌 꽃들의 씨앗을 가져왔다. 여기에는 로즈마리, 라벤더, 클라리세이지*Salvia sclarea*, 접시꽃, 향인가목*Rosa rubiginosa*이 포함되었다. 리나리아 불가리스*Linaria vulgaris*, 털부처꽃*Lythrum salicaria*, 민들레*Taraxacum*, 옥스아이데이지*Leucanthemum vulgare*, 소리쟁이*Rumex*, 베르바스쿰*Verbascum*, 솜엉겅퀴*Onopordum acanthium*, 비누풀*Saponaria officinalis* 같은 식물들, 그리고 가축 사료 또는 토양 속에 섞여 우연히 들어온 몇몇 식물은 바깥으로 퍼져 나가 외래 잡초가 되어 오늘날 옛 정착지 근처 초원을 뒤덮는다. 특히 털부처꽃과 아프리카봉선화*Impatiens walleriana*는 물길을 막고 있다. 가장 침입성이 강한 외래 식물은 칡*Pueraria montana* var. *lobata*이다. 남부 지역 여러 주에서 침식 문제를 해결하기 위해 1876년 동남아시아에서 도입했다. 하지만 지금은 매우 공격적으로 급속히 퍼져 나가는 바람에 토종 숲에 피해를 주고 있다. 만족스러운 결과물은 18세기 라일락*Syringa vulgaris*의 도입일 것이다. 한 세기 전에 서유럽에 이미 도입되었는데 주지사 웬트워스가 뉴햄프셔에 있는 자신의 테라스에 식재했다. 마운트 버논에 있는 조지 워싱턴의 라일락은 여기서 몰래 가져왔다.

한편 씨앗과 삽수가 신세계에서 구세계로 보내지기 시작했다. 17세기 초, 프랑스 정착민들이 식물들을 프랑스로 보냈다. 프랑스 왕의 정원사였던 장 로뱅은 왕의 컬렉션을 위해 파리에 왕의 정원Jardin du Roi을 설립했다. 로뱅은 자신이 구한 식물들을 람베스에 있는 식물 수집가 존 트라데스칸트 1세와 나누었다. 프랑스인들과 영국인들은 서로 아까시나무를 최초로 도입한 것이 자기네라고 주장하는데 이 나무에는 결국 로뱅의 이름이 붙었다. 하지만 식민지 주민들이 자신들의 문간에 식재한 식물학적 부의 진가를 진정으로 알아보기까지는 100년이 더 걸렸을 것이다. 미국의 첫 번째 식물학자 존 바트람(1699–1777)은 영국과 유럽을 위한 새로운 식물들을 탐색하는 일에 고용된 동안 동료 미국인들에게 아메리카 대륙의 식물상이 지닌 경이로움을 납득시킬 수 있었다.

'위대한 대서양 횡단 교류'는 신세계와 구세계의 정원을 모두 바꾸었다. 커스티스-콜린슨 사이에 이루어진 교류 외에도 존 클레이턴, 존 바니스터, 그리고 나중에 마크 케이츠비 같은 탐험가들은 런던의 주교(헨리 콤프턴)와 영국의 필립 밀러(213쪽 참조)에게 식물을 보냈다. 다른 식물들도 개인들의 손을 통해 유통되었다. 존 바트람은 그들 가운데 가장 영향력이 컸다. 바트람이 영국에 도입한 아메리카 식물들은 영국에 새롭게 등장한 자연적 스타일을 촉진시키는 데 큰 역할을 했다. 아메리카에는 관상용 정원 가꾸기에 적합한 나무와 관목이 풍부했다. 야생화는 다양성과 아름다움에 있어 유럽의 자생 식물을 훨씬 능가했다. 훗날 북동부 지역의 가장 훌륭한 초원 식물들과 아스터 종류들 중 일부는 유럽에서 '개량되어' 아메리카의 정원사들에게 재배 품종의 형태로 재도입되었다.

신세계를 위한 원예학 문헌 Horticultural Literature for the New World

초기 정착민들은 영국 문헌에 의존했다. 식물 동정에 관해서는 존 파킨슨의 저술들, 존 제라드의 『약초 의학서』, 그리고 헨리 라이트의 『새로운 약초 의학서』에 의지했다. 1620년 퀘이커교도 브루스터가 자신들을 북아메리카로 데려다준 메이플라워 호를 통해 가져왔을 것이다. 윌리엄 로슨William Lawson의 『새로운 과수원과 정원A New Orchard and Garden』(1618), 스티븐 블레이크의 『완벽한 정원사의 실습The Compleat Gardener's Practice』(1664), 그리고 레너드 미거의 『영국 정원사The English Gardener』(1670)는 아메리카의 극단적인 기후 조건에서는 실용적 활용에 제한이 있었다. 사람들의 환경이 보다 안락해지고 그에 따라 정원에 '기교'를 선보일 수 있게 되자 이 책들에서 소개한 매듭 정원과 꽃 화단을 위한 패턴이 유용한 지침이 되었다. 그러나 랄프 오스텐이 쓴 과일나무에 관한 담론서인 『영적인 과수원A Spirituall Orchard』(1676)은 과수원과 칼뱅주의가 융성했던 시골 지역에서는 요긴했을 것이다.

일부 아메리카의 농업과 농사 관련 책들은 원예학적으로 유용한 내용을 담고 있었다. 존 앨런이 엘리자 필립스를 위해 발행한 『농부 안내서The Husbandman's Guide』(1710)와 제어드 엘리오가 저술한 『뉴잉글랜드의 농사일에 관한 에세이Essays upon Field Husbandry in New England』(1760)는 모두 보스턴에서 출판되었다. 존 스미스의 『수익과 즐거움의 연합Profit and Pleasure United』이나 『농부의 매거진The Husbandman's Magazine』은 1684년에 런던에서 처음 발행되었다가 1718년 아메리카에서 다시 인쇄되었다. 여기서는 농사 문제 외에도 과일나무, 식물, 꽃들을 향상시키는 방법을 다루었다. 존 바트람도 1730년대에는 너무 오래되어 케케묵은 제라드의 1597년판 『약초 의학서』에 최대한 의존할 수밖에 없었다. (그는 제라드의 『약초 의학서』를 수정, 보완한 토머스 존슨의 1633년 개정판이 없었다.) 1737년에는 존 로건으로부터 존 파킨슨의 『파라디수스』를, 그리고 피터 콜린슨으로부터 필립 밀러의 『정원사의 사전』을 받았다. 후자는 18세기에 걸쳐 가장 귀중한 책으로 여겨졌다. 아메리카에서 출판된 존 랜돌프의 『가드닝에 관한 논문Treatise on Gardening』(1788)은 신세계에서 출판된 최초의 가드닝 서적이다.

원예의 모든 분야를 다루는 가장 유용한 책은 미국에서 1806년 출판된 『정원사의 달력Gardener's Calendar』이었다. 재배가 버나드 음마혼Bernard M'Mahon이 저술했는데, 열여덟 쪽에 걸쳐 관상용 디자인과 식재를 다룬다. 대부분의 정보는 험프리 렙턴의 저술에서 따왔지만 미국의 환경 조건에 맞게 수정되었다. 『정원사의 달력』은 이후 50년 동안 11판에 걸쳐 인쇄되면서 미국 가드닝 분야의 권위서가 되었다. 이미 영국 자연주의 학파로 전환한 음마혼은 미국인들을 위한 자연스러운 정원의 원칙을 처음으로 묘사했다.
음마혼은 시골의 녹지를 추천했다. 기다란 직선 산책로를 없애고, 대신 '나무, 관목, 다양한 무리의 꽃들로 둘러싸인' 구불구불한 길을 권장했다. 아일랜드 이민자인 그는 1796년 필라델피아에 정착하여 씨앗 가게를 열었고, 곧 국제적인 명성을 얻는다. 그의 식물 목록은 18세기 초 미국에서 어떤 식물이 이용 가능했는지 알 수 있는 가장 중요한 원천이다.

픽처레스크 탐험 Exploring the Picturesque

1770년대 말 조지 워싱턴은 배티 랭글리가 쓴 『새로운 가드닝의 원칙』(1728)을 읽고 있었다. 이 책에 수록된 계획도에서 처음으로 디자인의 '비정형성'이 등장한다. 또 조지 워싱턴으로 하여금 마운트 버논에 어느 정도 자연주의를 가미한 자작 농장을 조성하도록 하는 데 영향을 미쳤다. 여기서 정원은 식민지 가드닝의 전통적 패턴인 정형식 요소들만이 아니라 포토맥 강 쪽으로 펼쳐지며 내려가는 잔디밭, 강 건너 전망의 틀을 잡아 주는 아까시나무들과 관목들과 함께 자연주의적 세부 사항도 포함했다. 베르나르 라트로브는 이렇게 말했다. '자연은 저택의 동쪽을 향해 아주 호화로운 웅장함을 가졌고, 또한 자연은 예술을 돋보이게 하는 것 외에는 예술에 간섭하지 않았다.' 저택의 서쪽으로 워싱턴이 배치한 정원의 규칙성은 꽃과 채소를 위한 구역을 제공하며, 관목 숲을 지나 뱀처럼 구불구불한 길에서 약간의 타협을 보여 줄 뿐이다. 1798년 라트로브는 워싱턴의 회양목 파르테르를 비난함으로써 확실한 의견 전환을 나타냈다. '독일을 떠난 후 처음으로 파르테르를 보았다. 그것은 끝없는 관리 작업과 함께 깎이고 다듬어져 화려하게 장식된 플뢰르 드 리스fleur-de-lis(*프랑스와 유럽에서 문장紋章 등에 상징으로 사용했던 붓꽃 혹은 백합을 형상화한 문양)로 만들어졌다. 우리 할아버지들의 학자인 척하는 끙 소리가 사라지기를 바란다.' 이를 통해 형식적인 요소는 더 이상 유행하지 않았던 것으로 보인다.

토머스 제퍼슨이 미국의 풍경 디자인에 픽처레스크 취향을 도입하긴 했어도 자연스러운 정원을 개발한 최초의 인물은 아니었다. 어쨌든 제퍼슨은 유행을 만들었다. 존 바트람의 아들이자 식물 세밀화가였던 윌리엄 바트람William Bartram은 남부 지역에서 자연 속에 가득한 낭만적 풍경의 진가를 알아보았다. 그는 자연에 관해 쓴 글에서 노스캐롤라이나와 사우스캐롤라이나, 그리고 동부와 서부 플로리다를 여행하면서 헨리 데이비드 소로와 존 제임스 오듀본에 앞선 감상을 펼친다. 또한 사무엘 테일러 콜리지와 윌리엄 워즈워스의 낭만주의 시에서 영감을 받았다. 윌리엄 바트람은 아버지와 마찬가지로 미국 정원사들로 하여금 자신들의 정원에 존재하는 최상의 '야생지', 즉 그들의 문간에 놓인 에덴동산의 진가를 깨우치는 데 영향을 미쳤다. 안타깝게도 18세기의 토지 소유주들 가운데 이런 기회를 포착한 사람은 거의 없었다. 하지만 찰스턴 인근의 일부 정원과 특히 사우스캐롤라이나 애슐리 강의 오래된 마그놀리아 플랜테이션에서는 어느 정도 개발되지 않은 자연의 분위기를 보여 주었다.

▲ 동부 해안에서 서쪽으로 미시시피 강까지, 그리고 북쪽으로 캐나다에 이르기까지 수많은 아메리카 자생 식물 종들은 카나덴시스*canadensis*라는 종명을 갖고 있다. 원래의 토지 대부분을 프랑스 정착민들과 모피 사냥꾼들이 소유했기 때문이다. 캐나다매발톱꽃*Aquilegia canadensis*은 1637년 존 트라데스칸트 2세를 통해 유럽에 도입되었다. 토머스 제퍼슨이 아메리카 주들을 위해 원래 프랑스 수중에 있던 넓은 지역을 획득한 1803년의 루이지애나 구입지 조약은 서쪽으로의 확장을 보장해 주었다. 특히 메리웨더 루이스Merriwether Lewis와 그의 동료 윌리엄 클라크William Clark의 태평양 서부 해안 탐험과 같은 새로운 식물 탐사의 개시를 알렸다.

▲▶ 몬티첼로에 있는 토머스 제퍼슨의 집과 정원이다.

몬티첼로의 제퍼슨

JEFFERSON AT MONTICELLO

17-18세기에 북아메리카에서 즐거움을 위한 정원을 가꾸었다는 증거는 대부분 일기, 회계 장부, 서한, 물품 목록과 여행 작가들, 그리고 영국에서 주문한 식물 목록에서 찾아볼 수 있다. 각각의 작성자들은 당대를 지배한 취향에 대한 자신의 의도와 평가를 가졌다. '좋은' 정원은 정형식 혹은 전통적 배치를 뜻하는 것일 수도 있고 비정형식 취향을 나타낼 수도 있었다. 19세기 초에 오면 미국인들이 미국의 시골 지역이 지닌 아름다움의 진가를 인정하기 시작한다. 정원 디자인의 픽처레스크한 측면을 선호하는 경향이 나타났고, 구조화된 정원은 구식으로 여겨졌다.

마운트 버논에 있는 조지 워싱턴의 집은 절충안을 보여 준다. 토머스 제퍼슨의 몬티첼로 정원과 버지니아 대학교에 구상한 캠퍼스의 넓은 사각형 안뜰에서는 계속 가드닝이 이루어졌다. 워싱턴과 제퍼슨 모두 식물에 관심이 있었지만 제퍼슨은 식물학과 원예학에 더욱 현대적으로 접근했다. 또한 유럽에서 가져온 정원 전통을 떨친 개방적 사고방식을 가진 미국의 선각자였다.

제퍼슨의 '작은 산' 몬티첼로는 1770년부터 정원 조성이 시작되었고 1796년과 1809년에 리모델링되었다. 이곳은 샬러츠빌과 가까웠다. 제퍼슨은 팔라디오의 고전주의에 대한 헌신적인 추종자이기도 했다. 그의 새로운 집은 베니스 인근 팔라디오의 빌라들 중 하나를 거의 그대로 모방했다. 외곽 쪽에 저택과 함께 'U'자 형태를 그리는 산책로가 있는 긴 테라스를 건설했는데, 이로써 모든 실용적인 건물은 그 집으로부터 숨겨졌다. 제퍼슨은 다음과 같이 썼다. '자연이 눈 아래에 그토록 풍성하게 덮여 있는 곳은 어디인가?' 그리고 나중에 파리에서는 '이 명랑한 수도의 모든 화려한 즐거움보다, 숲과 야생, 그리고 몬티첼로의 자립성'을 좋아했다고 기록했다. 제퍼슨은 1780년대에 프랑스 주재 미국 공사로 있는 동안 마를리와 베르사유를 비롯한

프랑스 대저택을 방문할 수 있는 모든 기회를 잡았다. 마를리 대저택이 준 영향은 샬러츠빌에 위치한 버지니아 대학교의 우아한 캠퍼스 파빌리온을 위한 그의 계획에 잘 드러나 있다.

1786년 제퍼슨은 영국으로 향했고, 리소웨스와 우번 농장의 수수하지만 기발한 순환 산책로에서 영감을 받았다. 또한 '케이퍼빌리티' 브라운이 조성한 공원의 목가적인 품질과 그가 '가드닝의 첫 번째 아름다움'이라고 칭한 '언덕과 계곡의 다양성'에 감탄했다. 그러나 태양이 영국보다 맹렬했던 미국 땅에서 이와 비슷한 개방된 풍경을 재현하는 데 어려움을 겪었다. '버지니아의 지속적으로 거의 수직으로 내리쬐는 햇빛 아래서, 우리의 엘리시움은 그늘이다. 그늘 없이는 눈에 보이는 어떤 아름다움도 즐길 수 없다.' 그는 계속해서 대안을 제시한다. '아주 높게 자라는 나무들이 지면을 덮게 하라. 구조가 드러나도록 몸통을 다듬어 주되, 수관 부분은 계속 통합되어 짙은 그늘을 드리우게 해야 한다. 아래쪽이 그렇게 열려 있는 나무는 개방된 땅과 거의 같은 모습일 것이다.' 그는 고국에서 다음과 같은 깨달음을 얻었다. '가장 고귀한 정원은 비용 없이 만들어질 수도 있다. 우리는 특별히 과다하게 자란 식물들을 잘라 내기만 하면 된다.' 또한 영국의 정원에는 사원, 조각상, 오벨리스크가 너무 많다고 느꼈고, 이러한 장식적인 부가물들이 미국의 풍경과 자유와 평등을 향한 국가의 열망에는 적합하지 않다고 생각했다. 하지만 1809년 무렵 '아주 오래되고 숭고한 참나무들' 사이에 고딕풍 사원을 도입하고, 그 사이사이에 '어두운 상록수'를 식재할 계획을 세우고 있었다. 페르메 오르네에 대한 생각은 특히 토양 경작에 대한 제퍼슨의 관심을 끌었다. 그는 이것을 '하느님의 선택받은 백성'의 적절한 노동으로 간주했다. 농작물과 채소 작물이 있는 몬티첼로 같은 농장 환경은 지역의 자연적 이점에 완벽하게 적응된 아름다움의 대상일 수 있었다.

▲ 루이스와 클라크가 탐험하는 동안 카누가 나무에 부딪히는 장면을 그린 채색 판화. 동시대인의 설명에 기초하여 1811년 제작되었다. 패트릭 개스 경사는 1807년 그들의 탐험에 관한 첫 번째 저널을 출판했다. 거기서 개스 경사는 1806년 5월 30일에 일어난 사건을 언급했다. '우리 부하 두 명이 타던 카누가 나무에 부딪혔고, 그 배는 곧바로 가라앉았다.'

루이스와 클라크의 탐험 The Lewis and Clark Expedition

1803년 토머스 제퍼슨 대통령은 영국인 탐험가 메리웨더 루이스 대위와 그의 동료 윌리엄 클라크 대위를 진상 조사 탐험에 파견했다. 그들은 로키산맥을 건너 미주리 강의 상류 지역에서부터 콜롬비아 강을 따라 아래쪽으로 여행하여 태평양에 도달해야 했다. 모피 상인들조차도 꺼리는 위험천만한 곳이었다. 놀랄 만큼 용감하게 수행된 이 탐험은 전설이 되었다. 지형을 지도화하고 동식물 정보를 제공하라는 지시를 받은 두 사람은 여러 식물학적 보물들을 가지고 돌아왔다. 그중에는 몇 년 안에 20달러에 판매될 뿔남천(속명은 재배가 버나드 음마혼의 이름을 따서 명명됨)뿐만 아니라 오세이지 오렌지라 불리는 마클루라 포미페라*Maclura* *pomifera*가 있었다. 이 식물은 19세기 후반 철조망이 발명될 때까지 자생 지역인 중서부에서 가시 생울타리로 사용되었다. 토머스 제퍼슨은 이 나무를 대서양 해안 지방에 울타리로 식재한 최초의 사람들 중 하나였다. 레위시아*Lewisia*와 클라르키아는 루이스와 클라크의 이름을 따서 명명된 속명이다. 버나드 음마혼이 고용한 식물학자 프레데릭 퍼쉬Frederick Pursh는 이 식물의 표본 식물들을 구하여 뉴욕의 엘진 식물원Elgin Botanic Garden으로, 나중에는 유럽으로 허가 없이 가져갔다. 퍼쉬는 1814년 출판된 『아메리카 북방의 식물상Flora Americae Septentrionalis』에 그것들을 최초로 기술했고, 루이스의 허바리움에서 가져온 13점의 삽화를 포함시켰다. 식물학자가 나쁘게 행동한 몇 안 되는 사례다.

신세계의 식물원과 양묘장

Botanis Gardens and Nurseries of the New World

연방주의 이후 영국식 가드닝 유행이 커져 갔다. 아메리카 남부의 노예 제도 사회와 북부의 부유한 제조업자들로 이루어진 새로운 계층과 함께 식물 수요도 증가했다. 동시에 미국 사회는 새롭게 발견된 식물들을 동정하고 분류할 수 있는 그들만의 과학 기관 개발을 간절히 바랐다. 과학 연구의 중심인 필라델피아에서 정원사들은 식물학적 전문성에 더 이상 구세계에 의존할 필요가 없었다. 식물학자 벤자민 스미스 바턴 박사는 평생 미국의 약용 식물을 연구한 뛰어난 박물학자였다.

확장되는 산업의 일부였던 새로운 종묘상들과 재배가들은 이제 구세계의 식물들만이 아니라 자생 식물들도 제공했다. 당시 존 바트람과 앙드레 미쇼의 18세기 양묘장의 유일한 경쟁 상대는 롱아일랜드의 플러싱에서 1735년 로버트 프린스부터 시작된 상업적 목적의 양묘장이었다. 1790년 무렵, 미국 식물들과 유럽에서 도입된 식물들은 모두 폭넓은 범위를 형성했다.

뉴욕의 엘진 식물원은 지금의 록펠러 센터가 있는 곳에 있었다. 1801년 데이비드 호삭이 설립할 당시는 거의 시골이었고, 장차 1858년 센트럴 파크가 조성될 습지와 협곡의 가장자리에 있었다. 호삭이 수집한 2천 종의 식물들은 자생종과 외래종 모두 과학적으로 정리되었는데, 칼 폰 린네의 이명법 체계와 프랑스 식물학자 쥐시외 덕분에 더 자연스러운 분류법을 따랐다. 엘진 식물원의 정원은 띠를 이룬 숲 나무들과 2미터 높이의 돌담으로 둘러싸여 있었다.

번창하는 엘진 식물원의 인수를 제안받았던 벨기에인 앙드레 파르만티에는 자신의 정원을 새롭게 만드는 쪽을 선호했다. 그리고 1824년 뉴욕 브루클린에 식물원을 설립했다. 이 식물원은 당시 큐 가든에서 볼 수 있던 거의 모든 외래 식물들을 보유했다. 파르만티에는 자연적인 스타일을 고취시키는 정원 디자인 기법도 확립했다. 1830년 죽기 전 그의 아이디어는 젊은 앤드루 잭슨 다우닝Andrew Jackson Downing에게 영감을 주었다. 다우닝은 미국의 관점에서 풍경식 정원 주제를 다룬 첫 번째 미국 작가가 된다.

◀ 1841년 출판된 앤드루 잭슨 다우닝의 『북미에 적용된 풍경식 정원의 이론과 실제에 관한 논문A Treatise on the Theory and Practice of Landscape Gardening Adapted to North America』의 권두 삽화는 허드슨 강에 위치한 블라이스우드 풍경이다. 37세의 나이에 허드슨 강에서 비극적인 익사 사고를 당한 다우닝은 존 클라우디우스 루던의 제자였다. 다우닝은 특정 건축 양식에 어울리는 다양한 표본 나무 종류들을 추천했고, 미국 빌라 소유주들과 정원사들로 하여금 그들의 조경에 자생 나무와 꽃들을 사용하도록 장려함으로써 허드슨 강 협곡에서 볼 수 있는 '아름다운 그림 같은 풍경'에 감사를 불러일으켰다.

다우닝: 픽처레스크를 바라보는 관점 Downing: A Perspective on the Picturesque

앤드루 잭슨 다우닝(1815–1852)은 학식 있는 원예가로, 아름다운 풍경에의 감상에 기초하여 정원 속 예술에 대한 아이디어를 펼쳤다. '주택 개조'에 관한 흥미에 자극받은 그는 픽처레스크 감상 목적의 관상용 정원을 개발하려는 대중의 바람이 만연해 있음을 알아챘다.

다우닝의 가장 매력적인 특성 중 하나는 완벽한 성실성과 인간의 행동은 환경에 크게 영향을 받는다는 믿음이었다. 20세기의 사회적 행복론을 예견한 것이다. 그는 존 클라우디우스 루던의 가드네스크 원칙(269쪽 참조)을 채택하자고 주장했다. 또 '케이퍼빌리티' 브라운과 험프리 렙턴에 대한 자신의 해석에 기초한 자연주의적 가드닝의 기틀 안에서 미국의 빌라 소유주들을 위해 이 원칙들을 활용했다.

다우닝은 엘리트들 사이에서만 발견되는 특징으로 '취향taste'과 '고상함tastefulness'을 지속적으로 언급했다. '미개한 군상들'은 '거짓된 취향'을 갖게 될 것이라고도 했다. 그가 쓴 책의 내용은 그의 열정보다는 덜 중요했을 것이다. 다우닝은 엄청난 팽창의 시기에 미국인들로 하여금 그들의 토종 픽처레스크 경관을 감사히 여기도록 장려했다. 공공의 땅이 모두에게 이롭게 개발되게 하고자 저널리스트 윌리엄 컬렌 브라이언트William Cullen Bryant와 함께 뉴욕에 공원 설립 운동을 벌이기도 했다. 하지만 1858년에 익사로 비극적인 죽음을 맞이하고, 결국 프레드릭 로 옴스테드와 캘버트 복스Calvert Vaux가 센트럴 파크를 조성한다. 센트럴 파크는 도시 속에 만들어진 첫 번째 공공의 '시골 공원'이었다. 이로써 미국의 도시 계획은 새로운 시대로 접어들었다.

▲ 1953년에 찍은 센트럴 파크 저수지부터 맨해튼 섬 끝까지가 바라보이는 항공 사진. 옴스테드와 복스의 가장 성공적인 혁신 가운데 하나는 교통 체계, 즉 목가적인 환경에 도입된 밑으로 가라앉은 일련의 횡단 도로였다. 이 계획은 뉴욕 사람들에게 숨 쉴 수 있는 공간을 제공했다. 옴스테드가 모든 도시를 위해 바랐던 것이었다.

도시에 숨통을 트이게 하다 Giving Cities Space to Breathe

미국 최초의 정착지에도 도시의 중심 공간에 종종 공유지가 할당되긴 했지만, 특히 공공의 휴양과 즐거움을 위해 시골 느낌을 주는 공간을 만든다는 생각은 1850년대에 와서도 여전히 생소했다. 공공 공원과 가장 가까웠던 것은 1831년 매사추세츠의 케임브리지에 만들어진 마운트 오번 묘지를 위한 혁신적인 디자인이었다. 이곳에 산책과 고독을 위한 공간이 마련되었다. 필라델피아의 도시 계획, 서배너 같은 남부 지방의 도시들에는 많은 나무가 그늘을 드리우는 광장이 있었다. 하지만 휴식과 휴양을 위한 장소라기보다는 평범한 분위기의 일부였다. 1791년 피에르 샤를 랑팡이 워싱턴 DC를 위한 계획을 수립했는데, 공공 공원보다는 녹지를 충분히 제공하는 방식의 대표 사례였다.

옴스테드의 시야의 폭

OLMSTED'S BREADTH OF VISION

프레드릭 로 옴스테드(1822–1903)는 1858년 뉴욕에 센트럴 파크 디자인을 제출하기 전까지 농부, 저널리스트, 출판인, 여행가 등 다양한 경력을 가지고 있었다. 이후 그는 미국에서 가장 유명한 조경 설계가가 되었으며, 최초의 환경 운동가 그룹에 속했다. 옴스테드가 선지자이기만 했던 것은 아니다. 그의 경험들은 그를 실전에 강한 사람으로 만들어 주었고, 센트럴 파크 프로젝트를 수행하는 수천 명의 직원들을 관리할 수 있게 해 주었다.

공원이 완공된 후에도 옴스테드는 건축가 캘버트 복스와 함께 기대 이상으로 새로운 의뢰 건을 여럿 수행했다. 브루클린의 프로스펙트 파크와 롱 메도우 너머로 곡선을 이루는 전망, 워싱턴 DC의 국회 의사당 부지, 그리고 보스턴 공원 시스템도 포함되었다. 조경 건축가로서의 업적으로는 시카고 세계 박람회, 버팔로 도시 계획 제안서, 그리고 1868년에 갱스터의 도시 시카고 변두리에서 진행한 리버사이드 프로젝트 등이 있었다. 옴스테드의 마지막 프로젝트는 일리노이 주 데스 플레인스 강을 따라 교외 지역을 개발한 것으로, 격자형 체계로 완만하게 굴곡이 진 거리의 시골 마을로 설계되었다. 그 규칙은 건축 후퇴선에 대한 시방서, 나무 식재 요건, 공동체 정원 네트워크, 그리고 울타리 금지를 포함했다. 모두 몇 년 후 프랭크 스콧Frank Scott의 출연을 예견한 것이었다(330쪽 참조). 옴스테드는 캘리포니아 팔로 알토의 스탠퍼드 캠퍼스, 몬트리올의 마운트 로열, 그리고 캐나다의 수많은 공공 공원을 조성했다.

옴스테드는 도시 근로자들을 위한 자연주의적 도시 공간의 모델로 영국의 18세기 풍경식 공원을 채택했다. 그가 중요하게 여긴 사회 개혁의 한 형태였다. 옴스테드에게 디자인은 도덕성 회복 운동의 일부였다. 비슷한 맥락에서 미국 국립공원의 원칙을 촉진시키면서 미국 시민들의 즐거움을 위해 자연을 보호하기를 희망했다. 캘리포니아의 새로운 국립공원인 요세미티의 자연 보호 사업에 참여한 사람들 가운데 하나이기도 했다.

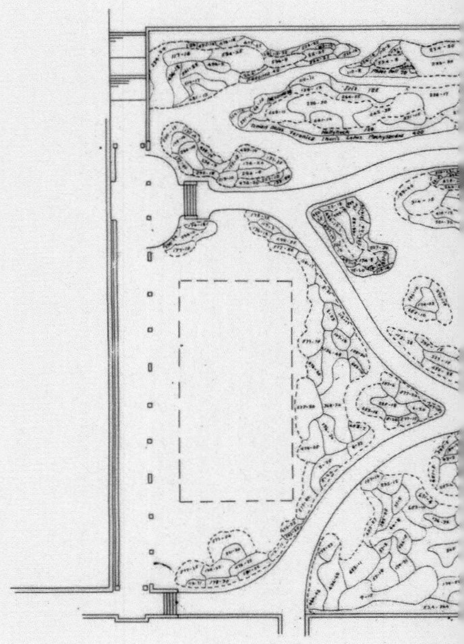

옴스테드가 개인 의뢰 건으로 마지막으로 진행한 주요 작업은 1888년 백만장자 조지 밴더빌트를 위해 한 노스캐롤라이나 애슈빌에 위치한 빌트모어 하우스다. 그는 리처드 모리스 헌트가 건축한 인디애나 석회암으로 지어진 거대한 프랑스 양식 대저택 주변으로 100만 제곱미터 규모에 사유지 정원, 도로, 수목원을 조성하고, 자생 나무와 관목을 재배하기 위한 산림 양묘장을 만들었다. (이곳은 빌트모어 산림 학교로 개발되었다.) 밴더빌트는 궁극적으로 485제곱킬로미터를 소유했다. 옴스테드가 7년 넘게 작업한 빌트모어는 그가 가장 좋아한 프로젝트 가운데 하나였다. 옴스테드는 고용주인 밴더빌트와 비전을 나누면서 그의 무한정한 자원들로부터 혜택을 받았다.

여기서 옴스테드는 공공사업에서는 좀처럼 가능하지 않은 훌륭한 조율을 이룰 수 있었다. 수목원을 위해 지역에 알맞은 나무와 관목으로 14킬로미터에 이르는 가로수 길을 조성한 것이다. 이 사유지 정원은 미국 남부의 식물들을 위한 실험 부지로도 기능했다. 대다수가 자생 식물들이었으며, 1만 본의 미국만병초*Rhododendron maximum*가 희귀한 외래 식물들의 배경을 제공해 주었다. 일반적인 진입로는 신중하게 구성한 픽처레스크풍의 식재로 5킬로미터 정도 뻗어 있었고 집 근처의 정형식 산책로로 확장되었다. 이 길에는 양옆으로 키가 큰 자생종 튤립나무들이 식재되었다. 옴스테드는 혼합된 양식보다는 자연스러운 진입 도로로부터 '단정하고 평평하며 개방되고 바람이 잘 통하며 널찍하고 완전히 인위적인 코트Court, 그리고 레지던스Residence'로 갑작스러운 변화를 주는 쪽을 선호했다. 특히 긴 산책로를 설계하여 서쪽과 남서쪽 전망과 함께 집으로부터 바깥쪽으로 멀리 있는 조각상을 바라볼 수 있는 전망을 제공했다. 산책로의 남쪽에는 2개의 커다란 테라스가 있었고, 그다음으로는 관목 숲과 담장 정원, 그리고 비탈을 따라 아래쪽으로 자연스럽게 디자인된 배스 연못이 강과 작은 늪 쪽으로 이어졌다. 늪에는 훨씬 더 위쪽에 있는 집이

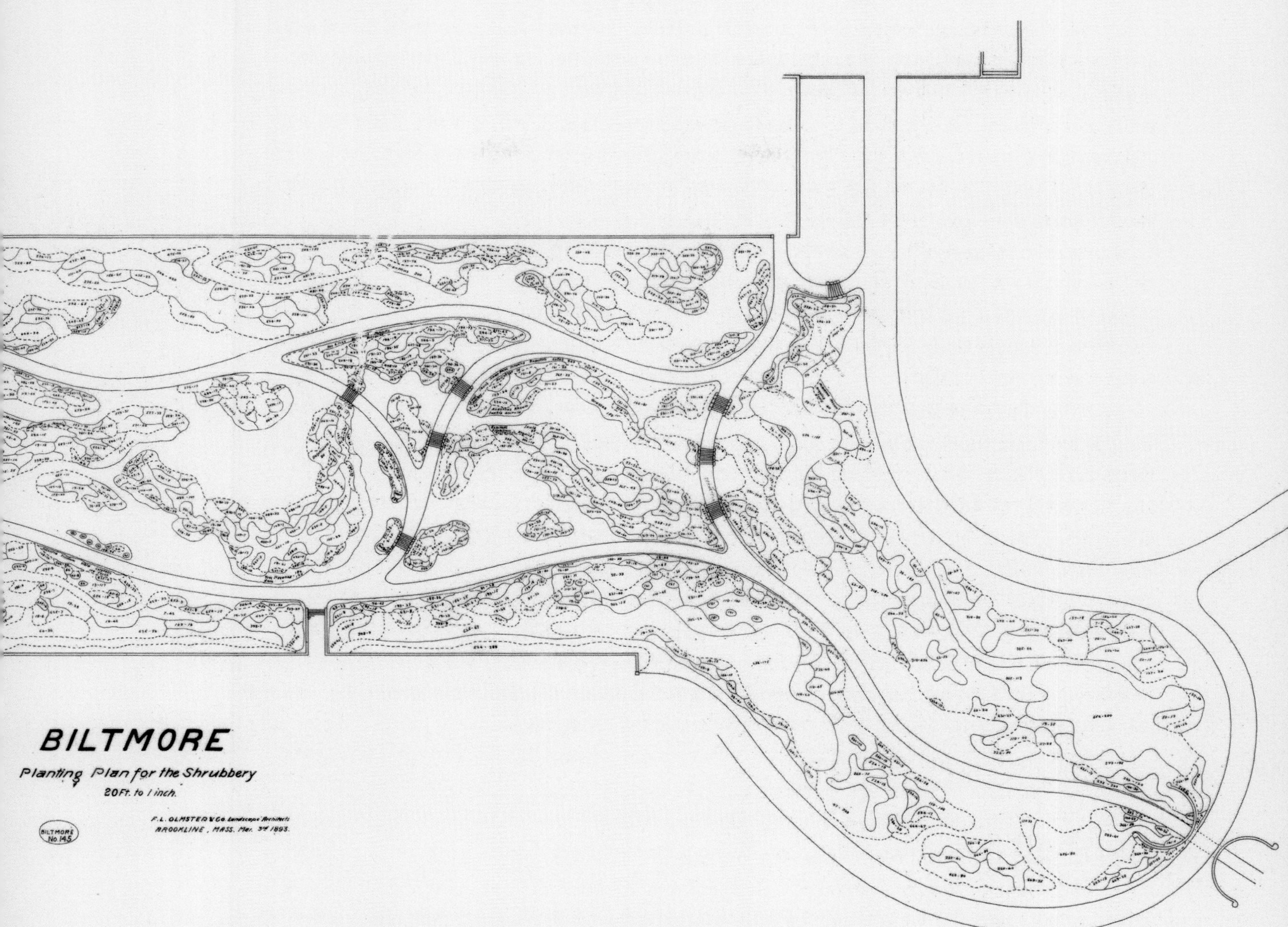

▲ 빌트모어의 관목 정원을 위한 옴스테드의 원래 식재 계획도. 오늘날 이 정원은 대부분이 1900년대에 초 인기를 구가했던 500종 이상의 다양한 식물들, 관목들, 나무들로 이루어져 있다.

비쳤다.

1894년 무렵, 옴스테드는 점점 더 건강이 안 좋아져서 결국 빌트모어에서 은퇴해야 했다. 나중에 프레드릭 로 옴스테드 주니어라고 불리게 되는 그의 아들 릭Rick(1870-1957)이 아버지를 대신하여 존 싱어 사전트John Singer Sargent가 그린 초상화를 완성했다. 이 그림은 여전히 빌트모어에 걸려 있다. 그는 자신의 입양 형제 존 찰스 옴스테드와 보스턴에 사무실을 차렸고, 다음 반세기 동안 도시 계획과 조경 설계 분야에서 리더십을 발휘했다.

1851년 뉴욕 주는 사람들이 붐비는 도시에 레크리에이션을 위한 공간을 제공해야 할 필요성을 인식하고, 특히 공공의 용지로 토지를 따로 할당해 두기 위한 최초의 공원법을 통과시켰다. 원래의 부지는 너무 작다고 판단되어 1853년 법이 개정되었고, 5번가와 8번가 사이(오늘날 센트럴 파크 서부)와 59번가와 106번가(1859년에 110번가까지 확장) 사이, 그리고 습지와 바위가 많은 지역이었던 곳의 땅을 허가받았다. 위원회는 1857년 9월 프레드릭 로 옴스테드를 첫 번째 감독관으로 위임했다. 그리고 한 달 만에 위원들은 공원을 위한 전반적인 계획을 선정하기 위한 경쟁 입찰을 진행했다. 옴스테드는 영국 건축가 캘버트 복스와 협력하여 부지가 가진 많은 문제를 대처할 수 있는 디자인을 만들어 냈다. 그들이 '그린워드 플랜 33'이라는 제목으로 발표한 제안은 1858년 4월에 상을 받는다.

옴스테드-복스 계획은 목가적 풍경, 아래쪽에 아치 모양으로 된 보행로와 함께 낮게 내려앉은 횡단 도로 체계를 예상케 했다. 1843년 조셉 팩스턴이 조성한 영국의 버컨헤드 파크에서 영감을 받은 아이디어였다. 옴스테드는 1850년 이곳을 방문했다. 옴스테드와 복스는 나무 그늘 산책 길의 건축적 틀을 잡기 위해 혁신적으로 미국느릅나무*Ulmus americana*를 이중으로 식재한 가로수와 함께 정형식 분위기를 도입했다. 시골 풍경 지역은 '격동하는 대도시를 밀어내며 잔디밭, 숲속 빈터, 물, 야생지가 안팎으로 잘 어우러진' 안식처였다.

옴스테드는 다음과 같이 썼다. '시골에서 여름을 보낼 기회도 갖지 못한 수십만 명의 지친 노동자들에게 신의 솜씨가 담긴 본보기를 제공한다는 하나의 위대한 목적을 갖고 있다. 큰 비용을 들여 화이트 산맥이나 애디론댁 산에 가서 한두 달 정도 안락한 환경에 머물고자 하는 사람들에게 비슷한 풍경을 아주 저렴한 비용으로 즐기게 해 줄 것이다.' 그는 공원은 그 안에 있는 모든 부분이 전체에 기여하여 전체적으로 하나의 예술 작품이 되어야 한다고 소신을 밝혔다. 그래서 '공원 땅 위의 모든 발걸음, 모든 나무와 관목, 그뿐만 아니라 모든 아치, 도로, 산책로가 목적을 가지고 자리 잡게 되었다'.

다우닝의 제자였던 옴스테드는 허드슨 강 화파의 미국 낭만주의와 결부된 영국 풍경식 정원의 전통에 관한 사상을 열렬히 믿었다. 노동자들을 구제하기 위해 목가적 풍경을 창조한다는 옴스테드의 견해는 동시대인들의 사고방식을 훨씬 능가한 것이었겠지만 센트럴 파크는 다양한 걸림돌에도 불구하고 1877년 무렵 사실상 완공되었다. 옴스테드와 복스는 1870년 이 프로젝트에서 사직했지만 '자연스러운' 식재 공사를 감독하기 위해 1년 후 복귀했다. 1875년 무렵 옴스테드는 윌리엄 로빈슨의 『와일드 가든The Wild Garden』에서 영감을 받아 이 책을 자신의 수석 정원사들에게 추천했다. 오늘날 센트럴 파크는 몇몇 위락 시설이 추가되었음에도 기본적인 통합성을 유지하며 진정성 있고 호의적으로 유지된다.

앞마당 잔디밭 The Front Lawn

옴스테드는 그가 만든 도시 공원들과 미국의 야생성을 회복하기 위한 선구적인 운동으로만 기억되지 않는다. 그와 앤드루 잭슨 다우닝은 미국의 가정을 위한 정원 조경의 개발에 영향을 미쳤다. 그들의 생각은 프랭크 스콧 같은 작가들에 의해 부분적으로 옮겨졌는데, 19세기 후반부에 스콧은 교외 지역 주택 소유주들을 위한 실용적 조언들도 자세히 소개했다.

미국인들은 자신들의 정원에서 일종의 국가적 정체성을 찾기 시작했다. 자연이 위협적인 대상이던 식민지 시대에는 기하학적 디자인을 통해 부과되었던 질서와 규칙성이 필요했지만 이제는 이것이 민주주의 정신과 상충하는 사회적 가치를 대변한다고 느끼기 시작했다. 광활한 시골 사유지 정원이 보여 주는 정형식 레이아웃은 퇴보적인 것으로 여겨졌다. 프랭크 스콧은 교외 지역 중산층의 앞마당 정원들 사이에 놓인 가림 벽이 배타적이며 비민주적이라고 보았고, 아예 치워 버리라고 권고했다. 스콧은 『소규모 교외 가정 부지를 아름답게 하는 기술The Art of Beautifying Suburban Home Grounds of Small Extent』(1870)에서 교외 지역이 반은 시골이고 반은 도시로, '점점이 흩어진 교외 지역의 수천여 가구들이 그들의 숲으로부터 살짝살짝 보이고, 거리와 길과 시냇물'을 발견할 수 있는 곳이 되기를 희망했다.

스콧은 또한 생울타리를 비난했다. '부지에 생울타리를 조성하여 지나가는 사람들이 정원의 아름다움을 즐기지 못하게 하는 관행은 구시대 정원 가꾸기의 야만성 중 하나다. 그것은 스페인 회랑의 담장을 두른 중정과 빗장을 지른 창문처럼 우리 시대에는 맞지 않고 비기독교적이다. 이집트 여성들의 폐쇄적인 베일처럼 불필요한 악습이다.' 대신 부지들을 연결해 주는 넓게 펼쳐진 잔디밭과 나무들이 통일감을 준다고 했다. 여기에는 구불구불한 산책로가 있고, 일년생 초화류 전시를 위해 잔디밭에 조성된 꽃 화단들이 모든 집을 위한 이상적인 전망을 공유한다.

스콧이 미국의 앞마당 잔디밭을 매우 좋아한 것은 그것이 광범위한 영향을 불러일으키는 데 있었다. 이후 100년에 걸쳐 미국의 잔디밭은 신성불가침의 영역이었다. 하지만 잔디밭을 미국의 교외 지역 생활의 일부로 처음 추천한 사람은 프레드릭 로 옴스테드로 여겨진다. 옴스테드의 일리노이 주 리버사이드 개발에서 각 소유주는 한두 그루의 나무와 '이웃집으로 매끄럽게 흘러드는 잔디밭'을 가질 수 있었다. 잔디밭은 민주화되었고, 토지 분할의 격자형 체계는 앞마당과 뒤뜰 공간이 있는 집을 지을 수 있게 해 주었다. '뒤뜰'은 개인적인 방식의 정원으로 가꿀 수 있었지만 앞마당 잔디밭은 (외관상으로 말하자면) 공공의 부지가 되었다. 스콧은 갈 데까지 갔다. 앞마당 정원에 생울타리 또는 펜스를 친 사람들을 '이기적인', '우호적이지 않은', '비기독교적인', 그리고 '비민주적'이라고 낙인찍기까지 했다. 누가 그런 혹평에 반항할 수 있었을까? 당시에는 극소수만이 그럴 수 있었다. 미국의 잔디밭이 환경적인 위험으로 인식된 것은 20세기 말에 이르러서였다.

1872년에 설립된 아놀드 수목원의 목표는 자생 식물이든 외래 식물이든 관계없이 보스턴 인근 바깥에서 기를 수 있는 모든 나무와 관목, 초본성 식물들을 수집하고, 재배하고, 전시하는 데 있었다. 교수이자 큐레이터였던 찰스 스프레이그 사전트Charles Sprague Sargent는 프레드릭 로 옴스테드에게 정원 부지를 설계해 달라고 요청했다. 그리고 이는 옴스테드가 계획한 보스턴 주변 공원의 '에메랄드 목걸이'의 일부가 되었다. 수목원은 벤자민 버시로부터 땅을 기부받고, 제임스 아놀드로부터 유산을 받은 후에 독자적으로 생존할 수 있었다. 나무들과 관목들은 살아 있는 박물관을 구성하고 그 식물들의 장래성에 실용적인 전시를 제공한다. 유명한 영국 식물 탐험가 어니스트 헨리 윌슨은 1906-1920년에 아시아에서 수집한, 정원의 중요한 가치를 지닌 많은 식물에 기여했다. 그중에는 콜크위트지아 아마빌리스*Kolkwitzia amabilis*, 레갈레나리*Lilium regale*, 호북꽃사과나무*Malus hupehensis*, 손수건나무*Davidia involucrata*, 윌슨함박꽃나무*Magnolia wilsonii*가 포함되었다. 오늘날 이곳은 7천여 종의 나무와 관목을 보유 중이며, 북미 정원에 500종 이상의 관상용 식물 종과 품종들을 성공적으로 도입했다.

▲ 찰스 사전트와 어니스트 윌슨이 보스턴 아놀드 수목원에 있는 처진올벚나무*Prunus × subhirtella* 앞에 서 있다. 1915년 5월에 촬영했다.

레크리에이션을 위한 묘지 조경

CEMETERY LANDSCAPES FOR RECREATION

19세기 후반기, 도시 공원이 발달하기 전에 묘지는 레크리에이션을 위한 쾌적한 환경을 제공했다. 기념비들은 확 트인 드넓은 잔디밭과 번갈아 나타나는 그늘진 숲을 통과하는 구불구불한 길로 이루어진 풍경 안에 감추어져 있었다. 추모를 위해 만들어진 새로운 공원들에서는 문화적·교육적 의미를 더하기 위해 당대 최고의 건축물과 조각물들이 전시되었다. 오하이오 주 신시내티에 위치한 스프링 그로브 묘지(위의 엽서 이미지)는 1845년 하워드 다니엘스의 설계로 설립되었다. 이곳은 보스턴의 마운트 오번(1831), 필라델피아의 로렐 힐(1836), 그리고 발티모어의 그린 마운트(1838)를 모델로 했다. 프로이센의 풍경식 정원사 아돌프 스트로치Adolph Strauch는 사유지 정원들을 개발하기 위해 당시 미국에서 여섯 번째로 크고 빠르게 성장하는 도시였던 신시내티로 왔다. 스트로치는 스프링 그로브에 대해 조언하면서 얼기설기 뒤얽혀 있던 이전 시기 픽처레스크 양식을 제거하고 부드럽게 흐르는 선을 도입하고자 했다. 그는 개인 토지 소유주들이 울타리를 치는 야만성과 그들의 무분별한 혼합 식재를 점차적으로 줄여 나갈 수 있었다. 그리고 '일시적으로 꽃이 피는 천박한 파르테르'를 경멸하며, 주로 초록으로 되어 있는 풍경을 눈에 띄는 꽃 화단이 방해하는 것을 허락하지 않았다.

스프링 그로브는 광범위한 잔디밭과 위풍당당한 가로수 길과 함께 묘지 조경을 위한 모델로써 곧 마운트 오번보다 나은 곳이 되었다. 1875년 무렵, 프레드릭 로 옴스테드는 다른 모든 시골 묘지보다 풍경식 정원 가꾸기에 대한 자연적인 원칙을 고수하는 이곳을 선호한다.

가드닝 저널과 협회 Gardening Journals and Societies

19세기 전반기에 걸쳐 미국에는 자연과의 접촉을 통해 얻어지는 유익한 효과에 대한 새로운 자각이 존재했다. 이는 자연 풍경을 묘사하고 이상화한 허드슨 강 화파를 통해 낭만주의적으로 표현되었다. 가드닝이 인기를 끌면서 대다수가 여성들을 겨냥한 저널과 협회와 쇼가 급증했다. 정원사들은 서로 연대감을 가졌으며, 그에 따라 가드닝 기술을 쉽게 접할 수 있었다.

1840년대에 시작된 앤드루 잭슨 다우닝의 저널《원예가The Horticulturist》는 자신들의 주택 부지를 아름답게 꾸미고자 하는 교양 있는 독자들을 겨냥했다. 나중에『미국의 전원생활, 아름다운 집, 그리고 집과 정원Country Life in America, House Beautiful and House & Garden』 같은 출판물들은 다소 세련된 취향을 제공했지만《원예 잡지The Magazine of Horticulture》,《미국 정원사의 잡지American Gardener's Magazine》 같은 저널들은 실용적인 측면을 가지고 있었다. 찰스 스프레이그 사전트가 아놀드 수목원을 통해 만든 정원과 숲은 식물학뿐만 아니라 실무적 조경을 다루었는데, 가장 높이 평가받았다. 1827년 설립되었으며, 필라델피아에 본부를 둔 펜실베이니아 원예 협회는 1829년 대중을 위한 첫 번째 전시를 개최했다. 미국 최초의 영향력 있는 플라워 쇼이자, 매년 열리는 필라델피아 플라워 쇼의 전신이다. 현재도 미국에서 가장 권위 있는 원예 행사다.

1806년 버나드 음마혼이 교육 목적으로 출판한『정원사의 달력』에 대해서는 이미 설명한 바 있다. 1805년부터 발행된 뉴욕의 그랜트 소르번 등의 다른 재배가의 카탈로그는 일반 정원사들로 하여금 새로운 품종을 시도해 보도록 자극했다. 소르번은 로리 토드라는 필명으로 가드닝 관련 언론에 기고하기도 했다. 로버트 뷔스트는 에든버러 왕립 식물원에서 훈련받았으며, 미국으로 건너와 오늘날 필라델피아의 페어마운트 파크의 일부가 된 레몬 힐에서 헨리 프랫의 의뢰를 받고 일했다. 플로리스트였던 뷔스트는 버베나를 도입하여 육성했으며, 동백과 장미로 유명했다. 나중에는 성공적인 종자 사업을 운영했다. 뷔스트는 정원사들을 위해 쓴 꽃에 대한 첫 번째 책『미국의 꽃-정원 사전The American Flower-Garden Directory』(1834)을 출판했다. 이 책은 매우 실용적인 조언들을 담고 있었고 무엇보다 새롭게 가드닝을 시작한 일반인들에게 요긴했다. 그의 다른 출판물 중에는 장미에 관한 책과 가족들을 위한 키친 가든에 관한 책이 있었다. 1852년 또 다른 씨앗 상인이었던 조셉 브렉은『꽃의 정원: 또는 브렉의 꽃 책The Flower Garden: or Breck's Book of Flowers』을 저술했다.

서부 개척 Developments in the West

중서부에서는 개척자들이 대륙을 가로질러 밀어닥쳤다. 그들은 중부 평원의 극단적인 기후에 적응해야 했다. 시차에도 불구하고 미국의 가드닝은 동부 해안 개발의 패턴을 따랐다. 1534년부터 1759년까지 프랑스인들은 중서부 지역 대부분을 소유했으며, 모피 무역을 위한 기차역과 항구는 그들을 북쪽의 퀘벡과 연결시켜 주었다. 1759년 프랑스가 영국에 패한 후 프랑스인은 미시시피 강 서부의 땅만 보유했다. 하지만 이 지역은 1762년에 스페인으로 양도되었고, 1803년 미국의 루이지애나 구입과 함께 땅에 대한 권리는 나폴레옹이 공식적으로 토머스 제퍼슨에게 매각했다. 이로 인해 미국인들은 로키산맥까지 확장되는 서부 땅의 광대한 지역을 차지하게 되었다. 처음에는 대초원 지대의 더위와 추위로 가드닝이 어려웠지만 지역의 번영과 함께 동부 해안의 정원에 필적할 만한 정원을 만드는 작업이 가능해졌다. 1800년대 무렵, 정원에는 크게 두 가지 종류가 있었다. 찰스 플랫Charles Platt(433쪽 참조)과 그의 건축학적 추종자들에게 의지하는 규칙적인 구성 방식의 정원과 새로운 옴스테드 전통을 따르는 자연스러운 설계 방식의 정원이다. 젠스 젠슨Jens Jensen의 개념과 프레리 학파Prairie School(424쪽 참조)는 20세기 초 중서부 지역에서 발전했다.

캘리포니아에 적응하다 Adapting to California

캘리포니아는 1846년 미국의 일부가 되었다. 서부 해안에 도착한 정원사들은 그들이 서부에서 발견한 히스패닉 전통보다 당대 동부 해안 지방과 유럽에서 유행했던 것으로부터 더 많은 영향을 받았다. 18세기에 주로 만들어진 스페인 선교단 정원에서 전형적으로 볼 수 있다. 새로 온 사람들은 변화된 기후에 맞서 싸우거나 그것을 견뎌 냈고, 캘리포니아는 기술에 대한 욕구를 가진 정원사들과 옴스테드 같은 정원사들 사이의 익숙한 논쟁의 배경이 되었다. 옴스테드는 전 지역의 기후와 토양을 이해하고 그에 알맞게 일하기 위한 시도를 계속했다.

빅토리아 시대를 계승한 대부분의 사람들과 마찬가지로 초기 탐험가들은 유순하고 인상적인 캘리포니아 풍경에 아르카디아적 사회가 창조될 수 있다고 믿었다. 하지만 곧 기후가 결코 만만치 않음을 깨달았다. 극심한 가뭄과 폭우가 번갈아 발생함에 따라서 성공은 관수와 배수의 정교한 시스템에 달려 있었다. 캘리포니아는 지형이 매우 다양하나 기본적으로는 온화한 지중해성 기후다. 다만 습한 겨울과 덥고 건조한 여름으로 인해 지역적 변화가 다양하다. 20세기 말 무렵 캘리포니아에서는 우림과 사막, 산타 바바라 미기후의 온화함으로 인한 무성한 성장에서부터 샌프란시스코로 유입되는 차가운 안개에 이르기까지 24개의 서로 다른 가드닝 존이 확인되었다.

프란체스코회 스페인 선교사들은 캘리포니아 기후에 자신들의 기술을 시험해 본 최초의 정원사들이다. 물 공급이 지속적으로 문제가 되었으며 이슬람교가 존중받았던 사회로부터 온 그들은 일부만 간단하게 수정한 전통적인 재배 방법을 사용했다. 후니페로 세라Junípero Serra 신부는 1769년 가장 이른 시기의 샌디에이고 드 알칼라 선교회를 설립했다. 그는 멕시코시티로부터 도보로 피마자*Ricinus communis*, 밀, 포도나무, 대추 씨앗을 운반했다. 그때부터 멕시코와 애리조나로부터 캘리포니아 해안을 따라 담장으로 둘러싸인 뜰을 가진 선교회가 연이어 설립되었다. 각각은 하루 정도 열심히 걸어가면 닿을 만한 거리만큼 떨어져 있었다. 건물들은 두터운 아도비 점토 벽과 위로 돌출된 타일 지붕을 갖춘 스페인 식민지 양식으로 지어졌다. 선교사들은 아메리카 원주민들에게 로마 가톨릭 신앙과 구세계의 식물과 과일들을 소개하고자 했다. 하지만 곧 그들 역시 토착 식물을 재배하고 있고, 그것들의 용도는 지역 부족들을 통해 구전되어 왔음을 알게 되었다.

늘 그렇듯이 첫 번째 순위는 농작물, 과수원, 올리브나무 숲, 채소, 허브였다. 조지 밴쿠버 선장이 1793년 캘리포니아 해안에 당도했을 때 그는 샌 부에나 벤투라San Buena Ventura의 선교회 정원에서 사과, 배, 자두, 무화과, 오렌지, 포도, 석류, 복숭아만이 아니라 바나나, 코코넛, 사탕수수가 자라고 있음을 발견했다. 그곳의 풍부한 물은 비옥한 토양을 매우 생산적으로 만들었다. 1797년 설립된 샌페르난도 선교회는 스페인에서 수입된 3만 2천 주의 포도나무로 유명했다. 선교회는 브랜디로도 유명해졌다. 정원에는 스키누스 몰레*Schinus molle*, 니코티아나 글라우카*Nicotiana glauca*, 그리고 칠레야자*Jubaea chilensis* 같은 남미 식물들이 로스앤젤레스 산맥의 토종 호랑가시잎체리*Prunus ilicifolia*(이 식물의 보통명인 호랑가시잎체리holly-leaved cherry로 인해 나중에 이 지역은 할리우드Hollywood가 된다)와 함께 자라고 있었다. 정원에는 유럽에서 수입되긴 했지만 종종 다른 곳이 원산지인 식물들도 있었다.

멕시코가 1821년 스페인으로부터 독립하고 광활한 땅을 세속화한 후 많은 선교회 정원이 방치되었고, 수천 헥타르가 목장으로 운영되었다. 하지만 1846년 캘리포니아가 미국의 일부가 되었던 해에 에드윈 브라이언트는 '높은 담장으로 둘러싸인 2개의 대규모 정원'을 찾기 위해 샌페르난도 선교회를 방문했다. 거기에는 온대와 열대 기후에서 도입된 많은 과일나무와 식물들이 있었다. '장미는 1월에 꽃을 피웠고, 레몬과 무화과와 올리브 열매가 나무에 매달려 있었으며, 오푼티아*Opuntia* 선인장의 배 모양으로 생긴 선홍색 열매가 아주 매혹적으로 보였다.' 에드윈 브라이언트는 선교회 바깥쪽에 있는 가로수 길에도 감탄했다. '신부님들이 식재한 느릅나무, 버드나무 등 여러 줄의 거대한 나무들이 그늘을 드리우는 넓은 알메다almeda(*스페인 원산의 포플러 숲)는 승마나 보행자들을 위한 가장 아름다운 진입로 또는 산책로를 제공한다.'

1850년 이후에 도착한 정원사 그룹은 동부 해안 양식의 모든 것을 자신들의 새로운 집에 되풀이하고자 했다. 지역의 환경 조건과 상관없이 그들은 존 클라우디우스 루던의 가드네스크 체계에 관한 다우닝의 권고로부터 유래된 디자인을 부과함으로써 개별 식물들이 두드러지는 전시를 계획했다. 이러한 정원사들 가운데 가장 성공한 이들은 온대, 아열대, 열대 국가들로부터 온 식물들을 포함한 폭넓은 범위의 식물들을 재배하기 위한 충분한 물을 끌어올 방법을 가지고 있었다. 1840년대에 설립된 양묘장은 유럽과 미국 동부 원예의 중심지로부터 온 새로운 식물과 씨앗을 제공했다. 다우닝에 영감을 받은 전형적인 사유지로, 소노마에 위치한 라크리마 몬티스Lachryma Montis(*산의 눈물)는 잔디밭으로 마감되었다. 이곳은 1850년 마리아노 바예호 장군에 의해 조성되었다. 그는 아도비 벽돌로 지어진 자신의 집을 고딕 양식 디자인의 목재 빌라로 바꾸었다. 스위스의 앙투안 보렐은 1861년 샌프란시스코로 이사했다. 그는 샌마티오에 있는 자신의 시골 사유지에서 편안함을 느꼈으며, 일년생 초화류를 이용한 프랑스 양식의 리본 화단과 섬세한 다육 식물로 만든 카펫 화단을 도입했다. 집 근처 잔디밭은 그 너머로 아주 넓게 절충적으로 식재된 나무들의 전경前景이 되었다.

프레드릭 로 옴스테드는 지역의 환경 조건에 더욱 현실적인 태도를 가진 최초의 동부 출신 사람들 중 하나였다. 1865년 오클랜드에 마운틴 뷰 묘지를 설계한 후 샌프란시스코 시장으로부터 연락을 받았다. 확장하는 도시의 수요를 충족시킬 수 있도록 바람 부는 지역에 '자연스러운' 도시 공원을 계획해 달라는 것이었다. 유감스럽게도 공원이 부지에 어울리도록 지면보다 밑으로 가라앉은 산책로를 만들고 또 외래 식물들의 숲보다는 내풍성이 있는 토종 나무들을 활용하자는 그의 생각은 호소력이 없었다. 그로부터 5년 이내에 윌리엄 해먼드 홀을 통해 골든게이트 공원이 만들어지기 위한 새로운 계획이 시행되었다. 그의 뒤를 이은 존 맥라렌은 공원 안에 서로 다른 자연주의적 풍경을 재현하고자 했고, 토양과 장소를 다양한 범주의 식물들에 적합하도록 만들어 주었다. 1850년대 홀은 이동하는 모래 언덕을 안정화시키고 도시의 서쪽으로 불어오는 바람의 힘을 무력화시키기 위한 노력으로, 수천 그루의 쿠프레수스*Cupressus macrocarpa*, 소나무류, 유칼립투스 글로불루스*Eucalyptus globulus*를 식재했다. 이것은 뜻밖의 결과를 야기했다. 오스트레일리아에서 온 이 유칼립투스가 주변 시골 지역에 퍼져 나가 잡초처럼 대량 서식하게 된 것이다.

1888년 옴스테드는 샌터크루즈 산맥 기슭에 위치한 팔로 알토의 스탠퍼드 대학교 캠퍼스에서 선교회의 히스패닉 양식과 유사한 무언가를 만들고자 했다. 그는 자생 나무들과 그곳과 유사한 세계의 서식지로부터 온 나무들이 일부 식재된 수목원을 지중해 형식의 식재와 결합시켰다. 관수가 필요한 잔디밭에 대한 대안을 모색하면서는 방치된 선교회 단지와 그곳에 식재된 식물들을 연구했다. 하지만 의뢰인 릴런드 스탠퍼드 주지사는 옴스테드의 계획 중 일부만 실행에 옮겼다.

캘리포니아 사람들은 여간해서는 충분한 물 공급에 지나치게 의존하는 것의 위험성을 인식하지 못했다. 19세기 후반 무렵, 정원들은 전 세계 곳곳에서 온 식물들로 가득 찼다. 충분히 관수만 해 준다면 좋은 기후에서 잘 자라면서 정원에 더할 나위 없이 이국적인 분위기를 제공했을 것이다. 모든 유형 또는 양식의 풍경이 호스의 도움으로 만들어질 수 있었다. 장기적 안목에서 그렇게 인공적인 방법으로 수많은 외래 식물들을 재배하는 데 대한 생태학적 영향을 고려하기 위해 머뭇거리는 사람은 거의 없었다. 옴스테드와 홀과 함께, 영국의 정원 작가 존슨은 훨씬 남쪽에 위치한 패서디나를 방문한 후 의문을 제기했던 한 명이었다. '황무지에서 장미 같은 꽃을 피우게 할 수 있는 것은 정원과 공원에서 풍족하게 물을 틀어 사용하는 호스와 정원 스프링클러의 자유로운 사용 덕분이다.'

전환을 향하여 Towards Transition

19세기 중반 무렵, 미국의 원예는 영국의 빅토리아 스타일과 유럽 대륙 스타일이 나란히 유행하고 있었다. 당시는 식물원들의 설립, 그리고 미국 식물과 가드닝의 가능성에 대한 관심이 통합되던 시기였다. 앤드루 잭슨 다우닝의 영향력은 특히 교외 지역 빌라 부지를 위한 영국 스타일의 픽처레스크 양상을 촉진시켰다. 식물 전시에 있어서는 존 클라우디우스 루던의 가드네스크와 절충식 태도를 널리 알렸다. 반면 대규모의 오래된 많은 정원들은 이전 시기 식민지 스타일의 정형식 요소들을 고수했다. 1870년대에 보스턴과 뉴저지 교외 지역은 부자들의 놀이터였고, 세기가 바뀜에 따라 거창한 정원들 사이에 자리 잡은 대규모 저택들이 미시간 호수의 해안을 따라 시카고 북부와 디트로이트의 그로스 포인트 지역에 조성되고 있었다. 건축가 헨리 홉슨 리처드슨은 역사적으로 영감을 받은 정원이 딸린 모든 시대의 집을 지을 수 있었다.

1870년 이후, 아이디어와 영향력은 전 세계에 걸쳐 더욱 균질화되었고 미국의 가드닝에 관한 이야기는 더 이상 별개의 것으로 바라볼 수 없게 되었다. 일본이 세계에 문호를 개방했을 때 디자인에 대한 동양의 태도는 특히 미국에 심오한 영향을 끼쳤다. 대서양 양편에서 생태학적 논쟁이 본격적으로 시작되면서 정원에 새로운 자연주의에 대한 목소리가 울려 퍼지고 있었다. 12장에서 미국과 다른 곳에서 이 같은 움직임이 어떻게 발전했는지 살펴볼 예정이다.

◀ 캘리포니아 샌후안 카피스트라노 선교회 정원에는 원래의 아케이드 중정과 관상용 연못이 있다. 가장 이른 시기의 스페인 선교회들은 18세기 후반에 설립되었는데, 구세계 또는 남미의 스페인으로부터 온 꽃과 열매, 채소를 주로 재배했다. 이슬람교에서 영감을 받은 물 사용에 대한 전통은 선교회 정원과 농업 공동체 또는 푸에블로족이 가꾸던 정원의 디자인을 좌우했다. 많은 정원이 종종 지역적·역사적으로 적절한 다채로운 식물들과 함께 복원되었지만 원래의 식재는 미적 식물들보다는 주로 쓸모 높은 약용 식물들을 포함했을 것이다.

Gardens of China

중국의 정원

정원 조성에 관해 세상에 알려진 가장 오래 지속된 전통은 중국에서 발견할 수 있다. 중국 문명은 황하 유역의 비옥한 농경지에서 시작되었다. 수천 년을 거슬러 올라가는 가장 이른 시기의 기록에 따르면 최초의 중국인 농부들은 자신들이 북쪽의 열악한 초지대를 떠돌아다녔던 유목민들과 다르다고 정의했다. 중국인들은 아주 초기부터, 주변 야만인들보다 우월하다는 문화 의식을 강하게 지녔다. 초창기 신화는 세 명의 신격화된 왕인 삼황三皇을 이야기한다. 그들은 인간이 불을 사용할 수 있도록 해 주었음은 물론이고 가축 사육과 작물 재배에 관한 지식을 부여했다.

이윽고 중국의 농경 문화는 남쪽으로 황하를 넘어 양쯔 강 주변의 벼농사 지역까지 확장되었다. 기원전 5세기 무렵에 중국인들은 이미 밭과 과수원의 개선을 위해 토양의 종류, 고도와 지하수면 사이의 상호작용을 이해하고 관리했다. 숲이 우거진 평원에서 자라는 복숭아, 배, 자두, 감, 살구 같은 나무들은 쉽게 길들여졌다. 이 풍성한 경관은 최초로 알려진 정원들의 배경이 되었다. 주나라(기원전 1046년경–기원전 256)의 생산적인 사유지와 지배 계층의 수렵원이 그것이다. 이곳은 페르시아 언덕에 수메르인과 아시리아인이 만든 대규모 공원들과 아주 흡사했다. 하지만 기원전 4세기에 온전히 즐거움을 위해 만들어진 정원을 두 편의 시를 통해 살펴볼 수 있다. 이 시들은 샤머니즘적 송가로 여겨진다.

◀ 중국 장쑤江蘇 지방 쑤저우에 위치한 유원留园 정원의 풍경. 유네스코 세계문화유산으로 지정되었다.

仙橋我昔遠相望徑斷年深不可抗山中秘蹟應非少
夢向天台渡石梁仙橋
不必伶倫傳叔夜廣陵散絕到于今空山太古遺音在
石上泉流響作琴鳴弦泉
仙橋拒鳴弦泉可十餘里可望而不可即導者謂予自汪扶光先生到
後徑斷多年矣因合圖之敀識

▲ 정민鄭旼(1633–1683)의 〈황산팔영黃山八景〉은 9폭 서화 작품의 하나다. 황산은 747년 중국 신화에 등장하는 시조인 황제의 이름을 따서 지어졌다. 산들은 중국 전역에 걸쳐 두려움의 장소로 숭배되고 있다.

이 상상의 정원은 죽어 가는 왕자의 소유였다. 그는 난초 향기를 음미하기 위해 바깥 화랑으로 걸어 나가도록 권유받는다. 거기에는 구불구불한 개울, 공작, 꽃이 핀 무궁화 울타리만이 아니라 '짐승들을 훈련시키기 위한' 포장로와 로지아가 있다. 궁궐 지붕 위로 발코니가 있는 정자가 탑을 이루고, 연꽃이 구불구불한 연못에 꽃을 피우며, 계단식 테라스에서는 먼 산을 바라볼 수 있다. 우리는 여기서 향후 2500년 동안 중국 정원의 특징이 될 많은 요소를 발견할 수 있다. 그들에게는 산을 감상하는 것이 중요했다. 산은 인간을 영원으로 인도하는 전달자이며, 결국에는 축소되어 정원의 풍경 속으로 도입된다. 중국 여러 지역의 드라마틱한 지형으로 살펴볼 때 어쩌면 매우 당연하게도 산은 초자연적인 힘을 부여받았다. 신성한 산은 우주의 중심이었다. 5개의 신성한 산은 땅의 중심과 그 네 모퉁이를 상징했다. 안개로 둘러싸인 곤륜산 꼭대기는 불멸의 서왕모西王母가 사는 곳이라 여겨졌다. 신선은 동쪽 바다 신비로운 돌섬에도 살았다.

이 이야기의 핵심은 왕자가 자연과의 접촉으로 되살아날 것이라는 확신이다. 사람과 자연의 깊은 교감은 이 시기 성문화되었던 중국의 도교 신앙 체계에 뿌리를 두고 있다. 인간을 포함한 모든 자연은 모든 것을 통합하는 근본적인 생명력 안에서 함께한다고 여겨진다. 따라서 중국의 정원 역시 서양의 많은 전통에서처럼 자연을 굴복시키는 쪽보다는 그것의 아름다움과 경이로움을 함축시키고 지키는 쪽을 추구한다.

▲ 토머스 알롬의 그림을 제임스 샌즈가 판화로 작업한 〈만리장성〉은 1843년 런던에서 출판된 『중국, 그 풍경과 건축, 사회적 관습 등에 관하여China, its Scenery, Architecture, Social Habits ets.』에서 발췌했다.

기원전 219년 중국 최초의 황제인 진시황始皇帝(기원전 221–기원전 210년에 재위)은 불로불사의 약을 구하고자 일단의 소년, 소녀들을 파견했다. 그들은 끝내 돌아오지 못했지만 황제는 포기하지 않고 자신이 사후 세계로 가는 길을 편안하게 하고자 엄청난 노력을 기울였다. 중국 북부의 여산에서 수십만 명의 노동자들이 경기장만 한 크기의 구덩이를 파고, 지하 강의 방향을 바꾸어서 중앙에 거대한 언덕을 조성했다. 여기에 나무와 관목을 식재하여 산처럼 보이도록 했다. 마지막으로 실제 사람 크기의 병사들이 무기, 말, 전차들과 함께 무덤을 지키게 했다. 1974년에 재발견된 경이로운 병마용이다.

진시황은 13세의 어린 나이에 진나라의 통치자가 되었다. 그는 가공할 전사이자 무자비하고 매우 유능한 폭군으로 빠르게 성장했다. 이웃 나라들을 차례로 물리치고 그 백성들을 노예로 만들었다. 기원전 221년 무렵 그의 제국은 남쪽으로 현재의 홍콩에서부터 북쪽의 내몽고 변두리까지, 그리고 태평양 건너 쓰촨까지 확장되었다. 오늘날 중국의 4분의 1에 해당한다. 진시황은 세계 최초의 중앙집권화된 관료 제국을 통치하는 데 필요한 체계들을 구축하면서 엄청난 영역에 걸쳐 도량형, 화폐와 문자, 심지어 수레 차축 폭의 표준을 도입했다. 당시 그의 유산은 통일된 중국을 만드는 것이었다. 이와 같은 계획의 수립은 즉위 1년차부터 시작되었다. 책들은 불태워졌고, 학자들은 생매장당했다. 그는 셴양(오늘날 시안)에 새로운 수도를 세우고 여기에 장엄한 궁전과 드넓은 수렵원인 상림원上林苑을 지었다. 그의 야망에 있어 병마용과 견줄 만하다.

어마어마한 산들을 배경으로 8개의 강이 흐르는 상림원은 1천 리(480킬로미터)에 이르는 거대한 성벽으로 둘러싸여 있었다고 전해진다. 제국 자체도 마찬가지였다. 중국에 만리장성을 짓기 시작한 사람도 진시황이다. 황제는 멀리 떨어진 통치 지역으로부터 공물로 받은 희귀한 식물들과 동물들을 자신의 원림 안에 모았다. 상림원은 제국의 다양성과 진시황의 엄청난 부와 권력을 보여 주는 것 외에도 자체로 세상의 축소판이었다. 시인들은 동쪽 연못에서 해가 떠오르고 서쪽 비탈로 해가 지는 영지領地와 (진시황의 제국이 실제 그랬던 것처럼) 얼어붙은 북쪽에서 열대의 남쪽까지 펼쳐진 땅을 노래했다. 공원에는 야생 돼지, 야생 당나귀, 유니콘은 말할 것도 없고, '얼룩말, 야크,

맥, 검은 황소, 물소, 엘크, 그리고 영양… 야생 소, 코끼리, 그리고 코뿔소'가 살고 있었다. 이렇게까지 기상천외하진 않았겠지만 상림원에는 한나라 계승자들의 공원과 마찬가지로 황궁의 살림에 필요한 과수원, 농장, 호수가 있었음이 거의 확실하다.

▲ 원강袁江이 그린 〈봉래섬〉이다.

불멸의 신비로운 섬 The Mystic Isles of The Immortals

진시황은 기원전 210년에 죽음을 맞이했다. 4년 후 그의 아들이 암살당했고, 한나라가 왕좌를 차지한 후 4세기 동안 왕조가 유지되었다. 이 기간에도 상림원은 파괴되지 않았고, 오히려 한족의 영광을 살리는 공간으로 사랑받았다. 하지만 7대 황제 무제武帝(기원전 187-기원전 141)는 자신만의 공원을 만들었다. 그는 한 단계 더 나아가 불멸자인 신선神仙이 거주하는 장소를 창조했다.

신선은 히말라야에 있는 그들의 은둔지와 행락지만이 아니라 땅속 깊은 동굴과 동해에 있는 거북의 등에 떠 있는 섬에 산다고 믿어졌다. 이곳에는 금, 은, 옥으로 만들어진 기쁨의 홀 주변으로 진주와 보석이 달리는 나무들이 자라났는데, 인간이 다가가면 그곳에 사는 신선과 함께 모두 안개로 사라져 버렸다. 한무제는 신선 탐구에 돈을 들이는 대신 그들이 거부할 수 없는 새로운 거주지를 창조하는 데 자신의 상당한 자원을 투자했다. 무제는 신선이 그곳의 사랑스러움을 알게 되면 학을 타고 날아와 자신에게 불멸의 약을 맛보게 해 주기를 바랐다.

무제의 공원은 인공 언덕으로 윤곽을 드러냈다. 마법에 걸린 매혹적인 섬의 새로운 버전으로 봉래蓬萊, 영주瀛州, 방장方丈 같은 호수 안의 섬들에는 이국적인 꽃들과 강렬한 허브, 그리고 특이한 돌들이 있었다. 연대기에 따르면 무제의 정원에는 2천 종의 식물이 존재했다. 따뜻한 남쪽에서 온 만다린, 대나무, 치자, 리치도 있었다. 이들을 식재하기 위해 난방이 되는 온실이 지어졌다. 신선의 기분을 좋게 만들기 위해 그들을 묘사한 높은 조각상들이 이슬을 모으는 그릇을 들고 있었다. 이슬은 황제가 그토록 원했던 물약의 주요 성분인 기 또는 생명의 기운을 상징하기 때문이다. 안타깝게도 신선은 나타나지 않았다. 무제는 결국 노환으로 죽음을 맞이했다. 하지만 신선을 유혹하기 위한 자신의 전략이 오늘날까지 존속하게 된 중국, 일본, 한국 정원의 고전적 요소인 '연못과 섬 정원'을 탄생시켰다는 점에서 일종의 불멸을 달성했다고 할 수 있다.

한나라 정원은 제국의 팽창만이 아니라 중국을 넘어 세계와 접촉하는 것으로부터 덕을 보았다. 한나라의 통치하에 새로운 무역로가 만들어졌다. 중앙아시아를 가로질러 일련의 오아시스를 따라가는 비단길이 여기 포함되었다. 비단길을 따라 비단, 광택제, 정교하게 가공된 옥이 바깥세상으로 운반되었다. 그리고 모직, 진주, 모피, 향신료, 말, 사프란, 난초가 새로운 불교 신앙과 함께 돌아왔다. 무역 파트너를 방문하기 위해 외교 대사들이 파견되었다. 장건張騫은 황실 정원을 위해 새로운 식물들을 가져오라는 명을 받았다. 기원전 126년 그는 서사적인 12년간의 여행을 마치고 포도나무와 알팔파*Medicago sativa*를 가지고 박트리아Bactria에서 돌아왔다. 일부 연대기에서는 장건이 서쪽으로, 멀게는 지중해 동부까지 여행했다고 전한다. 그렇다면 그가 오이, 무화과, 참깨, 석류, 호두 같은 식물들도 들여왔을 가능성이 있다. 이들은 모두 3세기 전에 중국에 도착했다. 차를 마시는 것도 이 시기부터 유행했는데 273년 남쪽 지방에서 처음 기록되었다.

한족은 진시황에게 업신여김당한 공자孔子(346쪽 참조)의 가르침을 받아들였다. 이것은 여전히 독재적이긴 했어도 이전보다 인간적인 관료주의의 토대가 되었다. 시민들은 번창하여 자신들만의 유원지를 만들어 나갔다. 한 전설적인 정원은 원광한袁廣漢이라는 이름을 가진 상인이 조성했다. 개울은 그의 공원을 관통하며 흐르도록 방향이 바뀌었다. 그곳에는 사슴, 황소, 티벳 야크들이 풀을 뜯고 열대 앵무새들이 머리 위에서 끽끽거렸다. 또 30미터 높이의 바위산과 43개의 멋진 홀과 테라스를 자랑했는데, 모두 개방된 화랑으로 연결되었다. 하지만 원광한의 사치는 황제의 의심을 불러일으켰고, 황제의 후궁과 마찬가지로 끝내 정원과 목숨을 잃고 말았다.

식물 애호가들의 전성기 A Flowering of Plantsmanship

새로운 식물과 새로운 아이디어와 함께, 한나라 때 주요한 기술의 발전이 있었다. 유럽에서는 1000년 이후에야 정원에 처음 등장한 손수레가 중국에서는 118년에 이미 사용되었다. 한나라 시대의 발명 가운데 더욱 중요한 것은 종이였다. 부피가 큰 대나무 껍질보다 훨씬 쉽게 처리하고 저장할 수 있는 종이의 발명은 백과사전, 사전, 편람의 제작을 촉진시켰다. (식물학은 항상 중요한 주제였다. 기원전 3세기에 쓰인 중국에서 가장 오래된 훈고서이자 세계 최초의 백과사전인 『이아爾雅』는 적어도 300종의 식물에 대해 기술한다.) 3세기 초에 저술된 『남방초목상南方草木狀』('남부 지역의 식물과 나무에 관한 연구')은 북쪽 지역의 정원에서는 화분 재배와 계절에 따라 즐길 수 있는 하와이무궁화 같은 식물들의 특질과 원예학적 요구 조건을 기술했다. 이 책은 또한 머나먼 아라비아에서 온 두 가지 향기로운 재스민(*Jasminum officinale, J. sambac*)이 이제 막 도입되었음을 기록했다.

원예 관련 문헌의 진정한 발전은 8세기 말 인쇄술의 발명과 함께 이루어졌다. 수백 개 품종의 새로운 식물들이 연구를 통해 명명되었다. 종뿐만 아니라 재배 품종도 언급되었다. 또한 뽕나무의 접목을 포함한 교배 결과도 기록되었다. 1256년, 300개 이상의 기재 사항과 함께 전적으로 식물을 다룬 최초의 백과사전 『전방비조全芳備祖』가 쓰였다. 작가 진경기陳景沂는 대략 1천 개의 문헌을 참고했다고 한다. 이 책에서 나무, 과일, 관목, 허브는 관상용 가치, 요리와 의약의 적용, 그리고 고대 상징적 연관성에 관한 복합적인 내용에 따라 분류되었다.

학문은 식물의 상징적·도덕적 속성을 강조하는 경향이 있었다. 수 세기에 걸친 정원 조성과 풍경화의 밀접한 연관성에 비추어 볼 때 불가피했을 것이다. 이것은 중국 정원이 수천 년 동안 가장 적은 종류의 식물들만 사용하면서 본질적으로 변하지 않고 계속 유지되어 왔다는 개념을 불러일으켰다(주로 소나무, 대나무, 버드나무, 자두나무, 모란, 국화). 적어도 20세기 중반까지 과거에 대한 숭배가 정원 조성의 지속성을 장려했음은 사실이다. 그리고 '세한삼우歲寒三友'(소나무, 대나무, 매화나무) 같은 특정 식물들의 시적인 울림 때문에 정원에 주요하게 쓰인 것도 의심할 여지가 없다. 하지만 넓은 땅으로 인한 광범위한 기후 조건과 긴 세월 동안 정확히 똑같은 식물을 사용하는 정원은 생각할 수도 없다.

'미래를 결정짓고 싶다면 과거를 공부하라'

'STUDY THE PAST IF YOU WOULD DIVINE THE FUTURE'(공자와 도道)

공자(기원전 551-기원전 479)는 중국이 무엇인지를 정의하는 사상을 발전시킨 인물로 존경받는다. 그는 더욱 도덕적이고, 인도적이며, 이성적인 삶의 방식을 찾기 위하여 품위가 잊힌 시대에 문헌과 제도를 돌아보면서 '미래를 결정짓고 싶다면 과거를 공부하라'고 촉구했다. 『논어』의 문하생들에 의해 보전된 그의 가르침은 배움을 통해 계층, 의례, 자기 수양에 대한 공경을 구체화했다. '배우기만 하고 생각하지 않으면 공허하고, 생각하기만 하고 배우지 않으면 위태롭다.' 공자는 훌륭한 통치의 열쇠는 교육, 특히 인간관계에서의 친절, 또는 인仁('다른 사람을 사랑하는 것')으로 인도되는 도덕 교육이라고 믿었다. 덕이 있는 사람은 겸손하고 자제력이 있어야 하며, 다른 사람이 자신에게 해 주기 바라는 대로 다른 사람을 대해야 한다. 그는 다섯 가지 중요한 사회적 관계, 즉 통치자와 백성, 아버지와 아들, 형과 동생, 남편과 아내, 친구와 친구 사이의 의무에 따른 자신의 모든 행위 안에서 인도되어야 한다고 했다. 이들 관계에 있어 윗사람은 자애로워야 하며, 아랫사람은 공손하고 성실해야 한다.

▲ 공자의 초상화. 종이 두루마리에 구아슈로 그렸다.

▶ 명나라 화가 심주沈周가 그린 〈산꼭대기에 있는 시인〉은 1500년경 작품이다. 도교의 은둔자는 외딴 곳에서 자연과의 교감을 추구하며, 도덕적 자기 계발과 문화적 교양을 위한 삶의 모델이 되었다.

전통과 예절에 중점을 둔 공자의 가르침은 한나라 왕조에 의해 중국의 관료주의를 뒷받침하는 시험 제도의 기초로 채택되었다. 유교 사상은 교육 및 문화유산을 공유하는 엘리트 관료를 양성하여, 그들의 문화적 지식과 도덕적 우월성에 대한 자부심으로부터 권위를 이끌어 냄으로써 수천 년 동안 거침없이 뻗어 나가는 제국을 함께 결속하는 데 성공을 이루었다.

전국 시대(기원전 475-기원전 322)의 격동기를 겪으면서, 공자는 실제로 자신의 신조가 실현되는 것을 볼 기회가 거의 없었다. 고립과 실망 중에 그는 세월이 흘러도 변치 않는 자연의 리듬에 위로받았다. 그의 말은 삶의 질을 높여 주는, 심지어 생명 연장의 원천으로 풍경을 거듭 예찬했다. '지혜로운 사람은 물에서 즐거움을 찾고, 어진 사람은 산에서 기쁨을 찾는다. 지혜로운 사람은 활동적이고, 어진 사람은 평정하다. 지혜로운 자는 즐겁게 살고, 자애로운 자는 오래 산다.'(공자, 『논어』, 6. 23.)

중국의 정원 이야기를 위해서는 다행하게도, 공자는 자신이 세운 올바른 행동 규칙과 도교의 창시자 노자(기원전 604년경-기원전 517)의 형언할 수 없는 신비주의 사이에 상충되는 부분을 보지 못했다. 중국의 사상에서 자연 세계는 끊임없이 상호작용하며 변화하는 요소들의 자기 생성적이고 복잡한 방식으로 오랫동안 인식되어 왔다. 이러한 이질적인 요소들을 하나로 묶는 것이 도道다. 도는 모든 것이 존재하는 방법 혹은 원리이자, 모든 생명의 영원한 근원, 그리고 기 또는 호흡으로 '만萬 가지'를 가득 채우는 아름다움이다. 아브라함 종교에서 볼 수 있는 어떠한 인과 관계나 지배력이 아니다. 이 '만 가지' 중에는 자연과 분리되지 않고 오히려 자신도 자연의 리듬의 한 부분인 인간이 있다. 도는 특정 의식이나 행동으로 축약될 수 없다. 자연과 마찬가지로 '움직이지 않으면서 움직이고', 도와 하나가 되면 모든 두려움과 불확실성이 사라지기 때문이다.

중국의 교양 있는 신사들은 주제넘게 자연을 통제하거나 굴복시키지 않았다. 그들의 정원에 있는 자연의 힘과 형태를 인식하고 심지어 적응하면서, 도와 하나가 되기를 추구했다. 유교적 가치관과 도교적 가치관의 차이는 소박한 파사드와 질서 정연하게 연속되는 방들과 마당이 있는 학자의 집과, 구불구불한 산책로, 바위, 연못, 나무로 둘러싸인 정자가 있는 그의 정원이 지닌 확실한 자발성 사이의 차이다. 두 철학은 종종 겹쳤다. 도교의 자연을 향한 경외심과 조용한 명상적 실천법과 함께 준비된 동류의식을 찾던 불교는 기원전 1세기부터 이 혼합에 합류했고, 3세기까지 잘 정착되었다. 당나라 시대에는 선불교의 발달 역시 유교의 실용주의(와 변증법적 교육 방식)를 받아들였다. 반면 정토 불교는 서양의 낙원을 본뜬 사찰과 정원의 디자인에 영향을 미치게 되었다.

다음 페이지: 청나라 시대 화가 전유성錢維城(1720–1776)이 두루마리에 그린 〈풍성한 꽃들〉이다.

우리는 송나라(930-1279) 시대 때 문인 정원을 조성한 이들 대부분이 열정적인 식물 애호가였다는 사실을 알고 있다. 그들은 모란과 국화 컬렉션과 함께 폭넓은 범위의 관상용 나무와 화분 식물들을 재배했다. 송나라 휘종(1101-1126년에 재위)은 제국의 네 모퉁이로부터 원하는 식물(과 바위)을 찾고, 그것들을 수도로 가져오기 위해 '꽃과 바위 네트워크'를 결성했다. 한편 장쑤 성의 정원에는 소나무와 대나무가 식재되어 있었다. 또 비와 바람으로부터 보호된 안뜰에서는 아열대 식물들을 재배했던 것으로 보인다. 그리고 19세기까지 광둥 지역 주변 양묘장에는, 존 리브스John Reeves 같은 최초의 유럽인 목격자들로 하여금 거의 넋을 잃게 만들었던 풍부한 식물들이 식재되었다. 16세기 작가 고렴高濂의 예는 식물 중독의 모든 징후를 확실히 보여 준다. 그는 가장 특별한 식물들을 화분에 담아 서재에 두었고, 기분 좋은 색과 향기를 지닌 두 번째로 좋은 식물들은 작업실 가까이에 식재했다. 평범한 식물들은 멀리 떨어져 있었다. 그는 '창조나 변화의 산물인 모든 식물은 기쁨의 원천이며… 꽃이 피지 않는 날은 하루도 없을지 모른다'고 했다.

양제의 1천 가지 풍경 Yangdi's Thousand Prospects

한나라 이후 3세기 반 동안 분열이 계속되었다. 이 불안정한 시기는 중국의 정원 문화 발전에 계속하여 영향을 미쳤을 것이다. 지배 계급의 다양한 구성원들이 정치에 관여하지 않고 대신 도교나 불교(혹은 둘 다)의 원칙과 일치하는 시골에서의 은둔 생활을 선택했기 때문이다. 어떤 이들은 죽림칠현竹林七賢처럼 의도적으로 기이한 행동을 일삼았다. 술을 좋아하는 그들의 생활 방식은 여러 이야기와 그림의 소재가 되었다. 특히 정원을 사랑했던 은둔의 시인 도연명陶淵明은 정원, 특히 바람직한 식물들에 대한 마음가짐을 형성하여 수 세대에 걸쳐 문인 정원사들의 롤 모델로 자리했다.

581년에 수나라가 중국을 통일했다. 수나라의 두 번째 황제 양제煬帝는 황하의 낙양에 궁궐을 세우고, '인간 세상에서는 비할 데 없는 1천 개의 전망과 다양한 아름다움'을 지닌 풍경을 만드는 데 어마어마한 비용을 지출했다. 9.5킬로미터에 이르는 긴 호수 위로는 각각의 정원이 딸린 16개의 수궁水宮이 반사되었다. 이보다 많은 섬들이 신선을 위해 지어졌고, 떠다니는 기계들인 배 위의 거대한 꼭두각시 인형들은 장관을 이루며 중국의 역사를 주제로 한 가장행렬을 선보였다. 무려 1백만 명이 양제의 공원에서 일했다고 한다. 이곳의 단풍나무들은 겨울에는 비단 잎들로 장식되었고, 여름철 피어나는 연꽃은 인공적으로 품질을 높였다. 608년에 이곳을 방문한 일본의 특사 오노노 이모코에게 깊은 인상을 주어 이후 일본의 정원 조성에도 광범위한 영향을 미쳤다. 하지만 양제의 정원은 처음 예상보다 훨씬 많은 비용이 들었다. 결국 세금을 올린 황제는 암살당했고, 공원도 파괴되었다.

양제의 사망 후 이연李淵이 당나라를 세우고 초대 황제가 되었다. 이후 300년(618-906)에 걸친 당의 성공은 중국의 첫 번째이자 유일한 여성 황제였던 측천무후則天武后(624-705)에게 힘입은 바가 크다. 그녀는 14세 때 당의 2대 황제인 태종의 후궁으로 입궁했다. 649년 아버지가 죽은 후에 고종이 그녀를 다시 자신의 후궁으로 삼았다. 그리고 성공적인 책략으로 결국 황후의 자리에 올랐다. 두 아들 모두를 왕위에 앉힐 수 있었지만 30년 동안 대리 통치를 했고, 690년 아들을 폐위시키고 황제의 자리에 앉았다. 그 후 81세의 나이에 강제로 자리에서 물러났다.

헌신적인 불교 신자였던 측천무후는 불교 사원의 적극적인 후원자였다. 자신의 통치 기간이 끝나 갈 무렵, 여름 동안 간소한 삶을 찾아 장안의 궁궐 전체를 북쪽으로 약 96킬로미터 떨어진 산시 성 삼림 지대에 있는 불교 휴양지로 옮겨야 한다고 주장하기도 했다. 신하들이 풀밭 위의 막사에서 자는 것을 투덜거리자 이를 궁궐 전체를 웅장하게 재건하자는 의미로 받아들였다.

7세기 무렵 불교는 중국 문화의 전 측면에 팽배해 있었다. 승려들은 산속 은둔처이든, 도시 공원이든, 잠시 '속세'를 떠나 명상을 위한 공간을 보존하고 창조했다. 만물의 일체성에 대한 불교적 인식은 도교적 자연 숭배의 영적인 차원을 더했다. (일부 도교 신자들은 노자가 기원전 7세기 중국을 떠나 인도로 가서 역사적인 부처로 변모했다고 믿었다.) 당나라의 화가이자 시인 왕유王維(701-761)는 독실한 선불교 신자가 되어 중국 불교의 자연에 대한 미묘한 황홀감을 담아냈다.

712년에 측천무후의 가족들 사이에서 벌어졌던 일련의 끔찍한 권력 다툼 이후, 평화롭고 교양 있는 성품을 지닌 현종玄宗이 황제에 올랐다. 그는 예술과 문학 못지않게 양귀비를 열렬히 사랑했다. 그녀와 자매들의 안락과 즐거움을 위해 장안에 있는 제국의 수도를 멋진 정원과 궁전으로 장식했을 정도다. 양귀비가 대리석 욕조에서 목욕하는 모습을 비밀스러운 작은 구멍을 통해 바라보았다고도 한다. 현종은 청금석으로 '도상구릉島狀丘陵'(*평원 위에 우뚝 솟은 산)을 만들고, 주변에는 백단유와 옻칠을 입힌 배를 띄워 시녀들이 노를 젓도록 했다. 하지만 침략자들은 항상 장안을 눈독 들였고, 756년 무장 안녹산의 쿠데타로 함락되었다. 현종의 병사들은 군사적 취약함의 원인으로 양귀비와

▶ 측천무후는 684-705년에 당나라를 통치한 중국 최초의 여성 황제다.

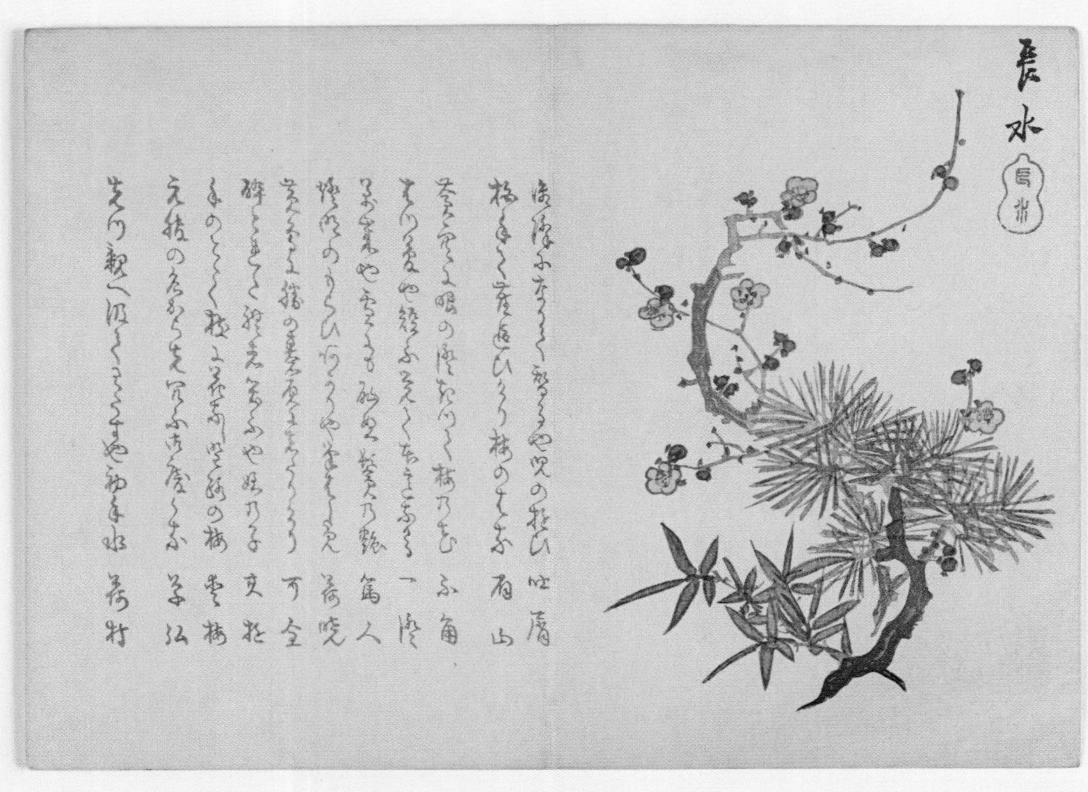

◀ 세한삼우인 소나무, 대나무, 매화를 그린 목판화로 1860년경 제작되었다.

세한삼우

THE THREE FRIENDS OF WINTER

소나무, 대나무, 매화를 상징하는 '세한삼우'라는 말을 지은 사람은 13세기 시인이었다. 오래되어 울퉁불퉁하고 비틀린 소나무는 장수와 관련이 있는데, 겨우내 변함없이 꿋꿋하게 서 있다. 대나무는 사나운 바람과 눈의 무게로 휘어지지만 결코 부러지지 않는다. 겨울에 꽃을 피우는 매화는 황량한 계절에 아름다움을 가져다준다. 이 셋은 역경 앞에서의 인내, 회복력, 그리고 희망을 상징한다. 중국 풍경화의 중요한 주제이기도 하다.

상록성인 대나무와 매화는 군자 또는 '이상적 인간'을 통해 볼 수 있는 도덕적 자질을 대표하는 공자의 '사군자四君子' 중 두 가지로도 중요하다. 역시 중국 예술의 주요 주제다. 사군자 중 첫 번째인 겨울 매화는 잘난 체하지 않는 아름다움과 인내를 말한다. 두 번째인 난초는 섬세하고 은은한 향기로 귀하게 여겨지는데 정신적 고상함과 여름을 뜻한다. 세 번째인 국화는 정원의 관상용 식물이 되기 오래전부터 생명을 연장해 주는 약초로 평가받았다. 국화는 가을에 꽃을 피우는데 여름에 꽃을 피운 꽃들이 시들어 갈 때 화사하게 피어난다. 마지막으로 곧고 유연한 대나무는 생명력, 진실성, 충성심, 우정과 연관된 모든 속성을 지니고 있다.

많은 식물이 상징적 연관성을 지녔고, 어떤 식물은 다른 식물보다 쉽게 접근할 수 있었다. 다양한 모란들은 서로 다른 황제들과 그들의 추종자들을 의미했다. 복숭아는 도교 신화에서 불사不死의 열매였다. 목서는 문학적 가치와 학문적 추구의 상징으로 이해되었다. 강력한 상징성을 지닌 연꽃은 불교 이미지의 중심에 있다. 진흙으로부터 전혀 더럽혀지지 않은 채로 물 밖으로 모습을 나타내 완벽하게 피어나는 이 꽃은 물질세계의 고통으로부터 영혼의 자유로운 공기 속으로 피어남으로써 불교 정신의 출현을 보여 주는 살아 있는 은유다.

그녀의 오빠를 지목했다. 그들은 피난하는 동안 황제에게 그녀를 교살하라고 요구했다.

이와 같은 난관에도 불구하고 당나라는 문화의 번성기였다. 운하망이 건설되었고, 인쇄술이 발명되었으며, 모든 예술이 발전했다. 중국 문명은 이웃 나라 한국과 일본으로 전파되어 흔적을 남겼는데, 불교 선교사들을 통해 중국의 정원 문화가 소개되었다. 그러나 9세기에 경제가 무너지고 영토를 잃으면서 막대한 경제력을 얻었던 불교 세력에 반발이 생겼다. 845년에는 중국의 토종 종교가 아닌 모든 종교는 불법화되어 불교 사찰들 역시 몰수되었다. 907년 무렵, 일련의 자연 재해 끝에 당나라는 폐허가 되었다. 이후 50년 동안 5개 왕조가 난립했다. 한 시인은 '나라가 바람에 흔들리는 촛불처럼 융성하고 쇠퇴했다'고 한탄했다. 그리고 960년, 중국 가드닝의 황금기를 이끌 송나라가 탄생했다.

왕유와 문인 정원 Wang Wei and the Scholar's Garden

한나라는 『논어』에 대한 면밀한 공부를 바탕으로 한 시험을 통해 관료를 선발하는 공무원 조직을 결성했다. 이론상으로는 혈연 없이도 고위직에 오를 수 있었고, 학문을 정직성과 동일시했다. 당나라 때 명문가 출신으로 벼슬에 오른 게 아니라 문학 작품, 서예, 음악에 정통했던 계층의 주도로 이와 같은 모양을 갖추기 시작했다.

그중 한 명이 화가이자 시인 왕유다. 그는 당 왕조에서 파란만장한 관직 생활을 한 후에 시골 별장으로 은퇴했다. 그리고 그곳에서 작품의 단골 소재로 삼았던 정원을 만들었다. 왕유의 그림은 남아 있는 것이 없지만 수묵화의 가능성을 발전시킨 것으로 유명했다. '파묵법'을 사용하여 윤곽선을 대략적으로 그리고 비어 있는 공간은 그대로 남겨 두었다. 남송의 화가들에게 영감을 줄 만큼 공명을 불러일으키는 암시였다(358쪽 참조). 다행히도 왕유의 시는 많이 남아 있다.

> 독좌유황리獨坐幽篁裏(고요한 대나무 숲속에 홀로 앉아)
> 탄금부장소彈琴復長嘯(거문고 타다가 또 길게 읊조린다)
> 심림인부지深林人不知(숲이 깊어 아는 이 없는데)
> 명월래상조明月來相照(밝은 달이 찾아와 비추어 준다.)

왕유의 가장 유명한 그림은 자신의 정원 풍경을 그린 20점의 두루마리 작품이다. 강둑을 따라 조성된 누각과 그곳에서 바라본 일련의 경치를 보여 준다. 후대의 많은 화가가 이 그림을 다시 그렸고, 그림 속 장면들은 후대의 정원에 영감을 주었다. 삼차원 두루마리처럼 펼쳐지는 일련의 정원 풍경에는 중국 정원의 구성 원리가 담겨 있었다.

문인 정원의 전통은 몇 세기 동안 지속되었다. 북송의 역사가이자 정치가로, 1073년 관직에서 물러난 사마광司馬光은 낙양에 8천 제곱미터에 달하는 땅을 매입하여 홀로 향유한다는 뜻의 독락원獨樂園이라는 정원을 만들었다. 여기에 사마광은 전설 속에서 봉황이 깃들어 앉기 좋아한다는 벽오동나무*Firmiana simplex*로 둘러싸인 독서 공간, 호랑이 발톱처럼 생긴 물고기 연못, 신중하게 이름을 표기한 약초 화단 120개, '허브 채취를 위한 텃밭', 두 종류의 소규모 작약 컬렉션, 그리고 관상용 식물을 각각 2본씩만 시험 재배하기 위한

▲ 13세기에 비단 두루마리 위에 그려진 그림이다. 왕유가 만년에 자신의 강변 정원인 망천輞川의 별장을 묘사한 가장 이른 시기의 작품으로, 정원을 산책하듯 연속된 풍경들을 보여 주며 펼쳐진다.

작은 식물원을 만들었다. 특히 직접 대나무 줄기로 만든, 잎이 무성한 어부의 오두막을 자랑스러워했다.

> 나는 몸과 마음이 피곤할 때면 낚시 줄을 던져 물고기를 몇 마리 잡고, 멍석을 들고 가 약초를 조금 딴다. 수로에 물을 채워 식물에 물을 주거나, 도끼로 대나무를 자르고… 또는 높은 곳에 올라 경치를 감상하며 가벼운 산책을 즐긴다…

이처럼 정원은 관직 생활의 압박에서 벗어난 완벽한 자유의 장소였다.

> 혼자 거닐고, 자족하며, 나는 세상이 이러한 행복을 대체할 수 있는 무언가를 제공할 수 있을지 도무지 알 수 없다.

이것이 완전히 새로운 인식은 아니었다. 4세기 초에 동진의 시인 도연명은 '남쪽 황무지 전원'으로 돌아가는 기쁨에 대해 썼다. 그는 관직 생활보다 빈곤한 시골 생활을 좋아했다. 명나라 때 황제의 어사였던 왕헌신王獻臣은 1513년 은퇴 후 쑤저우에 정착하여 정원을 만들고 정치의 압박에서 벗어나는 안도감의 표현으로 삼았다. 졸정원拙政园이라는 이름이 붙은 이 정원은 오늘날 겸손한 관료 또는 뜻을 이루지 못한 정치인의 정원으로 알려져 있다. 사실 문인 정원에는 역설적인 의미가 있다. 문인의 고상하고 은둔적인 삶은 일상의 현실 정치와 완전히 상충되기 때문이다.

순종적인 관료는 수년 동안의 공직 생활이 끝나고 나서야 비로소 진정한 소명으로 돌아갈 수

▲ 1560년에 당인唐寅이 그린 〈난정蘭亭에서의 모임〉. 353년 서예가 왕희지王羲之와 그의 친구들이 개최한 시 경연 대회를 기념한다. 물 위에 띄운 술잔이 아래쪽으로 흘러가는 개울가 양쪽으로, 시인들이 술을 마시며 시를 짓느라 열심이다. 시를 완성하지 못한 벌칙은 술 세 잔 더 마시기였다.

있었다. 그 외의 세속적인 성공은 허영에 불과했다. 실제로 왕헌신의 정원을 보다 정확히 번역하자면 '꾸밈없는 관료의 정원'인데, 이에 대해 3세기의 시인이자 관료였던 반악潘岳은 시를 통해 정원을 관리하는 일은 교활한 정치인들과 경쟁할 수 없는 꾸밈없는 사람들에게 적합한 유형의 관리 행정이라고 말했다.

정원은 정신을 맑게 하며 홀로 거닐 수 있을 뿐만이 아니라 친구들과 함께 나눌 수 있는 교류의 장이 되었다. 또 가정 내에서의 여성의 자유에 관련된 척도를 제공했다. 중국 여성들은 여러 사회적 관습 때문에 움직임에 제한이 있었다. 정원에서는 문학적·음악적 모임이 열렸고, 술이 자유롭게 소비되었다. 술과 시를 함께 즐기는 인기 있는 풍류가 있었는데, 선비들이 굽이굽이 흐르는 도랑가에 모여 술잔을 물 위에 띄우고 각자 자신의 잔이 지나가기 전에 시를 짓는 것이었다. 당나라 무렵에는 날씨에 상관없이 풍류를 즐기기 위해서 물이 굽이굽이 흐르는 수로를 바닥에 설치한 정자가 세워지기도 했다.

사실 관료들은 정원을 가꿀 시간이 거의 없었을 것이다. 또한 자신의 출신 지역에서 일하는 것이 허용되지 않았고 정기적으로 이사해야 했기에 한곳에 정착하기가 힘들었다. 따라서 쉽게 이동할 수 있도록 화분에 식재한 난초, 국화 또는 분재를 가꾸는 쪽이 현명했다. 마찬가지로 은퇴했거나 관직을 박탈당한 관료들은 생산적이면서도 지적 자양분을 위한 정원이 필요했다. 사마광은 지역 장터에 약초를 내다 팔았고, 독락원에는 넓은 과수원이 있었다.

문징명文徵明(1470–1559)은 아홉 차례나 과거 시험에 낙방했음에도 시서화 삼절詩書畫 三絶에 있어 명나라 4대가의 한 사람이 되었다. 문징명은 친구 왕헌신이 쑤저우로 은퇴했을 때 그의 정원인 졸정원을 기념하여 화첩을 만들었다. 1535년에는 31폭의 그림을 그렸는데, 각각의 그림에는 시가 적혀 있었다. 문징명은 16년 후인 81세 때 8폭의 그림을 더 그렸다. 초가지붕을 얹은 정자, 곧 무너질 듯한 다리, 호수, 과수원 등을

◀ 문징명은 시, 서예, 회화의 세 가지 예술(소위 삼절)의 이상적인 통합을 이룩했다. 특유의 절제미를 위해 오직 묵만 사용했지만 시의 도움을 받아 고요하면서도 매우 아름다운 이미지를 그려 냈다. 멋진 가을 한때의 정원을 떠올리게 한다.

그렸는데 은퇴 후 시골 생활의 이상적 삶을 위한 배경으로서의 정원을 묘사한다. 단순한 묘사를 제공하기보다는 정원의 목적을 기리기 위한 목적으로, 정원은 성벽 안에 위치해 있다.

졸정원은 여전히 건재하다. 하지만 더 이상 문징명이 그려 낸 형태가 아니라 복잡하게 얽혀 있는 도시 정원으로 중정과 회랑의 미로, 익살스러운 가제보, 중앙의 연꽃 연못 주변으로 배치된 정형식 홀을 갖추고 있다. 졸정원은 날마다 관광객들로 북적인다. 정원의 특징을 나타내는 이름들만이 원래 이곳이 지닌 철학적 의도를 가늠하게 한다. 꿈꾸는 탑, 맑은 명상의 장소, 먼 사상의 고도, 한숨 쉬는 소나무를 듣는 장소 등이다.

문인의 정원은 현실적이기보다는 지적인 공간 구성에 한층 가까웠을 것이다. 매우 강력한 것으로 덕분에 정원이 시와 회화, 서예의 삼절을 위한 살아 있는 표현이 될 수 있었다. 특히 회화는 '말없는 시'라고 했다. 마찬가지로, 정원은 생명의 숨결인 기를 표출할 때까지 자연을 정제시킬 수 있었다.

휘종의 산 Huizong's Mountains

송나라는 북송과 남송으로 시기를 나눌 수 있다. 첫 번째는 북송 시대(960-1127)다. 제국의 수도는 황하 유역에 위치한 카이펑이었다. 북송의 8대 황제 휘종은 재능 있는 화가로서 정원 안에 자신의 자연에 대한 사랑을 표현했다. 휘종의 정원은 제국 공원의 유서 깊은 요소들을 수용했다. 신선들의 섬, 제국 전역에서 온 동식물, 궁궐에 음식을 공급할 과수원과 들판, 그리고 '시골풍'의 도교-불교 휴양지 등이었다. 과거의 왕실 정원들과 비교했을 때 휘종의 정원은 규모가 아주 크지는 않았지만 공원이 위치한 엄청난 규모의 산을 인공적으로 만들었다는 점이 특별했다.

바위와 돌무더기들을 어마어마하게 쌓은 이 인공 산은 간악산艮嶽山이라고 불렸다. 주변 평지보다 60미터 이상 높은 봉우리에는 나무가 깊고도 빽빽하게 식재된 협곡이 있었고, 산 밑에는 연못과 시내, 인공 폭포가 있었다. 간악산의 가파른 비탈에 세워진 건물들 중에는 도서관과 '초록 꽃받침을 가진 꽃의 홀'이 있었는데, 구불구불한 돌계단을 통해 접근할 수 있었다. 주변에는 기암괴석이 즐비했다. 뿔, 발톱, 부리 또는 코처럼 보이는 바위, 소나무처럼 보이는 바위, 모양과 질감이 감정과 사상, 전설, 시를 연상시키는 바위들이 있었다. 최상급 바위에는 금으로 이름이 새겨졌다. 당나라 시대 이래로 중국인들에게 바위의 모양과 질감은 매우 중요했다. 특이하게 생긴 바위는 공물로 황제에게 바쳐졌다. 송나라 시대에 바위에 대한 매력이 극에 달했다. 유명한 바위 수집가이자 시인, 서예가였던 미불米芾은 매일 아침 아끼는 바위 앞에 서서 바위를 '큰형님'이라 부르며 절을 했다고 전해진다.

▲ 12세기에 만들어진 간악산은 거대한 인공 산이었다. 휘종의 자랑이자 유적이었던 간악산의 모습은 현재 찾아볼 수 없다. 하지만 송나라의 비운의 황제 휘종이 그린 이 그림은 자연을 향한 사랑과 화가로서 지녔던 상당한 재능을 보여 주는 증거로 남아 있다.

휘종은 주면朱勔이라는 관리를 고용하여 그에게 제국에서 가장 훌륭한 바위들을 수집하도록 명했다. 그가 쑤저우의 오래된 호수인 타이후(태호)에서 가져온 일부 석회암은 물에 닳아 가치가 높았지만 대부분은 지주들의 정원에서 징수되어 '선물'로 바쳐졌다. 이것들은 주면의 사유지로 전용되었다. 또한 바위 운송으로 나라의 운하가 몇 달 동안 막혀 있었으며, 비용을 감당하지 못해 국고가 바닥나자 백성들의 불만이 커졌다. 휘종은 경이로운 것을 창조해 냈지만 결국 나라를 파산시켰다. 1126년 카이펑은 여진족에 점령당했고, 궁궐에 있던 사람들은 남쪽으로 피신할 수밖에 없었다. 남은 사람들은 간악산을 파괴했다. 간악산을 장식했던 석조 명패들을 마구 박살냈으며, 누각을 허물었고, 나무들을 베어 땔감으로 사용했다. 휘종은 죄수로 강등되어 생을 마감했다.

가드닝의 기술, 회화의 기술 The Art of Gardening, the Art of Painting

중국의 북부 지방은 여진족(금나라) 손에 들어갔고, 황궁은 남쪽 지역인 항저우에 정착했다. 항저우는 첸탄 강 입구와 광대한 인공 호수인 시후(서호) 사이에 위치했다. 서쪽과 남쪽 내륙 지역에는 숲이 우거진 산들이 있다. 남송의 황제들은 가장 세련되고 우아한 사회를 이끌었다. 버드나무가 우거진 서호의 기슭 곳곳에 저택과 정원이 있었고, 이들 정원에서 볼 수 있는 아름다움은 송나라 화가들의 서정적인 풍경화 속에 살아 있다. 가령 호수 수면 위에 드리운 빛과 안개, 또는 매화꽃 위로 달빛이 내려앉은 모습이다.

중국에서 가드닝 기술과 풍경화 기법은 불가분의 관계다. 이들은 같은 미학과 같은 목적을 공유한다. 자연을 대신하기보다는 자연의 본질에서 정수를 뽑아 실제 붙잡을 수 있는 공간 속으로 무궁무진하게 만드는 쪽이다. 북송의 궁중 화가들, 특히 재능이 뛰어났던 휘종은 꽃과 새에 관한 섬세한 연구로 자연의 아름다움을 찬양했다. 남송에서는 문인 화가들이 먹물의 단색과 서예의 선을 채택하고 색을 버림으로써 궁중 화가들과 차별화되었다. 그들은 색이 마음보다는 눈을 매혹시킨다는 이유로 자신들은 문인의 서예 도구만 사용하겠다고 나섰다. 그럼에도 불구하고 먹물의 다섯 가지 색조인 색의 짙고濃 옅음淡, 마르고乾 습함濕, 그리고 하얀 바탕白은 자연의 모든 색을 어떻게든 전달할 수 있었다. 이것이 미묘하게 정원 안으로 파고들면서 색보다는 선, 형태, 구성을 강조하게 되었다. 정원 풍경의 바위와 나무 뒤에 세워진 흰색 담장은 두루마리 그림에서 여백이 되는 비단과 같은 목적으로 기능했다.

송나라의 많은 화가들은 화가 마원馬遠의 '한구석' 구성에서 볼 수 있듯이 흰색 공간을 상상의 세계로 초대하는 도구로 삼았다. 빛과 음영의 조화, 덩어리와 여백도 정원에서 똑같은 역할을 할 수 있었다. 회화에서와 마찬가지로 실實과 허虛, 유有와 무無의 철학적 개념을 적용함으로써 정원의 작은 공간은 상상을 통해 무한해질 수 있었다.

실實은 충만함, 실체, 또는 사실을 의미하며 현실, 현재, 고체, 그리고 물질의 모든 것을 나타낸다. 허虛는 비어 있음을 뜻하며, 비현실, 부재, 무형, 가상을 의미한다. 이와 유사하게 유有는 '그곳에 있는' 현재를, 무無는 '그곳에 없는' 부재를 뜻한다. 옥간玉澗의 그림 〈맑게 갠 산골 마을〉처럼 영감을 주는 몇 번의 붓질로 산들이 안개 속에 모습을 드러내거나 사라지도록 함으로써 유와 무 사이에 영원한 균형을 표현할 수 있었다. 구름으로 둘러싸인 견고한 산은 금방이라도 날아갈 것처럼 기묘하게 비물질화되어 무게가 없는 듯 보일 수 있었다. 정원에도 유사한 효과들을 만들어 낼 수 있었다. 반향과 음영을 이용하여, 구도와 숨김을 통해서, 정원 속으로 움직임과 변화를 도입함으로써, 그리고 명백하고 탁월한 대상과 모호하고 희미한 대상을 의도적으로 대비시킴으로써 가능했다.

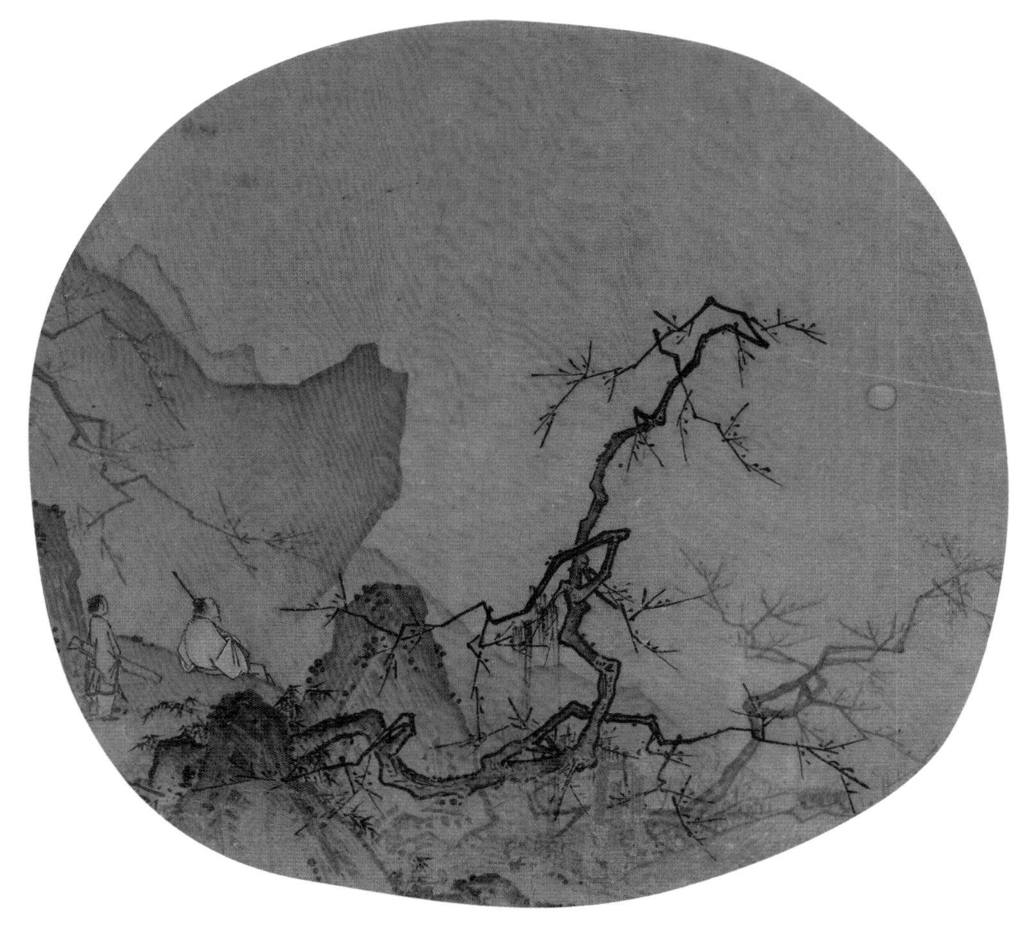

▲ 13세기 초에 마원이 그린 〈달빛에 비친 매화꽃 풍경〉이다.

다음 페이지: 항저우에 있는 서호는 정원들로 둘러싸여 있었다. 그리고 중국의 다른 정원들과 일본의 정원 풍경에도 영감을 주었다. 중국에는 70여 곳의 역사적 정원이 남아 있다. 그중 9곳은 유네스코 세계 문화유산으로 지정되어 일반에 공개되어 있다.

그림 속에 담긴 사람은 언제나 필수 요소였다. 화가가 묘사한 장중한 산속 풍경 가운데는 아주 작은 사람의 형체나 정자의 윤곽을 볼 수 있었다.

송나라가 망한 후에도 이 같은 풍경화 전통은 왕몽王蒙(1309년경-1385), 오진吳鎭(1280-1354), 황공망黃公望(1269-1354)과 같은 거장들의 작품에서 계속 이어졌다. 이들에게 항저우의 자연환경은 세계적으로 가장 큰 영감을 주는 풍경 중 하나였다. 마르코 폴로Marco Polo는 항저우가 몽골군에 의해 폐허가 된 후에야 이곳에 도착했음에도 항저우를 낙원으로 여겼다. 그는 수면 위로 보이는 도시의 아름다움과 웅장함을 묘사했다. '수도 없이 많은 궁전, 사원, 수도원과 정원이 있고, 물가 쪽으로 경사진 곳엔 키 큰 나무들이 무성했다.' 몇 세기 후에 청나라 황제 건륭제乾隆帝(1736-1795년에 재위)는 모친의 60번째 생일을 기념하기 위해 오늘날 베이징 근처 이화원頤和園 부지에 항저우의 경치를 재현했다.

화가 예찬倪瓚은 1342년 사자림獅子林을 그렸다. 사자림은 그로부터 1년 전 쑤저우에 조성된 정원으로, 쑤저우 역시 부유한 도시에다 기후가 온화하여 정원을 조성하기 안성맞춤이었다. 605년에 완공된 중국의 대운하는 쑤저우와 양쯔 강의 비옥한 저지대를 북부의 황하와 연결시켰다. 덕분에 쑤저우는 쌀, 어류, 비단 무역으로 매우 부유한 도시로 성장하여 중국 연간 조세 수입의 10분의 1에 해당하는 기여를 했다. 이 도시는 은퇴한 문인 정원사들이 좋아하는 곳이 되었고, 그들은 정원 조성의 오랜 전통을 세련되게 개선했다.

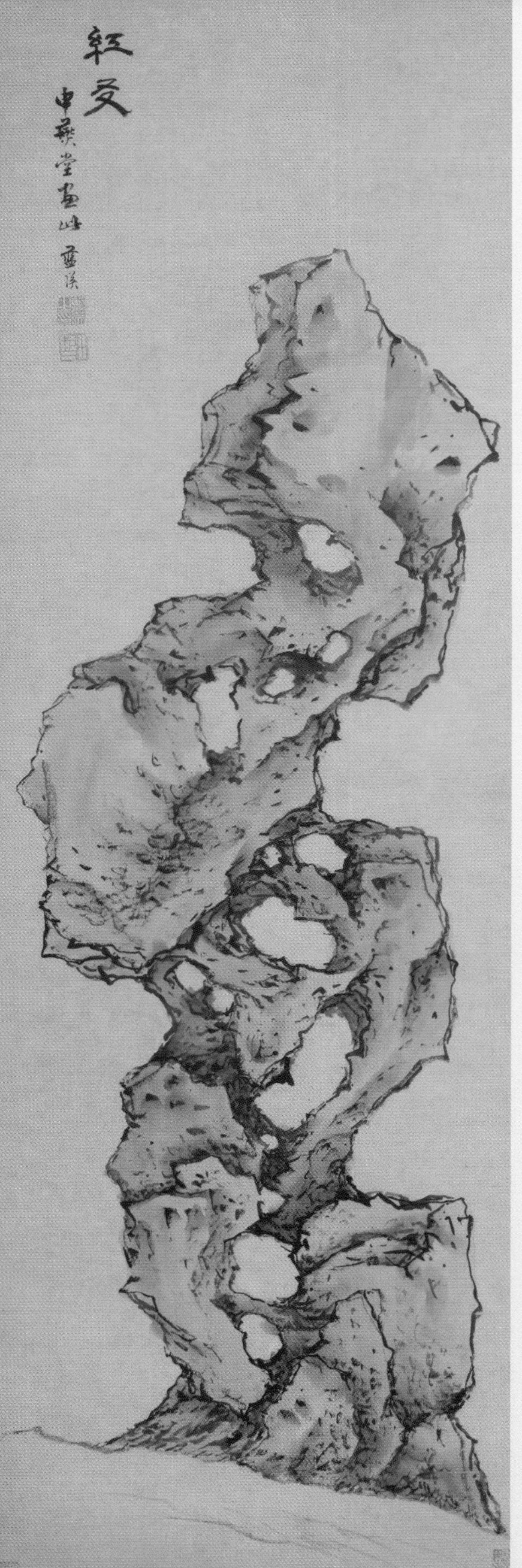

바위, 물, 그리고 음양

ROCKS AND WATER, YIN AND YANG

전통적인 중국 정원의 언어는 식물 식재보다는 물을 위해 웅덩이를 파내고 돌들을 쌓아 올리는 것에 대해 말해 왔다. 효과적으로 풍경을 의미하는 한자 산수山水는 산과 물이 합쳐진 말이다. 천국과 맞닿아 있는 듯한 산들은 지구의 '뼈대'로, 그리고 물길은 지구의 '정맥'으로 상상되었다. 중국의 정원에서는 인공적인 언덕과 암석원의 형태를 통해 산들의 보편적인 골격 구조를 나타내고, 개울과 연못의 형태로 물과 같이 흐르는 '피'를 형상화했다. 이들은 상호 보완적으로 작용하는데, 음陰과 양陽의 상호작용이 모든 자연 현상과 인간 행동을 뒷받침한다고 여겨지는 것과 마찬가지이며, 시계추가 끝없는 변화의 주기 속에서 항상 한쪽에서 다른 쪽으로 흔들리는 것과 같다. 중국 문명의 모든 측면은 이 상호 보완적인 대립들 사이의 조화로운 관계에 의해 구석구석 스며들어 있다. 음은 부드러운 여성의 힘으로, 수동적이고 어두우며 비밀스럽고 부정적이며 차가운 특징이 있다. 양은 단단한 남성의 힘으로, 활동적이고 밝으며 드러나 있고 긍정적이며 뜨거운 특징이 있다. 그림 속에서 우주의 음양 조화는 빛과 음영으로 표현될 수 있다. 가드닝에서는 바위와 물에 의해서만이 아니라 정적인 것과 동적인 것, 물체와 그림자, 덩어리와 여백, 그리고 꽃의 섬세함과 나뭇가지의 뚜렷한 윤곽과 같은 식물의 대비로 표현된다.

기이하게 생긴 바위들은 정원 안에서와 서재의 장식물로 높이 평가되었다. 바위들의 정교한 구성은 산맥과 우뚝 솟은 봉우리들을 시사했지만 조각 작품으로 감상하기 위해 놓인 단 하나의 돌에도 산이 지닌 야생성의 본질이 응축될 수 있었다. 독특한 질감과 구멍들의 패턴을 가진, 경이로운 모양의 바위는 쑤저우 인근에 있는 태호에서 발견되었다. 당나라 시대 때 수집 가치가 높은 바위에 큰돈이 지불되었다. 정원의 바위는 풍경화의 주제가 되기도 했고, '바위와 대나무' 그림은 별도의 장르였다. 쑤저우의 사자림은 동물을 닮은 바위 작품들로 유명해졌다. (오늘날의 화려한 형태는 19세기 말과 20세기 초에 형성된 것이다.)

정원의 음과 양에 있어 바위의 부동성은 물의 유동성과 균형을 이루어야 했다. 왕실의 소수 정원들이 물 분수 또는 극적 효과를 선보였지만 수경 요소들은 일반적으로 자연 속에서 볼 수 있는 물의 형태와 유사하게 설계되었다. 중국에서 물은 순수하고 고귀한 모든 것을 상기시키기 때문이다. 현자와 마찬가지로 물은 자신의 길을 가고, 스스로 분수를 지키며, 전적으로 순리에 따라 움직인다.

◀ 축소된 산으로 여겨지는 기이한 모양의 바위들은 당나라 왕조(618–907) 이래로 수집가들에게 보물처럼 여겨졌다. 〈붉은 친구〉라는 제목의 이 그림은 독립적으로 그려져 있어, 보는 이로 하여금 주변 환경을 상상하게 만든다.

쿠빌라이 칸의 도원경 Kublai Khan's Xanadu

원나라(1271–1368) 건국은 세계의 엄청난 충돌을 대변한다. 칭기즈 칸의 손자인 쿠빌라이 칸이 이끄는 유목민들로 이루어진 작은 연합은 원래 중국 북부 사막에 살고 있었다. 이후의 원정으로 그들은 그때까지 알려진 가장 큰 제국을 정복하는 데 성공했다. 하지만 정복과 관리는 별개의 문제였다. 쿠빌라이 칸은 3천 년의 관리 행정 경험을 지닌, 교육받은 중국인 엘리트층을 고용하는 혜안이 있었다. 그리하여 동화 과정이 시작되었다. 그러나 이 과정에서 남송의 학자들은 계층 서열의 밑바닥으로 추락했고, 새로운 황실의 수도는 다두大都(오늘날 베이징)의 만리장성 안쪽에 마련되었다.

베네치아인 여행가 마르코 폴로는 자신이 쿠빌라이 칸의 새로운 황실 공원을 방문했다고 주장했다. 유목민의 뿌리를 가진 통치자를 위해서 이전 시대 황제들의 공원보다 바위는 줄고 녹색 경관은 늘어난 정원이 조성되었음은 놀랍지 않다. 코끼리들이 황제의 고향 땅의 흙이 뿌리에 붙어 있는 나무를 통째로 운반했고, 확장된 자연 호수(베이하이 또는 북해) 주변에 이식되었다. 이 호수의 중앙에 있는 섬은 청금석으로 장식되었다. 마르코 폴로는 '아주 강렬한 녹색으로, 나무와 바위가 모두 가능한 한 초록을 띠고 있으며, 다른 색깔은 볼 수 없다'고 묘사했다. 이보다 북쪽에 있던 상도上都, 즉 '북부의 수도'로 영국의 시인 콜리지Coleridge에게 도원경桃源境의 환상에 대한 영감을 주었던 곳에 위치했던 쿠빌라이의 수렵원은 지금은 흔적도 없이 사라졌지만 현대의 베이징 중앙 공원인 베이하이 파크 안에 있는 인공 언덕의 기원은 쿠빌라이 칸의 통치 시대로 거슬러 올라간다고 전해진다.

1368년에 중국의 새로운 왕조인 명나라가 권력을 잡았다. 수도는 난징으로 옮겨져 세 번째 황제인 영락제永樂帝 시대까지 유지되었다가 다시 베이징으로 옮겨졌다. 영락제는 베이징에 세계에서 가장 화려한 궁전인 자금성을 지었다. 그는 서쪽으로 인공 호수를 배치하고는 파빌리온과 나무들, 바위가 많은 '해안' 풍경으로 장식했다.

명나라 시대는 서적 인쇄와 학문만이 아니라 모든 예술 분야가 크게 부흥했다. 서양인들이 중국의 탑, 가마, 작약의 땅을 처음으로 본 것은 네덜란드 상인들로부터 유럽으로 도입된 명나라 도자기를 통해서였다. 정작 이들 도자기에 표현된 평온한 풍경들은 현실과 맞지 않았다. 17세기 중반 중국은 다시 한 번 커다란 혼란에 빠졌다. 1644년 명나라 왕조는 청나라(만주족)로 대체되었고, 그들은 1912년까지 중국을 통치했다.

원야: 도시 속 평온 The Yuan Ye: Stillness in the City

중국의 왕조가 흥망성쇠하는 동안, 중국의 정원 조성에 관한 이상은 상인들과 관료들의 개인 정원에서 계속해서 표출되고 개선되었다. 민간 정원의 이점에 관련해서는 1631–1634년에 계성計成이 집필한 고전 원예서 『원야園冶』에 잘 나타나 있었다. '도시의 혼란 속에서 고요함을 찾을 수 있다면, 쉽게 접근할 수 있는 가까운 곳을 두고 왜 꼭 먼 곳을 찾아야 하는가? 시간이 나면 바로 그곳에 가서 친구와 손잡고 거닐 수 있다.' 유서 깊은 의미와 상징의 위대한 울림은 종종 4천 제곱미터를 넘지 않는 규모의 소박한 공간에 가득 채워졌다. 이 정원들은 계성의 격언에 나타나 있었다. '모방을 할 때, 당신 안에 진짜를 가지고 있다면, 당신이 만든 모방은 진짜가 될 것이다.'

모두 세 권으로 이루어진 『원야』는 인공 산 조성, 건물과 산책로의 디자인과 장식, 그리고 바위와 장소 선정 등 정원 조성의 세부 사항에 관한 방대한 내용을 담고 있다. 하지만 식물 재배에 관해서는 거의 언급하지 않는다. 늘 그러했듯 정원은 식물과 나무의 모습으로 연주되는 계절의 리듬보다는 바위와 물이 주된 구성 요소인 우주의 축소판으로 여겨졌다. 대비와 병치, 즉 높고 낮음, 밝고 어두움, 넓은 공간으로 인도되는 좁은 회랑 등은 무한의 착시를 만들어 내기 위해 함께 사용되었다. 방문객은 일련의 경치를 통해 거닐며, 다양한 파빌리온으로부터 전망을 감상하기 위해 또는 정원의 위요된 통로 또는 방 안의 개방된 공간에서 잠시 멈추곤 했다. 파빌리온을 뜻하는 한자어 청厅은 '여행객'의 쉼터에서 유래되었다. 어떠한 정원도 이것 없이는 완성되지 않았다.

중국의 정원을 방문한 초기 서양인들은 그 안에 있는 상대적으로 많은 수의 다양한 건물에 즉각적으로 사로잡혔다. 이 건축물들에는 신중하게 선택된 명칭과 인용구, 그리고 고전적인 시, 그림, 우화가 새겨져 있었다. 서예 두루마리와 명판은 정원을 이해하는 필수 요소였으며, 중국의 문학과 철학과 연관성을 지녔다. 18세기 유럽 정원과 고전 고대의 연관성과도 아주 유사하다.

중국 회화에서는 서예가 시나 해설의 형태로 그림에 추가되었다. 여기에 수집가들의 인장이 더해졌는데, 그림의 격을 떨어뜨리는 것이 아니라 높여 주는 쪽이었다. 이것이 그림의 출처와 맥락을 제공하고, 의미를 더욱 풍성하게 해 주었기 때문이다. 비슷한 일이 정원에서도 일어났다. 시와 비문이 적절한 암시를 통해 정원의 경험을 분명히 밝혀 주거나 혹은 높은 품질의 그래피티 형태로 위엄 있는 방문객의 감동을 기록하는 데 사용되었다.

정원 조형물의 이름은 특히 중요했다. 딱 맞는 분위기를 자아내거나 적절한 문학적 표현을 소환하는 아주 적절한 명칭은 방문객의 경험을 완전하게 만들어 주었다. (18세기 영국 정원을 장식한 비문과 고전적 조각상은 정확히 같은 방식으로 기능했다.) 물론 그것들은 정원 소유주의 영리함과 문화적 소양을 뽐낼 수도 있었다.

18세기 소설 『홍루몽紅樓夢』은 이름을 짓기 위한 노력을 보여 준다. 한 가족이 황실의 후궁으로 간택된 딸의 임박한 방문을 기리기 위해 새로운 정원을 만든다. 아버지와 아들은 문인 신사들 일행과 함께 정원을 돌아다니면서 수많은 정원 요소들을 아우르는 적절한 이름을 구한다. 그들이 고상하고 시적인 정원의 이름을 찾기 위해 분투함에 따라 어느새 정원의 이름 정하기는 지적인 시합이 된다. 그들이 선택한 이름들이 작명을 시작했던 시점보다 적었다는 점이 흥미롭다. 원칙적으로 아버지는 딸이 직접 정원 요소들의 이름을 지어야 한다고 선언한다. 하지만 '그녀가 정원을 전부 둘러볼 때까지 기다린 다음 어떤 이름이 좋을지 물어본다면, 방문의 즐거움이 반감될 것이다. 모든 전망과 파빌리온, 심지어 바위와 나무, 꽃들도 경치에 적합한 문자로 적힌 시적 감성이 없이는 다소 불완전해 보일 것이다(특히 강조).'

풍수

FENG SHUI

간악산은 휘종이 후계자가 될 아들을 얻지 못하는 이유를 찾다 풍수風水 전문가의 자문을 구한 다음 만들어졌다. 풍수는 문자 그대로 '바람'과 '물'을 뜻한다. 간단히 말해 주어진 공간에 흐르는 '생명의 기운'을 측량하는 고대 중국의 기술이다. 생명의 기운이 음인지 양인지는 장소의 방위에 따른 지형지세, 상승과 하강, 물과의 거리, 지배적인 특징들의 형태에 달려 있다. 풍수지리에서 말하는 이상적인 정원은 남향 언덕의 중간쯤에 위치한다. 동쪽과 서쪽으로는 경사가 더 적고, 아래쪽 연못은 양의 기운을 축적하는 역할을 한다.

아들을 원하는 사람에게는 현재의 수도가 너무 평평하고 지나치게 북동쪽이라는 말을 들은 휘종은 상서로운 기운의 간악산 지형 조성에 착수했다. 수 세기 후, 청나라는 부와 장수를 증진시키기 위한 분명한 목적을 갖고 베이징의 여름 별궁 부지를 설계한다. 중국 정원의 많은 속성이 풍수지리에서 비롯된다. 음의 기운은 직선으로 움직인다고 해서 담장과 길을 지그재그로 만들고, 중정 입구 바로 안쪽에는 나쁜 기운을 막아 주는 장막을 두었다. 반대로 안을 둘러싼 담장은 양의 기운을 보존한다.

◀ 망사원網師園의 지그재그로 펼쳐진 길과 목재 칸막이는 악의 기운이 지나가는 것을 막아 준다.

▲ 유럽의 첫 번째 페키니즈 루티. 원래는 중국 황실에서 키우던 개로 여름 별궁에서 포획된 다른 네 마리와 함께 빅토리아 여왕의 애완견이 되었다.

원명원: 완벽한 광휘의 정원

Yuan Ming Yuan: The Garden of Perfect Brightness

무굴 제국의 사람들처럼 청나라 황제들도 북쪽에서 온 전사 출신의 정복자들이었다. 그들은 일 년에 한 차례 자신들의 조국을 순례했는데 여정 중에 베이징에서 북서쪽으로 240킬로미터 떨어진 청더承德의 웅장한 궁전에 들렀다. 그러나 차차 중국 문명에 적응해 나갔고, 그들의 정원은 계속해서 예술과 아름다움과 자연에 관한 고대의 개념을 표출했다.

1735년에 6대 황제인 건륭제가 즉위했을 때, 그는 이전 황제들의 부끄럽고 이기적인 사치를 멀리하겠다고 맹세했다. 그리고 3년간의 부친상이 끝날 때까지 베이징 외곽에 위치한 황실의 여름 별궁 부지를 개선하고 확장하라는 유혹을 뿌리쳤다. 이후에는 엄격히 말해 정원은 현명한 통치자의 도덕적 건강을 위한 필수 요소라며 스스로를 설득했다. '모든 황제와 통치자는 관직을 끝마치고 백성으로부터 은퇴하면 주변을 둘러보며, 산책을 하고, 마음의 안정을 취할 수 있는 정원을 가져야만 한다.' 그러나 미래의 황제들이 새로운 정원 조성에 수반되는 불편과 비용을 감수할 것이라는 바람은 실현되기 힘들었다. 원명원圓明園은 그때까지와 그 이후에도 황실의 즐거움을 위한 탁월한 공원이 될 것이었기 때문이다.

건륭제의 궁중에는 예수회 선교사들이 다수 활동하고 있었다. 1749년에 선교사 장-드니 아티레가 고향 프랑스에 보낸 서신들이 출판되었다. 여기에는 유럽을 놀라게 한 황제의 정원에 대한 설명이 담겨 있었다. 거대한 궁궐 담장 안에 최대 250제곱킬로미터가 넘는 규모로 펼쳐진 광대한 풍경이 조성되었다. 산과 계곡, 동굴, 개울, 호수, 섬, 황실의 연회를 위한 대청, 기념비적인 도서관, 사원, 정자, 시골풍의 농장, 수렵원의 축소판, 유명한 중국 남부 전망의 재현, 동물원, 그리고 군사 훈련장이 있었다. 심지어 경내 이탈이 금지된 궁녀들의 즐거움을 위한 저잣거리도 있었다. 아티레는 길 가장자리에 놓인 바위들이 '너무나 예술성이 높아 자연이 만든 작품으로 여겨질 정도'라고 적었다. '어떤 부분은 물길이 넓고, 다른 곳은 좁으며, 여기는 뱀처럼 구불구불하고, 저기는 퍼져 나가고 있어 마치 실제로 언덕과 바위에 의해 떠내려온 것처럼 보인다. 둑에는 군데군데 꽃들이 피어 있는데, 심지어 바위들 사이 틈새에서 올라와 거기에서 자연적으로 생겨난 것처럼 보인다.'

원명원은 외국의 기이한 수집품들을 포함하여 황실 공원 전통의 작은 요소들을 모두 수용했다. 무수히 많은 구역들 가운데 어느 하나에서 일부 예기치 못한 구조물의 유적이 발견될 수 있다. 서양루西洋楼로 알려진 하나는 건륭제의 의뢰로 그의 예수회 조신들이 만든 바로크 양식의 분수와 대리석 건물의 잔해다. 이 분수는 중국에서는 거의 알려지지 않았고, 특히 이국적인 것으로 여겨졌다.

원명원은 1860년 벌어진 제2차 아편전쟁 동안 건륭제의 선견지명으로 만들어진 풍경이다. 중국 문화의 살아 있는 정수였던 이곳은 영국과 프랑스 연합군에 의해 불타 버렸다. 20여 명의 유럽인과 인도인 포로를 고문하고 처형한 일에 대한 보복이었다. 정원을 잿더미로 만드는 데는 3일에 걸쳐 4천 명이 동원되었다. 황제의 여름 별궁에서 150만 개의 품목이 약탈되었는데, 심지어 황제가 키우던 페키니즈까지 포함되었다.

동양과 서양의 교류 Exchanges Between East and West

중국은 역사적으로 오랜 기간 외국의 영향에서 완전히 개방되어 있었다. 한나라와 당나라 시대에는 장식 미술에 자취를 남기게 된 사상의 유입이 있었다. 침략 왕조인 원나라 시대에는 한국에서 다뉴브 강둑에 이르는 광대한 영토를 지닌 몽골 제국에 접근할 수 있었다. 해양 탐사는 기원전 2세기에 시작되었고, 15세기 명나라의 장군 정화鄭和는 아프리카와 페르시아만까지 인도양 전역에 걸쳐 막대한 함대를 이끌며 활약했다. 탐사가 목적이었던 이 항해는 1430년 갑자기 중단되었다. 비용이 많이 들어 정치적 분열을 초래했던 탓이다. 중국이 해외로부터 배울 점이 하나도 없었음이 분명하고, 중국 문명이 명백하게 월등한 상황에서 추가적인 탐험의 목적은 무엇이었을까? 그때부터 중국의 지도자들은 외부 세계와 단절한 채로 학문과 내부적인 탐구를 여유롭게 추구하는 데 만족했을 것이다.

하지만 16세기 후반 이탈리아 출신 예수회 과학자 마테오 리치Matteo Ricci(1552-1610)가 자금성에 들어간 첫 번째 외국인이 되는 데 성공했다. 문화적 감수성을 지녔던 예수회 선교사들은 수학자, 천문학자, 지도 제작자, 의사, 엔지니어, 예술가로서 기술을 인정받아 외국 지식인으로 받아들여졌다.

반면에 유럽의 무역상들은 환영받지 못했다. 18세기 중국의 비단, 차, 자기에 대한 18세기 유럽의 만족할 줄 모르는 수요를 충족시켜야 했음에도 프랑스, 영국, 네덜란드, 포르투갈의 상인들은 극히 제한적인 무역권만을 부여받았다. 1700년 이후 대부분의 외국 무역상들은 광둥(광저우)을 벗어날 수 없었다. 그들의 활동은 외국 무역상들과 거래할 수 있는 허가를 받은 중국인 상인 단체(길드)인 공행公行에 엄격하게 통제되었다. 공행은 외국 선박에 무거운 관세를 부과함으로써 비용을 회수하고 자신들의 특전을 위해 많은 돈을 지불했다.

무역상들은 도시의 성벽 외곽으로 300미터 이내로 이동이 제한되었고, 중국인이 외국인에게 중국어를 가르치는 것은 금지되었다. 유럽에서는 중국에 대하여 보다 유리한 조건으로 무역을 할 수 있도록 압력을 가했고, 1782년에는 최초의 공식 영국 대사관이 중국에 당도했다. 풍경식 정원 운동의 애호가였던 매카트니 경이 이끌었는데, 그는 감탄하며 이렇게 언급했다. '중국은 브라운이나 해밀턴이 접근할 수 있었다. 그들은 내가 오늘 경험한 풍부한 자원들로부터 가장 행복한 개념들을 이끌어 냈어야 했다.'

그럼에도 이 모든 대사관들은 성과가 없음이 판명되었다. 그러나 몇몇 무역상은 상관商館들과 돈독한 관계를 유지했고, 그들 가운데 차 검열관이었던 존 리브스(1774-1856)가 있었다. 그는 상인 컨시쿠아의 정원에서 중국등나무*Wisteria sinensis*와 달콤한 오렌지를 처음 목격했다. 존 리브스는 차를 검열 목적으로 경내를 벗어날 수 있었고, 이때 양묘장 정원들을 방문했을 뿐만 아니라 과일과 채소를 파는 장터에서 식물들을 구입할 기회를 갖게 되었다. 리브스가 유럽의 세밀화 전통에 따라 훈련시킨 광둥의 화가들이 수많은 새로운 식물을

▲ 등나무 종류를 그린 이 판화는 존 리브스의 중국 광둥 지방 식물 세밀화 컬렉션 가운데 하나다. 현재 런던 자연사 박물관의 식물학 도서관에서 소장 중이다.

망사원

THE GARDEN OF THE MASTER OF THE FISHING NETS

망사원(위 이미지)은 상하이에서 동쪽으로 75킬로미터 떨어진 조용한 도시 쑤저우에서 가장 유명한 개인 정원 중 하나다. 흰색의 높은 담장 뒤에 숨겨진 장소로 4천 제곱미터 정도인 다소 아담한 규모다. 하지만 10개 이상의 작은 마당이 미로처럼 구성되어 있으며, 각각 독특한 분위기를 가지고 있다. 마당 중 일부는 모퉁이를 돌아 '사라지도록' 설계되었는데, 일부는 개방되어 있지만 다른 일부는 쿨데삭cul-de-sac(*막다른 길)으로 폐쇄되어 있다.

망사원의 모든 곳에는 빛과 그림자, 높고 낮음, 고요함과 생동감이 대비를 이룬다. 정원의 중심에는 교묘하게 불규칙적인 모양의 호수처럼 생긴 연못이 있어 정원 전체를 한눈에 볼 수 없다. 이 연못은 연회관과 그늘진 조망대와 쉼터로 둘러싸여 있다. 기분 좋은 이름들로 유명한데, 가령 모자의 술 장식을 씻는 물가 홀, 소나무 조망 및 그림 감상을 위한 베란다, 공부에 집중하는 집이 있다.

망사원은 800년 동안 정원 부지였지만 이름의 유래는 18세기로 거슬러 올라간다. 정원 소유주는 정원 애호가였던 청나라 황제 건륭제의 궁중 관료였다. 망사는 어부를 뜻하는데, 어부는 풍경화에 자주 등장하는 소재다. 신사 학자가 열망했던 자연과 가깝게 지내는 은둔 생활의 이상을 나타내는 존재였다.

▲ 토머스 알롬Thomas Allom(1804–1872)은 영국인 건축가이자 화가, 지형 삽화가였다. 몇 년 동안 중국에서 시간을 보내면서 중국의 풍경, 거리, 가정생활을 그린 그림들을 1845년 『중국도설China Illustrated』로 출판했다. 이 책은 19세기 중국 생활에 대한 흥미로운 통찰을 제공한다. 위의 그림은 〈광동 근처 중국인 상인의 집House of a Chinese Merchant Near Canton〉이다. 화가는 상관商館 중에서도 가장 영향력 있는 사람 중 하나인 컨시쿠아의 집을 보여 준다. 그의 정원에서 식물 수집가 존 리브스는 이전까지 유럽에 알려지지 않았던 수많은 식물을 발견했다.

기록했고, 이들은 런던 원예 협회로 보내졌다. 그는 또한 식물 수집가 로버트 포춘Robert Fortune을 도와 포춘이 120종 이상의 새로운 정원 식물을 모을 수 있도록 해 주었다. 거기에는 산분꽃나무*Viburnum* 3종, 개나리*Forsythia*, 병꽃나무*Weigela*, 인동*Lonicera*, 그리고 최초의 '일본산' 아네모네가 포함되었다. (자포니쿰*japonicum*이라는 종소명은 일본에서 수집된 식물에 적용되었다.) 포춘은 중국에서 2만 3천892본의 차나무 묘목을 빼돌려 인도 차 산업의 근간을 마련한 것으로 유명하다.

1830년대 무렵에 아편(시장이 존재했다고 보이는 유일한 해외 수입품)이 인도로부터 중국으로 유입되는 물량은 차, 비단, 도자기가 중국 밖으로 흘러 나가는 양과 균형을 이루었다. 1840년 광동의 한 중국 관리가 영국 선박으로부터 불법 마약 2만 궤를 압수했는데, 이것이 제1차 아편전쟁을 촉발시켰다. 난징 조약은 아편 무역을 합법화하고 서구 열강에게 무역과 영토권을 부여한 일련의 '불평등 조약' 중 첫 번째다. 중국은 이제 서양의 착취에 개방되었다. 수천 년 동안 지속되었던 문명은 유럽의 산업과 군사력 앞에 무력했고, 오래된 여름 별궁의 황실 정원은 첫 희생양들의 하나가 되었다.

◀ 이 범상치 않은 대리석 외륜선은 역시 범상치 않은 서태후를 위한 다실茶室이었다. 1889년 중국 해군을 위한 기금을 사용하여 만들어졌다.

이화원 Yi He Yuan

1860년 파괴된 정원들 가운데에는 건륭제가 어머니인 황태후의 60세 생일을 맞아 조성했던 청의원清漪园이 있었다. 기존 호수를 광대하게 확장하여 둘레가 6.4킬로미터에 이르게 하고, 거기서 나온 폐석으로 만수산万寿山을 조성해 만들었다. 이렇게 조성된 정원은 1861년부터 1908년까지 중국의 실질적인 통치자였던 서태후西太后에게 좋은 선례를 제공했다. 그녀는 자신의 60세 생일에 이 정원을 재건했다. 극장 무대, 700미터에 이르는 호숫가 산책로, 일련의 우아한 다리, 대리석으로 지은 외륜선 모양의 찻집이 포함되었다. 서태후는 유능하고 강인한 통치자였지만 그만큼 탐욕스러웠다. 그녀가 정원 조성에 아낌없이 사용한 돈은 중국 해군의 현대화를 위한 자금이었다. 서태후는 정원을 개발한다는 명목으로 이 예산을 확보했고, 새로운 해군사관학교 부지로 정원을 이화원이라는 낙천적인 이름으로 바꾸었다. 호수는 해군 훈련용으로 사용할 것이라고 했다. 당시 중국에 있는 유일한 현대적 배가 돌로 만들어졌다는 사실은 그녀의 신하들에게 쓰라린 농담이 되었다.

여름 별궁은 1900년 의화단 사건으로 화염에 휩싸였고, 2년 후에 복원되었다. 제국 통치 시대가 끝난 후에도 이화원은 폐위된 황제의 손에 남아 있었지만 1924년 공공 공원이 되었다. 서태후의 돌배는 곧바로 인기 있는 명소가 되었다. 20세기 초의 격변의 시대는 정원을 조성하기에 좋은 시기가 아니었다. 문화 대혁명 기간 동안 마오쩌둥 주석이 '구시대적 사상', '구시대적 풍습', '구시대적 문화', '구시대적 습관'과의 전쟁을 선포했다. 모두 정원들 안에 있는 것들이었다. 수 세기 동안 역사의 굴곡을 견뎌 왔던 무수히 많은 정원들이 홍위병들에 의해 10년 안에 파괴되었다.

온고지신 Restoring the Old, Creating the New

▲ 과거 쓰레기 매립장 부지에 조성된 새로운 습지 공원은 좌석과 조명을 두 배로 늘린 뱀 모양 구조물이 가장 큰 특징이다. 굽이굽이 판자 산책로와 자전거 도로를 통해 지역의 생태를 즐길 수 있다.

'나는 어떤 오래된 책에서 읽은 내용을 기억한다.' 18세기 소설『석두기石頭記』에 등장하는 아들이 말한다. '옛것을 회상하는 것이 새것을 발명하는 것보다 낫고, 고대의 문헌을 다시 다듬는 것이 현대의 것을 새기는 것보다 낫다….' 중국 정원은 항상 과거를 우수함과 온전함의 기준으로 여겨 왔다. 사실 중국 예술에서는 새로움이 높이 평가된 적이 없다. 그래서 새로운 정원을 만드는 것보다 마오쩌둥 치하에서 훼손되거나 파괴된 옛 정원들을 복원하는 데 더욱 많은 노력을 기울인 것은 놀랄 일이 아니다. 혁명 이전의 가치로 되돌아가는 것을 환영한다는 의미로 여겨질지도 모른다. 하지만 칭다오의 활수 공원, 용닝 강에 있는 타이저우의 수상 공원, 쿤리 우수 습지 공원 등 공공의 휴양을 위한 시설과 물 관리 계획을 접목시킨 새로운 공원이 잇달아 조성되었다. 서양에서는 친숙한 현대의 생태학적 접근 방식을 조경 설계에 도입한 것이다. 탕허 강 인근 친황다오에 있는 붉은 리본 공원이 특히 흥미롭다. 습지 사이를 구불구불 지나는 500미터에 이르는 붉은 철제 리본과, 구름 모양의 파빌리온이 산업화 이후의 미니멀리즘과 중국 전통 사상의 흥미로운 새로운 통합을 제시한다.

The Japanese Garden 일본의 정원

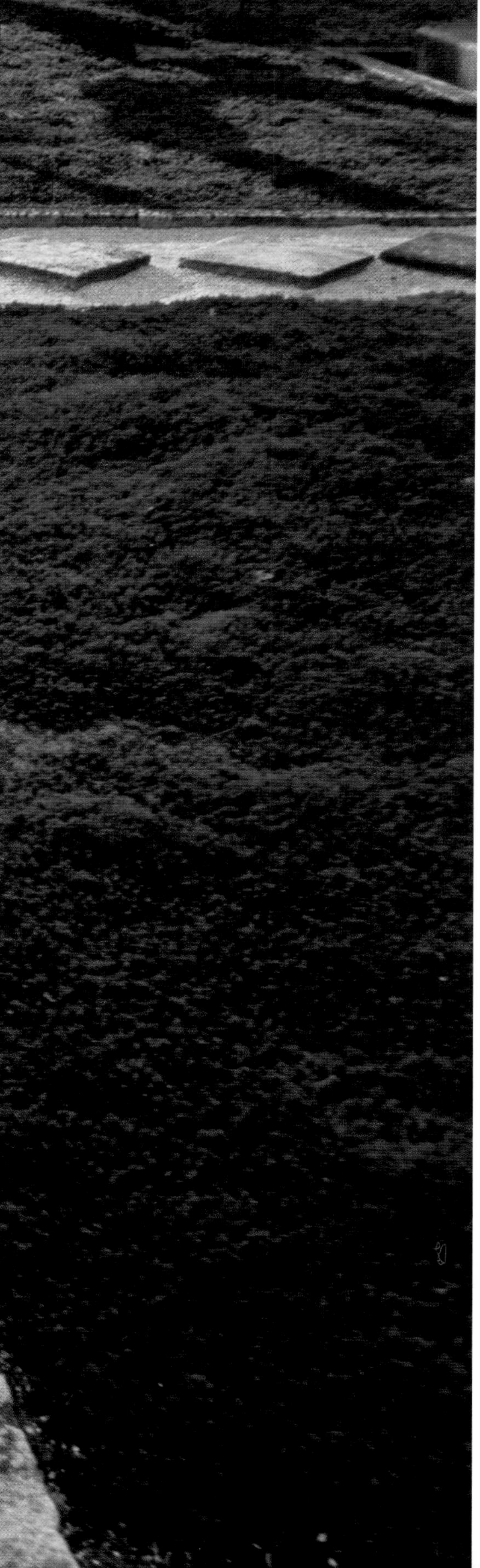

소피 워커Sophie Walker와 요코 가와구치Yoko Kawaguchi의 저술을 포함한 많은 자료를 참고한 이번 장에서는 일본 정원 조성의 발달과 일본 정원이 갖는 특별한 예술 형태가 어떻게 서양을 사로잡고 영감을 주었는지 살펴본다. 적어도 서양인들에게 일본 정원은 역설이다. 자연에 대한 깊은 경외심에서 출발하지만 대부분의 서양 정원에서는 상상할 수 없을 만큼 디테일한 것들이 사람의 손으로 관리되기 때문이다. 일본 정원은 완벽에 대한 속세의 구현과 한 해의 경과와 그것이 가져오는 변화를 동시에 결합시킨다. 일본 정원은 유별나게 풍부한 식물상에도 불구하고, 자연의 형태가 지닌 아름다움을 찬양한다. 이러한 요소들은 바위, 물, 식물들의 미소한 색들처럼 매우 제한적이다. 일본 정원은 인간의 이해에 더욱 가까이 다가가는 방식으로 자연과 교감하기를 열망한다. 그러나 정교한 기술로 이루어진다. 규모의 교묘한 눈속임, 공들여 식물의 모양을 잡는 것, 상상력을 불러일으키는 요소들의 신중한 배치 등이다.

◀ 일본 교토에 있는 불교 사찰 은각사의 모래 정원. 1474년 아시카가 요시마사 쇼군 때 지어졌다. 그는 할아버지인 아시카가 요시미쯔의 의뢰를 받아 지어진 금각사를 모방하고자 했다. 이 사찰은 선불교 학교의 분원인 상국사相国寺의 일부다.

▲ 미에 현에 위치한 후타미가우라 해안 앞바다에 솟아 있는 부부 바위는 금줄로 연결되어 있다. 신토 신화에 따르면 남성과 여성의 결합을 상징한다.

자연에 대한 경외심은 고대 일본의 종교인 신토神道에 뿌리를 둔다. 그에 따르면 풍경과 그 안에 있는 식물들에는 신령들이 깃들어 있다고 한다. 신토는 자연의 모든 측면이 생명력 또는 기氣가 흐르는 통로가 될 수 있다고 가르친다. 정원을 뜻하는 일본어 니와にわ, 庭는 자연신들이 숭배될 수 있는 의식 공간을 표현하기 위해 처음 사용되었다. 나무와 바위 같은 숭배의 대상에는 금줄 또는 시메나와しめなわ, 注連縄를 두르거나 의식의 문 또는 도리이とりい, 鳥居를 세워 놓았다. 신령을 환대하기 위해 주변으로 티 없이 하얀 자갈들을 넓게 깔아 땅을 정화시키기도 했다.

신토 신화는 일본 천황의 신화적 조상인 태양 여신 아마데라스あまてらす, 天照가 신사神社의 터를 찾고 있다고 말한다. 그녀는 혼슈의 동쪽 해안에 있는 이세いせ, 伊勢에서 그곳을 발견했다. 정원을 만드는 신이 음식, 약, 염료를 위해 유용한 식물들을 재배하며 정원을 시작했던 곳과 가까웠다. 이세는 일본에서 가장 성스러운 장소로 남아 있다. 삼나무 숲 깊숙한 빈터에 신사가 세워져 있다. 의식을 위한 길은 강을 건너 장엄한 나무들 사이로 굽이굽이 이어져 마침내 하얀 자갈이 깔려 있는 2개의 평평한 직사각형 공간이 나란히 놓여 있는 곳에 다다른다. 한쪽에는 나무껍질로 지붕을 이은 단순한 목재 구조물로 된 세 채의 신사 건물이 서 있다. 다른 한쪽은 중앙에 자리한 작은 말뚝을 위해 비워져 있다. 신사는 20년마다 철거되고 반대편에 다시 세워지는데, 말뚝은 이전에

▲ 정전사正伝寺에 있는 고산수 또는 건식 정원에서 정원의 요소들은 갈퀴질된 자갈과 잘 다듬어진 상록수들로 축약되어 있다. 어떤 설명에 따르면, 이 관목들은 강을 건너는 사자 새끼들을 상징한다고 한다.

세워진 신사 건물의 중심이 된다.

하얀 자갈이 깔린 의식의 장소에 대한 개념은 궁궐 입구 중정인 유니와ゆにわ, 斎庭에서 지속된다. 상징적인 나무 한 쌍 외에는 아무 장식도 없다. 하얀 자갈은 물이 없는 건식 고산수枯山水 정원 풍경에도 중요한 요소로 남아 있다. 전통적으로 히에이 산의 기슭으로부터 교토 시로 흐르는 시라카와 강에서 채취한 이 자갈은 정원 요소들 가운데 가장 귀한 것이다. 달빛에 반짝이는 흰색 화강암 조각으로 이루어져 있다.

고산수 정원은 일본에 나타난 정원 양식들에 가장 큰 영향을 미친 정원이다. 1400년을 거슬러 올라가는 연속체의 일부를 형성한다. 서양의 경우에서 볼 수 있는 역사적 시대성보다는, 확실히 구별되는 특징과 용도로 유용하게 정의할 수 있다. (일본 정원은 수 세기에 걸쳐 확립된 디자인 어휘를 지금도 사용한다. 도제들은 정원의 대가 밑에서 10년 이상 공부하며, 그들의 원예 기술, 그리고 역사적·정신적 맥락에 대한 이해를 완벽하게 익힌다.) 일본 정원은 넓게는 (그리고 중정 혹은 안마당 정원인) 언덕과 연못 정원, 건식 정원, 회유식回遊式 정원, 다정茶庭, 평정坪庭 등으로 특징지을 수 있다. 중정 혹은 안마당 정원인 평정은 토지 소유욕이 강한 현대 일본에서 어느 때보다도 중요하다.

꽃과 잎의 축제 Festivals of Flower and Foliage

일본 풍경이 갖는 극적인 다양성과 그에 따른 자생 식생의 풍부함에도 불구하고 일본 정원은 비교적 적은 범위의 식물들을 사용한다. 식물 수집이나 희귀성은 대개 강조하지 않는다. 일본 정원사는 원예가라기보다는 예술가라고 할 수 있다. 각각의 식물과 돌은 개별적인 가치보다는 전체 디자인에 대한 기여를 위해 선택되며 전체는 항상 완벽하게 유지된다. 잎들은 깨끗이 치워지고, 자갈과 모래는 신중하게 갈퀴질되거나 빗질되며, 식물들은 깔끔하게 손질되고, 나무들은 질서와 통제, 억제를 위해 가지치기된다.

정원에 있는 식물들은 풍경과 계절의 흐름에 필수적인 무언가를 형상화한다. 매화와 벚꽃은 길고도 느린 봄을 예고하는데, 이 꽃들이 피어날 때 축제와 여흥을 위한 행사가 열린다. 덥고 습한 여름과 육칠월의 우기 이후 찾아오는 가을은 단풍나무 종류들과 계수나무*Cercidiphyllum japonicum* 같은 낙엽수들의 금빛, 진홍빛 단풍으로 풍요롭다. 삼나무로 이루어진 상록수림은 목서 종류로 향기로우며, 땅 위에는 애기동백 꽃잎들이 덮여 있다.

정원의 바위 모양을 보완하기 위해 식물들은 둥그런 모양으로 단정하게 다듬어져 산과 구름, 파도를 연상케 한다. 철쭉처럼 인기 있는 꽃들의 개화도 제한되지만, 때때로 나무들은 네모난 블록 모양으로 다듬어져 정확한 실루엣을 제공한다. 전통적인 나무와 관목의 계절적 개화를 제외한다면 일본 정원은 확고한 상록수와 돌 모양이 뼈대를 형성하여 겨울에도 여름과 같은 모습이다.

전통적으로 즐겨 사용되었던 식물들은 대부분 소나무, 매실나무, 벚나무, 단풍나무, 동백나무, 철쭉, 대나무 등의 자생 식물이다. 대나무는 장식용 울타리 또는 트렐리스에 사용되며 여전히 이차림二次林에서 자라고 있다. 하지만 봄과 회춘을 알리는 매실나무*Prunus mume*는 중국에서 건너왔다. 해안가에서 자라는 곰솔*Pinus thunbergii*은 해안 풍경을, 소나무*Pinus densiflora*는 산비탈 숲을 상징한다. (또한 소나무는 장수와 영속성을 상징한다.)

소나무는 아치형으로 모양을 잡아 아주 오랜 연륜을 보여 줄 수 있으며, 전문가의 가지치기로 원하는 효과를 얻을 수 있다. 매실나무 역시 강 전정 또는 두목頭木 전정을 통해 두껍고 울퉁불퉁한 줄기에서 새로운 싹들을 만들어 낼 수 있다. 이와는 대조적으로 꽃이 아름다워 산에서 가져온 벚나무는 일본의 시와 미술에 자주 등장하는데 항상 자연 수형으로 자라도록 했다. 낮게 자라며 섬세한 잎을 가진 단풍나무*Acer palmatum*는 옅은 그늘을 만들어 준다. 봄에 이 나무들의 잎들은 반투명하지만 가을이 되면 미국 동부 지역의 가을 색과 견줄 만한 다홍색과 진홍색의 장관을 펼친다.

가장 인기 있는 상록수에는 삼나무, 봄에 개화하는 비쭈기나무*Cleyera japonica*, 목서 종류, 호랑가시나무 종류, 대나무 종류가 있다. 전통적으로 꽃이 피는 나무와 관목으로 사랑받은 나무 중에는 낙엽수인 등나무, 목련, 계수나무, 그리고 봄에 연노란색 꽃이 분수처럼 피는 황매화가 있다.

중국에서처럼 일본 또한 전통 정원 디자인에서의 특징적인 초본류는 거의 없다. 하지만 작약과 국화는 화분에 재배되어 햇빛과 비를 막아 주는 특별한 공간에 전시되었다. 흩날리는 꽃잎 또는 가을 낙엽은 장식적인 효과를 위해 정원의 이끼나 풀밭 위에 그대로 두는 경우가 많았다.

▲ 일본의 가을은 나라꽃인 국화의 계절이다. 국화는 오랫동안 사랑과 경축의 대상이었다. 기타가와 우타마로(1753년경–1806)의 목판화는 국화를 자르는 여인들을 담았다.

중국에서 차용한 나라 정원 Nara Gardens: Borrowing from China

5-6세기에 일본의 가장 이른 시기의 정원이 등장했다. 이 시기의 정원은 중국 문화의 영향을 많이 받았으며 중국과 한국의 숙련된 토목 기술을 활용하여 조성되었다. 정작 중국에서 들여온 가장 중요한 것은 일본의 젊은 통치자였던 쇼토쿠 태자聖德太子(574-622)가 당나라를 따라 선구적인 일본 국가를 건설하기 위한 노력의 일환으로 새로운 종교로 강력히 추진한 불교였다. 6-7세기 일본에서는 중국의 문자, 중국의 의학 체계, 천문학, 조세 제도와 행정, 유교와 도교 철학, 중국의 건축과 정원 조성 양식이 모두 스며들었다. 그리고 710년 일본 최초의 수도인 나라는 중국의 방식, 즉 중국에서 유행했던 풍수 원리에 따라 위치를 잡고 건설되었다.

현존하는 풍경화와 시는 당시의 정원들이 당나라 수도 장안의 정원들을 자세히 본떠 만들어졌음을 보여 준다. 정원들은 귀족들이 봉황의 머리나 용을 본떠 만든 유람선을 타고 노닐던 바위와 섬들로 장식된 넓은 뱃놀이 호수 주변에 조성되었다. 8세기에 쓰인 시 선집은 귀족 학자 소가노 우마코의 정원에 있는 원앙새와 흰색 마취목*Pieris japonica* 꽃을 묘사한다. 또 다른 경이로움은 다음과 같다. '우리는 바위들이 줄지어 놓여 있는 연못 가장자리를 따라 철쭉으로 뒤덮인 길을 다시 보게 될까?'

바위는 중요했다. 신성한 산, 신선들의 사는 전설의 섬을 상징하기 위해 바위를 사용했던 중국의 관습은 바위와 산을 숭배하는 신토와 딱 들어맞았다. 일본에서는 정원 연못 안에 조성된 바위섬들로 재현되었다. 때로는 거북 또는 학을 나타내는 상서로운 그룹으로 배열되었고, 때로는 아름다운 소나무로 덮인 아름다운 마쓰시마 섬처럼 일본 해안 여기저기 흩어져 있는 섬들의 축소판으로 재현되었다.

1967년까지는 이와 같은 초기 정원들이 아무것도 남아 있지 않다고 여겼다. 그러나 8세기 중반까지 거슬러 올라가는 2개의 정원이 발굴되어 재건되었다. 이전에는 알려지지 않았던 정원인 헤이조 궁의 궁터정원은 1980년대에 우체국 건물을 짓기 위한 굴착 과정에서 발굴되었다. 가장 중요한 특징은 구불구불한 개울을 닮은 'S'자 모양의 연못이었다. 당나라 궁중의 우아한 방식을 따라 시를 읊으며 연회를 갖기 위한 목적으로 만들어졌음이 거의 확실하다.

반면에 천황의 동원정원東院庭園은 당시 기록을 통해 잘 알려져 있다. 이를 통해 중국식 아이디어가 처음부터 어떻게 귀화되었는지, 즉 중국 정원의 양식화된 조각적 품질이 어떻게 일본의 소중한 풍경을 상기시키는 특징들로 변화되었는지를 알 수 있다. 동원정원의 연못 둘레는 물결 모양의 해안가를 떠올리게 하는 조약돌 '해변'으로 되어 있었다. 풍상을 겪은 해안가 절벽을 연상케 하는 작은 바위 곶이 곳곳에 박혀 있었다. 이러한 모티프는 앞으로 수 세기 동안 일본 정원 조성가들에게 계속하여 영감을 줄 것이었다.

새로운 종교적 관습에도 이와 같은 흡수 능력이 똑같이 적용되었다. 중국 불교는 도교의 영향을 심오하게 받아 왔는데, 환상으로부터의 자유와 욕정으로부터의 분리를 강조했다. 인류는 자연과 하나가 됨을 지향해야 한다고 믿었다. 불교는 질투하는 종교가 아니라 오히려 모든 지각 있는 존재들은 부처의 본성을 공유한다고 여겨진다. 일본 신토 신앙과 완전히 조화를 이루던 견해다. 실제로 많은 불교 사상이 신토 사상에 흡수되었다. 그 이후로 두 가지 관습은 함께 진화해 왔다.

그러나 8세기 말경에 불교 승려 집단의 힘이 매우 강력해져서 라스 푸틴처럼 천황의 총애를 받았던 승려 도쿄道鏡가 왕위를 차지하려고 시도했다. 위협을 받은 천황의 궁은 784년 나라를 떠나 나가오카쿄로 옮겨졌다. 10년 후에는 오늘날의 교토인 헤이안쿄를 새로운 수도로 삼는다.

신성한 바위

SACRED STONES

가장 이른 시기부터 신토의 이와쿠라(신성한 바위)는 숭배의 장소들을 표시했다. 일본 문화에서는 특별한 장소에 돌들이 존재했다. 가장 초기의 정원들은 고대 중국의 풍수지리에 대한 믿음을 받아들였다. 돌과 같은 사물을 특정한 방식으로 배치하면 나쁜 영향을 피하고 대신 좋은 영향을 만들어 낼 것이라는 주장이었다. 당나라 시대 중국에서는 자연을 닮은 바위가 인기를 끌었다. 바위들은 아주 먼 거리까지 운반되었으며, 곧 일본에서도 채택되었다. 11세기에 출판된 일본의 가장 오래된 정원서인 『작정기作庭記』(사쿠테이키)에서는 가드닝을 땅에 돌을 놓는 기술로 정의한다.

이후 수 세기에 걸쳐서 정원에 돌을 배치하는 것이 다양한 상징적 의미를 담게 되었다. 특히 중국으로부터 깎아지른 듯한 호라이지 산처럼 바위가 신선들의 섬을 상징한다는 개념이 도입되었고, 거북과 학을 상징하는 바위들도 함께 나타났다. 거북 섬은 머리, 지느러미(발), 등딱지, 꼬리를 나타내는 돌들과 함께 배치하면 상대적으로 만들기 쉽다. 반면 학 섬은 모양이 덜 분명하다. 때로는 똑바로 서 있는 자세를 나타내기도 하고, 때로는 날개를 펼친 모습으로 표현되기도 한다. 금각사金閣寺(킨카쿠지)의 연못에서 두 종류의 섬들을 볼 수 있다. 여기에는 소나무(역시 장수의 상징)가 식재되어 있다. 일본에서 학은 1천 년을 살고 거북은 1만 년을 산다고 전해진다. 따라서 이 섬들은 개인의 장수와 왕조의 영속성을 모두 상징한다. 17세기에 만들어진 고대사高台寺(코다이지)와 금지원金地院(곤치인)의 건식 정원처럼 거북과 학을 표현한 정원이 여럿 만들어졌다.

불교가 자리 잡아 감에 따라 이러한 특징들 중 일부는 특히 불교적 의미를 띠게 되었다. 사찰 정원에서 흔히 볼 수 있는 것이 거꾸로 강을 거슬러 올라가려는 잉어를 상징하는 돌이 있는 폭포다. 중국의 무시무시한 용문 협곡을 지나 용으로 변모한 잉어에 관한 전설을 적용한 것이다. 그리고 깨달음을 위해 겪어야 하는 힘겨운 투쟁을 인내해야 한다는 교훈을 전달했다. 인도에서는 8개의 바다와 8개의 산의 고리로 둘러싸인 우주의 중심에 있는 신성한 산인 수미산須彌山의 이미지가 도입되었다. 동심원 또는 들쭉날쭉한 바위로 표현되었다. 금각사 연못에서 산을 나타내는 특별한 바위는 중국에서 도입했다고 전해진다.

돌들은 종종 3개씩 무리를 지어 삼존석三尊石으로 배치되었다. 양옆에 두 보살이 있는 부처를 상징하는 것으로 불교 미술에서 종종 묘사된다. 대덕사大德寺(다이토쿠지)의 작은 절인 황매원黃梅院(오바이인)에는 특별히 눈에 띄는 배치가 있다. 이곳에는 2개의 돌이 있는데, 부처가 제자를 가르치기 위해 몸을 구부리는 모습을 암시한다. 심지어 배 모양의 돌에도 불교의 의미를 담을 수 있다. 더 이상 신선들의 섬에서 불로장생의 약을 가져오지 않고 대신 바다 건너로 불교의 가르침을 실어 나른다는 의미다.

일본 정원에서 돌을 가장 잘 표현하여 사용한 경우는 물처럼 보이게 만든 것이다. 흰 자갈은 갈퀴질하여 파도와 조류, 소용돌이를 암시하는 패턴으로 만들었다. 건식 폭포는 바위의 줄무늬를 이용해 물이 흐르는 듯한 착각을 일으킨다. 돌은 상상 속의 모든 풍경을 재현하는 데도 사용된다. 산과 계곡, 절벽과 해변을 나타내고, 하나의 독립된 돌로 해안가 바위섬을 연상시키기도 한다.

무로마치 시대(1392–1573)에 돌을 선택하고 배치하는 일은 사회 계층의 가장 밑바닥에서 차별을 받았던 천민 집단에게 주어졌다. 부락민이었던 그들은 교토의 가모가와 강변에 살았다. 그중 한 명인 젠아미善阿彌(1433–1471년에 활동)는 아시카가 요시마사 쇼군 아래서 일했는데, 정원 디자인의 달인으로 인정받았다. 젠아미는 은각사銀閣寺(긴카쿠지) 디자인에 관여했다고 알려져 있지만 작업이 시작된 시점에 이미 96세의 노령이었기 때문에 그의 아들 또는 손자가 작업을 진행했을

▲ 은각사의 호수에는 점점이 섬들이 떠 있다. 바위들은 장수를 상징하는 거북 모양으로 놓여 있다.

가능성이 높다.

전통적으로 사람들이 가장 탐냈던 돌은 비바람에 오랜 세월 노출되어 마모되고 빛이 바랜(소박한 예스러움의 미학을 뜻하는 '사비'さび, 寂의 개념) 돌들이다. 교토에 있는 초기 정원들의 경우 돌들은 근처 개울과 산비탈에서 채취되었지만 17세기 무렵이 되면 자연만이 아니라 오래전에 조성된 정원으로부터 이름 난 돌들을 수집하는 데 막대한 자금이 사용되었다. 또한 나중에 수도 에도(오늘날 도쿄)의 정원들을 위한 돌들은 먼 거리에서 채취하여 운반되어야 했다. 결국 19세기에 정부는 칙령을 내려 하나의 견본에 지불 가능한 금액을 제한했다. 아주 경이로운 가격이었다.

평화와 평온의 수도 Capital of Peace and Tranquillity

헤이안쿄는 평화와 평온의 수도를 의미한다. 나라와 마찬가지로 격자형 패턴으로 배치되었다. 예나 지금이나 2개의 강이 흐르는 이 도시는 삼면이 푸르른 언덕으로 둘러싸여 있는데, 북동쪽으로 히에이 산의 높은 봉우리가 있다.

교토에는 제1 황궁 내에 정원을 위한 공간이 충분하지 않았다. 하지만 몇 년 이내에 궁궐의 위치를 다시 잡게 되면서 커다란 호수와 섬이 있는 공원인 신천원神泉苑(신센엔)이 조성되었다. 천황의 새로운 즐거움이 된 이 공원은 13만 제곱미터(13헥타르)가 조금 넘었고, 즐길 거리로는 파빌리온, 낮은 언덕과 단풍나무, 버드나무, 벚나무가 있었다. 당시 이 정원에 감탄했던 한 사람은 다음과 같이 기록했다. '이 정원은 아름다움이 이루

▲ 헤이조 궁의 궁터정원은 일본에 알려진 가장 오래된 정원들 가운데 하나다. 1980년대에 이루어진 발굴을 통해 구불구불한 강을 암시하는 'S'자 형태의 연못이 모습을 드러냈다. 대략적인 너비는 15미터, 길이는 53.4미터에 달했다. 식물을 식재했던 화분의 잔해, 중국풍 파빌리온, 그리고 울타리도 발견되었다.

말할 수 없기 때문에 아무리 오래 보아도 지나치지 않다. 사람들은 늘 떠날 준비가 되기 전에 내려앉은 어둠에 쫓겨 집으로 향한다.'

옛 교토의 깊숙한 곳에 위치한 연못을 제외하고 현재 유적은 하나도 남아 있지 않다. 하지만 같은 시기 천황의 시골 사유지에 비슷한 배치와 양식으로 조성된 사가원은 잘 보존되어 있다. 823년 퇴위한 사가 천황은 처음으로 황실 벚꽃 파티를 개최했고, 사가원에 둘레가 1킬로미터에 달하는 인공 호수 오오사와노이케大沢池를 조성했다. 천황은 이곳에서 뱃놀이와 달빛을 즐기는 파티를 열기도 했다. 하지만 사가의 죽음과 동시에 궁궐은 대각사大覚寺(다이카쿠지)라는 사찰로 바뀌었고, 지금도 꽃 피는 벚나무들과 우아한 단풍나무들 가운데 서 있다.

그 후 1천 년 동안 교토는 일본 황실의 수도였다. 반면에 천황의 권력은 점점 유명무실해지고 의례적이 되었다. 866년부터 1160년까지 실권은 후지와라 가문에게 있었다. 그들은 황실 가문과 혼인을 맺고 중요 정치 임명권을 통제했다. 황궁은 정치력과 군사력 측면에서는 손실을 입었지만 예술과 문화적 측면에서는 이득을 얻었다. 헤이안 시대(794-1185)는 일본 문명의 황금기로 기념된다. 교양 있고 유희를 좋아하는 교토의 귀족들은 예술의 한 형태이자 궁중 생활의 필수 부분인 시의 확장 개념으로 정원을 개발했다. 교토를 둘러싼 야산으로 짧은 여행을 다니는 일이 헤이안 상류 계급의 중요한 의례였다. 조신들은 여행에서 가지고 온 야생화를 정원에 심었다. 당대 정원의 성격은 그림과 문헌에서 생생하게 드러난다. 11세기 천황의 중궁이었던 후지와라노 쇼시의 가정교사로도 일했던 여성 문인 무라사키 시키부가 저술한 『겐지 이야기源氏物語』가 대표적이다.

헤이안 귀족의 저택은 신덴즈쿠리寝殿造로 알려진 양식으로 지어졌다. 주인의 아내들과 식솔들을 위한 건물들로 구성되어 있고, 야외 복도로 연결되었다. 교토의 격자형 체계는 한 명의 귀족당 120제곱미터 정도의 표준 부지를 허용했다. 계층이 높을수록 더 큰 부지를 배정받을 수 있었다. 건물 사이에는 츠보니와坪庭라고 불리는 작은 중정 정원이 있었다. 모래 또는 이끼로 덮여 있었으며, 주인의 취향에 따라 돌과 화목류, 관목이 식재되었다. 여름 무더위를 이기기 위해 벽체를 제거하여 실내 공간이 인접한 정원과 융합되기도 했다. 만약 중정이 등나무를 특징으로 한다면 등나무 꽃을 장식용 디자인으로 하여 가림 막에 스텐실로 찍어 내거나 꽃을 감상하는 건물의 커튼에 수를 놓았다. (『겐지 이야기』에는 후지츠보 중궁, 또는 '등나무 안뜰의 그녀'가 등장한다.) 중심 건물인 신덴寝殿 바로 앞에는 흰 모래가 깔린 개방된 공간이 조성되었는데 연회와 각종 의식, 공식 행사에 사용되었다. 황궁에서는 천황의 신성한 지위를 상징했다. 그 너머에는 다리로 연결된 섬들이 있는 뱃놀이 호수가 있었다. 가장자리는 소나무가 식재되었고 바위와 작은 언덕으로 조경되었다. 이 모습은 여전히 수학원이궁修学院離宮(슈가쿠인리큐)과 계이궁桂離宮(가쓰라리큐, 404쪽 참조)에서 볼 수 있다. 둘 다 화려한 황실 시대의 향수를 불러일으킨다.

헤이안 정원에 대한 보다 실용적인 지식의 원천은 정원 조성의 실제에 관한 가장 오래된 안내서인 『작정기』에 담겨 있다. 또 다른 황궁 신하 타치바나 노 토시츠나(1028-1088)의 공이다. 이 책에는 정원 디자인과 관리에 관한 풍부한 조언이 수록되어 있는데, 특히 돌의 '욕망'을 따르고, 강과 바다, 폭포, 산을 가장 설득력 있는 방식으로 재현하는 데 많은 관심을 기울이고 있다.

헤이안 정원은 중국의 들쭉날쭉한 봉우리들을 재현하기보다는 일본 풍경의 재현을 추구한다. 진지한 정원사는 먼저 풍경을 보기 위해 여행해야 한다. '지방의 명승지를 고려하고, 그들의 매력 포인트를 정신적으로 흡수해야 한다. 그리고 그것을 은유적으로 모방함으로써 그러한 장소의 전반적인 분위기를 정원에 만들어 내야 한다.'

'은유'는 중요하다. 정원사의 일은 축소 모델을 창조하는 데 있지 않고 구현하고자 하는 장면의 본질을 직관하고 표현하는 데 있다. 예를 들어 바위와 물을 어떻게 배치하는지를 결정하는 복잡한 규칙이다. 연못은 장수를 기원하기 위해 거북 또는 학 모양으로 파야 한다. (연못의 모양으로 박과 구름, 그리고 특정한 서예 문자도 허용된다.)

겐지 왕자의 정원

THE GARDENS OF PRINCE GENJI

▲ 우타가와 히로시게(1842-1894)와 우타가와 구니사다(1786-1865)가 그린 『품격 있는 겐지 왕자』 시리즈에서 발췌한 세 폭 그림은 '매화원' 세부를 보여 준다.

▶ 우타가와 히로시게가 그린 그림으로 부채에 인쇄되었다. 겐지 왕자와 무라사키 부인이 배를 타고 있다.

황금기를 맞은 헤이안 시대의 정원들은 1021년 이전에 무라사키 시키부가 저술한 것으로 알려진 『겐지 이야기』에서 되살아난다. 저자는 필명을 사용했지만 막강한 세력의 후지와라 가문의 하급 귀족 여성으로 추정한다. 이 책은 그녀에게 익숙했던 헤이안 궁중 생활을 자세히 보여 준다.

주인공은 겐지 왕자다. 저자는 다음과 같이 이야기를 펼친다. '그는 둔덕과 호수를 신중하게 다루어 정원 부지의 모습을 크게 개선하는 데 영향을 미쳤다. 그러한 특징들은 이미 풍부했지만, 그는 이곳은 경사로를 잘라 내고, 저곳은 개울을 댐으로 막아야 한다는 것을 알았다. 그리하여 다양한 구역에 각각 입주해 있던 사람들은 창문 너머로 그녀를 가장 기쁘게 했던 전망을 바라볼 수 있었다. 남동쪽으로는 지반을 높였고, 이 제방에는 일찍 꽃이 피는 나무들을 많이 식재했다. 비탈의 기슭에는 호수가 특히 아름다운 곡선을 이루고 있었고, 창문 바로 아래 앞마당 가장자리에는 양지꽃, 붉은 매실나무, 벚나무, 등나무, 황매화, 고산 철쭉, 그리고 봄철 가장 아름다운 식물들을 식재했다. 그는 무라사키(『겐지 이야기』의 베일에 싸인 저자 이름으로, 주인공이 좋아하는 인물의 이름을 필명으로 삼았다)가 특히 봄을 좋아한다는 점을 알고 있었다. 한편 그의 주요 계획을 방해할 수 없는 장소 여기저기에서 가을 화단은 다른 식물들과 교묘하게 엮여 있었다.'

무라사키의 정원에서 보이는, 봄꽃이 만발한 섬에 닿기 위해서 겐지는 중국풍의 유람선에 의지한다. '먼저 남쪽 호수를 따라 노를 젓고, 그다음에는 곧장 모형 산 쪽으로 향하는 좁은 수로를 지난다. 모형 산은 더 이상 앞으로 나아가는 것을 가로막는 듯 보인다. 그들은 모든 작은 가지와 틈새의 모양이 마치 화가가 붓으로 그린 것처럼 세심하게 고안된 데서 기쁨을 발견했다. 여기저기서 멀리 보이는 과수원의 가장 높은 가지들 위로는 안개가 보였고… 배가 묶여 있는 곳에는 황매화가 바위 절벽 위로 샛노란 꽃들을 쏟아붓고, 아래로는 호수 물에 반사된 색깔이 물결을 이룬다.'

또 다른 왕자의 연인인 아키코노무 중궁은 늦여름을 선호했다. 그녀의 정원은 '가을철에 가장 짙은 색조로 변하는 나무들로 가득했다. 폭포 위 물줄기가 걷히고 상당히 멀리까지 깊어졌다. 그리고 폭포의 소음이 더 멀리까지 퍼질지도 몰라서 그는 물줄기가 부딪혀 부서질 수 있도록 중간에 커다란 바위들을 놓았다.'

겨울에 아름다운 정원은 겐지의 딸의 모친을 위해 디자인되었다. 떨어지는 꽃들의 마을에서 온 다른 여인은 시원한 봄에 초점을 맞추었다. '그 근처는 여름 더위를 기분 좋게 피할 수 있는 장소가 될 것 같았다. 그는 이쪽 집 근처 가장자리에 중국 대나무를 심었고, 조금 떨어진 곳에는 키 큰 나무들을 심었는데, 두터운 잎들이 지붕을 형성하여 바람이 잘 통하는 그늘진 터널을 만들었다. 가장 사랑스러운 고지대 숲의 나무들처럼 상쾌하다. 이 정원은 하얀 말발도리*Deutzia* 꽃, 그리고 "잊힌 사랑을 다시 일깨우는 향기를 지닌" 오렌지

나무, 들장미, 그리고 거대한 작약의 생울타리로 둘러싸여 있다. 여러 종류의 관목과 키 큰 꽃들이 그들 사이에 아주 교묘하게 퍼져 있어 봄도 가을도 결코 화려함이 부족하지 않을 것이다.'

겐지의 정원 이야기는 전반에 걸쳐 시적 구성의 강조가 이루어진다. 등장인물에 영감을 준 실제의 헤이안 궁중 사람들에 대해 말하자면, 정원 디자인은 무라사키의 로맨틱한 영웅을 위해 자연에 대한 강렬한 시적 통찰로 여과되었다. 식물과 조형 요소들은 시적이고 낭만적인 의미와 메시지를 가득 담고 있다. 따라서 정원은 아름다움과 휴식, 연애를 위한 공간 외에도 전체적으로 하나의 시로 작용했다. 9월에 국화가 개화하고 5월에 무늬창포*Acorus calamus*가 개화하는 시기는 축제와 연회를 개최하기에 적절한 때였다. 겐지 이야기에 영감을 준 궁중 사람들은 매우 세련되고 심미적이었다. 작품 속에는 전체적으로 사랑과 아름다움의 덧없음에 대한 애절한 감정들이 스며들어 있다. '정원의 국화는 활짝 피어, 그 달콤한 향기가 은은하게 우리를 달래 주고, 단풍나무의 새빨간 잎들은 늘 그랬듯이 산들바람에 흔들리자마자 곧 우리 주위로 떨어지고 있었다. 그 장면은 모두 함께 어우러져 낭만적이었다.'

개울은 정원 동쪽에서 들어와 남쪽과 서쪽으로 흘러가야만 '사악한 공기', 불행, 역병이 씻겨 내려갈 수 있었다. 돌을 놓는 것과 관련해서는 최소한 17개 이상의 금기 사항이 존재한다. 정원사는 위험을 무릅쓰고 규칙을 무시한다: 이를 위반한 사람들은 병에 걸려 쓰러질 것이고, 그들의 땅은 황폐해질 것이며, 정원에는 악령이 살게 될 것이다.

교토의 헤이안 시대는 350년 이상 지속되어 11-12세기에 문화 발전이 정점에 도달했다. 838년 이후로는 더 이상 중국에게 바치는 조공 사절단이 없었다. 894년에 예정된 사절단은 해산되었다. 점차적으로 중국의 영향이 쇠퇴하면서 일본은 수 세기 동안 독립적으로 자국의 독특한 문화를 꽃피웠다. 가드닝 양식과 마찬가지로 건축 양식은 덜 화려해졌고, 문헌에서는 새로운 표음 문자가 일본의 한자를 보충해 주었다. (예를 들어 『겐지 이야기』는 학구적인 한자어가 아니라 일상의 언어인 일본어로 쓰였다.) 이 훌륭한 고립은 일본이 중국 문명에 다시 관심을 갖게 된 가마쿠라 막부 시대(1185-1333)까지 지속되었다.

불교 종파인 정토진종淨土眞宗이 일본에서 두각을 나타낸 것은 막부 시기 말기였다. 정토진종은 세계의 종말이 가까이 다가왔다는 믿음이 널리 퍼짐으로써 발전되어 이 세상의 깨달음은 더 이상 가능하지 않다고 설파했다. 대신에 신도들은 아미타불(인간의 시공간 밖에 존재하는 부처의 현현)의 발치에서 명상하며 마침내 해탈을 이루어 서방 정토에서 다시 태어나기를 바랐을지도 모른다. 중국에서와 마찬가지로 아미타불의 서방 정토는 매우 정확하게 상상되어, 새로운 양식의 극락정토 정원을 만들어 냈다. 가장 이른 시기의 것 가운데 현존하는 하나는 992-1074년 사이에 지어진 우지의 평등원平等院(뵤도인)이다.

이런 유형의 정원에는 부처를 모신 본당이 중앙 연꽃 연못을 바라보도록 배치되었는데 아미타불의 극락정토 중심에 있는 호수를 상징했다. 문이 열려 있을 때면 연못 너머로 황금 불상을 바라볼 수 있었다. 평등원에서 불상은 봉황당에 위치한 섬(다리를 통해 접근 가능)에 자리하고 있다. 극락정토의 개념은 이후 수 세기에 걸쳐 발달하여 서방사西芳寺(사이호지)와 금각사(388쪽, 392쪽 참조)의 아름다운 사찰 정원에서 절정을 이루었다.

교토에서 가마쿠라까지 From Kyoto to Kamakura

후지와라 가문의 섭정 시기에 일본 귀족들은 교토의 황궁에 이끌렸다. 사병의 도움으로 법과 질서를 유지했던 봉건 시대 유럽의 남작들과 달리 이 시기 지방의 권력 공백은 야심 있는 가문의 지도자들이 메웠다. 그들의 엘리트 투사들은 부시武士 또는 '가까이에서 모시다'는 뜻의 사무라이로 알려졌다. 1185년에 모두 무사 가문이었던 다이라 가는 미나모토 가에게 육지와 바다에서 패했다. 그리하여 미나모토 가문의 지도자인 미나모토노 요리토모가 세이이타이쇼군(정이대장군)에 임명되는데, '오랑캐를 정벌하는 장군'이라는 뜻이다. 그는 교토의 예의 바르고 세련된 사회로부터 수백 킬로미터 떨어진 자신의 영토 가마쿠라 시부터 통치를 시작했다.

가마쿠라의 엘리트 무관들은 황궁의 나약한 생활 방식과 궁중에 만연해 있던 글을 읽고 쓸 줄 아는 여유로운 사람들만 이용할 수 있는 불교 관습의 특권적인 행태를 경멸했다. 대신 엄격한 사무라이 정신은 스스로 선禪에 동정적인 태도를 갖게 했다. 선은 오랜 세월에 걸친 법 혹은 다르마dharma의 추구에 대한 인간의 직관을 고양시키는 불교의 한 형태다. 다르마는 부처의 깨달음으로 가는 8정도八正道의 가르침이다. 정교한 의식을 치르거나 문자로 적힌 글을 세심히 들여다보는 대신에 선은 통찰이 부처에 의해 인간의 마음으로 직접 전달될 수 있다고 주장했다. 그리고 갑작스러운 재채기와 같은 깨달음의 경험을 '말 너머에 있는 깊은 미소'라고 특징지었다.

1189년 미나모토노 요리토모는 북쪽 원정 도중 마주친 아름다운 모월사毛越寺(모츠지)에서 영감을 받아 소나무 숲에 이와 같은 양식의 새로운 사원인 예복사叡福寺(에이후쿠지)를 짓도록 했다. 이후 일본의 수도승들이 중국의 수도원을 방문하면서 여러 사원이 잇달아 지어졌고, 선불교 사상이 일본 열도에 스며들었다. 선은 문자 그대로 명상을 뜻한다. 검소함, 마음 챙김, 특히 앉아서 명상을 수행하는 참선에 대한 강조는 새로운 가드닝 양식을 세련되게 이끌었다.

무로마치 르네상스 The Muromachi Renaissance

1333년 가마쿠라 막부는 아시카가 막부로 교체되었다. 아시카가 쇼군은 교토의 무로마치 지구로 돌아왔다. 이로 인해 그들이 일본에서 패권을 장악한 기간(1333–1568)에 무로마치라는 이름이 붙는다. 이 기간 동안 오닌의 난(1467–1477)이 벌어짐으로써 교토의 많은 사찰과 정원이 파괴되었지만 한편으로 정원 조성을 비롯한 모든 예술의 번성기였다. 아시카가 가문이 지배하던 시기에 교토는 다시 한 번 황궁뿐 아니라 통치의 중심이 되었다. 교토의 북동쪽에 있는 아시카가 가문의 저택인 무로마치 공관은 수많은 벚나무들로 '꽃으로 덮인 궁전'이라는 뜻의 하나노고쇼라고도 알려졌다. 무로마치의 엘리트층은 예술을 후원하고 실행할 수 있는 권력과 부를 지녔다. 그들은 시 쓰기와 서예를 배웠으며, 중국에서 온 예술품, 그림, 도자기, 옻칠한 물건들을 열심히 수집했다.

헤이안의 황금기 정원들이 당나라 영향을 받았음을 말해 주는 것처럼 무로마치 시대의 정원들은 북송을 되돌아보게 한다. 몽골군이 중국을 정복, 지배하게 되면서 송나라의 많은 장인과 예술가 집단이 일본으로 와 후원자와 제자를 찾았다. 송나라 예술은 일본 정원의 새로운 유행을 더해 주었다.

과거에 그림 그리기와 정원 가꾸기가 함께 이루어졌다. 9세기 말에 궁중 화가 고세노 가나오카는 정원 디자인의 영감의 원천으로 작용할 수 있는 풍경화 양식을 발달시켰다. 헤이안 시대에는 니와 에시庭絵師라고 불린 정원 전문 화가들이 정원 계획도를 그렸다. 선의 금욕적인 명상 수행과 비슷한 송나라 풍경화의 미학은 정원 구성에 대한 새로운 여백과 암시를 가져오기 위해 중국의 실實과 허虛, 유有와 무無의 개념에 의지하면서 일본 정원의 표현 기법을 발견했다.

무로마치 시대에 일본에서 가장 걸출한 몇몇 정원이 만들어졌다. 천룡사天龍寺(덴류지) 정원은 수묵화처럼 구성된 분위기가 강하다. 1351년 선불교 화가이자 수도승이었던 무소 소세키(1275–1351)가 조성한 이 정원은 능수능란하게 모양을 잡은 지형과 바위들이 멀리 보이는 광대한 산악 풍경의 환상을 만들어 낸다. 연못에는 7개의 바위가 신선들이 사는 신성한 산을 상징하는 아름다운 봉래도蓬莱島를 형성하고 있다. 그 뒤로는 여울을 암시하는 바위들이 쏟아지는 폭포가 있는데, 하나는 위로 거슬러 오르는 잉어를 상징한다. 깨달음으로 가는 여정에 대한 은유적 표현이다. 여기에는 일본에서 이런 종류 가운데 가장 오래된 다리가 놓여 있는데, 다리를 건너기 전에 붓질의 가로획을 닮은 세 장의 단순한 석판이 놓여 있는 것을 볼 수 있다.

전해지는 이야기에 따르면 소세키는 서방사도 조성했다고 한다. 오늘날 이끼 사원 또는 코케데라苔寺로 알려져 있다. 은각사의 광대한 산책 정원은 아시카가의 3대 쇼군인 요시미츠를 위해 1397년부터 만들어지기 시작했고, 그에 맞먹는 자조사慈照寺(지쇼지)가 그의 손자를 위해 80년 후에 조성되었다. 심장이 멎을 듯 아름다운 대선원大仙院(다이센인)과 용안사龍安寺(료안지)의 고산수 정원이 만들어진 것은 16세기 초의 일이다.

서방사의 이끼 정원

THE MOSS GARDEN AT SAIHO-JI

교토에 있는 서방사의 정원은 거의 1천 년 가까이 살아남았다. 11세기에 마음 또는 정신을 뜻하는 한자 모양으로 만들어진 호수 주변에 극락정토의 정원으로 처음 조성되었다. 하지만 수년간 쇠퇴를 겪은 후에 선불교 수도승 무소 소세키가 정원 관리 책임자로 초빙되었고, 그는 정원을 홀로 명상에 잠길 수 있는 살아 있는 수단으로 발전시켰다. 소세키의 지도에 따라 오직 20명의 수도승만 이곳에 거주하는 것이 허락되었다. 1만 8천 제곱미터(1.8헥타르) 규모에 이르는 서방사의 정원은 산책을 위한 정원으로 디자인되었다. 실제로 정원은 경계가 없어 보인다. 중앙의 호수 뒤로 숲이 우거진 언덕이 솟아 있고, 거대한 대나무 숲은 시선을 양쪽으로 끝없이 펼쳐져 보이는 전망으로 인도한다. 길에는 깊은 그늘이 지지만 비스듬한 햇빛이 수면 위를 가로지르며 비춘다.

1443년 한 한국인 방문객이 서방사 정원에 관해 기록했다. 그는 관리자들이 나무들을 원하는 수형으로 만들기 위해 가지들을 밧줄로 묶었으며, 어린 나무들을 오래된 나무처럼 보이도록 다듬었다고 언급했다. 또한 식물의 모양을 잡거나 가지치기하는 것에 관해 썼는데, 일본의 정원 역사상 처음 기록된 예다. 돌을 땅으로부터 굴취하여 인위적으로 위치를 바꾸거나 재배치하는 방법도 기록했다.

서방사는 두 곳의 구별되는 정원 구역으로 구성된다. 황금 연못으로 알려진 호수 주변으로 조성된 하단 구역은 극락정토를 상징했다. 호숫가를 따라 지어진 건물들에는 한때 유리각瑠璃閣이 있었는데, 부처의 유물을 보관하고, 아시카 가문의 쇼군들이었던 요시미츠와 요시마사가 경배하고 향을 피우던 법당이었다. 금각사와 은각사(392쪽, 394쪽 참조)의 건물들은 서방사의 이 법당을 본떠서 건축되었다. 하지만 15세기 전쟁 통에 화재로 소실되었다가 나중에 홍수로 더욱 파괴되고 만다.

소세키는 서방사 상단 구역에 인간이 사는 불완전한 세계를 상징하는 정원을 만들었다. 홍은산洪隱山으로 알려져 있으며 장식용 출입문을 통해 들어갈 수 있다. 그리고 돌출된 바위들이 여기저기 흩어져 있다. 소세키는 달마의 이야기를 떠올리며 홀로 하는 명상을 위한 은둔지를 만들었다. 달마는 동굴에서 9년 동안 면벽 수행을 했다고 전해진다. 줄지어 늘어선 바위들로 보호되어 있는 깨끗한 샘물 너머에는 유명한 건식 폭포가 있다. 예술적으로 굴러 떨어진 바위들은 마치 물이 흐르다가 방금 멈춘 것처럼 보인다. 오늘날 이 폭포는 근사한 이끼 '웅덩이' 속으로 떨어지고 있다. 에메랄드빛, 옥빛, 구릿빛을 띠는 120종 이상의 이끼와 지의류가 언덕을 이루고 연못 가장자리로 흘러넘친다. 정원은 상록 활엽수의 짙은 그늘과 여기저기 흩어져 있는 단풍나무가 있어 북풍과 햇빛으로부터 보호받으며, 찰진 흙 토양이라 이끼가 자라기에 이상적이다. 이끼로 덮인 비탈면과 지의류로 덮인 나무줄기들은 수면 위로 반사됨으로써 서방사에 신비로움을 더해 준다. 다양한 문화권에서 온 정원사들에게 영감을 주는 장소다.

오늘날 서방사의 환상적인 이끼 정원은 국보로 여겨지지만 사실 이끼는 계획적으로 재배되지 않았다. 원래는 금각사와 같은 방식으로 밝고 널찍한 공간으로 구상되었다. 또 배를 타고 볼 수 있도록 조성한 호수의 섬은 반짝이는 흰 자갈로 덮여 있었다. 하지만 이후 사원에 정원을 유지할 자금이 부족하여 수 세기 동안 방치되었고, 그동안 이끼가 자랐다. 19세기 후반, 서방사가 유명한 공원이 되었을 때 이끼 정원은 우연히 만들어진 정원의 걸작으로 인정받고 유지될 수 있었다. 봄에는 이끼 카펫이 가장 진한 녹색을 띠는데, 불타는 듯 붉은색 꽃을 피우는 철쭉과 대비를 이룬다. 여름에는 연잎들이 연못을 장식하고, 가을에는 다홍색과 진홍색 단풍잎들이 이 특별한 정원에 마법을 더한다.

오른쪽과 다음 페이지: 서방사의 이끼 정원은 방문에 앞서 엽서를 보내 출입 허가증을 받아야 한다. 초대받은 사람만 입장할 수 있는 교토의 몇 안 되는 사원들 중 하나다. 방문객은 방문 전에 염불을 외고 소원을 적는 데도 참여해야 한다. 수도승들은 이러한 방식을 통해 서방사의 평온을 유지한다.

금각사 The Temple of the Golden Pavilion

교토에 위치한 금각사의 정원은 제3대 아시카가 가문의 쇼군이었던 요시미츠(1358–1408)를 위해 지어졌다. 그는 선불교의 열렬한 신봉자이자 중국 문화의 너그러운 후원자였다. 가마쿠라 시대 때의 궁녀의 옛 영지에 있던 연못과 사찰 정원을 시작으로 요시미츠는 서방사 같은 극락정토를 염원하는 정원을 개발했다. 그리고 꼭대기에는 장엄한 삼 층짜리 건물을 세워 은퇴 후 별장으로 삼았다. 송나라 그림들에서 금각사와 비슷한 풍경들을 볼 수 있다. 금각사의 설계자들이 이 그림들을 모방한 사람들을 알고 있었을 가능성이 높다. 건물의 높은 곳에 앉아 있는 새는 중국 신화에 등장하는 봉황이다.

요시미츠의 사망 이후 그의 정자는 사찰이 되었다. 녹원사鹿苑寺(로쿠온지)라는 이름으로 알려지는데, 부처가 가르침을 시작했던 사르나트의 사슴 공원을 암시했다. 잘 알려진 별칭인 금각사는 안이 온통 금박으로 뒤덮여 있는 제일 위층의 엄청난 장식에서 유래되었다. 원래는 은퇴한 쇼군을 위한 참선방으로 사용되었다. 맨 아래층은 요시미츠가 예술가와 학구적인 수도승 등 특별한 손님을 맞이하는 접견실이었다. 그리고 중간층은 배움을 위해서나 쇼군의 손님들이 예술과 미학을 토론하는 장소로 이용되었다.

제2차 세계대전 후까지 살아남았는데, 정신적 장애가 있는 한 예비 승려의 방화로 전소되고 말았다. 현재의 건물은 1955년에 지어졌고, 1987년에 다소 과하다 싶을 정도로 새롭게 금박을 입혔다.

황금빛의 금각사 건물은 나무들로 둘러싸인 커다란 호수를 바라보고 있다. 입구는 기누가사 산의 경치를 볼 수 있도록 개방되어 있다. 멀리에는 작은 나무들을 식재하여 겉으로 보이는 정원의 규모가 실제보다 커 보이도록 했으며, 정원이 숲 지대와 어우러짐으로써 멀리 보이는 경치를 지배할 수 있는 효과를 주었다. 호수 주변으로 길이 이어지면서 연속적인 경치를 제공하는데, 유람선을 타고 누릴 수 있도록 설계되었다. 특히 신중하게 공들여 조성한 호수 가장자리, 거북과 학 모양의 바위들, 산봉우리처럼 수직으로 솟아 있는 바위들(바위 하나는 너무 거대해서 그것을 운반하는 데 17마리의 황소가 필요했다), 그리고 굴곡진 소나무들이 식재된 섬들을 볼 수 있다. 배 위에서 호수에 반사된 마법처럼 아름다운 정원의 모습을 가장 잘 볼 수 있다.

일본 정원에서 반사는 달을 감상할 때도 즐기지만 일본 전통 전반에 존재하는 이중성을 표현하기 위한 방편으로도 중요하다. 가령 음과 양의 조화, 유형과 무형, 실제와 암시 등을 나타낼 수 있다. 송나라 풍경화가들에 의해 아주 아름답게 탐구된 주제이기도 하다. 물에 반사된 풍경은 땅에 대응물을 가진다. 가령 건물 뒤에 있는 언덕 위의 용문 폭포가 그것이다. 건식 폭포의 좋은 예로, 선문답이라 할 만한 개념을 담고 있다. 물은 실제로 존재하기보다는 상상으로 존재한다. 원래 폭포는 연못의 가장자리에 있었지만 수 세기에 걸쳐 가장자리에 토사가 쌓임으로써, 이제 나무 그늘이 지고 에메랄드빛 이끼로 뒤덮여 있다. 금각사는 완벽한 균형과 아름다운 경치가 어우러진 정원으로, 하나의 통합적인 예술 작품이다.

▶ 금각사는 일본에서 가장 유명한 명소 중 하나다. 원래는 요시미츠 쇼군의 은퇴 후 별장이었다. 14세기 말에 건축되었으며 호수 위로 느리게 떠가는 배에서 바라보도록 계획되었다. 요시미츠 사망 후 그의 아들이 사원으로 개조했다. 맨 위층 실내를 장식하는 금박에서 금각사라는 이름이 유래되었다.

은각사 The Temple of the Silver Pavilion

금각사가 양을 상징한다면 은각사는 음을 상징한다. 햇빛에 반짝이는 황금빛 건물인 금각사와는 대조적으로 음각사의 모든 것은 달빛과 그림자라고 할 수 있다. 1480년대에 요시미츠의 손자인 아시카가 요시마사(1436-1490)를 위해 지어졌다. 사실 이 건물이 지붕을 은으로 장식하기 위한 의도로 지어졌는지에 대해서는 학자들의 의견이 일치하지 않는다. (요시마사는 건물 완성 전에 사망한다.) 은각사를 설계한 풍경 예술가 소아미相阿弥(1472-1523)는 서방사의 아름다움을 염두에 두었다. 요시마사 역시 서방사의 풍경에 감탄하여 정기적으로 방문도 했지만 당시 서방사는 1467-1477년에 벌어진 오닌의 난으로 약탈당하여 폐허가 되었다.

은각사의 정원은 두 구역으로 나뉜다. 첫 번째는 건물 옆에 있는 커다란 연못 주변 구역이다. 배경을 이루는 초록 언덕과 하늘을 바탕으로 윤곽을 드러내는 나무들과 함께 바위들, 물과 식물들이 마치 두루마리 화폭에 담긴 풍경화처럼 일련의 풍경들을 펼쳐 낸다. 이 구역에는 '달을 씻는 샘'이라는 뜻의 폭포 세월천洗月泉이 있다. 두 번째는 건물 앞에 모래 조각을 만들어 놓은 구역이다. 정원은 복원된 에도 시대 때 추가된 것으로 보인다. 윗부분이 잘린 원뿔 형태로 만들어진 모래 조각은 '달을 바라보는 곳'이라는 뜻의 향월대向月台라고 불린다. 원뿔 모양은 7세기 신토 신앙의 종교 시설로 만들어진 가미가모 신사 같은, 더 이른 시기의 사찰 정원에서 전례를 찾을 수 있지만 이렇게 잘린 형태는 흔치 않다. 또 의미도 불분명하다. 옆에 있는 '은빛 모래의 바다'는 파도 문양으로 갈퀴질되어 있으며, 은사탄銀沙灘이라고 불린다.

나랏일보다는 예술에 관심 많았던 요시마사 휘하에서 일본의 고전 문화는 절정에 달했다. 예술가, 시인, 학자들이 모여들었고 자연 그 자체, 그리고 뚜렷하게 구별되는 일본식 풍경을 기념하는 이미지와 정원을 만들어 냈다. 쇼군의 죽음 이후로 은각사는 자조사慈照寺라는 이름의 선불교 사찰이 되었다. (그러나 일본은 오닌의 난을 겪는다.)

선善 사상은 가마쿠라 시대부터 쇼군들의 총애를 받아 온 불교의 종파다. 선불교 승려들은 사실상 예술과 학문, 그리고 놀랍게도 무역에 전념할 수 있는 허가를 받았다. 그들은 뛰어난 예술가이자 학자로서 외국 문화를 접할 기회도 많이 가졌다. 쇼군들은 승려들로 하여금 중국으로부터 미적·종교적 경향뿐 아니라 상품들을 수입하도록 적극적으로 장려했고, 선불교 기관들을 아낌없이 후원했다. 이를테면 일본의 위대한 화가 셋슈雪舟(1420-1506)는 선불교 승려였다. 그는 중국에서 유학했으며 송나라에서 영감을 받은 회화 양식을 역시 교토에 있는 상영사常栄寺 등의 자신이 만든 정원들에 도입했다.

1467년 오닌의 난으로 교토는 황폐화되었다. 이후 수십 년에 걸쳐 당파 싸움이 계속되었다. 1573년 무로마치 막부는 결국 멸망한다. 이 어려운 시기에 선불교 수도원과 사찰은 일본인들에게 정신적·미적 오아시스 역할을 했다.

▲ 은각사 향월대에 있는 모래 원뿔의 높이는 시기에 따라 달랐다. 1799년의 안내서에 따르면 높이는 지금보다 훨씬 낮았고 상단부에 동심원 문양이 있었다. 전부가 자갈로 되어 있지도 않았다. 중심부는 다져진 흙으로 되어 있었으며, 흰색의 고운 자갈을 물에 이겨 표면에 발랐다. 일본인들은 지금도 달맞이 행사인 츠키미月見를 위해 모인다. 이 행사는 주로 정원에서 열린다. 이야기를 나누고, 사케를 마시며, 보름달 아래 공양을 바친다. 달빛을 감상하는 전통은 헤이안 시대 이전에 시작되었다. 에도 시대에는 특별한 조망대에서 연못에 반사되는 달빛을 감상하는 것이 여러 정원의 중요한 특징이 되었다. 게이궁이 가장 인상적이다.

▲ 대선원에서 자갈에 갈퀴질을 하고 있는 승려. 정원을 보살피는 일은 그의 영적 수행 과정의 필수로 여겨진다.

고산수 정원: 시간을 초월한 공간

The Zen Dry Garden: Spaces Out of Time

유명 학자 젯카이 츄신絶海中津의 선문답에 따르면 '위대한 달인은 마치 기술이 없는 것처럼 보인다'. 겉보기에는 수월해 보이는 이 숙련된 기술은 15-16세기 사찰과 수도원 정원에 표현되어 있다. 대부분 여전히 살아남아 있지만 원래의 형태가 아닐 수도 있다.

선불교 승려 무소 소세키는 정원은 깨달음의 길을 제공할 수 있다고 주장했다. 사실 그러한 정원 조성과 종교적 수행은 본질적으로 하나이고 같은 것이라 했다. 정원은 영보사永保寺의 단순한 참선을 위한 돌이나 서천사瑞泉寺의 얼굴 모양으로 깎인 동굴처럼 명상을 위한 물리적 공간을 제공할 뿐만 아니라 사색을 위한 수단으로 기능할 수도 있다. 세심하게 반복적으로 자갈을 갈퀴질하고, 인내심을 가지고 이끼에 난 잡초를 뽑는 일처럼 정원 관리는 헌신적인 수행이 될 수 있다.

이 시기에 만들어진 위대한 고산수 정원Zen garden은 앉아서 수행하는 참선과 밀접하게 관련 있다. 정원에 들어가지 않고, 대개는 인접한 건물의 툇마루 같은 바라보기 좋은 위치에서 관찰하도록 설계되었다. 대부분은 규모가 작았고, 건물과 나란히 또는 그 사이에 조성되었다. 고산수 정원 안에는 특정 문양으로 갈퀴질되어 있는 자갈 구역, 흩어져 있는 바위들, 때로는 이끼 조각이나 한두 그루의 식물이 있을 뿐 그 외에 다른 요소는 거의 없다. 정원에서 불필요한 모든 요소를 제외한 것은 고통, 야망, 욕구 등 세속적 감정과 묶여 있는 정신과 육체를 자유롭게 하는 참선 수행을 물리적으로 표현한 것이었다. 고산수 정원은 결핍의 아름다움을 구체화시켰다. 마음 하나로 정원 안에 들어가면 무한한 풍경으로 이어질 수 있다는 개념이다.

일본의 많은 정원이 이러한 양식으로 조성되었고 오늘날에도 계속되고 있지만 특히 놀라운 상상력을 보여 주는 고산수 정원이 두 곳 있다. 1513년경에 조성된 대선원은 소아미의 도움으로 만들어졌다고 추정한다. 그는 방장方丈 승려를 위한 건물의 문에 그림을 그리기도 했다. 역시 교토에 자리하고 있는 용안사는 모든 고산수 정원 가운데 가장 유명하다.

교토 대덕사 사찰 단지에 위치한 대선원의 정원은 방장 건물의 삼면을 따라 조성되었고 남쪽으로는 더 넓게 자갈이 깔린 구역이 있다. 이 정원은 100제곱미터가 채 안되지만 모든 세계가 담겨 있다. 거대한 수직 바위는 험준한 바위산을 상징한다. 줄무늬가 있는 바위는 먼 거리에 있는 폭포로 바뀐다. 급류가 시작되는 부분으로부터 여러 폭포가 마구 쏟아져 내려 높이 솟은 바위산을 지나면서 하얀 석영으로 반짝이는 2개의 큰 강으로 갈라진다. 하나는 서쪽으로 흘러 혼슈와 시코쿠 섬을 갈라놓는 바다를 연상시키는 내해內海에 섬들이 떠 있는 '중양中洋'으로 흐른다. 다른 하나는 돌다리 아래로 흘러 학을 상징하는 돌무더기를 지나 정원을 반으로 가르는 벽체가 세워진 회랑 아래로 흐른다. 그다음 강은 (사실 정원이 더 넓어지지는 않지만) 더 넓게 펼쳐지는 듯 보이는 공간으로 흘러가는데, 이곳에는 돌배 한 척이 호라이 봉래산 쪽으로 항해하고 있다.

정확한 상상력을 불러일으킬 수 있는 능력은 일본 문화의 기본이다. 서양 미술이 상징성에 익숙하다지만 대선원에서는 이것이 훨씬 더 발전되어 전체 풍경이 축소되어 표현된다. 그림 또는 시와 마찬가지로 정원은 불교의 가르침이나 다른 예술적 형태나 소중한 경치에 대한 암시를 통해 의미와 복잡성을 가질 수 있다. 때때로 이러한 암시는 매우 명확하다. 대선원에서 갈퀴질된 자갈의 선들은 소용돌이치는 흐름을 쉽게 간파할 수 있게 한다. 때로는 아주 미묘한 암시만 있을 뿐이다. 가령 이끼 조각은 신록의 숲을 암시하고 구부러진 바위는 설법하는 부처의 자상한 모습을 떠오르게 하며, 상상의 나래를 펼치기에 충분하다.

대선원의 물줄기는 마침내 남쪽 정원에 모인다. 흰 자갈이 깔린 이 구역은 이중으로 된 생울타리로 둘러싸여 있다. 자갈은 직선과 물결 모양의 곡선으로 갈퀴질되어 있고, 2개의 뾰족한 원뿔 모양으로 쌓여 있다. 강들의 끝에 있는 대양인 타계他界로, 영원한 모든 생명을 담고 있는 텅 빈 세계다. 유일하게 다른 요소는 한 쌍의 노각나무*Stewartia pseudocamellia*인데, 부처가 그 나무 아래 태어나고 죽은 사라수*Shorea robusta*를 상징하기 위해 사찰 정원에 식재되었다.

대선원에서 돌은 특별한 품질을 지닌다. 아마도 세기가 바뀔 때 교토 여기저기 흩어져 있던 유적지로부터 가져왔을 것이다. 하지만 용안사의 바위 자체는 주목할 만한 것이 없다. 이곳의 신비한 힘은 사이사이의 공간에 있다. 용안사는 한때 헤이안 귀족의 시골 사유지였던 부지에 자리하고 있으며, 옛 호수 정원의 잔재가 남아 있다. 1450년에 설립되었고 오닌의 난으로 파괴되었다가 1488년에 재건되었다. 고산수 정원은 소아미에 의해 (훨씬 더 나중일 수도 있지만) 1488년경 조성되었을 것으로 본다. 1797년 다시 한 번 파괴되었고 1930년대까지는 비교적 잘 알려지지 않았다.

▶ 용안사 정원의 바위와 이끼와 자갈로 이루어진, 세월이 흘러도 변치 않는 구성은 계절에 따라 색깔이 변하는 주변 나무들의 자연적 리듬에 굳건한 기반을 두고 있다.

빌려 온 풍경

BORROWED SCENERY

차경借景, 또는 빌려 온 풍경은 정원 바깥에 있는 요소들을 통합시켜 그것들이 정원 구성에 필요 불가결한 부분이 되도록 하는 기법이다. 작은 마을 정원의 벽에 기대어 자라는 나무 한 그루가 될 수도 있고, 천룡사天龍寺에서처럼 가을철 눈부시게 화려한 숲이 우거진 산비탈일 수도 있으며, 수학원修学院(404쪽 참조)에서와 같이 멀리 보이는 산의 경치일 수도 있다. 먼 거리를 정원의 제한된 공간에 통합시킴으로써 정원은 거의 무한한 깊이를 얻는다.

교토 주변의 정원들에서 매우 소중히 여겨지는 것은 히에이 산의 경치다. 천황 고미즈노오(1596–1680)는 수년에 걸쳐 도시 북쪽 언덕에 자신의 황실을 짓기 위한 완벽한 장소를 찾았다. 그곳은 현재 아름다운 사찰인 원통사圓通寺가 되었다(위 이미지). 원통사의 직사각형 정원은 상록수 생울타리로 둘러싸여 있고, 이끼 위에 몇 개의 낮은 돌들이 놓여 있다. 접견실 건물의 건축 양식과 침엽수 기둥들로 프레임이 형성된 사진의 가운데 부분으로, 히에이 산이 솟아 있다.

원통사 본당 뒤편에 고산수 정원이 있다. 24×9미터 크기의 작은 직사각형 모양으로 자갈이 갈퀴질되어 있으며, 지의류가 덮인 담장으로 둘러싸였다. 뒤쪽에는 나무들이 식재되어 있다. 이 정원은 툇마루에서 무릎을 꿇고 바라보게끔 계획되었다. 자갈을 고르고 깨끗이 유지하는 평승려 외에는 아무도 그 안으로 발을 들여놓지 않는다. 유일하게 살아 있는 재료는 이끼다. 다섯, 둘, 셋, 둘, 셋씩 다섯 무리로 배치된 15개의 돌들 주변으로 자란다. 이로써 어디에서 바라보든 하나의 돌은 항상 숨겨진다. 어떤 이들은 이 돌들이 어미 호랑이와 새끼들이 헤엄치는 모습을 나타낸다고 하고, 어떤 이들은 그들을 의식의 평원 또는 바다에 놓인 형이상학적인 산들 혹은 섬들의 정상을 나타내는 은유라고 본다. 1950년에 이곳을 방문한 화가 이사무 노구치는 정원의 효과에 대해 이렇게 묘사했다. '어떤 사람은 광대한 공허 속으로, 시간이 멈춘, 현실의 또 다른 차원으로 옮겨지는 느낌을 갖게 되고, 어떤 사람은 바위들을 바라보며 공상에 잠긴다….'

일본 정원은 즐거움만이 아니라 도전을 위한 존재다. 눈에 보이지 않는 것들을 우리 마음 안에 창조해 내도록 초대받는다. 일본 풍경화 속 여백은 단순한 공백이 아니다. 그와 상반되는 존재의 모양, 즉 형태를 부여한다. 가지들 사이에 여백을 주고자 소나무의 가지를 전정하여 나무의 모양을 드러내는 것과 같다. 그리하여 용안사의 흰 자갈은 비어 있는 공간이 아니라 무한한 잠재력을 지닌 요소가 된다.

현대의 많은 정원 조성가들, 그리고 데이비드 호크니 같은 많은 화가들이 용안사의 신비에 영감을 받아 왔다. 용안사는 유럽에서 인상주의와 모더니즘 미술 운동이 일어나기 400년 전에 완성되었다. 하지만 용안사의 시대가 중요한 건 아니다. 사실 오늘날 볼 수 있는 배치는 원래의 개념과 다를 수도 있다. 용안사의 성공은 시대를 초월한 영속성과 명상을 돕는 수단으로서 지니는 지속력에 있다.

모모야마 시대: 복숭아와 황금 The Momoyama Period: Peaches and Gold

100년 동안의 혼란이 지난 후인 15세기 후반에 세 명의 엄청난 군사 지도자들이 일본에 평화와 안정을 가져왔다. 첫 번째 인물은 오다 노부나가(1534–1582), 두 번째 인물은 도요토미 히데요시(1537–1598)다. 히데요시는 빈농의 아들로 태어났지만 노부나가가 가장 아끼는 서열이 높은 장군으로 등극했다. 농민 출신이라 쇼군의 칭호를 받을 자격이 없다고 여겨졌지만 히데요시가 패권을 잡은 시대인 모모야마 시대는 화려하게 장식된 그의 궁궐에서 이름을 따왔다. 교토 남부에 위치한 히데요시의 첫 번째 궁은 지어진 지 2년 후인 1596년에 지진으로 파괴되었다. 히데요시는 근처에 새로운 성을 지었다. 그리고 그가 죽은 후, 복숭아나무가 도입되어 식재됨으로써 모모야마 또는 '복숭아 언덕'이라고 불리게 되었다. 현재 후시미 모모야마 성으로 알려져 있다.

히데요시의 전성기는 자신이 가진 것을 과시하는 시대였다. 이에 따라 순수한 고산수 정원의 모래와 바위는 화려하고 다채로움을 뽐내는 정원에 비해 호감을 잃기 시작했다. 풍성함과 다채로움을 추구하는 새로운 회화 양식의 유행과 함께였는데 화가 카노 에토쿠(1573–1615)의 이름을 따서 '카노' 화파라고 불렀다. 그는 강한 불투명 색상의 그림을 가리는 배경으로 금박을 사용하는 기법을 고안했다. 일본의 새로운 주택의 특징이 된 이 미술 양식은 명상을 즐기는 승려 학자들이 아니라 전문 화가들에 의해 만들어졌다.

▲ 1709년경에 오가타 코린(1658–1716)이 그린 『야츠하시八橋(8개의 다리)의 붓꽃』은 2개의 6폭 병풍이다. 에도 시대에 그려진 이 그림은 종이에 수묵 채색했고 금박을 씌웠다.

차, 다원, 다도 Tea, the Tea-garden and the Tea Ceremony

이와 비슷한 사치가 다도茶道와 그 배경의 새로운 발전을 동반했다. 무로마치 시대 이래로 차를 마시는 행위는 단정함과 소박함과 관련이 있었다. 고독하고 사색적인 시골 생활에 대한 중국인들의 가치 인식과도 밀접하게 연관되었다. 그러나 도요토미 히데요시의 후원으로 다도는 호화롭고 과시적인 접대가 되었다. 1587년 10월 히데요시는 자신이 다음 달에 교토, 오사카, 그리고 다른 도시들에서 성대한 다도회를 개최할 거라고 공표했다. 가난한 농부에서부터 부유한 귀족에 이르기까지 모든 사람이 여기 초대받았다. 그들은 각자 주전자, 컵, 앉을 수 있는 돗자리를 가지고 와야 했다. 히데요시의 또 다른 잔치를 위해 고대 사찰 삼보원三宝院이 복원되었고 화려한 모모야마 체제에 어울리도록 확장되었다. 다도의 대가이자 맛의 결정권자였던 센노 리큐(1522–1591)는 히데요시 황궁의 중심인물이었다. 하지만 불가사의한 이유로 신임을 잃고, 할복을 명받아 스스로 목숨을 끊어야 했다.

차는 6세기 초에 불교 승려들이 중국에서 가져옴으로써 일본에 알려졌지만 9세기 초에 이르러서야 교토 인근 우지에서 재배되었다. 승려들은 명상하는 동안 집중력을 유지하고자 차를 마셨는데, 선불교 수도원에서는 차를 마시는 것이 의식적 수행이 되었다. 이러한 관습은 12세기 후반의 승려 묘우안 에이사이를 통해 널리 알려졌다. 그는 차의 이점에 관한 논문을 쓰기도 했다.

15세기에 이르러 사무라이 엘리트들이 차를 마시는 행위를 채택했고, 그들이 매혹을 느낀 중국의 장식 예술과 밀접한 관련을 맺었다. 차를 대접하는 일은 다실茶室이라는 우아한 환경에서 아름다운 다도 용품을 감탄하는 계기가 되었다. 선불교 승려 무라타 주코(1423~1502)가 은각사에 다실의 유형을 만들었다. 다다미 4첩 반(*통상 작은 방을 의미하는데, 다다미는 마루방에 까는 일본의 전통 바닥재를 뜻함)에는 물을 데우기 위한 난로, 아름다운 꽃꽂이 또는 두루마리 그림을 전시하기 위한 벽감이 있었다. 다도 문화의 성장은 16세기에 로지露地 또는 다원茶園의 발달로 이어졌다. 로지는 '이슬 맺힌 길'(불교의 수트라에서 따온 용어)이라는 뜻이다. 물리적·정신적 길을 동시에 뜻하며, 손님이 이 길을 따라 다실로 향하면서 바깥세상의 잡념을 떨쳐 버릴 수 있도록 돕는다.

주코는 오래되고 퇴색된 모든 것의 아름다움을 보며, 단순함으로 돌아가기를 권고했다. 그의 후계자들은 이를 와비사비侘寂의 미학으로 발전시켰다. 수수함의 가치를 발견하고 시골의 소박함, 불완전성, 변화와 쇠퇴를 받아들이는 것이다. 다도의 대가 센노 리큐가 16세기 중반에 다도 의식을 위한 규칙을 제정하면서 채택한 입장이기도 했다. 다실은 웅장하지 않고 외딴 산장을 닮아야 한다. 다도 의식은 사회적 차별을 없애야 한다. 차실은 입구를 아주 낮게 만들어 손님들이 무릎을 꿇고 들어오도록 해야 한다. 무엇보다 정원의 입구에서부터 시작된 환대를 주고받는 것이어야 한다.

다원의 특징은 일상생활에서 다실로 이어지는 여정을 만들어 냈다. 관목과 나무는 숲을 통과하며 걷는 느낌을 자아냈고 계단, 출입문, 방향의 전환은 속도를 늦추고 마음이 지금 여기에 집중하게 해 주었다. 신사에서처럼 손님들이 손을 씻고 입을 헹굴 수 있도록 돌 대야를 놓았고, 수많은 석등으로 길을 밝혔다. 정원은 종종 둘로 나뉘었다. 손님들은 내실로 들어가는 문을 통과하기 전에 특별한 대기 장소인 마치아이待合에서 기다렸다. 정원은 다도 경험에서 활동적인 부분이었으며, 적절한 리듬 안에서 시간과 공간을 통해 움직이도록 인도했다. 길을 따라가는 모든 발걸음은 초점을 수정하는 데 기여했다. 다도 의식은 종교 의식은 아니었지만 금욕, 순수, 고요를 강조함에 있어 불교 선 사상과 많은 공통점을 가졌다.

리큐는 겸손과 자제를 내세웠지만 그의 무로마치 수장들에게는 별다른 영향을 미치지 않았다. 거칠고 야망 있는 장군이었던 도요토미 히데요시와 학식 있고 금욕적인 다도 대가의 미묘한 관계에 대해서는 많은 이야기가 전해진다. 그중 하나에 따르면 히데요시는 리큐의 정원에 아름다운 나팔꽃이 개화했다는 소식을 듣고 꽃들을 보러 가기로 결심했다. 하지만 정원에 들어섰을 때 나팔꽃들이 모두 꺾여 있는 것을 발견했다. 그러고 나서 다실로 들어갔는데 그곳에 나팔꽃 한 송이가 피어 있는 것을 보았다. 히데요시가 정원의 꽃을 좋아한 것은 다도 의식의 진정한 목적과는 상충되는 것처럼 보인다. 사카이堺에 있는 리큐의 정원에서는 바다 전망이 막혀 있었다. 다원의 돌 대야는 신중하게 자리 잡고 있어 손님이 얼굴을 들면 정원 너머의 바다 풍경을 갑작스레 살짝 보게 되어 있었다. 대야의 물과 바다의 물이 연결되는 이 순간의 경험을 통해서 손님은 자신과 우주 사이의 더 큰 연결성을 직관했을지도 모른다.

▲ 센노 리큐는 일본의 '다도'인 차노유茶の湯, 특히 와비차侘び茶 전통에 가장 심오한 영향을 미친 인물이다.

에도의 부상 The Rise and Rise of Edo

도요토미 히데요시가 죽은 다음 도쿠가와 이에야스가 일본 정권을 장악했다. 1603년 그는 쇼군이 되었고, 도쿠가와 왕조는 1868년까지 일본을 지배했다. 도쿠가와 이에야스는 교토에서 천황을 대접하긴 했지만 황실을 엄격하게 감시하며 옛 수도에서 북동쪽으로 370킬로미터 떨어진 에도에 위치한 자신의 성에서 일본을 통치하기 시작했다.

1700년 무렵 에도 마을(나중에 도쿄로 개명)은 1백만 명 이상의 인구를 가진 세계에서 가장 큰 도시 중 하나가 되었다. 도쿠가와 일족의 확고한 목표는 자신들의 권력과 영향력을 유지하고 내전을 예방하는 데 있었다. 따라서 경쟁 가문들을 예의 주시했다. 이에 대한 일환으로 중요 귀족들과 다이묘大名(*무사)들은 격년에 한 번씩 에도에 와서 시간을 보내야 했다. 또 자신이 시골 영지로 떠나 있을 때는 그들의 가족이 대신 에도에 인질로 남아 있었다. 오래지 않아 억류된 다이묘들은 도시 가장자리에 넓은 산책 정원을 조성했다. 교토에 위치한 황실의 계이궁과 수학원이궁修学院離宮(슈가쿠인리큐)과 유사한 모습을 한 이 조경 공원들에는 손님 대접을 위한 사적 공간인 다원이 마련되어 있었다.

교토와 달리 풍부한 샘이 부족했던 에도에서 정원 조성가들은 만과 감조 하천을 따라 발견되는 개방된 습지대를 최대한 이용했다. 또 교토처럼 멋진 배경(풍경)은 없었지만 도쿠가와 시대에 만들어진 새로운 정원들은 에도 만의 바다와 범선이 떠다니는 경치들을 마주할 수 있었다. 가장 인상적인 정원은 1629년 정원사 도쿠다이지 사헤가 조성한 후락원徳大寺이다(조금 나중에 조성되어 오늘날 일본 3대 정원 중 하나로 꼽히는 오카야마의 후락원後楽園과 다른 곳이다). 사헤는 섬들이 떠 있는 커다란 중앙 호수 주변으로 긴 순환로를 조성하여 폐석을 쌓아 만든 인공 언덕 사이로 구불구불 지나가도록 했다. 길은 막대한 비용을 들여 도입한 폭포 모양 바위들과 일련의 세심하게 구성된 세트 피스들을 지나 징검다리로 이어졌다. 그중에는 교토의 유명한 사찰 정원뿐 아니라 인기 명승지, 예술과 문학 작품 속 이미지, 그리고 항저우의 낭만적인 호숫가 정원에 근거한 조경의 디테일로부터 재현된 풍경들이 있었다.

에도 시대의 정원은 이전 시기에 선불교에서 영감을 받아 조성된 정원들보다 상상력이 부족한 경향이 있다. 이들은 도쿠가와가 불교를 희생하면서 장려한 중국 유교 철학의 원칙과 조화를 이루었다. 후락원은 '훗날의 즐거움을 위한 정원'이라는 뜻인데, 통치자는 백성들의 슬픔을 가장 먼저 취하고 자신의 즐거움을 맨 마지막에 취하는 자가 되어야 한다는 유교의 공리에 유래를 둔다. 1603년에 시작된 이에야스 막부 때부터 도쿠가와 쇼군들에 의해 자기 수양, 존중, 근면 등을 강조하고, 중국의 유교 철학을 바탕으로 하는 유교적 윤리 규범이 장려되었다. 1641년부터 일본은 중국에 개방되었고, 실제로 명나라의 붕괴 이후 일본으로 망명 온 학자들을 환영했다. 하지만 나가사키 항 인근 데지마 섬의 몇몇 네덜란드 무역상들을 제외하고 사실상 다른 외국인들을 받아들이지 않았다.

그로부터 200년 전 일본이 내전으로 분열되었을 때, 유럽은 규슈 연안에서 난파된 포르투갈 선원들을 통해 일본에 대한 직접적인 정보를 얻기 시작했다. 1549년에 첫 번째 스페인 예수회 선교사들이 도착했고, 곧 포르투갈, 네덜란드, 영국 무역업자들이 뒤이었다. 하지만 기독교로 개종하는 일본인들의 수가 너무 빠르게 증가하자 도쿠가와 쇼군들은 유럽 강대국에 의한 식민지화를 두려워한 나머지 그들을 박해하기 시작했다. 1637-1638년 하라 성에서 3만 7천 명의 기독교 신자들이 대학살을 당했다. 에도 시대의 나머지 기간 동안 기독교는 지하로 숨어들었고, 일본은 다음 두 세기 동안 외국인들에게 문을 열지 않았다.

계이궁과 수학원이궁: 황실 사유지

KATSURA AND SHUGAKU-IN: IMPERIAL ESTATES

계이궁과 수학원이궁은 17세기 황실 정원들이다. 이 정원들의 조형 요소와 전망은 방문객들이 정원을 돌아보기 전에 두루마리 속 장면처럼 풍경이 하나하나 펼쳐지도록 설계되었다. 에도 시대 산책 정원들의 모델 역할도 했다. 계이궁에서 더욱 주목할 만한 대도구 중 하나는 미야즈 만의 아마노하시다테에 있는, 유명한 모래톱을 환기시키는 장면이다. 하나하나 선별한 둥근 돌들로 해변을 표현했다.

계이궁은 고요제이 천황의 동생인 도시히토 친왕에게, 그의 양아버지 히데요시가 하사했다. 4만 5천 제곱미터 규모로 가츠라 강변 구역에 있다. 많은 헤이안 귀족들이 즐거움을 위한 정원을 가지고 있던 장소다. 정원들과 마찬가지로 섬들이 있는 중앙 호수 주변에 조성되어 있었으며, 인공 산과 바위 작품들, 그리고 '보석 같은 정자들'로 장식되었다. 이 우아한 다실들 중 월파루月波樓가 있다. 연못 쪽으로 한가위 보름달을 보기 위한 단이 돌출되어 있다. 달빛 아래 반짝이는 하얀 석양이 고산수 정원의 신비로운 아름다움을 더했다. 달은 자체로 빛을 발하지는 않기에 부재 혹은 공허에 관한 명상 의식인 무無를 상징하는데 이들 정원에서 매우 강력하다.

계이궁의 위대한 혁신은 징검다리 패턴들, 23개의 석등, 8개의 돌 대야가 있는 기다랗고 구불구불한 길이다. 왕자의 정원에 다원의 로지, 즉 '이슬 맺힌 길'을 가져다주기 때문이다. 1620-1625년에 사유지를 리모델링한 도시히토 친왕은 자신의 친구이자 다도의 대가였던 고보리 엔슈의 조언을 받았을지도 모른다. 로지와 마찬가지로 순환로는 정원의 경험에 영향을 미쳤다. '보였다 안 보였다' 하는 미에가쿠레見え隠れ는 일련의 놀라움을 보여 주며 에도 시대의 위대한 산책 정원들에서 중요한 즐거움이 되었을 것이다.

17세기 중반, 교토 북동쪽에 위치한 수학원이궁의 54만 제곱미터의 언덕 부지는 은퇴한 고미즈노 천황에 의해 광활한 경관으로 바뀌었다. 여기서 주변 산봉우리들이 보여 주는 경치는 차경으로 작용한다. 숲이 우거진 정원 풍경으로 녹아들고, 특별한 지점들에서 잠깐씩 바라보이는 풍경이 된다. 오른쪽은 수학원이궁의 댐이다.

단정하게 다듬어진 관목, 돌다리, 이끼 카펫이 있는 수학원이궁의 작고 아늑한 정원은 전형적인 일본 정원의 모습이다. 그러나 넓은 조경 지역에서는 반사 물, 나무와 관목이 식재된 경사진 제방, 깔끔하게 손질된 녹색 잔디, 그리고 정원에 녹아든 원경과 함께 서양의 분위기를 느낄 수 있다. 중심부의 평평한 지역에는 계단식 논과 채소밭이 비정형식 시골 분위기를 자아내지만 수학원이궁에서 가장 눈에 띄는 부분은 황제의 문을 통해 들어가는 상단 정원이다. 40종의 다양한 관목 품종들을 깎아 만든 울타리가 아래쪽 계단식 논의 패턴을 반복한다. 또 호수의 서쪽 제방을 뒤덮는다. 수평으로 줄을 이루도록 가지치기한 이 식물들은 디자인에 현대풍의 비틀림을 주었고, 도쿄에 있는 요시다 교수의 일본 학사원 정원 같은 현대의 정원들에 복제되어 왔다.

서양을 사로잡은 일본 Japan Captivates the West

나가사키 체류가 허용된 소수의 네덜란드 무역상들은 일 년에 한 번 대사관을 통해 에도의 쇼군에게 선물을 보내야 했다. 서양인들이 합법적으로 일본 본토의 생활을 관찰할 수 있는 유일한 기회였다. 그들 중 일부는 유럽에 일본의 식물학적 보물들을 더 많이 소개하기 위해 법을 어기고 위험을 무릅쓴 모험을 감행했다.

독일의 엥겔베르트 캠퍼(1651–1716)는 1690년 네덜란드 동인도 회사의 수석 외과의사 자격으로 일본에 건너왔다. 그가 1712년에 출판한 『회국기관』은 유럽에 일본의 나무, 관목, 꽃에 대한 묘사를 처음 알린 책이었다. 거기에는 식나무, 스키미아, 수국, 납매, 목련, 은행나무, 벚나무, 철쭉, 모란, 그리고 거의 30종의 동백나무뿐만 아니라 일본나리Lilium speciosum, 참나리L. tigrinum가 포함되었다. 캠퍼는 일본의 역사에 관해서도 썼는데, 수 세기 동안 고립되어 있던 일본 문명을 바라보는 유럽의 인식에 중요한 자료가 되었다. 캠퍼는 두 차례에 걸쳐 나가사키 무역소에서 에도에 있는 쇼군의 본부로 가는 연례 탐험에 참가할 수 있었다. 이를 통해 수도원 정원들을 방문했고, 야생에서 식물을 채집했으며, 현지 일본 스파이들로부터 얻은 정보로 자신의 관찰을 보충했다. 그들은 캠퍼로부터 '화기애애하고 풍족하게 유럽의 양주를 공급받는' 보상을 얻었다.

80년 후, 일본의 식물학적 보석에 대한 유럽의 관심을 충족시켜 준 또 한 사람의 용감무쌍한 자연주의자는 스웨덴의 의사 칼 페테르 툰베리(1743–1828)다. 훈련받은 식물학자였던 툰베리는 외국인 복합 단지에 정원을 설립하는 데 성공했다. 그는 나한백*Thujopsis dolabrata*, 관상용 단풍나무 종류들, 두 그루의 소철*Cycas revoluta*과 인기 있는 일본매자나무*Berberis thunbergii* 등과 같은 살아 있는 표본 식물들을 암스테르담으로 보냈다.

도쿠가와 시대 일본에서 활동한 세 번째 유럽인 수집가는 필리프 프란츠 폰 지볼트(1796–1866)다. 독일 바이에른 사람으로 안과의사였으며, 1826년 네덜란드 총독의 주치의로 임명되었다. 일본은 여전히 외국인들의 활동을 제한했지만 지볼트는 환자들을 방문한다는 핑계로 점점 멀리까지 식물 사냥을 시도할 수 있었다. 도쿄에 있는 동안에는 궁중 천문학자를 설득하여 지도를 제공받았는데, 외국인들에게는 엄격히 금지된 일이었다. 이것이 발각되자 해당 천문학자와 몇몇 중개인들은 고문을 당하거나 자살했다. 지볼트 역시 1년 이상 수감되었고, 결국 1829년 10월 일본에서 추방되었다. 지볼트는 대나무, 철쭉, 동백나무, 백합, 수국 등 귀향과 함께 가져온 80종의 식물들과 함께 라이든 식물원에 양묘장을 조성했다. 그리고 1835–1842년에 두 권짜리 저술 『플로라 보타니카Flora Botanica』를 출판했다. 지볼트는 1859년 다시 일본에 갔지만 1861년 다시 추방 명령을 받았다. 그리고 나무수국*Hydrangea paniculata*, 꽃사과나무*Malus × floribunda*, 가는잎조팝나무*Spiraea thunbergii*, 일본벚나무*Prunus × sieboldii*를 가지고 왔다.

두 세기에 걸친 쇄국 끝에, 1853년 매슈 페리 제독이 네 척의 미국 군함을 이끌고 에도 만에 입항했다. 오래지 않아 일본은 영국, 프랑스, 네덜란드, 러시아와 합의해야 했고, 외국에 무역을 개방했다. 1854년에 맺어진 조약은 식물에 대한 골드러시의 시작을 예고했다. 이후 새로운 식물들이 유럽과 북미로 쇄도했고, 새로운 워디안 케이스(221쪽 참조)를 통해 성공적으로 운송되었다. 1861년 조지 로저스 홀은 처음으로 보스턴에 살아 있는 식물들을 보냈다. 곧이어 영국 수집가 존 굴드 비치와 로버트 포춘이 일본 양묘장에서 식물을 구할 수 있었고, 사찰 정원에서 희귀 나무들의 씨앗들을 얻을 수 있었다. 동시에 러시아 식물학자 카를 막시모비치는 상트페테르부르크로 엄청난 식물 컬렉션을 보내고 더 많은 식물들을 기록하느라 분주했다. 막시모비치는 동아시아 식물상에 관한 권위자가 되었고, 상트페테르부르크는 그에 대한 학술 연구의 중심지가 되었다.

1870년대 무렵, 런던(1862)과 파리(1867)에서 열린 전시회에 이어 유럽 전역에서 일본의 모든 것에 열풍이

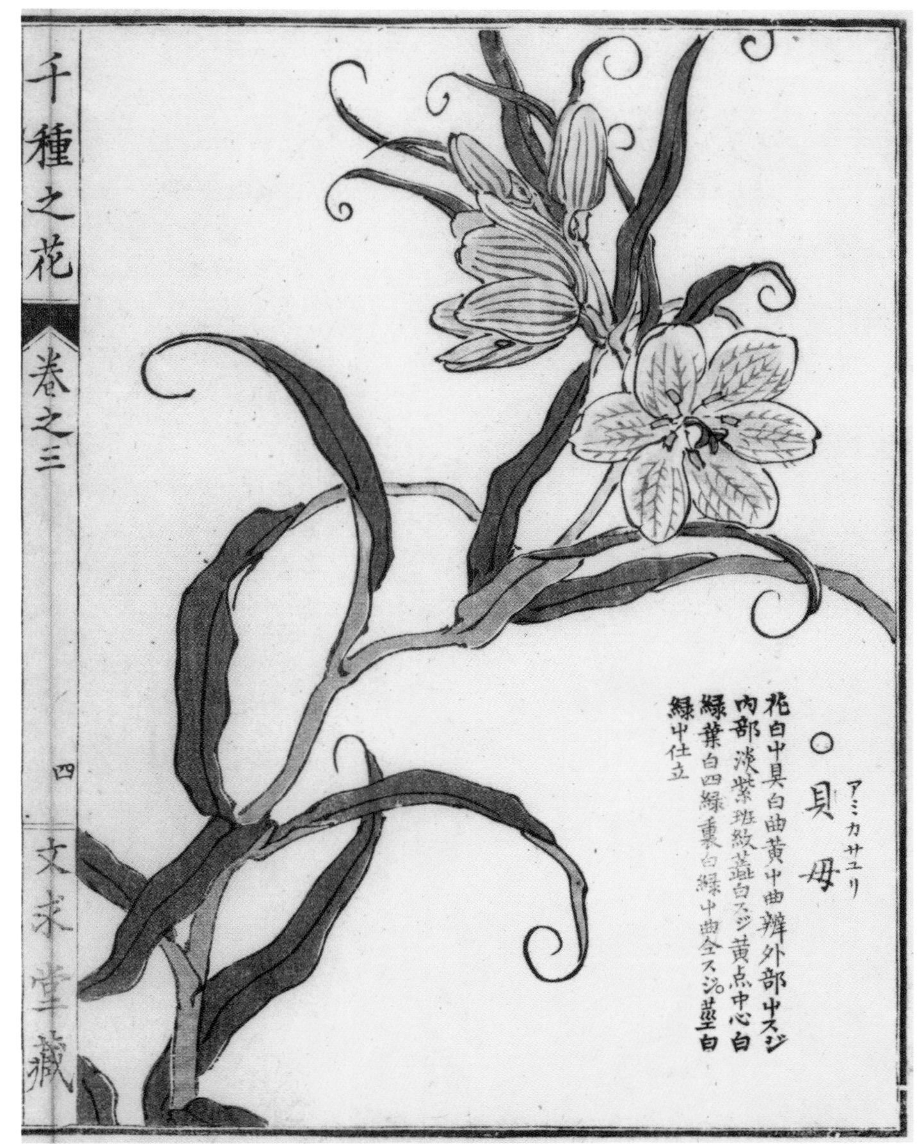

▲ 칼 페테르 툰베리가 활동했던 시기에는 일본을 방문하는 외국인에 대한 제한이 조금 완화되었다. 그는 양묘장 방문을 허가받아 '화분에 식재된 가장 희귀한 식물들과 나무들' 컬렉션을 수집하는 데 감당할 수 있는 한 많은 돈을 지불했다. 툰베리는 식물과 씨앗을 얻기 위한 어떠한 노력도 아끼지 않았다. 하지만 그의 책 『일본의 식물상』(1784)은 엥겔베르트 캠퍼의 책처럼 영향력을 갖지 못했다.

불었다. 유럽과 미국에서는 일본풍 정원이 조성되기 시작했다. 새로운 식물들과, 붉게 옻칠한 다리나 석등 같은 일본의 전통 장식물을 사용한 정원들이었다. 하지만 적을수록 좋다는 일본 정원 디자인의 핵심 원리를 찾아보기는 힘들었다. 윌트셔에 있는 힐 하우스와 루이스 그레빌과 스코틀랜드 카우덴 캐슬의 로버트 스튜어트 같은 일부 영국 정원 조성가들은 진정성 있게 일본 정원을 만들고자 노력했다. 그 일환으로 일본인 디자이너들과 정원사들을 고용하기도 했다. 대서양의 양편에서 일본 정원이 얼마나 성공적이었는지는, 1900년 일본 대사를 런던에 초청하여 거너스버리에 있는 자신의 일본식 정원을 보게 한 리오넬 드 로스차일드의 경험에 잘 요약되어 있다. 방문객은 로스차일드의 예상대로 정원에 감탄하며 '우리 일본에는 이 같은 정원이 없다'고 외교적 의견을 밝혔다.

▲ 1958년 교토 대덕사에 조성된, 고작 7미터짜리 정사각형 정원인 동적호東滴壺는 세계에서 가장 작은 고산수 정원이라 할 수 있다. 물에 돌을 세게 던질수록 파문이 깊어진다는 아이디어를 구체화했다.

중정 정원

COURTYARD GARDENS

츠보니와 또는 중정 정원은 가장 이른 시기부터 사찰 건물들 사이의 작은 공간, 귀족들의 집, 그리고 일본 도시의 옛 상인들의 주택에 있는 작은 공간에 조성되어 왔다. 전통적인 건축 양식은 길고 얇았으며, 길가 쪽으로 위치한 정면부는 짧았다. 이 좁은 건물에는 영리하게 설계된 작은 정원 공간들이 자리했을 것이다. 가령 한 정원은 주로 햇빛에 노출되어 있었을 테고, 다른 정원은 일본의 뜨겁고 습한 여름에 통풍이 잘 되도록 그늘에 있었을 것이다. 보통 각각의 정원은 공기를 식히기 위해 물을 뿌릴 수 있도록 돌로 만든 대야 또는 우물을 포함했을 것이다.

이들은 앉아서 쉬기 위한 장소가 아니라 주변 방들에서 감상하기 위한 장식물로 설계되었다. 이러한 정원의 개념은 현대 일본의 주택, 사무실, 공공건물에 여전히 보인다. 또 서양의 상업 공간에서도 인기가 있음이 증명되었다. (이상하게도 서양의 가정 환경에서는 드물다.)

옛 전통, 새로운 해석

Old Traditions, New Interpretations

1850년대, 서양과의 조약 이후 일본의 분위기는 위기와 불확실성 중 하나였다. 유럽 강대국에 의한 식민지화를 우려한 도쿠가와 정부는 군함을 건조하고 경제의 현대화에 나섰지만 많은 일본인은 어떻게 미래를 대처해야 할지 영감을 얻고자 과거를 돌아보았다. 1868년 도쿠가와 시대는 메이지 유신으로 막을 내린다. 그리고 서부 지방 출신의 전사들이 천황의 정치적 권력을 회복시켰다. 16세의 천황 무쓰히토(1852–1912)는 궁을 에도로 옮긴 후 도쿄로 개칭했다.

새로운 천황 정권은 신토를 국교로 삼기를 원했다. 1871년 불교 사찰에 속해 있던 토지는 사찰 바로 인근 구역을 제외하고는 국가에 몰수당했다. 1930년대에 대부분의 이름 있는 사찰 정원들은 폐허가 된 상태였다. 여기에 1934년 태풍이 강타하여 일본 서부 지역을 황폐화시켰다. 이는 젊은 예술가였던 시게모리 미레이로 하여금 남아 있는 정원들이 완전히 사라지기 전에 정원들을 연구하도록 이끌었다. 그 결과 만들어진 26권짜리 연구는 정보와 영감의 귀중한 원천이 되었다.

동시대 정원에 새로운 활력이 부족한 데 실망한 시게모리는 스스로 정원을 만들어 나갔다. 그는 『작정기』의 일부를 인용하여 자신의 접근 방식을 설명하기를 즐겼다. '우리는 과거에 영향을 받고 정원 소유주의 희망 사항을 고려해야 하지만, 새로운 작업에 착수할 때는 언제나 여전히 무엇인가 다른 것을 창조하기 위해 노력해야 한다.' 시게모리는 1970년대에 행한 교토 마츠오 타이샤에 조성한 나라 시대 곡수曲水 정원의 재해석부터 오사카 기시와다 시에 위치한 기시와다 성 정원에 이르기까지 120여 개의 정원을 만들었다. 여기서 일본에서는 전혀 새로운 방식인, 돌을 직선의 기하학적 모양으로 배열했다. 가장 뛰어나다고 평가받는 4개의 정원은 교토에 있는 중세 동복사東福寺 수도원 경내에 있다. 그는 첫 번째 직사각형 정원에 일련의 초록 둔덕을 만들었는데, 정원의 4분의 3은 산과 섬을 나타내는 수직과 수평의 돌무더기로 구성되어 있다. 별자리 정원에는 기둥 조각들이 쟁기 혹은 북두칠성으로 알려진 성좌 패턴으로 구성되어 있다. 서쪽 끝에는 관목들이 체커판 패턴으로 낮게 잘려 있고, 북쪽 정원에는 시게모리의 가장 유명한 디자인인 정사각형 모양의 화강암 석판이 이끼의 바닷속에 자리 잡고 있다.

▲ 돌과 이끼로 이루어진 이 유명한 체커판 패턴은 시게모리 미레이가 교토의 동복사 사찰에 조성했다. 이곳에서 시게모리가 발견한 오래된 포장용 판석을 재활용했다. 이 북쪽 정원은 현대적인 아이콘으로 자리 잡았다.

20세기에는 조각가 이사무 노구치와 시마네 현 야스기 시의 아다치 미술관 주변에 많은 사랑을 받고 있는 정원을 만든 나카네 긴사쿠 같은 영향력 있는 정원 조성가들이 자국과 서양에서 계속하여 전통적 디자인 어휘를 사용했다. 오늘날에도 마찬가지다. 다만 안도 다다오Ando Tadao가 만들어 낸 연꽃 연못의 지하 풍경, 마수노 슌묘가 도쿄의 캐나다 대사관 지붕 위에 조성한 들쭉날쭉한 콘크리트 고산수 정원처럼 대담하게 재창조된 모습이기는 하다.

1930년대부터 서양 디자이너들이 일본에서 영감을 찾았다. 일본 정원이 갖고 있는 여백, 비대칭성, 섬세함이 서양의 여러 모더니스트들에게 영감을 주었다. 캐나다 태생의 조경 설계가 크리스토퍼 터나드Christopher Tunnard는 교토에서 현대 건축과 어울릴 만한 정원을 찾을 것을 제안했다. 1954년에 발터 그로피우스Walter Gropius는 르 코르뷔지에Le Corbusier에게, 그동안 모더니스트들이 얻으려 노력해 온 모든 것이 13세기 용안사 승려들에 의해 이미 이루어졌다고 썼다. 영국의 뛰어난 현대 디자이너인 크리스토퍼 브래들리홀Christopher Bradley-Hole은 일본의 미학과 공예 전통뿐 아니라 정원의 영적 심오함에 깊이 의지한다. 정원 설계가 소피 워커는 일본 정원의 매력에 크게 사로잡혀 영감을 얻고는 『일본의 정원Japanese Garden』을 저술하여 많은 찬사를 받았다.

동시에 동서양 사이의 창조적인 상호 교류는 일본에 새로운 관점을 가져오는 중이다. 건축가 안도 다다오는 서양의 완전한 기하학을 보여 주는 100개의 계단이 있는 정원인 백단원百段苑을 만들기 위한 영감으로 알함브라 정원을 꼽았다. 영국 디자이너 댄 피어슨Dan Pearson이 진두지휘한 광대한 천년의 숲 토카치는 홋카이도의 거주자들이 자생 식물의 풍요로움을 발견하도록 유도한다.

▶ 백단원은 건축가 안도 다다오가 1995년 고베 지진의 진앙지인 아와지 섬에 조성한 정원이다. 100개의 계단식 화단은 각각 5미터 정사각형으로, 꽃들로 가득 차 있다. 지진으로 생명을 잃은 사람들을 추모하기 위해 조성되었다. 화단들은 복잡한 계단의 미로로 연결되어 있으며, 항상 7개 또는 14개로 이루어져 있다.

From Naturalism to Modernism

자연주의에서 모더니즘으로

우리의 여정이 19세기의 마지막 분기에 다다른 이 시점에서는 더 이상 대서양 양편의 정원 양식의 발달을 구별할 필요가 없다. 아이디어의 상호 교류 덕분에 정원사들, 특히 영향력 있는 정원 디자이너들은 유럽과 미국에서 트렌드를 따라갈 수 있었다. 1870년이 분수령이었다. 윌리엄 로빈슨의 『와일드 가든』이 출판된 이후, 일반적으로는 자연주의적인 편안한 스타일이 받아들여졌다. 그것은 여러 방식으로 해석되었다. 디자인 아이디어들은 유행했다가 사라졌지만 오늘날에는 심지어 보다 정형식 정원들조차도 일반적으로 밑바탕에 자연주의를 깔고 있다. 이것이 로빈슨의 유산이다. 대서양 양편 모두에 있었던 미술 공예 운동은 로빈슨의 가르침에 대한 존중을 나타낸다. 이를테면 미국 동부 해안에 조성된 광대한 정원의 절충주의 양식Country Place Era과 동시에 일어난 영국 에드워드 양식의 꽃 정원에 대해 지킬-루티언스가 이루어 낸 파트너십의 비할 데 없는 영향력이 그러했다. 제2차 세계대전 이후 (돈과 숙련된 노동력의 부족이 원인으로) 유용한 지피 식물이 유행했던 것도 마찬가지다.

◀ 윌리엄 로빈슨은 웨스트서식스에 있는 자택에서 자신의 이론 대부분을 시험해 보았다. 그리고 1911년 출판한 『그래비티 저택, 또는 오래된 저택 주변의 20년 작업Gravetye Manor, or Twenty Years' Work Around an Old Manor House』에 기록했다. 그의 정원은 외국의 나무와 관목의 새로운 환경에의 순응, 그리고 숲 가장자리에 내한성 식물과 알뿌리 식물 식재에 관한 자신의 아이디어를 위한 모델이 되었다. 에두아르 앙데는 가을에 꽃 피는 400개의 시클라멘을 프랑스에서 자신의 집으로 보냈다. 미국에 있는 친구는 앙데에게 연영초*Trillium* 종류와 시프리페디움 아카울레*Cypripedium acaule*를 부쳤는데, 이 식물들은 그가 필요했던 물량만큼을 영국에서 구하기 어려웠다. 그의 식물들 다수는 여전히 그래비티(오늘날 호텔로 운영 중이나 정원은 개방되어 있다)에서 볼 수 있으며, 훌륭한 수석 정원사가 로빈슨 스타일로 정원을 재구성하고 있다.

유럽과 북아메리카는 오랫동안 정원 전통을 공유해 왔지만 자연적인 양식의 해석에는 근본적인 차이가 존재했다. 19세기 후반 무렵 영국의 풍경은 오래되었고, 수 세기에 걸쳐 인간에 의해 변형되었으며, 실제의 '야생'은 아직 존재하지 않았다. 자연을 모방한 식재에 대한 시도들은 유럽 시골 지역을 형성했던 수천 년의 개입을 반영했다. 미국에서의 '야생성' 개념은 허드슨 강 화가들 같은 화파를 통해 촉진되었는데, 새로운 시작을 위한 진정한 탐색이었다. 자생 식물을 그들의 서식지에 보존하고 풍경과 조화를 이루도록 하는 것은 야생을 유지하려는 꿈과 일치했다.

실제로 자연은 생태학적 추론의 발달로 이어지며 이후로 줄곧 가드닝에 관한 이야기에 스며들었다. 양쪽 대륙에서 조경 교육은 직업으로서의 소명의식만 불러일으킨 것은 아니었다. 조경은 생물 다양성을 보전하고, 과학에 기초한 자생력 있는 원예뿐 아니라 습지, 삼림, 목초지와 같은 자연 환경의 보전을 강조하는 온전한 학문이 되었다.

◀ 1908년 프랜시스 도드가 그린 윌리엄 로빈슨이다.

▲ 알프레드 파슨스가 삽화를 그린 윌리엄 로빈슨의 『와일드 가든』은 가드닝에 대한 새로운 자세를 예고했다. 이 책은 거의 70년 동안 꾸준히 인쇄되어 왔으며, 지금도 읽을 만한 도서다. 하지만 이 책 속에서 우리는 야생의 정원에서 '소유주가 10년 동안 그곳을 떠나 있다가 돌아오면 어느 때보다도 아름다운 모습을 발견하게 된다'는 약간 미심쩍은 표현도 볼 수 있다. 1883년에 출간되어 15판에 걸쳐 인쇄된 『잉글리시 플라워 가든』은 여전히 유용하고 실제적인 매뉴얼이다. 로빈슨은 저널 《더 가든》을 만들어 29년 동안 편집을 맡았으며, 거트루드 지킬, 딘 홀Dean Hole, 존 러스킨, 엘라콤 수사 같은 여러 기고자의 글을 실었다.

와일드 가든 The Wild Garden

목본성 식물과 초본성 식물을 혼합 식재한 '코티지 양식'에서 누릴 수 있는 모든 즐거움은 영국에서 만들어졌다. 선지자는 아일랜드인 윌리엄 로빈슨(1838–1935)이다. 영국식 꽃 정원의 아버지로 칭송받아 온 그는 유럽에서는 지금도 자연적 전통의 창시자로 여겨진다. 정원이 자연과 어우러지도록 권장한 인물이 그가 최초는 아니지만 로빈슨은 어떤 이유에서인지 자신의 책과 잡지에서 도덕적으로 우위를 차지했다. 『와일드 가든』은 1870년에 출판되었고 『잉글리시 플라워 가든The English Flower Garden』은 1883년에 출판되었다. 둘 다 그의 생애 동안 여러 판에 걸쳐 인쇄되었다.

『와일드 가든』은 화단 정식의 화려하고 낭비적인 관행을 싫어했던 사람들의 심금을 울렸다. 셜리 히버드 같은 다른 작가들이 전에 화단에 내한성 숙근초를 재배할 것을 제안했던 곳에서, 로빈슨은 완전히 새로운 가드닝 철학을 공표하며 더 멀리 진일보했다. 그는 '다른 나라들에서 온 아름다운 내한성 숙근초들이… 기분 좋은 식물들의 아름다운 세계인 우리의 농장, 들판, 숲과 같은 여러 환경에서… 자생화될 수 있다'고 제안했다. 성공의 열쇠는 가능한 한 많이 해당 지역의 기후와 토양 조건에서 살아남을 만한 식물들을 사용하는 데 있었다. '야생의 정원에 대한 아이디어는 식물들을 미래의 보살핌이나 비용 없이도 번성할 장소에 자리 잡도록 하는 것이다.'

『잉글리시 플라워 가든』과 달리 『와일드 가든』은 정원 설계에 관한 조언을 제공하지 않는다. 하지만 제대로 된 정원과 주변 경관 사이의 전이 지대를 제안한다. 이 아이디어는 그의 친구 거트루드 지킬이 계승하여 오늘날에는 표준 관행이 되었다. 풀밭에 수선화와 설강화처럼 봄에 꽃 피는 알뿌리들을 자생화시킨 것은 또 다른 혁신이었다.

로빈슨의 책들은 히말라야, 시킴, 중국 후베이 지방으로부터 숲 지대 표본 식물들이 쏟아져 들어오는 것과 시기를 함께했다. 대다수는 영국의 온대 기후에 잘 적응했고, 부유한 수집가들 사이에서 풍부하게 식재된 숲 지대 정원에 대한 유행을 만들어 냈다. 그의 아이디어는 세계 곳곳에서 도입된 나무, 관목, 숙근초, 알뿌리 식물들을 성공적으로 혼합하여 여러 층으로 식재하도록 장려된 평범한 가정 정원사의 관심을 끌기도 했다. 그렇게 로빈슨의 식재 방식은 가드닝의 새로운 이상을 대표했다. 존 뮤어와 프레드릭 로 옴스테드 같은 환경주의자들 또는 18세기 영국의 공원 조성가들과는 다르게, 대규모 디자인에 대한 강조 대신 특정 식물들과 식재에 관한 세부 사항에 중점을 두었다. 젠스 젠슨이 미국 중서부 초원 계획에서 보여 주었던 것과 매우 흡사했다. 20세기 가드닝에 궁극적으로 대변혁을 일으킨 것은 훨씬 작은 규모의 정원에 로빈슨의 아이디어를 적용할 수 있는 가능성이었다.

고압적이고 논쟁적인 성격이었던 로빈슨은 자신보다 덜 단호한 동시대인들보다 우위에 섰다. 하지만 불행하게도, 자신의 의견에 동의하지 않는 사람들에 대한 무모한 질타는 로빈슨의 본심에 대한 오해로 이어졌다. 로빈슨의 철학은 부분적으로 존 러스킨John Ruskin으로부터 파생되었고, 윌리엄 모리스William Morris와 미술 공예 운동Arts and Crafts Movement에 크게 동조하는 도덕 개혁 운동으로 전개되었다. 자신의 사상이 확고해지면서, 로빈슨은 어떠한 정형식 정원 가꾸기도 반대했다. 빅토리아 시대 화단을 '페이스트리 전문 요리사의 정원'이라고 언급했을 때, 그는 프랜시스 베이컨의 책을 열심히 읽고 있었을 것이다. 베이컨은 1625년 매듭 정원이 타르트 같다고 불평했다. 로빈슨은 어떤 형태의 토피어리 또는 '식물 조각품'도 경멸했고, 여전히 과장되게 '주목나무를 깎는 것은 나병 같은 외관 손상, 질병, 죽음으로 이어진다'고 했다. 그렇다고 그의 생각이 항상 일관되지는 않았다. 로빈슨은 1885년 서식스에 위치한 엘리자베스 양식이 인상적인 대저택 그래비티 매너Gravety Manor를 얻었는데, 이곳에서 집에 '플랫폼'을 주는 것이 바람직하다는 결론을 얻었다. 그는 집 주변 경사지를 테라스로 만들고, 구조화된 화단과 퍼골라를 도입했다. 비록 그의 사유지의 다른 곳에는 자신의 자연주의적인 견해를 반영한 식재를 했지만 말이다.

유럽과 미국의 자연스러운 움직임

The Natural Movement in Europe and America

윌리엄 로빈슨의 아이디어는 곧 유럽 대륙으로, 특히 독일과 스칸디나비아로 퍼져 나갔다. 1900년대에 독일의 정원 건축가 빌리 랑게Willy Lange(1864–1941)는 자연스러운 가드닝에 대한 아이디어를 더욱 발전시켰다. 그의 해석은 로빈슨보다도 엄격했다. 외래 식물보다 독일 자생 식물을 선호했으며 정원을 주변 경관의 일부로 해석했다. 특히 정원을 자연 보호 구역으로 생각했다는 점이 흥미롭다. 멸종 위기 식물들의 보호를 염두에 둔 것은 아니었지만 자연을 거의 종교적으로 숭배했던 랑게의 개념은 오늘날에도 극단적인 자생 식물 광신도들 사이에서 볼 수 있다.

▲ 빌리 랑게는 독일에서 윌리엄 로빈슨의 역할을 맡았다. 자연스러운 정원을 정치적 이데올로기에 입각한 디자인이 거의 없는 독립적 공간으로 바꾸었고, '예술적 자연 정원'을 정원 디자인의 최고 수준이라고 보았다.

식물과 동물에게 정원 소유주의 권리에 맞먹는 권리를 부여했던 '자연스러운 정원'에 대한 랑게의 개념은 나중에 독일인들의 전형적인 태도인 것처럼 확장되었다. 제1차 세계대전 이후 독일의 자연이 회복되자 랑게는 동시대 미술과 정치에 풍부했던 숲이라는 주제로부터 새로운 '노르딕Nordic'(*북유럽 국가)의 정체성을 찾고자 했다. 랑게의 사상은 나치의 이상과 점점 일치하게 되었고, 자연주의에 대한 그의 접근은 정치적 이념에 의해 타락하고 말았다.

파시스트가 집권했던 시대 동안 독일 경관에 조성된 독일 정원을 위한 독일 식물들에 대한 요구는 덴마크 태생 젠스 젠슨이 미국 중서부에서 미국 자생 식물들을 인종 차별주의적으로 권고했던 것과 맥을 함께했다. 젠슨은 가드닝에서의 동양과 라틴 양식을 비난했다. 이것들이 미국 정착민들의 정신을 상당 부분 잠식한다고 생각했다. 독일에서는 독일이 가진 원래의 숲에 대한 인식이 1930년대 전체주의 이데올로기의 일부가 되었다면, 미국에서는 야생지에 대한 개념이 민주주의의 상징이 되었다는 점이 흥미롭다. 어느 쪽이든 해당 지역에 적절한 식물을 식재함으로써 주변 경관과 조화를 이루도록 디자인된 정원을 만들려는 욕구가 생겨났다.

토지 개간과 집약적으로 관리된 농업의 오랜 역사를 지닌 네덜란드는 지구상에서 가장 인공적인 풍경을 가지고 있다. 자생 식물에 대한 위협은 다른 나라들보다 일찍 인식되었고, 그에 대한 보전 운동의 초기 선도자들 가운데 교사였던 자코부스 티제(1865–1945)가 있었다. 그는 네덜란드 아이들이 네덜란드의 자생 식물과 동물들을 배울 수 있는 많은 책을 썼고, 교육적인 공원, 마을, 도시를 만들기 위한 캠페인을 벌였다. 이를 통해 자연스러운 식물 군락을 대표하여 자생 식물들이 전시되었다. 1920–1930년대에 이를 반영하는 몇몇 자연 공원이 설립되었지만 암스테르담 교외 지역에 위치한 그의 이름을 가진 공원은 교육보다는 도시에서 벗어나고자 찾는 아름다운 장소로 디자인되었다. 이 정원은 1940년부터 조성되었다. 이전에 농경지였던 곳을 일련의 '자연' 서식지로 바꾸어 숲 지대, 습지, 꽃이 많이 피는 목초지 사이로 구불구불한 길을 만들었다. 하지만 더 많은 관상용 품종을 식재하는 데 비중을 두었고, 자생종은 아니지만 적절한 식물들을 강화하여 식재했다.

윌리엄 로빈슨과 동시대를 살았던 미국인들 역시 자연스러운 방식으로 식물을 사용할 수 있는 가능성을 탐구했다. 그들은 자연주의적인 식재 방식을 개발했고, 정원에 가치가 높은 폭넓은 범위의 북아메리카 식물들을 지역적 식재 계획을 통해 이용할 수 있도록 했다. 스코틀랜드인 존 뮤어, 위대한 미국 공원 디자이너이자 미국에 야생 지역 개념을 처음 도입한 프레드릭 로 옴스테드, 중서부에서 프랭크 로이드 라이트Frank Lloyd Wright의 프레리 스쿨 건축 양식에 동조하며 일했던 덴마크 출신 젠스 젠슨, 그리고 의뢰인들에게 그들의 지역에 적합한 자생 식물을 사용하도록 설득했던 디자이너 워렌 매닝Warren Manning 같은 선구적인 환경 운동가들은 모두 자연과 함께 일해야 할 필요성을 확신했다. 뮤어와 옴스테드에게 야생지는 경건한 분위기를 불러일으키는 신성한 성격을 지녔다. 하지만 이들은 여전히 자연은 조종이 필요하다고 여겼다. 이후의 조경 디자이너들과 자연주의자들은 멸종 위기에 처한 식물들을 보전할 뿐만 아니라 물을 절약하고 오염과 질병의 확산을 막기 위해 노력했는데, 이러한 주제들은 현대에 훨씬 더 중요해졌다.

로빈슨의 아이디어는 영향력이 있었지만 모두가 (특히 모든 건축가가) 정원은 '자연적'이어야 한다고 믿지는 않았다. 건축가 레지널드 블롬필드 경은 『영국의 정형식 정원The Formal Garden in England』(1892)에서 집은 적절한 건축적 환경을 갖추어야 한다고 권고했다. 레지널드 블롬필드 경이 쓴 책은 식물보다 디자인에 집중했다. 그는 집과 정원을 통합된 단위로 보았는데, 미술과 공예를 주인공으로 하는 정신에 가까웠다. 그리고 빅토리아 시대 화단의 아무 생각 없는 패턴과, 윌리엄 로빈슨의 자연주의에 편승한 운동의 너무

▲ 키스 와일리가 설계한 와일드사이드 정원에서 바늘새풀 '칼 푀르스터'*Calamagrostis × acutiflora* 'Karl Foerster' 군락이 바람에 날리고 있다.

칼 푀르스터와 '새로운 숙근초'

KARL FOERSTER AND THE 'NEW PERENNIALS'

빌리 랑게가 나치의 동조자였다면 재배가이자 식물 육종가였던 칼 푀르스터Karl Foerster(1874–1970)는 그 반대였다. 독일 포츠담에 위치한 자신의 양묘장에서 유대인과 공산주의자들을 보호해 주었고, 자생 식물만 추구하는 랑게의 '노르딕 정원'을 경멸했다. 푀르스터는 정원 식물들이 우리가 먹는 음식과 마찬가지로 지구의 다섯 대륙으로부터 왔다고 썼다. 내한성 숙근초와 양치류, 특히 그라스를 재배했고, 그들의 생태학적 요구 사항들을 연구했으며, 자신이 선호했던 자연주의적 식재 계획에 사용하기 적합한, 관리가 거의 필요하지 않은 강건한 품종들을 선발했다. 오늘날 그는 세계적인 '새로운 숙근초' 운동의 창시자로 존경받고 있다. 가장 크게 기여한 부분은 야생의 자연스러운 모습을 제공하면서도 신중하게 선택된 정원 식물의 모든 이점(특히 식물의 적응성과 계절성)을 지니는 식재 스타일을 고안한 것이었다. 육종가로서는 델피니움, 플록스, 국화, 아스터 같은 상업용 식물에 집중했고, 370여 품종의 그라스류를 도입했다. 서양의 가드닝에 미친 영향은 그야말로 광범위했다. 그의 작업은 바이엔슈테판의 리하르트 한센Richard Hansen과 선구적인 생태학자 이안 맥하그Ian McHarg를 이끌었다.

푀르스터는 20권 이상의 책을 저술했고, 포츠담 인근 보르님에 있는 그의 정원은 정원사들과 디자이너들이 작가, 예술가, 건축가, 음악가들과 아이디어를 교환하는 일종의 살롱이었다.

전쟁이 끝난 후에는 동독에 살게 되지만 그의 양묘장은 살아남아 러시아와 동유럽의 새로운 재배가들과도 교류하게 되었다. 또한 많은 공공 정원을 설계했다. 포츠담의 우정섬 공원은 오늘날 독일 최고의 숙근초 컬렉션을 소유한 정원 중 하나로, 1천 종이 넘는 품종을 보유하고 있다. 1938년 나치 치하에서 조성되어 공산주의 정권에 의해 유지되었는데, 통일 후 복원되었다. 식재된 식물들이 정치보다 오래 살아남았다.

▲ 미국 동부 해안에서 헨리 듀폰(1880–1969) 같은 예술적 감각을 지닌 정원사들은 윌리엄 로빈슨의 권고에 대한 자신들의 미적 표현들을 추구했다. 델라웨어 주 윈터투어에서 듀폰은 높이 우거진 자생 튤립나무들 아래 이국적인 분홍색과 흰색의 철쭉류를 수놓았고, 그 아래로 파란색 꽃이 피는 플록스 디바리카타*Phlox divaricata*와 버지니아 블루벨*Mertensia virginica* 같은 숲 지대 식물들을 식재했다.

생각 많은 낭만주의를 둘 다 비난했다. 블롬필드가 쓴 책은 어떤 형태든 정원 기하학을 경멸하는 이들에게 유용한 해결책을 제시하기에 여전히 읽어 볼 만하며 존 세딩의 『정원 공예, 오래된 것과 새로운 것Garden Craft, Old and New』(1891)과 함께 미술과 공예 정원의 정의되지 않은 경계를 형성하는 데 도움을 주었다. 이 책 역시 로빈슨을 노발대발하게 만들었다.

위에 언급한 책들에서 자신이 20년에 걸쳐 작업한 결과물을 비난하는 내용을 접한 로빈슨은 『정원 디자인과 건축가의 정원Garden Design and Architects' Gardens』을 저술했다. 그리고 정원에 관한 논란 중 가장 유명한 이야기로 글을 시작하면서 독설에 찬 논평을 퍼부었다. 정원사들은 거침없이 말하는 로빈슨 뒤에 줄을 섰고, 건축가들은 똑같이 자기 의견을 굽히지 않는 블롬필드를 지지했다. 현대의 관점에서 이 문제점을 분석한다면 어느 하나를 선택하기 어렵다. 윌리엄 로빈슨은 가드닝의 자연스러운 스타일을 주창했음에도 집과 정원 사이의 건축적 연결의 필요성을 인식했다. 레지널드 블롬필드와 존 세딩은 둘 다 가드닝을 건축적 맥락에서 바라보긴 했지만 화단 정식으로 인한 최악의 낭비에 관해서는 확고하게 로빈슨 편에 섰다. 결국 중도를 택한 세딩이 가장 큰 영향력을 행사했을 것이다. 그는 건축적 프레임 안에서 자유로운 식재를 장려했다. 이 스타일은 거트루드 지킬에 의해 완성되었고, 결국 에드워드 양식의 정원은 영속적인 성공을 이루었다.

미술과 공예의 정원 Arts and Crafts Gardens

미술 공예 운동은 1880-1890년대 영국에서 쉽게 인지할 수 있는 양식으로 발전했고, 몇 년 후 미국으로 건너가 지역마다 다른 해석이 적용되었다. 영국에서의 기원은 존 러스킨(1819-1900)에게서 찾을 수 있다. 그는 디자인의 진정한 품질은 공예가의 상상력과 창조력이 최종 결과물로 통합되어야만 가능하다고 믿었다. 대량 생산을 통해 급속도로 퍼져 나가던 공장 제품의 비인간적인 특성과는 반대 성격이다.

또한 미술 공예 운동은 자연을 안내자로 바라보았다. 1838년에 러스킨은 빅토리아 시대의 화단 식물들을 '병적 성장으로 끓여지고 데워져, 그들의 자연적 크기에 맞지 않게 제멋대로 부풀어 오른, 불행한 존재들의 집합체'라고 혹평했다. 그의 격렬한 비판은 19세기 후반 윌리엄 로빈슨만큼이나 난폭했다.

▲ 레지널드 블롬필드 경의 『영국의 정형식 정원』의 삽화를 그린 이니고 토마스(1865-1950)는 뛰어난 조경 건축가이기도 했다. 그는 복고주의 정원을 만들려는 경향이 있었고, 종종 17세기 또는 18세기 초를 상기시키는 토피어리 조형물을 포함했다. 1891년에 디자인된 아텔햄튼Athelhampton 정원은 우아한 석조물, 침상원과 함께 르네상스 계획의 완벽한 예시로 보인다. 반면 상대적으로 단순한 이 계획은 현대적 풍미도 지니고 있다. 낮게 깔린 강가 목초지를 경관에 포함시켜 건축적 요소들을 더욱 돋보이게 만들었다.

THIS IS THE PICTURE OF THE OLD HOUSE BY THE THAMES TO WHICH THE PEOPLE OF THIS STORY WENT. HEREAFTER FOLLOWS THE BOOK IT-SELF WHICH IS CALLED NEWS FROM NOWHERE OR AN EPOCH OF REST & IS WRITTEN BY WILLIAM MORRIS.

NEWS FROM NOWHERE OR AN EPOCH OF REST.

CHAPTER I. DISCUSSION AND BED.

UP at the League, says a friend, there had been one night a brisk conversational discussion, as to what would happen on the Morrow of the Revolution, finally shading off into a vigorous statement by various friends, of their views on the future of the fully-developed new society.

SAYS our friend: Considering the subject, the discussion was good-tempered; for those present, being used to public meetings & after-lecture debates, if they did not listen to each other's opinions, which could scarcely be expected of them, at all events did not always attempt to speak all together, as is the custom of people in ordinary polite society when conversing

▲ 윌리엄 모리스는 레드 하우스를 매각한 후에 옥스퍼드셔의 조용한 시골 저택인 켈름스콧 매너로 이사하여, 1871년부터 1876년까지 지냈다. 이곳에서 그는 코츠월드를 발견했다. 1892년 출판된 『근거 없는 뉴스News from Nowhere』에서 켈름스콧은 전형적인 옛 저택의 상징이었다. 오늘날에도 이곳 정원은 17세기 영국 정원을 연상시키는 스탠다드 장미가 줄지어 식재된 판석 포장 진입로와 함께 매우 정형식으로 구성되어 있다.

시인, 선구적 사회주의자, 염색업자, 방직공, 디자이너, 그리고 모든 창작물은 실용적 측면을 가져야 한다고 열정적으로 믿었던 윌리엄 모리스는 화단 정식에 똑같이 몸서리쳤고, 그것을 '인간 정신의 이상'이라고까지 선언했다. 미술 공예 정원은 중세 정원의 낭만적 비전에서 영감을 받아, 과수원에는 옛 과일들이 자라고, 화단에는 '트렐리스에 자라는 장미, 아주 높이 솟은 분홍색, 주황색, 하얀색 꽃과 보송보송하고 부드러운 잎을 가진 접시꽃' 같은 옛 꽃들이 자랐다.

거트루드 지킬과 그녀의 추종자들은 이러한 비전을 탐구하고, 확장시키고, 유행이 될 수 있도록 하여 전 세계적으로 정원 개발에 중요한 영향을 미치게 될 어떤 공식을 확립했다. 미술 공예 운동의 옹호자들이 보다 자연스러운 가드닝에 대한 윌리엄 로빈슨의 탄원에 전적으로 동조한 것은 결코 아니었다. 하지만 자연에 대한 숭배와 함께 단순성, 전통적인 식물, 토착 재료에 대한 강조에 있어서는 뜻을 같이했다. 여기에 그들은 스타일이 지나치게 기교화되어 품질이 저하되기 전인 산업화 이전 시대에 대한 향수를 추가했다. 로빈슨이 주장한 대로 식물은 정형식 관리로부터 자유롭게 벗어나, 길을 가로질러 퍼져 나가고 담장을 넘어 자라며, 예상치 못한 장소에 씨앗을 뿌리고, 강한 구조물에 의해 만들어진 곧은 직선을 흐릿하게 함으로써, 최소한 표면적으로는 자연이 우위를 점하는 것처럼 보이게 장려되었다. 무엇보다 미술 공예 운동의 정원 양식은 모든 크기의 정원에 적합했고, 저관리형 기법에 맞춘 만큼 긴 수명을 보장해 주었다. 하지만 정원은 주택 건축가의 통제 밖에 있어야 한다고 주장한 로빈슨과 달리 미술 공예 운동의 실천가들은 주택과 정원은 하나로 통합된 전체로 디자인되어야 한다고 믿었다. 그들은 정원은 주택의 논리적 확장이 되어 주변으로 연결된 일련의 공간 속에 확장되어야 한다고 생각했다.

▲ 윌리엄 모리스가 디자인한 벽지 중 가장 유명한 〈트렐리스Trellis〉는 1859년 그가 자신을 위해 지은 레드 하우스의 정원에서 영감을 받았다. 선도적인 미술 공예 운동 건축가였던 필립 웹이 설계한 레드 하우스는 당대 켄트의 시골 과수원을 배경으로 만들어졌다. 집과 정원은 산업화 이전 시대 생활의 낭만, 통합성, 장인 정신에 대한 현대적 재확인으로 함께 계획되었다. 중세풍으로 디자인된 정원과 중세 시대 벽화가 그려진 담장이 있었다.

윌리엄 모리스와 그의 추종자들은 대대손손 이어져 온 전통적이고 지역적인 공예 기술의 사용을 장려했다. 그 원칙은 더욱 사적인 정원에 쉽게 적용될 수 있었고, 세심한 공예 기술의 섬세한 디테일은 대저택보다는 비좁은 장소에서 감상될 수 있었다. 18세기 이전 시대 영국 정원에 대한 개념의 부활은 잘 다듬어진 생울타리, 영국의 옛 꽃들로 가득한 산책로와 화단과 함께, 자연과의 진정한 관계를 더 단순하게 표현한 깔끔하고 낭만적인 모습에의 향수를 불러 일으켰다. 미술 공예 운동의 이상은 19세기 말 교외 지역 정원과 정원 도시의 발달에도 영향을 미쳤다.

미술 공예 운동은 영국에 국한되지 않았고, 유럽과 북아메리카로 확대되었다. 독일 건축가 헤르만 무테시우스Hermann Muthesius(1861–1927)는 영국에서 건축학을 공부했고 1907년에 『별장과 정원Landhaus und Garten』을 출판했다. 이 책에서 그는 '집과 정원은 같은 천재에 의해 주요 특징들이 신중하게 고려되어야 하는 하나의 단위'라고 주장했다. 독일로 돌아온 무테시우스는 '영국식' 정원 디자인의 원칙, 주로 집과 정원 사이의 기능적·형식적 관계를 널리 알린 주요 인물이 되었다. 그리고 1904년부터 죽을 때까지 미술 공예 운동 양식으로 70여 곳의 정원을 설계했다.

미국에서는 미술 공예 운동이 더욱 지역적인 맥락으로 전개되었는데 이용 가능한 토착 재료, 기후 조건, 역사적 맥락에 따라 다양한 양상을 띠었다. 영국에서와 마찬가지로 미술 공예 운동은 대량 생산 때문에 개인 노동자들이 디자인의 자유를 누릴 수 없게 된 산업 발전의 폐해에 대한 믿음에서 비롯되었다. 그러나 야생지가 여전히 존재했던 미국에서 미술 공예 운동 시대의 정원은 훨씬 자유롭게 발전했다. 풍경식 정원사들은 산업화 이전 시대 장인들의 작품에서 발견되는 즐거움을 찾는 과정에서 식민지 주민들과 서부 개척자들이 이용했던 건축 재료들을 강조할 수 있었다.

유럽과 미국의 많은 웅장한 정원은 대공황 이전인 미국 시골 저택 시대의 부유한 황금기 동안 지역적 적합성을 제대로 고려하지 않고 디자인됨으로써 거의 비슷하게 보이는 경향이 있었다. 그러나 최고의 디자이너들은 자연물에 대한 공통된 관심에서 영감을 받아 세심한 접근 방식을 택했다. 핀란드의 위대한 건축가 엘리엘 사리넨Eliel Saarinen이 설계한 미시간 주 크랜브룩 아카데미 정원, 그리고 캘리포니아 주 패서디나에 위치한 찰스와 헨리 그린의 정원은 둘 다 강한 지역색을 지녔다.

덧붙여, 영국과 미국은 끊임없이 아이디어를 교환했다. 잡지는 대서양 양편에 살고 있는 미술 공예 운동의 디자이너들이 서로 접촉할 수 있는 장을 마련해 주었다. 영국 잡지 《스튜디오와 시골 생활The Studio and Country Life》은 미국 잡지 《미국의 아름다운 집, 집과 정원, 그리고 시골 생활House Beautiful, House & Garden and Country Life in America》과 매우 비슷했다. 인도 뉴델리 정부 청사에 조성된 건축가 에드윈 루티언스Edwin Lutyens의 무굴 정원 디자인이 이슬람 정원의 위대한 전통의 시대를 되돌아본 것과 마찬가지로, 어빙 길Irving Gill(1870–1936)이 캘리포니아 남부에 조성한 정원들은 가장 이른 시기 히스패닉 디자인을 반영했는데 이 또한 개념상 이슬람교의 전통이었다. 이들 히스패닉 정원에서 담장으로 둘러싸인 선교회 중정은 중동 지역 사막에 조성되었던 원래의 사분 정원과 똑같은 오아시스로 만들어졌으며, 무더운 여름철에는 안식처를 제공했다.

버지니아의 찰스 질레트Charles Gillette(1886–1969) 같은 디자이너들은 식민지 시대 회양목 정원에서 영감을 받았다. 이 스타일은 크기와 상관없이 만들 수 있었는데, 더 큰 규모의 정원은 각각 고유한 특징을 가진 일련의 야외 방들로 분할되었다. 르네상스 시대와 흡사한 공간 활용으로, 실내와 실외의 방들은 하나로 통합된 전체 디자인에 연합될 수 있었다. 한 가지 예로 글로스터셔에 위치한 히드코트Hidcote의 생울타리로 구획된 정원들의 방을 꼽을 수 있다. 이곳은 미국인 로렌스 존스턴Lawrence

▲ 금광계의 거물 윌리엄 본은 샌프란시스코 인근 호수와 산 사이에 자신의 안식처인 필롤리 정원을 조성했다. 그는 이곳에서 정원을 가꾸며 인생의 '여운'을 즐기기를 원했다. 이탈리아풍의 개념을 담아 정형식으로 구획을 나눈 필롤리 정원은 히드코트를 떠올리게 한다. 하지만 건조한 캘리포니아 풍경 속에서 관수를 통해 무성하게 자란 잔디밭은 필롤리를 사막의 오아시스처럼 보이게도 한다. 중심부에 있는 거울 연못, 그리고 뾰족한 사이프러스를 닮은 어두운 상록수인 서양주목 '파스티기아타'*Taxus baccata* 'Fastigiata'와 올리브나무들이 식재된 정형식 산책로는 이슬람 정원을 상기시킨다. 관상용 꽃이 피는 벚나무 종류와 목련들은 담장의 곧은 선들을 완화시키고, 이슬람 정원의 플라타너스 대신 거대한 상록 참나무 종류인 해안가시나무가 나무 그늘을 제공한다. 1916년에 정원을 설계한 브루스 포터는 전체적으로 계절에 따라 화려한 색깔의 꽃이 피는 식물들을 추가했다. 음지에는 동백나무, 만병초, 베고니아를, 양지에는 튤립, 장미, 페튜니아를 식재했다.

Johnston이 1907년에 계획했다. 또 다른 예는 제1차 세계대전 동안 조성된 캘리포니아의 필롤리Filoli 정원이다. 두 정원 모두 특유의 이탈리아 풍미를 가졌으며, 강한 선들은 풍성하게 식재된 식물들로 부드럽게 완화되어 있다.

미국에서 미술 공예 운동 시대의 정원들은 고딕, 튜더, 스페인 선교회 중정, 키 낮은 목장식 주택, 또는 통나무집 등 다양한 건축 양식으로 지어진 주택과 함께 발달했다. 하지만 해당 지역의 자연에 대한 존중으로 하나가 되었다. 1870년대에 아놀드 수목원을 운영했던 찰스 스프레이그 사전트는 디자이너들이 '그 땅에 알맞게 계획을 수립해야지, 어떤 계획에 맞추어 땅을 변경시키지 마라'고 조언했다. 그의 격언은 18세기 알렉산더 포프가 말했던 '그 장소의 재능'처럼 현대의 가드닝에 적절한 의미를 담고 있다. 집과 정원은 같이 흘러갈 필요가 있었는데, 여기서 위요된 형식적 공간은 자연스러운 경관으로 열려 있었다. 담장, 계단, 포장, 자갈을 위한 지역 돌들은 주변 환경 속에 정원을 자리 잡게 하는 데 도움이 되었다. 영국에서와 마찬가지로 실내와 실외 모두에서 자연은 영감의 주된 원천이 되었다. 집 안에서는 자연의 패턴과 기능성이 장식물과 벽지로 통합되었다. 정원에서는 최신 품종으로 육종된 식물들보다는 옛 식물들을 사용하여 시골 전통과 단순함의 추구를 표현했다. 여기서 식물들은 스스로 씨를 뿌려 계획되지 않은 효과를 낼 수 있게 했다. 꽃 색깔은 연한 색조, 녹색과 회색 잎에 중점을 두어 수수한 경향이 있었으며, 자연의 계절적 색채 변화에 따라 가을 색으로 변했다.

젠스 젠슨과 프레리 스쿨

JENS JENSEN AND THE PRAIRIE SCHOOL

19세기 후반에 윌리엄 워즈워스와 랄프 왈도 에머슨의 낭만적인 시, 그리고 월든 호숫가에서의 헨리 데이비드 소로의 경험에서 어느 정도 영감을 받은 미국인들은 자신의 자연 경관이 품고 있는 미학에 눈떴다. 1840년대 조경가인 앤드루 잭슨 다우닝은 미국인들을 위한 정원의 아름다움을 정의하려고 시도한 최초의 사람들 가운데 하나다. 그는 미국인들에게 주변 경관에 적합한 정원을 만들라고 권고했다. 19세기 말에 환경 운동은 정원 양식의 발달에도 상당한 영향을 끼치고 있었다. 그러나 미국 정원 양식의 정의를 내리기 위한 시도가 이루어진 것은 20세기 말에 이르러서였다. 미국 정원은 미국 전역의 다양한 기후와 토양과 함께 정원의 위치에 의존적인 것으로 인식되었다.

젠스 젠슨(1860–1950)은 이러한 새로운 사고를 형성하는 데 있어 주요 인물이었다. 덴마크에서 온 이민자로 1880년대부터 미국 중서부에서 일했던 젠슨은 미국인들, 종종 자신과 같은 새로운 이민자들이 완만하게 펼쳐진 초원과 멀리 보이는 지평선의 아름다움을 감상하도록 일깨워 주었다. 자연주의에 대한 그의 관심은 젊은 시절 뮌헨의 영국 정원Englischer Garten을 방문한 데서 비롯되었다고 한다. 그가 설계한 미국 경관의 특징은 나무가 우거진 반도와 곡선을 이루며 사라지는 숲속 오솔길로 둘러싸인 넓게 개방된 목초지였다. 그는 산사나무 종류*Crataegus disperma*, 꽃사과, 숙근초 같은 자생 초원 식물들을 보존하는 일에 열심이었지만 동시에 집 주변에 정형식 정원 구역들을 유지할 필요성을 인식했고, 여기에 구세계로부터 온 전통적인 식물들을 식재했다.

젠슨의 재능은 미국 중서부의 햇빛과 손대지 않은 시골 지역의 진가를 인식한 데 있었다. 환경 보호 운동이 일어나기 훨씬 이전에 토종 유산, 모래 언덕, 숲, 초원, 습지 보전의 필요성을 예견했다. 또한 각각의 부지에 맞는 식물들을 선택해야 할 필요성도 점차적으로 깨달았다. 1900년대 초에 이미 물 공급이 문제되기 시작했다.

젠슨은 토종 식물상의 훼손을 점점 더 우려했다. 일리노이 주 스프링필드에 있는 링컨 기념 정원을 위해 지역 학교 단체를 보내 농업과 상업 개발로 위협받는 자생 나무, 관목, 숙근초를 수집해 오도록 했다. 1913년부터는 페어 레인에서 부유한 사업가였던 헨리 포드 가문, 1920–1930년대에는 디트로이트 외곽 고클러 포인트에서 에드셀과 엘리너 포드의 의뢰를 받고 일했다. 헨리 포드 가문에서의 작업은 그의 목초지 풍경 중 하나인 '석양의 길'에 정형식 정원을 통합하기를 거부하면서 끝났다. 여기에 젠슨은 자생 설탕단풍, 산딸나무, 채진목, 자작나무, 산사나무를 식재하고 밑에는 야생화를 심었다. 또한 학교, 유원지, 공원, 병원, 정부 건물 일들을 진행했다. 각 프로젝트는 부지의 자연과 의뢰인의 개별적인 요구를 반영했지만 젠슨은 상징적인 식물 종들과 인디언 카운슬 고리를 비롯한 자신만의 특별한 '트레이드마크'를 확립했다.

정원 디자인의 프레리 운동은 1915년 빌헬름 밀러가 저술한 『조경 가드닝의 프레리 정신The Prairie Spirit in Landscape Gardening』에 기술되어 있다. 밀러는 자연스러운 중서부 경관의 개방성과 평탄함을 찬양하게 된 데 대해서와 시카고의 노스 쇼어 지역에서 발견되는 가파른 협곡과 숲에 개방성을 부여한 데 대한 젠스 젠슨과 오시언 콜 시몬즈의 공로를 인정했다. 젠슨과 시몬즈의 디자인은 지역 경관의 정신을 강조했고, 일반적인 레크리에이션보다는 자연의 이상화를 추구했다. 『시프팅스Siftings』(1939)에서는 인간은 결코 만족스럽게 자연을 모방할 수 없다는 견해를 강조한다. '자연은 모방되지 않는다. 인간은 하느님의 집밖의 것을 모방할 수 없다. 인간은 단지 살아 있는 색조들의 구성 안에서 메시지를 해석할 수 있을 뿐이다.' 그는 자신의 작품이 자연 풍경의 모방이 아닌 예술이라고 주장했다. 하지만 종종 젠슨의 추종자들인 현대의 자생 식물 애호가들은 최고의 작품이 맹종적인 모방이 아닌 이해에 있다는 이 결정적인 주장을 간과하는 경향이 있다.

▶ 모레턴에 있는 젠스 젠슨의 카운슬 고리의 경관이다.

지킬의 정원에 있는 루티언스의 집

A Lutyens House in a Jekyll Garden

영국 가드닝에서 건축가와 정원사의 합작품인 에드워드 양식은 능가하기 어려운 최고 수준을 상징한다. 에드워드 양식을 따르는 정원사들은 종종 상당히 이탈리아적인 공간으로 정의되었던 강한 구조적 축 배치 안에서 자신들만의 자연주의적 식재 조합을 개발했다. 1900년 이후로 영국과 미국의 일반적인 정원에서 정형식과 비정형식의 이상적인 결합 가능성에 대한 인식이 증가했다. 이는 강하고 규칙적인 구조를 만든 다음, 엄격한 기하학을 숨기고자 관목, 숙근초, 알뿌리가 혼합된 대담하면서도 여유로운 식재를 통해 그곳을 채우는 방식으로 이루어졌다. 테라스, 선큰 가든, 정자, 산책로, 위요된 공간은 빅토리아 시대의 과시보다는 단순함을 전달하는 방식으로 식재될 수 있었다. 이와 같은 코티지 가든 식재는 19세기 말 영국에서 시작되었는데, 1930년대 로렌스 존스턴, 노라 린지, 그리고 비타 색빌웨스트의 정원에서 새로운 정점에 도달할 것이었다. 미국에서는 베아트릭스 퍼랜드Beatrix Farrand, 오스트레일리아에서는 선구적인 여성 식물 애호가 에드나 월링Edna Walling이 이와 같은 스타일을 채택했다. 하지만 지금까지 가장 영향력 있는 실천가는 영국의 거트루드 지킬이다.

건축가 에드윈 루티언스(1869–1944)와 정원사 거트루드 지킬(1843–1932)의 협력은 사라질 위기에 처해 있던 한 세대를 위해 탁월한 정원의 완벽한 본보기가 되었다. 그들의 작품들 중 원래의 상태로 살아남은 것은 거의 없지만 영향력만은 여전히 현대의 수많은 정원에서 감지된다. 섬세한 루티언스의 솜씨로 만들어진 방향 축의 정형식 구조, 층위의 변화, 석조물, 퍼골라, 수조, 실개천은 거트루드 지킬의 식재 계획을 위한 완벽한 틀을 제공했다. 꽃 가드닝에 관심이 많은 방문객들에게 영국의 광대한 풍경식 공원은 세계적으로 중요하긴 하지만 진짜 정원은 아니다. 영국의 가드닝을 최고의 상태로 가장 기억할 만한 정원으로 표현한 것은 에드워드 양식의 이상이었다. 1900년대부터 《컨트리 라이프Country Life》 잡지에 묘사된 루티언스-지킬의 파트너십 이면의 아이디어들은 프랑스와 이탈리아 리비에라 해안에서부터 미국 중서부와 서부 해안에 이르기까지 전 세계적으로 이용되어 왔다. '에드워드 양식'(정확히 1901년부터 1910년까지)은 제1차 세계대전 발발로 갑자기 막을 내린 서양 가드닝의 '황금빛 오후' 시대를 의미하는 약어로 유용하게 쓰인다. 미국의 좋은 시절이었던 '컨트리 플레이스 시대Country Place Era'는 1939년까지 지속되면서 웅장한 정원들이 그에 어울리는 성대한 저택들과 함께 조성되었다.

거트루드 지킬과 에드윈 루티언스의 창조적인 협력 관계는 약 20년 동안

▲ 콜윈 만에 위치한 부지의 테라스 산책로와 허브 가든을 위한 제안이다. 자칭 조경 건축가였던 토마스 모슨이 1900년에 출판한 『정원 조성의 미술과 공예』에서 발췌했다. 하지만 그의 명성은 루티언스와 지킬에 가려졌다.

◀ 거트루드 지킬의 고향인 서리에 위치한 먼스테드 우드의 파란색과 노란색 보더의 모습이다. (위) / 거트루드 지킬의 식물 목록이 담긴 노트들은 그녀의 식물 그림들, 의뢰인과 주고받은 서신들과 함께 대부분이 오늘날까지 전해진다. 여기 보이는 페이지는 먼스테드 우드에 위치한 그녀의 집 인근에 있는 서리의 고달밍 박물관에 전시되어 있는 노트들 가운데에서 발췌되었다. (아래)

지속되었다. 45세의 지킬과 20세의 루티언스는 1889년에 처음 만났다. 화가로서 훈련을 받았지만 급격한 시력 저하로 그림 그리기를 그만둘 수밖에 없었던 그녀는 이미 가드닝 세계에 확실히 자리 잡은 인물이었다. 반면에 루티언스는 재능은 있었지만 거의 훈련받지 않았고, 친구들에게 작은 시골집과 오두막을 위한 몇 건의 의뢰를 받았던 경험만 있었다. 두 사람은 오래된 서리의 풍경과 시골 생활, 그리고 토속적인 재료에 대한 공통의 깊은 관심이 있음을 발견하고 급속도로 친밀한 관계를 형성했다. 둘은 시작 단계부터 함께 일했는데, 주택 설계는 루티언스가 하고 정원 배치는 함께했다. 그리고 식물 식재에 관한 세부 계획은 모두 지킬이 담당했다. 그들의 가장 중요한 개념 중 하나는 먼스테드 우드Munstead Wood였다. 여기서 루티언스는 몇 년 전에 이미 조성이 시작되어 부분적으로 완성된 정원 안에 지킬을 위한 집을 설계했다. 이후 제1차 세계대전이 발발하기 전까지 20년 동안 루티언스는 지킬의 서클을 졸업하고 거창한 의뢰인들과 일하기 시작했다. 그러나 그들이 조성한 정원의 마법을 보장했던 것은 두 사람의 결합된 재능 덕분이었다. 지킬의 풍성한 식재는 루티언스가 꼼꼼하게 공들여 만든 석조물, 퍼골라, 실개천을 부드럽게 만들어 주었다.

지킬은 1875년에 윌리엄 로빈슨을 처음 만났고, 그의 잡지에 정기적으로 글을 기고했다. 또한 그의 베스트셀러 『잉글리시 플라워 가든』의 한 챕터를 저술하기도 했다. 하지만 그녀의 첫 책인 『나무와 정원Wood and Garden』은 1899년이 되어서야 출간되었다. 이후 1918년까지 지킬은 10권의 책을 더 출판했다. 그중에는 중요 저술인 『플라워 가든의 컬러Colour in the Flower Garden』(1908)와 미술 공예 운동 시대의 바이블이자 그녀의 사진들이 수록된 『작은 시골 주택을 위한 정원Gardens for Small Country Houses』(1912)이 포함되었다. 영속적인 명성을 안겨 준 것은 그녀의 살아남은 정원들보다는 이러한 책들이라고 볼 수 있다. 저자의 매우 상세한 식재 계획이 수록된 이 저술들은 서머셋의 헤스터콤Hestercombe과 햄프셔의 업턴 그레이Upton Grey 같은 그녀가 세운 계획 일부를 복원할 수 있게 해 주었다. (후자는 루티언스의 개입 없이 설계되었다.) 그리고 어느 정도는 버크셔의 폴리 팜Folly Farm에 관한 내용이 포함되어 있다. (오늘날 이 정원은 새로운 방식으로 개발 중이다.)

지킬의 위대한 혁신은 로빈슨의 권고대로 내한성 식물을 사용한 것이었다. 그녀의 보더는 길고 불규칙적이며 서로 맞물리는 식물의 무리들로 배치되었다. 식물들은 중심부의 강렬하고 따뜻한 색상에서부터 가장자리의 더 차갑고 옅은 파란색과 은색으로 전개되며 색의 스펙트럼을 이루도록 식재되었다. (화가로 훈련받는 과정에서 미셸 외젠 슈브뢸의 색상환을 공부했는데, 그녀의 식재 계획에 보색과 대비색에 관한 그의 이론을 적용했다.) 보더의 각 구역은 자체로 하나의 구성을 이루었고 섬세한 질감, 형태, 잎들에 대한 그녀의 훌륭한 감각을 이용했다. 폭이 더 넓은 정원에 대한 그녀의 로빈슨식 식재 계획에도 똑같이 적용되었다. 지킬은 정원사들에게 화가와 같은 방식으로 식물 식재 계획을 고려하도록 가르쳤고, 그녀의 레슨은 결코 잊히지 않았다.

거트루드 지킬과 에드윈 루티언스의 명성은 당시 똑같이 높게 평가되던 다른 사람들의 평판을 떨어뜨렸다. 그중에는 데본에 있는 드로고 성에서 루티언스가 기반을 조성한 정원에 식물을 식재한 조지 딜리스톤, 또는 처음으로 자신을 조경 건축가로 부른 토마스 모슨(1861–1933)이 있었다. 정형식 스타일을 좋아했던 모슨은 디자이너가 되기 전에 건축가이자 재배가였다. 그는 조경 설계를 통해 이러한 직업들의 상충하는 요구들을 조화시키고, 주택에서 시골 지역까지 질서 정연한 진보를 만들고자 했다. 모슨의 의뢰인 대부분은 자신과 마찬가지로 자수성가한 사람들이었고, 따라서 그의 계획들 중 일부는 다소 무거운 바로크 시대 이탈리아풍 양식을 적용하여 거창한 경향이 있었음은 그리 놀랍지 않다. 한편으로 모슨은 뛰어난 창의성과 섬세함을 지니고 있었다. 정신없이 솟은 건축물들이 거울 연못 또는 넓은 잔디밭과 균형을 이루도록 하여 건축에 숨 쉴 공간을 주었고, 넓은 테라스를 만들어 풍경을 끌어들였다. 또는 전망이 안 좋은 곳에서는 다양한 일련의 정원의 방들로 흥밋거리를 만들었는데, 시기적으로 히드코트 또는 시싱허스트Sissinghurst보다 훨씬 앞섰다. 실제로 모슨이 쓴 『정원 조성의 미술과 공예The Art and Craft of Garden Making』(1901)는 히드코트의 로렌스 존스턴에게 영향을 미쳤으며, '미술과 공예Arts and Crafts'라는 용어의 출처가 되었을지도 모른다고 알려져 있다. 웨일스에 위치한 드리핀Dryffyn 정원은 식물 중독자 레지널드 코리를 위해 (그와 함께) 조성되었는데, 내셔널 트러스트가 복원을 진행하고 있으며, 그의 기량(과 사교술)의 범위를 잘 보여 주는 예다. 모슨은 다음과 같이 썼다. '우리는 정원 디자인의 모든 단계에서 마음껏 자유를 느꼈다. 그 장소와 나의 의뢰인이 제시한 가톨릭 관점은 … 각각의 정원이 그 공간만의 건축적 가림막 또는 잎들로 위요되어, 이웃하는 정원과 거의 충돌을 일으키지 않는 것이다.'

▶ 글로스터셔에 위치한 로렌스 존스턴의 히드코트는 개별적으로 구획된 방들로 이루어진 정원들 가운데 가장 영향력 있었다. 시싱허스트(442쪽 참조)의 '모태'였으며, 20세기 정원 디자인의 아이콘이 되었다. 생울타리로 둘러싸인 정원의 방들은 관목류, 장미, 작약, 숙근초, 알뿌리 식물들이 혼합된 화단들이 코티지 가든 양식으로 식재되었다. 그리고 20세기 초 영국 가드닝의 가장 예술적인 감성을 담은 최고의 정원으로 여겨졌다. 미국 태생의 소유주 로렌스 존스턴이 1907년 조성하기 시작한 히드코트의 성공은 그의 정교한 공간 감각, 그리고 여러 층위의 생울타리로 분리된 정원 구역을 정의하며 서로 맞물리는 축에 의존한다. 가장자리에 회양목을 식재한 화단, 주목나무의 줄기들, 토피어리, 곧은 선들, 직각과 원들이 만들어 내는 기하학은 정원의 이탈리아풍 뉘앙스를 확인시켜 준다. 이러한 틀 안에서 존스턴의 식재는 비정형적이었으며, 고급스럽고 희귀한 식물들은 전통적으로 선호되는 식물들과 다른 색상 계획으로 식재되어 서로 경쟁하듯 자라고 있었다. 공중에 떠 있도록 유럽서어나무 생울타리를 조성하여 만든 스틸트 가든Stilt Garden은 걸작이었다. 집으로부터 스칼렛 보더Scarlet Borders를 통과하는 전망을 확장시켜 주었는데, 급경사면 위쪽으로 보이는 하늘의 프레임을 잡아 주었다. 화이트 가든에는 우아하게 다듬어진 회양목 토피어리가 있다. 히드코트는 때때로 코티지 가든 컬렉션으로 불렸지만 존스턴의 천재적 재능 덕택에 디자인은 전반적으로 일관성과 절제미를 갖추었다. 1930년대에 볼 수 있었던 원래의 정원에 더욱 가깝게 복원이 이루어진 이 정원은 영국과 미국의 가드닝에서 최고의 본보기로 남아 있다.

지베르니

GIVERNY

거트루드 지킬은 식물로 그림을 그린다고 일컬어졌다. 하지만 1880년대에 인상파 화가 클로드 모네Claude Monet는 그림을 그리기 위해 정원을 만들었다. 그리고 파리 북쪽에 위치한 지베르니에 있는 그의 정원은 화가에게 30년 동안 영감의 원천이자 그림의 주된 대상이 되어 주었다. 이 정원은 두 구역으로 나뉜다. 저택의 앞쪽, 화단과 자갈길의 곧은 선들의 기하학적 배치는 다채로운 식물들의 풍성함 속에 감춰진다. 이 식물들은 화단 가장자리로 넘쳐흐르며 자라는데, 그 위로는 과일나무들이 자라고, 스탠다드 장미는 향기 나는 덩굴식물들로 장식된 아치들 사이로 자란다. 그는 이 정원을 클로 노르망Clos Normand이라고 불렀다. 이곳은 모네의 색채 실험을 위한 살아 있는 실험실이었다. 철로 밑 터널은 두 번째 구역인 일본식 물의 정원으로 인도한다. 지베르니의 풍경은 모네가 그린 수많은 수련 그림들로 잘 알려져 있다. 고요한 수련 연못 위에는 등나무로 장식된 다리가 놓여 있다. 그가 죽은 후 몇 년 동안 방치되었던 지베르니는 현재 클로드 모네 재단이 운영한다.

▲ 프랑스 오트노르망디 지방의 지베르니에 위치한 클로드 모네(1840–1926)의 집 정원에 있는 수련 연못 위에 놓인 목재 다리를 그린 모네의 그림이다.

페토와 플랫: 이탈리아와 사랑에 빠지다

Peto and Platt: In Love with Italy

19세기 말에는 대서양 양편 모두에서 이탈리아 르네상스 정원에 대한 관심이 다시 높아졌다. 유럽에서는 해럴드 페토Harold Peto(1854-1933) 경이 영국과 리비에라 해안 지방에서 콜로네이드, 테라스, 정교한 돌계단, 바람이 잘 통하는 로지아 같은 건축 요소들과 함께 정원을 조성했다. 그의 스타일과 영향력은 동시대를 살았던 미국인 찰스 플랫과 비교가 가능하다. 둘 다 이탈리아로부터 진정한 가치를 지닌 이탈리아 정원의 정신과 우아함을 다시 가지고 왔다. 그들은 자신들의 정원 안에 집으로부터 바라보이는 전망의 축을 중심으로 테라스, 산책로, 꽃 화단을 연결하는 일련의 기하학적 구성단위들을 도입했다. 그들은 빅토리아 시대 영국 또는 미국의 부유한 동부 해안 지역의 가드닝에서 전형적으로 볼 수 있던 정형식 파르테르 배치 또는 사치스러움이 과도하게 적용되지 않도록 세심하게 관리했다. 페토는 플랫의 활동을 몰랐을 수도 있는데, 그가 1887년 미국을 방문했을 때는 플랫이 영향력 있는 인물로 부상하기 전이었기 때문이다. 하지만 세기가 바뀔 무렵에 플랫의 책 『이탈리아 정원Italian Gardens』을 읽었을 것이다. 페토는 (가파르고 좁은 경사면으로 되어 있던 자신의 정원 부지처럼) 아주 까다로운 장소에서도 잠재력을 발굴하여, 그것을 자신의 장점으로 유리하게 만드는 특별한 능력이 있었다.

찰스 플랫(1861-1933)은 풍경화가였다가 정원 디자이너로 직업을 바꾸었다. 파리에서 공부하는 동안에는 레크리에이션을 위해 계획된 새로운 공공 공원들에 대해 기록했다. 호스만과 그의 디자이너들이 도입한 것이었다. 그러고 나서 이탈리아로 여행을 떠났고, 거기서 정원의 건축적인 형식성에 영감을 받았다. 하지만 형식성과 야생성이 결합된 자연스러운 접근 방식에의 관심을 유지했다. 그는 뉴햄프셔에 위치한 코니시에서 화가 그룹과 함께 생활하면서 자신의 새로운 경력을 시작했다. 여기서 조각가 오거스터스 세인트고든스와 그의 서클에 이끌린다. 1892년 봄, 다시 이탈리아로 돌아와 빌라 정원을 공부했고, 이전에 기고했던 글들에 살을 붙여 1894년 『이탈리아 정원』이라는 책으로 펴냈다. 너무 과도한 부가 지닌 위험 중 하나는 어떠한 지침도 갖지 않은 부유한 고용주가 나쁜 품질의 디자인을 좋은 것만큼이나 쉽게 살 수 있다는 점이었다. 플랫은 19세기 말 무질서 상태의 미국 정원 패턴에 질서와 구조를 도입하기로 결심했다. 그래서 정원 디자인이라는 직업의 새로운 전문성을 위해 엄격하고 측정 가능한 기준을 수립했고, 영국의 페토처럼 자신의 의뢰인들이 최악의 과도함으로 치닫는 것을 억제하는 데 성공했다.

『이탈리아 정원』에서 플랫은 미국인들에게 전형적인 이탈리아 빌라가 그 배경 속에서 지니고 있는 시각적 강점과 당대의 문화적 삶 속에서 그것이 담당했던 역할, 그리고 실내외 공간이 함께 연결되어 건축과 조경 디자인이 긍정적으로 통합된 사례를 소개했다. 곧 집과 정원을 모두 디자인해 달라는 초대장들이 뒤따랐고, 의뢰인들은 플랫에게 미국식 생활 방식에 이탈리아의 이상을 접목시켜 달라고 요청했다. 프레드릭 로 옴스테드의 유행을 따르는 자연주의적 디자인에 대한 급진적인 대안으로서 플랫의 매력은 다양한 공간들을 연결하며 일련의 시선이 머무는 곳 주변으로, 집과 부지를 하나의 통합된 구성으로 취급하며 공간을 구성하는 데 있었다. 그는 컨트리 플레이스 시대에 이미 존재했던 스타일을, 규율을 갖춘 논리적인 하나의 이벤트로 형태를 잡아, 어떠한 것도 운에 맡기지 않았다. 미국의 조경은 이탈리아의 미학에 지배당했다. 집 바로 인근 지역을 지나, 플랫과 그의 계승자들은 더 목가적이며 공원 같은 스타일을 고수했다. 이는 미국 조경 건축 양식의 특징으로 남아 있으며, 그림 같은 장면을 제공하기 위해 최상의 풍경이 될 만한 배경을 이용한다. 플랫은 1931년 기고한 글에서 자신의 원칙에 대해 다음과 같이 언급했다. '시골 주택 건축에서 가장 중요한 사실은 집과 정원이 함께 단 하나의 디자인을 형성한다는 점이다. 그들은 분리될 수 없다.' 그가 화가로서 받은 훈련은 그로 하여금 건축물과 정원을 만들어 내는 일은 풍경화를 그리는 것과 같은 원칙에 좌우된다고 믿게 했다. 관점의 능숙한 처리, 균형 잡힌 구도, 그리고 개념의 통일성이었다.

아이포드 매너의 완벽성

THE PERFECTION OF IFORD MANOR

바스 인근의 아이포드 매너Iford Manor는 1899년부터 해럴드 페토의 집이었다. 페토는 사망할 때까지 여기 살면서 영국에서 가장 아름다운 정원들 중 하나를 만들었다. 그는 이탈리아 건축의 형식성을 좋아했지만 석조물 위주의 디자인을 꽃과 잎으로 부드럽게 만드는 데 귀재였다. 1892년 어니스트 조지의 건축 관행에서 탈피한 후, 세기가 바뀔 때까지 리비에라 해안 지방에서 일했다. 거트루드 지킬은 그를 매우 존경하여 『정원 장식Garden Ornament』에 페토의 디자인 삽화를 포함시켰으며, 그가 리비에라에서 퍼골라와 야외 로지아를 사용한 것을 칭송했다. 옥스퍼드셔의 버스콧 파크Buscot Park, 에식스의 이스턴 로지Easton Lodge, 윌트셔의 힐 하우스Heale House, 아일랜드 서부의 가리니쉬Garinish 같은 영국의 정원 계획들은 모두 성공적이나 디테일을 위해 다시 돌아봐야 할 곳은 그의 정원이다. 페토의 위대한 선물은 절제로, 결코 과도한 건물 또는 식재에 사로잡히지 않았다.

아이포드 매너는 프롬 강의 가파르고 좁은 계곡에 있는 유럽너도밤나무 숲속에 있다. 페토는 힘겨운 경사면을 일련의 좁은 테라스로 조성하고, 정원의 동쪽 끝 계단으로부터 접근이 가능하도록 했다. 정원은 집으로부터 맨 위의 그레이트 테라스까지 올라가며 조성되는데, 그곳에서 바라보는 계곡 전망은 토스카나 양식의 콜로네이드로 프레임이 잡혀 있다. 페토는 갈퀴질된 자갈들이 깔린 이 테라스의 동쪽 끝에 팔각형의 여름 별장을 추가했고, 가장자리에는 여행 중 수집한 고전 시대의 조각상과 건축물 잔해들을 놓았다. 서쪽으로는 분홍색 베로나 대리석 기둥들로 된 로지아가 주 산책로 뒤쪽에 서 있다. 그 길은 꽃 피는 과수원이 내려다보이는 에크세드라exedra(*반원형으로 한쪽이 개방되어 있으며 등 쪽이 높은 실외 벤치)에서 끝난다. 아래쪽으로 경사진 잔디밭에는 수련 연못이 있고, 14세기 우물을 둘러싼 회랑으로 이어지는 길이 있다. 현 소유주들이 우아하게 복원한 담장은 정원을 완벽한 질서에 놓여 있게 해 준다. 식재 역시 상당 부분 페토의 것으로 남아 있다. 원래 표본 식물들로부터 번식시킨 사이프러스, 향나무, 필리레아, 회양목이 포함되어 있다.

◀ 해럴드 페토가 설계한 이탈리아풍 정원인 윌트셔 아이포드 매너의 전경이다.

▶ 해럴드 페토는 1904년 자본가이자 수집가인 패링던 경(당시 알렉산더 헨더슨) 의뢰로 옥스퍼드셔의 버스콧 파크에 웅장한 물의 정원을 설계했다. 그는 호수를 가로질러 시선을 끌기 위해 먼 호숫가에 사원을 지었다. 수경 시설 주변은 회양목과 서양주목 '파스티기아타'로 틀을 잡았다. 전체적으로 무굴 분위기를 강하게 띠는데, 무굴 황제가 카슈미르의 달 호수 주변에 조성한 정원과 어느 정도 닮았다.

해외의 미국인들 Americans Abroad

▲ 르 발제의 윈터 가든에는 감귤류가 식재된 테라코타 화분과 회양목 생울타리가 있다. 피렌체가 내려다보이는 피에졸레 언덕에 자리 잡은 이 정원은 1912년 미국인 찰스 아우구스투스 스트롱의 소유로, 세실 핀센트가 설계했다.

평생 이탈리아를 사랑했던 미국의 소설가 이디스 워튼Edith Wharton은 이탈리아 양식에 대한 미국인들의 새로운 관심을 북돋는 데 도움을 주었다. 범세계주의자였던 워튼은 매사추세츠, 레녹스에 자신의 정원 마운트Mount를 완성하고는 보스턴에 있는 친구에게 다음과 같은 오만한 글을 썼다. '미국의 조경은 전경이 없고 미국인들의 정신은 배경이 없다.' 그녀에게 웅장한 자연 경관은 집 근처 정형식 배치의 통제된 기하학과 대비를 이룰 때만 효과적이었다. 그녀는 이탈리아 여행을 통해 이러한 교훈을 얻었다. 워튼은 『이탈리아 정원Italian Gardens』(1904)을 쓰기 위해 1903년 봄에 이탈리아로 여행을 떠났고 기차, 마차, 자동차를 타고서 80여 곳의 이탈리아 사유지 정원을 탐험했다. 이 책은 더 일찍 출간된 찰스 플랫의 글에 화려함을 더했다. 또한 여러 부유하고 교양 있는 미국인들이 이탈리아(주로 피렌체 주변) 언덕에 집을 짓도록 부추겼는데, 이곳에서 허물어진 르네상스 빌라들을 헐값으로 매입할 수 있었다.

1907년 영국의 탐미주의자 아서 액턴과 그의 부유한 미국인 아내는 라 피에트라La Pietra를 인수했다. 피렌체 시내가 내려다보이는 이곳은 그의 그림들과 가구 컬렉션을 전시하기 위한 장소였다. 아서

▲ 1906년 기업가 피에르 듀폰은 펜실베이니아 주에 있는 롱우드를 매입했다. 이미 훌륭한 수목원으로 알려진 곳이었다. 그는 여기에 유럽의 모델을 기반으로 한 정원 단지를 추가했다. 자신이 1913년 빌라 감베라이아를 방문했을 때 영감을 받아 만든 이탈리안 워터 가든도 포함되었다. 테크놀로지를 좋아했던 듀폰은 무려 600개의 제트 분수를 설치한 정원을 만들었다. 또한 최신 기술을 적용하여 막대한 양의 열대 식물 컬렉션을 재배했다. 롱우드의 거대한 온실은 현대의 쇼 가든 중 최고 자리에 있다.

액턴의 아들 해럴드가 더욱 발전시킨 정원은 많은 조각상의 배경이 되었고, 생울타리로 둘러싸인 공간들과 소용돌이 문양의 파르테르로 정교하게 꾸며졌다. 그리고 곳곳에 장미와 등나무가 잔뜩 식재되었다. 이로써 르네상스 정원에 대한 영국계 미국인의 해석이 분명하게 드러났다. 같은 해 또 한 명의 오랜 이탈리아 거주자였던 미술사가 버나드 베렌슨Bernard Berenson이 '방들이 딸린 도서관' 이 타티I Tatti를 매입했다. 젊은 영국인 디자이너 세실 핀센트(1884–1963)가 이곳에 대칭형 테라스가 있는 토피어리 정원을 조성했다. 개방된 야생화 초원과 작은 숲으로 균형을 이루는 경사지에 걸쳐 정원이 이어졌다. 단순함과 정교함을 조합하는 능력으로 그녀는 국외 거주자들의 공동체를 위한 디자이너로 선택되었고, 1939년까지 토스카나에서 일했다. 그리고 피에졸레 르 발제Le Balze에서 비슷한 계획을 실행에 옮겼고, 인근의 빌라 메디치에서는 시빌 커팅의 의뢰로 정원을 되살리는 작업을 진행했다. 나중에는 시에나 남부에 위치한, 기후 조건이 좋지 않은 크레테 세네시의 라 포체에서 시빌 커팅의 딸 이리스 오리고의 의뢰를 받고 일했다. 핀센트의 위대한 능력은 르네상스 양식의 풍경을 만들어 내는 데 있었다. (적재적소에 현대적 요소들을 성공적으로 통합시켰다.) 향기와 꽃으로 영국의 꽃 정원에 대한 분위기도 살짝 가미했다.

베아트릭스 퍼랜드와 덤바턴 오크스

BEATRIX FARRAND AND DUMBARTON OAKS

주로 미국 동부 해안에서 활동했던 베아트릭스 퍼랜드(1872–1959, 왼쪽 사진)는 영국 에드워드 양식의 정원과 매우 유사한 식물들을 사용했다. 그녀의 디자인은 찰스 플랫의 건축적 접근 방식과 프레드릭 로 옴스테드의 조경에 대한 비전을 결합시킨 것이었다. 엘렌 비들 쉽맨Ellen Biddle Shipman, 루이즈 킹Louise King, 루이제 비브 와일더Louise Beebe Wilder 같은 여성 디자이너들은 특히 규모가 작은 정원 양식을 해석하는 데 능했다. 보다 개념적인 조경을 선호했던 건축가들은 전체 경관을 창조하기보다는 내밀함을 추구했던 퍼랜드의 설계를 무시하지만, 여전히 유럽과 미국의 중산층이 선호하는 취향이다.

베아트릭스 퍼랜드는 오래된 뉴욕 가문 출신이었다. 숙모는 이디스 워튼이었고, 헨리 제임스와는 친구 사이였다. 찰스 스프레이그 사전트도 친구였는데, 그는 1872년에 아놀드 수목원이 설립되었을 때부터 책임자였다. 퍼랜드는 사전트로부터 식물에 대한 어마어마한 지식을 얻었고, 이탈리아와 영국의 정원을 보기 위해 1895년에는 유럽으로 여행을 떠났다. 퍼랜드는 자신의 성숙한 작품에서 이탈리아풍의 개념과 윌리엄 로빈슨이 주창한 '야생성'의 유형을 모두 통합시킬 수 있었다. 그녀는 그래비티에 있는 로빈슨의 집을 방문한 적이 있었다.

결국 퍼랜드는 미국의 걸출한 풍경식 정원사들 중 한 명이 되었다. 워싱턴 DC에 위치한 덤바턴 오크스에 이탈리아풍 정원을 설계했다. 또 프린스턴과 예일 대학교의 캠퍼스 정원을 디자인했는데, 여기서 고전적 배치 안에 시골 풍경을 도입했다. 영국에서는 데번에 있는 다팅턴 홀의 소유주이자 미국인 자선 사업가 엘름허스트 가문의 의뢰를 받았다. 퍼랜드의 디자인 가운데 가장 존경받는 것 중 하나는 메인 주에 위치한 마운트 데저트에 있는 실 하버의 애비 앨드리치 록펠러Rockefeller 정원이다. 거트루드 지킬의 영향을 받은 것으로 보이는 색상 배열을 혼합하여 식재한 숙근초 화단 외에도 숲속을 통과하는 스피릿 워크Spirit Walk를 도입했다. 좋은 생각을 떠올리게 만드는 이 길의 가장자리에는 한국에서 가져온 골동품 석물石物들이 배치되었다. 키 큰 자생 소나무와 가문비나무로 그늘을 만들고, 그 밑에 토종 이끼류와 양치류를 식재했는데 오늘날에도 정원에서의 가장 감동적인 경험들 가운데 하나다.

덤바턴 오크스는 1922년 공사가 시작되었는데, 그녀의 정원 디자인은 건축적 요소들을 포함했다. 가령 기둥들 위로 (히드코트를 연상시키는) 생울타리를 만들기 위해 캐롤라이나서어나무*Carpinus caroliniana*를 타원 모양으로 줄지어 식재했다. 계단 양옆으로는 회양목이 무리 지어 자라도록 했고, 장미를 위한 독립된 정원의 방을 만들었다. 향긋한 허브가 자라는 비밀의 정원에 있는 목재 정자 쉼터는 몽타르지(153쪽 참조)의 격자 세공에 대한 자크 앙드루에 뒤 세르소의 16세기 디자인에서 영감을 받았다. 의뢰인 밀드레드 반스 블리스는 자신이 특히 만족했던 식재 계획을 이렇게 묘사했다. '2개의 산비탈에서 흘러내리며 엄청나게 피어나는 개나리꽃 무리가 황금으로 변했다.'

▶ 워싱턴 DC의 덤바턴 오크스에 있는 로즈 가든 가장자리에는 디테일하게 장식된 문들이 있다.

모더니즘의 탄생 The Birth of Modernism

1896년 미국의 건축가 루이스 설리반Louis Sullivan이 다음과 같은 강력한 문구를 만들었다. '형태는 언제나 기능을 따른다.' 이 문구는 건축에서의 새로운 사고방식을 불러일으켰다. 건물 외관이 아무리 위엄이 있거나 영감을 준다고 해도 과거의 전통을 언급하는 대신 내부의 기능을 반영해야 한다. 이것이 초기 모더니즘의 표현으로, 설리반은 미국 최초의 고층 건물을 설계했다.

모더니즘은 제1차 세계대전과 러시아 혁명의 여파로 유럽에서 등장했다. 아방가르드가 갈등과 사회적 불평등이 없는 새로운 세계를 꿈꾸었던 시기였다. 처음에는 다양한 분야(문학과 음악만이 아니라 예술, 건축, 디자인)에서 실험을 유도하는 느슨한 발상들의 컬렉션으로, 특정한 주요 신조들이 등장했다. 역사에 대한 거부, 장식에 대한 혐오, 추상적 개념에 대한 선호, 그리고 현대 기술로 사회가 변화할 수 있다는 확신이었다. 이는 기계에 대한 추종으로 발전했다. 기계는 합리적이고 기능적인 디자인의 모델로 여겨졌다. 프랑스의 건축가 르 코르뷔지에는 현대의 집을 '생활을 위한 기계'라고 묘사했다. 미술 공예 운동에서 절대적으로 반대했던 대량 생산은 유리, 플라스틱, 구조용 강철, 철근 콘크리트 등 새로운 재료들과 함께 더욱 공평한 세상을 이루기 위한 수단으로 환영받았다.

미적 관습은 전쟁 전에 입체파와 표현주의의 등장으로 뒤집혔지만, 이제 디자이너들은 한 발 더 나아갔다. 가장 중요한 인물은 독일 바우하우스 창시자인 발터 그로피우스Walter Gropius다. 그는 미술과 공예 사이의 융통성 없는 분리를 거부하며, '미술, 산업, 자연, 실용, 그리고 즐거운 생활'의 불가분성을 설파했다. 스타일을 모방하는 일은 없어야 했다. 대신 건물은 실용적이고 기능적이며 경제적이고 민주적이어야 했으며, 인공 환경에서 계급 차별의 최소화를 추구했다. 건축은 소위 '국제적인 스타일'을 발전시켰다. 특별한 문화적 역사를 반영하지 않았고, (적어도 이론상으로는) 모스코바나 멕시코나 똑같이 잘 적용될 것이기 때문이었다. 비대칭, 정확한 선, 평평한 표면, 무늬가

◀▲ 네덜란드 데뎀스바르트의 미엔 루이스 가든에는 8천 제곱미터(0.8헥타르)에 불과한 면적에 30개의 전시원이 채워져 있다. 3개의 정원은 2004년 국가 기념물로 지정되었는데, 1954년 조성된 미엔 루이스의 워터 가든이 포함된다. 루이스는 습지 식물들의 자연스러운 배치 가운데 미끄러지지 않는 검은 플라스틱을 재활용하여 만든 징검다리를 사용했다. 왼쪽 사진의 가운데에 작업 중인 그녀의 모습이 보인다. 그녀가 잔디밭 없이 설계한 첫 번째 정원이었는데, 오늘날까지 논란이 되는 결정이었다.

▲ 나움케악은 1929년부터 30년 이상 공사를 진행했다. 주택 소유주인 메이블 초트와 공동으로 작업이 진행되었는데, 그녀는 대부분의 식물 식재를 도맡았다. 유명한 블루 스텝스Blue Steps에는 곡선을 이루는 테라스 양옆으로 은빛 자작나무들이 자라고 있고, 짙은 서양주목으로 윤곽이 잡혀 있는 흰색 난간이 있다. 이는 매우 실용적인 목적을 수행한다. 노년의 초트가 쉽게 자신의 절화 정원cutting garden에 접근할 수 있고 물을 더 쉽게 주기 위함이다. 상단의 좁은 실개울에서 흐르는 물은 점점 넓어지는 층과 계단을 거쳐 파란색 아치로 강조된 웅덩이로 흘러내린다.

없는 하얀색 회반죽이 특징으로, 르 코르뷔지에의 빌라 사보아Villa Savoye(1928)를 통해 강조된 스타일이었다.

'국제적인 스타일'이 즉각 정원에 반영되지는 않았다. 문제의 핵심은 자연에 대한 상반된 태도였다. 르 코르뷔지에는 햇빛과 신선한 공기의 이점(건강한 신체에 관한 문화는 모더니즘과 강하게 연관되어 있었다)을 옹호하면서 지구를 '축축하고 건강하지 못한' 존재로 간주했고, 토양과의 모든 접촉을 피했다. 그는 정원을 축소하여 콘크리트 화분에 식재한 몇몇 식물을 멋지고 깨끗한 일광욕 데크 위에 배치했고, 풀로 덮인 잔디밭(누가 관리했는지는 불확실하다)이 보이는 전망의 프레임을 잡아서 그 위로 빌라가 기둥 위에 떠 있도록 했다.

모더니즘 정원에 대한 초기 시도는 1927년 가브리엘 게브레키앙이 빌라 노아이유Villa Noailles에서 수행했지만 식물들은 정원의 색깔 있는 광물과 타일과 같은 방식으로 적용된 단순한 구성 요소에 불과했다. 미스 반 데어 로에Mies van der Rohe의 바르셀로나 파빌리온(1929)은 모더니즘의 아이콘이 되었다. 그 격자무늬 계획은 정원 디자인에 큰 영향을 미치긴 했겠지만 거기에는 살아 있는 것이 전혀 없었다.

모더니즘 건축가들이 유럽 대륙에서 영국으로 퍼져 나갔다. 하지만 그에 수반되는 정원은 무엇이 되어야 하는지 공감대가 형성되지 않았다. 어떤 곳에서는 고도의 건축 계획이 시도되었는가 하면, 다른 곳에서는 나무들이 흩어져 있는 사이사이에 집들이 여객선처럼 떠 있기도 했다. 『현대 조경 속의 정원Gardens in the Modern Landscape』(1938)에서 크리스토퍼 터나드는 미술과 공예의 '페티코트를 걷어 내고' 일본 정원의 여백과 비대칭성을 그리는 공식을 찾고자 했다. 그는 아돌프 루스의 말을 인용했다. '장식에 의존하여 만들지 않고 형태 안에서 아름다움을 찾는 것이 인류가 갈망하는 목표다.' 그의 가장 잘 알려진 정원인 벤틀리 우드Bentley

Wood(1936)는 선형으로 된 미니멀리즘 배치와 곡선으로 흐르는 (헨리 무어가 만든) 조각상이 대조를 이루었고, 건축의 틀 안에 구릉이 진 서식스 다운스의 경치를 담았다.

영국 정원에서 모더니즘이 유행하기까지는 또 다른 50년이 걸렸지만 네덜란드에서 터나드가 준 교훈은 미엔 루이스Mien Ruys(1904–1999)를 통해 열렬히 받아들여졌다. 루이스는 현대의 디자인 아이디어와 재료를 일반적인 가정집 정원의 소박한 규모에 맞추는 방법을 찾았다. 결정적으로 전통적인 네덜란드인들의 꽃에 대한 사랑을 수용하는 방식을 통해서였다. 1924년부터는 모어헴에 있는 부모님의 양묘장에 일련의 전시원을 만들었다. 그녀는 콘크리트, 데크용 마룻장, 플라스틱, 철로 침목 등 기능적인 재료들로 실험했다. 하지만 루이스가 남긴 가장 지속적인 유산은 그라스와 숙근초를 자연주의 방식으로 식재한 것이었다.

1939년 크리스토퍼 터나드는 미국의 건축가 발터 그로피우스와 합류했고, 여기서 그들의 급진적인 가르침은 새로운 세대가 보자르Beaux Arts(*에콜 데 보자르에서 가르쳤던 고전과 르네상스를 뒤섞은 호화로운 건축 양식) 양식의 관습을 벗어던지고 현대 생활에 적합한 스타일을 개발하도록 고무시켰다.

그동안 역사에 그리 편협하지 않던 미국에서는 재능 있는 일부 디자이너들이 모더니즘에 대한 자신들의 이해를 매우 다르게 발전시켰다. 그들은 조경을 무시하지 않았고 거기서부터 새롭게 나아가, 새로운 재료의 효율성과 현지의 주택 양식을 성공적으로 통합시켰다. 그 길을 선도한 사람은 플레처 스틸Fletcher Steele(1885–1971)이었다. 그의 작업 방식은 대부분 전통적이었지만 버크셔 힐스의 나움케악 프로젝트에서 자유가 주어졌을 때 새로운 재료와 아이디어들을 탐구했다. 여기서 그가 베어 마운틴의 윤곽을 반영하기 위해 남쪽 잔디밭의 모양을 다시 만든 것은 '첫 번째 현대적 토목 공사'로 묘사되었다. 렙턴 스타일의 원형 장미원은 분홍색 자갈길 조성을 위해 퇴출되었다. 이곳에는 장미들이 점점이 식재되었고, 경사면을 가로지르며 자갈이 깔린 길들이 구불구불하게 조성되었다. 정원의 좌석은 콘크리트 '왕좌'로 제공되었다. 그는 상징적인 블루 스텝스의 조성을 위해 콘크리트와 철을 이용했는데, 르네상스

▲ 미술과 공예의 정원은 서둘러 사라지지 않았다. 비타 색빌웨스트(1892–1962)는 켄트의 시싱허스트 캐슬을 처음 접하고 즉시 사랑에 빠졌다. 이곳에 남편 해럴드 니콜슨과 함께 만든 정원은 영국에서 가장 잘 알려진 정원임에 틀림없다. 유럽 대륙과 미국에서 방문객들이 몰려들었는데, 이 부부의 파란만장한 사생활도 이유 중 하나였다. 니콜슨이 설계한 디자인은 정형식으로, 기다란 축을 이루는 산책로와 가지가 엮이며 자라는 유럽피나무 '팔리다'*Tilia × europaea* 'Pallida'와 짙은 서양주목 생울타리가 정원의 방들에 틀을 만들어 주었다. 그 안의 식재는 편안하고 풍성한 코티지 가든 스타일로, 히드코트의 식재와 매우 유사하다. 가장 아름다운 정원의 방은 화이트 가든이다. 잘 다듬어진 회양목과 은빛과 회색빛 잎을 가진 식물들로 시작되는 이 정원에서는 중앙의 정자 위로 거대하게 자라는 덩굴장미 로사 물리가니*Rosa mulliganii*가 볼 만하다.

▲ 프랭크 로이드 라이트의 폴링워터(1935–1959)는 오랫동안 간직해 온 정원 조성가들의 이상을 실현했다. 바로 집과 조경을 통합시키는 것이다. 이 집은 사실상 정원이 되어, 자연과 하나가 되어 살고 싶다는 미국인들의 꿈을 대담하게 표현했다.

시대의 물 계단을 현대적으로 개조한 것이었다.

프랭크 로이드 라이트는 또한 자연에서 영감을 받았다. 그는 조경에 '망신'이 되기보다는 '우아함'이 되는 건물을 만들고자 했다. 경력 초반에 가정 주택 건축에 대담하고 새로운 접근 방식인 '프레리 스타일Prairie style'을 개척했다. 수평의 강한 선들과 함께 있는 길고 낮은 집들인데 미국 중서부의 넓고 평평한 풍경에 영감을 받았다. 이러한 프로젝트 대부분은 젠스 젠슨과 진행했다. 둘의 협력은 라이트의 '유기적 건축'의 개념에 대한 표현이었다. 건물이 지닌 목적은 (장소와 결합되었을 때) 독특한 형태로 자연스럽고 유기적으로 빚어졌다. 근본적으로는 알렉산더 포프가 말한 '장소의 천재성'이 다시금 표현된 것이었다(230–231쪽 참조).

프랭크 로이드 라이트는 자신이 건축한 언덕 꼭대기 집 탈리에신Taliesin에 관해 다음과 같이 썼다. '어떤 집도 언덕 또는 다른 무언가의 위에 있어서는 안 된다. 집은 그 언덕이 되어, 그것에 속해 있어야 한다. 언덕과 집은 하나가 다른 하나를 더 행복하게 해 주며 함께 살아가야 한다.' 이러한 연합은 너무 밀접해서 그의 가장 창의적인 계획에서조차 정원은 불필요해졌다. 탈리에신은 시골 지역의 공중에 떠 있는 통로를 가지고 있다. 에니스 하우스는 이 건물이 자리한 바위가 많은 언덕의 연장선처럼 보이고, 폴링워터Fallingwater는 폭포로부터 자라 나온 듯하다. 아무것도 내다볼 것이 없는 존슨 왁스 본사에서 건축가는 실내의 숲처럼 느껴지는 기둥들을 배치했다.

펜실베이니아 주 베어 런에 위치한 폴링워터는 숲속 폭포 위에 자리 잡은 집이다. 라이트의 가장 유명한 프로젝트이기도 하다. 집이 놓여 있는 바위는 그 집의 바닥 돌로 기능하며 집에 통합되어 있다. 여기에 주변의 야생성을 길들이려는 시도는 없다. 야생성은 집으로 바로 올라오는데, 수평으로 난 넓은 테라스에서 유리 같은 벽을 통해 아래쪽에서 울려 퍼지는 폭포 소리를 항상 보고 들을 수 있다. 자연 세계와 조화를 이루며 살고자 하는 인간의 깊은 욕망이 빚은 표출이다. 이 욕망은 전후 세계의 정원과 경관에 지대한 영향을 미쳤다.

Visions of the Future

미래의 비전

제2차 세계대전은 모든 것을 바꾸었다. 전쟁으로 피폐해진 유럽 땅에는 더 이상 대규모 가드닝을 위한 자금과 재료와 인력이 없었다. 영국에서는 수 세기 동안 가드닝의 풍미와 양식을 확립했던 시골 대저택들이 허물어지기 시작했다. 가드닝의 역할은 교외 지역의 작은 정원으로 거침없이 이동했다. 부유한 개인 후원자들이 드물어지면서 실비아 크로우Sylvia Crowe, 브렌다 콜빈Brenda Colvin, 제프리 젤리코Geoffrey Jellicoe, 프레데릭 기버드Frederick Gibberd 같은 신진 디자이너들은 공공의 영역으로 눈을 돌렸다. 그들이 신도시, 발전소, 저수지, 조림지를 위한 환경을 조성하면서 우리가 오늘날 당연시 여기는 많은 디자인 규범이 확립되었다. 하지만 가정을 위한 건축과 정원에 있어 (아마도 정서적·경제적 이유로) 영국은 확고하게 과거에 집착했다. 1951년 영국 페스티벌의 모더니즘 정원은 콘크리트 화분에 '건축적'으로 식재한 식물들을 선보였으나 영국 대중의 큰 관심을 끌지 못했다. 대저택에 사는 부인부터 교외 지역에 사는 경제적으로 풍족하지 못한 사람까지 모두가 바랐던 것은 현대 세계로부터 탈출구를 제공할 수 있는 전원의 사적이고 조용한 장소로서의 낭만적인 코티지 가든이었다.

◀ 1950년대부터 유럽은 독일의 헤르만쇼프에서처럼 식물 식재에 대한 새롭고 생태적인 접근 방식을 실험했다.

낭만적인 코티지 가든의 비전은 정원 작가 마저리 피시Margery Fish(1892–1969)를 통해 널리 알려졌다. 그녀의 유쾌한 책들과 서머셋에 위치한 이스트 램브룩East Lambrook의 여유 있는 코티지 가든은 바빠진 생활 방식, 빈약해진 자원, 그리고 별도의 직원이 없는 새로운 정원사들의 세대를 위한 방식을 보여 주었다. 피시는 40대가 되어 결혼하고 나서야 가드닝을 시작했는데 곧 남편의 엄격한 빅토리아 방식의 가드닝이 자신과 맞지 않음을 알았다. 그녀는 거트루드 지킬과 마찬가지로 유행을 타지 않는 소박한 숙근초들이 지역 마을 정원 근처에 어우러진 스타일을 선호했다. 그리고 그에 적합한 식물들을 수집해 나갔다. 하지만 그들을 비정형식의 손쉬운 방식으로 혼합시켰는데, 지킬의 세심하게 조직화된 계획과는 완전히 달랐다. 피시는 1960년대부터 지피 식물의 위대한 챔피언이었다. 지피 식물은 맨땅보다는 눈을 즐겁게 했고, 정원사들의 노동력도 줄여 주었다. 피시는 경험이 부족한 정원사들을 위해 고무적인 글을 썼지만 원예적 허세가 많았던 그들은 시싱허스트(442쪽 참조)에 있는 비타 색빌웨스트가 완성한 정원 같은 고상한 코티지 스타일을 선호했다. 그러한 정원에는 모든 고전 장미, 그리고 보더를 넘쳐흐르며 자라는 식물들이 존재했다. 결정적으로, 낭만적이고 노동 집약적이며 주로 색채 효과와 관련 있는 코티지 가든은 여전히 에드워드 양식의 전통 안에서 아주 많이 가꿔지고 있었다.

과거와 선을 긋고 싶은 열망이 컸던 유럽 대륙에서는 매우 다른 그림이었을 것이다. 1950년대 독일에서 식물에 대한 실험적 접근이 속도를 냈다. 유럽의 디자인에서 스칸디나비아의 기능주의가 선두를 달렸다. 1980년대 해체주의 건축가 베르나르 추미가 파리에 광대한 라 빌레트La Villete 공원을 역사 바깥에 존재할 수 있는 장소로 디자인하고 있었다.

한편 미국은 모더니즘의 전성기를 맞이했다. 독일 바우하우스 운동의 창시자 발터 그로피우스(1883–1969)는 1937년에 하버드에 도착했다. 여전히 19세기 프랑스의 호화롭게 장식된 보자르 건축 양식으로 교육받던 학생들에게 모더니즘의 단순함과 여백은 신선한 공기를 들이마시는 기분이었다. 특히 댄 킬리Dan Kiley, 가렛 에크보Garrett Eckbo, 제임스 로즈James Rose, 이 세 명의 학생은 인간 행동에 디자인을 적응시키는 기능에 대한 모더니즘의 약속에 크게 기뻐했다. 그것은 더 이상 정원을 장식하기에 충분하지 않았다. 또한 오래전에 사라진 귀족적 이상이 아니라 우리가 지금 어떻게 살고 있는가에 맞추어진 유용한 공간임에 틀림없었다. 『생활을 위한 조경Landscape for Living』(1950)에서 가렛 에크보(1910–2000)는 주차장, 빨랫줄, 모래밭 같은 실용적 필요성이 어떻게 성공적으로 정원에 통합될 수 있는지 보여 주었다. 그는 19세 때 노르웨이에서 삼촌과 함께 6개월을 보냈다. 거기서 모더니즘 건축이 어떻게 자연을 아우르며 완전히 양립할 수 있는지를 경험했다. 드디어 정형 대 비정형, 유클리드 기하학 대 자연의 유기적 형상, 심지어 내부 대 외부 같은 오래된 대립을 버릴 때가 왔다. 캘리포니아의 온화한 기후에서 일하면서는 이렇게 쓸 수 있었다. '실외와 실내는 불가분의 관계에 있다. 같은 문의 양면과 같이….'

실내와 실외의 통합은 완전히 새롭지는 않았지만(소 플리니우스는 이미 1세기에 주창했다) 전후 캘리포니아에 등장한 현대의 정형화되지 않은 생활 방식과 조화를 이룬 새로운 종류의 정원인 캘리포니아 스타일의 기본 교리가 되었다. 가장 중요한 사람은 토머스 처치(1902–1978)였다. 에크보와 마찬가지로 처치는 스칸디나비아 디자인에 영향을 받았다. 그의 가장 탁월한 작품은 딱딱한 기하학을 곡선의 흐름과 결합시켰다. 또한 에크보처럼 어떻게 보통의 집이 더 작아져서, 그 기능들이 정원으로 쏟아져 나왔는지에 주목했다. '새로운 종류의 정원은 여전히 바라봐야 한다. 하지만 더 이상 그것이 정원의 유일한 기능은 아니다. 주로 집의 기능에 부속된 것으로 생활을 위해 디자인된다. 정원이 야외에서 이루어질 수 있는 많은 종류의 생활을 얼마나 잘 제공해 줄 수 있는지가 우리가 정원을 판단하는 새로운 기준이다.' 정원은 또한 '주인의 정서적 욕구 역시 해소해 주어야 하는데, 그의 직장에서부터 꼬리에 꼬리를 물고 따라온 기억들이 지워지는 녹색 오아시스를 제공해야 한다.' 간단히 말해 처치는 현대식 정원을 발명했다. 그가 쓴 『정원은 사람을 위한 것이다Gardens Are for People』(1955)는 (실비아 크로우의 1956년 저술 『정원 디자인Garden Design』과 함께) 지금까지 쓰인 정원 디자인의 가장 유용한 저술로 남아 있다.

▲ 마저리 피시는 자신이 '단순하고 변함없는 품질'이라고 말한 코티지 가든의 꽃들에 감탄했다. 위 사진은 피시가 서머셋에 위치한 램브룩 매너의 정원에 있는 모습이다. 오늘날 이곳의 식재는 그녀가 만들었던 때와 대부분 동일하다.

토머스 처치의 가장 유명한 정원은 소노마 카운티의 엘 노빌레로El Novillero다. 1947–1949년에 샌프란시스코 만이 내려다보이는 바위가 많은 산비탈 위에 조성되었다. 대담한 비대칭성, 곡선 형태와의 상호작용, 색과 질감의 강한 대비로 엘 노빌레로는 동부 해안에서 볼 수 있던 신고전주의적 정원과 매우 흡사했다. 단 하나의 관점은 입체파의 방식을 따르는 다양한 관점을 위해 버려졌고, 전통적인 대칭성은 호안 미로Juan Miró를 연상시키는 생체 모형에 자리를 내주었다. 이 새로운 정원 스타일은 고전이 아닌 현대 미술에서 영감을 구했지만 지역 환경을 깊이 존중한 장소로 남았다. 처치는 디자인에 자연 식생을 삽입했는데, 특히 데크에 구멍을 뚫어 해안가시나무*Quercus agrifolia*를 식재했다.

존 브룩스John Brookes(1933–2018)가 '실외의 방'에 관한 개념을 영국에 도입했다. 그리고 1969년에 동명의 책을 출간했다. 거기서 지금은 표준이 된 아주 작은 정원 공간이 어떻게 성공적으로 현대 생활에 맞게 알맞게 바뀔 수 있는지를 보여 주었다. 브룩스는 일련의 선구적인 정원들, 책들, 그리고 다수의 기고를 통해 붙박이 바비큐용 그릴 같은 참신한 특징들을 소개하며 현대의 재료들을 받아들였고, 자신이 '성가시고 하찮은 원예'라고 일축한 것보다 공간 구성을 우선시했다.

이것들은 대중을 위한 여가 정원에 대한 아이디어를 속물근성 없이 받아들인 디자인이었다. 영국 페스티벌과 함께 시작되었으리라 여겨지는 이 개념은 미국에서 온 또 다른 수입품인 가든 센터의 도입에 큰 도움을 받았다. 이제 식물 구입은 지식 있는 소수의 전유물이 아니라 쇼핑의 한 품목이 되었다. (결국에는 이용 가능한 식물에 대한 선택의 폭을 크게

▲ 소노마의 도넬 가든Donnell Garden에 있는 유명한 풀장은 핀란드 건축가 알바 알토Alvar Aalto가 빌라 마이레아Villa Mairea에 조성한 신장 모양의 풀장에서 영감을 받았을 것이다. 토머스 처치가 만든 풀장에 흐르는 선들은 주변 염습지의 구불구불 흐르는 개울에서 아이디어를 얻었으며, 풀장 가운데에서 솟아오른 아달린 켄트의 부드럽고 추상적인 조각에서 계속 이어진다. 이곳은 수영, 일광욕 또는 다이빙 등 놀이를 위한 섬이다.

줄이는 결과를 가져왔다. 전문 양묘장들이 폐업했기 때문이다.) '저관리형 정원'의 환상이 자리 잡은 시기도 그때였다. 편리한 새로운 전동 공구와 화학 물질의 공격적인 사용과 더불어 정원은 최소한의 시간과 노력으로 관리될 수 있었고, 또 그래야만 했다. 1930년대 제임스 로즈James Rose(1913–1991)가 제시한 인간과 자연을 하나로 묶는 새롭고 역동적인 정원 문화에 관한 비전과는 거리가 멀었다.

제임스 로즈는 역사적 전례를 맹렬히 거부했다. 하지만 그의 동창이었던 댄 킬리(1912–2004)는 전쟁이 끝날 무렵 프랑스의 고전적 정원을 방문했고, 앙드레 르 노트르의 정형식 앨리와 거울 같은 수면을 가진 연못이 하버드의 무익한 가르침보다 훨씬 인상적임을 발견했다. 이러한 통찰은 고지식하게 과거를 되돌아보지 않고 기하학과 비율을 반기는 디자인의 새로운 시대를 불러왔다. 오히려 국제적인 스타일의 건물이 가진 기하학적 선들은 야외 공간의 배치를 좌우하며 확장될 수 있었다.

헨리 데이비드 소로의 『월든Walden』에서 회고된 뉴햄프셔의 향긋한 소나무 숲에 대한 어린 시절의 기억과 함께, 킬리는 자연에 깊은 감정을 가지고 있었다. 자신의 디자인에 격자형 체계를 적용했고, 자연과 계절의 변화하는 역동성을 표현하고자 그 규율을 사용했다. 또 나무, 관목, 지피 식물이 돋보이도록 빛과 그림자를 활용했다. 그의 가장 유명한 정원은 1957년에 조성한 인디애나 주 콜럼버스에 있는 밀러 하우스Miller House다. 정원 끝 쪽, 헨리 무어의 조각상이 있는 미국주엽나무*Gleditsia triacanthos* 가로수 길은 정원 역사의 아이콘이 되었다.

새로운 기하학 A New Geometry

댄 킬리의 우아한 형식주의는 마침내 모더니즘 건축에 아주 잘 어울리는 정원들을 위한 문법을 만들었다. 모든 불필요한 어수선함을 제거함으로써 놀랍도록 순수하고 힘 있는 정원을 만들 수 있었고, 토머스 처치 역시 이를 보여 주었다. 나무, 물의 수면, 식재 블록과 함께 직각을 이루는 접근 방식은 보통 콘크리트와 유리 같은 현대적 재료와 연계되었다. 그리고 명확성, 일관성, 그리고 차가워지거나 냉담해지지 않으면서 공간을 감싸 주는 자유로운 움직임을 제공했다.

킬리의 뒤를 이은 사람은 아르네 야콥센Arne Jacobsen이다. 그는 영국 세인트 캐서린 대학(1959–1964)에 모래 벽돌, 유리 운하, 식재 블록의 융합을 선보임으로써 옥스퍼드 대학을 위한 새로운 본보기를 제공했다. 유럽에서 팀을 이룬 자크 워츠와 피터 워츠Peter Wirtz 부자는 앙드레 르 노트르의 운하, 잔디, 토피어리를 다시 상상했다. 그들은 잔디밭 안에 미니멀리즘을 입힌, 단순함으로 현혹되기 쉬운 고요한 녹색 정원을 만들었다. 스페인에서 페르난도 카룬조Fernando Caruncho는 킬리의 격자형 체계를 크고 작은 정원을 만들기 위한 출발점으로 삼았다. 그는 마스 데 레스 볼테스Mas de les Voltes에서 농업적 요소들을 포함하고자 격자 체계를 확장한 것으로 유명하다(뒷장 참조). 캘리포니아에서 안드레아 코크란이 만든 개방되고 리드미컬한 공간은 분명 킬리의 영향을 받았다. 스웨덴의

▲ 런던의 첼시 플라워쇼, 프랑스의 쇼몽 페스티벌, 그리고 필라델피아 플라워 쇼 같은 국제적인 꽃 박람회는 정원을 가꾸는 대중에게 새로운 디자인 아이디어들을 소개하는 강력한 수단이 되었다. 크리스토퍼 브래들리홀이 1997년 첼시 플라워쇼에서 선보인 라틴 가든은 자갈에 짙은 색 붓꽃들을 식재하는 것과 도시 미니멀리즘에 대한 새로운 욕구를 불러일으켰다. 2000년, 같은 쇼에서 피트 아우돌프와 아르네 메이너드가 정원에 숙근초의 새로운 식재 방식을 소개했다. 최근에는 물 관리와 기후 변화에 관한 이슈들이 관심을 모으고 있다.

▲ 레바논의 브살림에 있는 '이것은 틀에 박힌 정원이 아니다'라는 이름의 정원은 조경 건축가 프레드릭 프랜시스가 만들었다. 레바논의 수도 베이루트가 내려다보이고 멀리 지중해가 펼쳐지는 전망을 틀 안에 배치시키면서도 주변 숲을 부드럽게 융화시킨다.

울프 노드펠Ulf Nordfjell, 이탈리아의 루치아노 주빌레Luciano Giubbilei, 그리고 영국의 디자이너 톰 스튜어트스미스와 크리스토퍼 브래들리홀을 포함하여 오늘날 가장 인기 많은 숱한 디자이너들 역시 킬리에게 빚지고 있다.

브래들리홀은 영국 미니멀리즘의 아버지라는 평을 아주 많이 받아 왔다. (아마도 그가 출판한 두 권의 중요한 저술인 『미니멀리스트 가든The Minimalist Garden』(1999)과 『현대의 정원 조성Making the Modern Garden』(2007)을 보면 불가피한 일일 것이다.) 그는 좋은 디자인은 과거를 베끼는 것이 아니라 폭넓게 생각하고 다른 모든 원천으로부터 영감을 받는 것이라고 주장한다(전적으로 모더니스트의 입장). 그럼에도 불구하고 그의 축소되고 지적으로 엄격한 디자인은 실행의 완벽성과 재료의 품질을 고집하며, 모더니스트들이 자신들의 건축에서 표현하고자 했던 품질을 완벽하게 달성한다. 여기에는 완전히 균형 잡히고 질서 정연한 일련의 공간이 차분하고 고요하며 항상 인간적인 규모로 되어 있다. 공간과 빛은 꽃과 나무처럼 분명히 실재하는 구성 요소들이다.

브래들리홀의 확실히 대중의 관심을 받은 정원은 르 코르뷔지에의 빌라 사보아 또는 크리스토퍼 터나드의 벤틀리 우드(442쪽 참조)에서 익히 볼 수 있는 흰색 마감, 유리 판넬, 건축 프레임에서 테마를 가져왔다. 1997년 첼시 플라워 쇼에 전시되었던 라틴 가든은 로마의 시인 베르길리우스의 삶에 대한 명상을 담았으며, 유클리드 기하학의 완벽한 비율을 모더니즘의 여백과 비대칭성으로 미묘하게 뒤집음으로써 고전적인 정원을 놀랍도록 현대적으로 재해석했다. 당시 영국인의 취향을 지배했던 지나치게 향수를 불러일으키는 시골 저택 스타일과 거의 다를 바가 없다. 이는 디자이너들과 대중 모두의 상상력을 사로잡았다. 마지막으로 깨끗하고 산뜻한 현대식 정원, 특히 도시 상황에 적합했다. 물론 브래들리홀은 항상 일본의 철학과 공예 기술에 의지하면서 나아갔으며, 새로운 숙근초 식재 운동(470쪽 참조)의 식물 팔레트를 채택하여 종종 단순한 방형 격자 안에 식물들을 배치했다. 액자 구성은 아마도 '이것은 틀에 박힌 정원이 아니다This is Not a Framed Garden'라는 다소 익살스러운 이름을 가진, 베이루트가 내려다보이는 정원에서 정점에 도달했을지도 모른다. 초기 모더니즘의 영향은 일본의 백단원(100개의 계단이 있는 정원, 410쪽 참조)에서도 흔적을 찾을 수 있다. 건축가 안도 다다오는 가브리엘 게브레키앙의 빌라 노아이유(1927)를 분명히 언급했다.

페르난도 카룬조의 농업 정원

FERNANDO CARUNCHO'S AGRICULTURAL GARDEN

스페인 디자이너 페르난도 카룬조(1957-)는 마드리드 대학교에서 고전 철학을 공부하던 중 정원 디자인에 입문했다. 스페인 북부에 있는 마스 데 레스 볼테스 정원(오른쪽 이미지)에 반복적으로 배치한 은회색 올리브나무 숲, 밀밭, 큰 키의 가느다란 사이프러스, 그리고 물의 파르테르로 잘 알려진 카룬조는 오랫동안 격자형 체계를 디자인의 기초로 사용해 왔다. 격자를 통해 대규모 조경에 직선과 직각을 적용했고, 거의 꽃을 사용하지 않으면서도 빛과 그림자, 움직임, 형태, 잎의 색깔과 질감을 강조할 수 있었다. 카룬조는 인간의 마음은 기하학이 주는 안도감을 갈망한다고 믿는다. 그의 계획은 식물의 모양이 구조물의 모든 정형성을 감추고 있는 대중적이고 낭만적인 거트루드 지킬 스타일의 영국식 정원과는 반대된다.

카룬조의 작품은 알함브라 궁전의 무어 정원과 이탈리아와 프랑스의 르네상스 정원의 전통을 따른다. 특히 그의 고향인 마드리드에 위치한 아란후에스의 궁중 정원과 세고비아의 라 그랑하La Granja에서 증거를 찾을 수 있다. 또한 멕시코의 건축가 루이스 바라간Luis Barragán의 영향을 크게 받은 카룬조는 자신의 공간을 정의하기 위해 황갈색의 치장 벽토로 된 담장을 사용하고, 때로는 잔물결을 이루며 자라는 아이비가 담장을 덮게 한다. 마스 데 레스 볼테스에서는 집 주변에 밀밭과 잉어 연못 파르테르가 있는 완전히 새로운 정원을 만들었다. 둘레에는 상록 참나무 숲, 체리, 애플, 석류, 무화과가 자라는 과수원, 그리고 꼿꼿이 서 있는 바스락거리는 대나무들을 식재했다. 그가 '농업 정원'이라고 부르는 이곳에서 꽃은 찾아볼 수 없다. '꽃이 만발한 보더를 즐기려면 시싱허스트로 가면 되지만 지중해의 조경은 상당히 다른 무언가를 필요로 한다. 형태, 기하학, 그리고 빛의 정원이다. … 여름에 밀은 크게 자라, 황금빛을 띠고, 바람에 부드럽게 살랑거리는 위대한 대지를 이룬다. 과수원에는 과일이 있다. 가을엔 포도를 수확하고 밀을 벤다. 겨울엔 토양을 일구고 씨를 뿌려 경이로운 패턴을 그린다. 그리고 다시 봄이 오면, 모든 것은 초록의 바다가 된다.' 최근 자신의 출발점인 원으로 돌아와 플로리다의 동심원과 마드리드의 서로 맞물리는 원들의 패턴을 만들었으며, 이탈리아 풀리아Puglia에 선명한 포물선 패턴으로 포도나무를 식재했다. 마지막으로 포도나무들의 곡선 사이를 지나는 직선 도로의 '시각적 충격'을 즐기는데, 물결무늬에 대한 격자무늬의 도전이다. 이곳은 시골 생활의 고전적 이상을 떠올리게 하는 완벽한 농업의 풍경이다.

루이스 바라간과 집의 영혼 Luis Barragán and the Soul of the House

▲ 루이스 바라간은 젊은 시절에 유럽을 널리 여행했고, 르 코르뷔지에의 강연에도 참석했다. 30대 중반에는 유리와 콘크리트 박스들로 작업하는 모더니스트가 되어 가는 중이었다. 그러나 보다 강력한 영향은 무어 정원의 권위자이자 화가였던 페르디난드 바크의 꿈과 같은 정원이었다. 40대에는 방향을 바꾸어 먼저 자신의 집을 짓고, 그다음에는 화산암 누층의 비현실적인 달 표면처럼 황량한 엘 페드레갈El Pedregal에 주택 단지를 개발했다. 이후에는 의뢰받은 건들 가운데 무엇을 작업할지 선택할 수 있었다. 바라간의 가장 훌륭한 작품은 멕시코시티 산크리스토발(1967–1969)의 마구간 단지일 것이다. 그가 만든 색깔 벽들은 무대 세트처럼 움직임으로 생동감이 부여되길 기다리는 다채로운 배경이 된다.

유럽의 모더니즘은 기술적으로 개선된 미래로 가는 멈출 수 없는 길 위에 놓여 있었지만 중남미에서는 모더니즘에 대한 매우 다른 이해가 나타났다. 멕시코에서 루이스 바라간(1902–1988)은 어린 시절 시골에서 보았던 화사한 색을 한 마을 집들, 거친 나무 송수로, 말 웅덩이에서 영감받아 (대조법을 이용해) 현대 세계의 안전한 피난처로서의 새로운 건축 양식을 창조했다. '나의 집은 나의 도피처이며, 정원은 집의 영혼이다.' 멕시코 마을들의 모든 색깔과 빛은 기적과도 같은 단순성을 지닌 요소들로 증류되었다. 빛나는 보석 색깔로 마감된 두터운 아도베adobe 점토 벽, 미니멀리즘이 적용된 실개울과 물 활송 장치, 그리고 화분들의 모음이나 뒤틀린 나무처럼 가장 단순한 장식으로 더욱 재미있게 만들어진 위요된 공간의 입방체들 따위다.

이러한 요소들은 널리 복제되었다. 특히 비슷한 기후 조건에서 일하는 디자이너들이 가장 성공적이었다. 바라간의 효과는 밝은 빛과 강한 그림자에 의존한다. 말료르카에 있는 존 파우슨John Pawson의 뉘엔도르프 하우스Neuendorf House, 마사 슈와츠Martha Schwartz의 분홍색 박스들(텍사스의 데이비스 레지던스Davis Residence), 그리고 스티브 마티노Steve Martino의 사막 정원은 밝은색의 흙벽과 그림자가 특징이었는데, 모두 바라간에서 유래했다. (마드리드에 있는 페르난도 카룬조의 스튜디오는 완전히 바라간이다.) 모방하기 어려운 것은 바라간의 작품에 스민 신비스러운 고요와 침묵의 감각이다. 그가 멕시코시티에 지은 수녀들의 예배당 외에도 산크리스토발의 거대한 마구간 단지에 있는 자신의 정원, 그리고 라스 아볼레다스의 교외 지역에 있는 푸엔테 델 베베데로Fuente del Bebedero에 분명히 존재한다. 이곳의 유칼립투스 가로수 길은 그림자가 춤추는 순백색 벽으로 이어지고, 단순한 말구유가 숨이 막히도록 세련된 수경 요소로 마법처럼 바뀌어 있다.

역사를 되돌아보다 Looking Back to History

모더니즘이 천천히 정원에 스며드는 동안 다른 사람들은 반대 접근 방식을 택했다. 그들은 가드닝의 새로운 언어를 고안하기보다는 오래된 것에 다시 활력을 불어넣는 데 만족했다.

유럽(과 일부 미국)의 부유층은 (설사 냉정하고 절제된 방식일지라도) 영국의 디자이너 러셀 페이지Russell Page(1906-1985)가 선보인 웅장한 방식의 디자인을 선호했다. 그의 디자인에는 잔디, 나무와 토피어리, 그리고 위엄 있는 수면이 축을 이루며 배열되어 있었다. 페이지는 명료함과 단순함을 중시했으며, 모양이 없는 영국 정원에서 일반적인 식물들의 야단법석과 지리멸렬함을 싫어했다. (그는 모더니스트로 출발했고, 1951년 배터시 파크Battersea Park 페스티벌 가든을 디자인했다.) 하지만 희귀하고 특별한 나무는 거부하지 못했다. 그리고 로마 인근에 위치한 그림처럼 아름다운 사유지 샌 리베라토San Liberato에서 낭만적 풍성함을 충분히 보여 줄 수 있었다. 페이지는 오래된 집 주변에 새로운 정원을 만드는 데 능숙했고, 항상 부지의 지형과 집의 건축 양식이 조화를 이루도록 했으며, 세부 사항에 주의를 기울였다. 그가 조성한 정원들 중 다수가 조각 같은 '초록' 품질을 가졌지만 특히 1970년대부터 거트루드 지킬 스타일의 '영국식' 정원이 크게 유행했던 이탈리아에서 (자신이 '화사한 색깔의 건초'라고 쾌활하게 묵살했던) 숙근초 보더를 조성하는 데도 뛰어난 능력을 발휘했다. 페이지의 작품 대부분이 그의 생애 동안 사라졌지만 이슬람에서 영감을 받은 정교한 실개천은 나폴리 만의 라 모르텔라La Mortella에 살아남았다. 그가 쓴 『정원사의 교육The Education of a Gardener』(1962)은 지금도 아마추어와 전문가 모두가 애독하는 가드닝의 고전이다.

1972년 영국으로 돌아온 제6대 솔즈베리 후작은 작위를 물려받고, 아내 몰리를 해트필드 하우스에 살게 했다. 그녀는 이후 31년 동안 한때 유명했던 이곳 정원의 성격을 복원시켰다. 제임스 6세 겸 1세의 첫 번째 수상이자 정원 애호가였던 로버트 세실과 그의 정원사 존 트라데스칸트(204-205쪽 참조)가 만들었던 정원이다. 수년간 정교한 토피어리와 회양목 파르테르, 1620년 이전의 원래 식물들이 식재된 매듭 정원, 둥근 머리 모양을 가진 호랑가시나무 종류의 가로수 길, 그리고 해트필드에 꾸준히 다시 등장했던 금박을 입힌 조각상들은 모두 솔즈베리 부인의 철저한 역사적 연구를 통해 보강되었다. (이곳은 지배적인 규범에서 벗어나 모든 것이 유기적으로 가꿔지는 또 다른 정원이 되었다.)

로즈마리 베리Rosemary Verey는 역사에 확고한 감각을 가진 또 다른 정원사였다. 그녀는 글로스터셔에 위치한 반슬리 하우스Barnsley House의 넉넉하지 못한 2만 제곱미터의 면적에 회양목으로 가장자리를 두른 정형식 화단인 매듭 정원과, 심지어 가든 템플까지 꽉꽉 들어차게 조성했다. 존 브룩스의 1960년대 정원이 현대적 디자인을 위한 새로운 욕구를 보여 주며 야외에 거주지에 대한 쇼핑 개념을 표현한 것이었다면, 베리의 정원은 1980년대 압도적으로 인기를 끌었던 시골 저택 스타일을 표현했다. 여기에는 꽃무늬가 새겨진 친츠와 장식용 천, 연미복과 고상한 파스텔 톤이 가득했다. 정자, 매듭 정원, 가장자리에 회양목을 두른 화단은 열성적인 정원의 필수 요소가 되었다.

정원의 역사에 대한 지식과 불손한 재치를 겸비한 두 정원사는 프랭크 캐벗Frank Cabot과 저베이스 잭슨-스탑스Gervase Jackson-Stops였다. 캐나다 세인트로렌스 강의 북쪽 기슭에 위치한 드 콰트르 방의 정원Les Jardins des Quatre Vents에서 캐벗은 숲이 우거진 풍경에 바로크 양식의 앨리와 운하, 중국식 월교月橋, 프랑스풍 비둘기장pigeonnier, 특히 모차르트와 재즈를 다양하게 연주하는 거대한 청동 개구리 같은 우아하면서도 기이한 조형물들을 배치했다. 이와 비슷한 교묘함을 영국 노샘프턴셔의 메나쥬리Menagerie에서 볼 수 있다. 잭슨-스탑스는 팔라디오풍의 장식용 건물을 복원했고, 주변에 언덕과 오벨리스크부터 모양이 변하는 정원 건물들까지 역사적 조형물들을 제멋대로 배치한 기발한 정원을 만들었다. 역사는 또한 하이그로브의 웨일스 공에게 조언하는 데 있어 솔즈베리 부인과 로즈마리 베리의 뒤를 이은 줄리안과 이사벨 배너맨 부부가 연극 무대 같은 정원을 만드는 데 영감을 제공했다.

▲ 웨스트서식스의 울베딩 정원에 있는 로어 가든Lower Garden의 폭포 옆에 위치한 여름 별장이다.

과거에서 영감을 받다

INSPIRED BY THE PAST

역사는 20세기의 가장 기억할 만한 몇몇 정원을 위한 출발점을 제공했고, 오늘날에도 그러하다. 로마 인근에 있는 닌파Ninfa 정원은 종종 (그리고 당연히) 세계에서 가장 아름다운 정원으로 묘사된다. 그곳에는 우리의 마음을 완전히 사로잡는 잔해의 조각들, 장미로 뒤덮인 탑들, 수정처럼 맑은 물, 그리고 무너진 돌들 사이에 꽃을 피우는 희귀 나무들과 관목들이 있었다. 닌파의 도시는 소 플리니우스의 시대부터 존재했고, 1382년까지 번성했다. 이 중세 도시는 주인이었던 오노라토 카에타니가 교황과 사이가 틀어진 이후 약탈당했다. 그리고 20세기 초 카에타니 가문이 폐허로 남은 도시에 (영국인 식구들과 함께) 돌아왔다. 그들은 습지의 물을 빼고, 건물 잔해들 사이에 식물들을 식재하기 시작했으며, 이미 유명해진 부지에 넓은 야생화원을 추가했다. 이후 세대들도 계속해서 정원을 풍요롭게 만들었고, 1977년에 사망한 마지막 자손 레일라 하워드는 닌파를 가장 시적이고 분위기 있는 정원으로 확실히 자리매김해 놓았다.

댄 피어슨이 영국 레이크 지방의 로우더 캐슬Lowther Castle에 새로운 정원을 위한 계획을 구상할 때도 닌파에 대한 기억이 그의 뇌리에서 떠나지 않았다. 2016년 새로운 정원이 이곳 성의 지붕 없는 홀에 조성되었다. 나무들은 토심이 낮은 구덩이에서도 살아남을 수 있도록 세심하게 선택되었고, 덩굴식물들은 고딕풍의 창문 사이로 감아올려졌다.

영국 정원 조성가 줄리안과 이사벨 배너맨의 작품에서처럼 역사는 환상과 허구에 자유를 줄 수 있다. 그로토 조성가로 경력을 시작한 그들은 정원에 오벨리스크, 스텀퍼리stumpery(*죽은 나무 그루터기와 돌무더기로 이루어진 정원의 한 형태), 수련을 비치했다. 정교한 격자 세공 구조를 위해 18세기 프랑스 문양에 관한 책들을 뒤졌을 뿐만 아니라 궁정 가면극을 위한 이니고 존스의 디자인에 기초하여 템플 가든을 만들었다.

아마도 그들이 만든 가장 기분 좋은 작품은 웨스트서식스에 위치한 울베딩Woolbeding 정원일 것이다. 이곳에 18세기의 즐거움을 위한 정원의 축소판을 재현했다. 편안하고 차분한 마음으로 즐길 수 있는 폐허 수도원, 은둔자의 오두막, 중국식 다리, 노려보는 강의 신과 함께 마감된 그로토, 고딕풍 여름 별장, 그리고 이탈리아풍 비밀의 정원을 갖추었다. 그들의 정원은 당연히 진짜 폐허가 된 성을 포함한다.

역사적 정원: 복원과 갱신

Historic Gardens: Restoration and Renewal

이러한 발전은 정원 역사에 대한 새로운 인식을 반영했다. 영국에서는 1965년 정원 역사 협회(오늘날 가든스 트러스트Gardens Trust)가, 그리고 1977년에는 (솔즈베리 부인이 초대 회장이었던) 정원 박물관이 설립되었다. 잉글리시 헤리티지는 1983년 설립되어 역사적 관심을 불러일으키는 정원 목록을 작성하기 시작했다. 대다수는 정원 안내서의 도움을 받아 방문이 가능했다. 1964년 『셸 가든스 북Shell Gardens Book』이라는 안내서가 처음으로 출판되었다. 1979년 로이 스트롱Roy Strong은 공공 기물 파손자 '케이퍼빌리티' 브라운에 의한 영국 정원 유산의 파괴를 한탄하며 빅토리아 앨버트 박물관에서 전시회를 열었다.

판도를 바꾼 것은 내셔널 트러스트National Trust였다. 도시 대중을 위한 공공용지를 보호하기 위해 1884년 영국에 설립되었는데, 1948년이 되어서야 정원 자체의 가치(히드코트)로 정원을 확보했다. 일반적으로 정원은 시골 주택의 부속물로 딸려 왔으며 경제적 측면에서 가능한 한 만족스러운 환경을 제공하도록 관리되었다. 이들은 언제나 보기 좋았다. 트러스트의 수석 정원사 그레이엄 스튜어트 토머스는 에드워드 양식에 기량이 뛰어난 식물 애호가였다.

하지만 1971년 존 세일즈John Sales가 등장하기 전까지는 정원이 집만큼이나 세심한 연구와 보전의 가치가 있을 거라는 생각, 또는 건물에 적용되는 역사적 진정성의 개념이 정원과 관련 있을지도 모른다는 개념이 없었다. 세일즈는 영국에서 처음으로 정원에 대한 전면적인 복원을 주도했던 사람이다. 바로 17세기 웨스트베리 코트에 조성되었던 물의 정원으로, 1967년 트러스트에 귀속되었을 당시 버려진 상태였다. 세일즈는 1978년 스타우어헤드(242쪽 참조)에 대한 100년 동안의 관리 계획을 수립하기도 했다. 한 정원의 역사에 있어 개념, 디자인, 그 이후의 단계들을 고려한 최초의 장기적 관리 계획으로, 이와 같은 부분에 대한 템플릿을 마련한 것이었다. 세일즈가 자신이 맡은 정원의 학문적 연구를 처음 시작했을 때, 그는 박사 과정 학생의 무급 노동력에 의존해야 했다. 1987년 발생한 거대한 폭풍은 역사적 공원과 정원의 취약성을 너무나 강력하게 파괴했다. 그 후 헤리티지 복권 기금을 정원 보전을 위해 사용할 수 있었고, 역사적 경관 자문이라는 완전히 새로운 직업이 생겨났다.

유럽에서는 헤트 루(1984), 프레데릭스보르(1993–1996), 베르사유(1995년부터)가 호화롭게 복원되었다. 1996년에는 이러한 관심이 주류가 되기에 충분했는데, 급진적인 디자이너 캐스린 구스타프슨Kathryn Gustafson은 르네상스 이탈리아부터 무굴의 물 계단과 바빌론의 공중 정원까지 참조하며 새로운 프랑스 공원을 정원 역사의 교훈으로 삼았다. 정원 고고학의 새로운 기술 덕택에 햄프턴 코트의 프리비 가든은 1702년에 탄생한 당시 모습으로 되돌려졌다. 하지만 방문객들은 그 빈약한 식재에 놀랐다. 정확한 역사적 재건이 항상 모든 사람의 입맛에 맞지는 않았다. 세일즈가 더비셔의 칼크 수도원에 '요란한' 빅토리아 정원의 식재 계획을 복원했을 때, 그는 분노에 찬 편지를 받았다. 복원은

▲ 프랭크 캐벗(프랜시스 히긴슨 캐벗, 1925–2011)은 2개의 걸출한 정원을 만들었다. 허드슨 강 근처 뉴욕 주 북부에 위치한 스톤크롭Stonecrop과 캐나다 퀘벡에서 북쪽으로 160킬로미터 거리에 있는 레 콰트르 방Les Quatre Vents이다. 캐벗은 독학으로 식물 전문가가 되었으며, 원래 고산 식물에 관심이 있었다. 스톤크롭 정원에서는 식물 중심의 정원을 개발했고, 실용 원예 학교를 설립했다. 하지만 캐나다에서는 비전적인 규모의 정원을 만들기 위해 자신이 폭넓은 여행에서 보았던 요소들을 알맞게 적용했다. 그는 깊은 연못에 반사되는 중국식 다리, 멀리 있는 언덕이 틀 안에 보이도록 한 무굴 양식의 아치, 어두운 이슬람 거울 연못을 조성했고, 고요한 운하의 맨 앞쪽에 프랑스풍 비둘기 탑을 만들어 사이로 풀 뜯는 가축과 시골 지역을 바라볼 수 있도록 했다. 그리고 3개의 가파른 폭포를 배경으로 일본식 다원을 지었고, 깊은 삼림 지대 협곡을 자생 식물로 채웠다. 이곳은 흥미진진하면서도 이국적이다. 식물들만으로도 가장 열정적인 정원사들을 유혹하기에 충분히 흥미롭다. 프랭크 캐벗은 자주 역사적 선례들을 차용했지만 자신의 시각적 감각은 그로 하여금 이러한 오래된 주제를 현대적 배경과 결합할 수 있게 해 주었다. 정원에 관한 저술 『더 위대한 완성The Greater Perfection』은 그의 정원처럼 아주 재미있다.

▲ 콘월에 위치한 헬리건의 잃어버린 정원에 있는 빅토리아 텃밭 정원. 빅토리아 시대 절정기에는 소유주 가족과 손님들을 위한 거의 모든 요구를 충족시켰을 것이다. 1990년대 대규모 복원이 이루어진 다음 300종의 과일, 채소, 샐러드, 허브 종류들이 재배되어 다시 한 번 헬리건 키친에 공급되고 있다.

정원사의 사무실이 발견되면서 촉발되었다. 이곳은 사실상 19세기부터 온전하게 살아남았고, 일련의 담장으로 둘러싸인 정원의 복원을 위한 촉매제가 되었다.

어떠한 복원도 콘월에 위치한 헬리건의 잃어버린 정원Lost Gardens of heligan만큼 대중의 상상력을 완전히 사로잡지는 못했다. 1990년대 동안 여행객들의 목적지가 된 이곳의 성공은 많은 토지 소유주들로 하여금 정원이 성공 가능한 사업이 될 수도 있다는 생각을 갖게 했다. 앨른윅에서 노섬벌랜드 공작부인은 자크와 피터 워츠가 설계한 화려하고 새로운 정원 조성 작업에 착수했다. 실리적인 부동산 개발업자가 책임을 맡긴 했지만 트렌트햄 정원Trentham Gardens은 로우더 캐슬이 생기기 전까지는 유럽에서 가장 큰 정원 복원 프로젝트였다. 도미닉 콜이 트렌트햄과 로우더 모두에서 초기 마스터 플랜을 수립했다. 그는 수많은 중요한 공원과 정원의 부흥을 책임졌다. 에덴 프로젝트도 설계한 콜은 역사의식을 가지고 일하는 방식을 찾고자 했다. 또 과거 요소들을 맹종하여 정원을 특정 시점에 얽매이는 재현이 아니라 실행 가능하고 적절한 방식으로 정원의 과거에서 중요한 것을 회복시키는 데 기반을 두었다.

영국의 내셔널 트러스트는 사라질 수도 있었던 중요한 정원을 살리고 원예의 최상 기준에 관련해 대중을 교육시키는 데 성공적이었다. 이것은 프랭크 캐벗이 미국에서 가든 컨서번시conservancy를 시작할 수 있는 모델을 제공했다. 1989년 루스 밴크로프트의 유명한 선인장 정원을 시작으로, 가든 컨서번시는 특출한 정원들을 재정적으로 건전한 기반에 놓이도록 함으로써 이들을 살리기 시작했고, 개인 정원들이 방문객들에게 문을 열도록 힘을 실어 주었다. (영국과 웨일스의 정원들은 '옐로우 북' 또는 국가 정원 계획을 통해 1927년부터 자선 사업을 위해 문을 열었다.) 뉴욕의

▲ 글로스터셔의 웨스트베리 코트는 17세기 말로 거슬러 올라가는 네덜란드 양식의 상류층 정원으로는 영국에서 극히 드물게 살아남았다. 1963년 철거 작업 도중 파빌리온이 발견되었을 때 주택 부지 아래 있던 이 정원은 사라질 위기에 처했다. 내셔널 트러스트가 부지를 최대한 살리기 위해 여론에 호소를 시작했고, 1971년 웨스트베리는 처음으로 전면적인 정원 복원의 대상이 되었다. 존 세일즈의 지휘로 이루어진 복원 작업은 치밀한 학문적 연구에 의해 뒷받침되었다. 정원 분야에서는 완전히 새로운 방식이었다.

위대한 정원인 웨이브 힐Wave Hill의 수석 정원사 마르코 폴로 스투파노는 보존해야 할 정원의 목록 작성 책임자였다. 그로부터 약 100개의 정원들이 확보되었는데, 베아트릭스 퍼랜드의 덤바턴 오크스부터 멋지면서도 기이한 펄 프라이어Pearl Fryer 토피어리 가든, 그리고 1963년 방치되어 사라졌던 앨커트래즈 섬에 복원된 죄수 정원gardens of Alcatraz이 포함되었다.

우리는 살아 있는 역사로 정원을 경험하는 데 익숙하다. 따라서 존 세일즈가 복원을 시작했을 때 그곳이 과거에 얼마나 다른 모습이었는지 가늠하기 어렵다. 가령 16세기 허브 정원의 복원을 도맡게 된 오늘날의 정원사는 1578년 재배되었던 허브를 발견할 수 있을 뿐만 아니라 그 식물들을 공급하는 전문 양묘장을 찾을 수도 있다. 1971년에 세일즈는 1700년 이전에 이 정원에 자라고 있던 식물들을 찾고자 시골을 샅샅이 뒤졌다. 하지만 대부분 과거의 품종을 대신하는 현대의 품종으로 변통해야 했다. 담장에 유인되어 자라는 과일나무는 웨스트베리 코트의 필수 요소였지만 당시에는 오래되거나 지역적 특색을 지닌 과일 품종들에 관심이 없었기 때문에 대부분 특별히 접목하여 번식해야 했다. 물론 오늘날 이 나무들은 원예 시장에서 유행의 정점에 있다. 하지만 지난 반세기에 걸친 가장 중요한 변화는 사람들이 정원을 단순히 식물들의 보고라기보다는 하나의 문화 유적으로 인식하게 되었다는 데 있다. 이는 극장의 개념(8장 참조)으로 정원을 이해하는 것에 대한 부흥을 촉진시켰을 뿐만 아니라, 공공용지에 대한 대중들의 인식에도 지대한 영향을 미쳤다.

19세기 영국에서 공공 공원은 사회적 도구로 여겨졌다. 잘 정비되고 절서 정연한 공원은 근면하고 질서 있는

▲ 파리의 새로운 강변 공원인 센 강 공원은 차량들의 굉음이 화단, 새소리, 아이들의 놀이 공간으로 대체되었다.

대중들과 밀접히 연관되었다. 미국에서는 프레드릭 로 옴스테드 주도로 공원이 민주주의의 상징이 되었다. 하지만 1970년대에 영국에서는 한때 시민들의 자부심이었던 공원들이 무너지고 있었다. 뉴욕에서는 위대했던 센트럴 파크가 점잖은 사람들이 들어가기에는 너무 위험한 금지 구역이 되었다. 이를 괴로워한 뉴요커 엘리자베스 발로우 로저스는 옴스테드에 관한 책을 썼다. 연줄이 좋았던 그녀는 여러 시장을 설득하여 센트럴 파크의 재생 작업을 허락해 달라고 요청했다. 린던 밀러를 포함한 친구들에게도 의지했다. 밀러는 1987년 센트럴 파크 안에 있는 컨서버토리 가든Conservatory Garden의 복원으로 찬사를 받아, 도시 공간을 아름답게 가꾸는 보람된 경력을 시작했다. 발로우가 발전시킨 공공-개인 협의체는 주로 부유한 자선가들의 후원을 받아 센트럴 파크를 살리는 데 성공했을 뿐만 아니라 뉴욕 식물원 같은 뉴욕의 다른 기관들의 회생 계획을 위한 선례를 남겼다. 그리고 그러한 기관들이 도시의 아름다움과 배움을 위한 장소로서 지닌 문화적 가치 외에도 녹색 공간이 인간의 건강과 행복에 미치는 유익한 효과에 대한 이해를 증가시켰다. 프랑스에서는 공공 작품에 항상 계몽된 태도가 존재했다. 미테랑 집권 시기(1981–1995)에는 파리에 150개의 새로운 공원들이 만들어졌다. 그중에는 질 클레망이 오래된 자동차 공장 부지에 능숙한 솜씨로 조성한 앙드레-시트로엥 공원Parc Andre-Citroen이 있다. 지난 10년 동안, 1960년대 센 강 제방을 따라 건설된 고속도로를 해체하여 공공 공원으로 만드는 작업이 계속되어 왔다. 2013년에 새로운 선형 공원인 센 강 제방 산책로가 강 왼편에 조성되었는데, 바지선에 식물을 식재한 인공 섬이 특징이다. 2017년 이 정원은 오른쪽 제방으로 확장되어, 7킬로미터에 이르는 센 강 공원Parc Rives de Seine이 되어 파리 중심부를 관통한다.

호베르투 부를리 마르스: 식물로 그림을 그리다

Roberto Burle Marx: Painting with Plants

공공 공간의 문화적 가치를 확고하게 믿었던 브라질 조경사 호베르투 부를리 마르스Roberto Burle Marx(1909–1994)는 헤시피Recife에 공원과 광장을 재설계하는 일을 맡아서 이도저도 아닌 복제품들을 풍성한 자생 식물들이 식재된 공간으로 바꾸었다. 그는 19세 때 가족들과 18개월 동안 베를린에서 지낸 적이 있는데, 역설적이게도 그때 방문했던 달렘Dahlem 식물원에서 고국 브라질이 지닌 식물학적 풍요로움을 발견했다. 고향 리오로 돌아온 부를리 마르스는 화가가 되었고 정글, 숲, 브라질 고지대의 멋진 식물들을 활용한 새로운 방식의 정원을 만들기로 결심했다. 자신이 원하는 식물들을 양묘장에서 구입할 수 없음을 알게 된 그는 식물 채집 여행을 통해 직접 식물을 재배할 수밖에 없었다. 결국 숙련된 식물학자가 되었는데, 그가 발견한 식물들은 그에게만이 아니라 학계에도 새로운 것이었다. (오늘날 약 20종의 식물에 그의 이름이 붙어 있다.) 이러한 여정을 통해 자신이 탐험한 생태계의 취약성도 잘 알게 되었고, 헌신적인 환경주의 운동가가 되었다.

화가이자 도예가, 조각가였던 부를리 마르스는 정원 공간을 거대한 캔버스처럼 다루었다. 강의 고리 또는

▲ 브라질 조경 건축가 호베르투 부를리 마르스는 1979년 브라질 상파울루 아레이아스에 위치한 바르젱 그란지 영지Vargem Grande Estate에 정원을 설계했다. 과거 세라 다 보카이나 산에 위치한 커피 농장이었다. 그는 식재를 음악에 비유했다. '하나의 식물을 하나의 음으로 생각할 수 있다. 식물들이 하나의 화음으로 연주되면, 그것은 특정한 방식으로 들릴 것이고, 또 다른 화음에서는 가치가 바뀔 것이다. 식물은 하나의 형태, 색깔, 질감, 향기, 그리고 자신의 성격에 따른 욕구와 선호를 가진 살아 있는 존재다.'

▲ 플로리다의 디자이너 레이먼드 정글스는 멘토인 부를리 마르스를 따라 색과 질감을 달리하는 식물들의 식재 패턴을 만들었다. 멕시코 몬트레이에 위치한 벤타냐 데 라 몬타냐Ventaña de la Montaña 정원에서 볼 수 있다. 많은 자생 식물이 사용되었지만 주변 산비탈의 식생과 매끄럽게 어우러진다.

산비탈의 곡선에서 영감을 받은 곡선의 추상적인 형태를 그린 다음에 물, 자갈, 서로 다른 색깔의 식물들로 채색했다. 화사하게 채색된 소용돌이 모양들이 퍼즐 조각들처럼 맞물렸다. 각각의 식재 구역은 바위나 콘크리트에 표시되었다. 색채들의 블록은 서로 섞여 자라지 않도록 함으로써 디자인이 흐려지는 일을 막았다. (심지어 연못과 호수에서도 식물들은 콘크리트 화분에 식재되어 있었다.) 호베르투 부를리 마르스는 질감 대비에 많은 관심을 기울였고, 나무와 관목을 조각품처럼 사용함으로써 디자인에 입체감을 부여했다. 자연주의에 대한 어떠한 시도도 이루어지지 않은 이 공간들은 대담하고 활기 넘치는 극장과 같았다. 가드닝에 관한 전통이 없는 시골에서 그는 모든 문화적 영감을 유럽에서 얻는 데 익숙했다. 결국 새로운 국가적 조경 스타일을 고안해 낸 것이나 다름없었고, 이는 전 세계에 울려 퍼질 것이었다.

공공 공간에 활기를 불어넣기 위한 지면 패턴의 리드미컬한 사용, 현대의 사무실 건물을 향상시키기 위한 수직적 식재, 특히 녹색 커튼과 놀라운 폭포들과 함께 새로운 도시 브라질리아를 위해 그가 선보인 극적인 조경은 모두 다음 세대 디자이너들에게 강력한 영향을 미칠 것이었다. 독일의 근대주의자 루트비히 게른스는 대조적인 질감을 가진 자유로운 형식의 모양을 실험했다. 플로리다의 디자이너 레이먼드 정글스Raymond Jungles는 잠시 부를리 마르스와 함께 공부했는데 세라믹 벽체, 거울 연못, 야자나무 주랑, 그리고 무성한 열대 식물 식재 같은 그의 많은 장치들을 차용했다. 부를리 마르스의 유산은, 보다 시원한 기후에서 1990년대에 영국 댄 피어슨이 사용한 자생 식물들의 커다란 물결 식재와 볼프강 오히메Wolfgang Oehme와 제임스 반 스웨덴James van Sweden의 프레리 식재에서 볼 수 있다.

▲ 사막 식물들로만 구성된 이와 같은 전형적인 식재에서 스티브 마티노는 밝은 노란색 벽에 개화가 한창인 세르시디움 미크로필룸*Cercidium microphyllum*을 매치시켰다.

미적 효과를 위한 자생 식물의 식재 Native Planting for Aesthetic Effect

호베르투 부를리 마르스의 위대한 유산은 디자이너들에게 잔디, 앨리, 장미원 등의 유럽 디자인 관습의 압제에서 벗어나 그들의 집 문간에서 자랐던 친숙한 식물들의 아름다움과 잠재력을 인식하도록 용기를 준 것이다. 우리가 앞으로 해야 할 지속 가능한 정원을 가꾸는 방식인 동시에 더 나은 예술성을 나타낸다.

칠레의 유명한 조경가 후안 그림Juan Grimm은 자신에게 중요한 영향을 미친 사람으로 호베르투 부를리 마르스를 꼽는다. 30년 동안 그는 남미 전역에 정원을 설계했다. 이 과정에서 전적으로는 아니어도 주로 자생 식물을 사용했고, 종종 아직 길들여지지 않은 종을 사용하기도 했다. 때때로 직접 씨앗부터 정성껏 식물을 재배하기도 했다. 그림의 접근 방식은 자신이 만든 정원들이 야생의 자연과 혼동되지 않으면서도 주변 풍경과 쉽게 조화를 이루는 것이다. (이 정원들의 구조가 지닌 우아함에 있어서 무작위로 이루어진 것은 없다.) 그중 태평양이 내려다보이는 절벽 끝에 위치한 그림이 소유한 정원이 가장 유명하다. 비슷한 맥락에서 이사벨 그린Isabelle Greene이 만든 캘리포니아의 해변 습지 정원은 이러한 두 종류의 서식지 속에 알아차릴 수 없을 만큼 잘 융화되어 있다. 그녀의 발렌타인 정원Valentine Garden은 가드네스크를 현대적으로 재해석하여 만든 멋진 작품으로, 건조에 강한 맵시 있는 식물들을 강조하고자 디자인되었다.

사막 식물들의 구조적 아름다움은 애리조나 주 피닉스에서 나고 자란 스티브 마티노Steve Martino에게 생기를

▲ 멜버른의 크랜번 왕립 식물원에 있는 오스트레일리아 정원에는 15만 제곱미터에 이르는 면적에 걸쳐 토종 식물들이 예술품과 건축물과 어우러져 있다. 라고디아 스피네스켄스*Rhagodia spinescens*를 원형으로 식재한 레드 샌드 가든Red Sand Garden이 장관이다.

불어넣었다. 스티브 마티노는 도시의 정원들이 '말기 환자들'처럼 생존을 위해 고군분투하는 잔디와 화단 식물에 의존한다는 사실에 어리둥절해했다. 주변의 소노란Sonoran 사막은 이러한 혹독한 환경에서 번성할 수 있는 매력적인 건축적 비주얼을 가진 식물들을 풍부하게 제공했다. 호베르투 부를리 마르스와 마찬가지로 사람들은 지역에 자생하는 '잡초들'을 식재하려는 마티노의 초기 시도에 이해할 수 없다는 반응을 보였다. 그런 식물들을 보유한 양묘장도 없어서 그는 스스로 재배해야 했다. 하지만 40년에 걸쳐 탁월한 정원 스타일을 만들어 내는 데 성공했다. 그는 이것을 '잡초와 벽'이라고 불렀다. 마티노는 사막의 식물들을 루이스 바라간 방식의 평평한 색 벽과 나란히 배치하여, 그림자놀이와 인공조명을 모두 극적으로 이용했다. 1980년대 내건성 조경Xeriscape 운동이 일자 마티노의 작업은 물을 절약하는 조경의 대표 사례로 칭송받았다. 정작 그는 이것은 자신의 출발점이 아니었으며, 오히려 자생 식물들이 야생 동물들에게 주는 혜택과 확고한 아름다움에 관심 있었다고 주장한다.

바람이 심하게 부는 빅토리아 해안의 카칼라부터 퀸즐랜드의 열대 우림 정원까지, 토종 식물의 사용은 오스트레일리아에서도 마찬가지로 성공적이었다. 케이프타운엔 독특한 핀보스fynbos(고유종) 식생을 활용한 정원이 있었다. 프로테아*Protea*, 레우카덴드론*Leucadendron*, 그리고 멸종 위기에 처한 에리카 카펜시스*Erica capensis*(영문명은 케이프 히스Cape heath) 같은 식물들이 장관을 이룬다. 프랑스 남부에서 제임스 바순은 지역 식물들을 활용하여 희귀한 야생의 섬세함이 가득한 정원을 만들었다. 1990년대에 옷감 디자이너였던 니콜 드 베시앙은 지중해 마키maquis 관목을 바람에 잘 견디는 동그란 작은 언덕 모양으로 다듬었다. 이로써 진정으로 독창적이며, 엄청난 영향력을 가진 녹색 정원 라 루브La Louve를 만들어 냈다.

토종 식물에 대한 이 새로운 존중은 식물원에도 영향을 미쳤다. 큐 가든처럼 오래된 식물원은 수집가로서가 아니라 보전가로서 그들의 중요한 역할을 수행하면서 여전히 전 세계 곳곳에서 온 식물들의 보금자리를 제공한다. 그리고 더 많은 새로 만들어진 정원들이 대중이 그들 주변의 경이로움에 눈뜨는 것을 목표로 삼고 있다. 새로운 것이 아니다. 케이프 지역의 굉장한 식물들을 보유한 남아프리카의 커스텐보쉬Kirstenbosch 식물원의 역사는 1913년까지 거슬러 올라간다. 하지만 오스트레일리아의 앨리스 스프링 데저트 파크(1997)와 페루 오악사카의 민족식물학ethno-botanic 정원(1993)은 해당 지역에 자생하는 사막 식물의 아름다움과 다양성을 강조하는 데 매진한다.

빅토리아에 있는 크랜번Cranbourne 왕립 식물원의 오스트레일리아 정원(2006–2012)은 붉은 사막이 있는 중심부터 해안가로 가는 여정을 떠올리게 하는 일련의 인상적인 정원들 안에다 오스트레일리아 식물상의 10퍼센트 정도에 해당하는 식물들을 전시한다. 반면 반대쪽 기후대의 끝에 위치한 노르웨이 트롬쇠Tromso에 위치한 북극 고산 식물원은 극지방 또는 고산 식물들을 전문으로 하는데, 대부분의 식물원들이 위치한 온화한 지역에서는 살아남기 어려운 식물들이 식재되어 있다.

몇몇 개인 정원사 역시 특별한 식물들의 인상적인 컬렉션으로 기억에 남을 만한 정원을 만들었다. 눈에 띄는 정원은 1950–1980년대에 선인장과 다육 식물의 정원으로 조성된 루스 밴크로프트Ruth Bancroft 정원과 오페라 가수 간나 발스카Ganna Walska가 소유했던 로터스랜드Lotusland가 있다. 그녀의 캘리포니아 정원엔 알로에, 브로멜리아드, 소철, 야자나무가 가득했다.

지속 가능성을 끌어안다 Embracing Sustainability

정원 역사의 새로운 장은 언제 시작되는 걸까? 새로운 아이디어는 언제 뿌리내리는 것일까? 1960년 자갈, 점토, 실트, 모래가 쌓인 가망 없는 땅에서 정원을 만들고 가뭄과 그늘에 맞선 베스 차토Beth Chatto와 함께였을까? 보스파크Bospark가 생태학적 맥락에서 구상된 최초의 도시 공원이 되었던 1930년대 암스테르담부터였을까? 1870년에 윌리엄 로빈슨과 함께 되돌아왔을까? 확실히 제2차 세계대전 이후, 특히 1980년대 이후로 큰 변화가 있었다. 당시에 미국의 정원은 대개 잔디와 기본 관목들의 비어 있는 확장으로 이루어졌다. 영리한 영국 정원사들은 침엽수와 헤더로 이루어진 동그란 섬 모양의 저관리형 화단과 기분을 북돋아 주는 걸이 화분을 고수했지만 거름주기, 뿌리 나누기, 지주 세우기, 시든 꽃 따 주기 등에 수반되는 모든 노동과 함께 거트루드 지킬을 재발견하고 있었다. 색은 아주 중요했다. 웨일스 공이 주도한 유기농 가드닝은 괴짜들의 전유물이었다. 오늘날의 우리는 다른 행성에서 정원을 가꾸는 것만 같다.

이러한 정원들의 차이점은 '지속 가능성'이라는 하나의 단어로 요약할 수 있다. 확실히 자연주의적인 식재를 포함하지만 그에 대한 새로운 열정만을 이야기하지는 않는다. 식물들에 대한 새로운 사고방식으로, 그것을 배치하고 식재하기 전에 식물들이 자생하는 서식지에 대한 요구 사항과 환경 조건을 고려하는 일이다. 정원에 대한 다른 사고방식으로, 덜 인공적이며 더 생태적이다. 식물들만이 아니라 동물들을 포함하여 무엇이 정원에 잘 살아갈 수 있을지에 관련된 것이며, 무엇을 투입하고, 어떻게 관리하며, 인간 간섭의 영향은 어떠할지를 고려하는 일이다. (하지만 정원은 주로 사람을 위한 서식지임을 잊어서는 안 된다.) 수많은 가닥이 한데 모이는데, 그중 일부는 한 세기가 넘도록 발전해 왔다. (거트루드 지킬은 색채 보더 화단으로 잘 알려져 있지만 정원 외곽 가장자리 숲 지대에는 자연주의적으로 식물을 식재하기를 추천했다.)

친애하는 친구이자 정원사에게: 차토와 로이드

DEAR FRIEND AND GARDENER: CHATTO AND LLOYD

지난 반세기 동안 영국에서 정원 가꾸기의 흐름을 바꾸기 위해 다른 누구보다 더 많은 성과를 이루어 낸 두 정원사는 베스 차토(1923-2018, 왼쪽 사진)와 크리스토퍼 로이드Christopher Lloyd다. 1998년 그들은 2년 동안 주고받은 편지들을 엮어 『친애하는 친구이자 정원사에게Dear Friend and Gardener』를 펴냈다. 여기에는 두 사람이 나눈 깊이 있는 식물 지식에 관한 모든 것이 담겨 있다. 아주 상세하고 지속적인 관찰에 대한 경이로운 능력, 그 식물들을 결합시키는 천재성, 그리고 자신들의 크고 복잡하고 변화무쌍한 정원에 대한 열정적 사랑을 통해 얻은 결과물이었다. 거기서 모든 유사성은 끝났다.

크리스토퍼 로이드(1921-2006)는 이스트서식스의 그레이트 딕스터Great Dixter에서 에드윈 루티언스가 디자인한 미술과 공예의 정원을 물려받아 그곳을 가드닝의 메카로 탈바꿈시켰다. 이곳에는 흥미진진한 식물 조합과 색채 계획을 탐구하며 집중적으로 관리되는 정원의 '방들'이 있는데, 대개 용기 있는 사람들을 위한 정원이었다. 그레이트 딕스터는 보더 화단을 수개월 동안 눈부시게 유지하며 복잡하게 이어지는 식물들의 식재, 풍성한 화분 전시, 저관리형 가드닝이라는 용어를 붙일 법한 모든 것을 자신 있게 거부하는 것, 그리고 아름다운 야생화 목초지로 유명해졌다. 로이드는 재치 있고 고집스러운 책들과 칼럼으로 수십 년간 가드닝 세계를 사로잡았다. 우상 파괴적인 그는 1993년 루티언스의 장미원을 철거하여 아열대 식물들과 커다란 잎을 가진 내한성 식물들을 시끌벅적하게 혼합한 이국적인 정원으로 대체함으로써 원예계에 파문을 일으켰다. 다음 20년 동안 영국은 '정글 정원'으로 넘쳐 났다. 그러나 로이드가 남긴 보다 지속적인 유산은 영국 정원사들에게 정원의 구석구석까지 최고의 색과 극적 요소를 담을 수 있는 식재 방법을 가르쳐 준 데 있다. 오늘날 그레이트 딕스터는 로이드와는 절친한 친구이자 수석 정원사인 퍼거스 가렛Fergus Garrett의 지도 아래 세계에서 가장 유망한 학생들을 선발하기 위한 일종의 국제적인 최종 단계의 학교로 발전했다. 이 정원은 더욱 눈부시고 혁신적인 원예와 함께 계속하여 도전함으로써 즐거움을 나눠 주고 있다.

로이드가 화려한 외래 식물들로 루티언스를 뒤집어엎는 동안, 그의 친구 베스 차토는 그녀의 수수한 방갈로 주변에 일련의 최신 정원들을 조성했다. 이 정원은 연간 강수량이 그리스보다 적은 에식스 일부 지역에서 관개가 전혀 없이도 대처할 수 있게끔 설계되었다. 베스의 남편은 평생 식물 생태학을 공부했는데, 베스가 다양한 도전적 환경에서 잘 자랄 수 있는 식물들을 선택하는 데 지침이 되었다. 차토는 첫 번째 책 『드라이 가든The Dry Garden』(1978) 이후 『댐프 가든The Damp Garden』(1982)을 출판했다. 그녀의 정원 일부는 축축하고 다루기 힘든 진흙에 조성되었다. 2000년에는 『베스 차토의 그래블 가든Beth Chatto's Gravel Garden』이 출판되었다. 이 책에서 그녀는 오래된 주차장에 내건성 식물 종들을 식재하여 전혀 물을 주지 않아도 되는 획기적인 정원으로 바꾼 이야기를 들려준다. 그녀의 만트라mantra(주문)는 '올바른 장소에 올바른 식물'이었다. 엘름스테드 마켓에 위치한 그녀의 정원은 식물들의 자연 서식지를 참고하여 식물을 선택하는 것이 더 성공적이고 아름다운 정원을 만들 수 있는 지름길임을 보여 주는 살아 있는 증거였다.

차토는 정원에 필요한 자금을 위해 양묘장을 시작했다. 그녀는 전문 화훼 장식가였으며, 식물을 고르고 조합하는 뛰어난 능력으로 걸출한 재배가가 되었다. 가드닝 멘토이자 화가, 붓꽃 육종가였던 세드릭 모리스 경으로부터 소박한 식물 종들을 소중히 여기는 법을 배웠는데, 이들은 고도로 육종된 화사하고 큼직한 꽃들이 한창 유행하던 시기에는 인기가 없었다. 차토는 꽃꽂이에 대해 잎, 질감, 형태가 더 중요하다고 주장했다. 식물을 전시하는 그녀의 참신한 방식(첼시 플라워 쇼에 전시된 그녀의 양묘장은 자연주의적으로 땅에 식재된 식물들을 처음 선보였다)은 정원에 식물을 배치하는 더욱 사려 깊고 새로운 방식을 제공했다. 지난 반세기 동안 차토의 심오한 영향력은 모든 정원 조성가에게 영감을 주었고, 1990년대 생태 운동의 토대를 마련했다.

여기에는 유기농 운동, 야생 정원 가꾸기, 자급자족적인 내건성 조경, 특히 1930년대부터 북유럽과 미국에 등장한 식물 공동체에 대한 과학에 기반을 둔 접근 방식의 성장이 포함된다. 하지만 우리가 급진적인 관점의 변화를 보게 되는 하나의 순간이 있다면, 1969년 이안 맥하그가 『자연과 함께하는 디자인Design with Nature』을 출판했을 때일 것이다. 근본적으로 생태학적 계획의 개념을 개척한 책으로, 생태 경관 디자인을 위한 과학적 방법론을 제시하면서 '자연이 존중되면, 디자인 측면은 스스로를 돌볼 것'이라고 주장했다. 그는 펜실베이니아 대학교에 개설된 조경학 과정을 통해서 우리가 장기적인 생존을 보장하기 위해서는 지구에 오랫동안 고수해 온 '지배와 파괴'라는 접근 방식을 버리고, 대신 인간이 다른 모든 생물 형태와 연관되어 있는 과정 개념으로의 자연을 받아들여야 한다고 가르쳤다. 토양의 유형, 수문학, 식생과 지질학을 배우는 것은 중요했다. 아름다움은 더 이상 교육 과정의 일부가 아니었다.

유럽의 실험적인 식재 Experimental Planting in Europe

식재에 대한 생태학적 접근은 1930년대 이래로 독일과 네덜란드에서는 친숙한 주제였다. 1947년 칼 푀르스터의 연구에 기초하여 리하르트 한센(1912–2001)은 뮌헨 인근 바이엔슈테판 대학교 캠퍼스에 쇼 가든Sichtungsgarten을 조성했다. 여기에는 나무, 관목, 새로운 장미 품종, 그리고 특히 푀르스터가 좋아했던 관상용 그라스류를 포함한 초본성 숙근초 그룹을 연구하기 위해 7만 제곱미터의 시험 포지가 있었다. 그는 자연 서식지와 비슷한 경관에서 식물들을 재배함으로써 최소한의 관리로 성공적으로 자랄 수 있는 식물 그룹을 찾기를 희망했다. 한센의 연구는 토양, 그늘, 물, 또는 온도의 작은 차이가 식물의 '사회성'에 영향을 미칠 수 있는지 탐구하며 세심하게 진행되었다. 어떤 식물들은 번성하고, 다른 식물은 이웃하는 식물들에 압도될 수 있는 부분에 관한 것이었다. 1981년에는 프리드리히 스탈Friedrich Stahl과 함께 『숙근초와 그들의 정원 서식지Perennials and Their Garden Habitats』를 출판했다. 이 책은 다양한 서식 환경에 적합한 식물 종과 품종의 상세한 식물 목록을 담고 있다. 그리고 급속도로 숙근초 식재가들의 바이블이 되었다. 한센의 첫 번째 관심사는 자신이 발굴한 식물 그룹의 효율성이었지만 바이엔슈테판에서 그의 뒤를 이은 사람들은 더욱 많은 색깔 주제, 그리고 형태와 질감에 중점을 두면서 미적 관점을 더했다.

바이엔슈테판의 목적은 공공 공간을 위한 식재 아이디어 개발이었다. 전후 독일에서는 도시 재생을 위한 수단으로 정원 축제들을 개최하는 전통이 강해졌고, 이에 따라 도시들은 창의적 식재의 유산이 되었다. 그중 하나는 1983년에 로즈마리 바이세Rosemary Weisse가 설계한 뮌헨의 웨스트파크Westpark다. 지킬의 전통에서 배워 온 정원사들에게 이곳은 하나의 폭로였다. 여기서 숙근초 군락은 더 이상 좁은 보더에 갇혀 있지 않고, 4천 제곱미터 면적의 대부분을 차지하며 퍼져 나가는데 흡사 대초원 또는 스텝 지대를 닮았다. 식물들은 긴 기간에 걸쳐 흥미를 제공하며 3주마다 정점을 찍도록 선택되었다. 모두 주기적인 제초 작업 외에는 간섭이 거의 필요하지 않았다.

이와 똑같은 역동성은 쇼 가든 헤르만쇼프의 특징으로 나타난다. 이 정원은 바이엔슈테판의 정신으로 만들어진 또 다른 실험 정원으로, 한센이 제안했고 그의 제자인 우르스 발저Urs Walser가 1980년대에 식재했다. 여기에서도 식재는 물 빠짐이 좋은 개방된 목초지부터 '계절풍림monsoon forest'에 이르기까지 특정한 생태학적 틈새를 점유하고 있는 식물 군락에 기반을 둔다. 프레리 식재 기법, 공격적으로 자라는 그라스류와 경쟁할 수 있는 강한 숙근초의 탐색, 그리고 다양한 관리 체계에 관한 시험 등 여러 실험들이 진행되고 있다. 특히 갖가지 식재 콘셉트의 유지와 관리를 위해 필요한 부분을 양적으로 측정하고자 많은 노력을 기울인다. 책임자인 카시안 슈미트의 주요 목표 중 하나는 숙근초를 도시로 도입할 수 있는 경제적으로 실행 가능한 방법을 찾는 것이다.

▲ 헹크 헤릿선은 관습적인 가드닝 지혜를 뒤집는 데 큰 기쁨을 느꼈다. 자신이 죽기 직전 출판된 중요한 (그리고 재미있는) 저서인 『가드닝에 관한 에세이Essay on Gardening』에서 '직선은 곡선이 되어야 하고, 곡선은 직선이 되어야 한다'고 유머러스하게 표현했다. 네덜란드에 있는 그의 정원 프리오나Priona에서는 자연주의적으로 치밀하게 식재된 숙근초들이 아주 기이한 토피어리와 함께 식재되었다.

네덜란드에서는 친숙한 개념이었는데, 한 세기가 훨씬 넘는 기간 동안 자연을 도시 환경으로 도입하려는 노력이 있어 왔다. 암스테르담 변두리에 위치한 암스텔베인이 그 길을 선도했다. 야생화들은 주택 공원이나 자연 공원만이 아니라 도로나 전차 선로를 따라 펼쳐지도록 식재되었다. 이러한 식재지들이 자생 식물들로만 이루어지진 않았지만 분명 지금은 완전히 사라진, 네덜란드의 경작되지 않은 시골 지역에 대한 이미지를 전달하고자 했다. 칼 푀르스터의 또 다른 제자였던 식물 전문가 미엔 루이스(1904–1998)는 데뎀스바르트Dedemsvaart(440쪽 참조)에 있는 그녀의 정원에서 독일 학파의 자연주의와 모더니즘 디자인의 독특한 통합을 구축하기 위한 실험을 이어 나갔다. 자생이 아닌 식물들을 무리 지어 식재함으로써 느슨한 야생의 모습을 보여 주고자 했다.

예술가 톤 린덴도 마찬가지로 자연주의에 생태학적 측면이 아닌 시각적으로 긴요한 개념으로 접근한다. 그는 누가 봐도 저절로 생겨난 듯한 (사실은 주의 깊게 연출한) 아름다움을 줄 수 있도록 식물을 식재했다. 린덴은 네덜란드 뉴 웨이브로 알려진 것과 연관된 주요 인물들 중 한 사람이다. 또 다른 사람으로 헹크 헤릿선Henk Gerritsen(1948–2008)을 들 수 있다. 자연에서 볼 수 있는 섬세한 식물 조합을 소중히 여겼지만 종래의 관습적인 정원에는 거의 관심이 없었다. 그는 '개코원숭이의 엉덩이에도 색깔이 있다'라는 기억에 남는 글을 남겼다. 그러다가 1977년 7월 우연히 미엔 루이스의 정원을 방문했다. '그것은 문화 충격이었고, 뺨을 한 대 맞은 기분이었다. … 나는 그러한 것이 식물로도 가능하다는 사실을 전혀 알지 못했다. 나도 그렇게 해보고 싶다. 하지만 난 다르게 하고 싶다.' 그리고 그 해가 다 지나가기 전에 파트너 안톤 슐레퍼스와 프리오나에 정원을 만들기 시작했다. 그가 새로운 방식으로 야생성을 이해했던 장소였다. 새로운 방식이란 식물 선택에서가 아니라 토양을 파헤치는 데 대한 거리낌과 잡초에 대한 저항성, 그리고 죽음과 부패를 포함한 생명의 완전한 순환을 환영하는 방식이었다. 푀르스터의 전통에서 흔히 볼 수 있던, 죽은 줄기와 씨앗 뭉치를 겨우내 그대로 남겨 두는 것만이 아니라 민달팽이에 갉아먹힌 호스타 잎을 그림의 일부로 받아들인다는 것을 의미했다. 더 광범위한 독일의 계획과 달리 헤릿선은 숙근초를 이용한 느슨한 목초지와 같은 식재 기법을 산뜻하게 생울타리를 다듬는 네덜란드인들의 솜씨와 결합시켰다. 이러한 조합은 또한 새로운 숙근초New Perennials 양식의 가장 잘 알려진 주창자이자 재배가, 식재 디자이너인 피트 아우돌프의 초기 작품의 특징이 되었을 것이다.

자연을 향상시키다: 새로운 숙근초들

Enhancing Nature: The New Perennials

1994년에 독일 디자이너 브리타 폰 쇼이나흐Brita von Schoeinach가 새롭고 생태학적으로 잘 알려진 유럽의 식재 스타일을 이에 무지한 영국인들에게 소개하기 위해 큐 가든에서 심포지엄을 개최했다. 연사들 가운데에는 베스 차토를 비롯하여 작가이자 재배가인 노엘 킹스베리가 있었다. 자생 야생화 초원의 한계에 주목한 그는 영감을 얻고자 더 멀리 살펴보았으며 독일의 공원들, 특히 피트 아우돌프의 작품에서 그것을 발견했다. (2018년까지 헤리퍼드셔에 실험 정원을 소유했던 킹스베리는 새로운 숙근초 운동의 주된 지지자가 되었으며, 오스트레일리아와 일본까지 메시지를 전했다.)

영국의 가드닝은 변화를 위해 무르익었다. 1943년 이브 밸포어 부인에서 시작된 유기농 운동은 1970년대 미리암 로스차일드 부인의 선구적인 작업으로 탄력을 받았다. 이미 한정된 영국의 식물과 곤충에 대한 집약 농업의 영향을 우려한 로스차일드는 자신의 집을 아이비로 덮었고, 화단을 꽃이 피는 자생 관목으로 대체했으며, 잔디밭과 테니스장을 야생화 밭으로 바꾸었다. 유기농 농부이기도 했던 로스차일드는 야생화들이 자신의 들판에 번성하도록 하여 야생화 초원에 대한 새로운 열정을 불러일으켰다. 생태학자 크리스 베인스가 보통의 도시와 교외 지역 정원을 점점 더 궁지에 몰리고 있는 야생 동물들을 위한 은신처로 만들고자 했던 노력과도 관련 있었다. 독일의 공원에서는 살충제와 제초제가 허용되지 않았다. 헹크 헤릿선에게는 정원사가 한 종류의 식물을 이롭게 하고자 다른 식물에 독을 뿌린다는 생각은 말도 안 되었다. 가드닝에 대한 이 새로운 유럽식 접근법은 시대 분위기에 적합했다. 그 방식은 투입되는 것이 적어야 했고, 물을 줘야 한다면 아주 드물게 주었으며, 관리하기 쉬워야 했다. (전체 식재는 하나의 단위로 취급하여 늦겨울에 모두 베어 냈다.) 그리고 야생 동물 친화적이었다. 공간 계획은 거의 고려하지 않았으나 장기적인 성공을 위해서는 상당한 식물 지식이 필요했다. 영국 기후에서는 관리하기가 더욱 까다로웠지만 영국인의 정신에 완벽하게 적응되었다.

새로운 숙근초 스타일은 크리스토퍼 브래들리홀, 톰 스튜어트스미스, 그리고 가장 정교하게는 사라 프라이스Sarah Price(2012년 런던 올림픽 공원 식재를 담당한 3인조 가운데 한 명) 등 수많은 디자이너에 의해 성공적으로 개발되었지만 가장 잘 알려진 전문가는 피트 아우돌프(1944-)다. 아우돌프는 1980년대 초에 유명해졌고, 조경가로서 자신의 작업에 사용하고자 했던 식물 종류들을 재배하기 위해 아내와 양묘장을 차렸다. 아무도 재배하는 것 같지 않았던 강건한 숙근초와 관상용 그라스류, 그리고 그가 점점 더 많이 육종했던 종류들이 포함되었다. 헤릿선은 아우돌프의 첫 고객들 중 한 사람이었다.

영국에 조성한 아우돌프의 첫 정원은 햄프셔의 베리 코트를 위한 한 쌍의 작은 정원들 중 하나였다. (다른 하나는 크리스토퍼 브래들리홀이 조성한 격자형 그라스 정원이다.) 곧 노퍽에 위치한 펜소프Pensthorpe 자연 공원의 밀레니엄 가든이 뒤를 이었는데, 이 정원은 거대하고 대담하게 이어지며 펼쳐진 그라스와 숙근초가 하나의 식물 종마다 느슨한 물결을 이루도록, 정확히 말하자면 오히메와 반 스웨덴의 방식(뒷장 참조)으로 식재되었다. 생울타리나 나무들은 끼어들지 않았다. 아우돌프는 항상 식물의 색채가 아니라 꽃이 피기 전, 피는 동안, 피고 난 이후의 질감과 형태에 관심 가질 것을 설파해 왔다. 헤릿선으로부터 얻은 통찰이었다. 그라스류의 줄기와 씨앗 뭉치의 베이지색과 갈색은 그의 디자인에서 주된 요소가 되었다. 하지만 펜소프의 선명하지 않은 녹슨 빛깔과 자줏빛 색조들(영국에서 지배적인

▲ 요크셔에 위치한 스캠프스톤의 월드 가든Walled Garden은 극도의 정형성을 바탕으로 한 기본 계획을 가지고 있다. 피트 아우돌프의 에워싸는 듯한 숙근초 식재는 선들과 울타리 블록, 정형식 가로수 길, 기하학적 동선과 균형을 이룬다. 가장 두드러진 특징은 그라스 파르테르다. 몰리니아 세룰레아 '포울 페테르센'(*Molinia caerulea* subsp. *caerulea* 'Poul Petersen')의 물결 모양 띠들은 재래식 잔디밭을 가로질러 구불구불 이어진다. 이는 형식성의 모든 즐거움을 운동성의 에너지와 결합시킨다. 그러한 운동은 몰리니아가 자라면서, 여름 내내 색깔을 변화시킴에 따라서, 그리고 그것이 바람에 흔들리고 바스락거림에 따라 발생한다.

파스텔 톤과는 너무나 다른), 또는 피트 아우돌프가 트렌트햄에 조성한 생기 넘치는 '꽃의 미로'는 색에 무관심한 사람이 만든 작품이 아니다. 미국에 조성한 그의 첫 번째 정원인 루리 가든Lurie Garden은 시카고 밀레니엄 파크의 지하 주차장 지붕 위로 가망이 없어 보이는 부지에 위치해 있다. 그는 1996년 스웨덴의 공공 공원을 위해 처음 만들어 낸 디자인을 이곳에 반복 적용하여 숨이 막힐 듯 아름다운 자주색 샐비어의 '강'을 펼쳐 놓았다. 이 새로운 세기에 걸쳐 헤르만쇼프의 영향 하에 아우돌프의 스타일은 더욱 미묘해졌다. 그는 식물 그룹들이 층 위에 층을 형성하며 뒤섞이도록 더 복잡하게 식재함으로써 톰 스튜어트스미스가 드뷔시의 작품에 비유했던 복잡성과 유동성의 패턴을 만들었다.

이러한 더욱 '생태적인' 접근 방식은 뉴욕의 하이 라인에서 볼 수 있다. 하이 라인은 1980년 이후 폐허로 남은 화물 운송을 위한 고가 철로였다. 세월이 흐르면서 자발적으로 생겨난 식물들이 이곳을 지배하게 되었다. 1999년 철거 문제가 제기되자 일단의 생태학자들과 지역 거주자들이 그곳을 도시 공원으로 바꾸는 계획을 내놓았다. 도시 녹화를 전문으로 하는 조경 건축가 제임스 코너가 계획안을 수립했는데, 식재 디자인을 위해 아우돌프를 초대했다. 구조물을 안전하게 만들기 위해 진지한 공학이 필요했기 때문에 원래의 식생은 아무것도 유지될 수 없었다. 따라서 피트 아우돌프의 임무는

▲ 하이 라인에서 서쪽 17번가를 바라보는 전망. 공원에 식재된 생기 넘치는 꽃과 관목을 보여 준다.

다음 페이지: 형식적인 요소들이 무성하게 식재된 숙근초들과 대비를 이루는 또 다른 정원은 프랑스 노르망디에 위치한 르 자당 플륌Le Jardin Plume이다. 네덜란드에 위치한 아우돌프의 정원에서처럼 생울타리는 날카로운 바람을 막는 데 필수지만 동시에 정원의 프랑스 유산을 표명한다. 그 견고한 구조는 질서 정연한 프랑스식 채소밭을 닮았다. 여기서 색과 풍성함은 엄격한 선들 안에 갇혀 있다. 블록형으로 식재된 그라스는 구조적 요소로 사용된다. 이 정원에 플륌(깃털)이라는 이름을 부여한 것은 그라스류 때문이다. 이들은 엄청나게 큰 숙근초들 사이에 엮여 바람이 잘 통하게 식재되어 있어 식물들 사이에서 길을 잃을 것 같은 동심을 불러일으킨다.

도시의 야생지로 이곳에 존재했던 과거 식생을 풍부한 상상력으로 되살릴 수 있는 새로운 식재 계획을 만들어 내는 것이었다. 루리 가든 작업은 그에게 많은 새로운 미국 식물들, 특히 스트레스가 많고 완전히 인공적인 환경에서 번성할 수 있는 그라스류를 알게 해 주었다. 하이 라인은 엄청나게 긴 옥상 정원인 셈이다. 그는 이 일련의 정원을 만들었다. 일부는 개방적이고 야생 초지대를 연상시키며, 또 다른 일부는 신생 숲 지대에 가깝다. 특히 이곳에는 폭넓은 범위의 식물 종들이 식재되어 있어 보행자들이 지나가며 끊임없이 변화하는 분위기를 만날 수 있다. 대부분 자생 식물인데 그라스류의 비율이 높다. 자연을 모방한 식물 군집으로 식재되었지만 결코 원래의 자발적 식생을 그대로 복제하지는 않았다. 오히려 아우돌프는 이곳이 '길들여진' 또는 개선된 자연이라고 설명한다. 따라서 더 극적이고, 더 표현적이며, 대체로 내구성이 더 뛰어나고, 원래의 식생보다 비바람에 더 잘 견딘다.

야생적인 접근 방식이 어디까지 발전할 수 있을지는 논쟁이 여지가 있다. 복잡한 식재를 유지하기 위해서는 식물에 대한 깊은 지식이 필요하다. 또 유지를 위해 주기적인 보완 작업이 필요하며, 공공 공간의 유지를 위해 좀처럼 사용되기 어려운 기술 수준과 시간의 투입이 필요하다. 개인 정원에서만 일어날 수 있는 일일지도 모른다. 블록마다 단일 식물 종을 사용하는 것도 시각적으로 매우 효과적일 수 있다. 가령 톰 스튜어트스미스와 앤디 스터전이 행한 것처럼, 더 하늘거리고 얽혀 있는 식재를 위해 돋보이는 식물을 사용하거나 요크셔 북부에 위치한 스캠프스톤에서처럼 식물 자체를 구조적 요소로 사용할 수 있다.

◀ 1977년 워싱턴 가에 조성된 페더럴 리저브 가든Federal Reserve Garden은 유럽의 정형식 스타일에서 새롭고 더 자유로운 미국 스타일로의 상징적인 변화였다.

당신이 저지를 수 있는 최악의 일은 어리석은 것이다

THE WORST THING YOU CAN DO IS BE DITSY

1970년대 중반 급진적인 두 조경 디자이너가 미국 교외 지역의 잔디밭에 전쟁을 선포했다. 이들은 주택 소유주들에게 잔디밭에 울타리를 치고 키 큰 숙근초와 바람에 흔들리는 그라스를 느슨하고 자연스럽게 식재하여 사적 공간을 되찾자고 했다. 이들은 유럽과 관계가 있었다. 네덜란드계 미국인 건축가 제임스 반 스웨덴(1935–2013)은 젊은 시절 네덜란드에서 공부했고, 볼프강 오히메(1930–2011)는 동독 출신 이민자이자 칼 푀르스터의 제자였다. 그들은 초본성 숙근초, 그라스, 양치류의 대담한 물결로 정의되는 '새로운 미국 정원'을 만들었고, 대부분 젠스 젠슨의 프레리 식재 방식으로 미국의 야생 공터 정신을 환기시켰다. 반 스웨덴에 따르면 결과는 '바람에 움직이며 스테인드글라스처럼 반짝이는' 정원이었다.

고객들은 미 국무부에서부터 오프라 윈프리까지, 장소는 작은 마당부터 시골 목장까지 다양했다. 그들의 스타일은 식물의 리듬감 있는 층위로 광활한 느낌을 주었다. 반 스웨덴은 공간이 작을수록 크게 생각하라고 권고했다. '커다란 잎, 거대한 그라스, 정찬용 접시처럼 큰 꽃에 대해 생각해 보자. 당신이 저지를 수 있는 최악의 일은 어리석은 것이다.' 하지만 그들은 복잡한 유럽의 정원 스타일보다는 호베르투 부를리 마르스에게 영향받은 강조형 스타일의 경관 규모로 작업을 진행했다. 오페라 같은 대비 효과를 위해 강한 색상의 커다란 덩어리 식물들이 블록형으로 배치되었으며, '대담하게 흐르는 선이 확장되어 정원을 더 큰 세상으로 연결했다.

식물은 자생력이 있어야 했고, 장기간 보여 줄 것이 많아야 했다. 둘은 가장 먼저 겨울 정원의 '마른 부케'가 지닌 아름다움을 설파한 사람들이었다. 1990년 『대담한 낭만 정원Bold Romantic Gardens』에서 그들의 조경을 '시간을 포함한 사차원에서 보일 수 있는 움직이는 조각'이라고 했다. 그들의 식재는 형태, 볼륨, 색상의 극적인 변화를 제공했다. '비록 모든 정원은 변하지만… 우리의 정원은 폭발적인 변화를 위해 대부분의 정원보다 더 극적으로 프로그램되었다.'

▲ 런던에 위치한 퀸 엘리자베스 올림픽 파크Queen Elizabeth Olympic Park에 있는 이 초지에는 나이젤 더넷이 만든 혼합 씨앗이 뿌려졌다. 알리움 '글로브마스터'*Allium* 'Globemaster'와 비스카리아 오쿨라타*Viscaria oculata*가 특징이다.

생태 정원 The Ecological Garden

생태 정원의 개념은 지난 50년에 걸쳐 다양한 방식으로 발전해 왔다. 유기농 경작이 증가함에 따라 '올바른 장소에 올바른 식물'이라는 베스 차토의 신조가 주류를 이루었다. 20세기 말에는 정원에서 토탄, 물에 닳은 석회암, 열대 우림의 목재를 사용하는 게 일상적이었다. 오늘날의 분별력 있는 정원사들은 더 이상 이러한 재료들을 받아들일 수 없다고 여긴다. 정원사들은 다듬돌을 지구 반대편까지 운반하는 데 드는 환경적 비용, 그리고 난방과 물 사용의 낭비를 고려하기 시작하면서 정원을 벗어날 경우 문제를 일으킬 수 있는 침입성 외래 식물의 대안을 찾기 시작했다. 뉴질랜드, 오스트레일리아, 미국은 점점 증가하는 외래 식물의 수입을 금지한다.

미국에서는 자생 식물만 식재해야 한다는 편견이 강하다. 공공 프로젝트에도 널리 시행되고 있어 정원사들이 이용할 수 있는 관상용 식물의 선택을 제한한다. 다만 이상하게도 과일과 채소에는 적용되지 않는다. 영국에서는 극소수의 곤충들이 그들의 먹이 공급원으로 하나의 식물 종에 의존하는 반면 대다수의 곤충들은 그렇지 않다는 증거가 있다. 따라서 정원에 다양한 종류의 식물을 채워 가능한 한 가장 긴 시즌에 걸쳐 먹이와 서식처를 제공하는 것이 생물 다양성을 증진시키는 최선의 방법이다. 그럼에도 불구하고, 많은 지방 정부는 생물 다양성 육성이라는

명목으로 녹지 정책에 따라 주로 자생 식물을 식재해야 한다고 주장한다. 이는 북유럽의 공원에서 즐길 수 있는 풍요롭고 다양한 종류의 식생을 유지하는 데 드는 예산과 인력을 투입하는 것으로부터 재정난에 처한 의회에 면죄부를 주는 '위장 친환경greenwashing'이라는 성의 없는 행태이기도 하다. 개인 정원사 대부분은 더 이상 정원에 화학물질을 사용하지 않으나 공공용지 관리에서는 그렇지 않다는 점도 주목할 만하다.

셰필드 학교는 나이젤 더넷Nigel Dunnett과 제임스 히치모James Hitchmough, 이들 두 교수가 이끄는 운동을 통해서 엄격한 과학으로 뒷받침된 더욱 사려 깊은 접근 방식을 실행에 옮기고 있다. 그들은 영국의 일부 암울한 도시 환경에서 살아가는 거주민들에게 '개선된 자연'에 대한 희망을 주는 비전을 제시해 왔다. 21세기 도시 식재의 전형적인 특징이기도 한 생활 편의 시설의 짧게 깎인 잔디밭의 음울한 확장에 더욱 상상력이 풍부하고 지속 가능한 대안을 찾기 위한 노력의 일환이었다. 20년이 넘는 연구 결과 더넷의 '픽토리얼 메도우Pictorial Meadows'가 개발되었다. 초지의 모습과 느낌을 주는 믿을 수 있는 혼합 씨앗(오늘날 상업적으로 이용 가능)으로, 원래 주택가 주변의 훼손되고 방치된 곳, 공터 및 도로변의 지면을 녹화하기 위해 고안되었다. 이 혼합 씨앗은 영국 기후에 잘 자라는 북미 대초원의 강건한 식물들 위주로 자생 식물과 외래 식물을 혼합함으로써 자생 식물들만 있을 때보다 훨씬 긴 기간에 걸쳐 다채로운 꽃을 피우도록 했다. (셰필드의 연구는 거주민들이 색깔을 가장 중요하게 여긴다는 것을 일관되게 보여 준다.) 여기에 그라스는 포함되지 않는다. 더넷은 이렇게 썼다. '우리는 "초지 정원" 또는 "디자인된 초지"와 "자연 보전을 위한 초지"를 구별할 필요가 있다. 정원 또는 디자인된 조경에서 자연 보호론자 또는 복원 생태학자의 엄격한 규칙을 반드시 지킬 필요는 없다. 우리는 그 정원들을 뛰어넘어 사람들에게 효과가 있는 무언가를 만들 수 있다. 그것은 그들의 영혼에 바로 닿을 수 있다.'

'초지'의 희망적인 품질은 2012년 런던 올림픽 공원에서 모든 사람이 볼 수 있는 꾸밈없는 것이었다. 더넷이 동료 제임스 히치모, 정원 디자이너 사라 프라이스와 디자인한 이 흥미진진한 식재는 올림픽에 맞추어 개화가 절정에 이르도록 신중하게 계획되었다. 또 국민적 행복감을 이끌어 내는 데도 크게 공헌했다. 더넷은 현재 지속 가능한 물 관리 방법을 연구하고 있다. '빗물 정원'에 물을 모으고, 옥상 녹화를 확대하는 것도 포함된다.

제임스 히치모는 성공적인 숙근초 식재의 열쇠는 씨앗에서 비롯된다고 믿는 데 있어 훨씬 더 급진적인 인물이다. 옥스퍼드 식물원에 조성한 그의 실험적인 기후 변화 보더 화단은 5센티미터의 모래 위에 파종되었다. 빽빽하게 발아된 식물들은 잡초가 자라지 못하게 해 주었고, 인간의 손으로 정해진 패턴에 따라 발달하는 것이 아니라 서로 자연스러운 관계를 가진 식물 군집으로 발달할 수 있게 한다. 본질적으로 인위적인 관상용 생태계를 유지하는 최선의 방법에 대한 연구가 계속되고 있다. 관리는 광범위해야 한다. (즉, 모든 식물에 동시에 적용되어야 한다.) 가령 풀을 베는 시기는 더욱 왕성하게 자라는 식물들의 성장과 확산을 줄이는 효과가 있거나 화염 제초기는 반자연적인 초원 및 다른 목초지 관리의 핵심 사항인 불을 놓는 데 사용될 수 있다.

인공 초지의 초기 선구자는 키스 와일리Keith Wiley다. 남아프리카 식물을 활용한 그의 활기 넘치는 식재는 20세기가 21세기로 바뀔 무렵 데본에 위치한 가든 하우스의 하이라이트였다. (남아프리카 초지는 또한 올림픽 공원의 주연임이 입증되었다.) 와일드사이드에 있는 와일리의 정원은 2004년에 시작되었으며, 많은 사람들이 영국에서 가장 흥미로운 정원으로 꼽는다. 그는 평평한 부지를 일련의 언덕과 계곡, 협곡과 연못으로 변모시켰으며, 표토를 치환하여 환상적인 종류의 서식지를 만들었다. 그리고 모두 자연의 식물 군집과 유사하게 식재하되, 색깔과 규모에 정확한 감각을 적용했다. 새로운 숙근초 운동보다 한 단계 진보된 것이다. 와일리의 식재 팔레트는 어마어마하며, 그가 마련한 기준틀은 세계적이다. 이곳은 가장 스릴 넘치는 정원이다.

영국 디자이너 댄 피어슨이 수년에 걸쳐 능숙하게 다룬 정원과 야생의 미묘한 경계는 일본의 주요 프로젝트를 위한 출발점이다. 1992년 일본 언론계 거물인 하야시 미쓰시게가 홋카이도에 400만 제곱미터 규모의 숲을 다시

▲ 오스트레일리아 빅토리아 주 올린다에 위치한 빌라봉 폴스에 조성된 디자이너 필립 존슨의 정원이다.

조성하기로 결심했을 때, 그는 탄소 발자국을 상쇄시키면서 또한 섬 주민들이 자연과 다시 연결되기를 원했다. 이것이 도시 사람들에게는 너무나 큰 도전임을 인식한 하야시는 댄 피어슨에게 총괄 계획가인 후미아코 다카노와 함께 점진적으로 야생으로 다가가는 디딤돌 역할을 하는 일련의 정원을 만들어 달라고 주문했다. 첫 번째 과제는 대나무가 우거진 숲 바닥을 몇 년 동안 깎아 숲 지대 식생이 되살아나도록 하는 것이었다. 그 후 많은 식물이 자연주의적 식재를 통해 엮임으로써 정원과 숲 지대의 연결성을 구축했고, 둘 다 보드 워크를 통해 둘러볼 수 있다. 방문객들을 자연으로 유인하기 위한 또 다른 계획은 풍경 속으로 뻗어 나가는 일련의 파도 같은 지형이다. 어떤 성격의 아이라도 그중 하나의 정상에 올라 다른 쪽을 향해 뛰거나 굴러 부모가 아이를 쫓아가게 만들 것이다.

서로 다른 기후는 당연히 서로 다른 생태학적 우선순위를 가지겠지만 모두 물과 연관된다. 드라이 가든은 오스트레일리아와 아메리카 대륙의 건조한 지역에서 흔한 장소가 되었다. 중국인들은 거리에 흐르는 빗물을 흡수하는 도심형 습지 공원에 많은 투자를 해 왔다. 런던의 올림픽 공원에서는 풍성하게 식재된 습지를 통해 물이 이동된다. 오스트레일리아 디자이너 필립 존슨Phillip Johnson은 우리가 갈 길이 멀다고 말하지만 유럽에서 옥상 녹화와 빗물 수집 장치는 점점 익숙해지고 있다. 올린다에 있는 그의 정원은 퀸즐랜드 우림 속에 자리 잡고 있는데, 송수관이 없다. 하지만 프랭크 로이드 라이트의 폴링워터(443쪽 참조)의 극적인 환경에 영감을 받은 존슨은 집 주변에 폭포를 만들었고, 집 주변 차도로부터 흐르는 물로만 공급된다. 빗물은 2개의 빌라봉billabong(*주로 오스트레일리아에서 강의 범람에 의해 형성된 호수)에 모인다. 이는 수영장과 산불을 막는 첫 번째 방어선 역할도 수행한다. 빗물 수집과 재활용은 도시와 시골 환경에 조성된 그의 정원 모두에 필수가 되었다.

▲ 일본 홋카이도에 위치한 토카치 천년의 숲에는 일련의 정원이 구릉이 진 지형으로 이어져서 더 넓은 풍경과 연결성을 구축한다.

도시 녹화 Greening the City

도시 계획가들이 도시 환경에 대한 정원의 중요성을 뒤늦게 인식함에 따라 빗물을 관리하고, 대기 오염을 개선하며, 공기를 냉각시키고, 일반적으로 도시를 더욱 살 만한 곳으로 만드는 데 있어 독창성을 높이고자 녹지를 위한 공간을 찾고 있다. 지붕 위에 인공 토양층을 조성하여 정원을 만드는 포디움Podium 식재는 더욱 정교해지고 있다. 성공적인 사례로는 런던 커네리워프의 주빌리 파크Jubilee Park, 뉴욕의 배터리 파크Battery Park, 시카고의 루리 가든, 그리고 바비칸에 있는 나이젤 더넷의 식재를 들 수 있다. 하지만 이러한 기술은 자신들의 생활 공간을 늘리기 위해 지하실을 파는 탐욕스러운 주택 소유주들에 의해 무책임하게 사용되기도 한다. 파리에 위치한 패트릭 블랑의 수직 정원은 시시한 건축물이 수직 식재로 인해 어떻게 변모될 수 있는지 보여 주었다. 오염 물질을 흡수하고 탄화수소 화합물을 분해하는 것으로도 보인다. 블랑의 초록 커튼이 복제되지 않은 곳에서도, 밀라노에서 싱가포르에 이르기까지 고층 건물을 디자인하는 건축가들은 이제 난간과 지붕에 식물 식재를 위한 틈새 공간을 짓고 있다. 사실 싱가포르는 '정원 속 도시'를 표방하고, 100만 제곱미터에 이르는 매립지에 식물들의 살아 있는 피복을 지탱하는 16층 높이의 '슈퍼 트리'를 특징으로 하는 드라마틱한 3개의 정원을 만들었다.

도시 녹화에 대한 기술적 요구도가 덜하고 더 지속 가능한 접근 방식은 셰필드 학교에 의해 지켜지고 있다. 도시를 위한 나무Trees for Cities와 같은 단체들은 도시 나무들을 보호하고 확장하고자 하며, 전 세계 도시의 수많은 공동체 정원들은 자투리 공한지를 적절히 이용하여 생산적인 용도로 바꾸었다. 이들은 일상에서 가드닝의

▲ 나이젤 더넷은 런던의 황량한 바비칸 센터에도 생기를 불어넣었다. 주로 스텝 초원에서 온 약 20종의 식물에 대한 매트릭스 식재 기법을 개발했는데, 이들은 노출된 환경과 낮은 강수량에도 자연스럽게 적응하고 있다. 이 정원은 극한의 상황에서만 관수가 이루어진다.

육체적·정신적·정서적·사회적 이점에 관한 강력한 증거를 제시한다. 심지어 정원은 바라보는 것만으로도 이로움이 입증되었다. 1980년대 이후로 우리는 환자들이 녹색을 보면 회복이 빨라진다는 사실을 알고 있다.

병원, 호스피스, 주거용 주택 단지, 난민 센터, 교도소, 학교에서 치유 정원의 숫자는 해마다 증가하고 있다. 그들이 수행하는 역할의 범위는 경외감을 불러일으킨다. 영국에서는 원예 치료가 이라크나 아프가니스탄에서 폭파 사고를 당한 군인들의 부서진 몸과 마음을 치유하는 데도 활용된다. 자선 단체 스라이브Thrive는 장애를 가지고 있거나 질병으로 고통을 받는 사람들, 또는 어떤 이유로든 고립되어 있거나 빈곤한 상태인 사람들의 삶을 가드닝을 통해 개선하고자 한다. 영감을 주는 정원사 매기 케스윅Maggie Keswick(489쪽 참조)은 암 진단을 받은 후 직접 겪은 체험에 너무 놀라 더욱 동정적이고 도움이 될 수 있는 암 치료를 위한 원형을 확립하는 데 남은 나날을 바쳤다. 모든 매기 센터의 중심은 종종 선도적인 디자이너가 기부한 일류 정원이다. 모더니스트들은 좋은 디자인은 사람들에게 좋다고 주장했다. 가장 좋은 디자인은 대기업 엘리트보다 그것을 가장 필요로 하는 사람들을 위해 사용되어 왔다.

정원사들이 '생물권의 관리자'(이안 맥하그의 표현)로서 책임을 더욱 의식하면서 야생 재건rewilding에 관심이 높아지고 있다. 스코틀랜드, 폴란드, 포르투갈, 루마니아에서 경관 규모로 시도되고 있는데 유럽 저지대에서 가장 큰 규모의 야생 재건 프로젝트가 서식스의 넵 캐슬Knepp Castle에서 진행되고 있다. 집약적으로 관리되던 1천400만 제곱미터에 이르는 혼합 농지가 2001년부터 방치되어 왔던 곳이다. 하지만 뿔이 긴 소, 조랑말, 돼지, 사슴이 풀을 뜯게 하여 한때 이곳을 돌아다녔을 야생 소, 엘크, 야생 돼지를 흉내 내도록 함으로써 탁 트인 초원, 삼림지, 관목지 등 다양한 식물 종들이 서식하는 땅으로 만들었다. 그 결과는 몇몇 매우 희귀한 종들의 번식 개체 수 증가를 포함한 야생 동물의 놀라운 증가로 이어졌다.

그러나 정원에서 자연에 맡기는 것은 대부분 선택 사항이 아니다. 모든 것은 곧바로 쐐기풀과 가시덤불로 되돌아간다. 1980년대에는 프랑스 디자이너 질 클레망이 중도주의를 시도했다. 그곳은 라 발레La Vallée에 있는 숲속 빈터 겸 정원이었는데, 움직임의 정원Le Jardin en Mouvement으로 불렸다. 넵 캐슬처럼 버려진 농지는 점차적으로 숲을 향해 진화한다. 클레망의 목표는 이 과정에 자신을 개입시키되, 말하자면 보다 지적인 야생 소처럼 행동하며, 가지치기를 하고, 길을 만들며, 가장 가벼운 손길로 새로 나오는 신초들을 다듬어서 자신과 주변 야생 생물들을 만족시킬 수 있는 환경을 만들어 내는 데 있었다. 고도의 개념화된 공공 공원(특히 앙드레-시트로엥 공원)으로 잘 알려진 클레망은 오랫동안 도시의 방치된 변두리 공간에 매료되어 왔다. 이러한 장소는 항상 자발적으로 발생하는 식물 종들이 급속도로 대량 서식하며, 종종 생태학자들이 생물 다양성의 오아시스라고 언급한다. 1995년 그는 릴Lille에 위치한 새로운 공원 한가운데 접근하기 어려운 '섬'을 만들어 논란을 일으켰다. 7미터 높이에 이르는 바위 덩어리에 '숲'을 조성하여 인간의 손길이 닿지 않는 안전한 곳에서 마음껏 자라도록 했다.

경관의 용도 변경 Repurposing the Landscape

자연은 버려진 장소에 정원을 만든다. 점점 더 많은 사람들이 그렇게 하고 있다. 건물들 사이의 쓰레기가 나뒹구는 자투리땅을 활용하여 채소를 심는 지략 있는 공동체 정원사들의 무리부터, 시카고의 밀레니엄 파크 또는 뉴욕의 하이 라인처럼 세간의 이목을 끄는 도시 재생 프로젝트까지 모든 수준에서 일어나고 있다. 가장 창의적인 프로젝트는 종종 공식적인 개입이 없이 진행된다. 자동차 산업의 붕괴 이후 도시의 많은 지역이 황폐하게 남겨진 디트로이트에서 정원사들은 텅 빈 공장과 창고로 이동했고, 도시 곳곳의 공터는 먹거리 생산을 위한 곳으로 바뀌고 있다. (사실, 도시 농업은 도시 재생의 모델로 채택되고 있다.)

1970년대 시애틀은 오래된 가스 공장들의 잔해를 갖게 되었고, 도시 공원을 필요로 했다. 전통적인 생각은 건물을 허물고 땅을 다시 측량하여 처음부터 다시 시작하는 것이었다. 하지만 조경 건축가 리처드 하그Richard Haag(1923-2018)는 녹슨 건축물을 활용하여 그것들을 기념비적인 조각품으로 자신의 디자인에 통합시켰다. 궁전과 사원이 그들의 유용한 기능이 중지된 후에도 오랫동안 유지되고 있다면 산업용 건물들도 가능하지 않을까? 이는 최근 산업의 과거 모습이 역사적 가치가 있음을 제시할 뿐만이 아니라 자연 경관은 항상 아름답고 인간이 만든 것은 추하다는 낡은 이분법에 도전한다는 측면에서도 중요한 발상의 전환이었다. 하그는 빠르게 자라는 식물들과 자연의 생물학적 과정을 이용하여 토양을 정화시키는 대규모 생물적 환경 정화phyto-remediation 방식을 최초로 사용했다. (당시에는 논란이 많았지만 이제는 일반적이다.)

과거 석탄과 철강 생산의 중심지였던 루르 지방에서 1990년대에 가장 큰 재생 프로젝트가 시작되었다. 그때까지 유럽에서 시도되지 않은 것이었다. 이 프로젝트는 72킬로미터에 이르는 버려진 산업 단지를 새로운 문화적 경관으로 바꾸었다. 그 중심은 버려진 거대한 철강 제련소 부지에 새롭게 조성된 뒤스부르크-노드Duisburg-Nord 공원이었다. 다시 한 번, 한 선지적인 조경 건축가가 해당 지역의 문화적 정체성을 보존하기 위해 헌신했다.

다음 페이지: 싱가포르 가든스 바이 더 베이Gardens by the Bay에 있는 슈퍼 트리 그로브는 인공으로 만든 커다란 '나무'로 이루어진 수직 정원이다.

▲ 밀라노의 보스코 베르티칼레Bosco Verticale 혹은 수직 숲은 지속 가능한 주거용 건물의 모델로 디자인되었다. 이 쌍둥이 타워에는 800그루의 나무들, 4천500그루의 관목들, 그리고 1만 5천 본의 식물이 포함되어 있다.

피터 라츠Peter Latz는 과거 잔해를 불도저로 밀어내는 대신에 불필요한 3개의 용광로와 주변 시설을 그대로 보존했다. 냉각탑은 암벽 등반 벽과 다이빙 수영장으로 용도가 변경되었고, 석탄 저장소는 선큰 가든으로 바뀌었으며, 기존 구조물은 전망대, 놀이터, 미끄럼틀로 재사용되었다. 오래된 철길은 자전거 도로와 산책로로 다시 태어났다. 밤에는 오래된 갠트리gantry 기중기들이 불을 밝힘으로써 기이하게 아름다운 불빛 쇼를 펼친다.

뒤스부르크-노드 공원은 도시에 시골을 가져오려 했던 네덜란드의 자연 공원 또는 사실 프레드릭 로 옴스테드의 센트럴 파크와는 정반대 개념의 공원이다. 라츠는 조경이 도시와 정반대가 되어서는 안 된다고 주장한다. 조경은 문화다. 이렇게 우리의 압도적인 도시 환경을 수용하는 것은 현대 도시 정원의 디자인을 꾸준히 변화시키고 있으며, 더 이상 인공적으로 보이는 것을 피하지 않는다. (결국 모든 정원은 인공적인 것이다.) 코르텐 강철은 갑자기 정원 재료들 가운데 가장 유행하는 재료가 되었다.

런던의 올림픽 공원에서는 정반대 접근 방식이 이루어졌다. 원래는 도시의 빈곤 지역에 위치한 100만 제곱미터의 오염된 재개발 부지였다. 주로 자생 식물들로 명시된 장기간의 생물 다양성 계획으로부터 1년의 유예 기간을 부여받은 이곳에 나이젤 더넷, 제임스 히치모, 유브데일 프라이스 경은 완전히 인공적인 '초지'를 만들었다. 그들은 개량된 토양에 씨를 뿌려 전 세계 곳곳의 다채로운 식물들이 풍부하게 자라도록 했다. 하지만 가장 기본적인 관리 이상의 적극적인 관리 계획의 부재로 대부분의 색채와 개화 지속성이 이미 상실되었다. 뮌헨 웨스트파크도 마찬가지였다. 완전히 자연스러워 보이는 것보다 뛰어난 관리 기술을 필요로 하는 것은 없다.

가장 흥미로운 도시 풍경은 뉴욕의 하이 라인 또는 그것의 전구체로 1993년에 19세기 고가 철로로부터 만들어진 파리의 프롬나드 플랑테Promenade Plantée처럼 자연 세계와 우리의 산업 유산이 교차하는 곳일 것이다. 이 정원들은 그들의 도시에서 소중한 공간이 되었다. 다방면에서 현대의 정원 조성은 18세기의 근원으로 회귀하고 있다. 가령 식물을 전시하는 것보다는 그 공간을 이용하는 사람들의 참여를 권유하고, 사람과 자연의 관계를 고려하는 데 더욱 관심을 가지는 점에서 그러하다.

생각하는 정원 Thinking Gardens

조경이 철학적·정서적 교류의 수단이 될 수 있다는 생각은 크게 새롭지 않다. 18세기에 정원 조성은 음악과 시에 버금가는 예술 형태로 여겨졌다. 그러나 20세기 후반이 되면 이러한 인식은 로버트 스미스슨Robert Smithson의 〈나선형의 방파제Spiral Jetty〉(유타 주 그레이트 솔트 호에 대부분이 잠겨 있는 대지 예술 작품), 데이비드 내쉬David Nash의 애쉬 돔Ash Dome(22주의 뒤틀린 물푸레나무가 원을 이루는 공간), 또는 앤디 골드워시Andy Goldsworthy의 구불구불한 벽과 수명이 짧은 창작물(잎, 나뭇가지, 눈)에서 새롭게 발견되었다. 대지 예술Land Art은 정원사들과 조경 건축가들에게 순전히 기능적인 것 이상의 방식으로 작품을 생각하고, 또 개념적인 관점에서도 생각할 수 있는 용기를 주었다.

모든 대지 예술 디자이너들을 주재하는 것은 제프리 젤리코(1900–1996) 경이 만든 우뚝 솟은 모습이었다. 그가 맡은 첫 번째 중요한 정원 의뢰는 1935년 옥스퍼드셔의 디칠리 공원Ditchley Park이었다. 젊은 시절 그는 건축 관련 학업을 마치기 위해 동료 학생 셰퍼드와 여행 장학금을 신청했다. 이탈리아 빌라 정원을 공부하기 위해서였다. 그들의 학생 논문은 1925년 『르네상스 시대의 이탈리아 정원Italian Gardens of the Renaissance』이라는 책으로 출판되었다. 이 책은 디칠리 공원의 소유주이자 미국의 백만장자였던 로널드 트리의 관심을 끌었다.

트리는 자신이 새로 얻은 팔라디오풍 저택에 어울리는 정원을 원했다. 이에 젤리코는 긴 테라스와 물의 정원을 갖춘 정형식 이탈리아 정원으로 화답했다. 젤리코는 계속해서 모더니스트 건축가이자 도시 계획가로 경력을 발전시켰다. 고전적 독서(그리스 철학과 로마 시인들의 작품)와 르네상스 디자인의 비율에 관한 초기의 이해는 언제나 그의 작품에 영향을 미쳤다. '과거를 과거가 아니라 미래를 향한 신호로 숙고해 보라.'

말년에 젤리코는 모더니즘에서 벗어나 우주와 그 안에 있는 인류의 장소에 관한 칼 구스타브 융의 철학 개념으로 나아갔다. 69세의 나이에 도싯에 위치한 슈트 하우스에서 이후 사반세기 동안 그를 사로잡게 될 물의 정원에 관한 작업을 시작했다. 어둡고 신비로운 연못에서 솟아오른 물은 낭만주의와 고전주의 조경 전통을 모두 탐험하는 여정으로 흘려 보내진다. 그다음 카슈미르의 이슬람 정원을 떠올리게 하는 유명한 음악 분수 계단을 따라 흘러내린다. 미국에 있는 두 정원은 우화적인 여행을 구체화했다. 조지아 주 애틀랜타의 히스토릭 센터에 만들어진 '아카데믹 저니The Academic Journey', 텍사스 주 갈베스톤에 위치한 무디 가든스Moody Gardens가 있다. 후자는 조경의 진화를 통한 인류 문명의 발전을 기록했다.

대지를 조각하다

SCULPTING THE LAND

대지를 조형하는 관습은 선사 시대까지 거슬러 올라간다. 이는 이탈리아 르네상스 정원과 '케이퍼빌리티' 브라운이 선호했던 매끄럽고 둥근 윤곽선에서 모두 중요한 요소였다. 그리고 20세기 후반, 대지 예술 운동으로 촉발된 대지 조형은 부흥의 시대를 맞이했다.

대지 예술은 예술의 상업화에 넌더리 난 미국의 예술가 그룹이 갤러리에서 판매되거나 박물관에 전시될 수 없으며 또 금전적 가치를 매길 수도 없는 새로운 종류의 예술 창조를 위해 시작되었다. 그것의 중요성은 그것이 철학적·지적인 사상을 위해 바위와 흙을 사용한다는 점이다. 이 고결한 전통은 1989년 덤프리스에서 되살아났다. 매기 케스윅과 그녀의 남편 찰스 젱크스Charles Jencks는 호수 굴착으로 나온 토사의 모양을 잡아 한 쌍의 아름다운 대지 조형물을 만들었다. 요크셔에 위치한 스터들리 로열Studley Royal의 전통에서, 잔디와 물의 구성처럼 아름다운 이중 나선과 달팽이 산Snail Mount은 위아래로 오르락내리락 조성된 길들과 함께 마르크스주의 변증법부터 DNA 구조에 이르기까지, 그리고 샤르트르 대성당의 순례 길부터 공간에 관한 이론에 이르기까지 복잡한 의미를 내포한다. 젱크스는 이렇게 썼다. '나는 조경 디자인의 새로운 형태를 창조하고 싶었다. 그것은 원자를 은하에, 전파를 뇌파에, 암모나이트를 해바라기에 결합시키는 파동의 형태를 기반으로 한 연결성을 지닌 패턴이자 새로운 시학이다.'

다른 실천가들은 보다 단순한 의도를 가졌다. 미시간 대학교에 조성된 마야 린이 조성한 웨이브 필드는 잔디밭에 물의 속성을 부여함으로써 견고성에 대한 우리의 인식을 가지고 논다. 캐스린 구스타프슨은 패션 디자이너로서 초기에 배운 내용을 적용하여, 파문처럼 번지고 덧씌워지는 감각적인 풍경을 만들었다. 프랑스 뤼에유말메종의 테라송-라-빌디유Terrasson-la-Villedieu와 쉘 에이치큐Shell HQ에서 볼 수 있다. 미니애폴리스와 아부다비에서처럼, 마사 슈와츠가 도시 광장에 조성한 잔디 언덕은 넓은 공공용지를 인간적인 규모로 축소시켜 안식처와 친밀감을 제공한다. 오스트레일리아에서는 2003년의 큰 산불로 훼손된 토지에 테라스를 조성하고 멸종 위기에 처한 나무들을 식재하여 수도 캔버라 인근에 새로운 국립 수목원을 만들었다.

오늘날 논란의 여지가 없는 대지 조형의 달인은 킴 윌키다. 햄프셔에 있는 자신의 농장에서 (그의 표현을 빌리자면) '불도저와 놀기' 시작했는데, 거기서 얕은 그릇 모양으로 땅을 파 간단한 잔디 정원을 만들고, 이때 얻은 토사를 이용해 작은 나선형 언덕을 만들었다. 언젠가 자신의 무덤으로 사용할 의도였다고 한다. 1995년 서퍽에서는 보기 싫은 빅토리아 양식의 파르테르를 치우고 기존의 장엄한 나무를 살린 우아한 계단식 대지 형태로 대체했다. 서리에서는 25번 고속도로의 굉음으로부터 미술 공예 정원을 살리기 위해 잔디로 된 깊은 원형 경기장을 만들었다. 그리고 노샘프턴셔의 바우튼 하우스Boughton House에서, 18세기 초에 조성된 피라미드 모양의 언덕을 마주하고 있는 빈 공간의 잔디밭 아래쪽으로 약 7미터 깊이로 내려가는 거꾸로 된 산을 조성했다. 올림포스 산과 균형을 이루기 위한 오르페우스와 하데스를 표현한 것이었다. 비록 구조는 보이지 않지만 경관 주변을 걸으면서 가까이 가 보면 깊은 지하의 고요한 정사각형 연못까지 나선형으로 내려가는 잔디 길이 드러난다. 윌키는 건축물들이 이토록 만족스러운 이유는 그것들이 청동기 시대까지 올라가는 대지를 조각하는 영국 전통을 따르고 있으며 또한 영국의 기후, 지형, 그리고 낮게 내리쬐는 북쪽 빛에 완벽하게 적응했기 때문이라고 말한다.

▶ 바우튼 하우스의 거꾸로 된 산인 오르페우스에 다가가면, 하늘이 반사되는 거울 연못을 향해 내려가는 길이 보인다. 미국의 화가 제임스 터렐의 둥근 창과 같다.

▲ 1965년 제프리 젤리코 경이 만든 영국 러니미드에 위치한 존 F. 케네디 기념관은 연속된 화강암 길을 따라가는 여정이다. 기념비까지 걸어가는 시간은 방문객에게 750여 년 전 마그나 카르타(*1215년에 영국의 국왕 존이 서명한 대헌장)의 서명이 이루어졌던 장소에서 암살당한 대통령의 삶을 묵상하게 한다.

1981년 제프리 젤리코는 미국의 거물 스탠리 시거의 의뢰로, 서리에 위치한 서튼 플레이스Sutton Place에서 16세기에 건축된 저택을 현대의 정원과 연결시키는 일을 시작했다. 여기서 그는 고전적 정원의 정형성, 18세기 공원의 자연주의, 그리고 일련의 '보이지 않는 것들' 또는 융 철학의 전형을 기반으로 한 무의식의 상징 요소들을 도입할 수 있었다. 튜더 왕조 시대와 현재, 그리고 미래를 연결시키는 작업이었다. 이 정원은 폭넓게 인류의 진화를 추적하며 성취를 추구한다. 호수에 있는 큰 섬과 작은 섬은 엄마와 아이를 상징하는데, 진화의 첫 단계다. 젤리코는 먼저 해자의 징검다리를 건너 파라다이스 가든으로 가는 위험한 여행으로 초대한다. 이는 한 그루의 플라타너스 나무로 그늘진 원시적인 모스 가든Moss Garden으로 이어진다. 마그리트 산책로는 거대한 로마 화병들이 무작위로 배열되어 있어 질서의 한가운데 있는 무질서를 떠올리게 한다. 이 여정은 짙은 숲을 통과하는 길을 지난 후에 어두운 연못에 비친 화가 벤 니콜슨Ben Nicholson의 화이트 월White Wall에서 끝난다. 융의 계획에서는 열망을 나타내겠지만 젤리코가 썼듯 이 벽은 '우리 모두의 주변에 놓여 있는 세계의 무한대에 관한 어떤 것… 타협이 없고, 진실을 말하는, 사실 당신은 진실에 도착했다'를 말한다.

1964년 템스 강 기슭에 위치한 러니미드Runnymede에 조성된 우화적인 조경은 더욱 쉽게 해독할 수 있다. 이곳은 암살된 미국 대통령 존 F. 케네디를 기리고자 만들어졌다. 존 번연의 『순례자의 길The Pilgrim's Progress』에서 영감을 받은 젤리코는 6만 개의 거친 화강암으로 만들어진 순례자의 길을 만들었다. (각각은 수작업으로 절단하여 고유의 독특함을 표현했다.) 이 길은 텁수룩하고 어두운 숲을 지나 햇빛이 비치는 흰색 대리석 기념비로 이어진다. 한 그루의 미국 참나무가 보초처럼 서 있는데, 가을이면 선홍빛으로 물든다. 가장 단순하면서도 감동적인 풍경이다.

식물에 집착한 지 한 세기가 지난 후, 젤리코는 정원 조성가들에게 다시 생각할 기회를 주었다. 그리고 어느 누구도 건축 이론가 찰스 젱크스(1939년 출생)보다 열심히 생각한 사람은 없었다. 1990년 이전에 젱크스의 아내 매기 케스윅(1941–1995)의 가족 주택이었던 포트랙Portrack은 스코틀랜드의 전통적인 사유지였다. 과일과 채소가 자라는 풍요로운 텃밭과, 상을 수상하기도 한 베고니아로 가득한 유리 온실이 있었다. 젱크스는 이곳을 16만 제곱미터에 이르는, 우주에 대한 추측을 표현하는 정원으로 만들었다. 알루미늄으로 블랙홀을 상상하여 만든 조형물과 인조 잔디, 색을 칠한 나무 기둥으로 이루어진 쿼크 산책로, 히그스 입자 위에 자리 잡은 물질의 힘 의자, 그리고 천지개벽부터 현재와 그 너머에 이르기까지 우주 진화에 대한 이야기를 담은 거대한 물 계단이 포함되었다.

부부가 정원의 습지 구역에 수영장을 파기로 결정하고 토사를 제거해야 했을 때 비로소 새로운 정원이 시작되었다. 중국 정원 전문가였던 케스윅은 자연스레 토사를 '대지의 용龍'으로 만들었다. 용은 전통적으로 물, 권력, 번영, 조화와 관련 있다. 그리고 젱크스에게 이 정원이 어떻게 현재의 과학적이고 우주적인 개념을 똑같이 잘 표현할 수 있을지를 생각하도록 자극했다. 이를 통해 이 용은 새로운 의미의 복잡성을 전달하는 이중 나선과 달팽이 산으로 진화했다.

포트랙이 정원 조성의 새로운 지평을 열게 된 이유는 복잡한 수학과 과학을 위해 그 단어로부터 등을 돌린 데 있었다. 하나의 둑에서 다른 둑으로 '점프'하는 다리는 양자 이론에서 유래한다. 방정식이 온실 지붕을 가로지른다. 이 정원이 자연 현상을 설명하기 위해 1977년에 만들어진 새로운 수학 개념인 프랙털 기하학을 위해 르네상스 이후의 유클리드 기하학의 관습을 버렸다는 사실이 가장 중요하다. 프랙털은 불규칙하고, 부서지고, 거칠고, 자기를 닮은 자연의 실제 모습을 나타낸다. 우리는 세상을 원, 사각형, 직선으로 보는 데 익숙해져 왔다. 젱크스는 그것을 파형과 꼬임으로 본다. 레이저 빔의 파형을 바탕으로 한 물결 모양의 하하, 프랙털 울타리, '솔리톤 게이트' 등이다.

수년에 걸쳐 정원에 점점 더 많은 요소들이 추가됨으로써 원래 호수와 지형이 주는 영향은 다소 희석되었다. 하지만 이 정원은 세계적으로 널리 찬사를 받아 젱크스는 에든버러, 더블린, 밀라노, 그리고 심지어 인도와 한국처럼 멀리 떨어진 곳에다 새로운 버전을 만들었다.

대지 조형의 또 다른 거장은 킴 윌키다. 그는 조경에 의미를 부여하기보다는 역사, 농업, 생태, 그리고 이야기를 통해 드러나는 장소의 정신을 발견하면서 인간과 땅 사이의 연결점을 끈기 있게 탐색한다. 그에게 어떤 장소에 내재된 기억과 연상은 지형, 수문학 또는 기후를 이해하는 것만큼이나 중요하다. 경력 초기에는 영국의 풍경식 정원 운동의 요람이 된 템스 강 기슭 리치먼드 언덕으로부터 바라보이는 상징적인 전망을 보호하기 위한 노력에 동참했다. 하지만 템스 강 조경 전략을 구상하는 일은 일련의 전망을 보호하는 것 이상이었다. 그에게 있어 '부드럽게 나무가 우거진 둑과 섬, 그리고 가장 중요한 소들이 비옥한 강가 목초지에서 풀을 뜯고 있는 모습은… 생산적이고 협력적인 자연과 조화를 이루는 안전하고 정착된 인간의 이상을 상징했다'. 아우구스투스 시대의 목가적 비전이 그의 이상에 남아 있었고(윌키의 프로젝트는 종종 동물 방목 계획을 포함한다) 런던 중심부에 있는 첼시 병영 재개발을 위한 그의 계획은 모든 공공용지는 아름다워야 할 뿐만이 아니라 생산적이어야 한다고 명시했다. 윌키의 작품은 음울한 중정을 생기 넘치는 공동체 공간으로 탈바꿈시킨, 런던의 빅토리아 앨버트 박물관부터 물결치는 햄프셔의 강변 목초지, 그리고 북극권 한계선 끝자락에 있는 수도원에 이르기까지 다양하다. 심지어 서리의 25번 고속도로 바로 옆에 있는 집에서처럼 어디서 작업하든 널찍한 공간성과 평온함의 품질을 도입하는 것은 그만의 독특한 재능일 것이다. 이 정원의 개원식에는 현악 4중주단의 축하 공연이 있었는데, 연주자들은 고속도로 차량들로부터 불과 몇 미터 떨어진 곳에서 모차르트의 곡을 완벽하게 아주 잘 들리도록 연주했다.

▲ 화가 이안 해밀턴 핀레이가 스코틀랜드 펜틀런드 힐스에 만든 정원인 리틀 스파르타. 여기 쓰인 인용문은 프랑스혁명의 정치가 루이 앙투안 레옹 드 생-쥐스트의 말이다.

18세기는 스코틀랜드 저지대에 있는 다소 볼품없는 정원에 대한 또 다른 기준을 제공한다. 그럼에도 20세기 후반의 가장 중요한 정원으로 널리 알려져 있다. 1966년 '회화 시인' 이안 해밀턴 핀레이(1925–2006)는 펜틀런드 힐스Pentland Hills에 있는 버려진 농장으로 이사하여 정원을 조성하기 시작했다. 그는 이곳을 '리틀 스파르타'라고 이름 지었는데, 불모지의 힘겨운 자연과 자신이 스코틀랜드 관료 조직과 벌인 오랜 투쟁을 의미한다. '어떤 정원은 퇴각하고, 어떤 정원은 공격한다.' 핀레이의 라라리움lararium(가정의 수호신을 모시는 로마의 신전)에서 아폴로는 리라가 아닌 기관총을 움켜쥐고, 출입문 기둥을 장식하는 파인애플은 사실 수류탄이며, 기갑 전차와 전함 이미지들이 정원을 관통한다.

핀레이는 고전 교육을 받지 않고 열네 살에 학교를 그만두었다. 하지만 그가 창조한 것은 우리 시대의 스토우 또는 스타우어헤드 못지않다. 정원 건물들, 명문, 놀라운 예술품 사이를 관통하는 정원은 관람객에게 우리가 지금 어떻게 살고 있는지를 생각하게 한다. 올바른 생활Good Life의 추구, 폭정과 억압으로부터의 자유, 사회 정의와 혁명 등에 관한 생각은 18세기 때와 거의 똑같다. 핀레이는 다방면의 심도 있는 암시를 통해 이러한 개념들을 포착했다. 20세기 초의 시에서는 낯익은 기법이었지만 현대의 정원에서는 더 이상 볼 수 없다. 핀레이는 베르길리우스와 오비디우스, 괴테, 루소, 그리고 프랑스혁명의 영웅들의 말을 인용한다. 클로드 모네와 알브레히트 뒤러, 그리고 카스파르 다비트 프리드리히의 그림들을 참조한다. 거기에는 개인적인 사랑과 기억, 특히 자신이 바다에서 보낸 시기에 관한 내용도 있다. 시의 구절은 돌이나 벽에 새겨져 있거나 나무에 걸려 있다. '작은 들판/기다란 지평선… 작은 들판 기다란/지평선…' 정원에는 분노가 있지만 기쁨과 다정함, 그리고 좋은 농담들도 많이 있다. 리틀 스파르타에는 정원이 그림이나 시처럼 그윽하고 만족스러운 예술의 형태가 될 수 있다는 증거를 찾을 수 있다.

마지막으로 켄트에 있는 프로스펙트 코티지Prospect Cottage를 살펴보자. 여러 가지 면에서, 1986년 작업이 시작된

▲ 데릭 저먼의 고향인 켄트 던지니스에 있는 프로스펙트 코티지는 1986년에 조성되었다. 정원의 서로 다른 구역들은 근방에서 발견된 금속 물체, 표류목, 돌멩이들의 배열로 만들어진 조각으로 표현되어 있다.

이곳의 모든 요소는 오늘날의 정원 조성에서 중요한 가닥들을 요약해 준다. 정원을 만든 예술가이자 영화 제작자 데릭 저먼(1942-1994)의 비전에 지배되는, 생각의 정원이다. 삶을 달래 주고 사랑, 인생무상, 죽음에 관해 들려주었던 그의 작품들은 주목할 만하다. (저먼은 이 정원을 만들 때 자신이 에이즈로 죽어 가고 있음을 알았다.) 이곳은 아름다움에 대한 전통적인 개념을 실현하려고 노력하지 않는다. 대신, 던지니스 원자력 발전소의 그늘 아래 암울하게 펼쳐진 자갈밭 위에 놓인 불길한 장소 안에서 기쁨을 찾는다. 이 정원은 생태학적으로 민감하기 때문에 인근 지역에서 구한 재료만 사용한다. 주로 바닷가에서 자라는 애리조나쥐오줌풀*Valeriana arizonica*, 해안꽃케일*Crambe maritima* 같은 내염성 식물들이다. 이들은 캘리포니아포피, 산톨리나, 시스투스*Cistus* 같은 다채로운 식물들로 보강된다. 이 정원에는 담장이나 울타리가 없다. 저먼은 다음과 같이 썼다. '나의 정원의 경계는 수평선이다.'

프로스펙트 코티지는 일종의 순례지가 되었다. T. S. 엘리엇의 시 「황무지The Waste Land」의 한 구절 '나의 폐허에서 떠받쳐 놓은 이 파편들'로 결론을 맺는다. 이 정원은 한 인간이 할 수 있는 최선이다. 죽음을 앞둔 그가 정원 조성 말고 무엇을 해야 했을까?

장난기 많은 풍경

THE PLAYFUL LANDSCAPE

1979년 미국의 디자이너 마사 슈와츠(1950-)는 집에 돌아온 남편을 환영하는 선물로 만든 자신의 보스턴 집 앞 정원으로 유명해졌다. (기존) 회양목 생울타리 한 쌍, 반짝이는 보랏빛 수족관 자갈, 그리고 방수가 되도록 요트 광택제를 입힌 82개의 베이글bagel이 특징이다. 부부는 이혼했지만 베이글 정원이 언론의 큰 관심을 받음으로써 그녀가 정원 디자이너로 경력을 시작하는 계기가 되었다.

어머니를 위해 만든 플렉시 유리와 철조망 정원, 그리고 매사추세츠 케임브리지 옥상의 스플라이스 정원Splice Garden이 뒤를 이었다. 스플라이스 정원은 플라스틱 식물, 색유리, 인조 잔디로 재창조한 프랑스 정형식 정원과 일본의 전통적인 고산수 정원의 기이한 충돌을 보여 주었다. 이 정원으로 다시 한 번 분란이 있었지만 더 이상의 추가 하중을 견디기 어렵고, 토양과 상수원도 없으며, 관리 인력도 없는 공간에 대한 완벽하게 실용적인 해법이었다.

슈와츠는 도시 디자인과 설치 예술이 만나는 융통성의 지대에 거주한다. 그리고 매우 열악한 장소에 정원을 만드는데, 그러한 작업이 없다면 아무것도 존재하지 않을 법한 곳들이다. 가령 지붕, 빌딩 사이의 해가 들지 않는 곳, 아래쪽에 기반 시설들이 뒤얽혀 있어 구덩이를 팔 수 없는 도시 광장 등이다. 그녀는 대체로 도시 생활의 역경을 견딜 수 있는 무생물 재료를 사용한다. 하지만 최근의 프로젝트들에서는 식물들을 더 포함시켰다. 또한 사람들에게 웃음을 주는 공간을 만든다. 20세기와 그 이후에 걸쳐 정원은 매우 진지해졌다. 19세기 식물 중독자들은 유토피아적 모더니즘으로 이어졌고, 과학을 기반으로 한 생태적 식재가 뒤이었다. 슈와츠는 이안 해밀턴 핀레이(490쪽 참조)와 마찬가지로 정원이 웃음을 선사할 수 있다는 18세기의 잊힌 개념을 되살린다. 한편으로 유명 인사의 레드 카펫을 모방한 더블린 극장 광장이나, '아시리아' 양식으로 지어진 과거 타이어 공장에서 앞면을 아르 데코Art Deco로 장식한 타이어 모양의 화분에 식재한 야자나무의 '오아시스' 같은 그녀가 40년에 걸쳐 작품에 적용한 재치와 불손함은 매우 진지한 목적을 감추고 있다. 도시 생활에 색과 장난기를 가져옴으로써 슈와츠는 사람들이 서로 어울리고, 사용하고, 사랑하는 장소를 만들고자 한다.

자원이 부족한 지구의 가장 효율적이고 지속 가능한 해결책은 도시 사람들이 밀도 높게 생활하는 것이다. 그리고 도시를 더 살 만하게 만드는 것을 목표로 한다. 흙더미, 벤치, 높이 차이를 이용해 커다란 공간을 정원 크기의 편안한 구역들로 분산시켜 사람들이 안심할 수 있게 한다. 그녀는 사용자들이 하나의 공간에서 무엇을 원하는지 생각한다. 일광욕을 위한 편안한 자리, 아이들이 노 젓는 동안 엄마들이 수다를 떨 수 있는 장소, 사무실 인근의 샌드위치를 먹을 만한 한적한 코너 등이다.

과거 때문에 편협해지지 않도록, 작업하는 부지의 전통과 문화에 충분히 깨어 있다. (슈와츠는 옴스테드의 가짜 전도사 노릇을 할 시간이 없다.) 아부다비의 새로운 광장에서 공기는 최초의 사막 정원에서처럼 좁은 수로를 통해 차가워지고, 녹색 '모래 언덕'은 거친 사막의 바람을 막아 주며, 물을 절약하는 벽면 녹화 기술로 식재한 식물들은 베두인족의 직물 패턴을 떠올리게 한다. 베이징의 한 주택 계획은 논과 같은 모습이지만 아이들을 즐겁게 하는 수로는 빗물을 관리하고 공기를 냉각시키는 역할도 수행한다. 안개 분사기, 네온 조명, 그리고 데이글로dayglo 색의 페인트칠 등 정원의 모든 '예술성'을 위한 그녀의 작업은 지속 가능한 디자인으로 상도 자주 받는다.

물론 마사 슈와츠가 현대 정원에 인공물과 환상을 가져온 유일한 디자이너는 아니다. 안토니 가우디Antoni

▲ 2007년에 미국 샌프란시스코에 만들어진 토퍼 델라니의 불의 정원의 선Line of Fire Garden에는 두 줄의 불꽃 사이에 한 그루의 목련이 서 있다.

Gaudi(1852–1926)는 1900년 초에 바르셀로나의 구엘 공원Parc Guell에 다채로운 색깔의 모자이크로 만든 용을 설치했다. 세자르 만리크César Manrique(1919–1992)는 카나리아 제도에 화산암, 백색 도료, 다육 식물로 정원을 만들고는 눈부신 벽화와 움직이는 조각상으로 장식했다. 두바이의 미라클 가든Miracle Garden(2013년 개장)보다 인공적이거나 지속적이지 않은 정원은 생각하기 어렵다. 이곳에는 4천500만 본의 화단 식물이 군집 식재되어 피라미드, 심장, 테디 베어, 성, 심지어 점보제트기를 형상화한다.

정신적으로 슈와츠와 가까운 개념을 가진 여러 디자이너 가운데는 클로드 코미어Claude Cormier와 토퍼 델라니Topher Delaney가 있다. 그들은 자연을 모방하는 경관과 낭만적으로 묘사된 자연에 대한 슈와츠의 불신을 공유한다. 이것을 근본적으로 정직하지 못하다고 보는데, 인간이 만든 모든 경관은 인공물임에 틀림없기 때문이다. 델라니는 캐리어 가방처럼 생긴 화분으로 쇼핑몰 정원을, 파란색 네오프렌으로 옥상 정원을, 놀이를 자극하도록 디자인된 요소들로 가득한 영감을 주는 병원 정원을 만들었다. 샌프란시스코에 초기에 만들어진 정원은 들쭉날쭉한 콘크리트 조각들 사이로 띠*Imperata cylindrica*가 식재된, 이혼의 정원이었다.

탐험과 실험 Exploration and Experiment

최근 몇 년 동안 가드닝의 주요 성장 분야는 생산적인 정원이었다. 로즈마리 베리는 영국인들에게 역사적 전통을 다시 소개한 사람이 자신이라고 주장했다. 베리는 영국인들에게 작은 키친 가든 또는 관상용 채소 정원도 소개했는데, 16-17세기에 프랑스에서 발달했던 정원이다. 그때는 정원 소유주들이 유럽에 쏟아져 들어온 새로운 외래 식물들, 과일들, 채소들을 자신의 높은 사회적 신분의 상징으로 정원에 전시하고 싶어 하기에 충분했다. 반슬리 하우스에 있는 그녀의 멋진 키친 가든이 크게 영향을 미쳤음이 입증되었다. 다채로운 채소들이 자라는 정갈한 정사각형과 다이아몬드형 화단과 함께 트렐리스 패턴과 예술적으로 유인된 과일나무들이 있다. 채소가 더 이상 공동 텃밭으로 추방될 필요가 없고, 정원의 가장 웅장한 곳에 그들의 자리를 요구할 수 있음을 보여 주었다. 베리가 하이그로브에 있는 웨일스 공의 키친 가든을 새롭게 디자인하는 것을 도운 이후, 키친 가든은 1980년대에 내내 유행의 정점에 있었다. 지오프 해밀턴이 1995년에 『장식용 키친 정원The Ornamental Kitchen Garden』을 발표했을 때, 채소 가드닝은 왕성하게 새로운 전성기를 구가하고 있었음이 분명했다. 1999년 채소류는 프랑스의 쇼몽 국제 정원 페스티벌의 주제가 되었다.

▲ 시카고 루리 가든은 21세기 정원의 중요한 많은 부분을 잘 요약해 준다. 여성 조경 건축가 팀(캐스린 구스타프슨, 제니퍼 구트리Jennifer Guthrie, 섀넌 니콜Shannon Nichol)이 설계했고, 피트 아우돌프가 식재한 이 정원은 지하 자동차 주차장의 옥상 위에 건설된, 도시 녹화의 야심 찬 시도다.

로즈마리 베리는 17세기 정원 작가 윌리엄 로슨에게서 영감을 받았다. 또 다른 곳으로는 루아르 밸리에 위치한 빌랑드리 성을 꼽았는데, 이곳은 스페인 과학자 요하킴 카르발로가 1906년부터 프랑스 르네상스 정원을 재현하기 시작했던 곳이다. 웅장한 키친 가든을 중심으로 밑으로 내려가는 일련의 정형식 테라스들이 조성되었다. 이 정원에서 9개의 서로 다른 패턴을 가진 정사각형 화단들은 루비 근대, 관상용 양배추, 하얀색 가지, 주름이 많은 상추 등 뛰어난 관상 품질로 선택된 채소들의 복잡한 배열을 보여 준다. 여기에는 동선의 교차점을 표시하는 장미 정자와 잘 다듬어진 회양목 생울타리로부터 간격을 두고 솟아올라 있는 스탠다드 장미들이 있다. 이 웅장한 규모의 채소 가드닝은 내셔널 트러스트가 대담하게 이 정원의 키친 가든의 복원을 시작하게 해 주었을 뿐만 아니라 진보적인 디자이너들이 채소의 잠재성을 찾도록 고무시켰다. 프랑스 노트르담 오르생Orsan 수도원에 있는 패트리스 타라벨라Patrice Taravella의 생산적인 정원은 900년을 거슬러 올라가는, 과일과 채소를 재배하는 수도원의 전통을 이어 가고 있다. 이 정원은 카렌 루스Karen Roos(*억만장자 쿠스 베커의 아내)에게 영감을 주어 타라벨라를 남아프리카로 초대하도록 했다. 그들이 케이프타운 인근 바빌론스토렌Babylonstoren에 만든 정원은 동인도를 오가는 상선에 과일과 채소를 공급하기 위해 초기 네덜란드 정착민들이 만들었던 정원을 다시 상상하게 한다. 이곳에는 과수원, 아몬드와 올리브 숲이 있다. 산책로에는 훌륭하게 자란 구아바가 있고, 에스팔리에 나무들은 격자형으로 배치된 채소와 허브의 정형식 화단을 둘러싸고 있다. 심지어 길에도 복숭아씨가 깔려 있다.

실험이 가장 활발하게 이루어졌던 곳은 생산적인 정원이다. 정원사들은 토양 구조를 잘 보존하기 위해 땅을 파헤치지 않는 가드닝, 또는 숲의 생태학을 모방하여 나무와 관목(하층 식물), 그리고 숙근초(숲 바닥)를 다층으로 식재하는 '숲 가드닝'의 새로운 기술들을 시도해 오고 있다. 영속 농법은 1960년대 이후로 계속 성장해 왔다. 그리고 생물 역학(달의 변화에 따른 식재) 같은 아주 오래된 체계는 새롭고 헌신적인 제자들을 얻게 해 주었다.

관상용 정원에서는 댄 힝클리Dan J. Hinkley, 로이 랭커스터Roy Lancaster, 그리고 수Sue와 블레딘 윈존스Bleddyn Wynn-Jones가 우리가 사용 가능한 식물들의 범위를 엄청나게 증가시키고 있으며, 그 식물들을 육성하는 가장 좋은 방법을 찾고 있다. (힝클리는 이를 위해서는 많은 식물을 죽여 봐야 한다고도 했다.) 이와 함께 한때 잡초로 여겨졌던 자생 식물들이 높아져 가는 생태적 인식에 따라 정원으로 진출하고 있다. 릭 다케Rick Darke와 카렌 융커Karan Junker 같은 탐구적인 원예가들은 (숲 가드닝에서처럼) 숲의 상층부와 하층부가 만들어 내는 여러 층과 같은 생태학적 개념이 어떻게 관상용 정원에 적용될 수 있는지, 그리고 숲 지대와 연못 가장자리처럼 풍요로운 생태학적 틈새로부터 무엇을 배울 수 있는지를 탐구하고 있다.

미디어와 인터넷의 발달과, 정원 소유주들이 방문객들에게 자신의 정원을 보여 주려는 의지가 증가함에 따라 일반 국내 정원사들이 이보다 많은 정보를 얻을 수 있던 적은 없다. 이러한 관습은 영국에서 오랜 기간에 걸쳐 확립되었고 지금은 꾸준히 전 세계로 퍼져 나가고 있다. 쉬워진 여행과 소통은 아이디어의 상호 교류를 촉진시켰다. 안도 다다오나 크리스토퍼 브래들리홀의 작품에서는 동양과 서양이 만난다. 페르난도 카룬조는 고대 페르시아와 20세기 멕시코 모두에 의존한다. 그리고 블라디미르 시타Vladimir Sitta 같은 실험적 디자이너들은 행위 예술과 겹쳐질 수 있는 정원을 만들고자 다른 예술 형태를 탐색하고 있다.

가장 중요한 것은 여성의 기여다. 수 세기 동안 그들은 정원에서 가장 겸손한 일꾼들이었다. 제초 작업을 하는 여성보다 적은 일당을 받는 사람은 아무도 없었다. 20세기에 거트루드 지킬, 노라 린지, 비타 색빌웨스트 같은 경외할 만한 여성들은 마침내 그들의 재능으로 존경을 받았다. 역할은 대개 꽃으로 정원을 꾸미는 일에 국한되었지만 말이다. 마침내 캐스린 구스타프슨, 아라벨라 레녹스보이드, 지니 블롬Jinny Blom 같은 여성들이 조경 건축과 정원 디자인에서 최고의 자리에 오르고 있다. 그들은 고속도로를 옮기고 도시 중심부를 설계한다. 매우 아름다운 보더를 식재할 수도 있다.

정원은 마음, 몸, 그리고 정신을 위한 모든 종류의 자양분을 제공한다. 기후 변화, 식물 질병의 거침없는 확산, 또는 단순히 가족 정원을 위해 이용할 수 있는 공간의 부족처럼 우리 앞에 놓여 있는 도전들에도 불구하고 정원사가 되기에 지금보다 흥미진진한 시대는 없다.

참고문헌

전체

Adams, William Howard. Nature Perfected. Abbeville Press, 1991.

Bazin, Germain. Paradeisos. London, 1990.

Bisgrove, Richard. The National Trust Book of the English, Garden. London, 1990.

Brown, Jane. The Pursuit of Paradise. London 1999.

Dixon Hum. John.

Garden and Grove. London, 1986.

Greater Perfections: The Practice of Gardening Theory. London, 2000.

Edwards, Ambra. The Story of the English Garden. Pavilion, 2017.

Fearnley-Whittingstall, Jane. The Garden, An English Love Affair. Weidenfeld and Nicolson, 2002.

Goody, Jack. The Culture of Flowers. Cambridge, 1993.

Gothein, Maria Luise. A History of Garden Art, trans. Laura Archer-Hind. New York, 1928 (reprinted 1979).

Hobhouse, Penelope. Plants in Garden History. London, 1992.

Hussey, Christopher. English Gardens and Landscapes 1700-1750. Country Life, 1967.

Jellicoe, Geoffrey and Susan; Goode, Patrick; and Lancaster, Michael, eds. The Oxford Companion to Gardens. Oxford, 1986.

Mosser, Monique; and Teyssot, Georges, eds. The History of Garden Design. London, 1991. (Also published as The Architecture of Western Gardens. Boston, 1991.)

Schama, Simon.

A History of Britain (Volumes I-III). BBC Books, 2000-2002.

Landscape and Memory. Vintage Press, 1996.

Thacker, Christopher. The History of Gardens. Croom Helm, 1979.

정기 간행물

Garden History (the journal of the Garden History Society), 1972-2018.

Journal of Garden History, Taylor & Francis, 1981-1998.

Studies in the History of Gardens and Designed Landscapes, Taylor & Francis, 1998-

1장

Caroll, Maureen. Earthly Paradises: Ancient Gardens in History and Archaeology. London, 2003.

Dalley, Stephanie. The Mystery of the Hanging Gardens of Babylon. Oxford University Press, 2013.

Gleason, Kathryn, ed. A Cultural History of Gardens in Antiquity. Bloomsbury, 2013.

Hepper, F Nigel. Pharaoh's Flowers. London, 1990.

Jellicoe, Geoffrey and Susan. The Landscape of Man. London, 1975.

Mann, William. Landscape Architecture: an Illustrated History in Timelines, Sites, Plans and Biography. John Wiley and Sons, 1993.

Manniche, Lise. An Ancient Egyptian Herbal. London, 1993.

Musgrave, Toby. Paradise Gardens, Frances Lincoln, 2015.

Wilkinson, Alix. The Garden in Ancient Egypt. The Rubicon Press, 1998.

Xenophon. Oeconomics, translated by EC Marchant. London and New York, 1923.

2장

Baumann. Hellmut. Greek Wild Flowers, translated by WT and ER Stearn. Herbert Press, 1993.

Blunt, Wilfrid and Raphael, Sandra. The Illustrated Herbal. London. 1979.

Burr Thompson, Dorothy, ed. Garden Lore of Ancient Athens. American School of Classical Studies, Princeton, 1968.

Carroll, Maureen. Earthly Paradises, Ancient Gardens in History and Archaeology. British Museum Press, 2003.

Columella. On Agriculture and Trees, translated by HB Ash, ES Forster, and EH Heffner. London and Cambridge, Massachusetts, 1951-55.

De la Riufinière du Prey, Pierre. The Villas of Pliny from Antiquity to Posterity. Chicago, 1994.

Farrar, Linda. Ancient Roman Gardens. Sutton Publishing, 1998.

Huxley, Anthony. An Illustrated History of Gardening. London, 1988.

MacDougall, EB; and Jashemski, WF, eds. Ancient Roman Gardens. Dumbarton Oaks, Washington D.C., 1981.

Pliny the Younger. The Letters of the Younger Pliny, translated by Betty Radice. Harmondsworth, 1967.

Raven. John. Plants and Plant Lore in Ancient Greece. Leopard's Head Press, 2001.

Virgil. The Georgics, translated by Robert Wells. Manchester, 1982.

정기 간행물

Carroll-Spillake, Maureen, ed. 'Plant Lore of Ancient Athens'. Journal of Garden History, Vol. 12, No. 2, April-June 1992.

Carroll-Spillake, Maureen, 'Gardens of Greece from Homcric to Roman Times'. Journal of Garden History, Vol 12, No. 2, 84-101, 1992.

Jashemski, WF. 'The Gardens of Pompeii, Herculaneum and the Villas Destroyed by Vesuvius'. Journal of Garden History, Vol. 12, No. 2, 1992.

Littlewood, AR. 'Gardens of Byzantium'. Journal of Garden History, Vol. 12, No. 2, 1992.

Rhizopoulou Sophia. Symbolic Plants of the Olympic Games, Journal of Experimental Botany, Vol. 55, Issue 403, August 2004.

Hilditch, Margaret Helen, Kepos. Garden Spaces in Ancient Greece: Imagination and Reality, PHD Thesis, Univerity of Leicester, 2015.

3장

Babur. The Babur-nama in English, translated by AS Beveridge. London, 1922.

Bernus-Taylor, Marthe; and others, eds. Arabesques et Jardins de Paradis: Collections Français d'Art Islamique. (Catalogue of exhibition at the Louvre, Paris, 1989-90). Paris, 1989.

Brookes, John. Gardens of Paradise. London, 1987.

Chardin, Sir John. Travels in Persia, translated by E Lloyd. London, 1927.

Clark, Emma. Underneath Which Rivers Flow: the Symbolism of the Islamic Garden. Prince of Wales's Institute of Architecture, 1997.

Dixon Hunt, John, ed. Garden History: Issues, Approaches, Methods: 'The medieval Islamic garden: typology and hydraulics', Yasser Tabbaa. Dumbarton Oaks, Washington D.C., 1992.

Foster, William. Sir Thomas Herbert Travels in Persia 1627-29. Routledge, 1928.

Heavenly Art, Earthly Beauty. (Catalogue of exhibition at the Nieuwe Kerk. Amsterdam, 2000). Amsterdam, 2000.

Khansari, Mehdi. The Persian Garden: Echoes of Paradise. Mage Publishers,1998.

Koran. The.

Lehrman, Jonas. Earthly Paradise. London, 1980.

MacDougall, EB; and Ettinghausen, R, eds. The Islamic Garden. Dumbarton Oaks, Washington DC, 1976.

MacDougall, EB; and Wilber, Donald N. Persian Gardens and Garden Pavilions. Dumbarton Oaks, Washington D.C., 1979.

Moynihan, Elizabeth. Paradise as a Garden in Persia and Mughal

India. New York, 1979.
Olearius, Adam. Vermehrte Newe beschreibung der Muskowitischen und Persischen. Germany, 1656.
Pavord, Anna. The Tulip. London, 1999.
Sackville-West, Vita. Passenger to Teheran. Hogarth Press, 1926.
Titley, Norah; and Wood, Frances. Oriental Gardens. London, 1991.
Tjon Sie Fat, L and de Jong, E, eds. The Authentic Garden: 'The culture of gardens and flowers in the Ottoman Empire', Nevzat Ilhan; 'The Abbasid garden in Baghdad and Samarra', Qasim Al-Sammarrai; 'Botanical foundations for the restoration of Spanish-Arabic gardens', Esteban Hernandez Bermejo; 'The botanic gardens in Muslim Spain 8th–16th centuries', Angel Lopez y Lopez. Clusius Foundation, 1991.

정기 간행물

Harvey, John.
'Gardening books and plant lists of Moorish Spain'. Journal of Garden History. Vol. 3, No. 2, Spring 1975.
'Turkey as a source of garden plants'. Journal of Garden History, Vol. 4, No. 3, Autumn 1976.
Stronach, David. 'Pasargadae'. Journal of Garden History, Vol. 14, No. 1, Spring 1994.

4장

Harvey, John. Medieval Gardens. Batsford, 1981.
Jennings, Anne. Medieval Gardens. English Heritage, 2004.
Landsberg, Sylvia. The Medieval Garden. London, 1998.
MacDougall, EB, ed. Medieval Gardens: 'Reality and Literary Romance in the Park of Hesdin', Anne Hagopian Van Buren; 'Pietro de' Crescenzi and the Medieval Garden', Robert G Calkins; 'The Medieval Monastic Garden', Paul Meyvaert. Dumbarton Oaks, Washington D.C., 1986.
McLean, Theresa. Medieval English Gardens. Collins, 1981.
Stokstad, Marilyn; and Stannard, Jerry. Gardens of the Middle Ages. (Catalogue of exhibition at the Spencer Museum of Art. Lawrence, Kansas.) Lawrence, Kansas, 1983.
Strabo, Walafrid. Hortulus, translated by Raef Payne, with a commentary by Wilfrid Blunt. Pittsburgh. 1966.
Tjon Sie Fat, L and de Jong, E, eds. The Authentic Garden: 'Some strip of herbage', Hans de Bruijn. Clusius Foundation, 1991.

5장

Alberti. Leon Battista. The Ten Books of Architecture, translated by J. Leoni. London. 1755 (reprinted New York. 1986).
Attlee, Helena. Italian Gardens: A Cultural History. London, 2006.
Colonna. Francesco. Hypnerotomachia Poliphili, translated by Joscelyn Godwin. London, 1999.
Dixon Hunt, John; and De Jong, Eric ed. The Italian Garden. Cambridge, 1996.
Du Cerceau, Jacques Androuet. Les plus excellents bâtiments de France. Paris, 1576–1607.
Gaunt, W, translator and editor. Lives of the Painters, Sculptors and Architects. London, 1963.
Gurrieri, Francesco and Chatfield, Judith. The Boboli Gardens. Florence, 1972.
Lazzaro, Claudia. Italian Renaissance Garden. Yale University Press, 1990.

5·6장

Batey, Mavis. Oxford Gardens. Scholar Press. 1982.
Bouchenot-Dechin, Patricia and Farhat, Georges. André Le Nôtre in Perspective. Yale University Press, Versailles, 2014.
Bunce, Michael. The Countryside Ideal: Anglo-American Images of Landscape. Routledge, London, 1994.
De Caus, Salomon. Hortus Palatinus. Frankfurt, 1624.
Dezallier d'Argenville, Antoine-Joseph. La Théorie et la Pratique du Jardinage. Paris 1709. (The Theory and Practice of Gardening, translated by John James. London. 1712.)
Dixon Hunt, John; and de Jong, Eric. The Anglo-Dutch Garden in the Age of William and Mary. (Catalogue of exhibition. also Journal of Garden History. Nos 2 and 3. Vol. 8. 1988). London, 1988.
Estienne, Charles.
L'Agricultural et Maison rustique, translated by J. Liébault. Paris, 1570. (Later editions augmented and revised by Liébault, 1586, 1598.)
Maison Rustique or the Countrie Farme, translated by Richard Surflet. London, 1600.
Fiennes, Celia. Illustrated Journeys 1685–1712, edited by Christopher Morris. London, 1988.
Green, David. Queen Anne. Oxford, 1956.
Harris, Walter. A Description of the King's Royal Palace at Het Loo. London, 1699.
Peter Hayden. Russian Parks and Gardens. Frances Lincoln, 2005.
Henderson, Paula. The Tudor House and Garden. Yale University Press, 2005.
Jacques, David and van der Horst, Arend, eds. The Gardens of William and Mary. London, 1988.
Jacques, David. Gardens of Court and Country, English Design 1630-1730. Yale University Press, 2017.
Jones, Barbara. Follies and Grottoes. Constable, 1974.
Kluckert, Ehrenfried; Rolf Toman ed. European Garden Design From Classical Antiquity to the Present Day. Könemann. Cologne, 2000.
Masson, Georgina.
Italian Gardens. London, 1961.
'Italian Flower Collectors' Gardens in Seventeenth Century Italy'. The Italian Garden, edited by David R. Coffin. Dumbarton Oaks, Washington D.C., 1972.
Milam, Jennifer D. Historical Dictionary of Rococo Art. Scarecrow Press, 2011.
Rogers, Elizabeth Barlow. Landscape Design, A Cultural and Architectural History. Harry N Abrams, New York, 2001.
Strong, Roy.
The Artist and the Garden. Yale University Press, 2000.
The Renaissance Garden in England. London, 1979.
The Sprit of Britain. Pimlico, 1999.
Weiss, Allen. Mirrors of Infinity: the French Formal Garden and Seventeenth Century Metaphysics. Princeton, 1995.
Whalley, Robin; and Jennings, Anne. Knot Gardens and Parterres. Barn Elms Publishing, 1998.
Woodbridge, Kenneth. Princely Gardens: the Origins and Development of the French Formal Style. London, 1986.
Woods, May. Visions of Arcadia: European Gardens from Renaissance to Rococo. Aurum Press, London, 1996.
Willes, Margaret. The Making of the English Gardener, Plants Books and Inspiration 1560–1660. Yale University Press, 2011.

정기 간행물

Andrew, Marcin. 'Theobalds Palace: the gardens and park'. Journal of Garden History, Vol. 21, No. 2, Winter 1993.
Henderson, Paula. 'Sir Francis Bacon's water gardens at Gorhambury'. Garden History, Autumn 1999.

7장

Arber, Agnes. Herbals: their origin and evolution. Second edition. Cambridge, 1938.
Aymonin, Gerard. The Besler Florilegium: Plants of the Four Seasons. New York, 1987.
Barker, Nicholas. Hortus Eystettensis. London. 1994.
Besler, Basilius. Hortus Eystettensis. Nuremburg, 1613.
Chambers, Douglas. The Planters of the English Landscape Garden. Yale University Press, 1993.
Coats, Alice. The Quest for Plants. Studio Vista, 1969.
Cottesloe, Gloria and Hunt, Doris. The Duchess of Beaufort's Flowers. Exeter, 1983.
Dixon Hunt, John and Willis, Peter. The Genius of Place: the English Landscape Garden. Elek, 1975.
Evelyn, John. Sylva, or a Discourse of Forest-trees. London, 1664.(Sylva, or a Discourse of Forest-trees, with notes by Alexander Hunter. York, 1776.)
The Diary of John Evelyn, edited by Esmond de Beer. Oxford, 1955.
Fairchild, Thomas. The City Gardener. London, 1722.
Gerard, John. The Herball or General Historie of Plants. London, 1597. Second edition amended by Thomas Johnson. London, 1633.
Hanmer, Sir Thomas. The Garden Book of Sir Thomas Hanmer.

London, 1933.
Henrey, Blanche. British, Botanical and Horticultural Literature Before 1800. London, 1975.
Hill, Thomas. The Gardener's Labyrinth. London, 1577. (Edited by Richard Mabey. Oxford, 1987.)
Kastner, Joseph. A World of Naturalists. John Murray, 1978.
Lawson, William.
A New Orchard and Garden. London, 1618.
The Countrie Housewife's Garden. London, 1617.
Leapman, Michael. The Ingenious Mr Fairchild. Headline, 2000.
Leith-Ross, Prudence. The John Tradescants. London, 1984.
Mattioli, PA. Commentarii in sex libros Pedacii Dioscoridis. Venice, 1565.
O'Brian, Patrick. Joseph Banks: a Life. Harvill Press, 1987.
Parkinson, John. Paradisi in Sole Paradisus Terrestris. London, 1629.
Pavord, Anna. The Naming of Names. Bloomsbury 2005.
Rea, John. Flora Ceres & Pomona. Second edition. London, 1976.
Rix, Martyn. The Art of Botanical Illustration. Lutterworth Press, 1981.
Tjon Sie Fat, L and de Jong, E, eds. The Authentic Garden: 'Clusius' garden – a reconstruction'. Clusius Foundation, 1991.
Turner, William. A New Herball. London, 1551.
Van de Pass, Crispin. Hortus Floridus. Utrecht, 1614. (Reprinted London, 1974.)
Veendorp, H and Bass Beckling, LGM. Hortus Academicus Lugduno-Batavus 1587–1937. Leiden, 1938. (Reprinted 1990.)
Whittle, Tyler. The Plant Hunters. Heinemann, 1969.
Woodward, Marcus. Leaves from Gerard's Herball. Second edition, London, 1931. (Reprinted London, 1985.)

정기 간행물

Leith-Ross, Prudence. 'The garden of John Evelyn at Deptford'. Journal of Garden History, Vol. 25, No. 2, Winter 1997.

8장

Batey, Mavis. Alexander Pope: the Poet and the Landscape. Barn Elms Publishing, 2000.
Batey, Mavis and Lambert, David. The English Garden Tour: A View into the Past. John Murray, 1990.
Berridge, Vanessa. The Princess's Garden, Royal Intrigue and the Untold Story of Kew. Amberley, 2017.
Campbell, Gordon. The Hermit in the Garden: From Imperial Rome to Garden Gnome. Oxford University Press, 2013.
Cobbett, William. The English, Gardener. London. 1829. (Reissued 1833, reprinted Oxford, 1980.)
Daniels, Stephen. Humphry Repton. Yale University Press, 1999.
Daniels, Stephen and Watkins, Charles. The Picturesque Landscape: Visions of Georgian Herefordshire. Nottingham 1994.
Dixon Hunt, John. William Kent. Zwemmer, 1987.
Dixon Hunt, John and Willis, Peter, eds. The Genius of the Place, MIT, 1988.
Felus, Kate. The Secret Life of the Georgian Garden: Beautiful Objects and Agreeable Retreats. IB Tauris, 2016.
Girouard, Mark. Life in the English Country House. Yale University Press, 1978.
Green, David. Blenheim Palace. Jarrold Publishing, 1950 (2000 edition).
Horwood, Catherine. Gardening Women: Their Stories from 1600 to the Present. Virago, 2010.
Humphry Repton: Landscape Gardener. Catalogue of exhibition, Victoria and Albert Museum, London, 1982.
Hussey, Christopher. Picturesque: Studies in a Point of View. F Cass, 1967.
Jacques, David. Georgian Gardens: the Reign of Nature. London, 1983.
Laird, Mark. The Flowering of the English Landscape: English Pleasure Grounds 1720-1800. University of Pennsylvania Press, 1999.
Loudon, John Claudius. Arboretum et Fruticetum, Britannicum. London, 1835-38.
Malins, Edward. English, Landscaping and Literature. Oxford, 1966.
Pavord, Anna. Landskipping. Bloomsbury, 2016.
Pevsner, Nicolaus, ed. The Picturesque Garden and its Influence Outside the British Isles. Dumbarton Oaks. Washington DC, 1974.
Philips, Henry. Sylva Florifera: The Shrubbery Historically and Botanically Treated. London, 1823.
Olin, Laurie. Across the Open Field: Essays Drawn from English Landscapes. Pennsylvania, 1999.
Repton, Humphry.
Fragments on Landscape Gardening and Architecture as Connected with Rural Scenery. 1816.
Sketches and Hints. 1793.
Theory and Practice. 1803.
The Art of Landscape Gardening. Reprinted Houghton Mifflin, Boston and New York, 1907.
Richardson, Tim. The Arcadian Friends: Inventing the English Landscape Garden. Bantam Press, 2007.
Rutherford, Sarah. Capability Brown and his Landscape Gardens. National Trust, 2016.
Shaftesbury, Earl of. The Moralists. London, 1709.
Stroud, Dorothy.
Capability Brown. London, 1975.Humphry Repton. London, 1962.
Swinden, Nathaniel. The Beauties of Flora Display'd. London, 1778.
The Palladian Revival. Catalogue of exhibition at the Royal Academy of Arts. London. 1995.
Williamson, Tom. Polite Landscapes: Gardens and Society in Eighteenth-century England. Country House, 1998.

9장

Batey, Mavis; and Lambert, David. The English Garden Tour. John Murray, 1990.
Boniface, Priscilla, ed. In Search of English Gardens. London, 1990.
Brooke, E. Adveno. The Gardens of England. London, 1858.
Campbell, Susan. A History of Kitchen Gardening. Frances Lincoln, 2005.
Campbell-Culver, Maggie. The Origin of Plants. Headline, 2001.
Carter, Tom. The Victorian Garden. London, 1984.
Davies, J. The Victorian Kitchen Garden. BBC Books, 1987.
Devonshire, Deborah, Duchess of. The Garden at Chatsworth. Frances Lincoln, 1999.
Elliott, Brent. Victorian Gardens. London, 1986.
Hayden, Peter. Biddulph Grange, Staffordshire: a Victorian Garden Rediscovered. London. 1989.
Hibberd, Shirley, ed. Rustic Adornments for Homes of Taste. Century, 1987.
Hughes, John Arthur. Garden Architecture and Landscape Gardening. London. 1866.
Loudon, John Claudius.
Encyclopaedia of Gardening. Third edition. London. 1825.
The Suburban Gardener and Villa Companion. London. 1838.
MacDougall, EB, ed. John Claudius Loudon and the Early Nineteenth Century in Great Britain. Dumbarton Oaks. Washington D.C., 1980.
Morgan, Joan and Richards, Alison. A Paradise out of a Common Field. Harper & Row, 1990.
Musgrave, Toby. The Plant Hunters. London, 1999.
Rice, Dr Tont. Voyages of Discovery: Three Centuries of National History Exploration. London, 1999.
Simo, Melanie Louise. Loudon and the Landscape. New Haven and London, 1988.
Stearn, William, ed. John Lindley, 1799–1865. London, 1998.

정기 간행물

Laurie, Ian. 'Landscape at Eaton Park'. Journal of Garden History, Autumn 1985.
Ridgway, Christopher. 'WA Nesfield'. Journal of Garden History, Vol. 13, 1993.
The Gardener's Magazine. 1826–43.

10장

Bartram, William. Travels Through North and South, Carolina, Georgia, East and West Florida. Philadelphia, 1791, and London, 1792. Facsimile edited by Robert McCracken Peck. Salt Lake City, 1980.

Berkeley, Edmund and Dorothy Smith. The Life and Travels of John Bartram. Florida, 1982.

Birnbaum, Charles and Karson, Robin. Pioneers of American Landscape Design. McGraw-Hill, 2000.

Botting, Douglas. Humboldt and the Cosmos. London, 1973.

Catesby, Mark. The Natural History of Carolina, Florida, and the Bahama Islands. London, 1729–47.

Downing, Andrew Jackson. A Treatise on the Theory and Practice of Landscape Gardening. Sakonnet, 1977. (First published 1841.)

Griswold, Mac. Washington's Gardens at Mount Vernon: Landscape of the Inner Man. Houghton Miflin. 1999.

With Eleanor Weller. The Golden Age of American Gardens. Harry Abrahams. 1992.

Harriot. Thomas. A Briefe and True Report of the New Found Land of Virginia. London 1588. (Reprinted by Dover, 1972.)

Hedrick, UP. A History of Horticulture in America to 1860. NewYork,1950. (Reprinted Portland, 1988.)

Jefferson, Thomas. Garden Book 1766–1824, edited by Edwin Morris Betts. Philadelphia, 1944.

Josselyn, John. New-England's Rarities Discovered. London, 1672.

Leighton, Anne.

American Gardens in the Eighteenth Century. Massachusetts, 1976.

American Gardens of the Nineteenth Century. Massachusetts, 1987.

Early American Gardens. Massachusetts, 1986.

Lockwood, Alice. Gardens of Colony and State. Scribners, 1931. (Reprinted by the Garden Club of America, 2000.)

Maccubin, Robert and Martin, Peter, eds.

Eighteenth Century Life: British and American Gardens. Williamsburg, 1983.

British and American Gardens of the Eighteenth Century. Virginia, 1988.

MacDougall, EB, ed. Prophet with Honor. The career of Andrew Jackson Downing 1815–52. Dumbarton Oaks, Washington D.C., 1989.

Martin, Peter. The Pleasure Gardens of Virginia. Princeton, 1991.

Mitchell, Ann Lindsay and House, Syd. David Douglas: Explorer and Botanist. Aurum, 1999.

Newton, Norman. Design on the Land. Harvard, 1971.

Nichols, Frederick Doveton and Griswold, Ralph. Thomas Jefferson Landscape Architect. Virginia, 1978.

Prentice, Helaine Kaplan. Gardens of Southern California. San Francisco, 1990.

Prescott, WH.

The Conquest of Mexico. Gibbings and Company, 1896.

History of the Conquest of Peru. Gibbings and Company, 1896.

Punch, Walter, ed. Keeping Eden. Massachusetts Horticultural Society. Bullfinch, 1992.

Reveal, James. Gentle Conquest. Starwood, 1992.

Rybczynski, Witold. A Clearing in the Distance: Frederick Law Olmsted and America in the Nineteenth Century. Scribner, 1999.

Sanger, Marjory Bartlett. Billy Bartram and His Green World. Farrar, Straus and Giroux, 1972.

Scott, Frank Jesup. The Art of Beautifying Suburban Home Grounds. New York, 1870. (Reprinted New York, 1982.)

Streatfield, David. California Gardens. Abbeville Press, 1994.

Swem, EB, ed. Brothers of the Spade: Correspondence of Peter Collinson of London and of John Custis of Williamsburg, Virginia 1734–1746. Worcester, Massachusetts, 1949.

Wilkinson, Norman. EI du Pont, Botaniste. Charlottesville, Virginia, 1972.

정기 간행물

Evans, Susan Toby. 'Aztec Royal Pleasure Parks'. Studies in the History of Gardens and Designed Landscapes, Vol. 20, No. 3, July–September 2000.

Journal of the New England Garden History Society.

Magnolia (the journal of the Southern History Society).

11장

Attiret, Jean Denis. A Particular Account of the Emperor of China's Gardens near Peking, translated by Sir Henry Beaumont. 1749.

Birch, Cyril, ed. The Songs of Ch'u: an Anthology of Chinese Literature. 1975.

Cheng, Ji. The Craft of Gardens. Yale Universioty Press, 1988.

Confucius. The Analects.

Fu, Shen. Chapters from a Floating Life, translated by S Black. 1960.

Keswick, Maggie. The Chinese Garden. Academy Editions Architecture Series, 1986.

Tjon Sie Fat, L and E de Jong, eds. The Authentic Garden: 'Insight into Chinese traditional botanical knowledge', Georges Metailie. Clusius Foundation, 1991.

Needham, Joseph. Science and Civilisation in China, Vols 1 and 6. Cambridge, 2000.

Siren, Osvald. China and the Gardens of Europe in the 18th Century. Dumbarton Oaks, Washington D.C., 1990 (reprinted edition).

Valder, Peter. The Garden Plants of China. Timber Press, 1999; Weidenfeld Illustrated, 1999.

정기 간행물

Campbell, Duncan. 'Transplanted Peculiarity: The Garden of the Master of the Fishing Nets'. New Zealand Journal of Asian Studies 9, 1 (June, 2007): 9–25.

Hammond, Kenneth. 'Wang Shizen's Garden Essays'. Studies in the History of Gardens and Designed Landscapes. Vol. 19, July–December 1999.

Métailié, Georges. 'Some hints on "Scholar Gardens" and plants in traditional China'. Studies in the History of Gardens and Designed Landscapes, 18:3, 248–256, 1998.

Minford, John. 'The Chinese garden: death of a symbol'. Studies in the History of Gardens & Designed Landscapes. 18:3, 257–268, 1998.

Yang, Bo and Nancy J. Volkman. 'From traditional to contemporary: Revelations in Chinese garden and public space design'. Urban Design International 15, 4 (December 2010), 208–220.

Proceedings of New Research on the History of Chinese Gardens and Landscapes, 26 and 27 October 2017, University of Sheffield.

인터넷 사이트와 영화

The Chinese Scholar-Official

http://afe.easia.columbia.edu/special/china_600ce_scholar.htm

Center for the Art of East Asia, University of Chicago

https://voices.uchicago.edu/caeatest/

https://scrolls.uchicago.edu

MIT Visualizing Cultures

https://visualizingcultures.mit.edu/home/vis_menu_02b.html

12장

Itō, Teiji. The Gardens of Japan. Kodansha International. 1998.

Kawaguchi, Yocko. Japanese Zen Gardens. Frances Lincoln, 2014.

Kaempfer, Engelbert. Kaempfer's Japan, edited by Beatrice Bodart-Bailey. Hawaii, 1999.

Ketchell, R, Raggett, J and Hardman, G. Visions of Paradise. Japanese Garden Society, 2011.

Keane, Marc Peter. Japanese Garden Design. Tuttle Publishing, 1997.

Kuck, Lorraine. The World of the Japanese Garden. Weatherhill Publishers, 1980.

Main, Alison and Newell, Platten. The Lure of the Japanese Garden. Wakefield Press, 2002.

Shikibu, Murasaki. The Tale of Genji, translated by Arthur Waley. London, 1935.

Treib, Marc and Herman, Ron. A Guide to the Gardens

of Kyoto. Shufunotomo. Japan, 1980.
Walker, Sophie. The Japanese Garden. Phaidon, 2017.

영화

Dream Window: Reflections on the Japanese Garden. Smithsonian Institute, 1992.

13장

Adams, William Howard. Grounds for Change. Bullfinch,1993.
Allan, Mea. William Robinson. Faber & Faber, 1982.
Balmori, Diana, McGuire, Diane and McPeck, Eleanor. Beatrix Farrand's American Landscapes. New York, 1985.
Bisgrove, Richard.
The Gardens of Gertrude Jekyll. Frances Lincoln, 1992.
William Robinson: The Wild Gardener. London 2008.
Blomfield, Reginald and Thomas, Inigo. The Formal Garden in England. Macmillan, 1892.
Boyden, Martha, Vinciguerra, Alessandra, eds. Russell Page: Ritratti di Giardini Italiani. American Academy in Rome, Electra,1998.
Brown, Jane.
Gardens of a Golden Afternoon. Allen Lane, 1982.
The Art and Architecture of English Gardens. Weidenfeld & Nicolson, 1989.
The English Garden in Our Time. Antique Collectors' Club, 1986.
Darke, Rick. In Harmony with Nature. Friedman/Fairfax, 2000.
Dunster, David, ed. Edwin Lutyens. Architectural Monograph 6. Academy Editions, 1979.
Farrand, Beatrix. Beatrix Farrand's Plant Book for Dumbarton Oaks, edited by Diane McGuire. Washington D.C., 1980.
Farrer, Reginald. The Rock Garden. Thomas Nelson, 1940.
Hitchmough, Wendy. Arts and Crafts Gardens. Pavilion, 1997.
Hood Museum of Art. Shaping an American Landscapwe: The Art and Architecture of Charles A Platt. New England, 1995.
Karson, Robin. The Muses of Gwinn. Harry N Abrahams, 1996.
Lutyens. Catalogue of the exhibition at the Haywood Gallery, Arts Council of Great Britain, London, 1981.
Morgan, Keith. Charles A Platt: The Artist as Architect. New York, 1985.
O'Neill, Daniel. Lutyens' Country Houses. Lund Humphries, 1980.
Platt, Charles A. Italian Gardens. Saga/Timber Press, 1993.
Quest Ritson, Charles. The English Garden Abroad. London 1992.
Robinson, William.
The Wild Garden. John Murray, 1870.
The English Flower Garden. John Murray, 1883.
Ruskin, John. 'The Poetry of Architecture'. The Architectural Magazine (1837–38).
Russell, Vivian. Edith Wharton's Italian Gardens. London, 1997.
Shelton, Louise. Beautiful Gardens in America. Scribner, 1915.
Sitwell, Sir George. On the Making of Gardens. London, 1909.
Tankard, Judith. The Gardens of Ellen Biddle Shipman. Harry N Abrahams, 1996.
Tankard, J and Wood, M. Gertrude Jekyll at Munstead Wood. Pimpernel, 2015.
Triggs, H Inigo. The Formal Garden in England and Scotland. London, 1988 edition.
Whalley, Robin. The Great Edwardian Gardens of Harold Peto. Aurum Press, 2007.
Wharton, Edith. Italian Villas and their Gardens. The Bodley Head,1904.
Willes, Margaret. The Gardens of the British Working Class. Yale University Press, 2014.

14장

Anderton, Stephen. Christopher Lloyd: His Life at Great Dixter. Chatto & Windus, 2010.
Bannerman, Isabel and Julian. Landscape of Dreams. London, 2016.
Berridge, Vanessa. Great British Gardeners. Amberley, 2018.
Bradley Hole, Christopher. The Minimalist Garden. Mitchell Beazley, 1999.
Brown, Jane.
Gardens of a Golden Afternoon. Allen Lane, 1982.
The English Garden through the 20th Century. Garden Art Press, 1999.
The Modern Garden. Thames & Hudson, 2000.
Vita's Other World. Penguin, 1987.
Buchan, Ursula.
The English Garden. Frances Lincoln, 2006.
A Green and Pleasant Land. Hutchinson, 2013.
Garden People: Valerie Finnis and the Golden Age of Gardening. Thames & Hudson, 2007.
Campbell, Katie. Icons of 20th-century Landscape Design. London, 2006.
Chatto, Beth.
Beth Chatto's Gravel Garden. Frances Lincoln, 2000.
The Damp Garden. JM Dent, 1982.
Church, Thomas. Gardens are For People. New York, 1955.
Cooper, G and Taylor, G. Paradise Transformed: The Private Garden for the Twenty-first Century. Monacelli Press, 1997.
Cooper, G, Taylor, G and Kiley, D. Mirrors of Paradise: The Gardens of Fernando Caruncho. Monacelli Press, 2000.
Crowe, Sylvia. Garden Design. Country Life, 1958.
Eckbo, Garrett. Landscape for Living. FW Dodge Corporation,1950.
Eliovson, Sima. The Gardens of Roberto Burle Marx. London, 1991.
Fish, Marjorie.
We Made a Garden. Collingridge, 1956.
Ground Cover Plants. Collingridge, 1964.
Gardiner, Juliet. From the Bomb to the Beatles. Collins & Brown, 1999.
Hayward, Alison. Norah, Lindsay: The Life and Art of a Garden Designer. Frances Lincoln, 2007.
Montero, Marta Iris. Burle Marx: The Lyrical Landscape. London, 2001.
Pearson, Graham. Lawrence Johnston: The Creator of Hidcote. Hidcote Books, 2015.
Richardson, Tim and Kingsbury, Noel. Vista: The Culture and Politics of Gardens. Frances Lincoln, 2005.
Richardson, Tim.
The English Garden in the Twentieth Century. Aurum Press, 2005.
The New English Garden. London, 2013.
Salisbury, the Dowager Marchioness. A Gardener's Life. London, 2007.
Spens, Michael.
Gardens of the Mind: The Genius of Geoffrey Jellicoe. Antique Collectors Club, 1992.
Jellicoe at Shute. Academy, 1993.
Sutherland, Lyall and Jellicoe, Geoffrey. Designing the New Landscape. London, 1991.
Schinz, Maria and Van Zuylen, Gabrielle. The Gardens of Russell Page. London 2008.
Walker, Peter and Simo, Melanie. Invisible Gardens. MIT Press,1994.
Wilkie, Kim. Led by the Land. Frances Lincoln, 2012.
Zanco, Federica. Luis Barragan: The Quiet Revolution. Italy, 2001.

이 책에 이미지를 실을 수 있게 허가해 준 이들에게 감사를 전한다.

ASP: Alamy Stock Photo; BI: Bridgeman Images; CL: Country Life Picture Library; GAP: GAP Photos; GI: Getty Images; RH: Robert Harding; RHS: RHS Lindley Collections; NT: National Trust Images; S: Scala, Florence; V&A: Victoria & Albert Museum, London.

Cover: Electa/Mondadori Portfolio via GI. Page: 2 Courtesy of the Duke and Duchess of Beaufort; 4 Musée de la Ville de Paris, Musée Carnavalet, Paris, France / BI; 10 © The Trustees of the British Museum; 12 Image ©The Metropolitan Museum of Art / Art Resource / S; 13 Louvre, Paris / Universal History Archive / UIG / BI; 14 Jerzy Strzelecki; 16 L Private Collection / Archives Charmet / BI; 16 R © Professor Stephanie Dalley. Illustration by Terry Ball; 17 Werner Forman Archive/ BI; 18 © CSIC Comunicación; 19 Image © The Metropolitan Museum of Art / Art Resource / S; 21 © Florilegius / BI; 22-23 Andrew McConnell / RH; 25 Granger / BI, 28-29 Tarker / BI; 30-31 Peter Eastland / RH; 33 Archaeological Museum of Heraklion, Crete, Greece / BI; 34 De Agostini Picture Library / BI; 36 Eton College, Windsor, UK / BI; 37 Topkapi Palace Library, Istanbul, Turkey / BI; 39 Biblioteca Nazionale Marciana, Venice, Italy / BI; 40 Musée National du Bardo, Le Bardo, Tunisia / BI; 41 Japatino /GI; 42 Museo Archeologico Nazionale, Naples, Campania, Italy / BI; 43 Julia Thorne / RH; 46-47 Bibliothèque Nationale, Paris, France / BI; 48-49 Electa/Mondadori Portfolio via GI; 51 Museo Archeologico Nazionale, Naples, Campania, Italy / De Agostini Picture Library / L. Pedicini / BI; 54 spooh/GI; 56-57 Hermes Images / AGF / UIG via GI; 58 Royal Geographical Society, London, UK / BI; 59 Photo © Musée du Louvre, Dist. RMN-Grand Palais / Claire Tabbagh; 60 De Agostini Picture Library / G. Dagli Orti / BI; 61 Werner Forman Archive/ State University Library, Leiden; 63 Geography Photos / UIG via GI; 64 Arturo Cano Mino / RH; 65 andreslevedev / ASP; 68 Ruth Tomlinson / RH; 69 DeAgostini / GI; 70 © British Library Board. All Rights Reserved / BI; 71 © V&A; 73 Design Pics Inc / ASP; 74 © British Library Board. All Rights Reserved / BI; 75 © V&A; 76-77 Private Collection / The Stapleton Collection / BI; 78 Juergen Ritterbach / GI; 79 © V&A; 80-81 Stelios Michael / ASP; 82-83 © British Library Board. All Rights Reserved / BI; 85 Private Collection / The Stapleton Collection / BI; 86 Photo by Roger Viollet / GI; 87 Eric LAFFORGUE / Gamma-Rapho via GI; 89 Private Collection / Photo © Christie's Images / BI; 90 Ashmolean Museum, University of Oxford, UK / BI; 91 © British Library Board. All Rights Reserved / BI; 93 © British Library Board. All Rights Reserved / BI; 94 S.H. Rashedi / Unesco; 95 Kaveh Kazemi / GI; 96-97 Werner Forman Archive/ Topkapi Palace Library, Istanbul; 100-101 National Gallery of Victoria, Melbourne, Australia / Felton Bequest / BI; 102 Stadelsches Kunstinstitut, Frankfurt-am-Main, Germany / BI; 105 © British Library Board. All Rights Reserved / BI; 106 Musée Condé, Chantilly, France / BI; 107 Tarker / BI; 108 De Agostini Picture Library / BI; 110 Bibliothèque de L'Arsenal, Paris, France / BI; 111 and 113 Musée Condé, Chantilly, France / BI; 114 Museo del Castelvecchio, Verona, Italy / BI; 115 Pinacoteca Nazionale, Bologna, Emilia-Romagna, Italy / BI; 118 Osterreichische Nationalbibliothek, Vienna, Austria / The Stapleton Collection / BI; 119 and 120 © British Library Board. All Rights Reserved / BI; 124-125 Villa Lante, Bagnaia, Viterbo, Lazio, Italy / BI; 126 Private Collection / Photo © Christie's Images / BI; 127 Fondation Custodia, Collection Lugt, Paris; 128 Museo di Firenze Com'era, Florence, Italy / BI; 129 V&A; 130 De Agostini Picture Library / G. Nimatallah / BI; 131 RHS; 132 De Agostini Picture Library / A. Dagli Orti / BI; 133 Scott Wilson / Alamy; 134 Private Collection / BI; 135 Photo by Mayall/ullstein bild via GI; 137 MMGI / Andrew Lawson; 138 Museo di Firenze Com'era, Florence, Italy / BI; 139 DEA/ G Roli/ GI; 141 Photo by Aurelio Amendola / Archivio Aurelio Amendola / Mondadori Portfolio via GI; 142-143 Alantide Phototravel / GI; 146-147 Niels Poulsen DK / ASP; 148 DeAgostini / GI; 149 Private Collection / The Stapleton Collection / BI; 150 Victoria & Albert Museum, London, UK / BI; 151 © 2019. Photo S - courtesy of the Ministero Beni e Att. Culturali e del Turismo; 152 RHS; 153 Private Collection / The Stapleton Collection / BI; 155 AGE Fotostock/ DEA / A DAGLI ORTI; 156 and 157 The Stapleton Collection / BI; 158 Christophel Fine Art / UIG via GI; 160 and 161 Godong / UIG via GI; 163 Bibliothèque nationale de France; 164 Leemage / UIG via GI; 165 De Agostini Picture Library / G. Dagli Orti / BI; 166 Fine Art.Images / Heritage Images / GI; 168 and 169 Universal History Archive / UIG via GI; 170 ullstein bild via GI; 171 ©NT / Paul Harris; 173 RHS; 175 Photo by Pascal CHEVALLIER / Gamma-Rapho via GI; 176 Kupfalzisches Museum der Stadt Heidelberg; 178 ©NT; 180 and 181 Royal Collection Trust / © Her Majesty Queen Elizabeth II 2019; 183 Stuart Black / RH; 184 RH / ASP; 185 Alte Nationalgalerie, Berlin, Germany / De Agostini Picture Library / BI; 186 KHM-Museumsverband ; 190 The Albertina Museum, Vienna; 192 - 193 © Les Arts Décoratifs, Paris / Jean Tholance / akg-images; 194 The J. Paul Getty Museum, Los Angeles. Ms. 20, fol. 23; 196 Granger / BI; 197 Private Collection / BI; 198 T RHS; 198 B Private Collection / The Stapleton Collection / BI; 200 V&A; 201 T Private Collection / Look and Learn / Elgar Collection / BI; 201 T Granger/BI; 201 B Album; 202 Universal History Archive/UIG / BI; 204 RHS; 205 Historic Images / ASP; 206 De Agostini Picture Library / BI; 207 T Ashmolean Museum, University of Oxford, UK / BI; 209 Victoria & Albert Museum, London, UK / BI; 210 L Private Collection / Roy Miles Fine Paintings / BI; 210-211 © British Library Board. All Rights Reserved / BI; 213 Wellcome Collection; 214 Peter H. Raven Library / Missouri Botanical Garden; 216 L The John Bartram Association, Bartram's Garden, Philadelphia; 216 R Royal Collection Trust / © Her Majesty Queen Elizabeth II 2019; 217 Private Collection / The Stapleton Collection / BI; 218 De Agostini Picture Library / M. Seemuller / BI; 219 L Natural History Museum, London, UK / BI; 219 R © National Portrait Gallery, London; 221 Mazarine, Paris, France / Archives Charmet / BI; 222 Natural History Museum, London, UK / BI; 223 Lincolnshire County Council, Usher Gallery, Lincoln, UK / BI; 224 Central Saint Martins College of Art and Design, London / BI; 225 © Florilegius / BI; 228-229 Private Collection / Photo © Gavin Graham Gallery, London, UK / BI; 230 L Private Collection / Photo © Philip Mould Ltd, London / BI; 230 R © The Trustees of the British Museum; 232 Private Collection / Photo © Bonhams, London, UK / BI; 233 © British Library Board. All Rights Reserved / BI; 234 © NT / Andrew Butler; 235 National Gallery, London, UK / BI; 237 MMGI / Marianne Majerus; 239 Justin Paget/©CL; 241 © British Library Board. All Rights Reserved / BI; 242-243 Amanda White/GI; 244 Private Collection / The Stapleton Collection / BI; 245 Greg Balfour Evans/ASP; 246 Private Collection / BI; 247 © NT/James Dobson; 248 Private Collection / Photo © Philip Mould Ltd, London / BI; 249 The Portland Collection, Harley Gallery, Welbeck Estate, Nottinghamshire / BI; 250 and 251 Private Collection / The Stapleton Collection / BI; 252 Indianapolis Museum of Art at Newfields, USA / Museum Accession / BI; 255 Private Collection / BI; 256-257 The National Archives, ref. WORK38/349; 257 R The Bodleian Libraries, The University of Oxford MS. Top. Gen. b. 55, fol. 36r; 258 Palazzo Reale, Caserta, Italy / © Mondadori Electa / BI; 259 Private Collection / Photo © Christie's Images / BI; 260 State Open-air Museum 'Palace Gatchina', St. Petersburg / BI;

264-265 © Historical Picture Archive / CORBIS/Corbis via GI; 266 Free Library of Philadelphia / Print and Picture Collection - Jackson Collection of American Lithographs / BI; 267 © British Library Board. All Rights Reserved / BI; 268 Bibliothèque des Arts Decoratifs, Paris, France / Archives Charmet / BI; 269 RHS; 270 Private Collection; 272 and 273 Garden Museum Archives; 274 L and R Granger / BI; 276 Lindley Library, RHS, London, UK / BI; 277 Private Collection / The Stapleton Collection / BI; 278-279 CL; 280 Private Collection / © Look and Learn / BI; 282 RHS; 284 Private Collection / Archives Charmet / BI; 285 Stpehen Sykes/ASP; 286 Florilegius / ASP; 287 Private Collection; 288 RHS; 289 L Mediacolor's /ASP; 289 R Chronicle/ASP; 290-291 Matt Cardy / GI; 292 RHS; 295 RHS; 296 © NT/Andrew Baskott; 297 The Picture Art Collection/ASP; 298 and 299 © Joe Wainwright; 302 © 2019. Photo The Morgan Library & Museum / Art Resource, NY / S; 305 Chris Sharp / South American Pictures; 306 RHS; 307 © British Library Board. All Rights Reserved / BI; 308 Alte Nationalgalerie, Berlin, Germany / De Agostini Picture Library / BI; 309 © Humboldt-Universitaet zu Berlin / BI; 310 Private Collection / BI; 312 RHS; 315 Eric Foster Media/Shutterstock; 316 T Washington and Lee University; 316 B Virginia Historical Society, Richmond, Virginia, USA / BI; 317 The Right Hon. Earl of Derby / BI; 318 Middleton Place Foundation; 319 Private Collection / The Stapleton Collection / BI; 321 RHS; 322 and 323 Tetra Images/RH; 324 Granger / BI; 326 RHS; 327 PhotoQuest/GI; 328 and 329 Used with permission from The Biltmore Company, Asheville, North Carolina; 331 Arnold Arboretum of Harvard University; 332 History and Art Collection / ASP; 336-337 Universal Images Group / GI; 340-341 Keren Su / China Span / ASP; 342 Image © The Metropolitan Museum of Art/Art Resource / S; 344 The Palace Museum, Beijing; 346 Bibliothèque Nationale, Paris, France / BI; 347 The Nelson-Atkins Museum of Art, Kansas City, Missouri. Purchase: William Rockhill Nelson Trust, 46-51/2. Photo courtesy Nelson-Atkins Media Services / John Lamberton; 348 and 349 Museum of Fine Arts, Boston. All rights reserved / S; 351 © British Library Board. All Rights Reserved / BI; 352 Brooklyn Museum, Gift of Dr. Eleanor Z. Wallace in memory of her husband, Dr. Stanley L. Wallace, 2002.121.20; 354 Photo © Christie's Images / BI; 355 Image © The Metropolitan Museum of Art / Art Resource/ S; 356 Wikimedia Commons (Xiao_Feihong_of Zhuozhengyuan_Album_by_Wen_Zhengming); 357 Image © The Metropolitan Museum of Art / Art Resource / S; 359 Image © The Metropolitan Museum of Art / Art Resource / S; 360 and 361 Tap Travel Stock / ASP; 362 Image © The Metropolitan Museum of Art / Art Resource/ S; 365 David Wei/ ASP; 366 Flickr / The Lost Gallery; 367 Natural History Museum, London, UK / BI; 368 Axz700/ Shutterstock; 369 Pictures from History / BI; 370 Claudine Klodiene / ASP; 371 Kongjian Yu, Turenscape; 374 to 375 In Pictures Ltd. / Corbis via GI; 376 Ei Katsumata - FLP /ASP; 377 John Lander / ASP; 378 Bibliothèque des Arts Decoratifs, Paris, France / De Agostini Picture Library / G. Dagli Orti / BI; 381 Alex Ramsay / ASP; 382 Michael Yamashita; 384 and 385 V&A; 389 Alex Ramsay / ASP; 390 and 391 John S. Lander / Light Rocket via GI; 392 to 393 Bruce yuanyei Bi /ASP; 394 De Agostini Picture Library / W. Buss / BI; 395 Hans SILVESTER / Gamma-Rapho via GI; 397 Alex Ramsay / ASP; 398 and 399 Alex Ramsay / ASP; 401 Image © The Metropolitan Museum of Art / Art Resource / S; 402 Pictures from History / BI; 405 © Sophie Walker; 407 Photo by Florilegius / SSPL / GI; 408 and 409 Alex Ramsay / ASP; 410-411 Sucha Kittiwararat / Shutterstock; 414-415 Claire Tackacs; 416 L Courtesy of Gravetye Manor; 416 R RHS; 418 RHS; 420 GAP/Richard Bloom; 421 Courtesy, Winterthur Museum, Azalea Woods; 422 CL; 423 V&A; 424 Private Collection / The Stapleton Collection / BI; 425 GAP / John Glover; 427 Rhonda Fleming Hayes; 428 T CL; 428 B Godalming Museum; 429 Private Collection / The Stapleton Collection / BI; 430-431 ©NT / Stephen Robson; 433 National Gallery of Art, Washington DC, USA / BI; 434 GAP / Mark Bolton; 435 MMGI / Andrew Lawson; 436 GAP / Charles Hawes; 437 Courtesy, Longwood Gardens; 438 Beatrix Farrand Collection, Environmental Design Archives, UC Berkeley; 439 GAP / Claire Takacs; 440 L Tuinen Mien Ruys Garden Foundation; 440 R GAP / Hanneke Reijbroek, Design: Mien Ruys garden / Holland; 441 GAP / Hanneke Reijbroek, Design: Mien Ruys garden / Holland; 442 NT / Marianne Majerus; 443 Michael Ventura / ASP, © ARS, NY and DACS, London 2019; 446-447 Sebastian / ASP; 449 Valerie Finnis / RHS; 450 Peter Anderson / ASP; 451 MMGI / Andrew Lawson; 452 © Francis Landscapes; 453 Caruncho Garden and Architecture / Pere Planells; 454 photograph: Tim Street-Porter, © Barragan Foundation / DACS 2019; 456 The National Trust Photolibrary/ ASP; 457 GAP / Jerry Harpur; 458 The Lost Gardens of Heligan; 459 NT / James Dobson; 460 Hemis / ASP; 461 © Burle Marx Landscape Design Studio, photography: Gustavo Leivas; 462 Stephen Dunn Photography; 463 GAP / Nicola Browne; 464 Alisha Alif / ASP; 466 Charlie Hopkinson; 468-469 GAP / Rob Whitworth; 470-471 GAP / Rob Whitworth; 472 Harry Green / ASP; 473 Roger Foley Photography; 474-475 SP Quibel- le jardin plume; 476-477 © MMGI / Marianne Majerus; 478 Philip Johnson Landscapes / Claire Takacs; 479 Tokachi Millennium Forest / Syogo Oizumi; 480 Kathy deWitt / ASP; 482 and 483 John Lander / ASP; 484 Riccardo Sala / ASP; 487 GAP / Charles Hawes; 488 fotozone / ASP; 490 gardenpics / ASP; 491 Cary Clarke / ASP; 492-493 In the Line of Fire by Topher Delaney, Photo Marcus Hanschen; 494 GAP / Andrea Jones.

ㅈ

ㅊ

ㅋ

『가드닝: 정원의 역사』는 문명이 태동하던 시기부터 지금까지 정원의 역사를 그야말로 총망라하고 있다. 정원과 조경 관련 공부를 하거나 직업으로 삼은 사람들은 꼭 알아야 할 이야기다. 오늘날의 우리에게 과거 식물의 수집과 연구, 가드닝과 원예 기술의 발전, 시대별 정원 디자인의 트렌드, 그리고 가장 중요한 정원들을 만든 사람들의 이야기에 대한 정확한 기록은 매우 값진 보물 창고다. 지금 우리 곁에 있는 식물과 정원의 가치를 이해하고 보전하며 앞으로 새로운 정원을 창조하는 데 훌륭한 밑거름이 되기 때문이다.

이 책에 담긴 정원과 관련된 세계사와 인문학적 내용들은 이 분야에 있어서 가장 세련된 지식인의 소양으로 알아 두기에 충분히 매력적이다. 과거 정원의 역사를 살펴보는 것은 오늘날의 정원사에게도 큰 의미가 있다고 저자는 말한다. 가령 시서화에 능한 학자이자 정원사였던 문징명의 이야기는 정원이 얼마나 지적인 공간이 될 수 있는지 보여 주는데 지금도 여전히 신선한 자극과 깊은 영감을 준다. 모든 장소가 지닌 특별함에 대해 말한 알렉산더 포프의 짧고 분명한 메시지도 이 시대에 다시금 새겨볼 만한 흥미로운 개념이다.

이 책을 관통하는 가장 중요한 키워드는 '즐거움'이다. 역사를 통틀어 아름다운 정원의 발전은 고된 삶 속에서도 즐거움을 찾기 위한 욕구로 그 추진 동력을 얻었다. 코범 경이 말한 '당신의 사원은 얼마나 즐거운가'라는 질문은 오늘날 우리에게도 매우 유효한 질문이다. 환경오염과 지구 온난화, 경제 위기, 급속도로 가속화되고 있는 저출산과 노령화, 코로나19 등 현대 사회를 살아가는 삶의 무게감은 결코 과거 어느 시대에 비해 적다고 할 수 없기에 정원 가꾸기를 통해 위로와 안식, 즐거움을 찾기 위한 노력은 앞으로도 계속 지속될 수밖에 없다.

하지만 정원은 동서양을 막론하고 수많은 통치자들에 의해 부와 권력을 과시하는 도구로 쓰이기도 했다. 정원에 대해 지나친 과시욕을 가졌던 사람들은 때때로 비극적인 결말을 맞이했다. 티베트 야크와 앵무새 등 온갖 동물들이 사는 바위산과 연못이 있는 어마어마한 정원을 만들었다는 이유로 진시황의 눈 밖에 나 처형당한 원광한의 이야기는 루이 14세보다 먼저 아주 웅장하고 흠잡을 데 없는 정원을 만들었다는 이유로 평생 감옥에 갇힌 푸케의 이야기와 닮았다.

서로 가치관이 다른 정원사들 간의 논쟁과 공방전도 끊임없었다. 특히 19세기 말 자연주의와 형식주의에 대한 첨예한 논쟁은 흥미로운 읽을거리다. 야생의 자연스러운 정원을 주창했던 윌리엄 로빈슨은 건축의 확고부동한 선과 어우러진 정원의 구조적 아름다움을 주창했던 레지널드 블롬필드 같은 사람들과 격한 논쟁을 벌였다. 거트루드 지킬은 이를 잘 절충하여 오늘날까지도 많은 사람들이 좋아하는 코티지 정원 스타일로 발전시켰다.

역사와 문화를 아우르는 인문학적 요소들이 잘 보전된 정원은 과거와 현재, 미래를 연결하는 타임머신처럼 수많은 세대의 사람들에게 즐거움과 안식을 준다. 새로운 정원을 만드는 정원사는 이렇게 과거 누군가가 만든 정원을 통해 영감을 받고 거기에 그 시대에 걸맞은 디자인과 철학을 담는다. 정원은 시대에서 시대로, 한 지역에서 다른 지역으로, 서로가 서로에게 끊임없이 영향을 미친다. 과거와 현재의 유사성을 발견하는 경우도 있고, 유행하는 정원 양식이 역사적으로 반복되는 경우도 있다. 가렛 에크보가 모더니즘 건축과 자연의 관계를 논하면서 소개한 실내와 실외의 통합 개념은 이미 1세기 로마에서 소 플리니우스가 주창한 것이었다. 또한 아우구스투스 시대의 목가적 비전은 킴 윌키의 정원 프로젝트에서 발견되기도 하고, 로마의 시인 베르길리우스의 삶에 대한 명상록은 첼시 플라워쇼 같은 국제적인 쇼 정원 디자인의 핵심 콘셉트로 등장하기도 한다. 이들 창의적인 정원들은 '좋은 디자인은 과거를 베끼는 것이 아니라 폭넓게 생각하고 다른 모든 원천으로부터 영감을 받는 것'이라는 크리스토퍼 브래들리홀의 메시지를 충실히 따르고 있는 셈이다.

하지만 분명히 현대로 오면서 정원에 대한 철학의 급격한 변화를 눈치챌 수 있다. 피트 아우돌프의 정원은 사계절의 변화에 따른 극적인 아름다움을 보여 줄 뿐만이 아니라 곤충과 새와 동물 등 지역 생태계와의 공존을 추구한다. 최근 크게 주목받고 있는 빗물 정원, 도심 속 수벽 정원, 옥상 정원은 분명 '정원은 사람을 위한 것'이라는 토머스 처치의 메시지에 지속 가능한 정원 개념을 접목함으로써 보다 건강한 지구 환경에 기여하고자 한다. 정원은 이제 단순히 실용성과 즐거움을 위한 기능을 넘어 생태계와 생물 다양성의 보전, 더 나아가 ESG(기업의 비재무적 요소인 환경, 사회, 지배 구조를 뜻하는 말의 약자) 개념까지 끌어안고 있다.

이 책에 한 가지 아쉬운 점이 있다면 한국 정원에 대한 이야기가 포함되지 못했다는 것이다. 오랜 역사와 전통, 독특한 양식과 문화, 많은 흥미로운 이야기가 있음에도 불구하고 한국 정원은 그동안 전 세계적으로 잘 알려져 있지 않았을 뿐더러 페넬로페 홉하우스 같은 해외 정원 작가들이 참고할 만한 관련 자료도 제대로 정립이 안 되어 있기 때문일 것이다. 앞으로 한국의 정원사들이 한국 정원의 세계화에 더욱 관심을 가지고 개척해 나가야 할 부분이다. 단지 옛것을 고증하고 재현하는 것을 넘어 한국 정원의 미학을 모티프로 한 세계적인 수준의 정원 디자인으로 사랑받게 되면 좋을 것이다.

마지막으로, 이 책의 번역을 마치고 가장 인상적으로 여운이 남는 문구는 '정원사가 되기에 지금보다 더 흥미진진한 시대는 없다'는 말이다. 그런 맥락에서 최근 정원 문화에 대한 관심이 급증한 우리나라의 식물과 정원 애호가들을 위해 『가드닝: 정원의 역사』의 국내 출간은 참으로 시의적절하다는 생각이 들며, 이제 막 정원사가 되고자 하는 사람들 또는 이미 정원사로 활동하고 있는 사람들에게도 반가운 소식이 되리라 확신한다.

THE STORY OF GARDENING by Penelope Hobhouse

First published in Great Britain in 2019 by Pavilion,
An imprint of Pavilion Books Company Limited, 43 Great Ormond Street, London WC1N 3HZ

가드닝: 정원의 역사

초판 1쇄 인쇄일 2021년 10월 12일
초판 1쇄 발행일 2021년 10월 26일

지은이 페넬로페 홉하우스, 앰브라 에드워즈
옮긴이 박원순

발행인 박헌용, 윤호권
편집 이경주 **디자인** 김지연
발행처 ㈜시공사 **주소** 서울시 성동구 상원1길 22, 6-8층(우편번호 04779)
대표전화 02-3486-6877 **팩스(주문)** 02-585-1247
홈페이지 www.sigongsa.com / www.sigongjunior.com

ISBN 979-11-6579-728-7 03480